KB170300

한국 과학사

한국과학사

전상운

사이언스북스
SCIENCE BOOKS

서문

〈우리 전통과학의 참모습을 제대로 쓰고 싶다.〉

지난 35년 동안 한국과학사를 연구하면서 늘 내 머릿속에서 떠나지 않은 하나의 소망이었다. 1972년의 『한국의 고대 과학』이나, 1987년의 『한국의 과학문화재』, 그리고 1994년의 『시간과 시계 그리고 역사』 등은 그런 내 마음에서 나온 것들이다. 그러나 그것들은 한부분이고 한 측면을 주제로 삼은 책들이었다. 조금 더 포괄적으로, 다양한 우리 전통과학의 멋있고 깊이있는 내용을 쓰고 싶었다. 《과학동아》에 연재한 한국과학사는 그런 것이었다. 1989년 6월부터 2년간 그 글을 쓰면서 나는 많은 젊은 과학도들과 폭넓은 대화를 나눌 수 있었다. 그때 나는 멋있는 우리 전통과학의 모습을 사진과 그림 자료를 통해서 보다 더 인상 깊게 보여줘야 하겠다고 생각했다.

이 책을 통해서 나는 우리의 젊은 세대들에게 우리 전통과학을 새롭게 조명함으로써 무한한 가능성에 도전할 수 있는 긍지를 키워주고 싶다. 한국의 옛 과학자와 공학자, 그리고 기술자들이 창출한 훌륭한 업적과 남기고 간 창조적 유산들 속에 담겨 있는 살아 있는 아이디어를 찾아낼 수 있게 하고 싶다.

내 젊음을 걸었던 지난 35년의 결코 짧다고 할 수 없는 세월이 나에게 안겨준 많은 것들을 진솔하게 알려주고 싶다. 나는 아직도 한국과학사의 길목에 서 있다. 거기서 나는 내 인생의 지평선을 본다. 그렇지만 내 학문의 지평선은 아직 안 보인다. 숨가쁘게 달려온 지난날에 못다 정리한 우리 전통과학의 새로운 모습을 조금이라도 더 담고 싶다. 그래서 프로의 과학사학자로서는 조금은 거칠다고 할 수 있는 다듬어지지 않은 내용들도 마다하지 않았다.

한국과학기술사의 어느 한 분야에 머물기만 할 수 없었던 나의 학문적 욕심 때문에 고고학에서 미술사로, 금속공예에서 도자기로 종횡무진 넘나들었던 학문적 성향에서 나는 많은 것을 배우고 얻었다. 그러나 솔직히 말해서 고생은 고생대로 하면서 잃은 것도 많다는 생각이 들기도 한다. 그래도 역시 나는 큰 것을 얻었다. 종합과학사로서의 한국 전통과학의 도도한 흐름과의 만남이었다.

나는 이 책에서 우리 문화 유산에 대한 여러 가설을 제시했다. 우리의 옛 장인들은 어떤 생각에서 그러한 작품을 만들었을까. 그것은 무엇을 상징하는 것일까. 디자인의 아이디어를 어디서 어떻게 따왔을까. 그것은 정말 우리가 생각하고 해석하는 것 같은 과학적인 근거가 있는 것일까. 내 가설은 이런 의문에 대한 내 나름의 해석이다. 물론 이것은 지금으로서는 고증할 수 있는 단계에 이르고 있지 않다. 기초적인 연구가 아직 이루어지지 않고 있기 때문이다. 그래서 어쩌면 내 가설은 황당한 생각일 수도 있다. 그러나 그것은 즉흥적으로 떠오른 생각을 적당히 정리한 아이디어는 아니다. 오랫동안 생각하고 문헌도 찾아보고 다른 나라의 유물들과 비교하여 나름대로 상당히 설득력이 있다고 보는 견해들이다. 비록 그것들이 그릇된 생각일지라도 다음 세대의 학자들에게 그 어떤 암시를 준다는 점에서 유익할 것이라고 믿는다. 연구의 실마리를 제공한다는 것도 중요할 것이다. 오랜 연구 경력에서 얻은 체험적 감각이 스며 있는 생각일 수 있기 때문이다. 객관적으로 증명되기 전까지의 모든 학설은 사실상 가설인 것이다. 잘 다듬어지지 않은 거친 표현도 이런 내 생각을 이해하고 큰 거부감 없이 받아들이기 바란다.

어쩌면 이 책은 내가 그저 좋기만 해서 평생 찾아다니고 좇아다닌 우리의 과학문화재, 그 유물과 유적에 얽힌 한국 과학의 역사이다.

이 책을 쓰면서 나는 많은 분들의 신세를 졌다. 도움을 주신 국내외의 박물관과 문화재 관계자 여러분, 과학기술사를 하는 학자들, 그리고 답사를 같이 하고, 많은 자료와 원고를 정리해 준 아내 박옥선과, 책을 만들어 준 사이언스북스의 편집자 여러분, 특히 이충미 씨의 노고에 따뜻한 고마움의 인사를 드린다.

새 즈믄해의 이른봄에 무너미 글방에서

전상운

차례

제4장 땅의 과학

제5장 고대 일본과 한국 과학

제6장 조선 시대 과학자와 그들의 업적

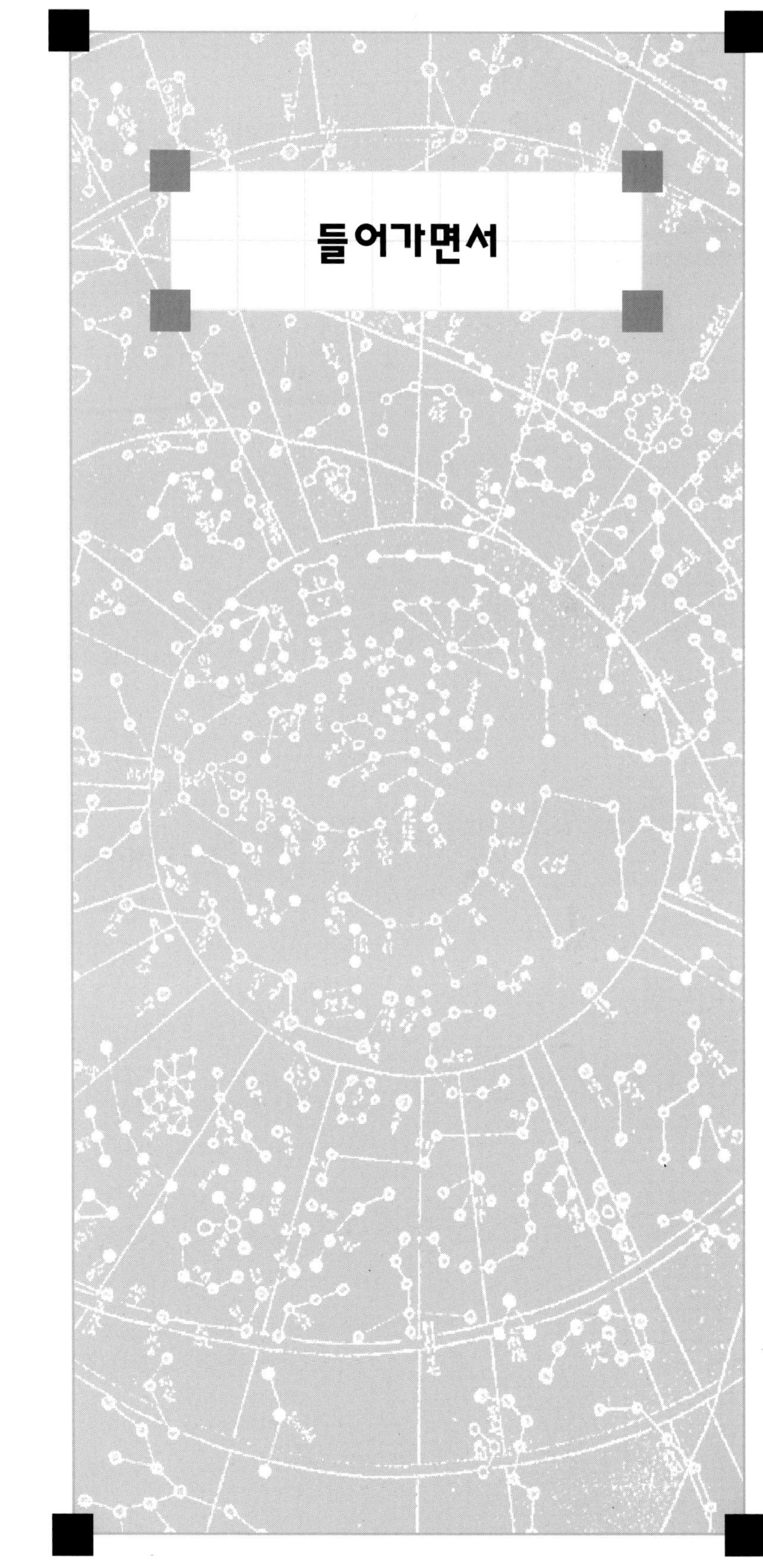

들어가면서

한국 과학의 새로운 조명

한국은 5천 년의 오랜 역사를 지닌 나라이다. 한국은 동아시아 문명권의 주변에 위치하여 예로부터 중국 문명의 강한 영향을 받고 있었다. 그러나 한국인은 중국과는 다른 독자적인 문화의 전통을 쌓아올렸다. 문화 민족으로서의 한국인은 과학과 기술의 역사에 있어서 창조적 전통을 이룩하였다. 한국 과학의 역사는 중국의 거대한 전통과학의 도도한 흐름에서 볼 때, 실질적으로 중국 과학사의 한 지류라고 할 수 있고, 또 그 변형이기도 했다. 그러나 거의 모든 경우, 중국의 과학과 기술은 한국인에게 그대로 받아들여지지 않았다.

한국인은 그들만의 과학 기술을 전개했고, 한국의 자연, 기후와 풍토에 어울리는 과학 기술을 발전시키려고 노력했다. 그들은 중국의 선진적인 과학 기술을 받아들이는 데 언제나 진취적이었다. 그러면서도 그것은 한국인에게 편리하고 그 자연에 조화되게 변형된 것이다.

한국에는 50만 년 전이라고도 하는 구석기 문화가 있었다. 한국의 구석기인이 쓰던 도구 중에는 동북 아시아에서는 거의 발견된 일이 없는 것이 있다. 또 기원전 6천 년경 전부터는 신석기 시대의 문화가 시작되고 있었다. 한국의 신석기인은 중국과는 다른 북방 계통의 인종이다. 이들 신석기인의 혈통은 구석기인과는 달리 끊기지 않고 이어져서 한국 민족을 형성한 것으로 보인다. 이들은 오랜 역사를 거치는 동안 서로 융합되고 또 청동기 시대의 새로운 요소들과 결합되어 한국 민족을 형성하기에 이르렀을 것이다.

잔줄무늬청동거울(기원전 4-5세기). 지름 21.2cm. 숭실대학교 박물관. 1만 3천 개가 넘는 가는 줄이 0.3mm 간격으로 그어지고, 100개가 넘는 크고 작은 동심원이 큰 원에 내접하는 정사각형의 꼭지점과 어울려 디자인된 기하학적 도형이 절묘하게 그려져 있다. 청동기 시대 최고의 작품이다.

청동기 기술

기원전 1천 년경부터 있었던 청동기 문화도 중국의 과학 문명과는 다른 북방계 문화의 영향으로 발전한 비교적 수준이 높은 기술을 바탕으로 한 것이었다. 그 토착 기술의 전통 위에 중국의 과학과 기술을 받아들였다. 그래서 한국인은 중국의 것을 언제나 우리 것으로 변용하고 개량하려는 노력을 기울여 새로운 것을 만들려고 시도했다.

그러한 대표적인 청동기로 청동검과 청동거울을 들 수 있다. 비파모양청동검과 한국형 청동검, 그리고 2개의 꼭지가 달린 굵은줄무늬청동거울과 가는줄무늬청동거울은 한국에만 있는 독특한 청동기이다. 중국에서는 거의 찾아볼 수 없는 이 독특한 형식의 청동검과 청동거울은 청동기 시대 지배자들의 권력을 상징하거나 종교적인 의식에서 의기(儀器)로 썼을 것이다.

이것들은 청동방울과 함께 일본으로 건너가서 신기(神器)로서 종교적 상징물이 되었다. 이 청동기들은 디자인이 매우 독특하고 주조 기술이 뛰어나서 한국의 청동기 기술이 높은 수준에 있었음을 말해 주고 있다. 지금 숭실대학교 박물관에 보존되어 있는 기원전 4세기의 잔줄무늬청동거울은 그 기하학적 디자인과 정교한 주조 기술의 우수함에서 놀라운 솜씨를 발휘한 유물로 주목되는 것이다. 지름 21cm의 이 청동거울에는 0.3mm 간격의 가는 평행선이 1만 3천 개가 그려져 있는데, 그 선들은 수많은 동심원과 그 원들을 등분하여 생긴 직사각형과 정사각형, 그리고 삼각형들이 정확하게 제도되어 있다. 여기서 컴퍼스가 사용되고 있다는 사실은 매우 중요하다. 이와 비슷한 잔줄무늬청동거울은 한국에는 여러 개가 남아 있지만, 일본을 제외한 다른 지역에서는 발견된 일이 없다.

한국의 청동기에서 또 하나, 독특한 것으로 비파모양청동검과 후기에 나타난 한국형 청동검을 들 수 있다. 이들 청동검도 그 독특하고 세련된 디자인과 뛰어난 주조 기술에서 그 시기의 다른 어느 지역의 청동기 기술을 능가하고 있다. 기원전 4세기경에 출현한 이 한국형 청동검들은 돌거푸집을 써서 대량으로 생산되었다. 일본에서 발견된 것들 중에는 한꺼번에 수십 자루가 차곡차곡 묻혀 있는 경우도 있었다. 그리고 이 한국형 청동검은 의기로서 뿐만 아니고, 실제로 동물을 찌르는 데도 사용되었다.

한국의 청동기 기술은 분명히 중국의 그것과는 다른 계통의 기술이다. 그것은 청동기의 성분에서도 나타나고 있다. 한국인이 만든 청동기에는 초기의 것부터 아연-청동 합금으로 된 것들이 나타나고 있다. 장식용이나 의식용으로 쓰는 청동기를 황금빛으로 빛나게 하기 위해서 구리·주석·납에 아연을 섞는 기술을 개발한 것이다. 아연-청동 합금으로 된 청동기는 중국에서는 한(漢)나라 때에 이르기까지 발견되고 있지 않다. 기술적인 어려움 때문에 중국에서는 개발되지 않았던 합금 기술을 한국의 청동기인은 그들의 필요에 따라서 발

가야 철제 갑옷(5세기). 김해. 높이 66cm. 국립중앙박물관. 최첨단 가야 제철 기술의 뛰어난 솜씨를 보여주는 훌륭한 제품이다.

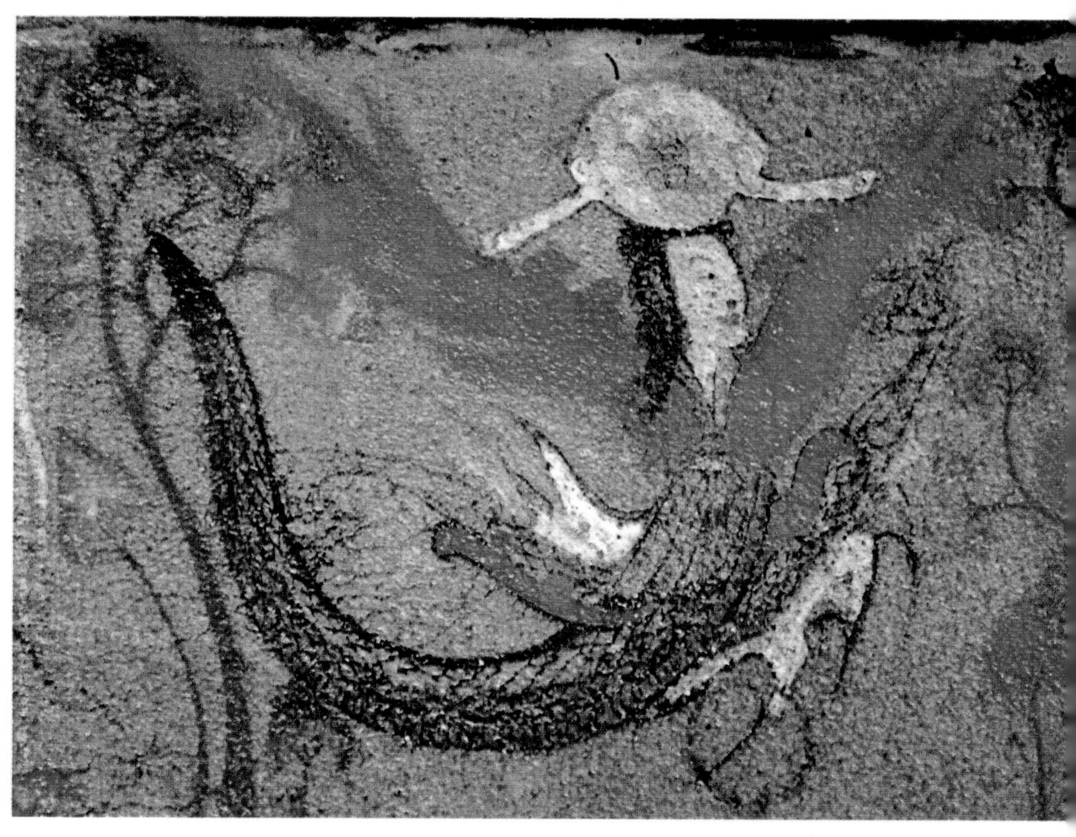

전시키고 있었다.

이렇게 한국인은 청동기 시대의 첨단 기술인 청동기의 제조 및 합금 기술에서 그들 나름의 창조성을 발휘하고 있다. 그들은 중국의 고도로 발달된 청동기 기술에 압도되지 않고 한국인의 청동기 기술을 개발한 것이다. 한국의 청동기 시대 기술자들이 진흙 거푸집과 함께 돌거푸집을 많이 써서 청동기를 주조했다는 사실도 주목할 만하다. 한국에서 많이 발견되는 돌거푸집은 중국에서는 드물게 발견되기 때문이다.

철기 기술

돌거푸집에 의한 주조 기술은 기원전 3세기경에 전개된 한국의 독자적 모델의 무쇠도끼 주조 기술로 이어지고 있다. 이 시기에 한국에서는 많은 무쇠도끼들이 같은 크기의 돌거푸

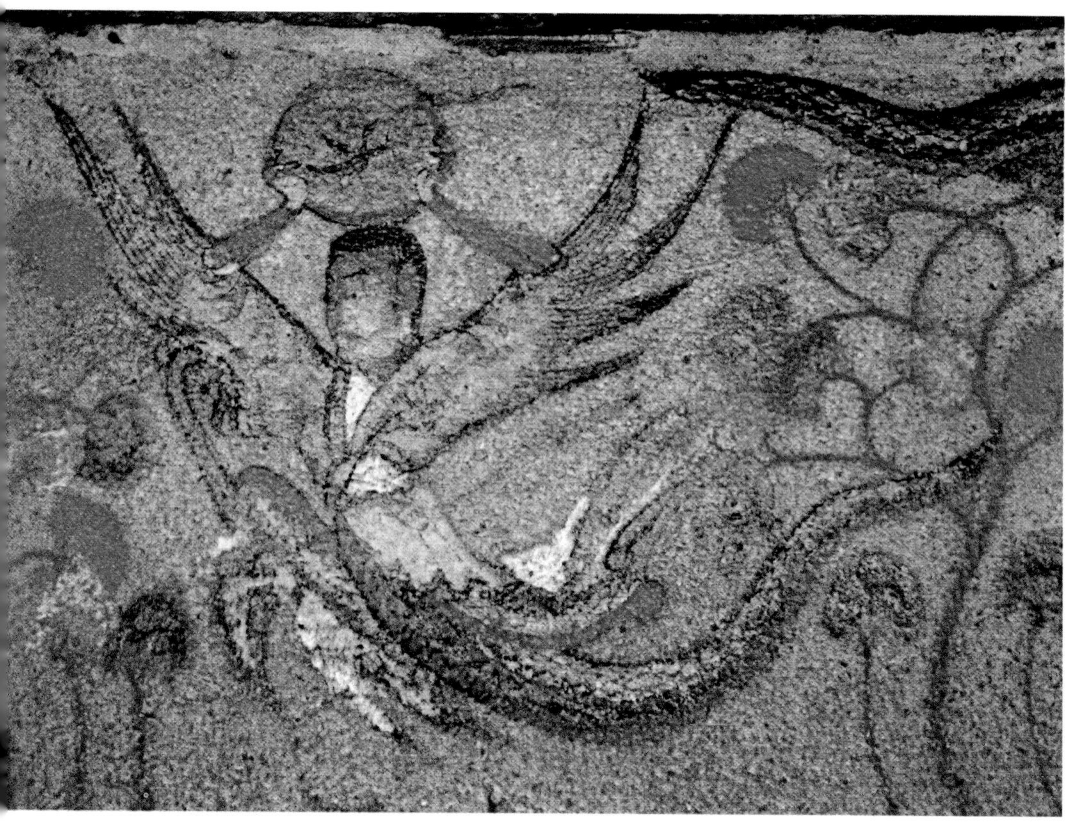

고구려 무덤 그림. 오회분 4호묘. 6세기 집안 지역. 천장 받침돌에 그려진 이 해의 신 그림은 특히 그 강렬한 색채와 활달한 화법이 뛰어나며 보존 상태도 매우 좋다. 태양을 상징하는 세발 달린 까마귀가 들어 있는 해를 이고 나는 남성과 마주보는 달의 여신이 아름답다. 그림 물감인 광물성 안료의 정제 기술이 돋보이는 보기드문 작품이다.

집을 써서 대량으로 주조되었다. 한국의 철기 시대는 기원전 5-4세기에 중국의 철기 문화가 들어오면서 형성되었다는 것이 일반적인 설이다. 그렇다면 한국인은 그 새로운 금속 문화를 수용하여 한국인의 주철 기술로 재창조해 낸 것이 된다. 그것은 한국인의 기술적 전통이 나름대로 형성되어 있었기 때문에 가능했을 것이다.

제철 기술의 발달은 철제 농기구의 대량 생산으로 농업 생산의 혁신적인 증대를 가져왔다. 그리고 철제 무기와 갑옷으로 무장한 강력한 군사력의 증가는 권력과 부의 축적으로 이어지게 되었다. 한반도 남쪽 지역에서 철기 시대 후기부터 많이 나타나는 덩이쇠는 철기 기술이 가져온 권력과 부의 상징으로 독특한 유물이다.

한국인이 만든 특이한 철기인 덩이쇠는 일본으로 건너가 일본의 철기 문화를 발전시키는 기틀이 되었다. 철기의 사용으로 고조선의 성읍 국가(國家)는 한층 더 발전하게 되었다. 철과 철기의 생산은 국가의 부와 직결되고 강대한 군사력의 바탕이 되었다. 쇠(철)로 만든 괭이와 보습과 낫 등의 새로운 농기구로 농업이 크게 발달했다.

전통과학의 형성

기원을 전후한 시기에 한반도 남쪽 낙동강 하류 지방에서는 새로운 토착 문화가 전개되고 있었다. 그것은 철의 생산을 바탕으로 일어난 것이다. 이 시기에 만든 철제품은 매우 질이 좋은 것이어서 그 제철 기술이 높은 수준에 이르고 있었음이 확인되고 있다. 철의 생산량도 크게 늘어나서, 철제품의 사용이 급속도로 확대 보급되었다. 철기가 크게 보급되면서 새로운 토기가 출현하였다. 가야 문화(또는 김해 문화)가 만들어낸 경질(硬質) 토기가 그것이다. 이 새로운 토기는 이 땅에 살고 있던 원주민들의 민무늬토기에 새로 철기와 함께 들어온 중국식 회도(灰陶)의 기술이 이어진 것이다. 우리가 가야토기라 부르는 이 경질 토기는 그 미적 감각이 뛰어난 멋있는 디자인과 쇳소리가 나는 단단한 그릇의 질에서 가장 훌륭한 토기로 평가된다.

가야 문화는 철기 생산과 새로운 경질 토기 생산으로 특징지어진다. 흙과 불의 조화로 이루어지는 이 기술의 발전으로 가야 문화는 한 차원 높은 창조적 기술의 전통을 세우게 되었다. 그것은 중국과는 다른 가야의 기술 문화였다. 금장식과 유리구슬을 만드는 기술 개발도 가야 문화와 이어지는 것이다. 가야의 기술자들은 이미 기술의 선진 집단을 이루고 있었다. 그들의 기술은 일본으로 전파되었다.

가야의 기술 문화가 활발히 전개되고 있을 때, 한반도의 다른 지역에서는 고구려와 백제와 신라의 또 다른 문화가 전개되고 있었다. 고구려인과 신라·백제인은 각각 그들의 독특한 형식을 가진 분묘(墳墓)를 만들어냈다. 그 분묘에 고구려의 화가들은 개성이 뚜렷하고 패기가 넘치는 선과 색채로 벽화를 그렸다. 이 그림들은 고구려의 과학과 기술을 이해하는 데 매우 중요한 자료가 되는 것이다. 또 백제와 신라의 고분에서 출토된 유물들은 그들의 독특한 기술 문화를 말해 주고 있다. 왕릉에서 발견된 각종 금제품은 그 디자인의 독특함과 세련되고 섬세한 제작 기술의 뛰어난 솜씨로 높이 평가되고 있다. 일본의 이소노가미[石上] 신궁에 보존되고 있는 칠지도(七支刀)도 그러한 예로 꼽을 수 있는 것이다. 4세기에 백제에서 만들어 일본 왕에게 하사한 이 특이한 모양의 철도(鐵刀)는 그 시기 백제 금속 기술의 수준을 보여주는 유물이다. 그것은 사슴의 뿔을 연상케 한다.

우리는 이들 삼국의 공예품, 특히 신라의 고분에서 발견된 공예품에서 북방계 양식(때로는 오리엔트 양식도)의 인상을 강하게 받는 것들이 있다는 사실에 유의하게 된다. 이것도 중국계와는 다른 계통, 즉 한국 청동기 문화의 흐름을 이끈 전통이 이어지고 있는 것이라고 볼 수 있다. 또한 이 사실은 중국 고대 과학 문명의 강한 영향 속에서도 한국 기술의 전통이 그대로 살아서 흐르고 있었다는 것을 말해 주고 있다.

이러한 기술 문화의 전통 이외에 삼국에는 과학의 학문적 전개를 나타내는 몇 가지 사례

백제금도금청동향로(7세기). 부여. 높이 64cm.
국립부여박물관.

가 확인된다. 그 중에서 특히 두드러지는 것이 천문학과 의약학의 성과이다. 기록에 의하면 고구려에는 돌에 새긴 천문도와 천체를 관측하는 천문대가 있었다. 고구려의 고분 벽화에 그려진 천체 그림은 이 사실을 밑받침하는 것이다. 천문대는 백제에도 있었는데, 백제에는 6세기초에 역박사(曆博士)가 있었다.

경주에는 삼국 시대 한국 천문학의 상징인 첨성대가 있다. 647년에 세워진 이 석조 천문대는 지금 남아 있는 가장 오랜 천문대 유물이다. 이 천문대는 아름다운 곡선미를 지닌 우아한 모습으로 한국적 아름다움의 상징으로도 꼽히고 있다.

신라 천문 관측 기록들은 첨성대에서의 천체 관측 활동이 제도적으로 활발하게 이루어지고 있었음을 말해 주고 있다. 신라 천문학자들은 중국에서 천문학과 역학(曆學)을 배웠지만, 언제나 배우고 모방하는 것으로 만족하지는 않았다. 그들은 자신의 천문학을 가지려고 노력했는데, 첨성대는 그들의 그러한 노력에서 얻은 귀중한 소산이었다. 첨성대와 같은 천문대는 그 당시 중국에서도 찾아볼 수 없는 것이었다. 이것은 한국 고대 과학 기술의 가장 뛰어난 유물의 하나이다.

삼국 시대의 과학적 성과에서 또 하나 두드러진 것은 한국 의약학의 전개이다. 불로장생의 의약학 처방들과 질병 치료를 위한 한국의 약재들에 관한 기록과 평가는 단편적이기는 하지만, 그 시기의 한국 의약학의 체계적인 모습을 짐작하게 한다.

삼국 시대의 과학 기술은 일본에 남아 있는 기록과 유물에서도 그 창조적 전개의 양상이 나타나고 있다. 그것은 어떤 면에서는 한국에서 찾아볼 수 있는 것보다 훨씬 선명하고 다양하다. 잃어버린 고리들 중의 많은 부분이 일본에 남아 있는 것으로 복원되고 있다. 한국 학자들은 지금까지 그 작업을 활발하게 하려고 하지 않았다. 그러나 이제는 이 작업이 우리에게 매우 중요한 과제의 하나임을 인식하는 것이 필요하다고 생각된다.

창조적 과학의 전개

한국의 고대 과학에서 통일신라 시대는 비교적 많은 기록들과 유물들이 알려져 화려하게 조명되고 있는 시기이다. 이 시대의 한국인은 과학과 기술에서 많은 창조적 발전을 이룩했다. 한반도의 통일과 함께 삼국의 과학 기술의 전통이 상승되고 중국에서 당나라의 높은 과학 문명이 영향을 준 것이다. 신라 사람들은 그것들을 잘 수용하여 신라의 과학과 기술을 창조해 내는 데 성공했다.

석굴 사원과 청동범종(梵鍾), 그리고 다라니경 등은 그 대표적인 유물이다. 신라의 기술자들이 남긴 8세기 최고의 건조물인 석굴 사원은 그 뛰어난 기하학적 조형 설계와 축조 기

경주 첨성대(647). 높이 9.1m. 현존하는 세계 최고의 천문대로 그 우아한 모습이 멋을 더하는 화강석 건조물이다.

성덕대왕신종(725). 높이 333cm. 지름 227cm. 무게 24톤. 경주박물관. 세계 최대의 청동범종으로 그 뛰어난 아름다움과 훌륭한 종소리는 최고의 음향학적 설계와 청동 주조 기술이 이루어낸 8세기 첨단 기술의 소산이다.

술의 비범함으로 한국 고대 건축 기술의 꽃이라고 평가되고 있다. 석굴 사원은 의심할 여지없이 중국의 석굴 사원을 모방하여 만든 것이다. 그러나 중국의 그것이 자연의 암벽에 조영된 데 반해, 석굴 사원은 원과 구, 그리고 삼각형 · 육각형 · 팔각형에 이르는 모든 구성법을 자유로이 조화시켜 하나의 통일체를 이루게 축조한 인조 석굴이다. 석굴 사원은 완벽한 기하학적 설계를 바탕으로 조성되었다. 그 예술적 감각이 뛰어난 세련된 의장 계획과 훌륭한 조형 기술에서 우리는 신라 공장(工匠)의 과학과 만나게 된다.

미(美)의 창조자로서의 신라 공장의 과학과 기술은 또 하나 한없이 아름다운 범종을 만들어냈다. 그들은 중국 고대의 종과 탁(鐸)을 결합하여 신라 특유의 형식을 가진 종을 만든 것이다. 종을 거는 고리인 용뉴(龍紐)에 붙인 공명용 음관(音管)이 그것이다.

석굴 사원(771). 경주 토함산. 화강석으로 축조된 인조 석굴 사원으로 그 기하학적 설계와 고도의 예술적 조성 기술은 신라 과학 기술 문화의 꽃으로 8세기 최고의 기술적 소산으로 평가되고 있다.

또 신라의 기술자들은 종을 아름답게 부어내기 위해 황동을 만들었다고 한다. 중국의 유명한 박물학서인 이시진(李時珍)의 『본초강목(本草綱目)』에 〈페르시아 동(銅)은 거울을 만드는 데 좋고, 신라동(新羅銅)은 종을 만드는 데 좋다〉고 써어 있는 것도 이 사실을 밑받침하는 것으로 생각된다. 국립경주박물관에 보존되고 있는 유명한 성덕대왕신종은 771년에 주조된 것인데, 높이 3.3m, 무게가 약 20톤인 거대한 종으로, 그 형태의 장중함과 문양의 미려한 배치 등이 신라 범종의 전형이라고 할 수 있는 것이다. 신라 범종은 형태가 단정하고 아름답고, 종소리가 청아하며 길게 트인 은은한 여운으로 우리의 심금을 울린다. 그것은 청동 주조물의 조형미를 가장 훌륭하게 창출해 낸 신라 기술자들의 합금 주조 기술의 소산이다.

신라의 공장들은 8세기 전반기에 목판인쇄를 시작했다. 1966년에 우연히 발견된 다라니경 두루마리는 705년에서 751년 사이에 닥종이에 목판으로 인쇄된 것으로 판명되어, 현존하는 세계 최고(最古)의 인쇄물로 인정되고 있다. 한국 학계는 이 「무구정광 대다라니경(無垢淨光大陀羅尼經)」의 출현을 인쇄 기술이 한국에서 시작된 사실을 밑받침하는 것으로 받아들였다. 그것은 현존하는 자료에 의거하는 한, 인쇄 기술의 발명은 중국에서보다 신라에서 먼저 이루어졌다는 것이 되기 때문이다. 신라의 기술이 8세기 전반에 목판인쇄를 해낼 수 있는 수준으로까지 성숙되어 있었다는 사실은 기술사적으로 큰 의의(意義)를 가지는 것

토기등잔(6-7세기). 성신여자대학교 박물관. 6개의 기름잔과 영락이 달린 아름다운 등잔이다.

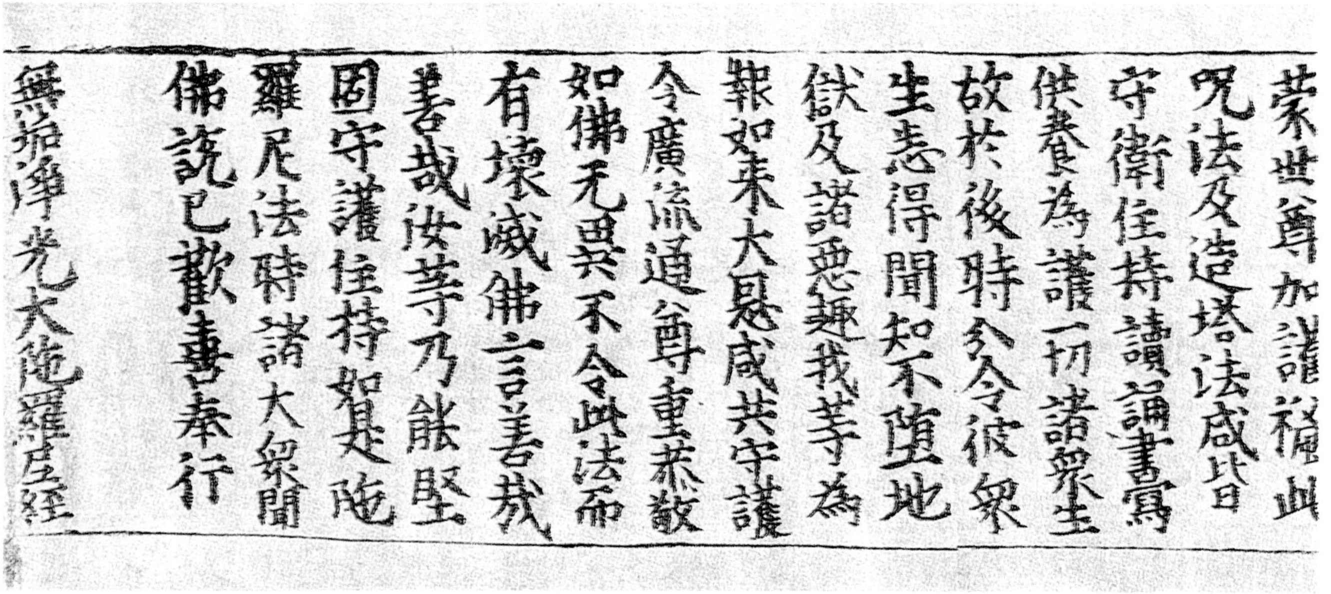

「무구정광 대다라니경」(705경). 전체 크기 6.5×624cm. 경주 불국사 석가탑 출토. 국립중앙박물관 국보 123호. 매우 질이 좋은 닥종이에 목판으로 인쇄된 이 경전은 지금까지 알려진 세계에서 가장 오래된 인쇄물이며, 신라 기술자들이 개발한 인쇄 기술이 뛰어났음을 입증하는 자료이다.

이다. 이 목판인쇄 기술 발명의 배경에는 신라의 뛰어난 종이 제조 기술이 있었다. 1995년에 화엄사 석탑에서 발견된 불경 두루마리는 아름다운 백색을 그대로 간직한 얇고 질긴 닥종이로 알려지고 있다. 그 당시 중국에서 높이 평가된 신라 종이인 것이다. 이 종이는 지금까지 발견된 어느 신라의 종이보다 제조 당시의 상태를 잘 보존하고 있어, 신라 종이 제작 기술의 우수함을 실증하고 있다. 그것은 8세기에 가장 앞선 뛰어난 기술이었다. 일본의 「백만탑다라니경(百萬塔陀羅尼經)」은 틀림없이 신라인이 전한 기술에 의하여 이루어졌을 것이다. 일본에서의 목판인쇄는 그후 끊어졌지만, 한국에서는 계속되어 청동활자 인쇄술의 발명으로까지 발전하였다.

한국인은 중국의 과학 기술이 아닌 한국의 과학 기술에서 새로운 것을 끊임없이 일본에 전파할 수 있을 만큼 성장하고 있었다. 한국인이 고대 일본에 전한 과학과 기술은 여러 분야에 걸친 것이었다. 그 중에서 특히 중요한 것의 하나로 5세기경까지 백제에서 성립하여 일본에 전파된 혁신적 농업 기술을 꼽을 수 있다. 백제인은 그 기술을 일본에 전했는데, 그 영향은 산업 경제뿐만 아니라 정치적 변혁으로까지 파급되었다.

신라 과학 기술의 전개에서는 중국과 일본과의 교류와 함께, 이슬람 문화권과의 교류에도 눈을 돌릴 필요가 있다. 신라의 과학 기술 문화에서 이슬람 세계의 영향은 그들 나라와

유리구슬 목걸이(5-6세기) 숭실대학교 박물관.

청자상감도자기 타일(12세기). 20.5×15.9cm. 일본 오사카 시립동양도자미술관. 아름다운 그림 솜씨와 청자의 고운 빛깔이 고려 도공들이 개발한 상감기법으로 잘 어우러진 타일로, 그 시기 첨단 요업 기술의 소산이다.

청자상감매병의 대나무와 학 그림 부분. 고려 시대 12세기. 일본 오사카 시립동양도자미술관. 뛰어난 상감기법이 돋보이는 작품이다.

의 직접 교류의 자취가 여러 곳에서 발견되고 있어, 새로운 조명이 필요하게 되었다. 한국 전통과학의 흐름 속에 스며든 문화의 폭을 이해하는 데 이슬람 과학 문화의 영향은 결코 지나쳐버릴 수 없는 무게를 가지기 때문이다.

고려의 과학과 기술

고려의 과학과 기술은 말할 나위도 없이 신라의 전통을 바탕으로 이루어진 것이다. 그리고 그것은 밖으로는 송·원의 과학 기술과 문화의 영향을 크게 받았다. 이슬람 과학 기술 문화의 영향도 직접 간접으로 나타나고 있다. 고려의 기술적 발전을 대표하는 것은 목판인쇄의 발전, 청동활자 인쇄 기술의 발명과 고려 청자의 개발이다.

고려의 목판인쇄는 송판본을 몹시도 좋아했던 지배층의 귀족적 취향을 충족시키려던 서예적인 동기에서 비롯되었다. 그러나 한편으로는 잘 알려진 바와 같이 불경(佛經)을 조판함

『고려대장경』 장경각 내부. 목판을 세워서 공기의 유통이 자연스럽게 되도록 설계한 경판꽂이에 잘 분류해서 꽂아 보존하고 있다. 1995년에 세계문화유산으로 지정되었다.

고려대장경판전. 합천 해인사. 8만여 장의 세계 최대 규모의 인쇄용 목판을 수장하고 있다. 완벽한 목판 제작 기술과 과학적으로 설계된 보존 수납 전각은 고려 과학 기술의 높은 수준을 잘 보여주는 세계적 유산이다.

으로써 불력(佛力)의 도움을 받아 글안(契丹)과 몽고의 침략으로부터 나라를 구하려던 종교적인 기원에서 시작되고 발전하였다. 지금 세계에서 가장 규모가 크고 훌륭한 최고(最古)의 목판으로 널리 알려진 고려의 『팔만대장경』도 이렇게 해서 만들어진 것이다. 『팔만대장경』 판목은 인쇄용 목판 기술이 도달할 수 있는 마지막 단계까지 발전한 완벽한 제작 솜씨를 가진 것으로 평가되고 있다.

그런데, 13세기 초에 발명된 청동활자 인쇄술은 목판인쇄의 발전과는 전혀 다른 요구에 의해서 생겨났다. 그것은 책의 수요가 중국에 비해서 훨씬 적었던 고려의 실정에서 여러 종류의 책을 제작하기 위해서 필요로 하는 막대한 양의 판목과 시간과 노동력의 공급을 다할 수 없어, 그 해결책으로 개발해낸 것이었다.

중국에서는 11세기에 필승(畢昇)이 도활자(陶活字) 인쇄술을 발명했으나, 금속활자는 14세기에도 주조의 어려움과 적당한 잉크와 종이를 쉽게 만들 수 없어서 실용화되지 못했다. 그러나 고려의 기술로는 그것들이 가능했다. 고려의 기술자들은 청동으로 활자를 부어 만드는 데 필요한 모래 거푸집의 제조 기술을 알고 있었고, 청동활자에 적합한 유성(油性) 먹과 질이 좋은 종이를 만들어내고 있었다. 그래서 고려의 기술자들은 목판이나 목활자에서 청동활자로 인쇄하는 새로운 기술 개발을 시도한 것이다. 이것은 커다란 기술 혁신이었다.

고려인은 이렇게 해서 금속활자 인쇄술을 발명하였다. 그 기술의 핵심인 청동활자를 주조하는 모래 거푸집을 고려의 공장(工匠)이 발명한 것이다. 그것은 인쇄술 발달에서 가장 중요한 공헌이었다. 아마도 그 기술은 신라 공장이 쌓아올린 수많은 청동제 그릇들과 대범종의 주조 기술의 전통을 이어받은 것이라고 생각된다. 이 기술 혁신으로 고려는 문화와 학문의 체계적 전달 체계에 커다란 변혁을 일으켰다.

고려의 공장은 중국에 이어 사기그릇[磁器]을 만드는 기술을 개발했다. 그것은 신라의 요업 기술이 발전시킨 매우 훌륭한 옹기그릇 제조 기술의 전통을 바탕으로 한 것이다. 흔히 신라 토기라고 하는 독특한 경질 토기는 그 마지막 기술 단계에선 토기라기보다는 도기와 자기의 중간에까지 도달한 것으로 발전하고 있었다.

고려의 청자 제조 기술은 이러한 기술의 바탕 위에 그 당시 최첨단 기술이었던 송자기(宋磁器)의 영향을 받아서 발달한 것이다. 그러나 그 기술은 송자기의 제조 기술을 능가하는 아름다움을 창조했다고 평가되고 있다.

고려의 공장들이 그때까지 금속 공예품에만 쓰이던 기술인 상감기법을 자기에 응용한 독특한 기법은 자기 제조 기술에서 새로운 경지를 연 특필할 만한 발전이었다. 이와 같이 청자의 기술은 송나라에서 도입되었지만 그것은 선진 문화를 수용하는 하나의 과정으로서, 단순한 모방은 아니었다. 고려청자에는 한국인이 개발하여 발전시킨 요업 기술의 전통과 중국인이 나타내지 못한 독특한 미적 감각이 표현되고 있다.

고려청자는 화려하지 않으며 기교적이 아니다. 자연스러운 선과 우아한 멋을 지닌 디자인은 송·원의 청자와 뚜렷하게 구별된다. 그것은 청자 제조 기술의 차원 높은 성숙도를 나타내는 것이다.

천문학과 의약학도 그 전의 왕조들에서처럼 고려 과학의 기둥이었다. 다만, 지리학을 덧붙일 수 있을 것이다. 고려의 천문학은 관측천문학에서의 주목할 만한 업적과 고려의 역법 체계를 세우기 위한 노력으로 특징지을 수 있다. 『고려사』「천문지」에는 475년간의 관측 기록이 집약되어 있다. 고려는 국가적인 차원에서 천문 관측이 독자적으로 이루어지고 있었다. 고려의 천문 관리들은 면밀하고 정확한 관측을 조직적으로 수행하였다. 그들은 고려 말까지 87회의 혜성 관측 기록을 남겼다.

그 중에는 72일간에 걸친 관측 기록도 포함되어 있다. 그 기록 중에는 또 132회에 달하는

무쇠불상(곤로자나여래좌상, 10–11세기). 높이 112.0cm. 국립중앙박물관. 통일신라 말에서 고려 초기에 주조된 여러 무쇠불상 중에서 주조 기술이 뛰어난 거대한 작품이다. 고려 초기 제철 기술의 높은 수준을 보여주는 유물이다.

분청사기항아리(15세기 후반). 높이 32.6cm. 일본 이데미츠 박물관.

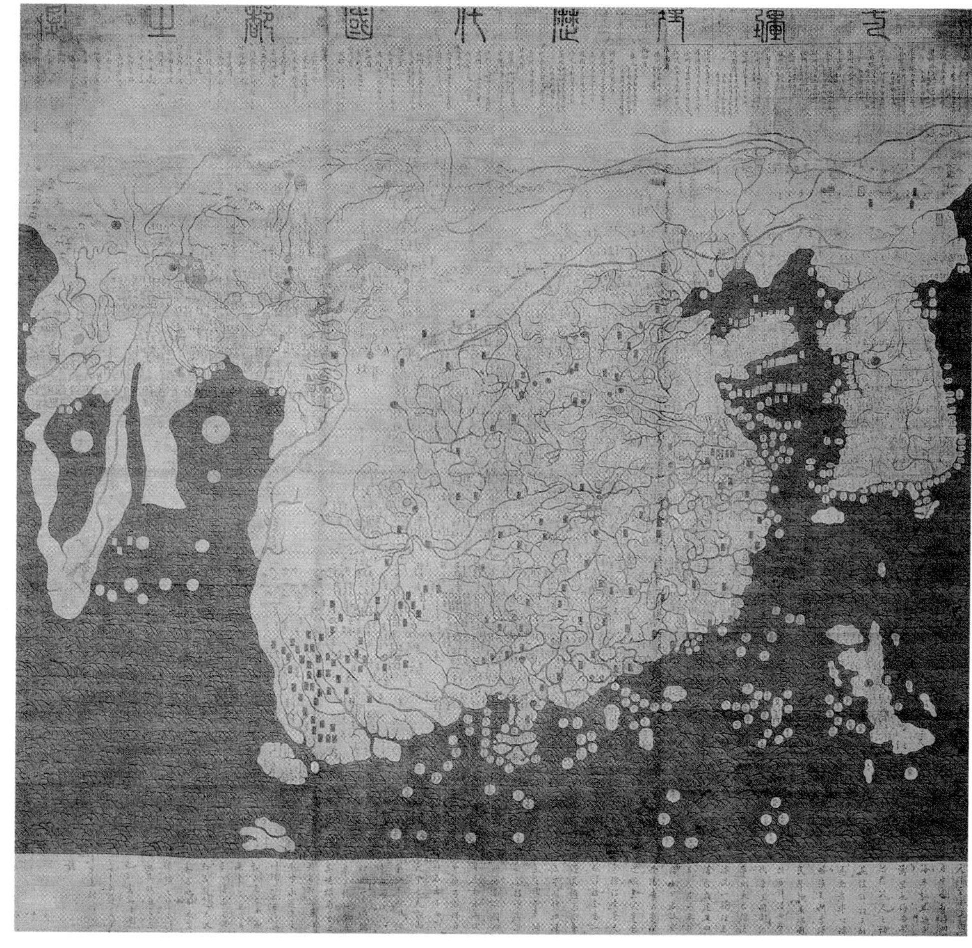

1402년 조선의 세계지도. 채색 사본. 135×173cm. 일본 덴리 대학. 류고쿠 대학 소장의 「혼일강리역대국도지도」라는 표제가 붙은 이 세계지도와 같은 사본의 하나인 이 지도는 15세기 세계지도 중에서 가장 훌륭한 지도로 평가되는 것이다.

일식의 관측 기록이 있는데, 이것들은 중세 이슬람 천문학자들이 남긴 기록에 필적한다. 또 태양 흑점의 관측 기록들은 특히 주목된다. 그것은 〈일중흑자(日中黑子)〉라고 표현되고 있는데 예를 들면, 1151년 3월 2일 〈태양(太陽)에 흑자(黑子)가 있다. 그 크기는 계란만하다〉는 것을 비롯하여, 1024년부터 1383년 사이에 34회에 달하고 있다.

고려 의약학의 성립도 고려 과학의 주요한 성과로 꼽을 수 있다. 한국에서 의약학이 체계적으로 기초 지어진 것은 대체로 6세기에서 7세기에 이르는 삼국의 전성 시대였다. 한국 고대의 전통적 의약 처방에 중국의 의학 이론이 들어와서, 한국산 의약을 쓴 한국의 의학으로서의 체계가 서고 있었던 것이다. 도홍경(陶弘景)의 『본초경집주(本草經集註)』에는 11종의 한국산 의약이 나타나고 있으며, 10세기 일본의 유명한 의서인 『의심방(醫心方)』에는 백제와 신라의 의서에서 처방이 인용되고 있다. 9세기에 이르면, 22종의 한국산 의약이 중국과 일본의 의서에 나타난다. 고려의 의약학은 이러한 전통 위에 성립하였다. 그리고 10세기에는 국립의학교가 창립되고, 의원(醫員)의 국가시험 제도가 시행되었다. 그후, 12세기에서 13세기에는 송의학(宋醫學)을 적극적으로 도입하고, 『향약방(鄕藥方)』이라 불리는 고려 독자의 처방이 출현하였다. 『향약구급방(鄕藥救急方)』 3권이 그것이다. 이 의서는 고려산 약재에 의한 처방을 중심으로 한 것이어서, 그때까지의 한국 전래의 의약학적 지식의 결산이었다. 여기에는 180종의 고려산 의약에 대한 명칭과 약의 성질 및 채집 방법 등이 설명되어 있다. 이제 고려에서 고려산 의약에 의한 고려의 의서가 저술된 것이다.

고려의 산업 기술 중에서 우리가 놓칠 수 없는 또 다른 몇 가지 중요한 발전이 있다. 금속공예 기술과 나전칠기공예, 그리고 화약과 화포 및 무명의 출현이 그것이다. 고려의 금속 기술은 신라의 기술적 전통을 이어받아 한 단계 높은 수준으로 전개되었다. 고려의 청동기 기술과 철기 기술은 지금까지 별로 평가를 받지 못했다. 그러나 그것은 재조명되어야 하고 제대로 평가되어야 할 것이다. 고려의 기술자들은 놋이라 불리는 우수한 청동합금을 발전시켰다. 아름다운 황금색의 놋그릇이 한국인의 식기로 크게 보급되기 시작되었고, 청동거울이 대량으로 생산되어 고려인 생활 속에 자리잡았다. 이러한 청동 기술의 전개는 마침내 거대한 주철 불상을 출현케 했다. 9세기에서 11세기 사이에 제조된, 철을 부어 만든 불상들은 그 뛰어난 주조 기술과 용접 기술에서 고려의 주철 기술이 최고의 수준에 있었음을 보여주고 있다. 남아 있는 몇 개의 커다란 철불은 청동불상을 방불케 할 정도로 훌륭하게 주조된 것이다.

고려에는 14세기 전반기에 화약과 화포가 출현했다. 그 당시 중국에서 극비에 부치고 있었던 화약 제조의 비밀을 최무선이 다시 발명한 것이다.

중국에서 대외적으로 유출되는 것을 막았던 기술을 고려 사람이 빼낸 것이 또 하나 있다. 목면(木綿)의 기술이다. 14세기에 중국에 갔다온 문익점이 목화의 씨앗을 몰래 가지고 돌아와서 자기 고향에서 재배하는 데 성공한 것이다. 그것은 고려인들의 생활에 혁신적 변화를 일으킨 커다란 사건이었다. 무명옷과 솜옷, 솜이불을 쓰게 되고 배의 돛을 무명천으로 만들게 되면서 고려의 경제 전반에까지 영향을 미치게 되었다.

세종의 시대, 자주적 과학 기술의 전개

이렇게 한국인은 중국의 전통적 거대과학(巨大科學)의 그늘에 있으면서도 그들 나름의 창조적 발전을 여러 분야에서 이룩했다. 이러한 창조성은 조선 왕조에서 더욱 확대되어 갔

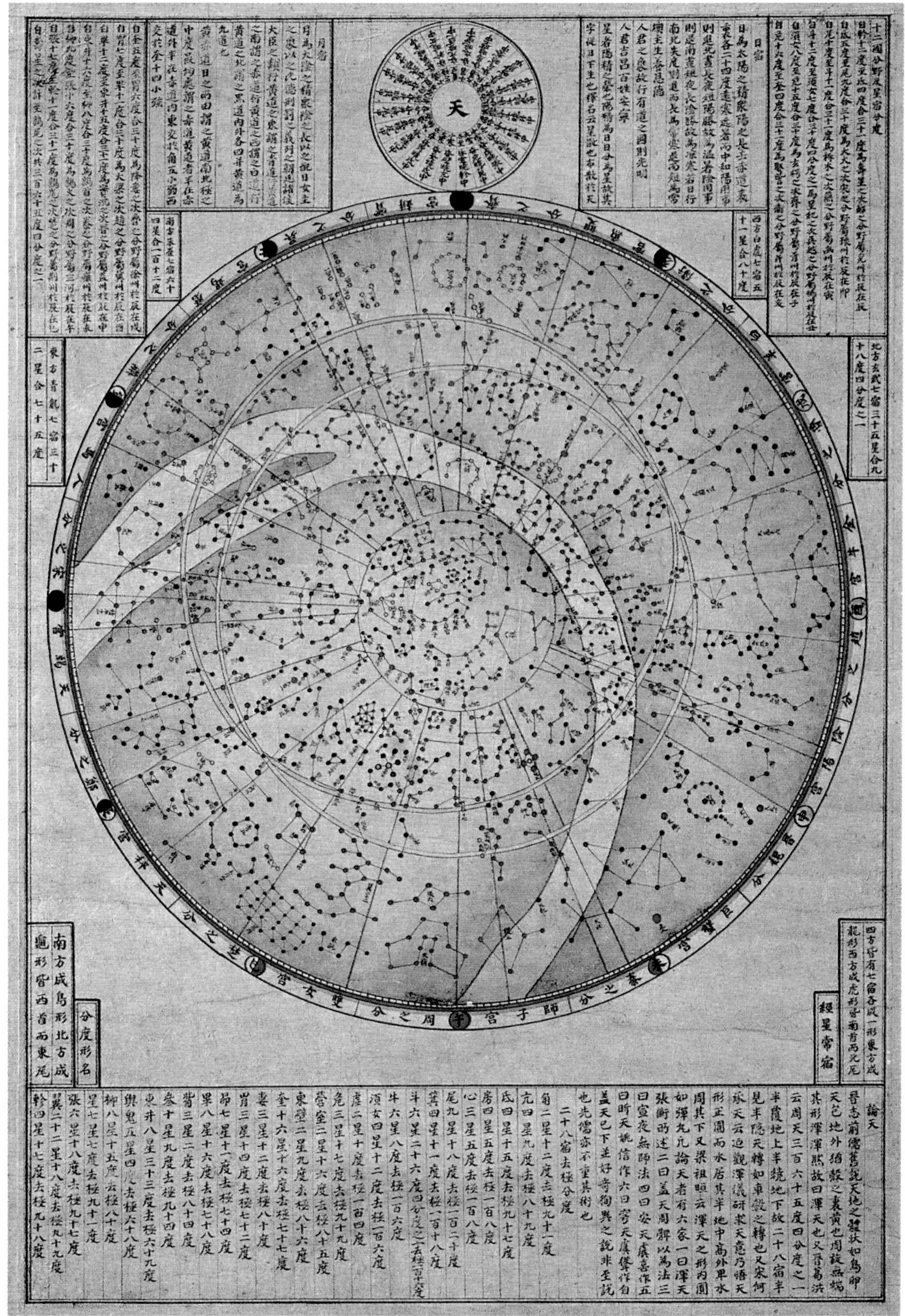

조선의 별자리 그림(16세기). 120×88cm 전상운 소장품. 태조 4년(1395)에 122.5×211×12cm의 석판에 1,467개의 별을 새겨 만든 「천상열차분야지도」라는 이름의 천문도의 채색 사본이다. 1395년의 천문도 각석은 국보 228호로 지정되어 지금 덕수궁 궁중유물전시관에 보존되어 있다.

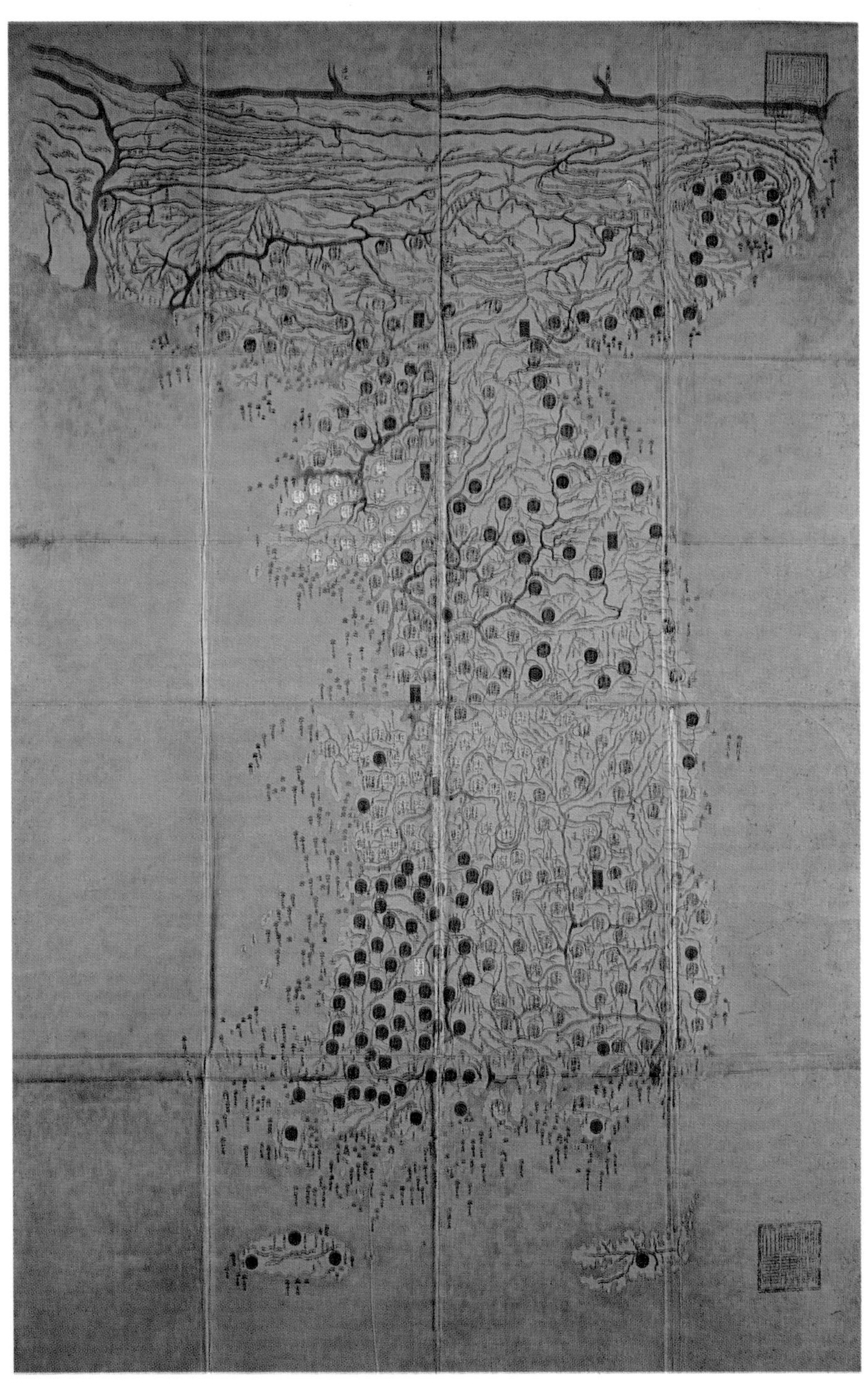

정척의 「동국지도」(15세기). 채색 사본. 152×91cm. 일본 나이가쿠 문고 사진 제공. 조선국회도라는 표제로 전해지는 이 조선 전도는 정척이 1450년대에 완성한 「동국지도」의 한 사본으로 보존 상태가 좋은 매우 아름답고 정밀한 지도이다.

다. 특히 조선 왕조 초기에 자주적 문화 창조의 기운과 국가적인 노력의 경주는 새 왕조의 과학 기술 발전에 강력한 추진력이 되었다.

1395년 서울로 수도를 옮긴 조선 왕조는 왕조의 권위를 표상하기 위해 새로운 천문도를 돌에 새겨 만들었다. 「천상열차분야지도(天象列次分野之圖)」가 그것이다. 그것은 1,467개의 별을 290개의 별자리로 그려 넣은 완벽한 성도(星圖)이다. 가로 122.8cm, 세로 200.9cm 크기의 검은 대리석에 새긴 이 천문도는 14세기 조선 천문학이 어떻게 전개되고 있었는지를 실증하는 귀중한 유물이다.

조선 왕조 초의 과학 기술 전개에서 또 하나의 중요한 성과는 청동활자 인쇄 기술의 재발명이다. 1403년(태종 3)에 태종은 대신들의 강력한 반대에도 불구하고 유명한 계미청동활자의 주조를 강행했다. 그러나 계미자로 인쇄한 책들은 현존하는 몇 가지 고려 목판본들보다 좋은 인본이라 할 수는 없다. 또한 인쇄 능률에 있어서도 한 가지 책만을 인쇄할 때와 비교하면 오히려 뒤떨어진다. 그리고 소요되는 경비와 노동력도 별로 나을 것이 없다. 그러니까 생산성이 떨어지는 기술이었다. 그럼에도 불구하고 이 사업은 다음 임금인 세종에 의하여 훌륭히 계승되어 국책사업으로 추진되었다. 그 결과 선식 활판인쇄 기술은 크게 개량 발전되어 완성 단계에 도달했다. 기술 혁신이 이루어진 것이다. 이것은 동아시아의 다른 지역에서는 볼 수 없었던 일이다.

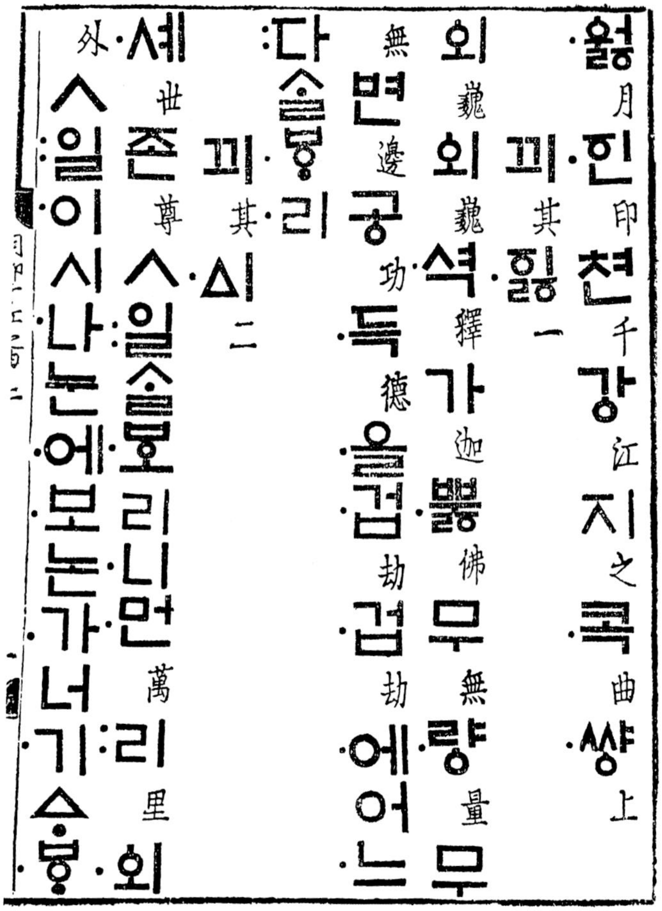

15세기 전반기 청동활자 인쇄본 『월인천강지곡』. 1434년에 주조한 갑인자 작은 글자와 1447년 무렵에 주조한 한글 활자를 써서 닥종이에 찍은 책이다.

청동활자 인쇄술은 태종이 1403년에 말한 것처럼 〈천하의 책을 모두 인쇄〉하기 위해서 시작된 것이었다. 중국에서 사오는 책에만 의존해서는 안 된다는 것이 태종의 신념이었다. 그것은 〈백년지대계(百年之大計)〉를 성취하기 위한 거시적 정책의 추진이었다.

그것은 세종에 의하여 계승되고 더욱 확대 발전되었다. 15세기의 조선 금속활자본이 같은 시대 어느 지역의 인쇄본보다 뛰어난 것은 세종대 기술 혁신의 결과였다. 조선에서의 청동활자 인쇄술의 발전은, 중국에서는 거의 내버려졌던 기술이 한국에서 국가적 과제로 추진됨으로써 과학과 문명에 크게 기여한 기술이 된 하나의 사례라고 할 수 있다. 또한 그것은 한국인이 중국 과학 기술을 모방하는 데서 머무르려 하지 않았음을 보여주는 사례이기

측우기와 측우대. 1770년 제작. 크기 46×37×37cm(위쪽 그림). 1837년 제작 금영측우기(복제)와 1782년 제작 대리석 측우대. 크기 30.3×45.3×45.5cm. 덕수궁 궁중유물전시관. 1441년(세종 23) 조선 왕조는 세계 최초로 측우기를 발명하여 강우량을 과학적 방법으로 측정하기 시작했다. 그후 여러 차례 측우기와 측우대가 제작되어 전국적으로 강우량이 측정되었다. 이 측우대에는 측우기 제작의 역사적 의의와 경위를 사면에 명문으로 새겼다.

도 하다. 창조적 기술 개발을 이룩한 것이다.

1403년의 계미자에 의한 인쇄 기술상의 결점은 1421년에 세종과 이천 등의 과학자에 의하여 국가적 프로젝트로 개량이 추진되었다. 청동활자의 완전한 규격화와 정밀한 주조 기술 개량에 의한 아름다운 활자의 주조가 이루어졌다. 조판 기술이 놀라우리만치 향상되었고 따라서 인쇄 능률과 인쇄 효과가 크게 발전하였다. 이 기술적 발전은 1434년의 갑인자 주조로 이어졌다. 14년 동안의 발전은 비약적인 것이어서 금속활자 인쇄는 거의 완벽한 단계에까지 이르게 되었고 능률 또한 수십 배로 향상되었다. 조선식 청동활자 인쇄술이 완성된 것이다.

이러한 업적은 한국 전통과학의 황금 시대라고 불리는 세종대에 특히 두드러지게 나타나고 있다. 우량계(雨量計)의 발명도 그 하나이다. 1441년(세종 23)에서 1442년(세종 24)에 걸쳐서 측우기(測雨器)와 수표(水標)라고 명명된 강우량 측정기가 발명되어 강우량의 과학적 측정법이 완성되었다. 이 원통형 측우기의 발명은 강우량을 정확히 측정하려는 노력에서 이루어졌다. 세종대의 과학자들은 측우기라는 측정기기로 강우량을 정확하게 측정하는 획기적인 방법을 발명한 것이다. 그 결과, 세종대의 관료 과학자들은 자연 현상을 기기를 이용하여 수량적으로 측정하는 과학적 방법을 발명하게 되었다. 그들은 잘 제도화된 측정 방법으로 전국의 강우량을 통계적으로 집계하는 일을 4백 년 이상이나 계속하였다.

세종대의 과학자들은 바람의 기상학적 측정도 병행하였다. 풍향기를 만들어 깃발 모양의 긴 천이 날리는 것을 보고 풍향과 풍속을 측정한 것이다.

15세기 전반기에 이렇게 기상 관측이 양적 계측기(量的計測器)에 의해서 전국적인 규모로 이루어진 것은 한국에서 뿐이다. 측우기의 발명은, 그 배경에 조선 왕조의 유교적인 정치 이념과 기우(祈雨)에 대한 하늘을 향한 신앙이 있었고, 농업적 과학 기술 정책을 바탕으로 한 제도적 노력 등이 복합되어 있다. 그리고 그 원통형 측정기 제작의 발상은 세종대 과학자들의 독자적인 것이었다. 과학으로서의 농업기상학이 세계의 어느 지역에서보다 일찍이 조선에서 성립했다는 사실은 의의있는 일이다.

16세기 자격루 유물(1536). 대파수호. 지름 93.5cm. 높이 70cm. 수수통 지름 37cm. 높이 199cm. 덕수궁. 세종 16년(1434) 장영실이 처음 제작한 자동 물시계를 중종 31년(1536)에 개량하여 새로 제작한 것이다. 15세기 조선 특유의 자동 시보 장치 물시계 모델이다. 지금은 물항아리들만 전시되어 있다.

송이영의 혼천시계(1669). 120×98×52.3cm. 혼천의 지름 40cm. 고려대학교 박물관. 동아시아의 전통적 혼천시계와 서양의 기계시계의 원리를 잘 조화시켜 제작한 독특하고 새로운 혼천시계 모델이다. 1962년 필자 촬영.

세종대에는 또한 새로이 천문대도 설립되었다. 대간의(大簡儀)라고 불린 경북궁의 대규모 천문대에는 간의(簡儀), 혼천시계(渾天時計)와 혼상(渾象), 규표(圭表), 정방안(正方案, 방위지시표) 등이 설치되었고, 정밀한 자동 물시계이며 천상시계(天象時計)인 자격루와 옥루, 그리고 각종 해시계들이 부설되었다. 서울의 중심지에는 커다란 공중 해시계도 설치되었다. 해시계들과 휴대용 해시계들은 매우 정밀하게 제작된 것이었다. 특히 앙부일구라고 이름지어진 이 해시계는 독특한 모델로 우리의 주목을 끈다. 그후 이 해시계는 조선의 대표적인 해시계로 오랫동안 수없이 많이 제작되었다. 그 휴대용 모델은 지남침을 같이 합해서 새로운 휴대용 해시계로서 아름답고 독특한 디자인이 돋보이는 모델로 자리잡고 이어졌다. 1434년에 완성된 조선 왕조의 새 표준시계인 자동 물시계는 자동 시보 장치가 붙어 있는 거대한 정밀 기계 시계이다. 제작자 장영실은 물을 공급하는 항아리에서 흘러내리는 물에 의해서 생기는 부력(浮力)을 동력으로 해서 몇 개의 지렛대 장치와 굴러내리는 공으로 작동하는 자동장치를 창안해 냈다. 그가 만든 자동 시보 장치의 추진 방식과 격발 방식은 그때까지의 다른 자동 물시계들과 현저히 다른 것이었다.

즉 11세기 중국의 소송(蘇頌)이 만든 거대한 천문시계나 13세기의 궁정물시계, 그리고 아라비아 알자자리al-Jazari의 물시계 등에서 보이는 것과는 아주 다른 독창적인 것이다. 또 기술

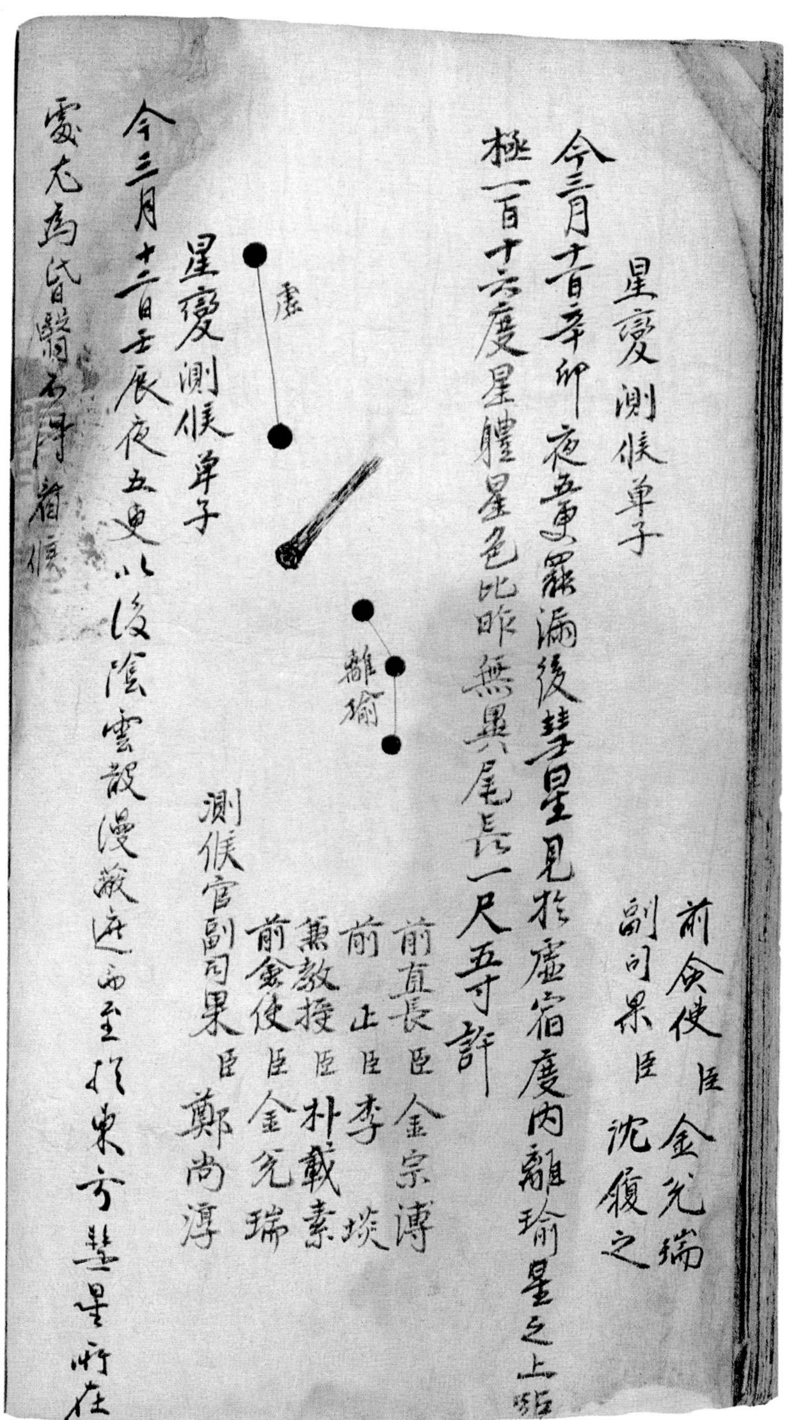
星變測候單子
今三月十一日辛卯夜五更罷漏後彗星見於虛宿度內離瑜星之上距
極一百十六度星體星色比昨無異尾長一尺五寸許
前僉使 臣 金兌瑞
副司果 臣 沈復之

前直長 臣 金宗溥
前正 臣 李埈
兼教授 臣 朴載素
前僉使 臣 金兌瑞
測候官副司果 臣 鄭尚淳

星變測候單子
今三月十二日壬辰夜五更以後陰雲散漫蔽遮而至於東方彗星所在
處尤爲陰翳不得看候

혜성 관측 보고서(18세기). 연세대학교 도서관. 관상감 성변측후단자의 한쪽. 영조 35년(1759) 3월 11일과 12일의 혜성 관측 보고서로, 관측 기록과 혜성 스케치 및 관측자 직성명이 기록되어 있다. 이 단자는 1759년도 회귀 때의 핼리 혜성에 관한 기록으로는 세계에서 가장 완벽한 것이다.

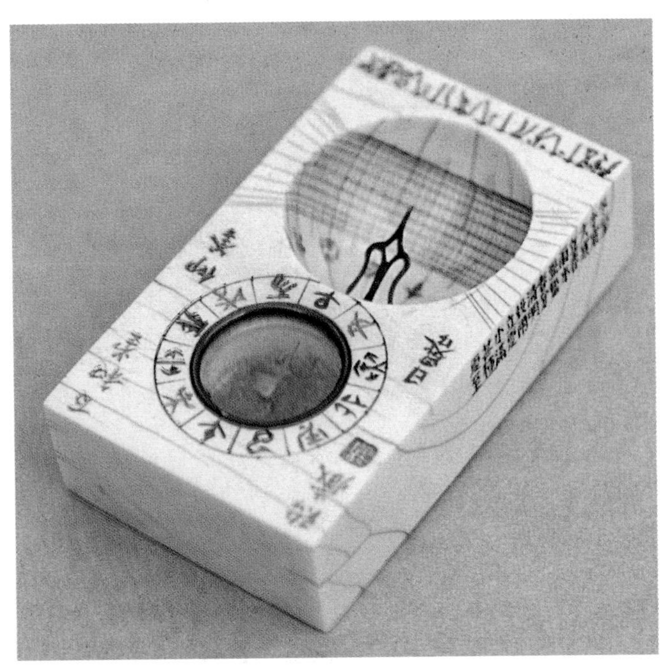

휴대용 앙부일구(18세기). 상아. 3.3×5.6×1.6cm. 정교하고 아름다운 제작 솜씨가 뛰어난 해시계이다.

적으로도 매우 앞선 방식이었다. 장영실의 자격루는 1536년에 개량된 모델이 다시 제작되었다. 지금 서울 덕수궁에 보존되어 있는 물시계의 유물이 그 물항아리 장치들이다. 1430년에 시작하여 7년이나 걸려서 완성된 이들 천문 관측 기기를 만들기 위해서 세종은 수학자, 천문학자, 기술자를 중국에 파견하여 천문 관측 기기를 연구케 하였다. 그리하여 세종대 과학자들은 원(元)의 곽수경(郭守敬) 시스템을 중심으로 하는 천문의기를 모델로 했다. 그러나 그것들은 대부분 조선식으로 개량되었다. 이 천문대는 15세기에 가장 규모가 크고 훌륭한 시설을 갖춘 것이었다. 여기 설치된 혼천시계 장치와 자동 물시계 장치들은 그 시대의 첨단 기술이고 고도의 정밀 기계여서 문헌의 연구만으로 쉽게 만들어지는 것이 아니었다. 간의대와 그 시설들은 세종대 과학 기술의 위상을 보여주는 것이다.

세종대의 천문학자들은 그들의 관측과 계산을 바탕으로 해서 자주적 역법 체계를 확립하였다.『칠정산내편(七政算內篇)』과『칠정산외편(七政算外篇)』의 편찬은 그러한 노력의 소산이었다. 이 두 천문 역학서(曆學書)는 세종대의 천문 역학자들이 중국 천문학과 역법계산(曆法計算)의 기본 원리와 이론을 완전히 정확하게 소화하고 있었고, 이슬람 천문·역법의 이론도 도입하고 있었음을 말해 주고 있다.『칠정산외편』은 한문으로 펴낸 이슬람 천문 역법의 가장 훌륭한 책으로 높이 평가되고 있다. 이제 조선 왕조는 자기의 역법을 바탕으로 자기 나라의 역서를 가지게 되었다. 이 달력의 특징은 서울에서 관측한 자료에 기초하여 서울의 위도에 따라서 작성되었다는 점이다. 이 달력은 1년의 길이를 365.2425일로 정하고, 1달의 길이를 29.530593일로 정해 수시력(授時曆)과 같은 상수(常數)를 취하고 있다. 그것은 또 1년 또는 1개월의 평균치와 매일매일의 실질적인 수치 사이에 나타나는 차도 매우 정밀하게 보여주고 있다. 세차의 값도 현재의 것과 같으며 그 밖의 대부분의 수치들이 유효숫자 여섯 자리까지 현재의 값과 일치하고 있다.

세종대의 과학적 업적은 과학 기술의 모든 분야에서 현저하게 드러나고 있다. 고려청자는 조선 초에 특징 있는 분청사기를 거쳐 백자가 주류를 이루게 되었다. 그것들은 조선 초부터 고려의 자기와는 형식과 성질이 전혀 다른, 이른바 조선 자기로 변모하고 있다. 청화백자(靑華白磁)는 세종대에 중국에서 처음으로 수입되어 15세기 중엽부터는 조선에서도 만들 수 있게 된 자기인데, 그 기형(器形)과 청화 문양의 주제는 중국과는 전혀 다른 것이었다. 조선 백자는 기술적으로는 세종대 중기부터 질적으로나 양적으로 중국 것과 어깨를 겨루었다.

조선 초기에는 군사 기술에서도 조선의 특색이 강하게 나타났다. 조선식 화포(火砲)와 거북선의 출현이 그 대표적인 보기이다. 화포는 중국의 기술을 수용하여 고려 말부터 실용화되었는데, 세종대에 이르러 중국의 양식에서 완전히 탈피하여 새로운 조선식 화포가 개발되었다. 강력한 국가적 통제에 의하여 추진된 화포의 전면적 개주(改鑄) 사업으로 조선 왕조는 완전히 규격화된 조선식 화포를 가지게 되었다. 그 화포들 중에서 몇 가지 중화기는 탄환뿐만 아니라 한 번에 여러 개의 불화살을 발사할 수 있는 것이었다. 세종대의 화포 기술의 발전을 바탕으로 하여 그 다음 왕대에 나타난 화차(火車)는 동시에 다수의 로켓을 발사하는 이동식 로켓 발사대였다.

조선식 화포의 전면적 개주 사업은 1445년에 끝났는데, 이때 완성된 모든 화포의 주조법과 화약 사용법을 상세히 기록하고 그림으로 표시하고 정확한 규격을 기입한 화약 병기의 기술서(技術書)가 편찬 간행되었다. 그것이 『총통등록(銃筒謄錄)』(1448)이다. 이 책은 15세기 최고의 화약 병기에 관한 기술서이다. 조선 왕조의 화포 제조 기술은 이로써 새로운 전기를 맞이하였다.

조선 초기의 전함으로 유명한 거북선은 왜구, 즉 일본인 해적 집단의 백병전술에 대비하여 개발한 돌격전함이다. 거북선은 한마디로, 여러 개의 중화기로 무장한 중장갑의 연해용 돌격전선이다. 그것은 기발한 아이디어로 설계된 특이한 전선의 모델에다가 그 뛰어난 화력과 기동력으로 높이 평가된다.

지리학의 분야에서도 괄목할 만한 업적이 있었다. 1402년에 그려진 조선 지리학자들의 세계지도 「혼일강리역대국도지도(混一疆理歷代國都之圖)」는 중국에서 작성된 몇 가지 중국 중심의 지도들을 바탕

앙부일구(18세기). 청동은입사. 시반 지름 24.1cm. 성신여자대학교 박물관. 세종 19년(1437)에 처음으로 만들어져 공중 해시계로 설치되었다. 이 해시계는 그 후 조선의 대표적 해시계 모델로 5백년 동안 이어졌다. 돋보이는 우아한 디자인과 정밀한 시반은 해시계로서의 완벽한 기능을 다하기에 충분한 것이다.

으로 한 것이지만, 그들이 생략한 서쪽 세계와 조선과 일본을 제대로 나타낸 보다 앞선 세계지도이다. 그것은 중화적 세계관에서 벗어나지는 못했지만, 유럽과 아프리카 지역과 극동을 포함하는 넓은 의미의 세계지도로서 그 당시의 가장 새로운 지리학 지식을 반영하였다.

이 1402년의 세계지도에 나타나 있는 한반도의 지형은 상당히 정확하여 고려의 한국 지도가 이미 제대로 그려지고 있었음을 보여주고 있다. 세종대에는 그것을 바탕으로 한 실지 측량이 전국적으로 이루어져서 거의 완전한 한국 지도를 제작하기에 이르렀다. 정척(鄭陟), 양성지(梁誠之)의 「동국지도(東國地圖)」가 그것이다. 이 지도는 세종 때의 천문학적 관측 성과를 바탕으로 했기 때문에 그 정확성이 뛰어났다. 백두산과 강화도 마니산, 한라산의 위도 측정으로 한반도의 남북간 거리와 동서의 폭, 그리고 한양 북극고도의 확정으로 서울에서 백두산, 서울에서 제주도를 잇는 직선 거리가 정확히 결정되었다. 「동국지도」는 이런 모든 측정치를 가지고 제작된 과학적 지도였던 것이다. 지금 일본에 남아 있는 15세기 전반의 조선 지도는 15세기에 제작된 세계의 어느 지도보다도 훌륭한 것으로 꼽히고 있다. 정확한 조선 지도의 제작과 함께 세종대의 관료 지리학자들은 보다 완벽한 지리지를 만들기 위하여 노력했다. 현지에서의 직접 조사와 문헌 연구를 병행하여 편찬된 조선의 지리지는, 전국 지도와 각도의 지도를 덧붙여 지리지로서의 체제가 제대로 갖추어진 것이다. 『세종실록』에 들어 있는 『지리지(地理志)』는 그때에 편찬된 지리지의 체제와 내용을 잘 보여주고 있다. 그것은 거의 완벽한 조선 지리지로서 학문적으로도 높이 평가되고 있다. 15세기 지리지 중에서 이렇게 훌륭한 책이 인쇄 간행된 것은 보기 드문 지리학적 성과로 꼽을 수 있을 것이다. 우리는 세종대의 지리지와 조선 지도의 제작 기법에서도 조선 학자들의 뚜렷한 창조적 성향을 찾아볼 수 있다.

의학 분야에서는 조선 의약학의 체계화와 동양 의학의 집대성이 이루어지고 있었다. 조선 초에 더욱 활발하게 전개된 향약의 연구는 한국산 의약에 관한 의학적 본초학적 지식으로 정리되었고, 독자적 의약 처방으로 체계화되었다. 그것이 1433년에 완성된 『향약집성방(鄕藥集成方)』이다. 거기에는 703종의 한국산 의약이 나타나 있다. 이것은 의약학의 중국 의존에서의 탈피로서 획기적인 일보 진전이었다. 이들 연구와 병행하여 이룩한 것이 『의방유취(醫方類聚)』의 편찬이다. 1445년에 완성된 266권이나 되는 이 의학대백과사전은 한국과 중국의 의서 153종을 집대성한 것으로 15세기 최대의 의서의 하나였다. 이 의약학서는 중국과 일본의 의약학에도 큰 영향을 미쳤다. 세종대의 의학 발전은 조선 의학의 기틀을 완전히 잡는 데 크게 기여했다. 그것은 이미 중국 의학인 한의학(漢醫學)이 아니고 조선 의학인 동의학(東醫學)이었다. 16세기 말 허준(許浚)의 『동의보감(東醫寶鑑)』 25권은 조선의 실증 의학적 지식을 집대성한 조선 의학의 결산이었다.

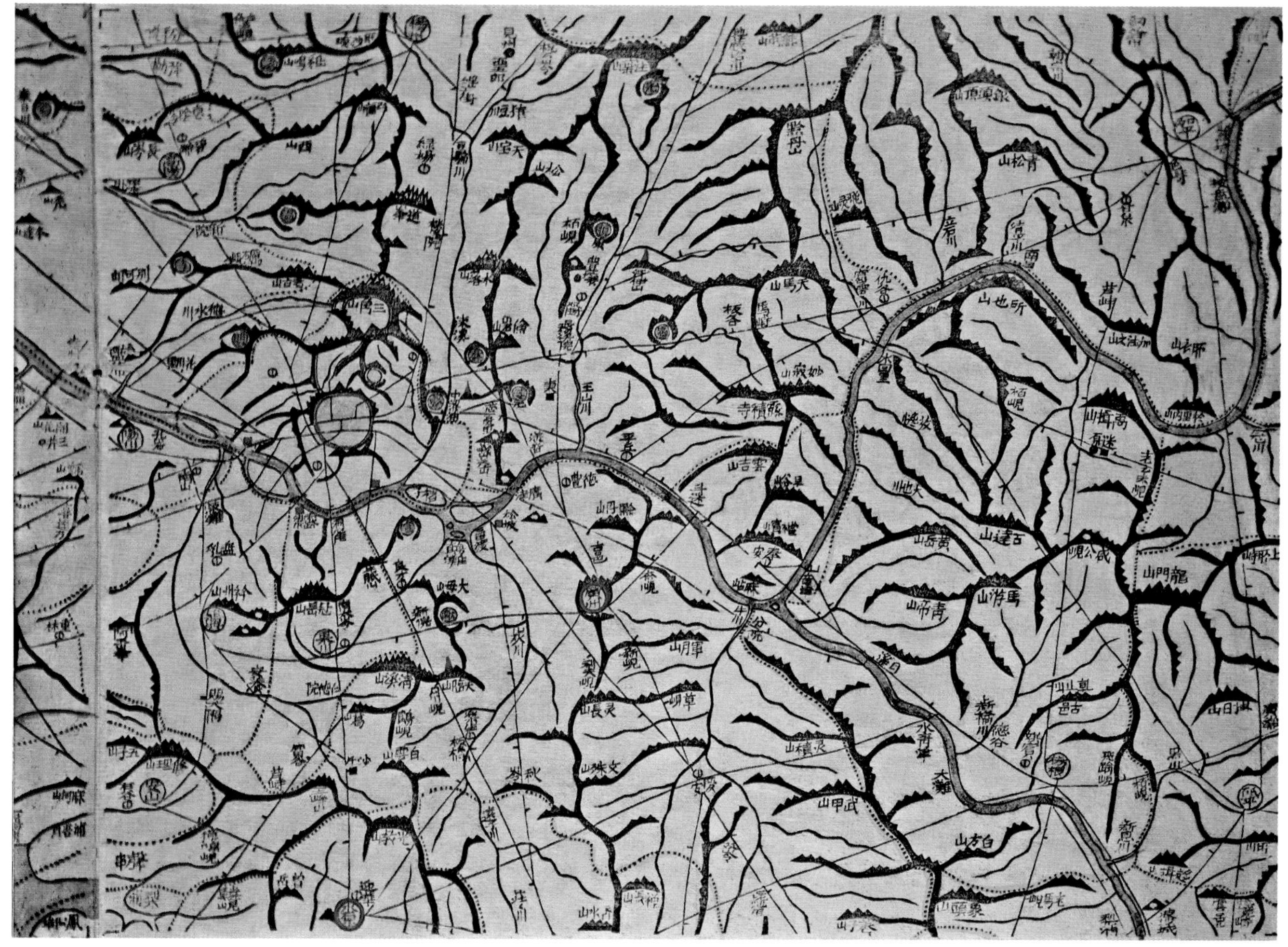

『대동여지도』, 경기도 부분. 1861년 목판본. 김정호 제작. 보물 850호. 성신여자대학교 박물관.

농업 기술도 세종대에 큰 발전을 보았다. 그때까지의 한국 농업 기술은 주로 중국의 농서(農書)를 텍스트로 하여 전개되고 있었다. 그러나 중국의 농서는 한국에서 실제로 농업을 해나가는 지침서는 될 수 없었다. 그래서 편찬된 것이 1429년에 완성된 『농사직설(農事直說)』이다. 그것은 각 지방의 농법을 널리 조사하여 그 중에서 가장 현실적이고 발전된 기술을 요약한 것이다. 이 농서는 조선 농업 기술의 향상에 크게 기여했다. 농작물의 종류는 다양해지고 논농사 기술과 농작물을 기르는 기술이 향상되고 집약 재배 농법이 궤도에 오르게 되었다. 그후 이 농서는 조선 농업의 기본 텍스트로서 중국 농서에 우선하게 되었다. 『농사직설』을 간행하여 농민들에게 앞선 농업 기술을 가르쳐 농업 생산을 증대하려던 세종의 농업 정책은 성공을 거두었다.

면직물의 보급, 농산물의 생산 증대, 의약학의 발달에 의한 질병과의 효과적 대응은 한글 창제와 함께 세종대 한국인의 생활 수준 향상에 크게 기여했다. 조선의 과학과 기술은 이제 더 이상 귀족이나 양반 계층만을 위한 것이 아니고 민중을 위한 지식으로 확대되고 발전하고 있었던 것이다.

이렇게 15세기 전반기인 조선 초에 이룩한 과학과 기술의 발전은 그 질과 양에서 한국의 역사에서는 말할 나위도 없고, 동아시아에서 더 나아가 세계사적인 시야에서 볼 때에도 유례가 없는 발자취를 남겼다. 15세기 전반기의 과학사는 조선 왕조 세종대의 과학자들에 의하여 정상으로까지 끌어 올려졌다. 그 시기는 〈세종의 시대〉라고 부르기에 조금도 손색이 없을 것이다.

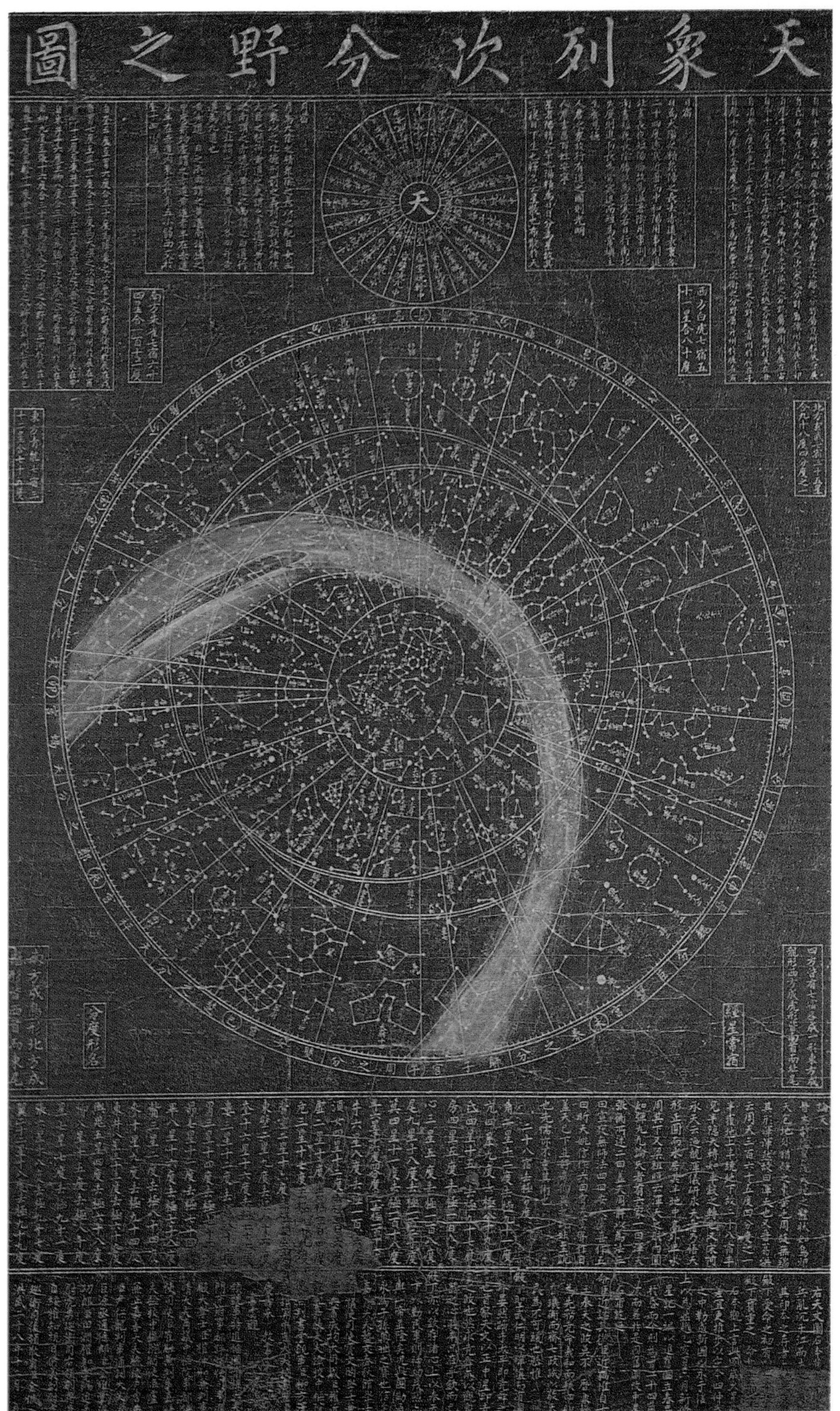

화보 1
「천상열차분야지도」(16-17세기)

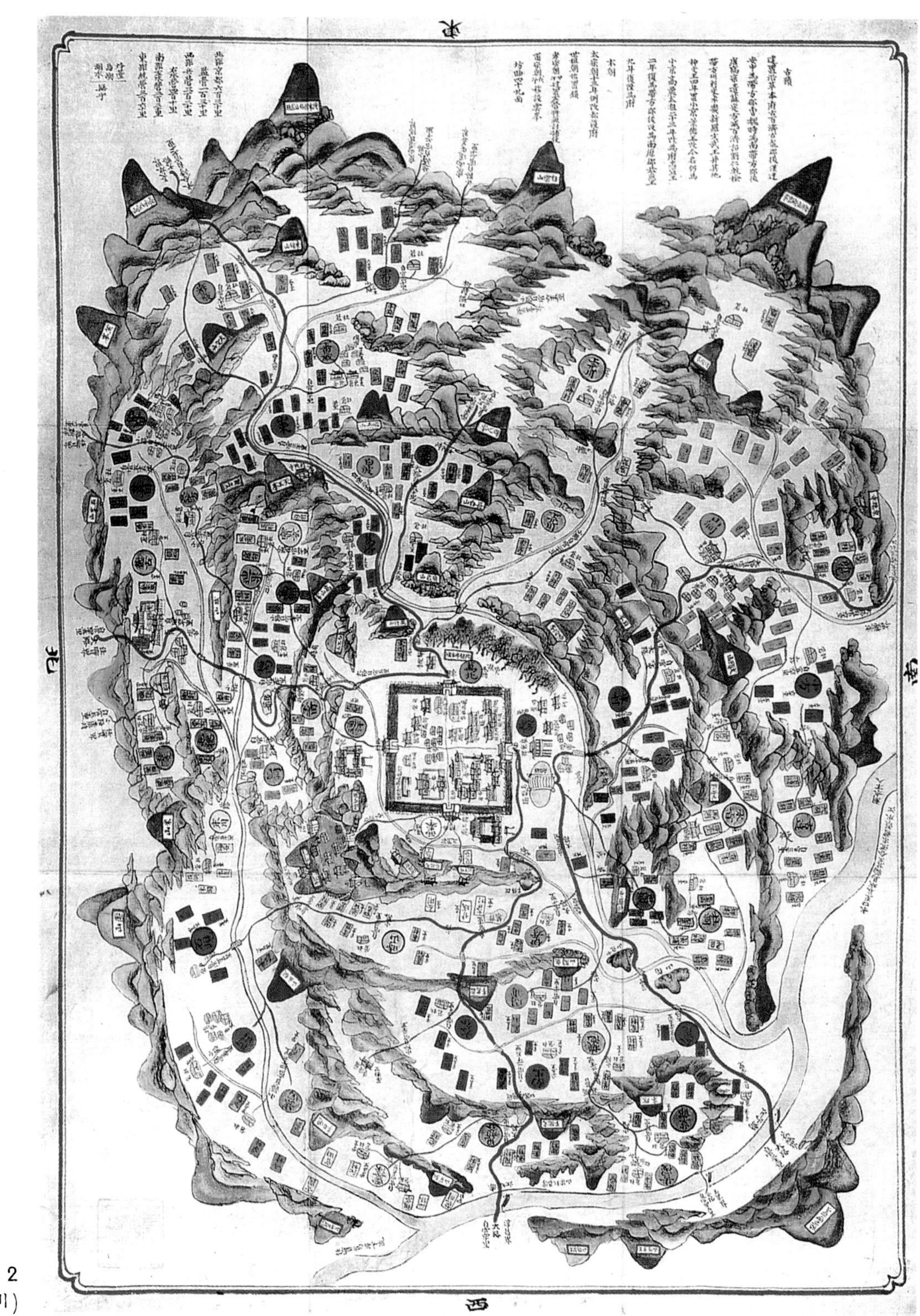

화보 2
「남원부지도」(19세기)

화보 3
유리구슬과 곱은옥(5세기)

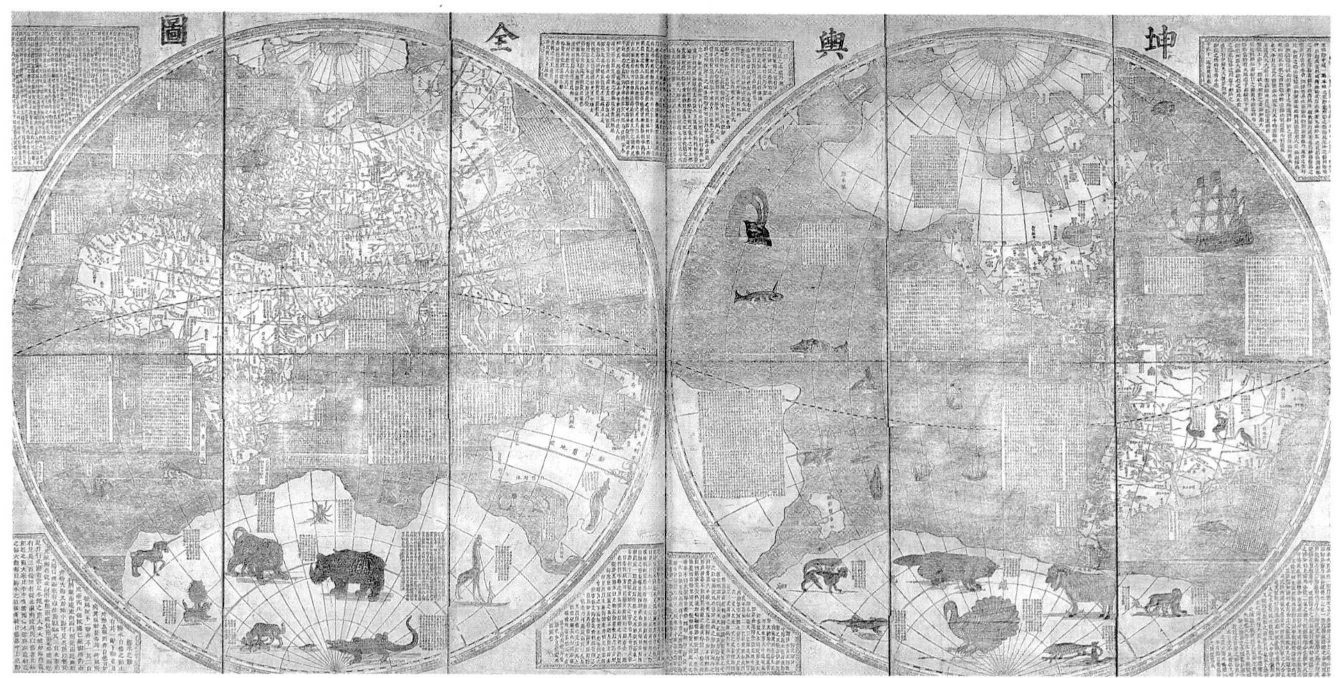

화보 4 「곤여전도」(1860년)

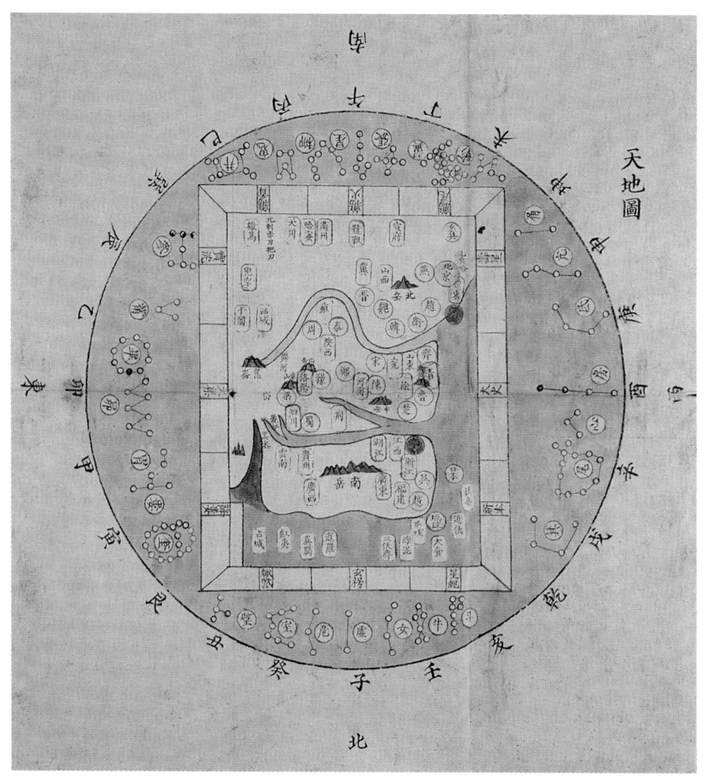

화보 5 「천지도」(조선 중기)

화보 6 「일성정시의」(1437년, 복원)

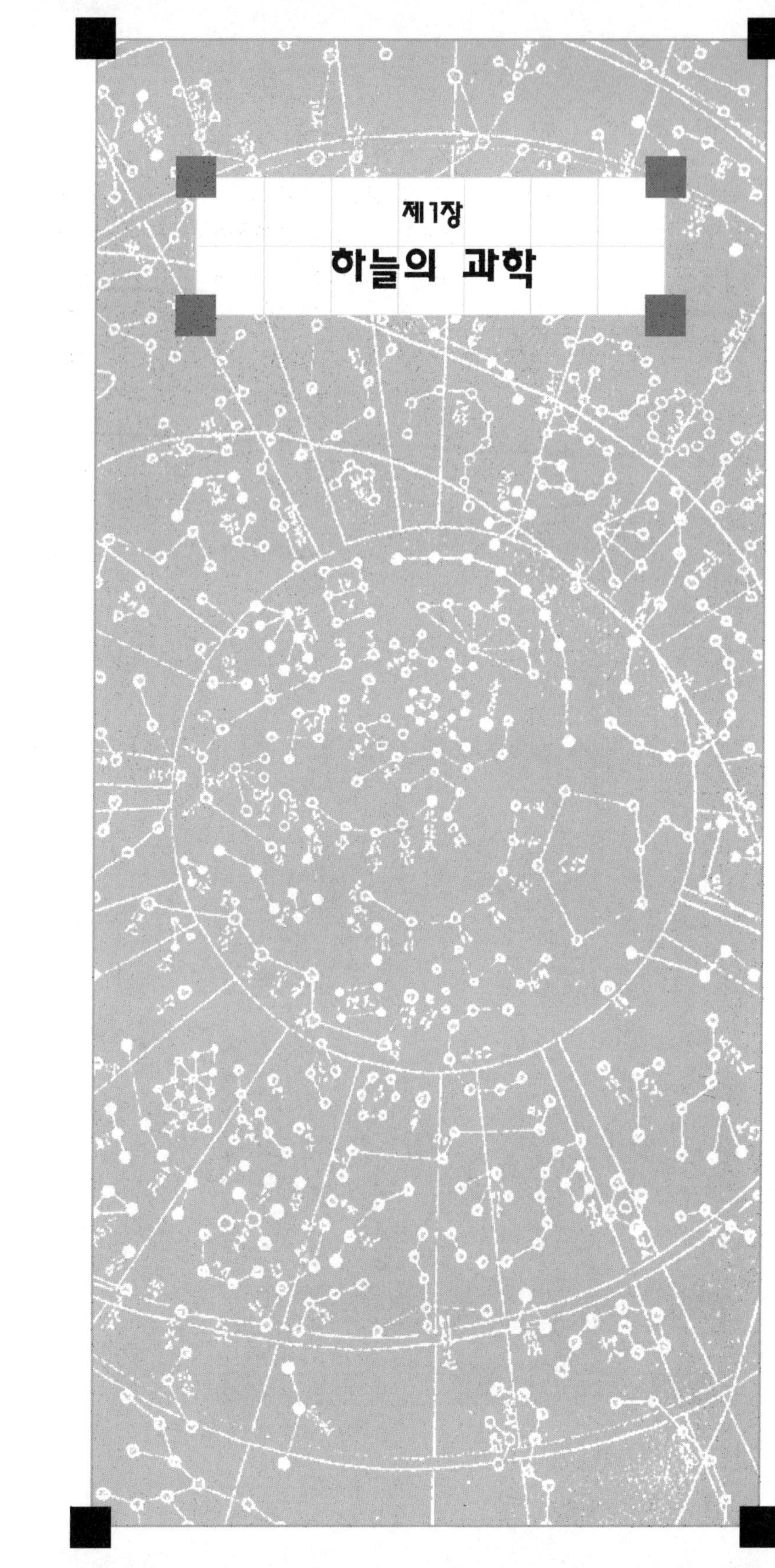

제1장

하늘의 과학

제왕의 학문

고구려 춤무덤(무용총)의 별자리 그림(5세기). 집안 지역 『조선고적도보』에서. 해와 달 그리고 29개의 별들이 그려져 있는데, 별자리는 3개의 줄로 이어져 있다.

맑게 갠 밤하늘에 반짝이는 수많은 별들을 보면서 그것들이 움직이고 있다는 것을 스스로 깨닫는 사람은 많지 않다. 아름다운 별들의 신비는 그것을 주의깊게 관찰하는 사람에게만 그 모습의 일부를 보여주기 때문이다. 하늘의 과학은 여기서 시작된다. 끝없이 넓은 하늘, 헤아릴 수 없이 많은 별들, 해와 달, 그리고 우리가 사는 지구.

천문학이 과학으로 제일 먼저 성립하게 된 것은 신비로운 별들의 아름다움을 오래도록 바라본 사람들이 있었기 때문이다. 그들은 거기서 여러 가지 사실을 찾아냈다. 그리고 기억하고 입으로 전해주고, 나중에는 기록하게 되었다. 그것들은 차츰 축적되었고 사람들은 그 축적 속에서 규칙성을 발견했고 변화를 알게 되었다.

지구상에는 여러 민족이 살고 있고 그 누구도 밤에 별들을 보지 못하는 사람들은 없다. 그러나 그 현상을 학문으로 이어준 민족은 많지 않았다. 그 많지 않은 민족 중에 한국인이 끼어 있었다. 지구

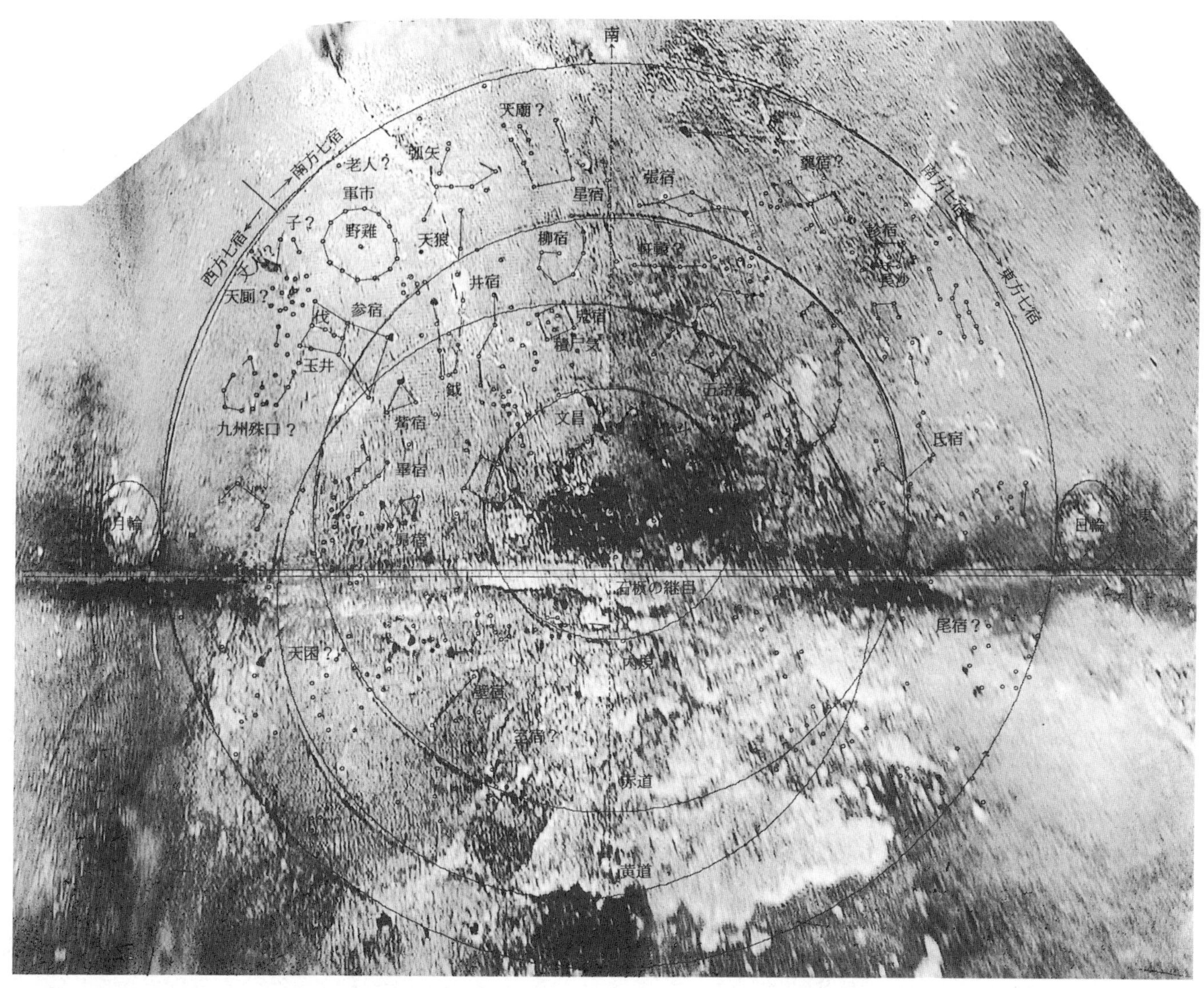

기토라 고분의 별자리 그림(7세기). 일본 나라현 아스카촌. 사진 제작 미야지마 교수.

의 동쪽 끝, 남쪽의 반도로 이어진 결코 넓지만은 않은 땅에서 한국인은 나름대로 하늘의 과학, 즉 천문학을 만들어내고 있었다. 옆에 있던 문명된 민족인 중국인의 영향인지도 모르지만 꼭 그게 전부인 것만은 아니었다.

한국인은 기원전 54년 4월에 있었던 일식 기록에서 시작하여 삼국 및 통일신라 시대에 이르는 약 1천 년 동안에 66회의 일식 관측 기록을 남겼다. 이어 고려 시대 475년간 132회, 조선 시대 5백 년간 190회의 관측 기록을 가지고 있다.

또 혜성에 대한 기록은 『삼국사기』에 57회, 『고려사』에 87회, 조선 시대의 각종 사료에 103회에 달한다. 그 중에서 1664년 10월에 나타난 대혜성의 관측 기록은 유명하다. 다음해 1월 초순에 소멸하기까지 80여 일 동안 하루도 빠짐없는 관측 기록이 남아 있어 세계 천문학사에 유례가 없는 진귀한 보물로 평가되고 있다. 물론 고려 시대와 그 이전의 기록도 중국 이외의 세계에서는 가장 훌륭한 것으로 높이 평가된다.

우주를 상징한 고려 청동거울(11세기경). 개인 소장. 태양 4신 8괘 12시 28수 등을 표현하고 있다.

한국인은 일찍부터 태양 흑점도 관측했다. 『고려사』에는 1024년부터 1383년까지만도 34회의 관측 기록이 있다. 특히 태양 흑점이 8-20년을 주기로 관측되고 있는데, 이는 오늘날 우리가 인정하고 있는 주기의 평균치인 7.3-17.1년과 거의 일치하는 것이다.

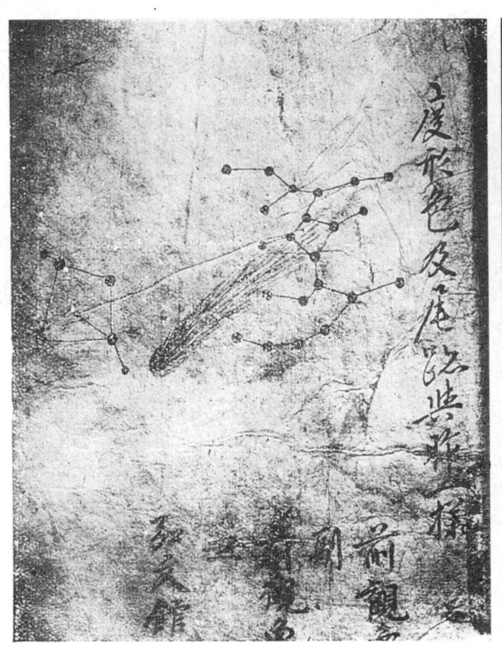
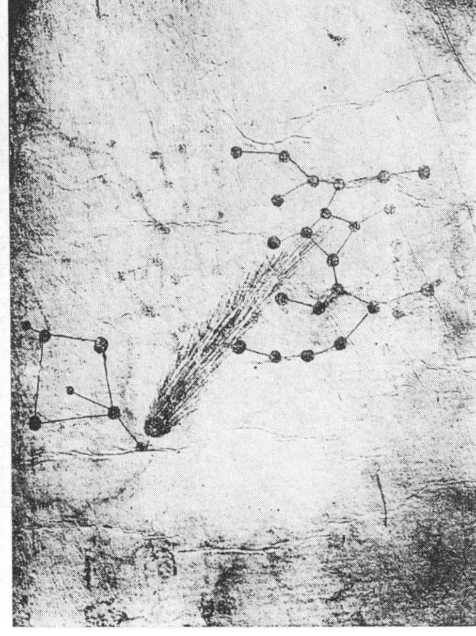

성변측후단자. 1664년 10월 28일 밤의 대혜성 관측 보고서와 와다의 『한국 관측소 학술보문』에서. 세계에서 가장 오래된 그리고 이 시기의 유일한 대혜성의 관상감 관측 기록으로 1908년경 경복궁 관상감 창고에서 발견된 것이다. 지금은 남아 있지 않다.

한국의 역대 왕조는 천문 관측에서 훌륭한 업적들을 남겼다. 『고려사』「천문지」에 요약된 고려 시대의 관측 기록은 그 시기의 아랍인들의 천문 관측 기록과 함께 세계에서 가장 훌륭한 기록으로 평가되고 있다. 고려의 천문 관리들은 그들이 정한 관측 제도에 따라 누구보다도 성실하게 밤낮없이 관측에 임했다. 15세기 초 세종 때에 이미 한국인은 일식·월식과 행성 운동을 정확히 계산할 수 있었다. 또 1년의 길이를 365.2425일, 1달의 길이를 29.530593일로 거의 정확하게 측정하여 달력을 계산하는 데 활용했다.

경복궁 경회루 서북쪽에 세워진 거대한 간의대는 세종 시대 천문 관측의 중심이었다. 1432년에 시작하여 7년 만의 대역사로 이루어진 이 국가적 프로젝트의 추진으로 조선 왕조는 대간의와 규표를 비롯한 해시계와 물시계 등의 각종 천문 관측 기기를 완성하였다. 15세기 최대의 천문 관측 시설이 세워진 것이다. 『세종실록』은 장장 7쪽에 걸쳐 이 역사적인 사실을 생생하게 기록하고 있다. 역사를 기록한 사관들은 이 사업의 성공적 수행을 자랑스러워하고 있다. 이 천문대의 규모와 기능이 대단했기 때문이다.

천문 역법을 관장하는 정부 기구인 서운관(書雲觀)의 관료 천문학자들은 하루도 빠짐없이 관측에 임했다. 일식이 일어나거나 혜성이 출현했을 때는 비상 현상으로 관측 보고서가 작성되어 승정원을 비롯한 정부의 주요 관서에 즉시 보고되었다. 이러한 관측 규정은 성주덕의 『서운관지』에 자세히 기록되어 있다.

천문학은 예로부터 〈제왕(帝王)의 학(學)〉이라고 했다. 하늘의 천체들에서 일어나는 현상은 곧 나라와 임금의 안위와 이어진다고 믿었다. 그래서 한국인은 천체의 움직임과 하늘에서 일어나는 여러 현상에 민감했다. 또 꾸준하고 주의깊은 관측과 정확한 계산을 통해서 그 학문적 전통을 세웠다. 첨성대는 그러한 한국인의 고대 천문학을 상징하는 대표적인 유물이다.

혼천의(조선 중기). 선화당. 나무로 만든 교육용 혼천의로 만듦새가 훌륭하다.

휴대용 혼천의. 청동제. 조선 시대. 이 혼천의는 1960년 초 창경궁 장서각 창고에서 필자가 촬영한 것이다.

고대의 관측 기록

첨성대와 같은 관측대는 고구려와 백제에도 있었다. 그리고 일본에

혼천의와 천문 기기 그림 접시(중국 청나라 때). 태국 방콕 국립박물관. 남경 자금산 천문대의 대 혼천의와 거의 같은 혼천의 그림이 그려진 색다른 대형 접시인데 1981년에 필자가 촬영한 것이다.

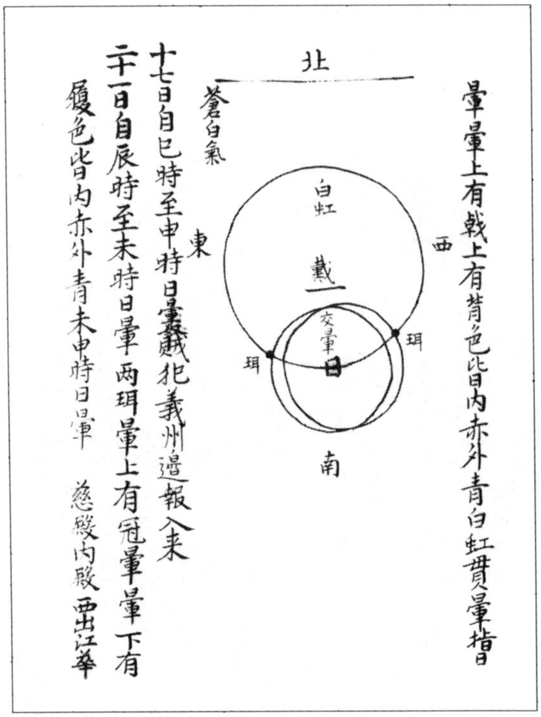

햇무리 그림. 『재이고』(1650-59)에서.

도 675년에 백제 사람들이 건너가서 점성대를 세웠다.

첨성대는 천문대이다. 그러나 그것은 현대인이 상식으로 알고 있는 오늘의 천문대 개념과는 구별되는 것이다. 즉 고대 천문학과 천문 사상을 바탕으로 이해되는 천문대 또는 천체 관측대이다. 첨성대는 일식·월식 또는 혜성의 출현과 같은 하늘의 이변이 일어났을 때 주로 이용되었을 것으로 생각된다. 또 그 우아한 외형은 신라 천문학의 관측 중심으로서 상징적 역할도 했을 것이다.

이러한 천문대에서 관측한 기록들은 여러 문헌에서 찾아볼 수 있다. 고대 한국인의 천문 관측의 성실함을 보여주는 기록들이다.

『삼국사기』와 『삼국유사』에는 단편적이고 부분적이기는 하지만, 고구려의 천문 관측 기록들이 남아 있다. 11회의 일식 기록과, 10회의 혜성 기록, 그리고 11회에 이르는 그 밖의 천체 현상들의 기록이 그것이다. 이 천체 관측 기록들은 고구려의 기록들에서 옮긴 것으로 생각되고 있다. 고구려의 천체 관측 기관과 관측 제도가 어떠했는지 알 수 있는 기록은 없다.

그런데 고구려의 관측 기록 중에는 영류왕 23년(640) 9월 〈해에 빛발이 없다가 3일이 지나서야 다시 밝았다〉는 태양 흑점이라고도 여겨지는 태양 표면의 이변과, 양원왕 11년(555) 11월 30일 〈태백성이 낮에 보였다〉는 기사와 같이 독자적 관측 기록의 존재가 분명한 주목할 만한 것이 나타나고 있다. 그러한 독자적인 관측 기록의 존재는, 고구려에 국가적인 천체 관측 기관과 시설이 있었고 거기 소속된 천문 관리가 활동하고 있었기 때문이다. 일자(日者)라는 관직명은 천문 관측과 관련된 관리 중 하나였을 것이다.

백제에서의 천문 기상 관측은 『삼국사기』의 관측 기록에 의하여 그 대강을 알 수 있다. 물론 그것들은 백제인들이 관측한 일부가 남아 있는 것이다. 『삼국사기』와 『삼국유사』를 편찬할 때 바탕이 된 관측 기록은 더 자세하고 많은 내용을 담고 있었을 것이다. 백제 천문학자의 직접적인 영향하에서 675년에 세워진 일본의 점성대(占星台)는 백제에서의 천문 기상 관측 활동의 중심으로서의 백제 천문대의 존재를 밑받침해 주는 것으로, 아마도 7세기에는 천문기상 관측이 제도적으로 이루어지고 있었을 것이다.

남아 있는 기록들도 그러한 가능성을 말해 준다. 백제는 기원전 14년

7월에서 592년 7월의 606년간에 26회의 일식 기록을 『삼국사기』에 남기고 있다. 백제 천문학자들은 또 16회의 혜성 관측 기록을 비롯하여 16회의 천상(天象) 이변을 관측한 것으로 『삼국사기』는 기록하고 있다. 이 기록들 중에는 백제의 독자적 관측에 의한 것으로 확인된 것들이 많이 포함되어 있다. 이 관측 기록들이 『삼국사기』를 편찬할 때 중국의 사서에서 베껴 넣은 것이 많다는 일본 학자들의 견해는 더 검증되어야 할 것이다. 그리고 『삼국사기』와 『삼국유사』의 천상 이변 기사들은 백제 천문학자들이 실제로 관측한 것보다 적은 것이라고 생각되고 있다.

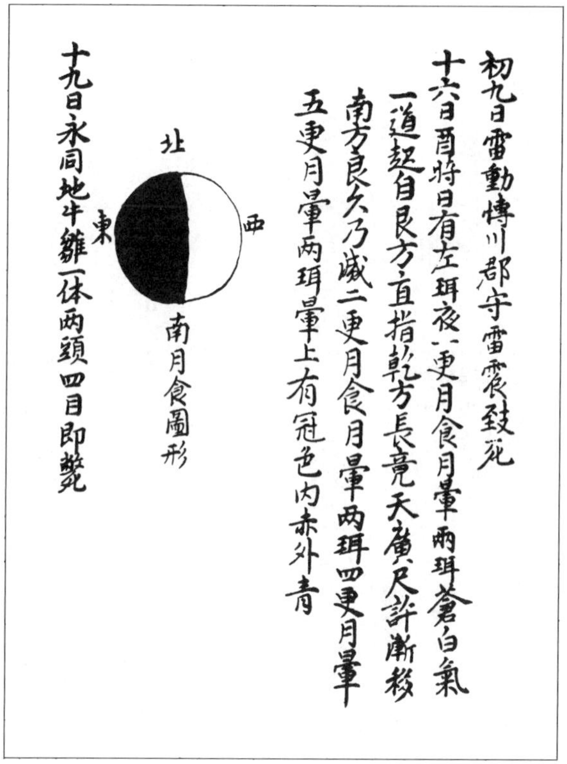

백제의 일관부(日官部)라는 관청에서는 천문 관측을 맡은 전문직 관료학자들이 소속되었을 것이다. 천문대에는 기본적인 관측 기기가 설치되었을 것이고, 시간 측정을 위한 물시계와 해시계가 제작되어 사용되었을 것이다. 그 제도는 중국의 천문 기기들의 모델과 거의 같은 것이었으리라고 생각된다.

신라에서도 고구려와 백제에서와 같이 천상의 이변에 특히 주목하여 천문 관측이 이루어졌다. 일식과 혜성의 관측이 제일 많이 기록으로 남아 있는 것도 다른 두 나라와 비슷하다. 일식은 『삼국사기』에 기원전 54년 4월에서부터 256년 10월까지 19회의 기록이 나타나고 있는데, 이상하게도 그후 787년 8월의 기사가 나타나기까지 무려 530년 동안 아무런 기록이 없다. 첨성대가 세워진 이후에도 일식에 대한 기사가 없다는 것은 『삼국사기』를 편찬할 때 빠졌다고 생각할 수밖에 없다. 그리고 혜성의 기사는 기원전 49년 3월에서부터 668년 4월까지 19회의 기록이 나타나 있다. 이 밖의 천변 관측도 이루어졌다. 그 기사들은 신라의 천문 관측도 고구려와 백제에서와 같이 독자적으로 이루어졌음을 말해 주고 있다.

『삼국사기』와 『삼국유사』의 천문 기록들은 그것을 편찬할 때 천문관청의 기록이 완전하게 옮겨지지 않아서 불완전하지만, 신라의 천문 관측자들이 남겨 놓은 귀중한 자료이다.

월식 그림. 『재이고』에서.

기토라 고분의 별자리 그림

1998년 3월, 일본 나라현 아스카촌의 기토라 고분의 천장에서 놀랍게도 수많은 별 그림이 발견되었다. 7세기 말에서 8세기 초의 옛 무덤에 그려진 벽화라는 점에서 그 별 그림은

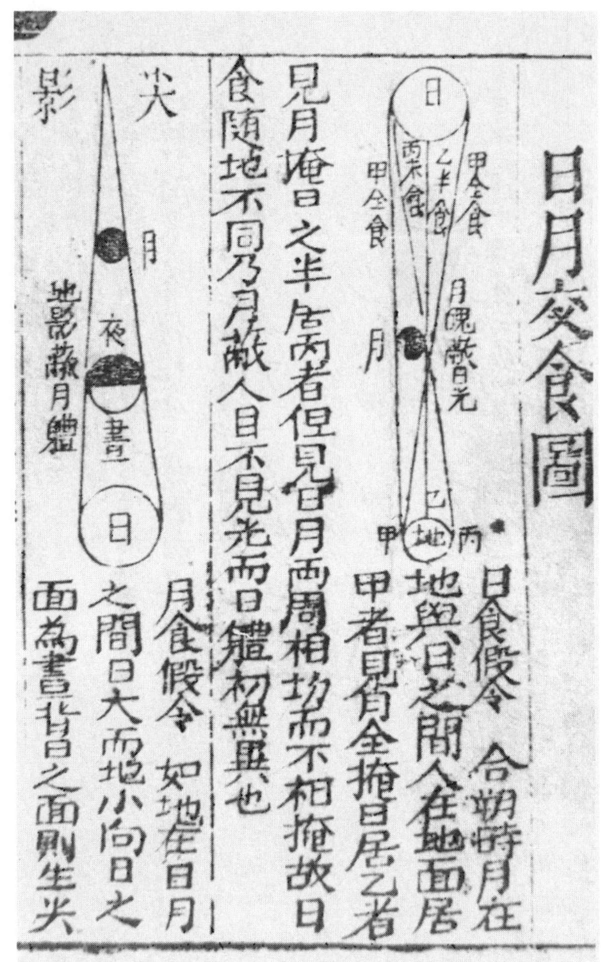

일월교식도(19세기). 「혼천전도」 목판본에서.

1600년 전의 밤하늘을 보여주는 귀중한 자료로 학자들의 마음을 사로잡는다. 그런데 또 하나 그것이 고구려의 별자리 그림을 바탕으로 그린 1396년 조선의 「천상열차분야지도」의 별자리 그림과 너무도 비슷하다는 사실은 우리를 또 한번 놀라게 했다.

필자는 일본 NHK가 만든 사진과 오랜 연구 동료인 교토 도시샤[同志社] 대학의 미야지마[宮島] 교수가 보내온 사진을 보고 그것이 고구려의 별 그림을 바탕으로 해서 그린 것이 틀림없다고 생각했다. 그리고 1998년 6월 2일자 《조선일보》 문화면에 기토라 고분의 별자리 그림이 고구려의 별 그림을 바탕으로 그린 것이라는 주장을 발표했다.

마야지마 교수는 그후, 면밀한 컴퓨터 작업 끝에 그 별자리는 고구려의 서울인 평양에서 관측한 것이라는 결론을 발표해서 일본 학계에 큰 충격을 주었다. 그는 〈기토라 천문도의 내규(內規)와 적도의 지름비에서 위도를 계산해 보면 북위 약 38.4도가 되었다. 이것은 427년 이후 고구려의 수도가 된 평양의 위도와 거의 일치한다〉고 말했다. 그리고 별의 위치가 세차에 의해서 변화하는 것을 이용하여 관측 연대를 추정하니까 기원전 3세기에서 기원후 3세기라는 결과가 나왔다고 보고하고 있다.

지금까지 확인된 기토라 천문도의 별들의 수는 약 550개. 일본의 매스컴들은 7세기 일본의 서울의 한 옛 무덤에서 잠자는 고구려의 별 하늘[星空]이라고도 했다. 30여 개의 별자리에 550개의 별이 그려진 이 천문도는 분명히 가장 훌륭한 7세기의 별 그림임에 틀림없다.

「천상열차분야지도」

태조 4년(1495) 12월에 「천상열차분야지도(天象列次分野之圖)」가 완성되었다. 새 왕조의 권위의 표상(表象)으로 태조가 오랫동안 갖기를 염원했던 것이다. 하늘의 모든 별들이 별자리 그림으로 형상화되었다. 이것은 조선 천문학의 시작이었고, 14세기 동아시아의 하늘의 과학이 결집되고 체계지어진 것이다.

하늘의 뜻에 따라 나라가 세워졌으니, 그 하늘의 모습을 알고 그것을 형상화하는 일은 왕조의 권위를 드러내고 정통성을 내세우기 위해서 반드시 필요한 것이었다.

역대 왕조는 그 운명과 앞날을 내다보기 위해서 천체의 움직임과 천상(天象)의 변화에 비상한 관심을 경주하였다. 하늘에서 일어나는 현상은 왕조와 그 지배자들의 운명과 직결된다고 생각했기 때문이다. 천문학은 그래서 가장 중요한 하늘[天]의 학문, 즉 하늘의 과학이었다. 그것은 천체의 움직임과 별들의 변화를 주의깊게 관측하고 자세하게 기록하는 일에서 시작되는 것이다.

천문도는 그 별들의 기록들과 별자리의 그림, 그리고 하늘의 지식이 쌓여 주요 부분이 규격화된 것이다. 그래서 천문도는 하늘을 상징하는 것으로 생각되었다. 우리 나라 역대 왕조가 천문도를 만들고 그것을 왕조의 권위의 표상으로 여긴 것은 당연한 일이었다.

그런데 이 중요한 기념비적인 역사적 사건은 『태조실록』의 기록에서는 찾아볼 수 없다. 이상한 일이다. 고려 말 조선 초의 대학자인 권근(權近)의 저서 『양촌집(陽村集)』에 의해서 전해지고 있을 뿐이다. 권근이 이 천문도의 명문을 썼기 때문이다. 거기에는 이런 내용의 글이 적혀 있다.

조선 초에 고구려가 망할 때 천문도 석각본이 전란에 의하여 대동강 물에 빠져버렸다는 말이 전해지고 있었다. 그런데 고구려 천문도 석각본의 인본(印本)이 남아 있었다. 그것은 고려에 계승되었다. 조선 왕조를 세운 태조는 즉위하자마자 새로운 천문도를 갖기 염원했었다. 그런데 태조가 즉위하고 얼마 안 되어 그 인본을 바치는 사람이 있어 태조는 그것을 중각(重刻)하게 하였다. 그러나 서운관(書雲觀)에서는 그 연대가 오래되어 성도(星度)에 오차가 생겼으므로 새로운 관측에 따라 오차를 교정하여 새 천문도를 작성하기로 했다.

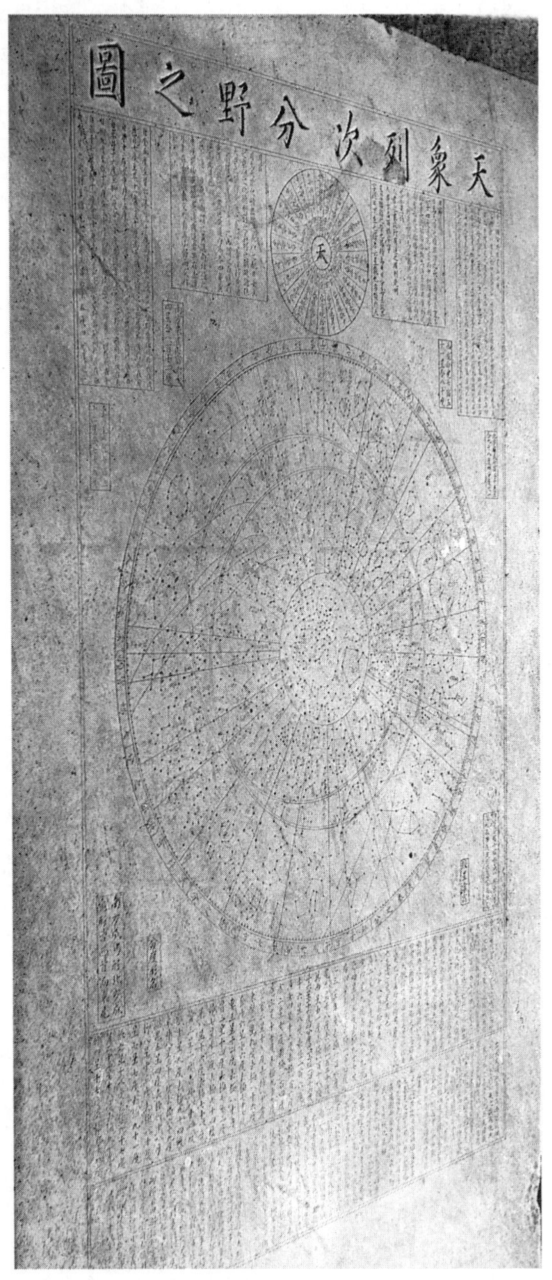

「천상열차분야지도」 각석(1687). 211.0×108.5×30cm. 세종 대왕기념관. 보물 837호. 이 사진은 1960년 봄 창경궁 명정전 뒤에 이 석각천문도가 놓여 있을 때 필자가 촬영한 것이다.

양촌 권근의 이 글은 매우 중요한 역사적 사실을 담고 있다. 그 어디에도 기록된 일이 없는 우리 나라 과학의 역사에서 결코 놓칠 수 없는 천년 역사의 고리를 이어준 것이다. 고구려 천문학의 지적 성과가 생생하게 살아 있고, 그것을 이어나간 통일신라와 고려 천문학의 모습도 부분적으로나마 간직되어 있다.

이 별자리 그림은 고구려 천문학자들이 4세기 무렵에 이미 1,450여 개의 별을 관측하여 그것들을 상대적 위치에 따라 정확히 그림으로 옮겨 놓았다는 사실을 말해 주고 있다. 물론 그 별자리 그림은 그 시기 중국의 「삼가성도(三家星圖)」의 관측 정보와도 교류가 있었을 것이고, 거기에 고구려 천문학들의 독자적인 관측 결과가 바탕이 되었을 것이다. 고구려 왕조는 그 별자리 그림을 돌에 새겼다. 그것은 대단한 사업이었다. 그 시기에 그러한 석각(石刻) 천문도를 가진 나라는 거의 없었다. 고구려 왕조의 권위를 상징하는 귀중한 비석이었다. 그래서 고구려가 신라와 당의 연합군과의 싸움에서 패하고 왕조가 쓰러질 때, 그것은 틀림없이 나당 연합군에 의해서 대동강 물에 빠졌을 것이다.

그러나 고구려 천문학자들의 그 커다란 업적은 다행히도 탁본으로 남아 있었다. 종이에 찍어낸 그 별자리 그림은 통일신라와 고려를 거치는 천년 세월을 잘도 견디어 조선 초 천문학자들에까지 넘어오게 된 것이다.

태조 때의 천문학자들은 세차에 따른 별자리의 움직임을 분(초)까지 정확히 측정하여 새로운 별자리 그림을 그리고, 그것을 바탕으로 새 천문도를 만들어냈다. 그것이 「천상열차분야지도」이다. 이제는 14

세기의 한국 천문도로 세계에 널리 알려진 세계적 보물이 되었다.

조선 천문학의 첫 업적인 이 천문도는 서운관(書雲觀)의 공식 작품이다. 권근, 유방택(柳方澤), 권중화(權仲和) 등과 8명의 서운관 관료 천문학자들은 수년간의 노력 끝에 그것을 완성했다. 권근은 그의 저서 『양촌집』에 이 천문도의 제작 경위를 기술했는데, 그 글은 지금 남아 있는 태조 4년(1395)의 「천상열차분야지도」 석각본에 새겨진 것과 꼭같다.

천상(天象), 즉 천문 현상을 12분야로 나누어 차례로 늘어놓은 그림이란 뜻이다. 이 천문도의 표제가 고구려의 전통을 그대로 이은 이름인지는 분명치 않으나, 중국에서는 찾아볼 수 없는 독특한 이름이다. 그것은 가로 122.8cm, 세로 200.9cm 의 흑요석에 새겨졌다. 권근이 지은 글을 설경수(偰慶壽)가 썼다. 천문학적 계산은 유방택이 했다. 그리고 나머지 8명의 천문학자들은 당대의 권위자들이었다.

이 천문도는 대체로 다음과 같이 구성되어 있다.

먼저, 천문도를 대략 가로로 이등분한 선에 접해서 지름 76cm의 원을 그려 별자리 그림을 그렸다. 그 원의 중심에 북극이 있고, 북극을 중심으로 하여 관측지의 출지도(出地度)에 따른 작은 원과, 더 큰 적도 및 황도권이 그려져 있다. 별자리 그림의 별은 모두 1,467개인데, 그 원의 둘레에는 28수의 이름과 적도, 수도(宿度)가 기록되어 있다. 그리고 각수의 거성(距星)과 북극을 연결하는 선에 의하여 개개의 별의 입수도를 눈으로 봐도 정확하게 읽어나갈 수 있게 눈금이 그려져 있다. 관측 기사에는 24절기의 혼(昏), 효(曉)에 자오선을 지나는 별에 대한 천상(天象) 기사, 12국(國) 분야(分野) 및 성수분도(星宿分度), 일수(日宿)와 월수(月宿)의 기사 등이 씌어 있다. 천문도의 중간 아래쪽에는 이 천문도의 이름인 「천상열차분야지도」란 제자(題字)가 새겨졌다. 그 아래에 논천설(論天說), 즉 중국의 전통적 우주설을 기술했다. 그 글에 이어 28수 거극분도(去極分度)를 기술하고, 그 아랫단에 제작 경위와 태조를 찬양하는 천문도 제작의 역사적 천문사상적 의의를 쓰고, 끝으로 제작에 참여한 학자들의 관직과 성명을 쓰고, 제작 연월일을 썼다.

「천상열차분야지도」 복원 각석(1995년 제작). 경주 신라역사과학관과 연세대학교. 태조 때 천문도 제작 600년을 기념하여 나일성 교수가 복원 제작한 것이다. 290개의 별자리에 1,467개의 별과 2,932개의 글자를 새겨 만든 이 천문도 각석은 14세기 제작 당시의 당당한 모습을 훌륭하게 재현해냈다.

이렇게 「천상열차분야지도」는 14세기 말 조선 천문학의 지적 총체(總體)를 결집하여 규

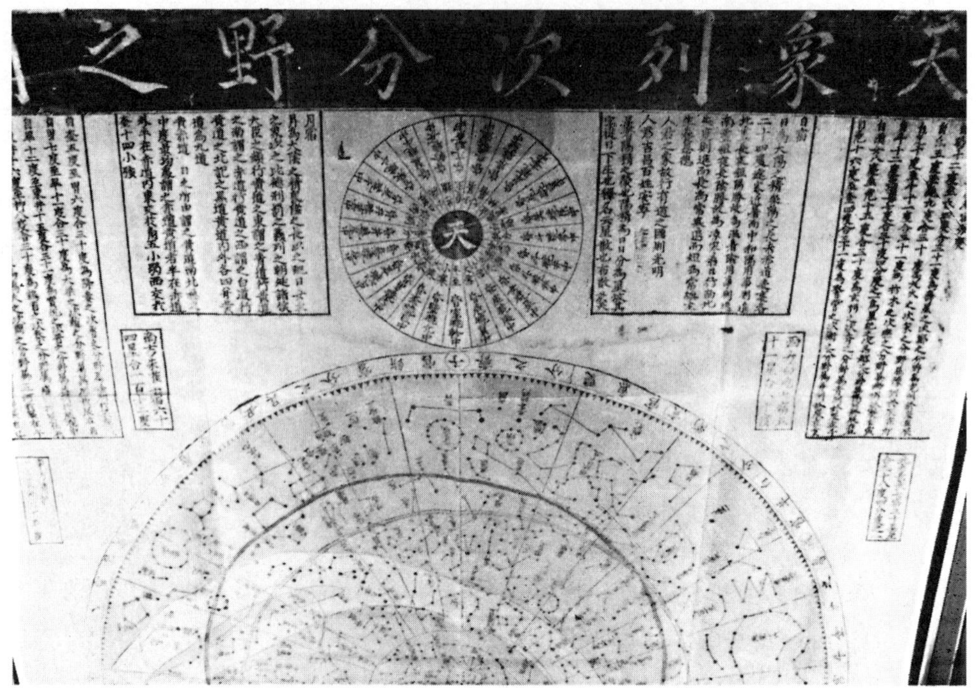

「천문도」(조선 전기). 목판본. 부분. 일본 덴리 대학. 「천상열차분야지도」의 판본으로 관상감과 도화서에서 제작했을 것으로 생각되는 이 천문도는 현재 남아 있는 조선 초기 천문도 목판본 중에서 가장 훌륭한 작품이다.

격화한 것이었다. 또 이 천문도는 고구려의 천문도를 그 바탕으로 하고 있다는 데서 한국 고대 천문학의 모습을 담고 있는 귀중한 자료이기도 하다. 그 고구려 천문도의 성립 시기는 4세기 후반에서 6세기 초 사이로 추정하는 몇 가지 견해가 있다. 여기 그려진 1,467개의 별은 중국에서 3세기 초에 만들어진 「삼가성도(三家星度)」의 283자리 1,464개 별의 수와 거의 같다. 그런데 세종 때의 천문학자 이순지(李純之)는 그의 『제가역상집(諸家曆象集)』에 중국에서 진탁(陳卓)이 310년에 「삼가성도」에 의해서 처음으로 천문도를 만들었다고 쓰고 있다. 그래서 「천상열차분야지도」의 바탕이 된 고구려의 천문도는 4세기 후반에 만들어진 것으로 생각되고 있다.

「천상열차분야지도」는 일찍부터 여러 학자들에게 주목되었다. 1930년대에 루퍼스W. C. Rufus가, 그리고 1950-60년대에는 조셉 니덤J. Needham이 논문을 썼다. 한국 학자들에 의한 연구는 1970년대부터 천문학자인 이은성과 유경로에 의해서 이루어졌다. 그리고 이들의 성과를 종합하여 새로운 경지를 열어 놓은 학자가 나일성이다. 그는 이 천문도가 완성된 지 600주년을 기념하여 그 별자리 그림을 컴퓨터로 분석 재구성하여 완전히 복원하는 데 성공했다. 또 몇 사람의 젊은 천문학자들에 의해 이 별자리 그림의 원형인 고구려 천문도의 성립 연대에 대한 연구도 진행되었다. 물론 북한 학자들의 연구도 없을 수 없었다.

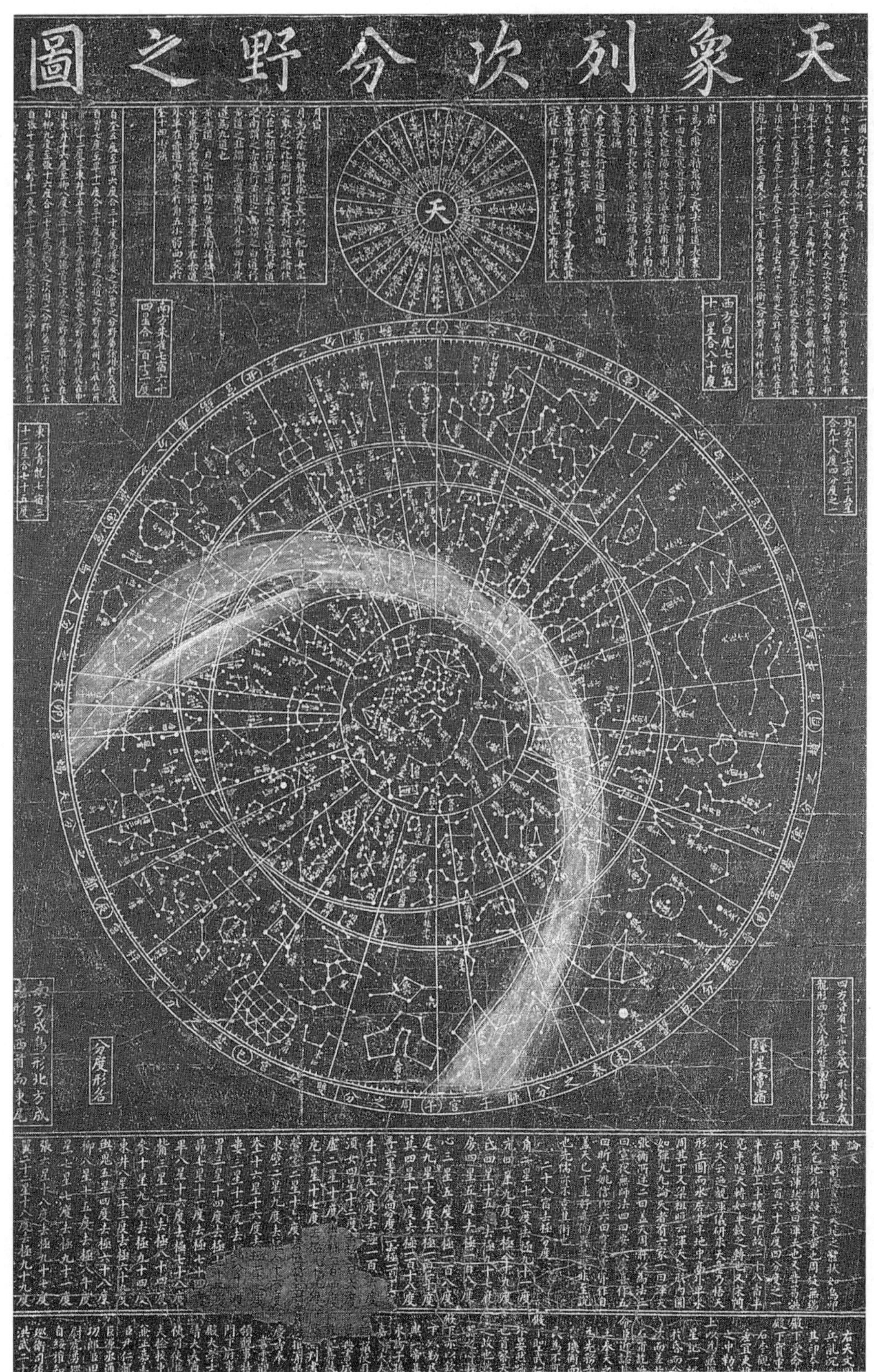

「천상열차분야지도」. 16-17세기 목판본. 141×88cm. 성신여자대학교 박물관(화보 1 칼라 사진 참조).

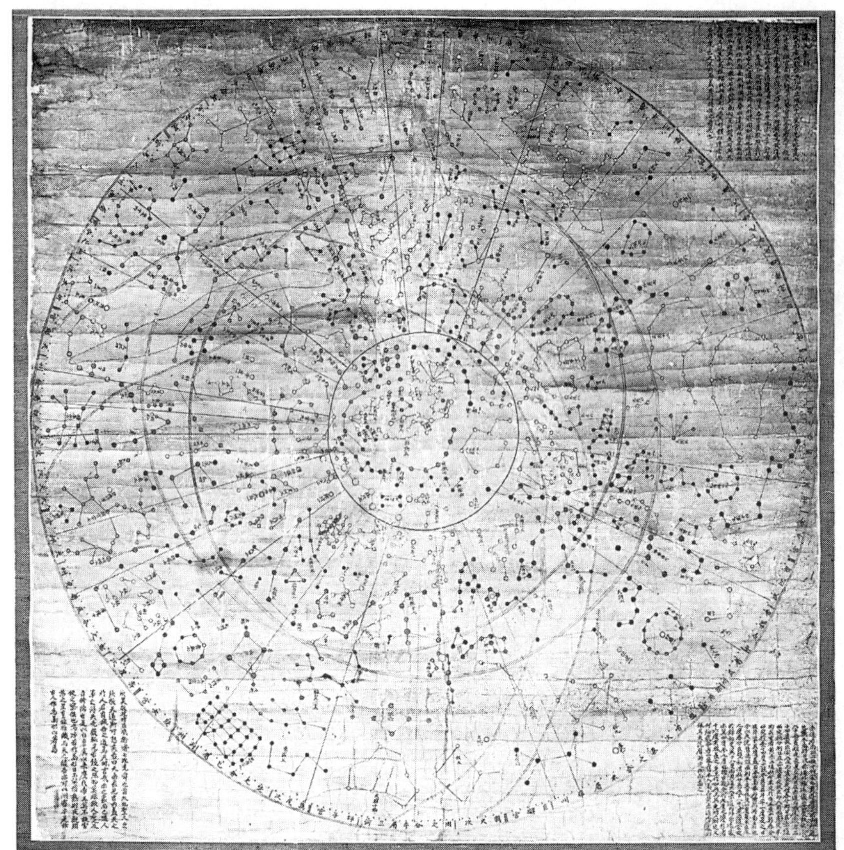

세종 때의 「천문도」. 채색 사본. 일본 국립 국회도서관. 박연이 제작한 것으로 전해지는 이 천문도는 「천상열차분야지도」의 별자리 그림과 같고 네귀에 이 천문도 제작의 경위를 설명한 글이 씌어 있다. 이 사진은 1986년에 재일교포 염은현 님이 촬영하여 필자에게 직접 보내준 것이다.

그들은 고구려의 별자리 그림에 특히 주목했다.

나일성 교수에 의해서 완벽하게 복원된 「천상열차분야지도」 석각본은 그 아름답고 당당한 모습으로 우리를 감동케 한다. 그는 1996년에 「천상열차분야지도」 제작 600년을 기념하여 그 큰 사업을 혼자 힘으로 해냈다. 이제 이 훌륭한 천문도를 그가 총정리한 논문에 따라서 요약해 보자.

600년의 모진 세월을 견디다

1996년 가을, 연세대학교 국학연구원과 서울대학교 천문학과에서는 조촐하면서도 매우 중요한 학술 행사가 열렸다. 「천상열차분야지도」 600년을 기념하는 심포지엄이었다. 두 학술 행사의 결과는 보고서로 출판되었다. 조용하게 진행되었지만 깊이 있는 모임이었음을 말해 주는 것이다. 사실 이런 행사는 처음이었다. 우리 과학사의 주요 사건을 기념하는 학술적 모임을 우리는 아직도 제대로 치러 본 일이 없었다. 물론 매스컴의 관심은 보잘것없었다.

그러나 두 행사는 관심 있는 학자들의 노력과 호응으로 뜻깊게 치를 수 있었다. 필자는 그 두 모임에서 인사와 회고담으로 이 천문도가 걸어온 발자취를 되돌아보는 기회를 가졌다. 600년의 모진 세월, 무관심과 박대로 얼룩진 오랜 역사를 되새겨 본 것이다. 그때 필자는 우리 학계도 많이 달라졌다고 생각했다. 서양 천문학을 연구한 학자들이 우리의 옛 천문도를 놓고 벌이는 그 진지한 토론은 정말 격세지감이 있었다. 그리고 또 하나 우리 과학문화재에 대한 새로운 인식이 크게 자라난 것이다. 이제 우리 학계가 세계적인 보물을 제대로 알아보게 되었다는 사실이 그렇게 반가울 수가 없었다.

한편으로 서양 학자들이 1930년대에서 1950년대에 이미 높이 평가한 우리의 천문도를 반세기가 지나서야 새롭게 조명하게 되었다는 한국 학계의 현실이 안타깝고 아쉬웠지만, 기쁜 마음에 비하면 그것은 아무것도 아닐 수 있었다.

600주년을 계기로 새로운 시대가 시작된 것이다.

「천상열차분야지도」 각석(刻石)의 수난은 임진왜란을 겪으면서 시작되었다. 원래 경복궁에 있던 이 천문도는 전란의 소용돌이 속에서 경복궁의 천문 관측 시설이 불타 흩어지면서 쓰러진 채 돌아보는 이가 없었다. 전란이 끝난 후 천문 관측 기기의 일부는 복구되었지만, 이 천문도는 아마도 그대로 방치되었던 것 같다. 숙종 때(17세기), 1571년(선조 4)에 만든 목판본 「천상열차분야지도」를 본으로 해서 다시 돌에 새길 때는 이 천문도 각석이 심하게 마모되어 왕조의 표상으로서의 위엄을 잃어버린 상태였다. 새로 돌에 새긴 당당한 「천상열차분야지도」가 완성되면서, 태조 때의 천문도 각석은 제대로 보존되지 못했다.

그것이 얼마나 귀중한 것인지 알아본 사람은 영조였다. 1770년(영조 46)에 그는 경복궁을 둘러보다가 태조 때의 천문도 각석을 보게 되었다. 영조는 크게 감격하여 즉시 그 보존을 명했다. 『증보문헌비고』에는 이렇게 씌어 있다.

> 영조 46년(1770)에 관상감에 각(閣)을 세우고, 그 속에 국초(國初)의 석각 천문도를 보관하였다. 임금이 액자를 써서 흠경각(欽敬閣)이라 이름하였다.
>
> 임금이 지은 흠경각기에 이르기를, 〈……중략. 그런데 오늘 상위고랑(象緯考郎)이 아뢴 것을 듣고서야 비로소 옛 대궐에 관상도의 석판이 있었음을 알고, 즉시 자세히 살피도록 명하였는데 과연 그것이 위장소(衛將所)에서 매우 가까운 곳에 있다 하니, 어째서 이렇게 늦게야 듣게 되었는지 마음에 송구함을 금할 수가 없었다. 그래서 탁지신에게 명하여 그것을 창덕궁 밖의 관상감에 석판을 보관하고 있는 곳으로 옮겨 놓게 하고, 감히 옛날의 흠경각의 이름을 인용하여 특별히 써서 걸게 하고, 이어 그 전후 사실의 줄거리를 기록하고 탁지의 장(長)을 시켜 그것을 판에 써서 조각하여 왼쪽에 걸어놓고 후세에 보여주도록 하였다〉 하였다.

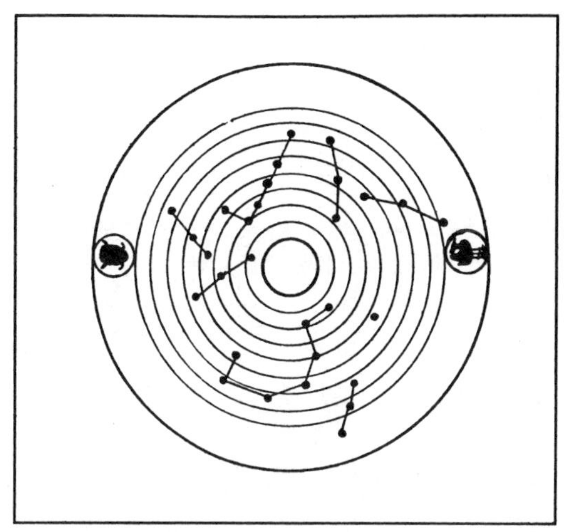

춤무덤(무용총)의 별 그림

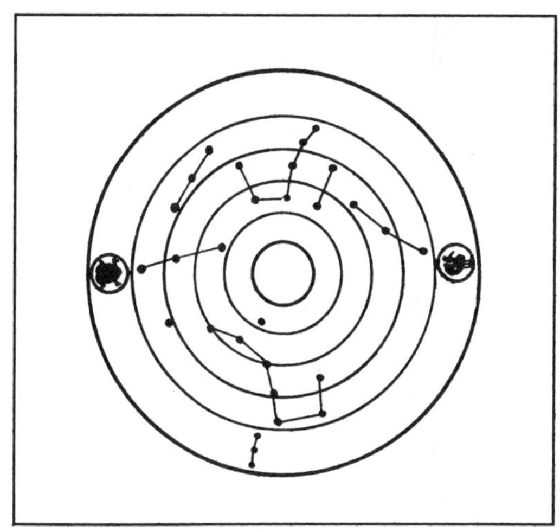

씨름무덤(각저총)의 별 그림

고구려 벽화 무덤의 별자리 그림 복원 배치도. 5세기 춤무덤과 6세기 씨름무덤(각저총) 집안 지역. 이 두 무덤의 천장에 그려진 별자리 그림은 28수 중의 주된 7별자리를 상당히 충실히 나타내고 있어 고구려 석각 천문도의 별 그림이 어떤 것이었는지 짐작하게 한다.

그러나 1910년, 조선 왕조가 망하고 경복궁과 창덕궁, 창경궁은 크게 훼손되었다. 수많은 전각들이 헐리고 주요 시설들이 흩어지고 말았다. 두 천문도 각석을 보존했던 흠경각도 헐리고, 천문도는 이리저리 옮겨지게 되었다. 그러다가 1907년 창경궁이 격하되어 창경원

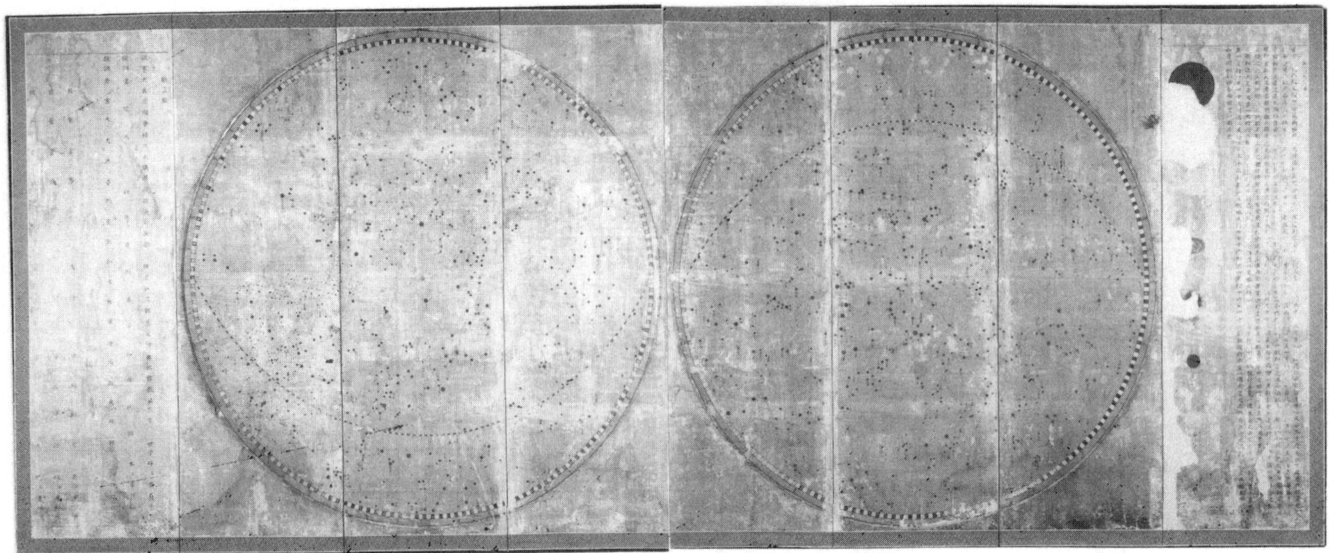

「신법천문도」(1742). 채색 필사. 8폭 병풍. 451×183cm. 속리산 법주사. 쾨글러 천문도를 바탕으로 관상감에서 제작한 큰 천문도이다. 거의 같은 큰 천문도 병풍들이 영국 케임브리지 과학사 박물관과 일본 오사카 남만문화관에 보존되어 있다.

이 된 한쪽에 박물관을 차릴 때, 이 돌들을 명정전 뒤 추녀 밑에 다른 몇 개의 유물과 함께 갖다 놓았다. 간신히 비에 젖지만 않았지 흙바닥 위에 언제나 먼지가 뽀얗게 덮이곤 했다. 필자가 처음 그 천문도 각석들과 만난 것은 1960년이었는데 그때도 그 귀중한 천문도 각석들은 뽀얀 먼지에 덮여 있었다. 한번은 소풍철에 가랑비가 내리는 날, 창경원에 소풍왔던 초등학생 한 가족이 비를 피해 평평하고 제법 넓은 그 돌 위에 둘러앉아 도시락을 먹고 있는 것도 보았다. 홍이섭 선생(1914-74)을 뵈었을 때 그 이야기를 했더니, 홍박사는 장난꾸러기 어린이들이 모래를 뿌리고 벽돌 굴리기를 하는 것을 본 일도 있었다고 한다. 관리사무소에 여러 번 말했지만 별다른 반응이 없이 여러 해가 지나갔다.

천문도 각석은 1970년대 홍릉의 세종대왕기념관 과학전시실 진열장에 보존되기까지 10여 년을 땅바닥에서 모진 세월을 더 견뎌야 했다. 60여 년의 서러운 신세를 면한 것이다.

그리고 마침내 1985년 이 천문도 각석은 국보 228호로 지정되었다. 민족의 수난과 함께 별것 아닌 비석으로 오랫동안 버려지다시피 관심 밖에 있던 「천상열차분야지도」가 다시 옛 위엄을 되찾게 된 것이다. 문화재위원으로서 국보지정을 제의하고 의결 공포되는 과정을 지켜보면서 필자는 정말 우리 과학문화재에 대한 새로운 이해가 이루어진 것이 기쁘기 그지없었다. 덕수궁에 궁중유물전시관이 새로 개관하면서 이명희 관장은 그 제1전시실 중앙에 「천상열차분야지도」 각석을 특수 제작한 유리 전시장 안에 세워 놓아, 서러웠던 지난 날의 치욕의 시대를 청산해 버렸다. 이제 1396년의 「천상열차분야지도」 각석은 중국에 남아 있는 송나라 때의 「순우(淳祐) 천문도」와 함께 세계에서 가장 오래된 천문도로서의 당당한

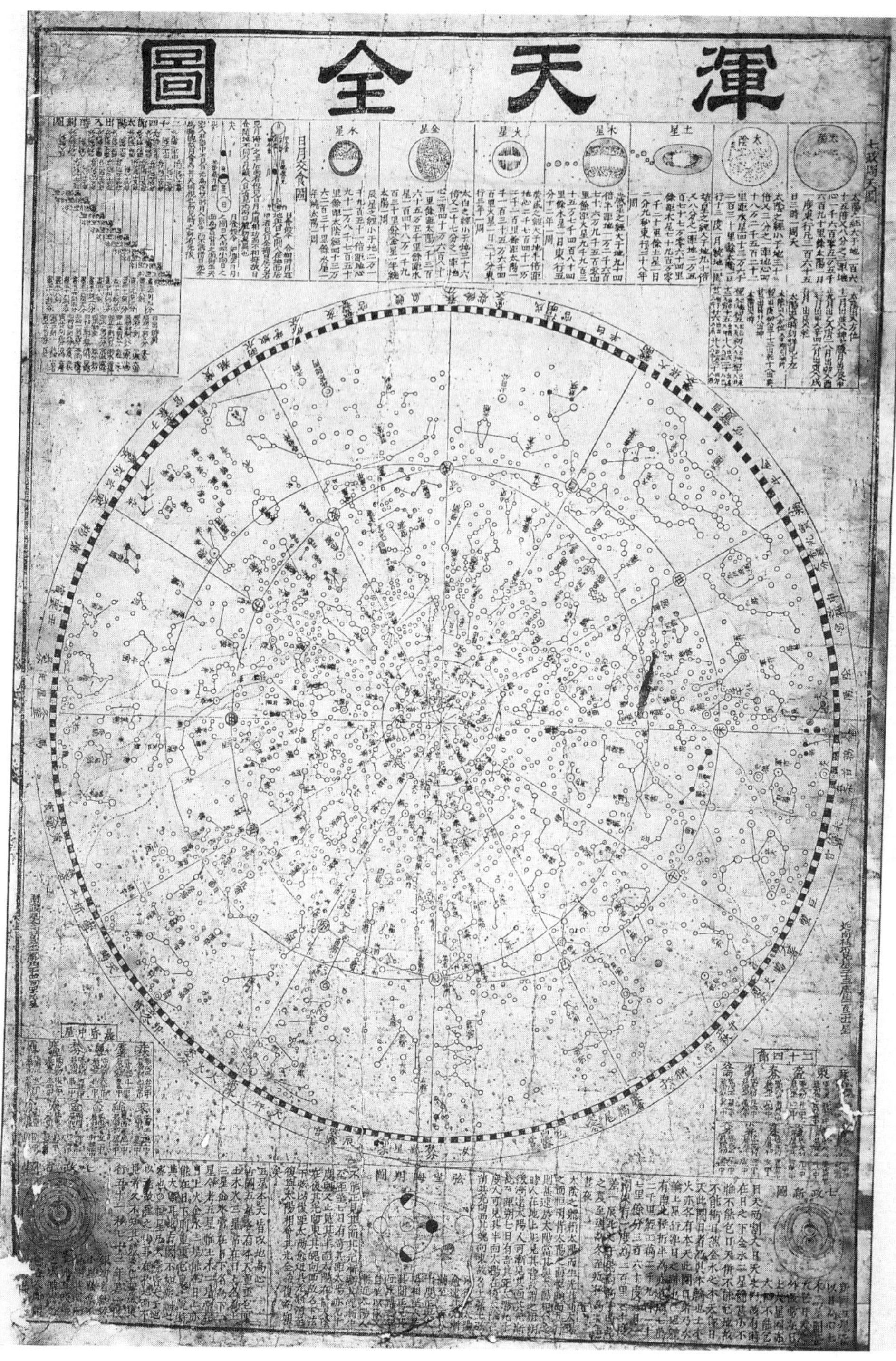

「혼천전도」(조선 후기). 목판. 60.5×86.0cm. 성신여자대학교 박물관. 18세기 후반에 제작된 것으로 보이는 이 천문도는 조선의 「천상열차분야지도」와 쾨글러 계열의 서양 천문도를 절충하여 제작한 것이다.

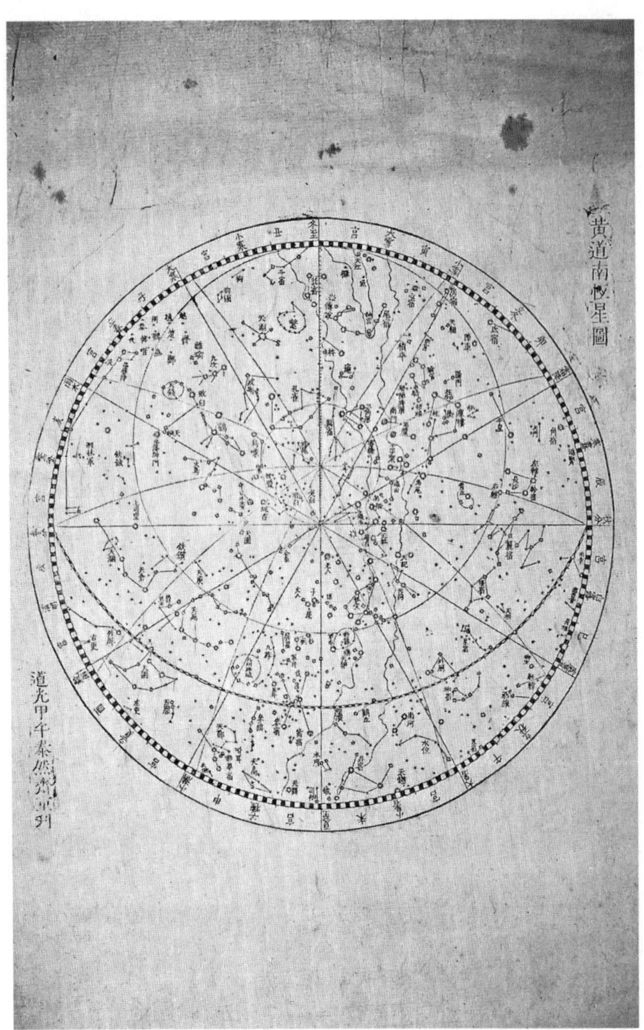

「황도남항성도」(1834). 목판본. 36.5×54.5cm. 성신여자대학교 박물관. 쾨글러 천문도를 김정호가 황도 북극과 황도 남극을 중심으로 지름 31cm의 원 안에 별 그림을 그려 넣어 목판에 새겨 인쇄한 것이다.

모습을 다시 보여주게 되었다.

조선 천문도의 전통

4세기 후반의 고구려 천문도의 전통은 14세기 말 조선 초의 천문학자들에 의해서 훌륭하게 계승되었다. 「천상열차분야지도」는 이렇게 그 속에 고구려의 천문학이 살아 있다는 데서 그 학문적 중요성이 더해지는 것이다. 여러 차례에 걸친 참담한 전란과 천년의 긴 시간을 극복하고 그 인본이 보존되었다는 사실은 놀라운 일이다.

돌에 새긴 고구려 천문도는 대동강 물에 빠져버려 없지만, 그것이 「천상열차분야지도」라는 새로운 모습으로 조각되어 조선 천문도로 다시 5백 년을 이어나갔다. 조선 천문도의 전형으로 정착된 것이다.

이 천문도는 세종 때에 다시 조각되었다. 『증보문헌비고』의 기록이 그 사실을 전해준다. 지금 보존되어 있는 돌에 새겨 있는 또 하나의 같은 내용의 천문도가 그것일지도 모른다고 박성래 교수는 말하고 있다. 그럴 가능성이 충분하다. 두 면의 천문도는 제자와 명문의 위치 구성만 바뀌었을 뿐 내용은 같다. 별자리 그림도 몇 군데 교정된 것 같다. 17세기 숙종 때의 각석은 그 교정본을 새겨 놓은 것으로 생각된다.

세종 때의 교정본은 1571년 선조 때에 목판으로 새겨 120장을 인쇄하여 펴냈다. 지금 일본 덴리[天理] 대학에 보존되어 있는 유일한 목판본은 『선조실록』의 기록으로만 알고 있었던 「천상열차분야지도」이다. 1983년 제2차 한일과학사 세미나에 참가했던 한일 학자들을 위해서 덴리 대학이 준비한 특별전시에 처음으로 공개한 이 천문도 목판을 보고 필자는 직감적으로 그것이 선조 때에 목판으로 인쇄한 「천상열차분야지도」라고 생각했다.

조선통신사에 의해서 전해졌는지, 혹은 임진왜란 때 빼앗아간 것인지 알 수 없으나, 그 시기에 일본에 건너간 문물 중에서 나온 것으로 전해지고 있다. 필자는 그것을 보는 순간 너무 놀라서 숨이 막히는 듯했다. 한국 과학사를 연구하면서 20여 년 동안 찾았던 과학문화재였기 때문이다.

덴리 대학 소장 「천상열차분야지도」 목판본은 아주 훌륭했다. 인쇄 상태도 좋고 보존 상태도 좋았다. 그리고 그것은 숙종 때 석각본과 크기와 글씨체가 꼭같다.

숙종 때의 석각본은 이 목판본을 바탕으로 했음이 분명하다. 크기 109×208cm, 두께 30cm의 이 천문도는 흰 대리석에 매우 정교한 조각으로 새겨 넣었다. 1,467개의 별과 2,933자의 글자를 단 한자의 오자도 없이 새겨 넣어야 하는 일은 결코 쉬운 일이 아니다. 태조 때의 명필 설경수가 쓴 글씨를 그대로 살린 것으로 생각된다. 이 훌륭한 천문도 각석의 당당하고 아름다운 모습은 조선 시대 학자들의 높은 학문적 식견과 미적 감각을 잘 나타내고 있다. 관상감은 이 석각본을 완성한 후 여러 벌의 탁본을 만들어 펴냈다. 지금 세종대왕기념관에 전시되어 있는 이 천문도는 보존 상태도 아주 좋다. 이 천문도는 태조 때의 천문도가 국보로 지정될 때 보물 837호로 지정되었다.

「천상열차분야지도」는 이들 인쇄본과 많은 필사본들이 이것을 바탕으로 만들어져 천문학 교습용으로 사용되었다. 도화서의 화원이 그린 것으로 보이는 매우 아름답고 정교한 필사본에서, 관상감의 천문 관리들과 서원의 훈장들이 교습용으로 별자리 그림을 위주로 그린 것들이 적지 않게 남아 있다. 제작 솜씨는 조금 떨어지지만 하나하나에 천문학을 연구하려는 열의와 정성이 배어 있는 것들이다.

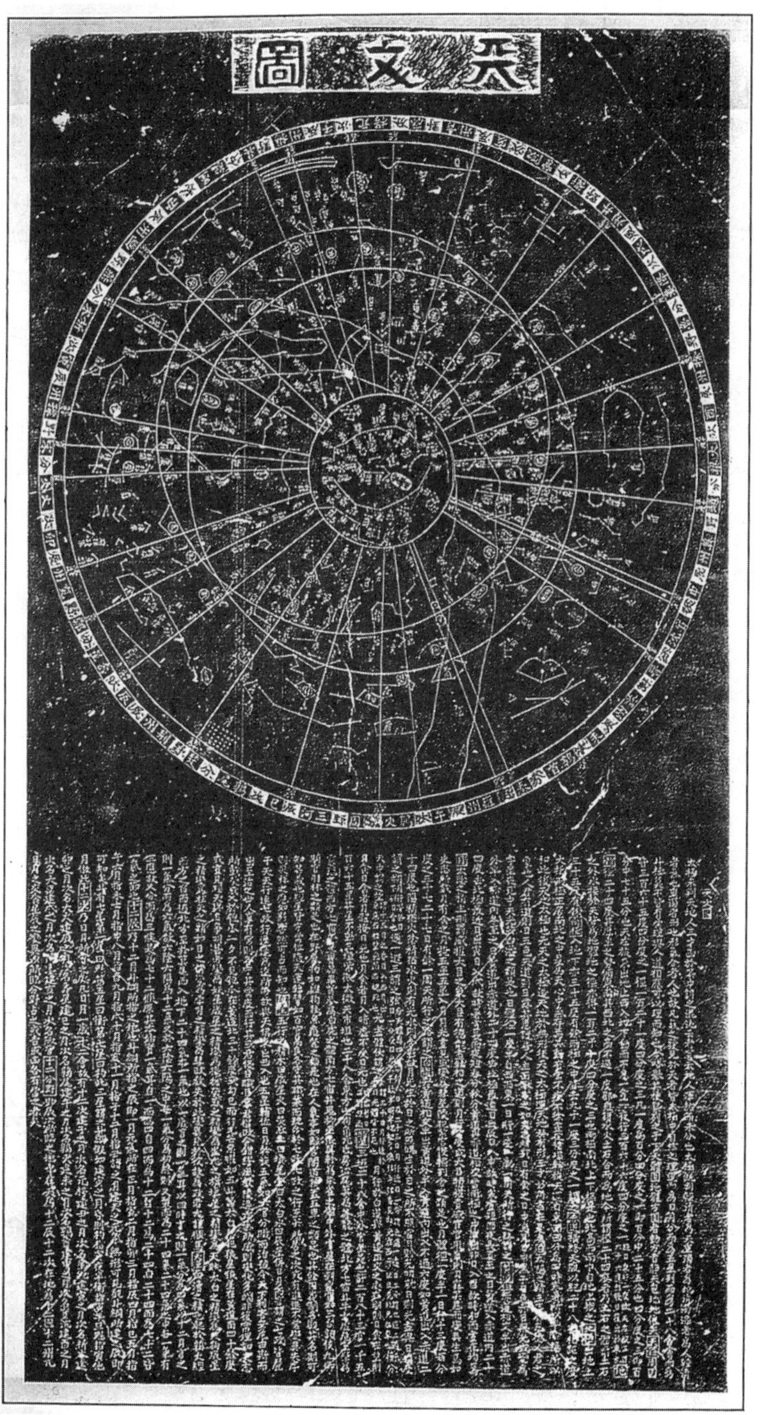

「순우천문도」(1247). 106×242cm. 남송 때의 각석으로 세계에서 가장 오래된 천문도이다. 「천상열차분야지도」와 달리 별자리 그림은 별의 크기를 구별하지 않고 모두 같게 그렸고, 별자리의 연결법, 은하수의 모양과 위치 등도 다르다. 또 관측지의 북극고도가 34도인 것도 다르다.

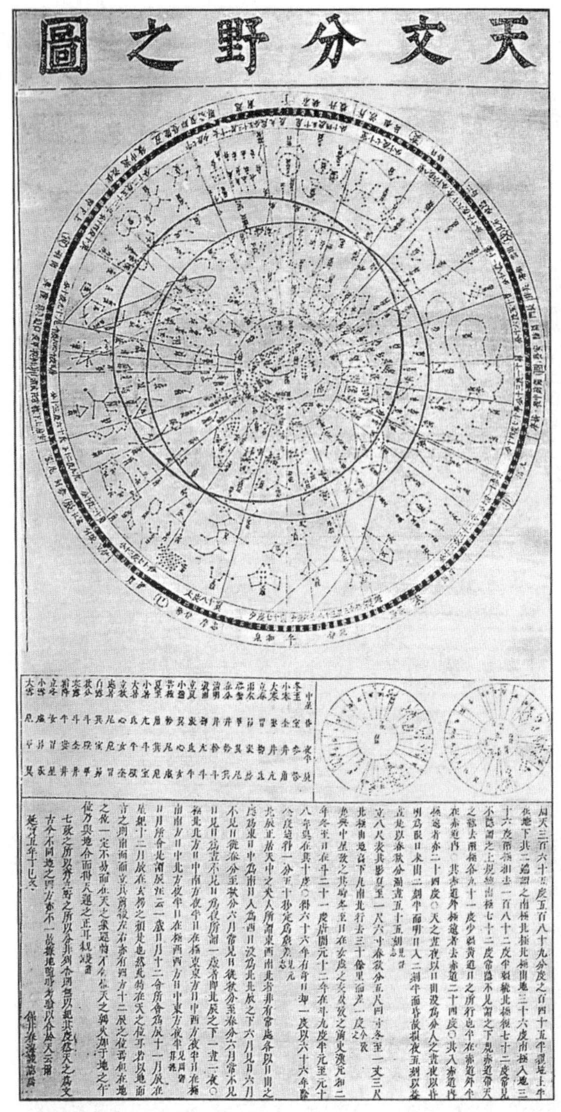

「천문분야지도」(1677). 목판본. 55.1×108.8cm. 시부가와 하루미 제작. 조선의 「천상열차분야지도」에 바탕을 두고 제작된 일본 에도 시대의 대표적 천문도로 그 이름과 별자리 그림의 내용이 조선 천문도의 영향을 받아 만들어진 것임을 알 수 있다.

이 천문도는 일본에 전해져서 17세기 에도[江戶] 시대 일본 천문도 제작의 바탕이 되었다. 일본의 대표적 천문학자로 유명한 시부가와 하루미[涉川春海]의 「천문분야지도(天文分野之圖)」를 비롯해서 비슷한 제목의 천문도 사본들은 조선의 「천상열차분야지도」를 바탕으로 해서 만들어진 것이다.

17세기 이후, 조선에는 서양 천문도가 전해졌다. 그리하여 1708년(숙종 34)에는 〈아담 샬[湯若望]〉의 「적도남북총성도(赤道南北總星圖)」를 모사하여 천문도를 제작했는데, 여기에는 1,812개의 별이 그려져 있다.

서양 천문학의 영향을 받아 조선에서 제작된 천문도 중에는 「대성표」의 조선판이 있다. 「대성표」는 1723년 쾨글러Kögler[戴進賢]가 중국에서 만들었는데 3,083개의 별이 그려진 대작이다. 쾨글러의 천문도는 관상감에서 아름답게 채색하여 웅장한 작품으로 여러 벌 제작했다. 그러나 대부분 국외로 흘러나가고 국내에 남은 것은 법주사의 것뿐이다.

한편 서양 천문도를 조선의 전통적 천문도의 형식에 따라서 제작한 천문도가 있다. 18세기경에 목판본으로 만든 「혼천전도(渾天全圖)」라는 것이다. 이 성좌도는 336개의 별자리, 1,449개의 별이 그려져 있는 독특한 천문도이다. 여기에는 태양과 달 및 5행성의 망원경 관측도를 그림으로 나타내고 있다. 토성에는 5개의 위성이 나타나 있고, 목성에는 4개가 그려져 있는 것이다. 또 각 행성들의 크기가 비교되어 있고 지구로부터의 거리도 적혀 있다. 또한 일식과 월식의 원리를 정확하게 그렸고, 프톨레마이오스와 티코 브라헤의 우주 체계를 그림으로 나타내고 있다.

이 천문도는 18세기 조선 천문학자들이 서양 천문학을 조선 천문학의 전통을 바탕으로 해서 잘 소화하고 있음을 말해 준다. 그들은 이것을 목판본으로 인쇄하여 천문학 교육 등에 사용하였다.

첨성대는 천문대인가

경주 반월성 동북쪽에는 우아하고 안정된 병모양의 석조 건물이 서 있다. 현존하는 동양 최고(最古)의 천문대 유물로 널리 알려진 이 첨성대는 신라 선덕 여왕(善德女王) 16년(647)에 백제의 석공 아비지(阿非知)가 세운 것으로 전해진다.

한대(漢代) 문화의 물결이 한반도에 밀려들어온 이후 중국 천문학은 고구려와 백제, 그리고 신라에 끊임없이 이식(移植)되었다. 농업을 나라의 기본 산업으로 삼아왔던 이들 세 나라는 일찍부터 천문과 기상의 변화에 비상한 관심을 집중하였고, 그 정확한 관측에 많은 노력을 경주하였다. 그것은 또 한편으로는 하늘의 정치를 표방하는 중국적 정치 이념과 직결되어 점성적(占星的)으로도 중요한 의의를 지니고 있었다.

정확한 달력을 만드는 일은 농사는 짓는 데 반드시 필요한 것이었고 하늘이 그 현상으로써 나라와 임금에게 계시(啓示)한다고 믿고 있던 그들에게 있어 천문학은 그야말로 제왕(帝王)의 학문이었다. 하늘의 과학인 천문학은 이렇게 하여 예로부터 발전하였다. 그것은 먼저 고구려와 백제에서 그리고 다음에는 신라에서 중국 천문학의 뚜렷한 유형(類型)으로 뿌리 박았다.

그들은 먼저 해시계를 만들어 낮시간을 쟀고 다음에는 물시계를 만들어 밤시간을 쟀다. 지금 경주 박물관에 남아 있는 화강석 원반형 해시계의 파편은 신라 때 만든 해시계의 유물이지만 우리는 아직 우리 나라에서 언제쯤부터 그런 것이 만들어지기 시작했는지 알지 못하고 있다.

첨성대(632-646). 총 높이 9.5m. 경주시.

그런데 『삼국사기(三國史記)』에 기록된 신라 성덕왕(聖德王) 17년(718) 여름 6월에 처음으로 누각(漏刻)을 만들었다는 사실(史實)은 잘못된 기록이라고 알려져 있다. 아마도 해시계는 고구려에서 1세기경, 물시계는 그보다 조금 늦게 만들어졌으리라. 천문대는 그후에 세워졌을 것이다. 백제의 천문학자들이 675년에 일본에 건너가서 점성대(占星臺)라는 천문대를 세워주고 천체 관측을 지도했다 하니 백제는 그보다 앞서 천문대가 세워졌음이 분명하다. 그리고 백제 천문학은 신라에도 영향을 주었다. 그래서 세워진 것이 경주 첨성대이다.

사람들은 일찍부터 그것을 가리켜 동양 최고를 자랑하는 우리 민족의 슬기로운 유산이라고 말해 왔다.

첨성대가 처음으로 학계에 알려진 것은 1910년, 구한말부터 우리 나라에 와 있던 일본인 천문학자 와다[和田]의 논문에 의해서였다. 현존하는 동양 최고의 천문대 유물이라는 평가는 바로 그가 내린 것이었다. 그리고 1944년에 홍이섭이 『조선과학사(朝鮮科學史)』에서 와다의 견해를 대체로 수용하면서 천문대로서의 첨성대를 높이 평가했다. 그도 첨성대 위에 천문 관측을 위한 기기가 설치되어 있었을 것이라고 추측했다. 그후 우리 나라 사람은 그저 그 찬사를 되풀이했을 뿐 아무도 그에 대한 학문적 조사나 연구를 하지 않았다. 그러다가 1962년 12월, 당시 경주 박물관장으로 재직하던 홍사준(洪思俊)의 주재하에 첨성대는 비로소 실측(實測)되었다. 추위를 무릅쓰고 강행된 실측으로 그들은 첨성대의 배치도와 입면도 2장, 단면도 2장, 평가면도 2장, 각단 평면도 7장과 각종 상세도, 중간 레벨도, 전개도 각 1장이 작성 제도되었다. 그리고 그들은 그 결과를 이렇게 보고했다.

석수(石數)는 하층부터 27단(段)까지 362매(枚)이고, 지대석(地臺石) 8매, 기단석(基壇石) 12매 상부 정자석(井字石) 2단 2매, 중간 정자석(25, 26단 및 19, 20단) 8매, 남측 문주(南側門柱) 2매, 27단의 판석 1매로 구성되어 있었다. 높이는 30.06척(9,108m)으로 아래가 굵고 위는 가는 병모양의 안정된 구조로 밑지름이 16.3척(4.98m)이고 윗지름이 9.4척(2.85m)이며, 대석(臺石)으로부터 높이 약 13.7척(4.16m) 되는 곳에 정남(正南)을 향하여 1변의 길이 약 3.3척(1m)의 문이 나 있다.

내부는 문이 나 있는 12단까지는 흙이 차 있고, 그 위는 비어 있는데 19단은 2장의 장대석(長大石)이 나란히 있고 20단석에 짧은 장대석이 나란히 놓여 있으나 그 끝이 밖으로 튀어 나와 있지 않고, 25, 26단의 정자석도 역시 장대석을 나란히 엇바꿔 놓았으며, 27단 내부의 반원(半圓) 위치에는 길이 약 5.1척(1.56m), 너비 약 2척(0.6m), 두께 약 8촌(24cm) 가량의 판석이 있고 그 맞은편에 판목(板木)을 놓았던 곳이라고 보여지는 자리가 있고 정상(頂上)의 정자석은 길이 10척(3.03m)의 정방형으로 장대석을 십자 맞춤으로 놓았다.

그리고 나서 학계는 또 잠잠했다.

1964년 10월, 필자는 대학박물관협회 학술지인 《고문화(古文化)》에서 「삼국 및 통일신라 시대의 천문의기(天文儀器)」라는 제목으로 첨성대에 대한 새로운 검토를 시도하였다.

그것은 와다를 비롯한 지금까지의 일반적인 견해였던 목조 건물과 혼천의(渾天儀)를 위한 관측대 및 개방식 〈돔〉이었다는 설과는 다른 것이었다.

필자가 첨성대에 대한 지금까지의 견해에 대하여 의문을 느끼게 된 것은 그 내부가 외부의 매끈하게 다듬어진 모습과는 대조적으로 극히 조잡하게 되어 있기 때문이었다.

고문헌(古文獻)에 기록된 첨성대의 전설을 다시 생각해 보자.

> 신라 선덕 여왕 16년에 돌을 다듬어 대를 쌓았는데, 위는 모나고 아래는 둥글고, 높이는 19척이었으며, 그 안이 통해 있어 사람들은 그 아래위로 오르내리면서 천문을 관측하였다.

문제는 바로 이 기록에서 비롯된다. 경주 첨성대는 밖에서 바라볼 때는 안정되고 우아한 구조를 가지고 잘 다듬어진 석재로 축조되어 있으나, 내부는 자연석 그대로를 조금도 다듬지 않은 채로 두어 개방식 돔으로서 관측자가 내부에서 관측하기에는 그 시설이 너무도 조잡하고, 또 오르내리기에도 매우 불편하게 되어 있다. 또 남쪽 창문 아래턱에 사다리를 걸어 놓았을 것이라고 믿어지는 자리가 나 있는 것으로 보아 아마도 남문까지는 사다리로 올라가서 안으로 들어가 위로 오르내렸으리라고 전해져 왔는데, 통상관측(通常觀測)을 위해서 매일같이 하루에도 몇 번 교대로 오르내리는데, 그토록 불편하게 시설했을지도 의문이 아닐 수 없다.

그러니 첨성대는 아무래도 그 내부에서 관측 활동을 하거나 또 와다의 주장대로 그 정상에 목조건물을 세웠을 것 같지는 않다는 생각이 가능하다. 현재의 상태로는 그러한 유지(遺趾)는 정상의 정자석에서 발견되지 않으며, 세웠어야 할 만한 뚜렷한 이유도 없을 것이다.

첨성대에 관측자들이 올라가는 모습을 재현한 실험적 전시 모형. 신라역사과학관 제작.

첨성대 내부. 남쪽 창문으로 들어가서 맨 위를 올려다 본 내부 구조. 정자형 돌기둥과 맨 위 평평한 돌판이 보인다. 1980년 10월 22일에 김성수 님이 촬영한 것이다.

그렇다면 정상에 혼천의가 어떻게 설치되었을 것인가? 그것은 정자석을 자세히 조사해 봄으로써 밝혀질 수 있을 것이다.

정자석은 그 면적이 (사람이 설 수 있게 널판을 깐다면) 10자(3.03m)평방이므로 한 두 사람이 그 위에서 관측하기에는 충분한 장소가 될 수 있다. 그러나 거기에 널빤지를 깔고 혼천의를 고정해 놓는다면 관측자가 올라갈 계단이나 사다리가 밖에 따로 있어야 하니 정상에 널빤지가 깔려 있었다고 전제할 때 아무래도 혼천의는 첨성대에 고정되고 상설(常設)되어 있을 수는 없었을 것이다.

그렇다면 이 천문대는 혼천의만을 위한 관측대는 아닐 것이며 그 어떤 다른 목적이 있었음이 분명하다. 그게 바로 개방식 돔의 천문대였으리라는 견해를 갖게 한 것이었다.

이 석탑(石塔)은 중앙부가 중천(中天)을 향하여 개방되어 속이 비어 있으며 27단 내부의 반월(半月) 위치에는 석판이 깔려 있고 그 옆에 널빤지를 깔았으리라고 믿어지는 흔적이 남아 있다. 그러니 관측자는 남문을 통하여 올라가서 널빤지를 열어제치면서 들어가 그 자리에 반드시 누워서 중천을 쳐다보고 별들의 남중(南中) 시간과 각도를 측정하고 춘추분과 동지, 하지를 예측하였으리라는 것이다. 정상의 정자석은 이 경우 관측자의 시야를 정방형(正方形)의 테두리 안에 고정시킬 수 있게 했다.

이에 대하여 박동현은 이렇게 썼다.

첨성대 남쪽 창문 안에서 밖을 내다본 모습. 1980년 10월 22일 김성수 촬영.

석조로 된 이 천문대는 우뚝 솟아오른 탑 중앙부가 중천을 향하여 네모나게 개방되어 있고, 그야말로 오늘날의 세계의 어떠한 천문대와도 같은 개방식 돔과 별다른 점이 없다. 옛날 이 천문대 석탑에 사다리를 걸쳐 겨우 한 사람만이 요동할 수 있는 중앙 석방(石房)에서 수많은 역대의 관상감들이 동서남북의 사각형으로 된 개방된 돔을 통해 중천을 쳐다보고 별들의 남중(자오선을 통과하는) 시간과 각도를 측정하고 1년의 역(曆)을 제정, 춘분, 추분, 동지 등 또는 일식·월식의 예측을 하고, 일월오성(日月五星, 해와 달과 수성, 금성, 화성, 목성, 토성), 혜성과 유성(流星) 등의 운행을 관측 기록하였다.

그러나 그러한 견해에도 아직 문제점이 남아 있다. 첨성대의 현재 상태는 남문까지 내부에 흙으로 꽉 차 있지만 이 흙이 축조 당시에는 차 있지 않고 남문 위와 같이 텅비어 있었을 가능성이 많다. 정상(頂上)이 열려 있으므로 1300여 년 동안에 내부가 어느 정도까지는 자연히 흙으로 매워질 수도 있었을 것이다. 『증보문헌비고』에 의하여 전해지는 〈上圓下方 通其中〉이라는 표현이 정확한 것이라면 남문 아래에도 지금처럼 흙으로 차 있지는 않았으리라. 남문이 있기 때문에 그 위는 더 이상 메워지지 못했을 것임으로 아래만 흙이 차 있다는 것이다. 그렇다면 남문은 단순히 사람이 그리로 들어가서 오르내리기 위해서 뚫어 놓은 것일까?

첨성대 남쪽 창문에서 아래쪽 내부. 김성수 촬영.

경주 첨성대는 그 내부에 어떤 목조 시설이 있었다면 또 모르지만, 아무래도 내부보다는 그 외부를 중요시하여 축조된 것 같다는 추론이 가능하다.

첨성대는 성내(城內)에서 떨어져 있는 외진 벌판에 세워져 있다. 관측 활동을 그 내부에서 한다고 전해져 왔는데, 내부는 위에서 이미 말한 바와 같이 다듬어지지 않았고, 외부는 잘 다듬어졌으며, 또 외관상 우아한 구조와 우수한 축조 기술을 자랑하고 있으나 천체 관측이라는 과학적 활동을 위해서는 결코 편리한 짜임새라고 할 수는 없다.

그리고 개방식 돔으로서도 사실상 불편하기 짝이 없는 내부 구조를 가지고 있다. 첨성대와 같이 구조 역학적으로 극히 우수한 짜임새를 가진 축조물을 화강석으로 쌓을 수 있었던 건축 기술을 가지고 그렇게 조잡하고도 불편한 관측소(탑)를 만들었다고 생각할 수는 없다. 물론 1년에 4차례, 즉 춘추분과 동하지점만 관측한다면 또 모르겠지만.

이러한 점들을 종합해서 생각할 때 첨성대는 아무래도 그 내부에서의 관측을 위주로 하는 천문 관측대로는 적당하지 못한 점이 많다.

첨성대가 규표(圭表)로서의 기능이 있을 것이라는 생각은 여기서 출발한다. 다시 말해서 천문 관측대로서의 첨성대는 태양 광선에 의하여 생기는 해그림자를 측정하여 태양고도(太陽高度)를 알아서 춘추분점과 동하지점 및 시각을 정확하게 결정하는 데 쓰인 측경대(測景

臺)였다는 것이다.

이 경우 4분지점(分至點)은 밤에 자오선을 통과하는 별들을 관측하여 맞춰볼 수 있다는 충분한 가능성을 밑받침하게 될 것이다. 이런 점에서 볼 때, 경주 첨성대가 중국 하남성(河南省) 낙양(洛陽) 동남쪽에 있는 고성진(告成鎭, 이전의 陽城)이라는 마을에 현존하는 723년의 당대(唐代) 주공측경대(周公測景臺)와 그 구조에 있어 비슷한 특징을 가지고 있다는 사실을 간과할 수 없을 것이다.

주공측경대는 주(周)나라 초에 무왕(武王)의 동생으로 성왕(成王)을 보좌하여 성인(聖人)으로 추앙되던 주공(周公)이 해그림자를 재기 위하여 세웠던 측경대의 전통을 이어서 세워진 높이 3.86m의 천문 관측탑이다. 그것은 사다리꼴 석대 위에 각주를 세워놓은 모양의 탑인데 첨성대의 곡선 형식을 직선으로 고쳐 그리면 바로 주공측경대와 같은 모양이 된다는 점에서 우리의 주목을 끈다. 첨성대보다는 76년 뒤에 설립되었지만 그것은 같은 시대에 같은 목적으로 세워졌다는 데서 뚜렷한 공통점을 찾아낼 수 있다.

첨성대는 이렇게 규표로서 매우 흥미있는 형식을 갖추고 있다. 그리고 또 하나의 관심사는 정남(正南)으로 열린 창문이 어떤 목적에 사용되었는가 하는 점이다.

그것은 지금까지 전해오던 바와 같이 사람이 오르내리기 위해서만 뚫어 놓은 것이 아닐 것이며, 중요한 점은 춘분과 추분에 태양이 남중할 때 그 창문을 통하여 태양광선이 바로 대(臺) 안의 밑바닥에까지 도달하게 된다는 것이다. 따라서 지점(至點)과 분점(分點)은 이 창문을 통한 태양광선의 입사(入射)에 의해서도 쉽게 알아낼 수 있을 것이다. 이러한 점에서도 나는 남문(南門) 아래까지 차 있는 흙은 신라 시대에는 없었던 것으로 그 내부는 완전히 비어 있었으리라고 생각하고 있다. 이러한 예는 이집트의 카르낙에 있는 사원(寺院)이 하지의 일몰 때에는 실내의 구석까지 완전히 태양광선이 비칠 수 있게 설계되어 있어 하나의 천문대와 같은 구실을 하게 된 데서도 찾아볼 수 있다.

첨성대는 또한 방위의 정확을 기하는 데도 표준이 될 수 있었다. 나침반이 발달하지 못했던 시기에는 동서남북의 네

첨성대 맨 위의 구조. 1980년 10월 김성수 촬영.

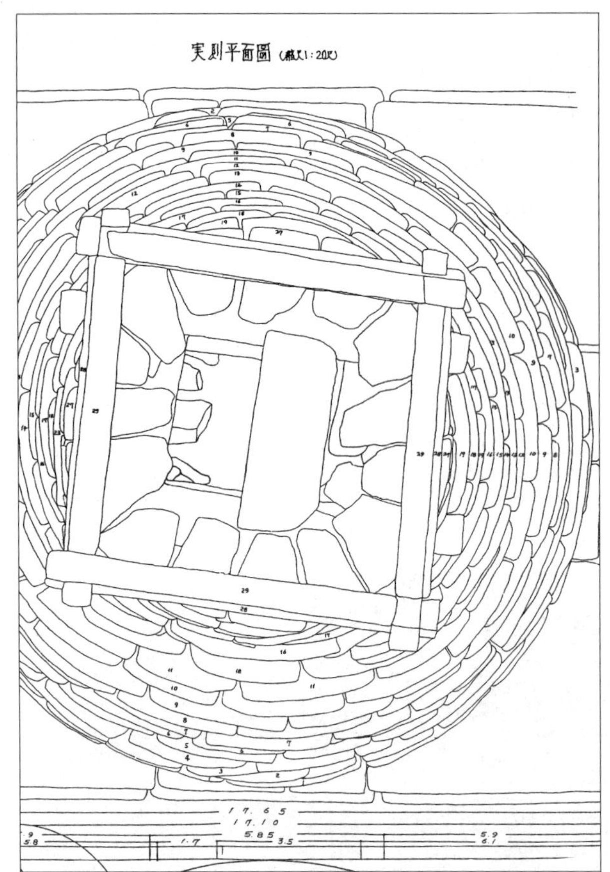

첨성대 실측 평면도. 1962년 홍사준을 팀장으로 문화재전문위원 정명호 교수 등이 실측했다. 맨 위에서 내려다본 평면도는 천원지방설을 잘 반영한 도형이다.

방위를 결정하는 일은 천문학적 방법에 의존하는 외에 쉬운 방법이 없었으므로 대위의 정자석(井字石)이 동서남북 즉 자묘오유(子卯午酉)의 방위를 가리킨 것은 매우 유효한 것이었을 것이며, 그래서 그것은 신라 자오선(子午線)의 표준이 되었을 것이다.

첨성대 실측 보고에 의하면 대의 주위에는 아직도 석재가 깔려 있다고 하는데, 그 일부는 비교적 정연하게 놓여 있는 것으로 보아 원래는 그 주위 일대에 상당히 넓게 박석이 깔려 있어 해그림자의 측정에 적합하게 되어 있었으리라고 생각된다.

이렇게 첨성대가 규표로서, 또 신라 천체 관측에서 자오선의 표준이 되었다는 기능이 생각되지만, 천체 관측대로서의 역할은 여전히 그 주된 기능에서 배제되지 않는다. 그러니까 첨성대는 필요에 따라 내부 또는 정상에서 관측 활동을 할 수 있는 다목적 관측대라 할 수 있다. 정상의 넓이는 2.2m²로 몇 사람이 관측 활동을 하기에 충분하고, 정자석의 4방위는 관측자의 위치 결정에 유효했을 것이다.

유경로(兪景老)는 이렇게 말한다.

> 그 구조로 보아서, 또 고대 천문학이 오늘과는 달랐다는 점으로 보아서 이는 더 소박한 천문 관측대였을 것이 틀림없다. 즉 첨성대 외부 지상으로부터 중앙 개구(開口)까지 사다리를 따라 올라가서 내부로 들어가고 거기서 다시 2단에 걸친 정자형(井字形) 장대석(長大石)을 의지한 2개의 사다리를 통하여 상부 정자형 두부(頭部)에 올라간다. 그 다음에는 상단의 서반부(西半部)에 걸친 개폐식 판을 딛고서 하부와 차단한 다음에 충분히 넓은 공간에서 국가의 길흉을 점치는 천문 관측을 했을 것으로 판단된다.

그는 고대 천문학은 과학적인 역학(曆學)과 미신적인 점성학의 양면이 있으므로 첨성대 또한 그런 목적에 사용되었으리라고 말하고, 개성 첨성대, 마니산 참성단, 서울의 관천대가 모두 형태가 같은 계열이고 별과 관계있음을 지적함으로써 첨성대도 천문대였을 것이라고 했다.

유경로의 이러한 견해는 비록 짧은 것이긴 하지만 현대 천문학을 전공한 원로 교수로서의 논평이라는 점에서 중요하다. 게다가 그는 과학자로서는 보기드문 중국 고전 과학문헌에 해박한 지식을 가진 학문적 배경을 가진 학자여서, 그의 첨성대에 대한 견해는 비록 논문으로 정리 발표되지는 않았지만 우리에게 많은 것을 시사해 주고 있다.

구조와 크기

이제 첨성대의 구조를 살펴보자.

(1) 첨성대는 전체적으로 기단부(基壇部), 원주부(圓柱部), 정자형(井字形) 머리부의 3부분으로 되어 있다.

(2) 기단부는 4각형 상하 2단으로 되어 있다.

1) 상단은 1변이 5.18m, 높이 39.5cm, 석재수 12개

2) 하단은 1변이 5.36m, 높이 39.5cm, 석재수 8개

3) 따라서 기단의 총 높이는 79.0cm, 석재수는 20개

4) 방향은 남쪽 변이 정남에서 동쪽으로 19도만큼 돌아간 방향을 향하고 있다.

(3) 원주부는 모두 27단으로 높이는 8.05m의 병모양을 하고 있다.

1) 맨 아랫단 둘레는 16.0m, 14단의 둘레는 11.7m, 맨 윗단 둘레는 9.2m이다.

2) 아래로부터 1단에서 12단까지는 각단의 높이가 약 30cm이며 외벽의 석재수는 각각 15, 16, 17, 18개, 내부는 잡석으로 채워져 있다.

3) 중간의 창문은 13단, 14단, 15단에 걸쳐 있으며 1변이 약 95cm, 창문은 정남에서 동쪽으로 16도가 돌아간 방향을 향한다. 12단 창문 아랫단의 돌은 큰 평판석(平板石)으로 되어 있고, 13단 이상은 내부가 비어 있다. 창문 아랫단 평판석에는 사다리를 걸쳤다고 생각되는 홈이 양쪽에 패여 있다.

4) 19, 20단에는 남북 동서 방향으로 각각 2개씩의 장대석(長大石)이 걸쳐 있어서 정자형을 이루되 장대석의 끝은 외벽까지 노출되어 있다.

5) 25, 26단에도 같은 식으로 장대석이 걸쳐 있다.

6) 마지막 27단은 내벽 동쪽 반부분에 178cm, 57cm, 20cm의 평판석이 걸쳐 있어서 서쪽 반부분이 열려 있고 평판석은 외벽의 돌과 6cm의 두께의 차를 보인다. 서쪽 반부분의 벽석 3개의 안쪽 끝에는 홈이 파져 있어서 동쪽 반부분 평판석과 더불어 나무로 된 평판을 올려놓을 수 있게 되어 있다.

7) 이렇게 13단에서 27단까지는 속이 비어서 사람이 사다리 2개를 중간의 장대석에 걸쳐서 상하로 오르내릴 수 있게 되어 있다. 27단을 지나서 정자형 머리부로 올라가면 목판으로 서쪽 반부분에 뚜껑을 덮어서 하부와 차단할 수 있는 구조이다.

(4) 정자형 머리부는 상하 2단의 정자형 구조로서

1) 각 단이 각각 306cm 32cm 32cm 크기의 장대석 4개씩으로 되어 정자형으로 서로 물려 있다.

2) 방향은 기단의 남방 방향에서 약 8도 서쪽으로 돌아 있다. 이것은 최근 80년 내에 2번 수리했을 때의 잘못으로 돌아간 것으로 추측된다.

3) 정자석 내부는 220cm, 220cm, 64cm의 공간을 이루고 바닥은 목판을 깔았던 것으로 생각되며 그 서반부는 개폐가 가능했을 것이다. 이 공간의 조건은 서거나 앉거나 드러누워서 관측하는 데 충분하다.

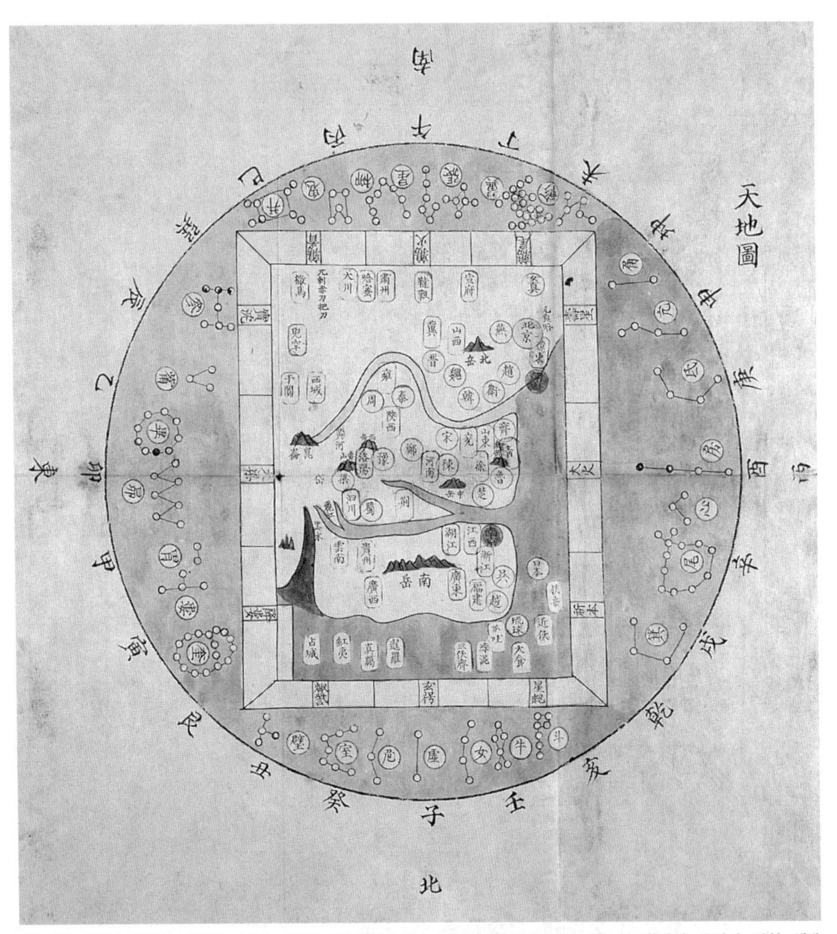

「천지도」(조선 중기). 지도첩. 채색 필사본. 천원지방설을 바탕으로 해서 그린 하늘의 별자리 그림과 땅의 세계 지도이다. 첨성대 실측 평면도와 전체적인 윤곽이 꼭같다(화보 5 칼라 사진 참조).

첨성대 전체의 석재는 화강석으로 석재의 총수는 365개 내외이며 기단부, 원주부의 외벽과 정자형 머리부는 모두 다듬어져 있다. 원주부의 내벽은 다듬어져 있지 않으나 마찰로 약간 마모된 흔적이 있다고 지적되고 있다.

경주 신라역사과학관의 석우일 관장은 오랫동안 첨성대와 석굴 사원의 구조와 원리에 대한 여러 학설들을 실험적으로 재구성해서 전시하는 일을 해왔다. 그가 만든 전시물은 첨성대에 대한 우리의 궁금증에 대한 많은 해답을 주고 있다. 그것은 훌륭한 시도임에 틀림없다. 그가 만든 실험적 전시물은 많은 설명을 필요로 하지 않는다. 어떤 것은 관람자 스스로가 명쾌한 판단을 할 수 있도록 해놓았다. 그것들을 그림으로 보자.

그리고 첨성대가 어떤 천문대였는지 1500년의 시공을 넘어 상상의 날개를 마음껏 펴보자. 신라의 천문학자들이 여러분에게 말해 줄 것이다. 그들이 왜 첨성대를 세웠는지를.

논쟁의 결말

첨성대는 천문대인가?

1970년대와 1980년대에 있었던 한국학 관련 논쟁 중에서 주목할 만한 주제의 하나로 기억된다. 한국 전통과학의 자랑스런 업적으로 손꼽히는 세계적 문화유산인 첨성대가 과연 천문대인가. 놀랍고도 충격적인 질문이었다.

종교적 제단이다. 상징물이다.

대담한 주장이었다. 물론 격렬한 논쟁이 벌어졌다. 한국 과학사의 중요한 한부분이 이렇게 매스컴과 많은 사람들의 관심을 끈 적은 일찍이 없었다. 별의별 주장과 이론, 그리고 가설들이 꼬리를 물고 쏟아져 나왔다. 다행스럽게도 그것은 바람직한 방향으로 번져나갔다. 그러나 한편으로 혼란스러웠던 것도 사실이었다.

이 논쟁을 객관적으로 잘 정리한 글이 있다. 송상용 교수의 논평이 그것이다. 그는 과학사를 학문으로 한국에 뿌리내리게 하는 데 선구적이고 희생적인 노력을 기울여 온 과학사학자이다. 그래서 그의 글은 첨성대의 주제와 관련된 포괄적이고도 분석적인 논평으로 주목되는 것이다. 한국의 전통과학을 전문 영역으로 하는 학자가 아니기 때문에 그의 글은 더욱 신선하고 담담하다.

그의 첨성대 논쟁에 대한 논평의 한 부분을 인용해 보자.

> 1973년 말 서울대학교에서 열린 한국 과학사학회 주최 첨성대 토론회는 첨성대 연구에 하나의 전기를 만들었다. 왜냐하면 이 토론이 실마리가 되어 몇 가지 가설이 나왔고 격렬한 논쟁이 시작되었기 때문이다.
>
> 1974년 9월 서울대에서 있었던 역사학회 월례 발표회에서 동양사학자 이용범의 발표가 있었고 질의에 나선 김용운과 일대 격돌이 일어났다. 이용범과 김용운은 각각 논문 「첨성대 존의(存疑)」와 「첨성대 소고(小考)」를 통해 자극적인 표현을 써가며 새로운 설을 옹호했다. 뒤늦게 물리학자 남천우가 뛰어들어 두 설을 혹독하게 비판하자 걷잡을 수 없는 혼전이 일어났다.
>
> 김용운은 백제, 고구려나 중국, 일본에 같은 모양의 천문대가

관성대. 원나라 때 천문학자 곽수경이 1276년경 양성(지금의 하남성)에 세운 거대한 천문관측대와 규표.

고려 첨성대(13-14세기). 화강석. 3×3m. 개성. 매우 세련되고 단순한 아름다움을 가진 천문관측대이다. 사진은 동아일보에서 공개한 1997년의 개성 만월대 고려 첨성대의 모습이다.

없고 『삼국사기』에 선덕 여왕대의 천문 관측 기록이 없는 것으로 보아 첨성대를 천문대로 볼 수 없다고 했다. 그는 첨성대가 신라 과학의 기념비적 상징물로서 그 구조는 주비산경(周髀算經)에서 얻은 천문 지식을 표현하고 있다고 주장했다. 그는 또 상원하방(上圓下方)의 형태가 음양 사상과 관계가 있으며 돌의 수 366개는 1년의 일수, 28단은 28수(宿)를 나타낸다고 풀이했는데 이것은 물론 홍사준의 생각을 발전시킨 것이다.

이용범은 홍사준, 전상운, 김용운의 설을 차례로 반박한 다음 첨성대를 과학보다 신앙 면에서 다루는 것이 오히려 합리적이라고 방향전환을 제의했다. 그는 첨성대의 형태가 불교의 우주관인 수미산을 연상케 한다고 했다. 그에 따르면 평양 첨성대와 강화 참성단이 초성대(醮星臺) 또는 제단이었던 것처럼 첨성대에서 성제(星祭) 같은 것이 행해졌으리라는 억측도 가능하며 그 정상부에는 어떤 종교적인 상징물이 안치되어 있었다고 보는 것이 옳다는 것이다.

두 설은 모두 첨성대가 실제 관측에 사용되기에는 매우 부적당하다고 보는 공통점을 갖는데 이것을 거부하고 나온 것이 남천우이다. 그는 본격적 기록조차 전혀 없는 첨성대의 정신적 배경을 구명한다는 것은 어렵다고 하면서 첨성대의 구조와 기능에 대한 과학적 검토가 필요하다고 했다.

그는 과학적 방법에 의한 조사 결과 첨성대 정상부에 매우 훌륭한 관측 작업장이 있었음을 확인했다고 강조했다. 그에 따르면 첨성대는 제단으로는 불편하고 부적당할 뿐 아니라 그 건조 양식이 주비산경과는 무관하며 도형이나 수치에 대한 임의의 해석은 위험천만하다는 것이었다. 결국 남천우는 첨성대가 실제 천체 관측을 목적으로 축조된 실용적 건물이며 상설 관측대라고 결론을 내렸다. 그는 김용운, 이용범 외에도 와다, 전상운, 홍사준, 박홍수 등을 모조리 공격했다.

한바탕 논쟁이 휩쓸고 지나간 뒤 1979년 소백산 천체관측소에서 첨성대를 재론하는 모임이 있었다. 이용범이 불참한 이 토론회는 열띤 갑론을박으로 밤을 밝혔는데 김선기, 박홍수, 이동식 등의 제단설 규탄이 이채로웠다. 그러나 여기서 소개된 젊은 한국 과학사학자 박성래의 견해는 이용범에게 동정적인 것으로서 주목을 끌었다.

그는 첨성대가 중국 천문학이 본격적으로 도입되기 전에 건립되었으므로 구체적 실용을 위한 것이 아니라 상징 또는 기념비적인 것으로 보아야 한다고 했다. 그 모양은 수미산을 본뜨고 실제적 기능은 토속신앙에 따라 농업신인 영성(靈星) 숭배의 뜻을 담은 제단이었을 것이라는 얘기였다.

제3차 첨성대 토론회는 경주에서 첨성대를 답사한 다음 이틀 동안 열렸다. 이 마라톤 토론회에는 때마침 그곳에 온 일본의 천문학사가 야부우치가 천문대설을 조심스럽게 지지하는 의견을 보내기도 했다. 건축가 송민구는 첨성대가 천문대로서의 기능뿐 아니라 여러 가지 복합된 의미가 내포되어 있다고 함으로써 다분히 절충적인 의견을 내놓았고, 천문학자 나일성은 첨성대가 충분히 관측할 수 있는 조건을 갖춘 천문대임을 입증하려 했다. 천문학사가 이은성은 점성과 간단한 천문 관측을 겸했을 것으로 보았고 건축사가 신영훈은 점성과 환구의 몫을 한 시설물로 추정했다(『이야기 한국과학사』, 1984, 75-77쪽).

박성래 교수는 1993년에 쓴 『한국인의 과학 정신』에서 그의 생각을 이렇게 정리하고 있다.

첨성대는 넓은 뜻에서의 천문대임이 분명하다. 그것을 지금처럼 꼭 관측 기구를 올려놓고 사람이 올라가 하늘을 관측하는 그런 천문대였다고 고집할 필요는 없다. 삼국 시대의 천문학은 지금의 그것과는 달리 점성술 부분이 많이 섞여 있었다는 사실을 인정하면 천문대의 범위도 그만큼 포괄적인 것일 수밖에 없으리라는 것을 금방 이해하게 된다.

1996년 9월, 서울대학교에서 제9회 국제 동아시아 과학사

관천대(15세기). 화강석. 3.8×2.9×2.3m. 재동 현대빌딩 앞(옛 관상감 자리). 조선 초기 북부 광화방 서운관에 세워졌던 천문관측대로 간의가 설치되어, 소간의대라고 했다. 세종 때 경복궁에 세운 대간의대의 축소판이며 고려 첨성대의 전통을 이은 것이다. 또 하나의 관천대가 경희궁에 있었는데 일제가 서울중학교를 세우면서 헐어버렸다.

관천대(17세기). 화강석. 2.2×2.4×2.3m. 창경궁. 북부 광화방 서운관 관천대의 전통을 잇는 천문관측대이다. 관측대 위에는 관측 기기를 올려놓을 수 있는 높이 1m 가량의 석대가 있고, 그 위에 73.4×52.6×24.5cm의 또 하나의 석대가 놓여 있다. 「동궐도」의 그림에는 일성정시의라고 생각되는 기기가 놓여 있다. 간의 또는 일성정시의 대였을 것이다.

회의가 열렸다. 전세계에서 현역의 동아시아 과학사학자들이 모두 참가한 큰 학술회의였다. 회의가 끝난 다음 공주, 부여, 경주의 유적 답사가 있었다. 경주에서 첨성대를 둘러싸고 벌어진 활발한 의견 교환은 매우 인상적이었다. 여기서 중국과 일본의 천문학사 전문가들은 첨성대가 훌륭한 고대 천문대였다는 데 대체로 의견이 모아졌다.

신라역사과학관의 첨성대 전시도 매우 인상적이라는 평가를 받았다. 그 실험적 전시 모델은 첨성대의 구조와 기능을 이해하고 재구성하는 데 크게 도움을 주기에 충분한 것이다. 고대 천문대로서의 첨성대의 기능에 대한 여러 학자들의 견해가 실험적으로 잘 전시되어 있다.

첨성대는 천문대이다. 그것이 천문 관측 시설이 아니라는 결정적 자료가 나타나지 않는 한 첨성대를 천문대가 아니라고 하기에는 더 많은 연구가 있어야 할 것이다.

경복궁의 천문대

1434년(세종 16) 경복궁 경회루 서북쪽에 대간의대(大簡儀臺)가 준공되었다. 세종 14년에 세종이 경연에서 천문학을 논하면서 발의한 사업이다. 세종은 당대의 대학자인 예문관 제학 정인지에게 대제학 정초와 함께 〈고전을 연구하여 관측 기기를 만들어서 관측할 수 있도록〉 하라고 명했다. 이 거대한 국가적 사업은 곧 착수되었다. 과제 수행을 위한 특별 위원회가 구성되었다. 자료 조사는 정인지와 정초가 중심이 되어 추진했고, 기기 제작의 기술적인 문제는 당대의 공학자 이천(李蕆)과 장영실(蔣英實)이 주관했다.

높이 9.5m, 길이 14.4m, 너비 9.8m의 석대(石臺)에 돌난간을 두른 규모가 큰 천문대였다. 설치된 주 관측 기기는 대간의였다. 그리고 대의 서쪽에는 높이가 9.7m나 되는 큰 청동제 규표가 세워졌다. 『세종실록』은 이 역사적 사실을 매우 자세하게 기술하고 있다. 자랑할 만한, 그리고 기념할 만한 일이 훌륭하게 이루어졌기 때문이다. 그것은 당시의 첨단 과학기술이 결집된 15세기 최대의 천문 관측 시설이었다.

천문대 건설을 위해서 세종 때 천문학자들은 먼저 나무로 간의를 만들어 정확한 한양 북극고도를 측정하는 일에 착수했다. 그때까지의 천문 관측 기기를 쓰지 않고 새로운 관측 기기를 만든 것이다. 측정 결과는 『세종실록』에 기록한 대로 〈38도 소(少)〉 즉 38도 1/4이었다.

세종대 과학자들은 모든 천문 기기를 이 북극고도를 기준으로 제작했다. 먼저 청동으로 대간의를 만들었다. 경복궁 천문대의 중심이고 세종대 천문 관측의 표준이 되는 기본 관측 기기이기 때문이다. 『세종실록』에 의하면, 용의 모습을 조각하여 부어 만든 다리가 받치고

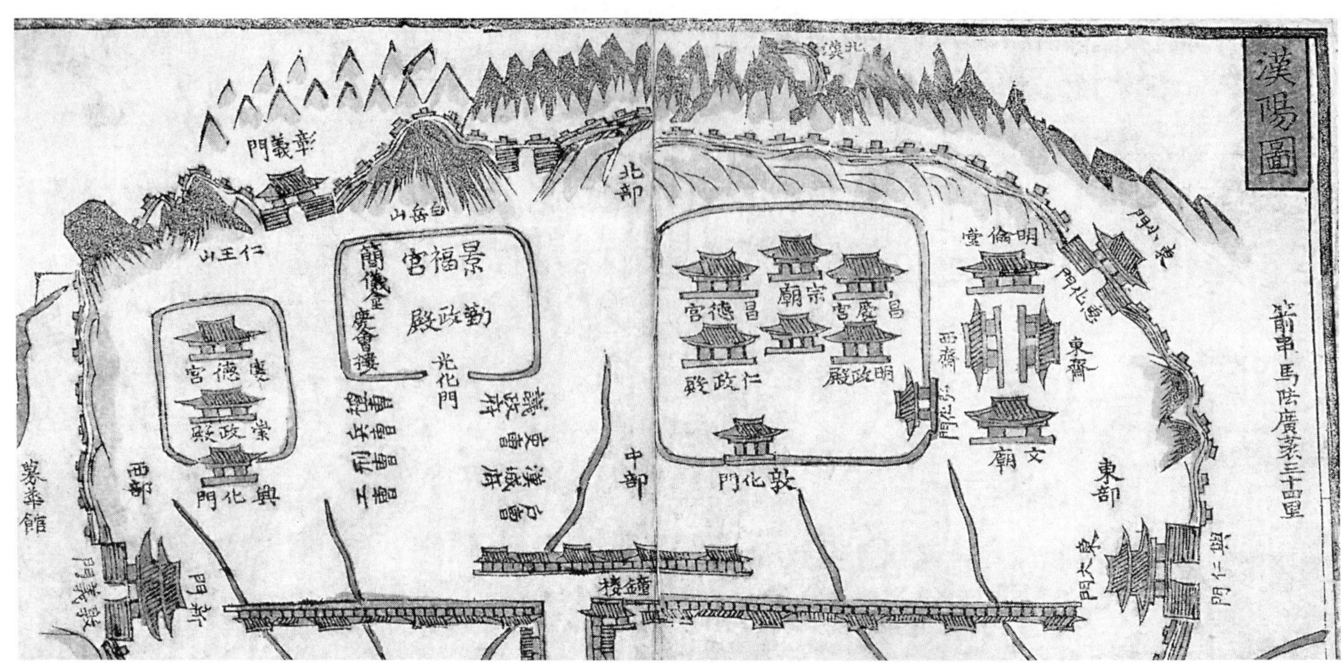

「한양도」(1822). 목판. 채색. 24.5×35.0cm. 개인 소장. 경복궁 안에 근정전과 경회루 그리고 간의대가 표시되어 있다. 이 3가지 건조물이 가장 중요한 시설로 나타나 있는데 그 중 하나가 간의대라는 사실은 유의할 일이다. 경복궁 내 간의대의 위용을 말하는 것이다.

있는 웅장하고 정밀한 의기(儀器)였다.

원나라 때 곽수경(郭守敬)의 간의의 원리에 따라 만든 것이라고 한다. 그러나 『세종실록』의 기사를 자세히 분석해 보면 그것을 그대로 본떠서 만들지는 않았다. 그 원리에 따랐지만, 그 구조를 나름대로 개량한 것이다.

간의의 구조는 『세종실록』과 그 밖의 조선 천문학 관련 문헌들이 거의 같은 문장으로 설명하고 있다.

김돈이 설명한 소간의의 구조는 다음과 같다.

> 구리(청동)로 밑받침을 만들고 물홈을 둘러서 수평을 잡고 남북을 맞춘다. 적도환의 면에는 주천도(周天度) 365도 1/4의 눈금이 표시되어 있고 동서로 움직이면서 7정(해와 달, 그리고 5행성)과 여러 별자리의 입수도분(천구상의 위치)을 측정한다. 100각환은 적도환 안에 있는데 12시 100각의 눈금을 그어 놓았다. 이는 낮에는 해시계로 쓰고 밤에는 중성(中星)을 확정할 수 있다. 사유환(四遊環)에는 규형(별을 관측하는 사이팅 튜브)이 장치되어 있는데, 동서로 돌고 남북으로 움직이게 되어 있어서 별을 관측할 수 있다. 여기에 기둥을 세워 세 환을 꿰어서 비스듬히 기대 놓으면 사유환은 북극을, 적도환은 천복(남북극의 중간)을 기준하게 되며, 이것을 똑바로 세우면 사유환은 입운(入運, 수직)이 되고, 백각환의 음위(陰緯, 지평)가 된다(『세종실록』, 권 77, 세종 19년 4월 15일).

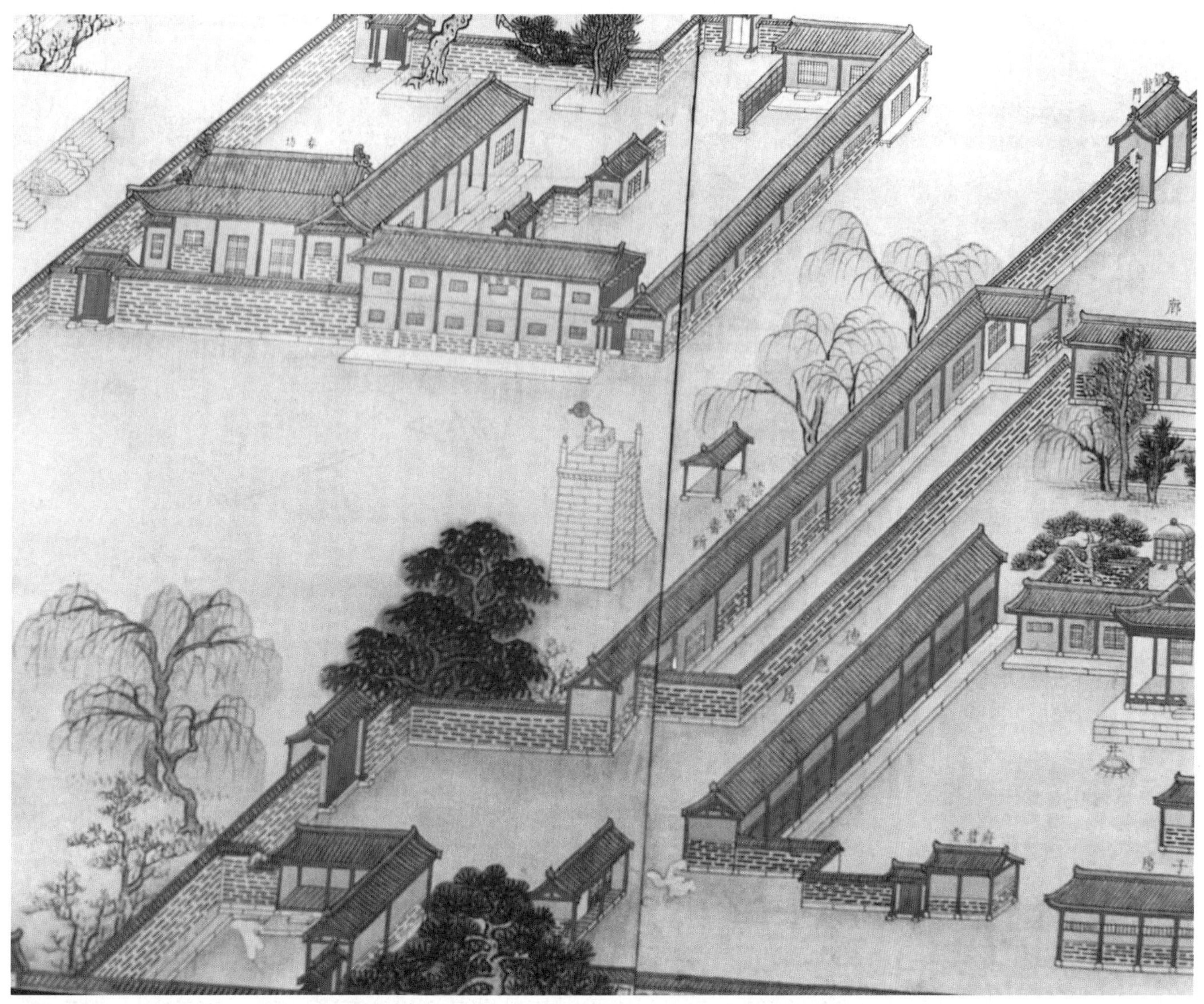

「동궐도」(1830년대). 채색. 필사본. 전체 크기 584×273cm. 화첩 36.5×27.3cm. 고려대학교 박물관. 그림 한가운데 보이는 관측대가 창경궁 관천대이다. 천문대의 옛 그림으로는 유일한 것이다.

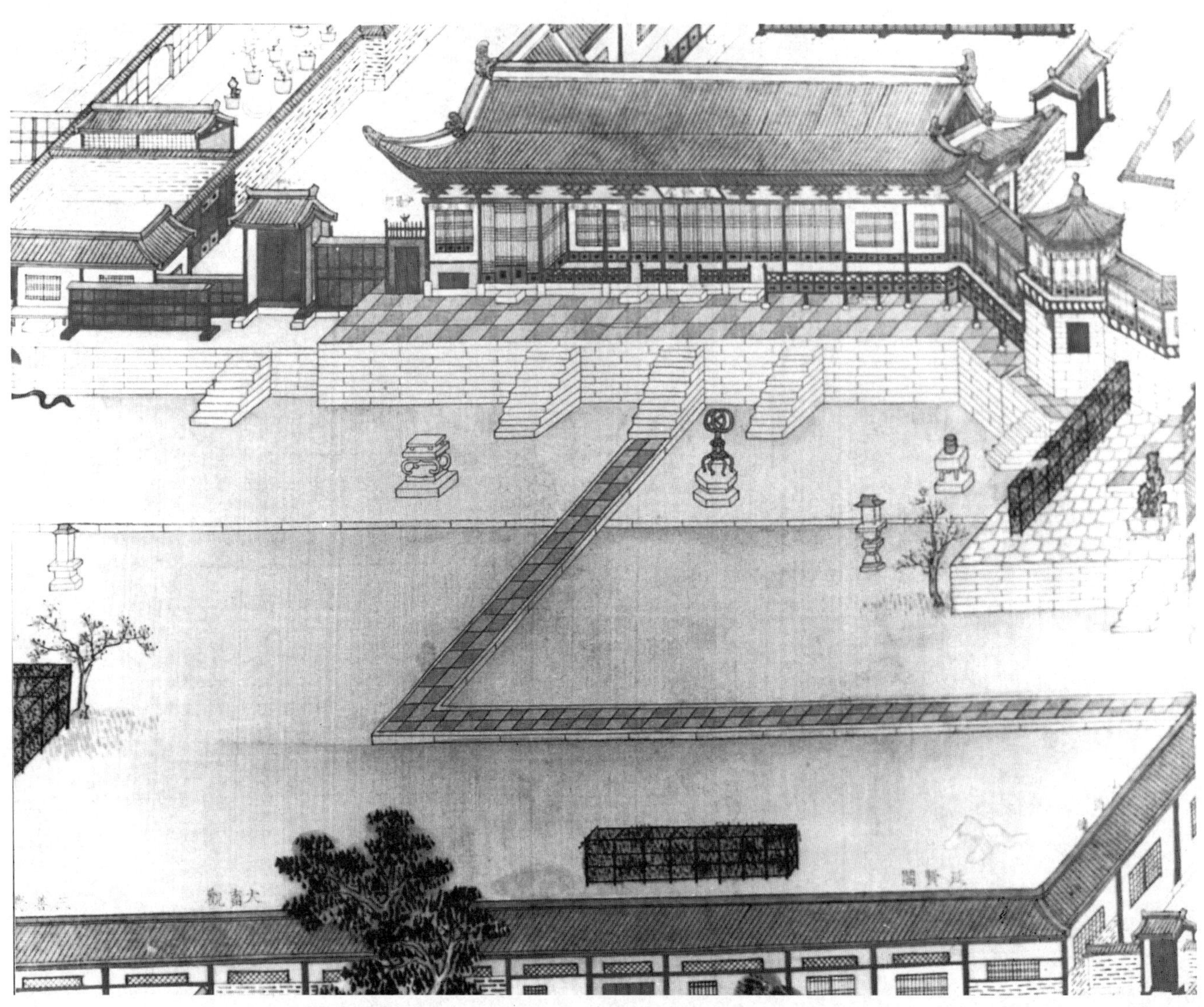

「동궐도」 부분 그림. 큰 전각 앞마당에 3개의 관측기기가 보인다. 왼쪽이 해시계가 놓인 해시계대, 가운데가 간의, 오른쪽이 측우기와 측우대이다. 그림의 맨 왼쪽 부분이 접히고 잘려 풍기의 꼬리만 보인다. 조선 시대 화가가 그린 천문관측 시설 그림으로 귀중한 자료이다.

간의가 우리 나라에서 세종 때 처음 만들어졌는지는 확실하지 않다. 조선 시대 문헌들은 그렇게 생각할 수 있게 써놓고 있다. 그러나 아무래도 고려의 천문 관측 시설에도 간의 또는 그것과 거의 같은 종류의 관측 기기가 있었을 가능성을 배제할 수 없다. 우리 나라의 간의는 세종 때의 기록 이외에는 기록도 유물도 남아 있지 않다.

중국에는 명나라 때 만든 것이 남아 있다. 그것이 원의 곽수경 간의를 그대로 만든 것이라고 하니까, 우리의 것도 그것을 참고로 해서 복원할 수밖에 없다. 『세종실록』은 그 가장 기본적인 구조만을 설명하고 있으므로, 실제 복원하는 일은 그 기록만으로는 어려움이 많다. 제일 먼저 부딪친 현실적인 문제는 가장 기초적인 기술에서였다. 간의를 구성하는 여러 고리[環]의 연결 부분과 그 나사 모양이 어떻게 생긴 것인지, 그림도 비슷한 유물도 남아 있지 않은 것이다. 조선 시대 사람들은 그런 것은 으레 그렇게 만들게 되어 있으니까 굳이 설명할 필요가 없다. 장인의 기술적 전통인 것이다. 실제로 고리나 나사의 만듦새는 특별한 경우가 아니면 신라 때 것이 조선 시대까지 거의 그대로 이어지고 있다. 중국에 가서 몇 번 현지 조사를 했다. 세부 촬영과 스케치를 하는 일이다. 이런 과정을 거쳐 간의의 구조와 관련된 문제를 세부적인 기술상의 문제까지 마무리지을 수 있게 되었다. 복원에 필요한 기본 설계가 이렇게 해서 이루어진 것이다.

간의대 대간의 그림. 세종대왕기념관. 경복궁 간의대의 대간의로 천체를 관측하는 그림이다. 세종 대왕 일대기를 화폭에 담아 전시하기 위해서 그린 것이다.

이런 뒷이야기는 지금까지 별로 알려져 있지 않았다. 필자가 이 사실을 굳이 쓰려는 것은, 『세종실록』에 설명된 간의의 구조를 번역하여 주석을 달고 풀어쓰는 것만으로는 복원 스케치조차도 제대로 할 수 없기 때문이다. 한문으로 설명된 문장을 번역하는 인문학적 작업과 그것을 천문학적으로 해석하는 동아시아 천문학 및 그 역사를 바탕으로 하는 작업과, 그 기기의 세부적인 기술 문제를 해결해서 설계하는 공학 작업이 함께 진행되고, 거기에 과학문화재로서의 또 다른 기술상의 문제가 걸러져야 하는 것이다. 그리고 마지막 단계에서 기기 및 모형 제작 전문가의 경험적 기술이 필요하다. 과학문화재의 복원은 이런 어려움을 해결해야 이루어질 수 있다. 이런 공동 연구는 오랜 시간과 인내심이 있어야 하고, 여러 과학박물관의 전시물을 현장에서 함께 조사 분석하는 답사가 있어야 한다.

세종 때 경복궁의 대간의대에 설치된 간의와 규표의 구조는 이제 천문학과 과학사와 문화재의 영역에서 비로소 학문적으로 확실하게 드러나게 되었다. 그리고 거기에 부설된 여러 천문 기기들도 거의 그 구조가 밝혀지고 있다. 앙부일구, 현주일구, 천평일구, 일성정시의, 혼

북경 관상대(17세기). 중국 북경. 고관상대라고 지금 중국에서 부르고 있는 이 거대한 천문대는 청나라 초기에 중국 천문학의 위용을 과시하기 위해서 세운 것이다. 대 위에는 예수회 선교사들이 중국 천문학자들과 협력하여 만든 혼천의를 비롯한 여러 가지 청동제 관측 기기가 설치되어 있다. 남문현 교수 촬영.

천시계, 자격루와 옥루 등이 그것들이다. 경복궁의 천문대는 이런 바탕 위에서 재조명되고 있는 것이다. 15세기 최대의 천문 관측 시설이라는 우리의 결론은 과학사학자로서의 객관적인 평가이다. 1930년대 이후 민족주의 사학자들이 오랜 세월 주장해 오던 세종대 과학의 우수성을 오늘 이 시대의 과학사학자들이 세계사적으로 조명을 하고 있는 것이다.

고려 첨성대와 서운관의 관천대

개성 만월대 옛 고려의 궁궐터에는 고려 첨성대로 알려진 축조물이 있다. 높이 3m의 5개의 돌기둥 위에 3m²의 넓이를 이루는 돌판이 깔려 있는 구조물이다. 원래 그 위에 돌난간이 둘러져 있었다. 돌다리를 놓는 축조법과 꼭같게 아담하고 단순한 구조의 시원스런 석대(石臺)이다. 2–3명이 위에서 관측 활동을 하기에 넉넉한 공간이어서, 관측자들이 쉽게 올라가서 일할 수 있었을 것이다.

이 천문대에 어떤 관측 기기가 설치되었었는지는 알 수가 없다. 아마도 13세기 초까지는

규표. 여주 영릉. 1437년(세종 19) 경복궁 간의대에 설치했던 높이 40자(8.3m 가량)의 거대한 규표를 10분의 1로 축소하여 복원한 것이다. 나일성, 이용삼 교수 등이 제작하였다.

세워졌으리라고 생각되지만, 그런 기록도 남아 있지 않다.

그런데, 이 고려 첨성대는 그 모양이 경주의 신라 첨성대와는 아주 다르고, 조선 시대의 천문 관측대들과 기본적으로 같다는 사실이 우리의 눈길을 끈다. 지금 현대 그룹 본사 빌딩 앞에 남아 있는 옛 서운관의 관천대와 창경궁에 남아 있는 관천대, 그리고 1920년대 일제가 경성중학교를 짓느라고 헐어버린 경희궁의 관천대들이 모두 정육면체의 석축대이다. 『세종실록』에 기술되어 있는 경복궁의 대간의대도 크기가 훨씬 크지만 석축대에 돌난간을 두른 같은 모양이다.

고려 첨성대는 크기도 조선 시대 관측대들과 비슷하다. 고려 시대의 천문관서인 서운관이 조선 왕조로 이어져 서운관이라는 같은 이름으로 존속되면서 그 관측대도 같은 모습으로 축조되었던 것은 아닌지.

1997년 봄에 고려 첨성대는 대덕의 국립중앙과학관 뜰에 화강석으로 똑같은 모습으로 세워졌다. 그것은 뜻밖에도 아주 세련된 축조물이어서 우리를 감탄케 했다. 고려 사람들의 세련된 미적 감각이 8백 년의 시공을 뛰어넘은 멋진 천문대를 세운 것이다.

고려 천문학자들은 이 천문대에서 많은 천문 현상을 관측했다. 『고려사』 「천문지」에 집

대간의(16세기). 청동제. 중국 남경 자금산 천문대. 13세기에 원의 곽수경이 만든 대간의를 명나라 초에 복원하여 지금의 자리에 설치한 것이다. 1994년에 필자가 찍은 사진이다.

약된 관측 기록은 대단한 것이다. 그것은 고려 천문 관리들이 얼마나 많은 것들을 성실하게 관측하고 꾸준하고 면밀한 기록을 남겼는지를 말해 주는 것이다. 일식과 혜성의 출현을 비롯한 천상의 이변으로 주목한 행성들의 여러 가지 이상 현상, 즉 천변(天變)과 특히 태양 흑점의 관측 기록들은 중세 이슬람 천문 기록과 더불어 세계적인 천문 관측 기록으로 높이 평가되는 것이다.

태양 흑점의 관측은 『고려사』「천문지」 1024년부터 1383년까지 34회의 기록을 남기고 있는데, 흔히 일중흑자(日中黑子)로 표현되었다. 예를 들어, 〈태양에 흑자가 있다. 그 크기는 계란만하다〉는 천문지의 기록은 매우 간결한 태양 흑점의 관측 기록으로 인상적인 것이다. 1151년에서 1278년 사이의 기록은 가장 훌륭한 관측 활동 결과를 남긴 것인데, 그 관측 주기가 8년에서 20년이라는 사실은 특히 우리의 주목을 끈다. 그것은 현대 천문학에서의 태양 흑점 최대 주기의 평균치인 7.3－17.1년과 일치하기 때문이다.

고려 천문학자들은 태양을 어떻게 관측했을까.

그 오랜 의문은 1960년대의 어느 날 『오주연문장전산고(五洲衍文長箋散稿)』라는 조선 후기의 실학자 이규경(李圭景, 1788－?)의 저서를 읽다가 우연히 알게 되었다. 태양은 오수정, 즉 검은 수정으로 관측했다는 것이다. 필자의 그 기쁨을 이 책의 독자들은 충분히 이해해 줄 수 있으리라고 생각한다. 학문하는 사람의 최대의 기쁨 중 하나라는 표현은 결코 과장이 아니다. 우리는 지금 우리 나라 과학의 역사에서 모르는 것이 알고 있는 것보다 훨씬 더 많다. 잃어버린 것들이 너무도 많고, 아직도 알아내지 못한 것들이 얼마나 많은지 모른다. 고려 천문학도 그런 것의 하나이다. 고려 천문학은 그래서 과소평가되고 있는 것이다. 『고려사』 「천문지」의 자료는 재조명되어야 하고, 재평가되어야 한다. 그것은 훌륭한 자료이다.

고려 천문대에서 활동하던 학자들과 천문 관리들은 조선 왕조에서 그대로 자기 일을 계속했다. 서운관이라는 천문 기상 관청은 그대로 조선 왕조의 천문기구로 계승되었다. 그리고 그들은 왕도가 서울로 옮기면서 북부 광화방(北部廣化坊)에 서운관의 청사를 세웠다. 창덕궁에서 안국동으로 가는 길, 옛 대원군의 저택인 운현궁(雲峴宮)이 있는 길은 예전엔 나지막한 재였다. 그 재의 이름이 구름재, 즉 운현(雲峴)인 것은 서운관이 거기 자리잡고 있어서 생긴 이름이다. 서운관 재인 것이다. 현대 그룹 빌딩 앞에 있는 관천대가 서운관의 옛 모습의 한 자락으로 남아 있다. 휘문중고등학교가 그 자리에 있을 때만 해도 그곳은 언덕이었다.

조선 초, 북부 광화방의 서운관은 그 관측대로 관천대를 세웠다. 고려 첨성대와 같은 정육면체의 석대이지만, 그것은 또 다른 멋을 낸 천문대였다. 조금 훌쭉한 듯하게 올려쌓은 석축 위에 난간을 두른 아담한 석대이다. 경복궁에서 가까운 나지막한 언덕, 관측대는 사방으로 시야가 탁 트인 명당자리에 세워진 것이다. 개성의 만월대와도 비슷한 그런 자리다.

여기서, 조선 천문학자들과 천문 관리들은 서운관이라는 중요한 국가기관에 소속된 신분으로, 매일 밤낮을 가리지 않고 교대로 관측에 임했다. 관측 결과는 일지에 관측 규정에 따라 면밀하게 꾸준히 기록했다. 그리고 이상 현상이 있을 때는 즉시 보고서를 작성해서 승정원과 홍문관, 시강원에 보고했다. 『천변등록(天變謄錄)』 그러한 관측 일지와 보고서의 원본이다. 그것들은 조선 시대 말까지 서운관의 후속 기관인 관상감(觀象監)의 창고에 보관되어 있었다. 그것이 흩어지고 사라진 사연은 가슴아픈 뒷이야기로

혼천의(17세기). 청동제. 북경 고관상대. 13세기에 원의 곽수경이 만든 대혼천의를 청나라 초에 복원하여 지금의 자리에 설치한 것이다. 1994년에 필자가 찍은 사진이다.

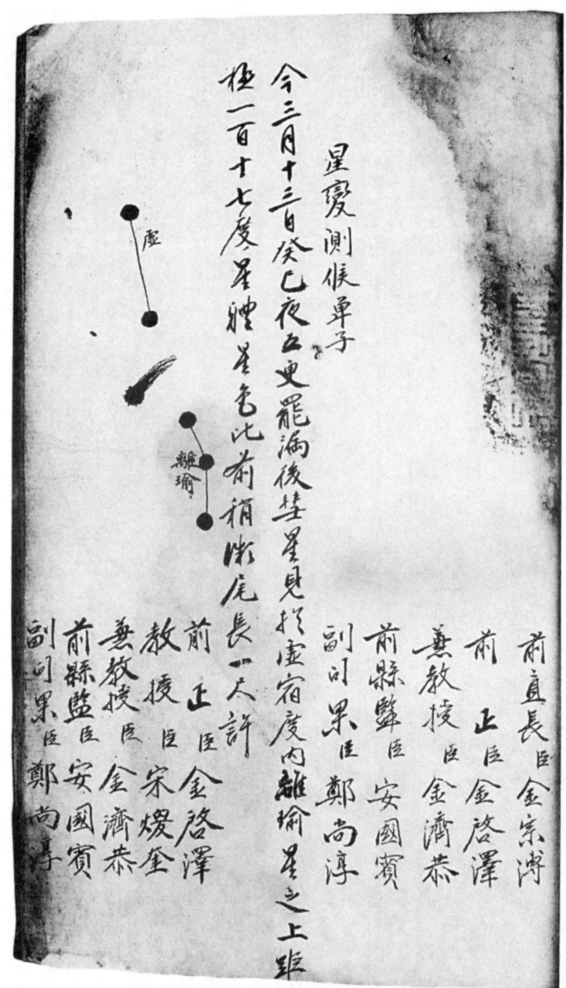

星變測候單子

今三月十三日癸巳夜五更罷漏後彗星見於虛宿度內離瑜星之上距

極一百十七度星體星色比前稍微尾長一尺許

前直長 臣 金宗涉

前正 臣 金啓澤

兼教授 臣 金濟恭

前縣監 臣 安國賓

副司果 臣 鄭尚淳

前正 臣 金啓澤

教授 臣 宋㷜奎

兼教授 臣 金濟恭

前縣監 臣 安國賓

副司果 臣 鄭尚淳

성변측후단자(조선 시대). 서운관과 관상감의 천문 관측 보고서. 성변등록의 한쪽으로 보존된 이 보고서는 1759년(영조 35) 3월 13일 밤의 대혜성의 관측 기록이다. 핼리 혜성의 기록으로는 가장 완벽한 세계적인 유물이다.

남아 있는데, 그 중의 몇 장이 사진과 원본의 일부로 알려져 있다.

1910년에 이 관측보고서의 일부를 경복궁 관상감 창고에서 쓰레기처럼 쌓여 있는 것을 찾아낸 일본인 천문학자 와다 유우지[和田雄治]가 정리해서 남겼던 1669년에 3개월 동안 출현했던 100장 가까운 대혜성 관측 기록은 그가 논문에 쓴 대로 〈세계 천문학사상 둘도 없는 보물〉이었다. 3개월 동안 하루도 빠짐없이 혜성의 이동 상황을 별자리와 함께 스케치로 그려 관측자들의 직책을 쓰고 서명한 보고서는 오직 우리 나라에만 있는 혜성 관측 기록이었다. 6월 25일의 한국전쟁은 이 보물을 쓸어버려 지금은 몇 장의 사진으로 책 속에 남아 있지만, 몇 년 전 영국의 BBC TV가 천문학 프로그램을 방송할 때 세계적인 자료로 크게 다룰 만큼 값진 기록이었다.

관천대는 창경궁과 경희궁에도 축조되었다. 창경궁 관천대는 지금도 남아 있고, 경희궁의 것은 일제가 헐어 없앴다. 창덕궁과 창경궁의 조감도이며 입체지도라고 할 수 있는 「동궐도(東闕圖)」에는 창경궁 관천대의 그림이 있다. 우리 나라의 옛 천문대를 그 당시의 화가가 그린 그림으로 유일한 것이다. 위에 있는 관측 기기가 그야말로 그림처럼 그려진 것이 익살스럽기까지 하다. 비스듬히 놓여 있는 것을 보면 일성정시의 같다는 생각이 든다. 그러나 조선 후기의 천문학자 성주덕(成周悳)의 『서운관지(書雲觀志)』를 보면 관천대는 소간의 대라고 하니까, 간의가 설치되었던 것 같다. 경복궁의 간의대가 대간의를 설치한 천문대이므로, 각 궁궐에 세워진 작은 천문대는 소간의를 설치했을 가능성이 높다.

이 관천대들은 조선 시대 말까지 관상감의 천문대로서의 기능이 활발히 이어지고 있었다. 거기서 축적된 관측 자료들은 보고서의 원본 또는 부본이 거의 없어지고 말았지만, 『조선왕조실록』과 『승정원일기』, 『증보문헌비고』 등 조선 왕조의 공식 문서에 상당히 성실하게 정리되어 있다. 그것들은 5백 년이나 계속된 국가기관의 관측 기록으로 높은 사료적 가치뿐만 아니라, 천문 관측 자료로서도 세계적인 것이다. 이 자료들을 면밀하게 분석하여 종합적으로 현대 천문학의 관측 자료와 이어주는 작업이 진행되면, 여러 가지 새로운 사실들이 밝혀질 수 있을 것이다. 천문학자 나일성, 이용삼, 박창범 교수들이 꾸준히 연구를 계속하고 있는 것은 다행스런 일이다. 그들의 연구를 적극 후원할 필요가 있다.

『칠정산내편』, 세종 역법의 출현

고대로부터 동아시아 국가들에서 역법(曆法)은 정치 이념과 강하게 연결되어 있었다. 그래서 역법은 국가의 대전(大典)과도 같은 것이었다. 하늘의 뜻이 천체 현상을 통해서 표현된다고 생각되었던 시대에 그 현상을 제대로 알아내는 일은 국가의 최고 권력자들에게 가장 중요한 과제의 하나였다. 천체 현상 중에서 알아낸 법칙성은 역법으로 체계화되어 모두 그 속에 담겨졌다. 역법은 그래서 중요한 것이었다.

정확한 역법, 즉 훌륭한 역법을 가지고 있다는 것은 천체 현상의 법칙성을 정확히 파악하고 있다는 것이 된다. 하늘의 뜻을 제대로 알고 있는 국가 권력임을 과시하기 위해서는 역법을 바로 잡고 그것을 관장해야 했다. 새로 세워진 조선 왕조가 역법을 왕조의 권위로써 다스리려는 생각은 당연히 제기될 수밖에 없었다. 그러나 그 일이 그렇게 만만치가 않았다. 거기에는 천체 관측과 정확한 계산 기술이 따라야 했다. 수준급의 천체 관측 기기가 확보되고 고도로 훈련된 천문학자들이 있어야 한다.

『세종실록』에는 세종 4년(1422) 12월에 서운관의 천문 역법을 계산하는 일을 맡은 천문 관원이 〈산법(算法)에 밝지 못해서 직제학 정흠지를 제학으로 삼아서〉 그 일을 관장하게 했다고 씌어 있다. 천문 역법 분야의 관원 선발 국가시험인 음양과(陰陽科)의 과거로 선발하여 임용된 천문 관리들이 실력이 없다고 문과 출신의 문관을 특별히 임용한 것이다. 천문 역법의 계산에 능통한 천문 관리들을 길러내고 훈련시키는 사업이 추진되었다. 그리고 서운관은 중국 역대 최고 수준의 역법인 수시력(授時曆)을 완벽하게 익혀서 정확하게 계산할

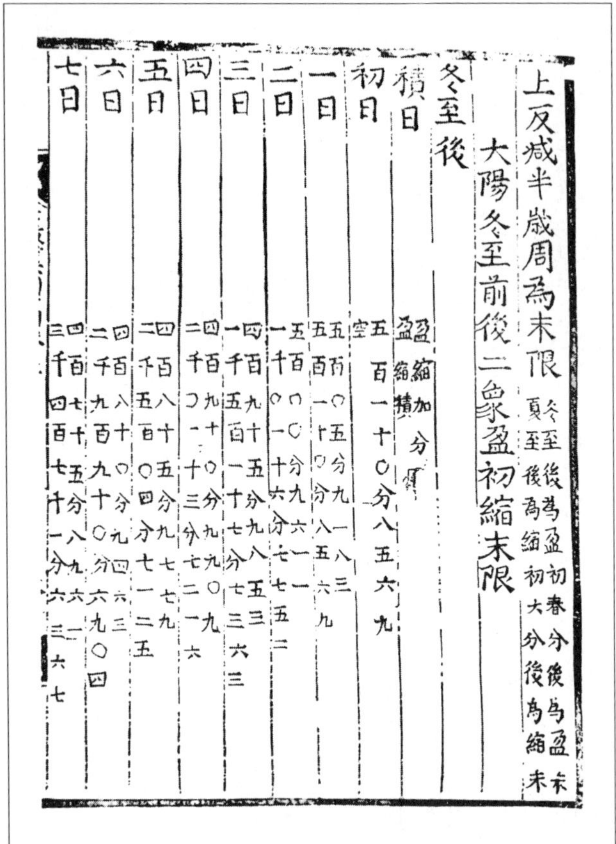

『칠정산내편』의 한 페이지(1442년 편찬, 1444년 간행). 서울대학교 규장각.

수 있는 천문역산학자를 길러낼 수 있었다. 세종 12년(1430) 8월의 『세종실록』 기사에는 정초(鄭招)가 수시력의 정확한 계산을 해내면서 역서의 편찬이 착오없이 바로잡히게 되었다고 세종이 만족스러워하는 내용이 나타나기에 이른다. 역산학에서 최고의 수준에까지 다다른 학자가 출현한 것이다.

그러나 역산학을 연구하고 수준급의 학자를 길러내는 일은 만만치 않았다. 천문 관리 중에서 우수한 인재를 찾아내기는 쉽지 않았다. 능력 있는 인재로 중국에 유학시키는 일을 추진하기도 했지만, 그 성과가 짧은 시일에 나타나기를 기대할 수는 없었을 것이다. 결국 정초의 강력한 희망에 따라 당대 최고의 학자 정인지에게 역법 계산과 교정의 어려운 과제가 맡겨지게 되었다. 정초와 정인지의 공동 연구는 순조롭고 효율적으로 진행되어, 커다란 성과를 걷었다. 1년 남짓한 동안에 역법 교정 과제는 효과적으로 진전되었다. 정확한 역법이 세워지게 된 데 대해서 세종이 크게 기뻐했다는 기사가 『세종실록』에 기술되고 있다. 그 어려운 수시력법에 통달하여 자주적 역법을 세우는 길목에 들어서게 된 것이다.

마침내 조선 왕조는 자기의 역법을 가지는 일에 착수하게 되었다. 자주적 왕조 국가로서의 역법을 세우려는 국가 권력의 발현 과정에서 마땅히 제기될 과제였다. 세종 때의 천문학과 수학의 수준이 거기까지 다다른 것이다. 조선 왕조가 자주적 역법을 가진다는 것은 국가의 자주성의 지향과도 직접적으로 연결되는 것으로 주목할 만한 발전이었다. 그렇게 만들어진 역법이 『칠정산내편(七政算內篇)』이다. 태양과 달, 5행성의 운행을 계산하는 조선의 책이라는 뜻이다. 역법의 정식 이름을 지어 부르지 않은 것은 중국의 권위 있는 역법에 대한 도전이라는 불필요한 외교적 나찰을 피하려는 깊은 뜻이 담겨 있었을 것이라고 생각된다.

『칠정산내편』은 어떤 역법인가

『칠정산내편』은 수시력을 바탕으로 했다. 수시력은 원나라 때에 만들어진 역법이지만 중국의 전통 역법으로는 가장 정확한 것이었기 때문이다. 『내편』은 그것을 바탕으로 서울에서 관측한 자료에 기초하여 서울의 위도에 따라서 작성되었다. 『세종실록』에 의하면, 삼각산에서 한성의 북극고도를 측정하였는데 그 값은 38도 1/4이었다. 그것을 지금의 도수로 환산하면 37° 41′76″가 된다.

상당히 정확한 측정치였음을 알 수 있다. 『내편』에는 이 북극고도를 기준으로 계산한 매일의 해뜨는 시각과 해지는 시각, 그리고 밤낮의 시각을 기재하고 있다. 그 시각은 역법을 제작하는 지점의 위도에 따라 달라짐으로 북경의 위도를 기준으로 계산된 수시력이나 명나라의 대통력은 서울에서 맞지 않는다. 『칠정산내편』은 그것을 바로 잡은 것이다.

또 이 역법은 1년의 길이를 365.2425일로 정하고 1달의 길이를 29.530593일로 정해서 수시력과 같은 값을 취하고 있다. 수시력법을 완벽하게 통달해서 그 계산을 정확하게 해낼 수 있게 되고, 정밀한 천문 관측 기기를 제작하여 측정한 값이 수시력의 측정값과 꼭 맞아떨어지는 것으로 확인한 것이다. 이러한 정확한 측정값의 산출은 일식과 월식의 정확한 예보를 가능하게 한다. 일식과 월식이 일어나는 날과 시각을 서울을 기준으로 정확하게 계산해서 예보할 수 있다는 것은 왕조의 권위를 위해서도 반드시 필요한 일이었다. 『내편』에는 이 밖에 행성들의 시(視)운동도 정확히 파악하고 산출한 값을 도입하고 있다.

그렇다고 해서, 『칠정산내편』이 수시력을 단순히 한양을 기준으로 대입해서 엮은 것은 아니다. 세종 때의 천문역산학자들은 중국 천문학과 역법 계산의 기본 원리와 이론을 완전히 정확하게 익히고 있었다. 그들은 역법의 기본이 되는 칠정의 복잡한 운동을 정확하게 계산해 낼 수 있었다. 그래서 조선 역법의 기본이 되는 칠정의 이론값과 계산값을 엮어 칠정산을 편찬한 것이다.

이 역법은 세종 24년(1442)에 정흠지, 정초, 정인지에 의하여 편찬되고, 이순지, 김담이 교정하여 10년 만에 완성했다. 상, 중, 하 3권으로 엮인 이 역법서의 상권 첫머리에는 칠정산 편찬의 경위를 간략하게 서술하고, 천체 운행의 기본 수치가 나온다. 주천분(周天分: 항성년) 365만 2575분, 주천도(周天度, 태양이 적도 위에서의 1일의 운행을 1도로 하여 항성년으로 표시한 것) 365도 25분 75초, 일주(日周, 1일을 10,000단위로 놓은 것) 1만, 세실(歲實, 회기년) 365만 2425분, 세주(歲周, 회기년을 일단위로 표시) 365일 2425분, 세차(歲差, 주천도,

周天度三百六十五度二十五分七十五秒
半周天一百八十二度六十二分八十七秒半
周天象限九十一度三十一分四十三秒太
周應三百一十五萬一千〇七十五分
日行諸率
日周一萬
半日周五千
歲實三百六十五萬二千四百二十五分
歲周三百六十五日二千四百二十五分
半歲周一百八十二日六千二百一十二分半
歲象限九十一度三十一分〇六秒少
歲差一分五十秒
歲餘五萬二千四百二十五分
月閏九千〇六十二分八十二秒
通閏一十〇萬八千七百五十三分八十四秒

『칠정산내편』 천행제율 일행제율 면. 주천도 365도 25분 75초, 세주 365일 2425분의 숫자가 보인다.

也若是縮初盈末者食在正交爲加差食在中交
爲減差也
求東西汎差度分第十三
視其推得食甚入盈縮曆行定度分如在周天象
限九十一度三一四三七五已下者爲初限也復
用其初限去減半歲周一百八十二度六二一二
五餘有爲末限也以初末二限相乘定數以微爲
準元列萬位前第十位爲千度也復以一千八百
七十度而一定法滿法得度不滿法得十分也爲
推得東西汎差度分又云如遇行定度分如在周
天象限已上者爲末限用以去減半歲周餘爲初

『교식통궤』(15세기). 갑인자. 청동활자본. 이순지 저. 일식과 월식을 계산하는 법을 쓴 천문학서이다. 그 계산은 역산학의 주요한 부분이다.

세주) 1분 05초, 삭실(朔實, 삭망월) 29만 5305분 93초, 삭책(朔策, 삭망월) 29일 5305분 93초 등이다. 그리고 1장에 역일(曆日), 2장에 태양, 3장에 태음, 4장에 중성(中星), 5장에 교식(交食), 6장에 오성(五星), 7장에 사여성(四餘星, 4개의 가상적인 천체), 그리고 끝에 한양을 기준으로 한 매일의 해 뜨는 시각과 해지는 시각, 밤낮의 시각표가 적혀 있다. 그 밖에 각 장의 필요한 곳에는 여러 종류의 수표가 끼어 있다. 이 역법서는 많은 부분에 5행성의 운행과 관련된 자세한 계산법이 들어 있다. 그래서 『칠정산내편』은 일종의 천체력(天體曆)이라고 할 수 있다.

『칠정산내편』의 편찬과 함께 세종 때의 천문학자들은 『칠정산외편』을 편찬했다. 그것은 이슬람 역법을 바탕으로 해서 원나라 천문학자들이 엮은 회회력법(回回曆法)의 조선판인 셈이다. 원나라에서는 재래의 중국 역법을 크게 개량하여 수시력을 편찬하였고, 동시에 고대 그리스의 『알마게스트 *Almagest*』를 기본으로 하여 편찬한 이슬람력(회회력)을 도입하여 함께 썼다. 그러나 『칠정산외편』은 원나라의 회회력법을 훨씬 능가하는 내용과 체계를 가지고 있는 역법책이다. 한문으로 엮인 이슬람 천문 역법의 가장 훌륭한 책으로 높이 평가되는 것이다. 세종 때의 천문학자들은 그것을 회회력법이라 하지 않고, 태양과 달, 5행성의 운행을 계산하는, 칠정산의 외편(外篇)이라고 이름지었다. 매우 학문적인 이름이다.

『칠정산내편』과 『칠정산외편』은 『세종실록』에도 들어 있다. 그러나 오랫동안 그 연구는 거의 없었다. 본격적인 연구는 1973년에 겨우 이루어졌다. 유경로 교수를 중심으로 이은성, 현정준 교수의 공동 연구로 『칠정산내외편』의 역주 사업이 결실을 맺은 것이다. 이 연구는 지금까지의 한국 천문학사 및 과학 문헌 연구에 있어서 최대의 업적으로 평가된다. 그리고 1996년 연세대 이은희 박사의 학위논문이 있다. 자주적 역법으로서의 『칠정산내편』이 얼마나 중요한 의의를 가지는 업적인지가 학문적으로 검증된 것이다.

해시계

국립경주박물관에는 반지름 약 33.4cm, 최대 두께 16.8cm의 원반형 화강석 유물 한 조각이 있다. 1930년대에 경주 월성 성벽 밑에서 발견된 것이라 한다. 이것은 6-7세기 무렵, 신라 시대에 만들어진 원반 모양의 해시계의 한부분이라고 생각되고 있다. 지금 남아 있는 부분은 자(子)시에서 묘(卯)시까지이다.

이 해시계는 다음과 같이 복원해 볼 수 있다. 원은 24등분, 24방향(方向)이 새겨진 시반(時盤)이 있다. 그 주위에는 8괘를 새겨 8방위를 나타내고, 중심에는 시표(時標)인 막대기를 세웠다. 즉 시반면의 원주를 등분, 중심에서 사선으로 시각선이 그어져 있는 모양이다. 그래서 이 해시계는 그 시반면을 수평으로 놓지 않고 적도에 평행하게 설치하였을 것으로 여겨진다. 따라서 시반면에 수직으로 세워진 시표, 즉 표(表)는 북극을 향해 있었을 것이다.

이것은 한(漢)나라에서 원(元)나라에 이르는 사이 실존했던 중국의 전통적인 해시계와 아주 비슷하다. 아마도 그 영향을 받아 만들어졌을 것이다. 사료에 나타나는 고구려의 일자(日者), 백제의 일관(日官) 등의 관직은 시간을 측정하고 규표나 해시계를 관장했던 관리를 말하는 것이라 생각된다.

한국에서는 아마도 기원을 전후한 무렵부터 해시계를 쓰기 시작하였을 것이다. 그리고 이런 형식의 해시계는 통일신라에서 고려로, 그리고 조선으로 계승되었다.

신라 해시계 유물(6-7세기). 반지름 33.4cm. 화강석제. 국립경주박물관. 원반 모양의 평면 해시계로, 자시에서 묘시까지의 부분이 남아 있다.

세종대의 해시계들

신라 해시계 복원. 지름 67cm. 경주 신라역사과학관에서 복원 전시하고 있는 신라 해시계이다.

우리 나라는 맑은 날씨가 오래 계속되는, 즉 햇빛이 잘 드는 좋은 자연 조건 때문에 어느 나라보다도 해시계가 널리 쓰였다. 그래서 삼국 시대부터 많은 해시계들이 만들어졌을 것이지만, 조선 시대 이전의 유물은 경주박물관의 신라 해시계 파편 하나뿐이다. 또 해시계를 만들었다는 기록도 없다.

해시계의 기록이 처음으로 나타나는 사서는 『세종실록』이다. 여기에는 새로 만든 여러 가지 해시계의 이름이 등장한다. 앙부일구(仰釜日晷), 현주일구(懸珠日晷), 천평일구(天平日晷), 정남일구(定南日晷), 규표(圭表), 그리고 일성정시의(日星定時儀) 등이 그것이다. 이것들은 매우 정밀한 해시계로서, 세종 시대 과학자들의 창조적 기기(機器)로 특색 있는 과학적 산물이다.

앙부일구와 일성정시의는 그후에 제작된 유물이 남아 있는데, 정교한 제작 솜씨가 특히 돋보인다. 세종 때 해시계들의 높은 과학적 창조성이 잘 나타나고 있다. 『세종실록』의 기사도 아주 자세하다. 그래서 우리는 그때의 해시계를 정확히 복원해 낼 수 있다.

그 중에서 특히 앙부일구는 조선 시대의 대표적인 해시계로서 5백 년 동안이나 그 전통이 계승되었다. 궁궐이나 관공서, 그리고 양반들의 집에서까지 널리 사용되었다. 그 모양의 아름다움과 해시계로서의 정확성, 그리고 시간을 알아보기 쉬운 점들이 조선 시대 선비들의 마음에 들었던 것 같다.

일성정시의 100각환 시반(15세기 후반). 청동제. 개인 소장. 이것과 거의 같은 유물이 받침대와 함께 세종대왕기념관에 보존되어 있다.

이 해시계는 정원에 설치해 놓고 시간을 측정하는 것과 휴대용으로 몸에 지니고 다니다가 시간을 알고 싶을 때 측정하는 것, 크게 두 가지가 있다. 정원에 설치하는 것은 돌 받침대 위에 올려놓게 만들었다. 청동으로 부어 만든 것과 돌로 깎아 만든 것이 많은 편이고, 자기(磁器)로 만든 것도 꽤 있다.

앙부일구란 이름은 그 모양 때문에 붙여진

것이다. 반구형의 대접과 같은 모양, 다시 말해 가마솥이 위로 열려 있는 형상의 해시계란 뜻이다. 지금 우리는 이것을 쉽게 풀어서 오목해시계라고도 부른다. 이은성, 유경로 두 교수가 지은 새 이름이다.

오목해시계는 다른 해시계와는 많은 점에서 특색이 있다. 그 모양도 특이하지만, 형식도 색다른 것이다. 보통 해시계는 시반에 시각선만 그어져 있다. 그 시각선에 드리우는 시표의 그림자를 보고 시간을 측정하는 것이다. 시반은 평면이고, 그래서 시각선은 시표를 중심으로 한 방사선 모양이 된다.

그런데 오목해시계는 시반이 조금 복잡하다. 시각선뿐만 아니고 계절선이 있는 것이다. 즉 동지에서 하지에 이르는 24절기를 13선의 위선(緯線)으로 나타내어 절기를 알게 했다. 동지 때는 태양의 일중고도가 제일 낮으니까 해그림자가 가장 길어진다. 반대로 하지 때는 태양의 고도가 제일 높으니까 해그림자가 가장 짧아지는 원리에 따라 줄을 그은 것이다. 그래서 시표의 그림자 끝이 가리키는 선이 그때의 절기가 된다.

이에 수직으로 시각선(자오선)을 그었다. 시반이 오목하니까 시각선들은 평행하게 등분되어 있다. 아침해가 떠서 저녁해가 질 때까지, 지금으로 말하면 아침 6시에서 저녁 6시까지가 나타나 있다. 묘(卯)시에서 유(酉)시까지이다. 한 시(時)는 반으로 등분되어 초(初), 정(正)이 되고, 그것은 다시 각각 4등분되어 각(刻)이 된다. 즉 하루 12시(時)를 각각 8등분한 것이다. 지금의 15분 간격으로 시각선이 그어진 셈이다.

일성정시의(복원). 남문현, 이용삼 교수 복원. 1437년(세종 19)에 만든 일성정시의를 복원한 것이다. 100각환 시반 지름 42cm, 남문현 교수 촬영(화보 6 칼라 사진 참조).

현주일구(15세기). 시반 지름 7.1cm. 청동은입사. 해인사. 1437년(세종 19)에 만든 현주일구의 성종 때 모델로 보인다. 시반은 앞뒤로 12시 100각의 눈금을 은입사 기법으로 새겨넣은 적도식 해시계이다. 받침대의 북쪽에 세웠던 기둥과 거기 매단 추가 떨어져나갔지만, 만듦새가 정교하고 보존 상태가 매우 좋아서 조선 초기 해시계 유물로 귀중한 자료이다.

앙부일구(조선 후기). 시반 지름 24.1cm. 청동은입사. 궁중유물전시관. 조선 시대 앙부일구의 대표적 유물이다. 아름답고 정교한 제작 솜씨와 완전한 보존 상태가 특히 돋보이는 해시계이다.

하루에 중간인 오(午)시를 예로 들어보자. 시표의 그림자가 사(巳)시에서 오시로 가면서 오초(初) 1각(刻)·2각·3각·4각, 그리고 오정(正) 1각·2각·3각·4각이 되는 것이다. 그 다음엔 미(未)초 1각……. 그러니까 조선 시대 사람들은 일상 생활에서 지금의 15분 간격의 시간 개념으로 살았다고 할 수 있다. 천문 관측에서는 물론 더 정밀하게 측정했다. 분(分), 초(秒)까지의 시간도 잰 것이다.

세종 때에 만든 해시계들 중에서 원형이 그대로 남아 있는 것이 또 있다. 일성정시의와 현주일구가 그것이다. 일성정시의는 이동하면서 설치할 수 있도록 작게 만든 소정시의가 세종대왕기념관에 보존되어 있다. 낮에는 해시계로, 밤에는 별시계로 시간을 측정할 수 있는 매우 정밀한 시간 측정 기기로, 나일성 교수가 쉽게 풀어서 별시계라고 이름지었다. 세종 때의 별시계는 나일성, 이용삼 교수팀이 『세종실록』의 기사에 의해서 그대로 복원하는 데 성공했다.

『세종실록』에 의한 일성정시의의 구조는 영국의 니덤 연구소 팀이 스케치한 모델이 있는데, 『세종실록』의 설명을 매우 정확하게 해석한 것으로 평가되고 있었다. 이 훌륭한 관측 기기는 세종 때의 학자들이 매우 자랑스럽게 여긴 것으로 『세종실록』은 우리에게 전하고 있다.

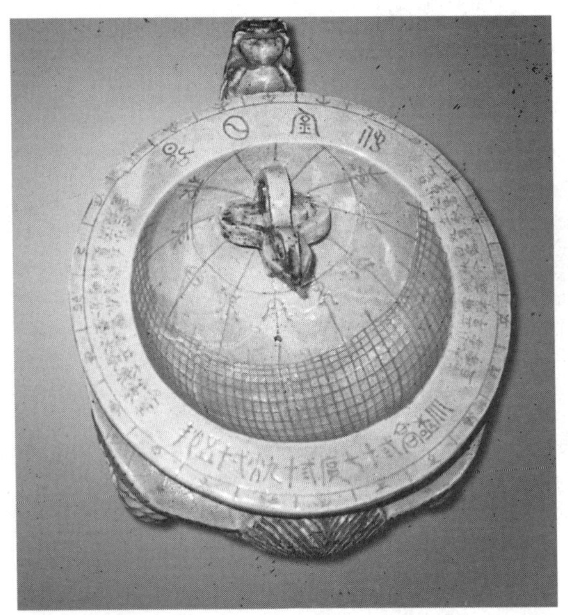

앙부일구(조선 후기). 시반 지름 22.4cm. 일본 고려미술관. 조선 자기 해시계의 뛰어난 제작 솜씨가 그대로 살아 있는 훌륭한 작품이다. 거북 받침대 등 위에 놓여 있는 시반과 꽂혀 있는 시표도 완전하다. 시반에 새겨진 시각선과 계절선, 그리고 그 밖의 명문이 궁중유물전시관의 청동제 은입사 앙부일구와 꼭같다.

일성정시의는 적도와 평행하게 설치한 지름 2자의 원반에 주천도(周天度)를 새긴 고리, 100각을 새긴 해시계 시반의 고리와 100각을 새긴 별시계 시반의 고리 등으로 이루어진 3개의 고리로 구성된 관측 기기이다. 그래서 〈밤낮으로 시간을 아는 기기〉라고 했다. 곽수경의 성귀정시의를 밤낮으로 시간을 측정할 수 있는 새로운 시계로 탈바꿈해 놓은 것이다. 여기에는 밑받침대의 수평을 정확히 잡기 위한 물도랑과 못, 그리고 시표를 정확하게 맞추기 위해서 기둥의 수직을 잡는 구슬추 장치 등이 만들어졌다. 거기에 경복궁에 설치한 궁정용 일성정시의는 구름과 용을 장식하여 궁정 관측 기기로서의 위용을 갖추기까지 했다. 용을 장식한 관측 기기는 임금의 권위를 상징하는 것이다. 모두 4벌을 만들어 하나는 경복궁 안뜰에, 나머지는 서운관 관측용으로, 또 함길, 평안 두 도의 절제사 영(營)에서 〈군중(軍中)의 경비하는 일〉에 쓰게 했다.

현주일구의 유물은 우연히 발견되었다. 이미 고려 때의 해시계로 알려져 『민족문화대백과사전』에 사진으로 소개되기도 했다. 그런데 그게 세종 때의 현주일구였다. 남문현 교수가 우연히 그걸 알아낸 것이다. 우리가 해인사로 현지 조사를 간 것은 그 기쁨이 채 가라앉기 전이었다. 정말 단숨에 달려갔다. 틀림없는 현주일구였다. 청동으로 만든 이 휴대용 해시계는 정교하고 보존 상태도 매우 좋았다. 우리는 그것이 성종 때에 만든 몇 개 중의 하나일 것으로 생각하고 있다. 15세기에 만든 휴대용 해시계 중에 이렇게 훌륭한 것은 어디에도 없다. 청동에 은상감으로 정교하게 세공한 작품이 아담하고 멋있다.

그것은 『세종실록』(권 77)의 현주일구 설명 그대로이다. 거기에는 이렇게 기술되어 있다.

> 또 현주일구를 만들었으니 밑바탕이 네모나게 되어 있고 그 길이는 6촌 3분이다. 밑바탕 북쪽에는 기둥을 세우고 남쪽엔 못을 팠으며, 북쪽에는 십자를 그리고, 기둥머리에 추를 달아서 십자와 서로 닿게 하였으니, 수준(水準)을 보지 아니하여도 자연히 평하고 바르다. 1백각(刻)을 작은 원에 그렸는데, 원의 지름은 3촌 2분이고, 자구가 있어 비스듬히 기둥을 꿰었다. 바퀴 중심에 구멍이 있어 한 가닥 가는 실을 꿰어서 위에는 기둥 끝에 매고, 아래에는 밑바탕 남쪽에 매어 실 그림자가 있는 것을 보고 곧 시각을 안다.

휴대용 앙부일구(1871). 강건 제작. 3.3×5.6×1.6cm. 옥돌. 보물 852호. 정교하고 아름답게 조각된 뛰어난 작품이다. 뒷면에 제작연대와 제작자, 낙관이 새겨져 있다.

이것이 현주일구에 대한 기사의 전부다. 이 기사를 보면 누구나 현주일구의 구조와 모양을 그려볼 수 있다. 아주 깨끗한 설명이다.

그 구조를 요약해 보자. 직사각형의 해시계판에 원의 해시계 다이얼이 그려져 있다. 크기는 해시계판이 약 13.2cm, 다이얼의 지름이 약 6.7cm인데, 1일 100각의 시계에 따라 12시 100각의 눈금이 새겨져 있다. 그리고 시표에 대한 설명이 있다. 판의 북쪽에 기둥을 세우고 가는 실을 꿰어 남쪽에 맸다. 3각 시표가 되는 것이다. 시표의 기둥을 수직으로 하기 위해 추를 매달아 판에 그린 십자의 중심에 드리우게 되도록 했다. 휴대할 때 편하고 쉽게 시표의 수직을 맞추기 위한 방법이다. 그래서 현주일구라는 이름이 지어진 것이다. 이것은 가장 간단하면서도 정확한 휴대용 해시계임에 틀림없다. 남북은 지남침으로 정했을 것이다.

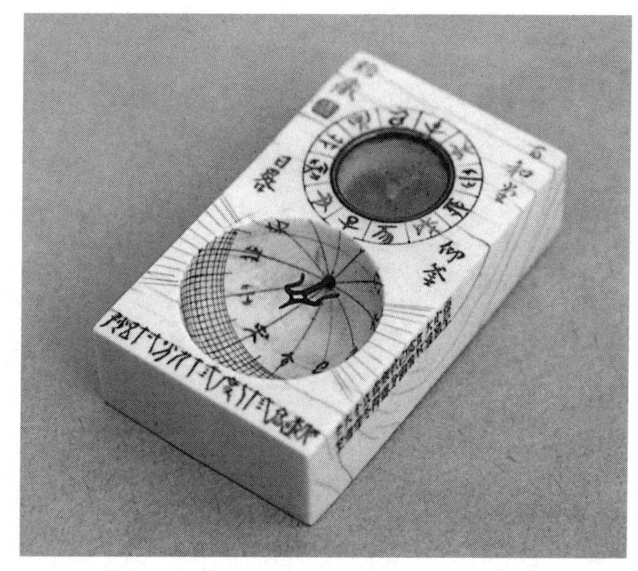

휴대용 앙부일구(조선 후기). 상아. 손바닥에 쏙 들어가게 정교하게 만든 아름다운 휴대용 해시계이다.

앙부일구. 17세기 후반. 시반 지름 35.2cm. 보물 845호. 청동은입사. 궁중유물전시관. 조선 시대 앙부일구의 대표적 유물이다.

신법지평일구(1713-30). 58.9×38.2cm. 검은대리석. 덕수궁 궁중유물전시관. 소현세자가 청나라에서 귀국할 때 가져온 명의 이천경이 1636년에 만든 신법지평일구를 바탕으로 관상감에서 만든 것이다. 이것은 한양 북극고도 38도39분15초를 기준으로 한 조선의 신법지평일구이다.

서울의 위도를 표준으로

세종은 앙부일구를 글 모르는 백성을 위한 공중시계로 삼고자 했다. 그래서 시간마다 글자 대신에 짐승(時神)의 그림을 그려넣어 만들었다. 이런 해시계 2개를 만들어 서울 혜정교와 종묘 남쪽 거리에 설치하게 한 것이다. 따라서 이 해시계들은 우리 나라 최초의 공중시계인 셈이다.

그러나 오목해시계들은 임진왜란 때에 모두 없어져서, 명맥이 끊어지는 듯했다. 그러다가 17세기 후반, 현종-숙종 때에 조선 천문학의 새로운 발전이 시작되면서 앙부일구도 다시 만들어지게 되었다. 이때 만들어진 것은 세종 때의 공중시계와는 용도가 조금 다르다. 대궐이나 명문 대가집에 설치하기 위해 청동으로 만든 훌륭한 오목해시계였던 것이다. 선과 글자는 은으로 상감하여 새겨 넣고 시표는 불꽃이 타오르는 듯한 모양을 형상화하여 멋을 더했다. 또 4개의 다리는 용을 조각하여 세운 우아하고 정교한 공예품이었다. 이때부터 오목해시계는 조선의 대표적 해시계가 되었고, 조선식 해시계로의 한 흐름을 만들어냈다. 이러한 오목해시계들을 아름다운 무늬가 조각된 균형잡힌 석대 위에 고정시켜 시간을 쟀다. 거리나 집안의 마당에 해시계가 설치되는 일은 중국이나 일본에서는 흔하지 않은 일이다. 여기서도 우리는 조선 시대 사람들의 개성 있는 과학문화 창조의 한 면을 찾아볼 수 있다.

해시계들은 서울의 위도를 표준으로 해서 만들어졌다. 그래서 숙종 이전에는 한양 북극고(北極高) 37도 20분, 그 이후에는 37도 39분 15초를 기준했음을 새겨넣고 있다.

앙부일구는 휴대용으로도 만들었다. 성냥갑만한 크기로 매우 아름다운 것이었다. 이 오목해시계들은 속에 지남침을 넣어 시간을 측정하게 했다. 또 나침반으로도 쓸 수 있었다. 길을 가다가도 언제나 시간과 방위를 측정할 수 있게 한 것이다. 지금까지 전해오는 것들 중에서도 19세기 후반 강윤(姜潤)과 강건(姜健)이 제작한 해시계는 정말 멋있기 그지없다. 상아나 돌로 정교하게 만든 이 해시계들은 공예품으로서의 예술적 가치도 높이 평가할 만하다. 이런 해시계들을 소매 속에 넣고 다니다가 시간을 보는 선비의 모습에서 시간의 흐름을 넘어선 멋을 새로이 발견하게 된다.

덕수궁의 앙부일구. 조선 후기에 제작된 아름다운 화강석 해시계대(높이 136cm)에 복원한 앙부일구를 설치해서 재현했다. 주말이면 젊은 부부들이 여기서 즐겨 기념사진을 찍는다.

서양 해시계를 받아들이면서

16세기 이후, 중국에서 활동하던 예수회 선교사들과의 접촉이 많아지면서 조선에도 서양식 해시계의 영향이 미치게 되었다. 1636년에 전해진 신법지평일구(新法地平日晷)는 특히 중요한 유물이다. 이는 아담 샬의 시헌력법에 의하여 명나라의 이천경(李天經)이 제작한 것이다. 구조는 앙부일구를 전개하여 평면 위에 옮겨 놓은 것과 똑같다.

18세기에는 관상감에서 58.9×38.2cm 크기의 검은 대리석에 신법지평일구를 만들었는데, 그것은 실제로 사용된 서양식 해시계였다. 또 황동으로 만든 휴대용 지평일구(16.8×12.4cm)가 남아 있는데, 서양식 해시계가 조선에 정착하였음을 말해 준다.

1881년에 강윤이 만든 해시계도 서양식 해시계의 조선판이다. 얼른 보아도 서양 해시계가 조선식으로 만들어졌음을 알 수 있다. 이것은 두 해시계의 문화가 하나로 융합했을 때 어떤 모양으로 나타날 것인지를 보여주는 모델로서 아주 특색있는 것이다. 시반의 디자인부터가 특이하다. 반원 위에 등분된 낮 시각을 새겨 놓았다. 또 시각마다 초(初), 정(正)이 찍혀 있고 시표는 3각형이다. 시표의 남쪽 작은 원에 24방위가 새겨 있고, 북쪽에는 북극고 37도 39분 15초(北極高三十七度三十九分一十五秒)라고 새겨 놓았다. 한양의 북극 고도를 전자체(篆字體)로 음각해 놓은 것이다.

강윤의 해시계를 보면 서양 고대·중세의 전통적 해시계가 조선 해시계의 전통 속에 잘도 여과되었다는 생각이 든다. 대 위에 올려 놓

평면해시계(1881). 강윤 제작. 41×33.7cm. 검은 대리석. 궁중유물전시관 및 고려대학교 박물관. 아랍 해시계와 서유럽 해시계의 영향을 받아 3각 시표가 세워진 평면 해시계가 조선에 등장한 것이다.

평면 해시계(고려 시대). 다이얼 지름 10cm. 경주 박물관의 신라 해시계의 전통을 그대로 이어받은 소박한 해시계이다(왼쪽). 휴대용 해시계(조선 시대). 시반 지름 5cm. 손바닥 안에 들어갈 수 있는 크기의 돌에 새긴 가장 간단한 휴대용 해시계이다. 시침을 꽂아서 대체로 반시간 정도의 오차로 시각을 알 수 있게 한 간략한 대중적 해시계이다. 삼국 시대에서 조선 시대에 이르는 시기에는 이런 해시계가 많이 쓰였다(오른쪽).

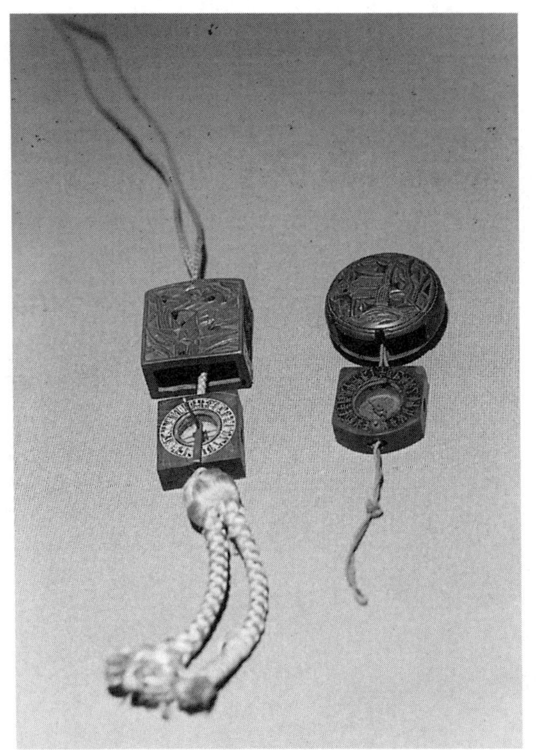

았던 조선식 전통은 변하지 않고 그대로 이어지고 있는 것이다. 이런 해시계는 휴대용으로도 많이 만들어졌다. 조선 후기에는 조선의 오목해시계와 서양식 평면해시계가 공존하고 있었다.

그 얼마 후, 조선 말 아라비아 숫자를 쓴 서양 해시계의 모습과 똑같은 해시계가 등장했다. 덕수궁 석조원 앞에 있는 해시계가 그 하나이다. 이와 비슷한 해시계는 휴대용으로도 나타났다. 품위와 품질은 현저히 떨어졌으나, 대중성을 생각해서 대량 생산하여 저렴하게 보급했다는 긍정적 측면을 평가할 수 있을 것이다.

해시계를 현대에 되살린다

이렇게 한국인은 고대로부터 여러 가지 해시계를 많이 만들었다. 그 전통은 조선 시대 말까지 면면히 이어졌다. 이처럼 오랫동안 많은 해시

선추해시계(조선 시대). 시반 크기 3cm 내외. 선비들의 부채 끝에 매단 지남침인 선추에 시표를 세울 수 있게 만든 아주 간단한 해시계이다. 지남침 해시계 집의 아름다운 십장생 조각이 조선 시대 선비들의 부채에 멋을 더했다.

계를 만들어 시간 측정에 쓴 민족은 별로 없다. 그러나 지금 우리 나라에서는 그 오랜 전통을 찾아보기 어렵다. 서양에는 아직도 곳곳에 해시계가 그대로 설치되어 옛 멋을 간직하고 있는데…….

이 좋은 우리의 전통을 되살리기 위한 움직임이 최근에 조용히 일고 있다. 한국 과학사에 뜻을 둔 몇몇 학자들과 문화재 관련 기관이 그리고 우리의 전통과학을 아끼는 뜻있는 분들이 개인적으로 애를 쓰고 있는 것이다. 우리의 해시계를 공원과 학교 빌딩 앞에 설치하자는 운동이다. 또 국립표준연구소에서 세종 때의 정남일구를 복원해 훌륭히 만든 것은 참으로 반가운 일이다.

서양식 평면 해시계(19세기 말-20세기 초). 청동. 다이얼 지름 49cm. 덕수궁 분수대 앞. 서양식 24시간제와 아라비아 숫자가 새겨진 시반이 오히려 이채롭다.

세종 때의 해시계들은 이제 본격적으로 그 복원 사업이 시작되었다. 1994년부터 우리의 과학문화재를 새로이 재조명하고 복원하려는 뜻있는 학자들이 연구팀을 만들어 공동 연구에 착수한 것이다. 전상운, 나일성, 박성래, 남문현, 이용삼 등의 학자들은 『세종실록』을 다시 한번 샅샅이 뒤졌다. 이만저만한 고생이 아니었다. 이제는 CD-ROM이 나와 아주 쉬워졌지만…… 그들은 2차례에 걸쳐 중간보고서를 냈다. 복원 설계까지가 완성된 것이다. 그리고 규표와 일성정시의 등 복원된 기기의 제작도 끝냈다. 나일성 교수가 주관한 규표는 여주 영릉에 설치되었다. 이용삼 교수가 주관한 일성정시의는 시제품이 완성되어 검증과 평가를 위한 모임이 있었다. 그리고 간의도 복원되고 있다. 이 연구 사업은 궁극적으로는 경복궁의 간의대를 복원하려는 야심찬 연구이다. 정부와 연구 지원 재단의 밑받침이 얼마나 계속될지 아직은 알 수 없지만, 10년, 20년이 걸리더라도 해볼 만한 민족적 과제가 아닐 수 없다.

휴대용 서양식 평면 해시계(20세기 초). 다이얼 지름 6.1cm. 개인 소장. 몸체 나무 시반은 종이 시표는 놋으로 만든 서양식 휴대용 해시계이다. 조선시대 휴대용 나침반의 제작 수법을 이어받아 만든 이른바 신식 해시계이다. 덕수궁의 서양식 해시계와 비슷하다.

물시계와 자격루

1434년(세종 16) 7월 1일(음력). 조선 왕조는 새로운 국가 표준 시계를 공식적으로 쓰기 시작했다. 보루각(報漏閣)의 자격루(自擊漏)라 불린 자동 물시계가 그것이다.

『세종실록』 권 65, 세종 16년 7월 1일의 기사에는 이 역사적인 사실을 김돈(金墩)의 보루각기를 인용, 다음과 같이 쓰고 있다. 대략을 머리 부분만이라도 옮겨본다.

> 오늘부터 새로운 물시계를 시동하였다. 임금이 이전에 쓰던 물시계가 정밀하지 못하여 물시계를 고쳐 만들 것을 명하였다.
>
> 물을 공급하는 항아리는 4개이며 크고 작은 차이가 있고, 물을 받는 항아리는 2개이며 물을 바꿀 때에 번갈아 쓴다. 길이는 11척 2촌이며 지름은 1척 8촌이다. 띄우는 잣대가 둘인데 길이는 10척 2촌이며, 잣대의 표면은 12시(時)로 눈금을 매겼으며, 매시는 8각(刻), 초(初)와 정(正)의 여분을 합하여 100각이 되며, 각을 12등분하였다.(중략)
>
> 간의(簡儀)와 맞춰보면 털끝만치도 틀리는 곳이 없었다. 또한 시간을 알리는 사람이 틀리게 됨을 면치 못할 것을 염려하여 임금이 호군(護軍) 장영실(蔣英實)에게 명하여 시간을 맡을 나무 인형을 만들어 시간에 따라 스스로 알리게 하여 사람의 힘을 빌리지 않게 하였다.
>
> 그 구조는 먼저 전각 3칸을 짓고 동쪽 칸에 2층 자리를 만들고 위층에 3신(神)을 세웠는데 하나는 시(時)를 맡아 종을 울리고, 하나는 경(更)을 맡아 북을 치고, 다른 하나는 점(点)을 맡아 징(鉦)을 친다. (중략)

김돈의 보루각기는 이어, 항아리들의 배열과 크기, 거기 설치한 장치의 구조와 크기, 그리고 자동 장치의 구조와 원리 및 작동하는 모습의 개요 등에 이르기까지를 자세하게 설명하고 있다.

이 자격루의 구조와 원리에 대한 기술적 배경과 특징에 대한 연구가 최근 제어공학자인 남문현 교수에 의하여 이루어졌다. 반가운 일이다. 그의 연구는 필자의 과학 기술사적 연구만으로 미진했던 많은 부분을 새롭게 조명하였다. 또 장영실의 독창성을 부각시킨 점에서 높이 평가된다. 그는 10년의 노력 끝에 자격루의 자동 시보 장치를 실험적으로 재현하는 연구를 끝냈다. 『세종실록』에 기술된 장영실의 15세기 첨단 기술이 성공적으로 재현된 것이다. 지금 추진중인 자격루의 복원 사업이 결실을 맺으면 우리는 움직이는 자격루의 옛모습은 재현시킬 수 있을 것이다.

신라 물시계 복원도. 경주 신라역사과학관. 석우일 관장 사진 제공.

자격루는 글자 그대로 스스로 치는 물시계이다. 자동 시보 장치가 붙어 있어서 때가 되면 그 시간을 알리는 인형이 나타나고, 종과 징과 북을 치는 자동 물시계인 것이다. 이 장치는 매우 복잡하고 정밀해서 그 당시로서는 결코 쉽게 만들어낼 수 있는 것이 아니었다. 말하자면 15세기의 첨단 기술이었다. 당시 그런 기술을 가진 나라는 많지 않았다.

그 당시 물시계로 시간을 재는 일을 맡은 기관에서는 전담하는 관리요원을 두고 있었다. 관리요원은 밤낮으로 쉬지 않고 지켜보다가 시간을 알렸다. 시계를 뜻하는 영어인 워치 watch가 지킨다는 뜻과 같다는 사실은 그것을 말해 준다. 실제로 무더운 여름밤이나 몹시 추운 겨울밤에 자칫 졸다가 시간을 놓쳐 큰 소동이 나는 일은 동양이나 서양이나 드물지 않았다.

『조선왕조실록』에는 물시계를 맡은 군사가 밤에 졸다가 시간을 알리는 때를 놓쳐 처벌

되거나 파면되었다는 기록이 남아 있다. 이를 통해 조선 시대에도 그런 일이 실제로 있었던 것을 알 수 있다. 가장 앞선 기계인 자동 시보 장치가 붙은 물시계의 제작은 옛 시계 제작 기술자들의 꿈이었다. 또한 왕조의 권위를 지키려던 위정자들의 소망이기도 했다. 이 신묘한 기술적 산물은 왕권과 국력을 백성들에게 과시할 수 있는 좋은 소재임에 틀림없었을 것이다. 장영실은 그것을 실현해 냈다. 동래현관 노비로 있는 그를 면천(免賤)시키고 중국에 유학까지 보냈던 세종의 은총에 장영실은 훌륭히 보답했다.

자격루는 물을 공급하는 항아리(파수호)에서 흘러내리는 물을, 물을 받는 항아리(수수호)에 괴게 하여 그 물의 높이를 재서 시각을 측정하는 부루(浮漏) 형식의 물시계이다. 여기에 지정된 시간 간격에 따라 때가 되면 자동적으로 시각과 청각적으로 시보를 하는 자동 시보 장치가 연결된 것이다. 이를 테면 자격루는 물시계 부분과 자동 시보 장치의 2부분으로 이루어져 있다.

아스카 물시계 복원 모형. 일본 국립 아스카 자료관. 일본 아스카 시대(7세기 후반)의 물시계를 그 유적으로 고증된 곳에서 발굴된 자료를 가지고 추정, 중국 과학사학자 야마다 교수 연구팀이 1982년에 복원한 것이다. 물시계에는 4시간마다 72리터의 물을 공급한 것으로 고증되었다.

자동 시보 장치의 원리

『세종실록』에 기록된 자동 시보 장치의 원리를 설명한 부분을 인용해 보자.

> 누수가 흘러 수수호에 모이면 띄울 잣대가 점점 올라가면서 시간에 따라서 왼쪽 구리판 구멍의 여닫이 기구를 젖혀 주면 작은 구슬이 떨어져 구리통으로 굴러들어간다. 그것이 구멍으로 떨어져 순갈 기구를 젖혀 주어 기계 장치가 열리면서 큰 구슬이 떨어진다. 그것은 굴러서 자리 아래에 매달아 놓은 짧은 통으로 굴러 들어가 순갈 기구를 움직여 기계 장치의 한 끝이 통 안으로부터 올라가 시를 맡은 신의 팔뚝을 건드리면 종이 울린다.

물론 이 번역문으로는 막연한 게 사실이다. 그러나 옛 사람들은 이 글로 전부 이해가 된 모양이다. 그래서 우리에게는 우리 전통과학 고전의 학문적 해석 연구가 필요한 것이다. 외국에서는 그것으로 박사학위 논문이 된다. 그저 한문에 능통하다고 되는 것이 아니기 때문이다.

남문현 교수의 자동 시보 장치에 대한 공학적 설명을 인용해 보자.

> 물시계에서 수력(부력)에 의해 얻은 힘으로써 1차적으로 시보용 시간 신호를 발생시킨다. 또 이것으로 기계적인 2차 구동 신호를 발생시켜 12시 시계와 밤시계의 시보 장치를 동작케 하였다.
>
> 이를 위해 물시계와 시보 장치의 접속 부분에 액면의 높이(측정된 시간 간격)를 시보용 시간 신호로 변환시켜 주는 시보용 신호 발생 장치를 두었다. 그런데 이것은 연속적으로 증가하는 수위를 일정한 시간 간격마다 이산적인 시간의 지표로 변환시켜 주는 일종의 아날로그-디지털 변환기analog-digital converter이다.
>
> 시보 장치의 내부에는 시간 유지 기구들을 설치, 현재의 시간을 신속 정확하게 시보하도록 기계 장치들을 논리적으로 배열하였다. 이 장치들은 지렛대와 쇠구슬의 위치 에너지를 적절히 활용하여 얻은 기계적인 힘에 의해 동작된다. 최종적인 시보는 타격 기구와 연결된 인형이 말단 기구(종, 북, 징)를 작동시켜 청각적으로 이루어진다. 아울러 회전식 수평바퀴에 설치한 인형이 차례에 따라 교대로 도약하여 시의 진행passage of doublehour을 전시한다. 시보 장치는 역학적 원리를 기본으로 하여 초보적인 제어용 디바이스와 디지털 기술을 이용한 전형적인 자동 시보 장치clock automata이다.

이런 자동 시보 장치의 추진 방식과 격발 방식은 그때까지의 다른 자동 물시계들과 현저히 다르다. 즉 11세기 중국 송나라 소송(蘇頌)의 거대한 천문시계나 원나라 순제(順帝) 때의 궁정 물시계, 그리고 아라비아 알 자자리al-Jazari의 물시계 등에서 보는 것과는 아주 다른 독창적인 것이다. 또 기술적으로도 매우 앞선 방식이었다.

말하자면 장영실과 김빈은 그때까지의 자동 물시계의 첨

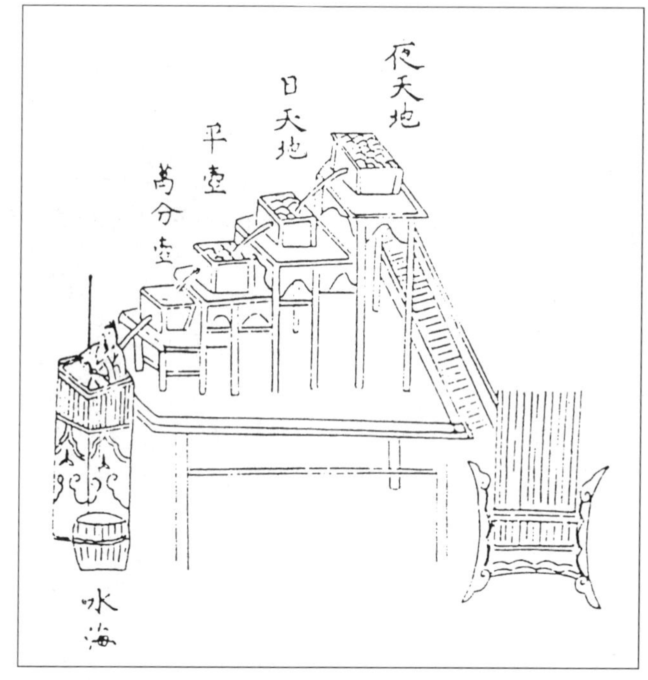

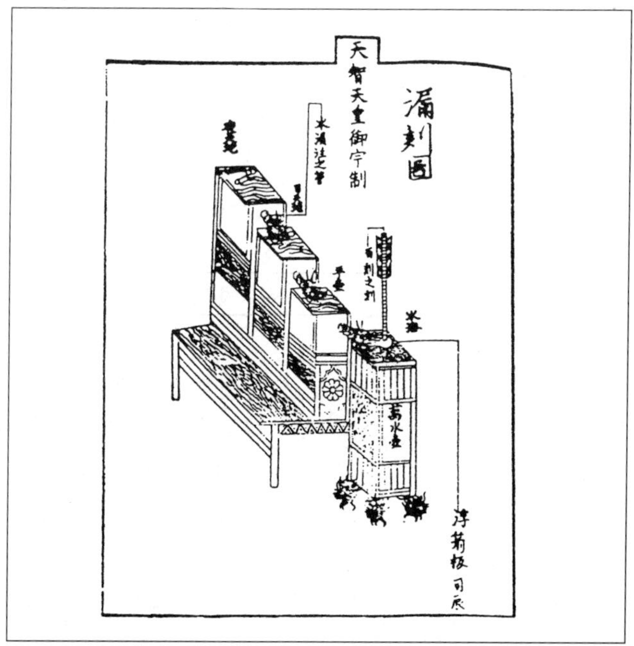

일본 고대의 물시계 그림들. 7세기에 일본에서 처음 만들어졌다고 전해지는 이 물시계는 백제 천문학자들이 건너가서 직접 제작에 참여한 것이다.

자격루 유물. 1920년대에 창경원 전시 당시의 사진이다. 물항아리들 사이에 물이 흐르는 관과 물받이통에 떠오르는 잣대가 보인다. 다카바야시[高林]의 『시계발달사』에서.

단 기술을 융합시켜 또 하나의 독창적인 방식의 자동 물시계를 만들어내는 데 성공한 것이다.

덕수궁의 물시계

장영실의 자격루는 지금 남아 있지 않다. 설계도나 그 구조를 보여주는 그림도 물론 없다. 오직 『세종실록』의 설명문뿐이다.

이 자격루는 1455년에 고장이 나서 한때 사용이 중지되었다가 1469년(예종 1)에 다시 움직이게 되었다. 1505년(연산군 11)에는 창덕궁에 이전되었다.

1534년(중종 29) 9월, 조선 왕조는 새 자격루를 만들기로 했다. 그것은 2년 만인 1536년(중종 31) 6월에 완성되었다. 이어 창경궁에 보루각을 짓고 8월 20일부터 쓰기 시작했다. 그 자동 물시계의 시계 장치 부분만이 지금 덕수궁에 남아 있다. 여러분이 만원짜리 지폐에서 볼 수 있는 물시계가 바로 그것이다. 1985년 3월에 국보 229호로 지정된 이 보루각 자격루

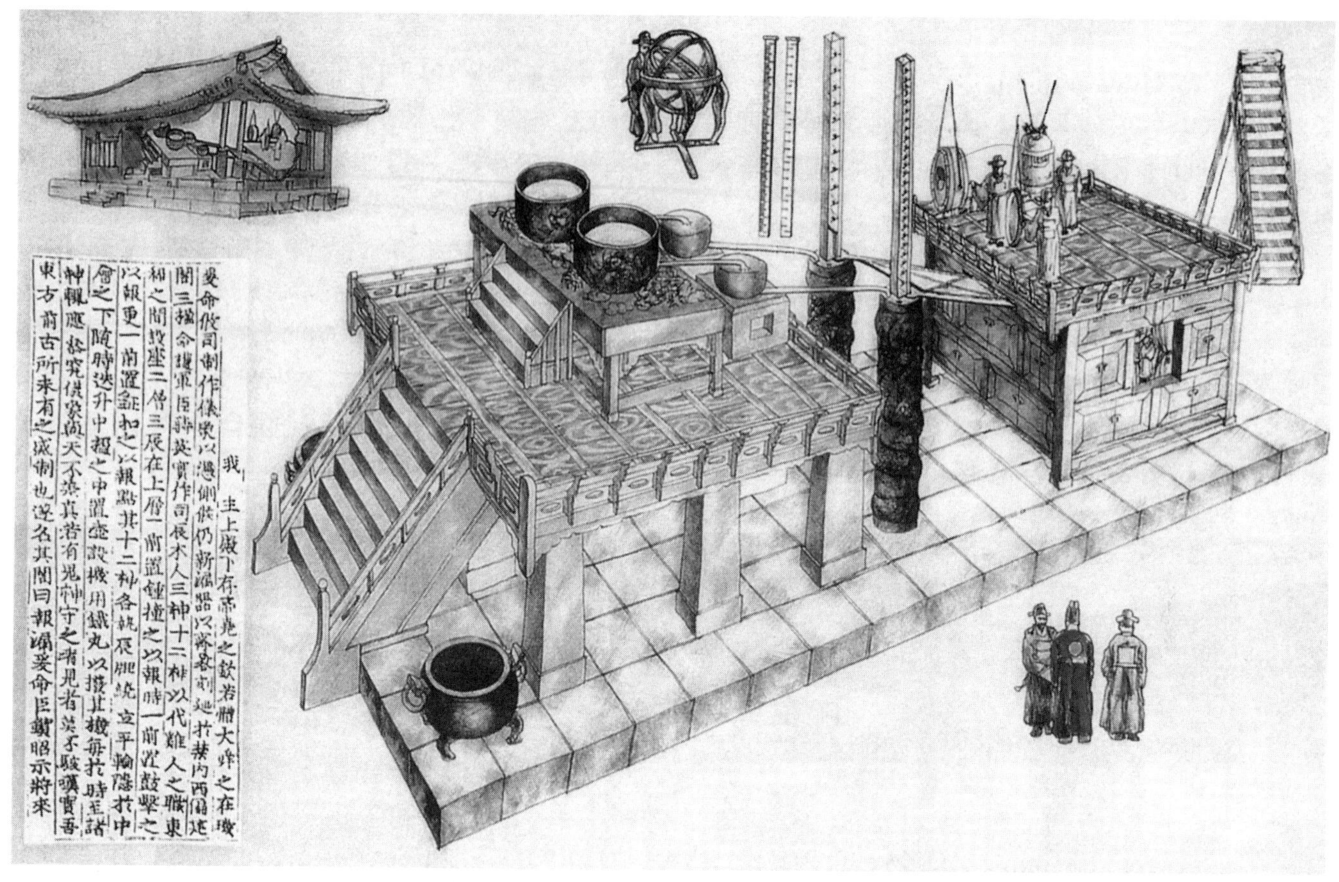

我 主上殿下有帝堯之欽若備大舜之在璣
爰命攸司制作儀象以憑測候仍新漏器以審晷刻廼於禁內西偏建
閣三楹命護軍臣蔣英實作司辰木人三神十二神以代雞人之職東
楹之間設座二層三辰在上層一前置鐘撞之以報時一前置鼓擊之
以報更一前置鉦扣之以報點其十二神各執辰牌立平輪隱於中
層之下隨時迭升中楹之中置壺設機用鐵丸以撥其機每於時至諸
神輒應終究候象窺天不差真若有鬼神守之者見者莫不駭嘆實吾
東方前古所未有之盛制也遂名其閣曰報漏爰命臣敍昭示將來

보루각 자격루 복원 그림. 세종 때 장영실의 자격루를 『세종실록』 보루각기를 연구 고증하여 남문현 교수가 복원한 자격루 모델의 그림이다.

는 지금까지 남아 있는 옛 물시계 중에서 세계적으로 손꼽히는 훌륭한 유물이다.

그것이 어떻게 해서 덕수궁에 옮겨졌으며, 왜 5개의 물항아리밖에 남아 있지 않게 되었는가? 가슴 아픈 이야기다. 일제강점기와 한국전쟁의 처절했던 전란과 과학문화재에 대한 우리의 무지 때문에 겪게 된 슬픔이라고 할까. 필자는 그저 그 자격루가 그렇게라도 살아남아 있는 것만으로도 다행스러울 뿐이다. 더욱 반가운 것은 없어진 것으로만 알았던 잣대와 그것을 뜨게 하는 거북 모양의 청동 그릇을 최근에 찾아냈다는 사실이다. 1920년대에 창경궁에 보존되어 있을 때의 사진을 보면 우리 민족의 애환이 서린 이 유물의 모습이 우리의 가슴을 저리게 한다. 금방이라도 살아움직일 듯한 용을 틀어올린 청동 물받이통의 당당한 모습은 다른 나라 물시계의 유물에서는 찾아볼 수 없는 기품을 간직하고 있다.

창경궁의 자격루는, 『중종실록』의 기사에 의하면 장영실의 자격루와 구조가 같고 점수(点數)를 자격(자동적으로 시보)하는 기능을 갖는다. 뿐만 아니라 인경과 바라도 자격할 수

자격루의 작동 모델. 남문현 교수팀이 오랜 연구 끝에 1996년에 완성한 실험적 작동 모델이다. 보루각기의 기사가 기계공학적으로 거의 정확하게 고증되었음이 공동연구자와 자문위원들과 언론에 공개한 실제 동작 실험에서 입증되었다. 남문현 교수 사진 제공 .

있게 개량된 것이다. 그것은 3개의 파수호와 2개의 수수통(授水筒)으로 되어 있다. 청동제 대파수호reservoir는 지름 93.5cm, 높이 70cm이고, 얇은 청동 항아리인 소파수호regulator 2개는 최대 지름 46cm, 높이 40.5cm이다. 또 청동제 수수통measuring vessel 2개는 바깥 지름 37cm, 높이 196cm로, 약 2.5cm의 지름을 가진 파이프로 물이 흘러내리게 되어 있었다.

『중종실록』에는 이 자동 물시계를 만드는 일을 전담, 제작에 크게 공헌한 두 사람의 이름이 나온다. 김수성(金手性)과 박세룡(朴世龍)이다. 실제 제작 기술자로서 그 일을 해낸 사람들일 것으로 생각된다. 박세룡은 직책이 자격장(自擊匠)이었다. 아마도 자격루의 자격 장치 제작에 능통한 기술자였을 것이다. 새 자동 물시계 제작의 최고 기술 책임자는 유부(柳溥)와 최세절(崔世節)이었다. 이 두 학자의 이름은 청동으로 용무늬를 돋을새김한 물받이 통의 글자가 흐려져서 분명하지 않았는데, 최규하 전대통령이 소장한 최세절의 문집에 의해서 밝혀졌다.

이 자격루의 자동 시보 장치는 『세종실록』의 기록에서 엿볼 수 있다. 한마디로 수수통에

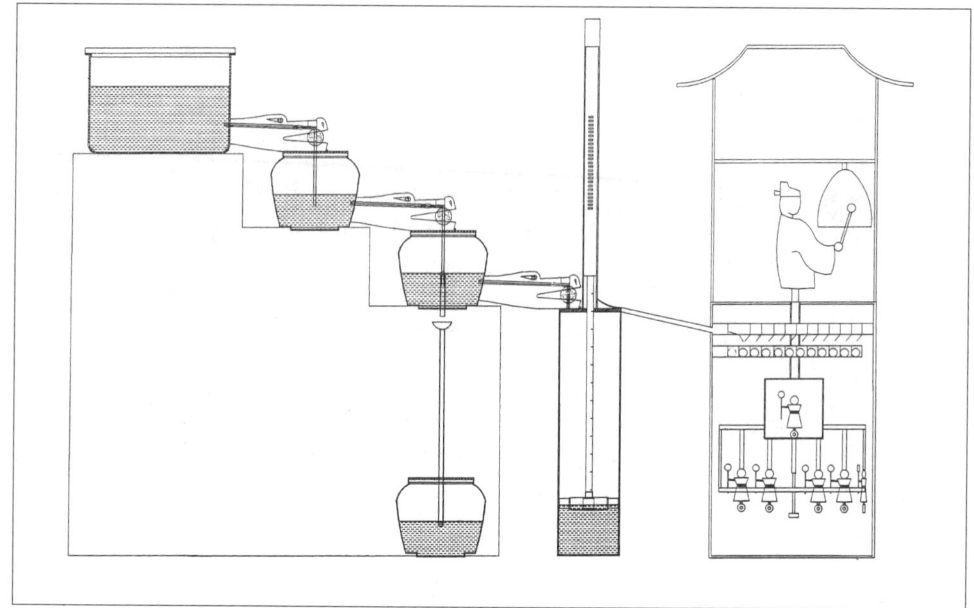

남문현 모델의 작동 원리도. 자격루의 자동시보 아날로그-디지털 변환 장치 원리를 잘 나타내고 있다.

떨어지는 물의 부력을 지렛대의 원리와 공이 굴러 떨어지는 운동에 연결, 작동을 되풀이하도록 한 것이다. 그 작동 원리를 요약하면 이렇게 설명된다.

즉 위에 1개, 아래 2개를 2단으로 놓은 파수호가 흘러내리는 물의 수압과 양을 조절한다. 수수통에 물이 흘러 들어와서 물이 괴면 그 속에 든 얇은 청동판으로 만든 거북이 떠오르면서 거북의 등에 세운 자막대가 일정한 위치에 설치한 크고 작은 청동구슬을 건드려서 그 밑에 장치한 청동판에 굴러 떨어지게 한다. 떨어진 구슬이 청동판 한쪽을 치면 다른 한쪽이 들리면서 시(時)를 맡은 인형의 팔을 건드려 앞에 걸어 놓은 종을 쳐서 시간을 알린다. 경(更)과 점(点), 인경과 바라도 같은 원리로 작동한다.

이 자동 시보 장치는 1653년(효종 4)에 새 역법에 따라 1일 96각제의 시제로 바뀌면서 쓸모가 없게 되자 제거되었다. 그러나 물시계 부분만은 그대로 사용했다. 다시 옛날 방식대로 사람이 지켜보고 시간을 직접 알리는 수동식으로 되돌아간 것이다. 이 방식은 조선 시대 말까지 계속되었다.

최근 오랜 역사를 가진 일본의 세계적인 시계 회사인 세이코사가 그 창사자의 고향인 나가노겐[長野縣]에 훌륭한 시계박물관을 세웠다. 그리고 박물관의 중심 전시물로 11세기 중국 송나라 소송의 천문시계를 복원해 냈다. 교토의 중진 중국 과학사학자들이 몇 년에 걸친 공동 연구 끝에 거의 완벽한 자동 시계 장치를 재현한 것이다.

이제 우리의 자격루도 새로운 21세기 한국 정밀 산업의 상징으로 훌륭하게 복원되어 설치되기를 기대하는 마음 간절하다. 산업기술박물관이 세워져서 우리의 과학문화재들이 전시된다면, 거기서 얻어지는 소프트웨어의 영감은 새로운 첨단기술을 창출해 내는 힘의 원천이 될 것이다.

아라비아 자동 물시계의 전통을 담고 있으며, 11세기 송나라 소송의 천문시계와 원나라 순제(順帝) 때의 궁정 자동 물시계의 원리가 이어져 있으면서도, 그것들과는 다른 조절 방식을 창출해 내서 새로운 시스템의 아날로그-디지털 변환 장치를 발명한 장영실의 과학적 창조성은 높이 살 만하다. 그리고 그것은 장영실의 과학적 재능을 꿰뚫어보고 공학자로서 크게 자라날 수 있도록 적극 밀어준 세종의 과학 정책과도 연결되어 있다.

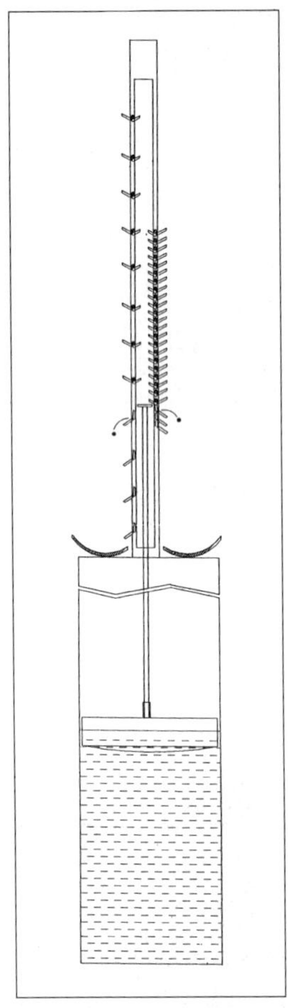

물받이통과 잣대의 동력 변환 작동 장치 그림.

임금의 물시계, 옥루

장영실이 만든 15세기 첨단 자동 물시계가 또 하나 있다. 1438년(세종 20) 1월에 완성된 옥루(玉漏)가 그것이다. 옥루는 글자 그대로 임금의 물시계이다. 세종의 총애를 한몸에 지닌 궁정 공학자 장영실이 관노의 천한 신분에서 종3품 벼슬인 대호군(大護軍)에까지 오른 은총에 보답하기 위해서 심혈을 기울여 만든 시계 장치였다.

세종 20년 1월 초 7일의 『세종실록』에는 이렇게 씌어 있다.

> 흠경각(欽敬閣)이 완성되다. 이는 대호군 장영실이 건설한 것이다. 그 규모와 제도의 묘함은 모두 임금이 마련한 것이며, 각(閣)은 경복궁 침전(寢殿) 곁에 있다.

옥루는 한마디로 자동 시보 장치가 붙은 기계식 천상(天象) 물시계이다. 이 물시계는 물을 동력으로 해서 돌아가는 바퀴와 연결된 여러 개의 톱니바퀴로 움직이게 되어 있다. 그래서 『세종실록』에는 옥루 기륜(機輪), 즉 기계바퀴라고 표현하고 있다.

세종은 이 천상시계(天象時計)를 그가 기거하는 침전인 천추전(千秋殿) 서쪽에 설치하게 하여 언제라도 볼 수 있게 했다. 그러니까 자격루는 조선의 표준 자동 물시계이고 옥루는 임금을 위한 궁정 물시계인 셈이다. 옥루, 즉 임금의 물시계라는 이름이 여기서 나온 것이다. 그리고 옥루는 그 당시에 쓰이던 모든 천문의기(天文儀器)를 하나로 종합한 것과도 같은 정밀 기계 장치이다. 이 의기를 보고 〈공경함을 하늘과 같이 하여 백성에게 절후를 알려준다〉는 뜻에서 집 이름을 흠경각이라 했다고 『세종실록』은 전한다. 흠경, 즉 흠모하고 공경한다는 깊은 뜻이 담긴 유교적, 철학적 정신의 소산임을 이 기계시계는 말해 주고 있다.

옥루는 어떤 시계인가?

자격루가 15세기 전반기에 만들어진 자동 물시계 중에서 다른 어느 나라 것보다 크고 정밀하고 정확했던 것처럼, 옥루 또한 그 당시의 궁정 자동 천상시계로서는 가장 훌륭한 기계 장치였다. 옥루는 천상시계와 인형시계를 복합시킨 기계식 자동 물시계로서 특이한 디자인에서도 그 독창성이 발견된다. 임금의 궁정시계로서의 기능을 더하기 위해서 장영실은 의기(欹器, 기울어지는 그릇)를 연결하여 옛 선현의 가르침을 작동하여 나타내는 장치를 만들었다. 또 김돈의 흠경각기에는 문장 끝에 〈또 산의 사방에는 농가 사시(四時)의 광경을 계절마다 그려 세웠고, 인물 조수(鳥獸) 초목의 모양을 나무에 새겨 절마다 해당한 것을 진열하여 민생의 고초를 알게 했다〉고 기술(記述)하고 있다. 한국의 자연이 계절에 따라 변화하는 모습과, 농촌의 정경을 입체적으로 구성 배열하여 천상시계의 배경을 구성하게 하여 파노라마적 전시 효과를 낸 것이다. 이것은 옥루를 훨씬 돋보이게 하여 웅장하고 생동하는 장치로, 보는 사람의 감동과 경탄을 자아내기에 충분했을 것이다.

알 자자리의 자동 물시계 그림. 1206년에 쓴 알 자자리의 책에 실린 이 그림은 아랍 자동 시보 장치의 물시계의 모습을 상징적으로 잘 나타내고 있다.

우리는 『세종실록』의 그 자세한 설명에서, 옥루가 조선에서 15세기 전반기에 만들어져 실제로 쓰이게 된 데 대한 자랑스러움을 전하려는 김돈의 의도를 공감할 수 있다. 또 그 문장은, 당시의 한국인이 하나의 독특한 기계적 자동 시계 장치를 어떤식으로 설명하고 있는가를 우리에게 보여주는 귀중한 자료이기도 하다.

한문으로 기술되었다는 것뿐이 아니고, 그 기록은 15세기에 이슬람 세계 사람들이나 서유럽 사람들이 남긴 문헌에서 우리가 보는 것 같은 설명하고는 조금 다른 방법으로 서술되고 있다는 인상을 갖게 한다. 이것은 15세기 조선 과학

중국의 물시계. 북경 역사박물관. 1316년에 제작된 3단식 유입형 물시계이다. 청동 항아리 4개로 구성된 이 물시계는 중국의 전형적 고대 물시계의 하나이다. 북경에서 1992년 필자 촬영.

자들의 기술(技術)과 공학(工學) 이론의 전개가 어떻게 되고 있었는가를 생생하게 나타내고 있다. 한마디로 옥루의 기계 장치와 메커니즘에 대한 설명은 매우 자세하다. 그리고 구체적이며 정확하다. 그러나 지금 우리가 그 글을 읽고 그 장치를 재현하려면 결코 쉽지가 않다. 우리는 분명히 그 글을 쓴 사람들이 이룩한 문화적 전통과 사고방식의 영향을 크게 받고 있으면서도 그런 것이다. 그것이 전통 기술의 이해에서 우리가 부닥치는 벽이며 또한 한계이다. 15세기 조선 학자들의 기술적 상식이 우리에게는 어려운 연구 과제가 될 수 있는 것이다.

『세종실록』에 설명되어 있는 옥루의 장치는 모두 그 자동 시보 인형과 관련된 것이다. 그 때 사람들에게는 그 부분이 가장 새롭게 중요하고 신기했던 모양이다. 그러나 우리에게는 사실 그러한 자동 기계 인형 장치는 신기할지언정 그렇게 중요한 것은 아니다. 우리가 더 알고 싶은 부분은 그 기계적 자동 시보 장치가 어떻게 정확하게 작동하면서 움직이는 정밀 기계로서의 기능을 가졌는가, 그 구조는 어떤가 하는 데 있다. 그러나 유감스럽게도 『세종실록』의 글대로라면 김돈은 그부분에 대한 설명을 하지 않았다.

다만 〈옥루의 기계바퀴를 설치하여 물을 떨어뜨려 쳐서 회전케 하였다〉 고 했을 뿐이다.

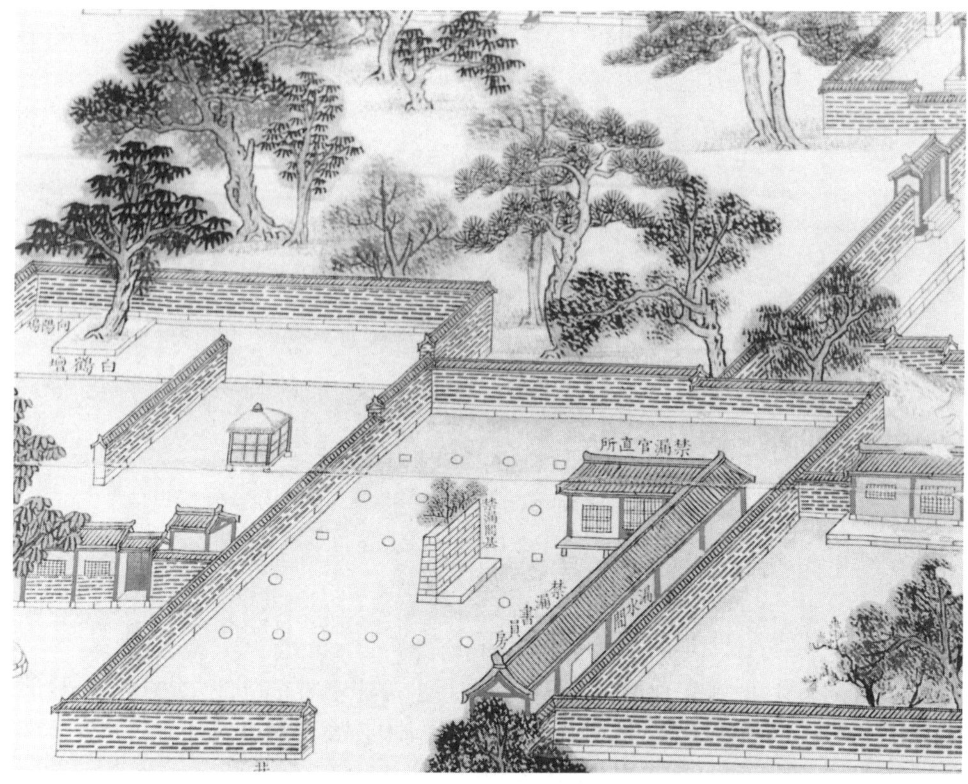

창경궁 보루각 터 그림. 「동궐도」. 고려대학교 박물관. 「동궐도」에 그려진 창경궁 보루각 터의 그림이다. 담장으로 둘러싸인 금루각기, 금루관직소(直所), 금루, 서원방(書員房), 누수간(漏水間) 등의 건물이 보이고 밖에 우물이 있다. 창경궁 보루각 관련 그림으로 유일한 것이며 매우 귀중한 자료이다. 문화재 관리국 사진 제공.

그 물바퀴(水車)의 크기는 어떠했고, 구조는 어떻고, 회전 속도는 어느 정도이고, 회전을 정확히 조절하는 탈진 장치는 어떤 것이었고 연결된 톱니바퀴는 무엇이 어떻게 전달되는 것이었는지 설명이 없다. 그렇다면 그런 부분은 설명하지 않고 기록에 남기지 않아도 될 정도로 기록한 사람으로서는 상식적인 것이었을까. 마치 지금 우리가 가진 기계시계나 디지털 또는 아날로그 시계 등과 같이 더 이상의 설명이 필요없었는지도 모른다.

이렇게 생각할 때 장영실이 새롭고 독창적인 디자인과 설계에 의해서 창조적으로 만들어낸 부분은 역시 그 자동 시보 장치에 있었다고 할 수 있다. 이런 점은 자격루에서도 마찬가지였다. 우리에게 또 하나 크게 아쉬운 것은 이 기계 장치의 설계도나 스케치가 전혀 전해지지 않고 있다는 사실이다. 중국의 경우는 그래도 몇 가지가 남아 있다. 조선에도 분명히 이런 기계 장치를 만들 때 설계도를 그리고, 그 설계도가 얼마 동안 보존되고 있었다는 사실을 말해 주는 기록이 있다. 출판물에 그런 그림이 들어 있는 것이 있는지는 아직 확인되지 않고 있다.

송이영의 천문시계

1960년 봄이었다. 예일 대학 과학사학과에서 한 통의 편지가 왔다. 그 학과 프라이스 D.J. Price 교수의 부탁으로 그의 지도로 박사과정을 하고 있던 야기[八木] 씨가 쓴 사연이었다.

루퍼스Rufus의 『한국의 천문학 *Astronomy in Korea*』(1936)에 조선 시대의 한 천문시계에 대한 글이 있다. 그것은 매우 귀중한 유물인데, 한국 전쟁의 참화 속에서 살아남아 있는지? 그리고 그 시계에 관한 역사적 자료는 어떤 것이 있는지 조사해 달라.

대체로 이런 내용이었다. 편지 말미에는 루퍼스의 논문에는 김성수(金性洙) 선생 댁에서 찍은 그 당시의 사진이 실려 있다는 중요한 정보가 쓰여 있었다. 인촌 김성수 선생이다. 나는 그렇게 단정하고 인촌 선생 댁에 전화를 걸었다. 사모님이 기억을 더듬으면서 고려대학교 박물관에 기증한 것으로 알고 있으니 거기에 알아보라는 것이었다. 전화를 했다. 있다. 당장 달려가서 확인하니 120×98×52.3cm 크기의 천문시계였다.

놀라운 일이었다. 나는 그것이 조선 시대에 우리 나라에서 만들어졌다는 사실이 쉽게 믿어지지 않았다. 놋쇠로 깎아 만든 정교한 톱니바퀴들, 지금도 움직이는 시계 장치와 맑은 종소리, 정확한 지구의가 들어 있는 천구의(그때는 그렇게 보였다). 그것은 정말 대발견이었다.

1930년대 초였다고 한다. 인사동 골동품 거리에 독특한 시계 장치 하나가 리어카에 실려 사줄 사람을 찾아다니고 있었다. 고려청자도 조선백자도 훌륭한 그림병풍도 아닌 덩치큰 기기(機器), 궁궐에서 쓰던 건데 귀한 것이라며 엄청난 값을 불렀다 한다. 하지만 아무도 사

송이영의 혼천시계(1669). 120×98×52.3cm. 혼천의 지름 40cm. 고려대학교 박물관. 국보 230호. 1965년 필자 촬영.

려는 사람이 없었다. 저녁 때가 다되어, 팔리기는 어렵겠다는 중론이 굳어갈 무렵에 그 물건은 인촌 선생의 눈에 띄었다.

기와집 한 채 값이었다고 한다. 작고한 화산서림 이성의 씨가 당시를 회고하여 내게 1960년대에 남긴 증언이다. 그 당시 그런 종류의 인기없는 골동품을 그 값에 사들이는 어수룩한(?) 사람이 김성수 선생말고 또 있었겠느냐면서, 우리 나라 과학문화재의 슬픈 역사를 우리는 같이 애석해했다. 많은 과학문화재들이 우리의 무관심 속에 유실되고 해외로 흘러나갔기 때문이다. 그런 시기에 인촌 선생이 그렇게 큰 돈으로 천문시계를 사서 집에 보존하다가 고려대학교 박물관에 기증했다는 사실은 나라 사랑의 큰 뜻을 몸소 실천한 일로 오래 기억될 것이다.

이런 천문시계는 지금 전세계에 하나밖에 없다. 동양과 서양의 천문시계의 역사가 이 기기 속에서 하나로 조화되어 그대로 살아 있다. 다른 어느 나라에도 없는 조선식 특징을 그대로 간직한 시계 장치가, 그 전통이 이 유물 속에 이어지고 있는 것이다.

조셉 니덤은 그의 저서 『중국의 과학과 문명』(4권)에서 이렇게 쓰고 있다.

> 이처럼 풍부한 내용을 갖춘 장치는 그 전체를 복원하여 적당한 역사적 해설을 붙여서 세계의 주요한 과학기술사 박물관에 전시하는 것이 좋겠다.

실제로 미국 스미소니언 기술사박물관은 1960년대 말 이 천문시계의 특별 전시를 계획하고 정밀 실측 및 복제품 제작을 제의해 온 일이 있었다. 영국에서는 니덤과 콤브리지 Combridge가 1962년부터 필자의 협조를 받아 시계 장치에 대한 기계공학적 연구를 수행했다. 이 연구는 기술사(史) 학자들에게 큰 관심을 불러일으켰다.

1962년 일본에서 발표된 필자의 한국 과학사에 대한 첫 논문이 이 천문시계의 연구였던 것은 그런 학문적 인연에서 비롯된 것이다. 몇 개월 동안 조사한 결과, 이 천문시계는 1669년에 천문교수(天文敎授) 송이영(宋以穎)이 만든 것임을 밝혀냈다. 큰 수확이었다. 『조선왕조실록』과 『증보문헌비고』 등 조선 시대 1차 사료는 우리에게 새로운 사실들을 말해 주고 있었다.

우리는 우리 것에 대해서 너무도 모르고 있다. 한국 전통과학의 실체를 제대로 파악하고 올바른 평가를 내려야 하는 일은 민족이니 애국이니 하는 것 이전에 학문적으로 마땅히 선행되어야 할 일인 것이다. 지난날에 일본 사람들이 의도적으로 외면하고, 소극적인 평가와 부정적 해석에서 파생된 그릇된 인식을 바로잡아야 한다고 생각되었다. 외국인들이 높이 평가하는 우리의 과학 유물을 우리가 모르고 있다는 것은 부끄러운 일이 아닐 수 없다.

그로부터 20여 년이 지난 1985년, 송이영의 혼천시계(渾天時計)는 국보 230호로 지정되었다. 인촌이 아무도 돌보려 하지 않던 이상한 〈골동품〉을 큰 돈을 내어 보존한 지 실로 반세기 만의 일이었다.

17세기 한국의 혼천시계. 서울의 천문시계.

세계의 과학기술사 학계에서 이젠 널리 쓰이고 있는 이 천문시계의 학문적 이름이 정착되기까지의 사연은 마치 우리의 전통과학이 겪은 발자취를 압축한 것과도 같다. 그만큼 어려웠다는 얘기다.

조선 시대의 혼천시계

『세종실록』 권 60, 세종 15년(1433년) 6월 초 9일의 기사를 인용해 본다.

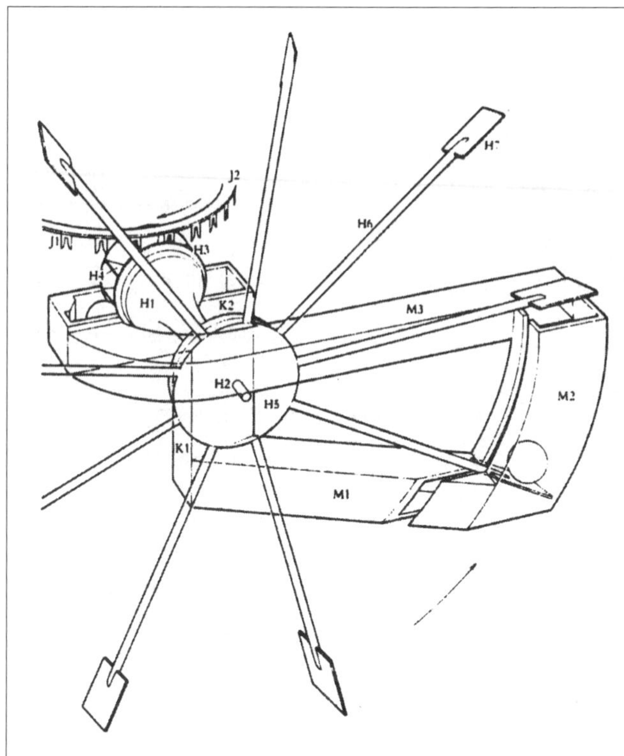

타종 장치와 연결된 쇠공의 작동 부분

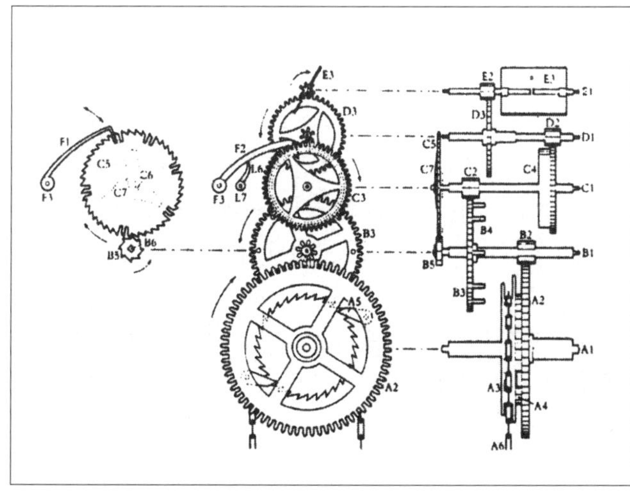

타종 장치를 움직이는 톱니바퀴 부분

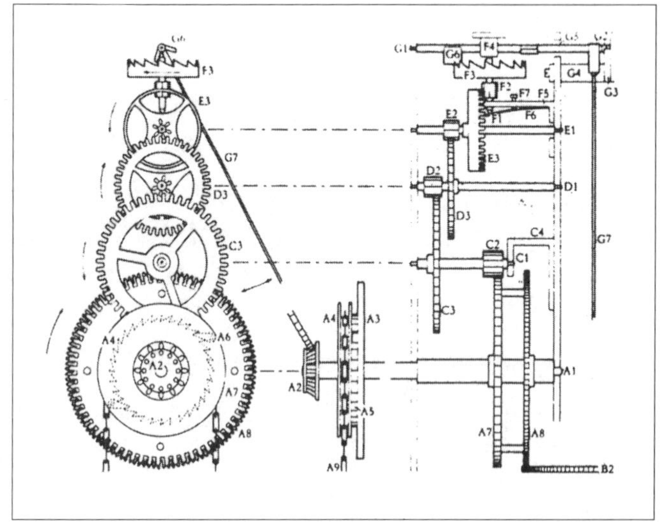

시계의 운행 장치 부분

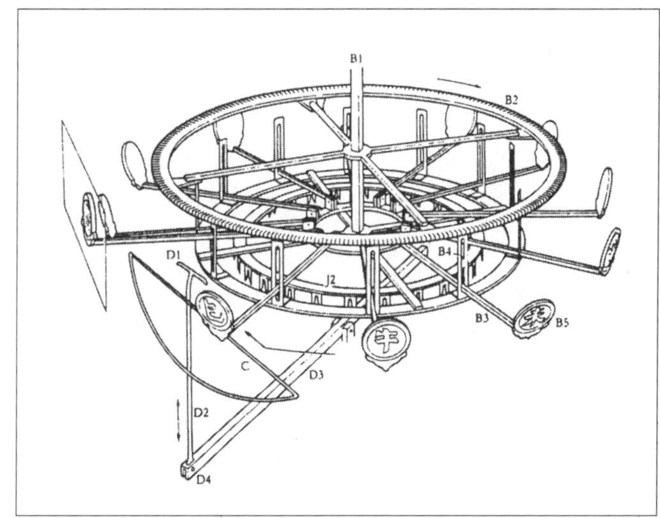

시패와 그 작동 장치 부분

1960년대 초에 니덤의 요청으로 촬영하여 보낸 흑백 세부 사진으로 콤브리지가 제도한 것이다. Needham, J. et al. *The Hall of Heavenly Records*,(Cambridge, 1986)에서.

정초(鄭招), 박연(朴堧), 김진(金鎭) 등이 새로 만든 혼천의(渾天儀)를 올리다.

간결한 기사다. 언제 누가 무엇을 만들었다는 사실을 썼을 뿐, 그것이 어떤 것인지를 설명하고 있지 않다. 혼천의라 했으면 더 설명할 필요가 없다고 사관(史官)들은 판단했는지도 모른다. 다시 말하면 그 구조와 기계 장치가 세종 때의 천문학자들에게는 일반적인 것이며, 만드는 데도 그렇게 어려울 것이 없었다는 사실을 말해 주는 것이다.

세종 때 만든 혼천시계는 그후 여러 번 수리하면서 1백여 년 동안 잘 써내려왔다. 고장이 나거나 수리하는 동안에는 여벌로 만들어 놓은 것을 썼다. 물론 가끔 새로 만들어 낡은 것과 대체했다.

관상감과 홍문관의 학자들은 천문시계를 늘 다루는 사람들이었다. 그런데 임진왜란으로 천문 기기들이 모두 불타 없어지자 오랫동안 혼천시계를 만들지 못했다. 다시 만들게 된 것은 1659년(효종 8)에 이르러서였다. 그러나 그것은 별로 정밀하지 못했다. 그 문제점을 해결한 사람이 천문학자 이민철(李敏哲)과 송이영이었다. 1664년(현종 5)의 일이다. 이리하여 거의 1세기 동안이나 끊겼던 세종 때의 천문시계의 전통이 다시 이어지게 되었다.

1669년(현종 10)에 새 천문시계 제작의 사명이 이민철과 송이영에게 주어졌다. 그들은 2개의 천문시계를 만드는 데 성공했다. 이민철의 것은 물레바퀴를 동력으로 한 전통적인 방식의 모델이었다. 송이영의 것은 이른바 자명종의 원리에 의한, 즉 추를 동력으로 한 장치로 전혀 새로운 모델이었다. 그들은 혼천의 부분도 개량, 지구의를 그 중심에 설치했다.

『증보문헌비고』에는 새 모델에 대한 비교적 자세한 설명이 기록되어 있다. 그 시계 장치 부분에 대해서 그들이 임금에게 설명한 내용을 일부 인용해 보자.

> 물항아리를 널빤지 뚜껑 위에 설치하고 물이 구멍을 통해서 흘러내려 통 안에 있는 작은 항아리에 흘러들어가 번갈아 채워져 바퀴를 쳐서 돌리게 됩니다. 또 그 옆에 톱니바퀴를 설치하고, 겸하여 방울이 굴러내리는 길을 만들어서 시간을 알리고 종을 치는 기관이 되게 하였습니다. 송이영이 만든 혼천의도 모양이 역시 서로 같으나 물항아리를 쓰지 않습니다. 서양의 자명종의 톱니바퀴가 서로 물고 돌아가는 격식을 확대한 것으로 해와 달의 운행과 시간의 차이가 나지 않습니다.

이민철의 혼천시계는 세종대 이래의 제작 기술 축적이 바탕이 되어 이룩된 것이다. 이민철은 여기에 몇 가지 특색 있는 개량을 했다. 물레바퀴로 움직이는 시계 장치와 시간을 알리는 타종 장치 등을 개량한 것이다.

송이영의 시계 장치

송이영의 혼천시계는 『현종실록』에 기록된 대로 〈서양식 자명종의 원리〉를 이용한 금속제 기계시계 장치로 만든 것이다. 그래서 송이영의 혼천시계는 동서양과 한국의 천문시계의 전통을 하나로 융합시킨 〈도가니〉가 되었다. 세계에 하나밖에 없는 창조적인 모델. 이것이 송이영의 천문시계를 평가하는 기술사가들의 말이다.

1669년에 완성된 송이영의 천문시계는 조선 시대 문헌에 혼천의(渾天儀), 선기옥형(璿璣玉衡) 등의 이름으로 나타난다. 우리는 이것을 혼천시계라는 절충된 용어로 부르기도 한다. 앞에서 말했지만 이 천문시계는 지금 고려대학교 박물관에 잘 보존되어 있다. 상태도 훌륭해서 조금만 수리하면 곧 움직일 수 있다. 이 시계는 길이 약 120cm, 주요 부분 높이 약 98cm, 폭 약 52.3cm 크기의 나무궤 속에 들어 있다. 혼천의의 지름은 약 40cm이고 그 중심에 위치한 지구의의 지름은 약 8.9cm이다. 이 천문시계는 시계 장치와 혼천의의 두 부분으로 이루어져 있다.

시계 장치는 두 개의 추의 운동에 의하여 움직인다. 하나는 시각을 위한 바퀴와 톱니바퀴들을 회전시킨다. 시각은 원반형 톱니바퀴에 붙은 수직축의 바퀴를 통해 알 수 있었다. 바퀴가 회전하는 것은 창문을 통해서 볼 수 있도록 했다. 그 바퀴에는 12시패가 붙어 있는데 이 시패가 시각마다 창문에 나타나게 되어 있다. 다른 하나의 추는 시간을 알리는 타종 장치를 움직이게 하는 것이다. 타종 장치는 또 여러 개의 쇠공[金鈴]으로 조절된다. 즉 24개(『증보문헌비고』의 기록에 의하면 이민철의 모델은 비둘기 알만 한 것, 24개라고 한다)의 쇠공이 구슬통을 굴러내려 가면서 쇠망치를 걸리게 하여 종을 치도록 되어 있다. 이 메커니즘은 회전바퀴에 붙은 페달에 의하여 쇠공들이 들어 올려지게 됨으로써 반복된다.

이 시계 장치의 바퀴들과 톱니바퀴들은 놋쇠로 깎아 만들었다. 톱니바퀴는 그 당시의 시계 장치 중에서는 가장 앞선 기능의 것이었다. 또 서양 자

송이영 혼천시계의 시계 장치. 혼천의와 그 연결 부분 사진.

이민철 혼천시계 장치 복원 모형. 1961년에 필자가 제작한 것이다.

명종의 원리를 이용하였다고는 하지만 서양 시계에서는 찾아볼 수 없는 여러 가지 형태의 바퀴들과 제어 장치들이 있다. 이는 이 시계가 독특한 형식의 장치임을 보여주고 있다.

이 시계 장치와 여러 개의 톱니바퀴에 의하여 연결된 혼천의는 육합의(六合儀), 삼신의(三辰儀) 그리고 지구의의 세 부분으로 되어 있다. 육합의는 6방위 기점(基點)의 콤퍼넌트, 즉 수평면의 동서남북과 천정(天頂), 천저(天底)를 정하는 장치이다. 육합의 안에 있는 삼신의에는 12궁(宮)24절기(節氣)와 28수(宿)가 새겨져 있다. 또 360등분된 황도단환(黃道單環)과 27개의 못으로 분할하여 28수를 나타낸 백도단환(白道單環)으로 되어 있다. 지구의는 남북극을 축으로 하여 중심에 자리잡고 있는데, 17세기 서양 지리학의 성과를 모두 담고 있는 최신의 것이다.

송이영의 이 천문시계는 홍문관에 설치되어, 학자들이 정확한 시간을 측정하고 천체의 운행을 알아보는 데 사용되었다. 조선 시대 학자들의 천문학에 대한 지식은 상당히 높은 수준이었다. 따라서 이 천문시계는 선비들의 천문학 교육용으로도 활용되었다. 그들은 또 이 시계에서 정밀 기계 장치에 대한 실험적 지식을 얻을 수 있었을 것이다. 아무튼 이 시계는

17세기에 가장 앞선 정밀 기계 장치였다.

이민철의 혼천시계

송이영의 혼천시계, 즉 자명종 시계 장치를 바탕으로 한 천문시계는 천문학 교수 이민철과 함께 물레바퀴를 동력으로 하는 혼천시계를 만들면서 또 다른 개량 모델로 제작된 것이다. 다시 말하면, 이민철의 개량된 혼천시계 모델의 시계 장치를, 물레바퀴의 수력(水力) 회전 장치 대신에 추의 힘으로 돌아가는 톱니바퀴 회전 장치로 바꿔 놓은 것이다. 이민철은 송이영의 선배 천문학자로 혼천시계 제작에 남다른 재능과 기술을 가진 과학자였다. 송이영은 이민철에게 혼천시계의 원리에 관한 많은 것을 배우고, 그 지도를 받았다.

이민철은 실내에 설치해서 쓰는 혼천시계의 새 모델을 만들어 혼천시계 기술의 커다란 혁신을 이룩했다. 그것은 조선식 혼천시계의 새 모델이 되었다. 17세기 조선의 관료학자들과 관상감의 천문학자들은 그 사실을 잘 알고 높이 평가하고 있었다. 『증보문헌비고』에 이민철의 혼천시계 부분을 보충 설명하면서 쓴 글은 그 사실을 잘 말해 준다. 이민철의 혼천시계에서 특히 돋보이는 것은 혼천의 안에 설치한 지구의다. 실내에서 쓰는 혼천시계에서 불필요한 장치를 빼고 고리의 기능을 개량하고 움직이는 지구의를 설치한 것은 커다란 혁신이었다. 이민철은 그 시기 조선의 실학자들이 확신하고 있던 지구 회전의 원리를 혼천의에 적용한 것이다.

그리고 1687년(숙종 13) 7월에 이민철은 현종 때 자신이 만들었던 혼천시계를 대대적으로 수리했다. 거의 20년을 썼으니 낡아서 수리해야 했을 것이다. 조선 왕조는 창덕궁에 제정각(齊政閣)을 지어 혼천시계를 설치했다. 혼천시계를 위해서 따로 집을 지은 것은 이례적인 일이었다. 그 중요성이 부각된 것이다.

조선 중기의 훌륭한 과학자 이민철은 서자로 태어났다. 어쩌면 그래서 그의 업적은 한계가 있었을지 모른다. 1960년대에 필자는 우연히 부여에서 그곳 중학교 교장으로 재직하는 이양수 선생을 만났다. 그가 이민철의 아버지 이경여(李敬輿)의 직계 후손이고 향토사학자인 것이 나와 큰 인연이 된 것이다. 그의 안내로 이민철의 묘소를 찾았고, 행장기도 찾았다. 한 과학자의 생애가 이렇게 해서 빛을 보게 되었고, 그것은 우리에게 많은 것을 가르쳐 주었다. 어렵게 찾아냈던 그의 행장기를 필자는 1966년 가을부터 《서울신문》에 연재한 「잃어버린 章」에서 논픽션으로 구성해서 몇 회분을 썼다. 〈한국 과학의 유산을 더듬어〉라는 부제가 붙은 이 글은 100회가 나갔고 1974년 봄에 작은 단행본으로 출판되었다. 여기 그 일부분을 옮겨 싣는다.

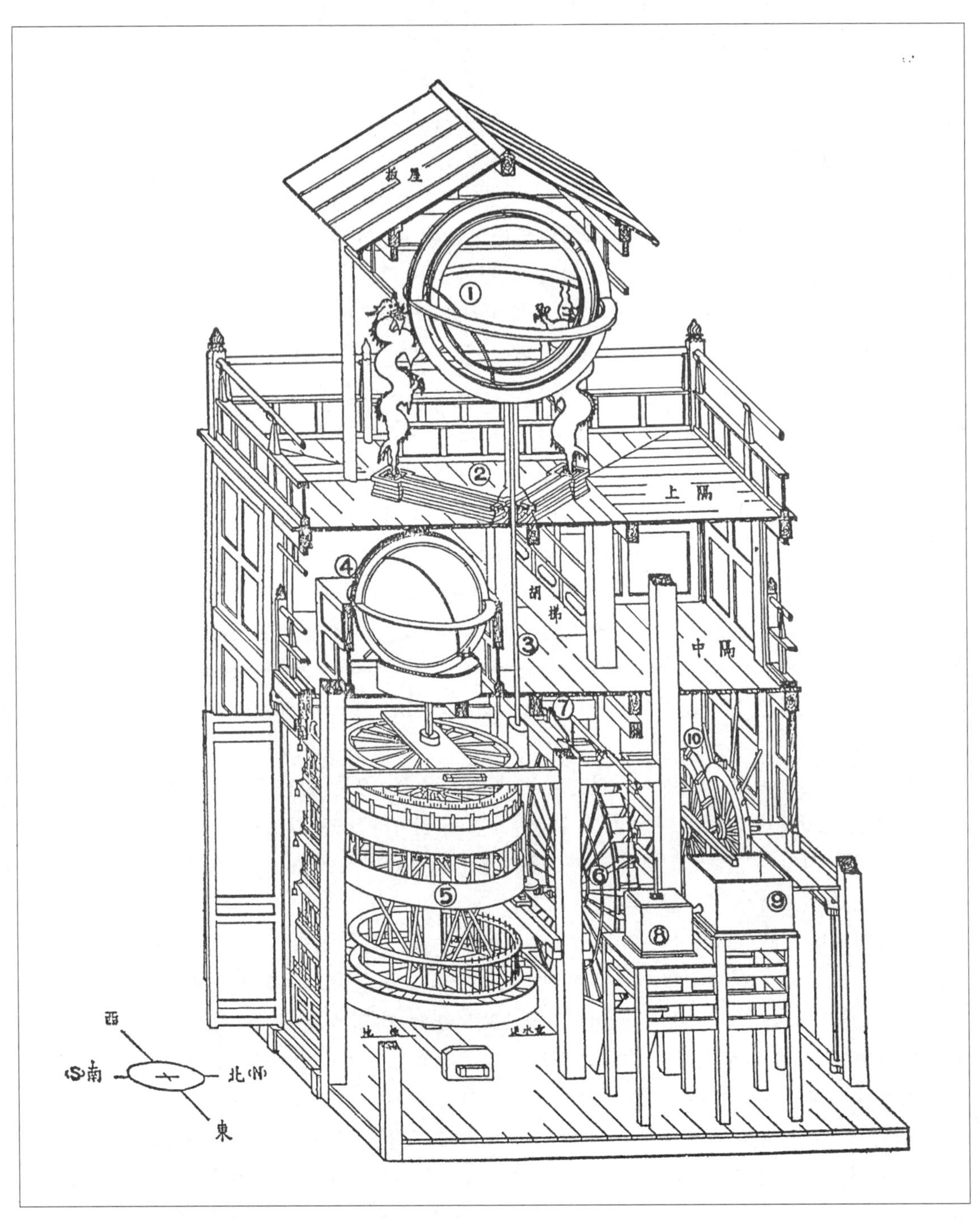

소송의 수운의상대 복원 투시도. ① 혼의, ② 오운, 규표 ③ 천주, ④ 혼상, 지거, ⑤ 주야기륜, ⑥ 규륜, ⑦ 천형, 천쇄, ⑧ 평수호, ⑨ 천기, ⑩ 하차, 천하, 승수상륜. 중국 과학원 자연과학사연구소 제공.

과학자 이민철

인조(仁祖) 9년(1631) 가을.

조선 사람들은 오랫동안 망각되었던 지구의 다른 한쪽에서 일어나고 있는 커다란 변화에 놀라고 있었다. 명나라에 사신으로 갔던 정두원(鄭斗源) 일행이 가지고 돌아온 서양 천문 지리학 서적들과 천문도, 지도와 서양풍속기(西洋風俗記)는 고려 말 조선 초기 이후 막연하게만 알고 있었던 서양인을 더욱 선명하게 확대시켜 주었다.

대수롭지 않은 것들이라는 서양인에 대한 조선인들의 우월감은 차츰 흔들리기 시작했고 중국이 세계의 중심이라는 중화적 세계관은 날이 갈수록 퇴색하기 시작했다. 그들을 더욱 놀라게 한 것은 지금까지 보지 못했던 신기한 기계들이었다. 천리경과 자명종은 조선 사람들에게 너무도 큰 자극을 주고 말았다. 왕과 대신들은 정두원의 설명을 듣고 감탄해마지 않았고 서운관의 학자들은 이 새로운 기계를 다루어 보느라고 진땀을 흘렸다.

이민철이 세상에 태어난 것은 바로 이 해였다.

선달 초하루 축시(丑時). 충청도 부여땅 백강의 푸른 물이 조용히 흐르는 부산 기슭.

아버지 부제학(副提學, 후에 領議政) 이경여, 어머니는 찰방(察訪) 김의일의 딸 청풍 김씨. 이민철은 이렇게 태어날 때부터 시계와 인연을 갖고 있었다.

그리고 수년 후인 인조 25년(1647). 이민철이 아버지를 따라서 유배지인 진도에 가 있을 때였다. 먼 고도의 귀양살이는 견딜 수 없이 지루하고 답답한 것이었다. 그저 시간의 흐름에 삶을 맡기고 생존하던 그들에겐 시간을 모르고 지내는 게 더욱 고통스러웠다.

날이 새면 5경(五更)인 줄 알고 해가 지면 초경(初更)인 줄 알 뿐, 잠 못 이루는 긴 여름밤 답답해하는 아버지의 모습은 효성이 지극하던 이민철에게 너무도 가슴아픈 일이 아닐 수 없었다.

이민철은 무엇이라도 시간을 잴 수 있는 기구를 만들어서 대강이나마 시간을 알 수 있게 해드려야겠다고 생각하였다. 그는 책상 위에 물이 흐르도록 물길을 팠다. 물이 흘러서 책상 밑에 놓은 그릇에 떨어지게 해서 괴는 부피로 시간을 재려는 것이었다. 하룻밤 사이에 그릇에 떨어진 물의 부피를 5등분하면 초경에서 5경을 알 수 있었기 때문이다.

아버지 이경여의 기쁨은 너무도 컸다. 이경여는 그날부터 아들 이민철에게 『서전(書傳)』을 가르치고 중국 역대의 선기옥형과 혼천의법을 완전히 이해시키기에 온갖 힘을 기울이기 시작했다. 그것은 귀양살이하는 그에게 있어 가장 큰 삶의 보람이기도 했다.

이민철의 천재적인 두뇌는 그 어려운 천문학적 원리를 충분히 소화할 수 있었고, 때때로 더 복잡하고 고차적인 이론으로 아버지와 맞서 이경여를 경탄케 했다. 『서전집주』를 이해한 이민철의 지식욕은 중국의 천문시계와 자동 물시계의 기계 장치를 아는 데서 머무를 수 없었다.

정두원이 처음으로 서양 과학 기술의 발전을 조선에 전한 것은 바로 그 즈음이었다.

이민철의 가슴은 타오르고 있었다. 아버지에게 배운 이론과 원리를 되새기며 그는 더 정밀한 물시계를 만들어 보리라 결심했다. 그는 머릿속에서 아물거리며 맴도는 혼천시계의 구조들을 설계도에 잡아보려고 무던히 애썼다. 대강의 설계가 이루어지자 그는 드디어 구리와 대나무들을 구하느라 온 섬을 뒤지고 다녔다. 그는 작은 물레바퀴를 깎아, 수력(水力)을 동력(動力)으로 회전하는 물레바퀴(水車)로 시계의 기계 장치들을 돌리려는 것이다.

그것은 세종대 이래의 전통적인 천문시계 장치의 특색을 재현하는 것이며 멀리는 송나라 과학자 소송(蘇頌)이 만들었던 거대한 혼천시계 장치를 본뜬 것이 되었다.

이에 대해서 그의 『행장기(行狀記)』에는 이렇게 씌어 있다.

> 드디어 구리와 대나무를 구하여 누기(漏器)를 만들고 목인(木人) 열두 개를 만들어서 하루 열두 시마다 시간에 따라 목인이 패(시간이 적힌 판)를 가지고 나왔다가 시간이 지나면 들어가고 다음 시간의 패를 든 목인이 나오면서 그때마다 시간수대로 종을 치게 되어 있었다. 그것은 물로 격동(激動)케 하여 돌아가게 만든 기관이었다.

그의 『행장기』에는 또 이렇게 씌어 있었다.

> 그러나 물력이 모자라서 초초히 그 기능을 다하지 못하였으나 문정공(文貞公, 이경여)이 가상히 여겨 이 자명루기(自鳴漏器)에 대하여 서(序)를 짓고 시를 읊어서 그 전말을 기록하고 찬양하였다.

> 시름 많은 이 몸은 언제나 잠이 적어
> 밤새도록 뜬눈으로 지새는데
> 대통에 한 잔 물 부어 넣고
> 됨박으로 야경(夜更)의 누수(漏水)를 만드니
> 차가운 밤 한 점씩 떨어지는 물방울
> 짧은 시각이 조금씩 흘러간다.
> 그 어느 날 서울에서
> 오경치는 바라 소리 다시 들을까
>
> 관정(官井)에 물을 길어 박통 이은 작은 물시계
> 나그네 잠자리를 깨어주나니
> 사무치는 고향 생각 간절하도다.

소송의 수운의상대 복원. 일본 나가노 현 스와코 시의 과학관에서 1997년에 야마다[山田] 교수의 연구와 토야[土屋] 박사의 설계도. 세계 최초로 완전하게 복원한 높이 12m의 거대한 천문 관측 시계탑이다.

똑똑, 물방울 소리
서러운 나그네 마음 부서져
밤기운과 더불어 맑아만지네.
문득 생각에 새벽 단잠 재촉하여
이 마음 신선처럼 서울로 갈까.

인조 26년(1648). 이민철은 18세의 늠름한 청년으로 성장해 있었다. 그는 마침내 벼슬길에 나갔다. 관직은 전력부위(展力副尉), 무관 계통의 잡직으로 종9품이었다.

그리고 수년 후, 이민철이 의주부윤(義州府尹) 정윤에게 발탁되어 그를 따라 의주에 가 있을 때였다. 정부윤은 전에 이민철이 진도에서 혼천시계를 스스로 연구 제작한 일이 있었다는 말을 듣고 다시 한번 만들어 보도록 했다. 효종 4년(1653). 임진왜란으로 허물어졌던 세종 때의 조선 천문학은 시헌력이라는 새로운 달력의 시행과 더불어 재건의 기회를 얻게 되었다. 이민철이 의주에서 또 하나의 혼천시계, 즉 천문시계를 정부윤의 도움으로 완성한 것은 바로 이 즈음이었다. 그러나 이민철이 있던 곳은 먼 의주땅, 서울에선 효종의 명을 받아 이미 홍처윤(洪處尹)이 천문시계를 제작하였다. 하지만 그가 실패하게 되자, 새로운 인물을 찾게 되었다.

이번에는 김제 군수 최유지(崔攸之)에게 천문시계의 제작이 맡겨졌다.

그것은 효종 8년(1657) 5월에 성공적으로 완성되었다. 사람들은 그 천문시계를 선기옥형이라 불렀다. 혼천의라고도 부른 이 시계는 이른바 수격식(水激式) 동력 장치라 해서 말하자면 물이 떨어지는 힘으로 돌아가는 수차의 동력을 이용한 중국 고래의 전통적 장치로 되어 있었다.

시계는 정밀하고 매우 정확했다. 그래서 관상감에서는 최유지가 만든 천문시계를 모조하여 여러 누국(漏局)에서 쓰도록 했다. 이민철의 재능과 천문시계 제작 기술은 결국 또 오랫동안 빛을 드러내지 못한 채 묻히게 되었다. 천문학적 이론에 의하면 그것은 고장이 없는 한 16년은 그대로 사용할 수 있었기 때문이었다. 그런데 그후 7년 만에 최유지의 천문시계들이 뜻밖에도 오차(誤差)를 드러내기 시작하였다. 하루 이틀 만에는 눈에 띄지 않는 극히 작은 오차들이 쌓이고 쌓여서 이제는 뜯어고치지 않으면 안 될 만큼 큰 오차가 생기게 된 것이다. 성균관에서는 그것들을 전면적으로 수리해야 한다고 왕에게 보고하였다.

현종(顯宗) 5년(1664) 3월 4일.

이민철은 마침내 현종대 과학기술자의 정상으로 치닫는 길에 들어서게 되었다. 그는 송이영의 도움으로 여러 누국의 천문시계들을 개조하는 일에 전념하였다. 현종 7년(1666)에 이민철은 드디어 절충장(折衝將)으로 크게 승진하였고 그때부터 물리학자로서의 그의 위치는 뚜렷해졌다. 그리하여 현종 10년(1669)에 그는 새로운 선기옥형의 제작에 착수하게 되었다.

이민철을 중심으로 관상감에는 특별기구가 설치되었다. 그는 송이영과 함께 이 새로운 혼천시계의 구조를 보다 특징적인 것으로 하기 위하여 노력했다. 특히 그는 우리 나라의 혼천시계는 중국과 달리 천체 관측을 위하여 사용되는 것이 아니고 정밀한 시간 측정을 위해서 쓰인다는 사실에 중점을 두어 제작되어야 한다고 생각하였다.

그러기 때문에 혼천의의 삼신의(三辰儀) 안에 사유의(四遊儀)와 옥형(玉衡)을 두는 것은 사실상 무의미한 것이라고 확신하고, 그대신 지구(地球)가 하루에 한 번 자전하는 원리를 천문시계 장치에 연결, 혼천의의 중심에 지구의(地球儀)를 가설하기로 했다. 필생의 역작을 완성시키기 위한 이민철의 노력은 그야말로 눈물겨운 것이었다.

천문시계의 제작은 순조롭게 진행되었다. 그동안 현종은 벌써 몇 번이나 이민철의 노고를 치하하여 음식과 다과를 내렸다. 여름이 가고 가을이 왔다. 이민철과 송이영의 천문시계는 이제 마지막 단장을 거의 끝내가고 있었다. 일을 시작한 지 근 여덟 달 만에 드디어 두 개의 천문시계는 완성되었다.

1669년 10월 14일. 이민철은 홍문관 교리 김석주와 함께 임금 앞에 나아가 선기옥형이 완성되었음을 보고하였다. 현종은 김석주가 올린 보고서를 받으면서 기쁨을 감추지 못했다. 보고서에는 이렇게 씌어 있었다.

> 어명을 받자와 이민철이 완성한 수격식 혼천의를 바치나이다. 본관(本館)에서 그것을 보건대 그 구조는 극히 정밀하게 완비되어 있습니다.…… 이 혼천의에는 사유옥형을 두지 않았는데 그 이유는 옥형은 중의(重儀) 안에 있어 실내에서는 그것이 천후(天候)를 관측하는 데 실제로 사용될 수 없기 때문입니다. 규형(窺衡)을 없앤 대신에 지구의를 남북의 두 극축에 연결하여 혼천의의 중심에 두었습니다. 혼천의를 움직이는 동력은 큰 궤를 만들어서 항아리(水壺)를 판개(板蓋) 위에 놓아 물이 누취(漏嘴)로부터 아래 선반에 있는 작은 항아리로 흐르게 하여 통차의 바퀴를 돌림으로써 얻게 하였습니다.…… 궤의 서쪽에 목인(木人)을 세우고 그 옆에 종을 두어 시간마다 목인이 종을 치게 했으며 패목(牌木)을 가진 목인들을 하나가 나오면 다른 것이 들어가서 시각의 흐름을 밝히게 했습니다. 이 타종(打鐘) 장치는 영로(鈴路)를 따라서 방울

혼상(17세기). 북경 고관상대. 1992년 필자 촬영.

이 굴러 떨어지면서 움직이도록 했습니다. 이 모든 기관은 하나같이 움직여서 지평일구(地平日晷)와 일월운행(日月運行)과 주야시각(晝夜時刻)이 꼭 들어맞습니다.

대저 이 기계의 제도(制度)는 옛 사람의 글 속에 조금 소개되어 있으나 완전히 조성(造成)된 양식은 볼 수 없었으므로 그것을 본받아 사법(師法)으로 할 수는 없었던 것이나 이 사람은 그 뛰어난 기술과 기지로써 이 기계를 만들어냈습니다. 이것은 전에 본관에서 만들었던 것보다 훨씬 정교하고 정밀하니 참으로 가상한 일이라 하겠습니다.

현종은 희색이 만면하여 이민철의 노고를 치하하고 전교를 내렸다.

이 사람이 혼천의의 학설에 통달하여 능히 새로운 기계를 제작하여 일월의 운행과 주야의 시각이 정확하게 들어맞게 하였으니 그 재능과 계획의 비범함은 심히 가상한 일이라. 양전조에 일러 이 사람에게 상당한 실직(實職)을 제수하여 그 재능을 시험하게 하고 공장들에게도 미포(米布) 등 상금을 특히 후하게 내리도록 하라.

이민철은 그후에도 여러 번 천문시계들을 수리 제작하였다. 이러한 공로로 그는 현종 15년(1674) 첨지중추부사(僉知中樞府事)가 되었고, 그후 숙종 6년(1680)에 이주첨사(伊州僉使)로 공이 컸으며 이성현감(利城縣監), 영원군수 등을 역임하다가 숙종 12년(1686)에 현종 때 만든 천문시계를 수리하기 위해 다시 서울에 올라오게 되었다.

숙종 13년(1687) 7월 15일에 시작해서 다음해 5월 2일까지 거의 1년간에 걸친 대대적인 수리사업을 이민철은 늙고 병약했음에도 훌륭하게 해냈다. 숙종은 창덕궁 희정당(熙政堂) 남쪽에 제정각(齊政閣)을 지어 이민철의 혼천시계를 설치하게 하고, 그 공로를 치하하여 오도일에게 선기옥형명(璇璣玉衡銘)을 지어 바치게 했다.

그것은 물리학자 이민철의 마지막 사업이었다. 그는 한 사람의 훌륭한 과학자였으며 또한 백성을 아낄 줄 아는 덕망이 있는 수령이기도 했다. 마침내 동지중추부사(同知中樞府事) 이민철의 생애에 마지막 날이 다가왔다. 1715년(숙종 41) 4월 23일. 백마강의 맑은 물은 그날도 부산의 아름다운 그림자를 담고 있었다. 부여군 규암면 두무절. 거기에 이민철은 지금도 편안히 잠들고 있다.

이민철의 물레바퀴로 움직이는 혼천시계와 그 모델은 그후 관상감과 홍문관에서 계속 사용되었다. 기록에 의하면 경희궁에도 이민철 모델의 혼천시계가 있었다고 한다. 그러나 조선 왕조가 망하고 경희궁이 헐려 일본인 공립학교인 경성중학교가 그 자리에 세워질 때, 경희궁 관천대는 헐리고 혼천시계는 아무도 모르게 없어졌다. 그때, 그것이 잘 보존되었더라면 송이영의 혼천시계와 함께 우리의 귀중한 과학문화재로 남아 있을 것이다.

측우기를 발명하다

음력 5월 초열흘(2000년의 경우, 양력으로 6월 11일)에는 매년 비가 오신다. 이는 조선 시대에 우리 나라에 있었던 전설이다. 전설이니까 무슨 과학적인 근거가 있는 것은 아니다. 또 실제로 매년 꼭 비가 온 것도 아니다. 그러나 7월 칠석날처럼 비오는 경우가 많았던 모양이다. 작년에도 약간 비를 뿌렸다. 이 비를 조선 시대 사람들은 태종우(太宗雨)라 했다. 3대 임금이었던 태종이 가뭄을 걱정하던 나머지 죽으면서 비오기를 축원하였는데, 과연 비가 내렸다. 저승에 가면 자기가 죽은 날만이라도 비를 오게 해보겠다는 유언대로 그가 죽은 날인 5월 10일에는 늘 비가 온다는 것이다.

옛날 사람들은 〈비가 오신다〉고 표현했다. 얼마나 반가웠으면 〈오신다〉고 했을까? 우리 나라의 봄가뭄은 예나 지금이나 늘 농사짓는 사람들의 애를 태웠다. 실제로 가뭄은 거의 매년 겪는 절박한 자연 현상이었다. 알맞게 비가 오느냐 안오느냐에 따라서 풍년이 판가름나기 때문이다.

가뭄에 대한 태종의 걱정은 유난스러웠다. 그는 가뭄이 있으면 하루에 식사를 한 번으로 줄이고 대궐 뜰의 뙤약볕에 나아가 며칠씩이나 스스로를 반성하곤 했다. 기상 현상을 하늘이 내리

조선 초의 측우대(15세기). 61×92×58cm. 화강석. 기상청. 보물 843호.

조선 초의 측우대 발견 당시의 사진(1960). 서울 매동초등학교에서 필자 촬영. 1963년에 일본 과학사학회지에 발표한 논문에서 15세기 측우대로 필자가 고증한 것이다.

는 재이(災異)라고 믿던 시대였기에 임금은 하늘에 꾸짖음에 스스로의 잘못을 뉘우쳐야 했던 것이다.

『세종실록』에 의하면 봄에 가뭄을 걱정하는 기사와 왔다하면 쏟아지는 큰 비가 피해를 준 기사가 교차되고 있다. 가뭄을 걱정하다가 반대로 비를 걱정하게 되는 일이 한두 번이 아니었다. 그래서 조선 시대 사람들은 강우(降雨)의 자연 현상에 대해 각별한 관심을 두고 있었다.

비를 염원하면서 죽은 태종 임금의 넋이 하늘에 가서 비가 오도록 했다는 전설에는 조선 시대 사람들의 절실하고 소박한 마음씨가 담겨 있다.

조선 초기 한반도에는 매해 심한 가뭄이 거듭되고 있었다. 그래서 조선 왕조 정부는 농사철에 대비 각도와 군·현의 관청에 지시하여 빗물이 땅속에 스며든 정도를 조사하여 보고하도록 했다. 강우량을 파악하려고 했던 것이다. 그때까지 조선 왕조에서 시행되던 강우량의 측정법은 대체로 땅속에 스며든 빗물의 깊이를 자로 재는 방법이었다. 이것은 주로 봄에서 초여름의 농사철에 행해졌다.

대구 선화당 측우기와 측우대(1770). 측우대 크기 46×37×37cm. 1908년경 한국 관측소에 와 있던 일본인 천문기상학자 와다가 대구 감영에서 찍은 사진이다. 이 사진은 측우대의 뒷면을 찍은 것이다. 앞면에는 측우대 세 글자만이 새겨 있다.

그러나 땅이 말랐느냐 젖었느냐에 따라 빗물이 스며드는 깊이에 차이가 생기기 때문에 이 방법은 불완전한 것이었다. 설상가상으로 세종 23년 봄에는 오랜 가뭄과 큰 비가 번갈아 기승을 부려 그때까지의 강우량 측정법을 완전히 무색케 했다. 그 결과 빗물을 어떤 크기의 그릇에 받아 재면 될 것이라는 과학적인 아이디어가 싹트게 되었다. 세종의 아들인 문종이 생각해 냈다는 이 기막힌 아이디어는 평범한 일상 생활 속에서 얻어졌다. 어쩌면 비오는 날 장독대에 놓인 항아리에 괴는 빗물을 보고 착안해낸 것일지도 모른다. 한국인의 집에는 어디에나 다 있는 장독대, 김치독, 장독, 항아리들이 아이디어의 소재였던 것이다. 아무튼 빗물과 그릇의 만남이 당시로서는 획기적인 측정 기기(機器)를 탄생케 하였다.

측우기는 1441년(세종 23) 8월 18일의 『세종실록』 기사에 의하면 그 발명이 공식 확인된다. 『실록』 권 93, 22쪽에는 이렇게 쓰여 있다.

호조(戶曹)에서 각도 감사(監司)에게 강우량을 보고하도록 지시하고 있으나 땅이 말랐느냐 젖었느냐에 따라 땅속에 스며드는 빗물의 깊이가 같지 않아 그것을 헤아리기 어렵다고 합니다. 청하옵건대, 서운관(書雲觀)에 대를 만들고, 대 위에 깊이 2자, 지름 8치의 철기(鐵器)를 주조하여 놓고, 빗물을 받아 본관원에게 그 깊이를 재어서 보고하게 하소서, 또한 외방(外方) 각 관에서는 경중(京中) 주기(鑄器)의 보기에 따라 자기(磁器)나 와기(瓦器)를 써서 객사 뜰에 놓아 두고 수령이 물의 깊이를 재어서 감사에게 보고케 하여 감사가 전문(傳聞)하도록 하소서. 호조에서 이렇게 아뢰니 임금도 그에 따랐다.

『세종실록』의 이 기사는 측우기가 왜 만들어져야 했으며, 어떻게 만들어 어디서 측정했는가를 잘 설명하고 있다. 이것은 정말 역사적인 기록이다.

그때까지의 불완전했던 강우량 측정법을 개선하기 위해 깊이 2자(약 42.5cm), 지름 8치(약 17cm)의 원통형 우량계를 발명, 과학적으로 해결해낸 것이다. 자연 현상을 기기를 써서 수량적으로 측정하는 과학적인 방법이 시작되었다는 이 사실은 참으로 의미있는 일이다. 15세기 전반에 조선 왕조에서 이루어진 이 발명은 과학적인 농업기상학의 성립을 의미하기 때문이다. 이것은 세계기상학의 새로운 장을 여는 역사적인 사건이었다.

그러나 이 실록의 기사는 높이 2자, 지름 8치의 철제 원통형 측우기를 만들어 빗물을 받아 그 수심(水深)을 잰다는 기본적 방법을 제시·확정하고 있을 뿐이다. 어떤 자[尺]로 언제 어떻게 잰다는 더 구체적 측정법을 제시하지는 않았다.

그것을 보다 구체적으로 시행하는 작업은 다음해 봄에 이루어졌다. 1442년(세종 24) 5월 8일의 일이다. 그날의 『세종실록』에는 이렇게 기록되어 있다.

측우대 사진. 국립중앙관상대 앞마당에서 필자가 1961년에 찍은 것이다. 36쪽 상단 사진이 정면인데, 흔히 뒷면이 앞쪽으로 잘못 보이게 촬영되어 있다.

호조에서 아뢰기를, 우량을 측정하는 일에 대해서는 이미 수교(受敎)한 바 있으나 미진한 곳이 있어 조례를 다시 구신하나이다.

경중(京中)에서는 철을 부어서 그릇을 만들어 측우기라고 명명하였습니다. 측우기는 길이 1자 5치[寸], 지름 7치로 주척(周尺)을 쓰고 있습니다. 서운관에 대를 만들어 그 위에 측우기를 놓고 비가 그쳤을 때마다 본관 관원이 강수 상황을 직접 관찰케 합니다. 주척으로 수심을 측정하고 강수 및 비가 갠 날과 시각, 그리고 수심의 자·치·푼[分] 수를 정확히 재 즉시 보고하게 하고 기록해 둘

것입니다.

지방에서는 각 도 · 군 · 현의 객사 뜰에 두어 수령이 직접 강우량을 치 · 푼까지 측정하여 보고케 하고 있습니다.

측우기(測雨器). 처음으로 나타난 빗물을 재는 그릇, 즉 우량계의 이름이다. 그 전해 가을에 만든 측우기에 미진한 곳이 발견되어 개량하고 측정 제도를 확정하면서 지은 것이다. 그래서 우리는 흔히 측우기의 발명 시기를 1442년 5월 8일이라 한다. 그러나 엄밀하게 말하면 1441년 8월 18일이 보다 정확할 것이다.

금영측우기(1837). 32.0×15.0cm. 청동. 기상청. 보물 561호. 1971년에 일본 기상청에서 중앙관상대장 양인기 박사가 반환 기증받은 것이다. 현재 남아 있는 유일한 측우기이다.

1년 전 가을에서 이듬해 초여름에 이르는 사이, 측우기에는 몇 가지 중요한 개량 발전이 있었다. 무엇보다 빗물을 받아서 강우량을 측정하는 기기의 이름을 측우기라고 지었다는 사실은 주목할 만하다. 그리고 그 크기가 처음 만들었던 것보다 조금 줄었다. 특히 깊이가 지름에 비해서 많이 줄었다. 한 번에 내리는 강우량이 깊이 32cm, 지름 15cm 정도의 원통이면 충분하다고 판단했을 것이다.

순조 때 측우대(1811). 44×43.8×43.8cm. 국립중앙과학관.

다음으로는 측정 방법을 명백하게 규정하였다는 점을 들 수 있다. 즉 첫째, 강우량은 비가 그쳤을 때 잰다. 둘째, 자는 주척(길이 약 20.7cm)을 쓴다. 셋째, 비가 내리기 시작한 일시와 갠 일시를 기록한다. 넷째, 수심은 자 · 치 · 푼까지 정확하게 잰다는 등이다. 이 제도는 거의 완벽하다. 강우량을 푼까지 재므로, 지금의 단위로 보면 약 2mm 단위까지 측정되는 셈이다. 측정오차는 자를 따로 쓰는 데서 생기는 부피의 증가 정도이다.

강우량을 재는 과학적인 방법이 세계의 어느 지역에서도 아직 싹트기 전에 동방의 작은 반도에 자리잡은 조선 왕조에서 확립되었다는 것은 주목할 만한 일이다. 가뭄을 걱정하고 농사짓기에 충분한 양의 비가 왔는지 정확하게 파악하려는 절실한 마음과 노력의 결실이라는 점도 평가할 만하다. 이때부터 조선에서는 측우기로 강우량을 측정하는 일이 전국적으로 시행되었다. 측정된 강우량은 제대로 집계되고 각 지방의 통계는 중앙에 정기적으로 보고되었다. 그 결과 전국의 강우량이 정확히 기록 보존되었다.

강우량은 농업에 커다란 영향을 준다. 특히 벼농사를 많이 짓는 한국의 경우, 그 영향은 절대적인 것이다. 게다가 1년 강우량의 절반이 여름 3개월에 와버리는 한반도의 자연 조건 하에서 강우량의 통계를 정확히 파악하는 일은 매우 중요하다.

이렇게 측우기를 써서 강우량을 과학적으로 측정하는 일은 세종 때 이후 1백여 년 동안 잘 시행되었다. 그러다가 어느 사이엔가 조금씩 흐트러지기 시작했다. 특히 임진왜란의 참화로 측우기에 의한 강우량 측정의 전통은 끊어지고 말았다. 거의 모든 측우기가 없어졌다. 지금까지 남아 있는 조선 전기의 측우기가 하나도 없다는 사실은 우리 가슴을 아프게 한다.

다시 시작하다

그러나 숙종 때부터 싹트기 시작한 천문학을 비롯한 과학의 새로운 기운은 영조 때에 이르면서 아름다운 꽃을 피우기에 이르렀다. 오랫동안 잊혀져 있던 측우기에 의한 강우량 측정의 절실함과 그 과학적인 이치가 새삼스럽게 제기되었다. 그것이 『세종실록』에 의해 되살아난 것이다.

『증보문헌비고』에는 이렇게 기록되어 있다.

> 세종조의 옛 제도에 따라 측우기를 만들도록 명하였다. 하교(下敎)하기를 『실록』 가운데에 측우기에 대한 조항을 들을 때면 나도 모르게 일어나 앉게 된다. 요즈음은 비록 비를 비는 시기는 아니나 수표의 상황을 보고케 하여 그 얕고 깊음을 알고자 하는데, 이 기기에는 지극한 이치가 있으며 또 힘이 드는 것도 아니다. 이 제도에 따라서 서운관으로 하여금 이를 만들어 8도에 놓게 하고 양도(兩道)에도 이를 만들어 놓게 하라. 지금도 그 예를 따라 경희궁과 창덕궁에 모두 측우기를 설치하라. 옛날에 바람 불고 비올 때마다 명하여 자세히 살피게 한 선성(先聖)의 뜻을 체념(體念)해 볼 때, 어찌 감히 소홀히 할 수 있겠는가. 바람과 비가 순조로운 것은 나라에서 가장 소중하게 여기는 것이니, 지금의 이 명령 또한 깊은 뜻이 있는 것이다.

이리하여 영조 46년(1770) 5월 1일에 마침내 새 측우기가 다시 등장했다. 그것은 청동으로 만들어졌다. 규격은 세종 때의 것과 같았다. 대에는 측우대(測雨臺)라 새기고, 만든 연월을 새겨 놓았다. 지금 기상청에 보존되어 있는 것이 그때 만든 측우대 중의 하나이다.

이때 부활된 측우기의 제도는 다시 전국적으로 시행되었다. 『정조실록』에는 정조 16년(1792) 이후 8년간의 강우량 통계가 기록되어 있다. 정조 23년(1799) 5월의 기사에는 전년의 같은 달인 5월 한달 동안의 강우량과 그 해 5월의 강우량을 비교해 놓았다. 이는 월별 통

제2표

강우량

년	1월	2월	3월	4월	5월	6월	7월	8월	9월	10월	11월	12월	합계
1815	0	0	180	53	34	167	387	319	384	55	17	0	1569
1816	0	152	57	115	157	73	880	626	111	37	116	0	2324
1817	0	0	205	146	73	95	607	682	219	37	78	77	2219
1818	0	26	25	64	210	44	471	420	231	112	116	38	1757
1819	0	0	238	56	42	92	279	238	576	13	75	83	1692
1820	0	442	0	112	132	189	541	65	237	35	65	0	1821
1821	0	125	41	137	134	73	1410	782	300	117	48	19	3186
1822	0	0	377	64	118	165	106	175	135	29	71	38	1278
1823	29	99	312	22	123	161	361	137	201	26	85	38	1594
1824	0	66	156	62	151	156	508	338	63	134	136	64	1834
1825	0	0	0	67	73	42	180	374	141	101	41	26	1045
1826	0	59	25	53	174	275	394	322	69	7	14	0	1392
1827	0	0	139	154	140	262	266	487	879	46	41	102	2516
1828	547	0	148	56	45	112	429	629	408	7	82	109	2572
1829	43	0	238	98	154	84	317	38	303	117	14	26	1432
1830	0	0	49	148	28	62	455	487	84	10	17	26	1500
1831	0	73	205	75	188	185	271	216	186	2	51	0	1525
1832	91	33	0	132	39	37	1426	394	345	9	129	109	2744
1833	0	0	49	36	160	90	495	1058	48	20	82	134	2172
1834	0	0	25	17	140	112	216	101	369	103	14	32	1129
1835	0	0	25	84	78	158	519	722	72	18	37	32	1129
1836	0	0	148	185	39	196	337	74	9	7	31	0	1026
1837	0	0	49	76	39	513	394	420	36	20	27	160	1272
1838	115	0	312	28	78	35	233	204	66	42	82	134	1329
1839	86	26	1033	87	420	284	499	578	42	11	116	38	3220
1840	0	0	115	73	101	229	220	113	123	68	224	70	1336
1841	0	0	139	185	115	143	235	293	72	156	17	0	1355
1842	14	66	115	118	28	57	389	391	126	20	95	186	1605
1843	0	0	90	59	179	150	367	402	183	180	85	19	1804
1844	0	0	90	129	227	216	317	216	30	44	133	51	1453
1845	43	0	484	104	106	152	471	358	99	33	31	0	1881
1846	0	20	25	90	288	277	785	478	306	4	34	19	2320
1847	14	20	492	129	202	90	385	82	1236	0	7	13	2670
1848	0	224	8	76	56	101	370	382	75	35	68	6	1401
1849	216	112	82	269	143	81	65	300	132	29	14	230	1683
1850	14	0	16	53	140	216	647	413	93	35	109	64	1800
1851	0	0	172	73	78	110	224	756	591	198	24	0	2226
1852	130	0	16	20	162	264	607	108	15	7	10	0	1582
1853	14	0	164	179	118	24	295	110	117	31	92	0	1144
1854	202	0	25	50	95	156	594	511	147	62	14	19	1875
1855	130	26	139	255	280	372	73	190	144	57	82	6	1754
1856	14	26	320	78	112	79	240	262	501	35	44	38	1740
1857	0	145	180	165	241	282	330	286	543	147	0	96	2415
1858	91	0	25	84	81	136	348	209	210	31	102	51	1368
1859	0	0	25	227	90	207	460	302	150	13	85	19	1578

서울 강우량 통계표. 1815년부터 1894년까지 서울의 강우량 통계이다. 측우기에 의한 측정 결과를 조선 시대 관상감 관측 일지를 조사하여 와다가 통계를 낸 것이다. 월별 강우량 및 1년 총강우량과 강우일수의 통계이다. 강우량이 적은 해는 1,100-1,300mm, 많은 해가 2,500mm 내외인데, 1821년과 1839년에는 3,100mm가 넘었다.

제3표

강우일수

년	1월	2월	3월	4월	5월	6월	7월	8월	9월	10월	11월	12월	합계
1851	0(2)	0(0)	7(0)	7(0)	6	4	15	19	10	3	2(1)	0(0)	73(3)
1852	2(0)	0(0)	2(2)	6(0)	9	13	20	5	5	1	9(0)	0(0)	72(3)
1853	2(0)	0(0)	5(0)	8(0)	9	4	9	10	6	4	8(0)	2(6)	67(6)
1854	3(4)	0(0)	1(0)	3(0)	6	8	16	12	7	5	4(0)	1(0)	63(4)
1855	2(0)	1(0)	2(0)	6(0)	11	12	6	7	7	4	4(0)	1(0)	63(0)
1856	1(0)	1(0)	3(0)	8(0)	6	5	6	14	11	4	8(3)	3(3)	70(4)
1857	1(7)	1(0)	6(0)	6(0)	11	11	12	6	8	7	0(0)	3(0)	72(7)
1858	1(2)	0(0)	3(0)	7(0)	5	6	10	9	10	6	9(3)	5(7)	71(12)
1859	1(13)	0(0)	1(0)	9(0)	4	14	18	9	3	2	4(1)	1(1)	67(15)
1860	0(0)	0(0)	4(1)	6	7	5	19	22	3	9	3(1)	2(0)	80(2)
1861	0(0)	3(0)	0(0)	7	4	9	10	6	7	3	6(0)	5(0)	60(0)
1862	0(0)	2(0)	1(0)	7	11	3	18	13	9	2	1(0)	2(0)	69(0)
1863	0(0)	2(0)	6(0)	2	4	10	19	13	3	2	4(0)	4(0)	69(0)
1864	0(0)	2(1)	2(1)	5	5	6	12	12	6	8	5(0)	5(0)	68(2)
1865	3(0)	2(0)	2(0)	11	8	2	8	23	11	4	5(0)	1(0)	80(0)
1866	2(0)	1(1)	2(0)	5	3	8	12	9	2	2	2(0)	0(0)	48(1)
1867	0(0)	3(0)	2(0)	4	3	4	12	9	5	7	8(0)	3(0)	60(0)
1868	3(0)	3(0)	3(0)	4	6	11	18	12	3	5	4(0)	4(0)	76(0)
1869	0(0)	2(0)	2(0)	9	8	10	15	9	6	2	3(0)	1(0)	67(0)
1870	3(0)	1(4)	0(1)	7	2	9	4	6	9	2	2(0)	3(0)	48(5)
1871	0(0)	0(1)	1(0)	4	7	8	10	17	8	3	7(0)	2(0)	67(1)
1872	1(0)	0(0)	7(0)	9	4	4	12	7	3	6	8(0)	6(0)	67(0)
1873	0(3)	0(1)	2(0)	9	4	10	12	8	10	6	7(1)	6(2)	74(7)
1874	0(4)	0(1)	2(0)	3	12	11	13	16	8	4	4(0)	4(0)	77(5)
1875	0(0)	0(0)	4(0)	8	10	10	14	13	3	1	4(1)	1(0)	68(1)
1876	0(0)	0(0)	2(0)	1	4	6	4	11	6	0	3(0)	2(0)	39(0)
1877	1(0)	2(0)	3(0)	8	7	8	20	11	6	6	6(1)	0(0)	78(1)
1878	0(0)	0(0)	3(0)	10	9	6	13	3	7	8	2(0)	3(0)	64(0)
1879	1(0)	0(0)	4(0)	5	10	10	25	16	4	6	3(0)	7(0)	91(0)
1880	0(0)	0(0)	5(0)	8	5	8	9	11	9	4	7(0)	0(0)	66(0)
1881	0(0)	2(0)	0(0)	9	8	4	13	14	8	4	4(0)	1(0)	67(0)
1882	3(0)	0(0)	2(0)	7	2	4	7	10	1	5	4(1)	2(0)	47(1)
1883	0(0)	4(0)	2(0)	3	7	7	10	6	6	8	5(0)	0(0)	58(0)
1884	1(1)	0(0)	1(0)	8	8	8	11	8	10	2	3(1)	0(0)	60(2)
1885	0(0)	0(0)	0(0)	5	5	2	18	14	8	1	2(1)	2(0)	57(1)
1886	0(0)	0(0)	0(0)	6	5	11	12	9	7	6	3(1)	2(0)	61(1)
1887	0(0)	0(0)	1(0)	3	2	2	7	13	4	1	4(0)	2(0)	39(0)
1888	0(0)	0(0)	1(0)	4	3	6	7	6	5	5	2(1)	3(0)	41(1)
1889	1(2)	0(0)	1(2)	3	2	9	21	5	5	5	2(0)	0(0)	54(4)
1890	0(0)	4(0)	4(0)	8(0)	3	8	7	12	3	5(0)	4(0)	3(2)	61(2)
1891	1(0)	2(0)	3(0)	1(0)	3	8	9	10	7	3(0)	2(0)	5(0)	54(0)
1892	0(0)	0(0)	1(0)	4(0)	2	3	7	12	5	2(0)	5(0)	0(0)	41(0)
1893	0(0)	0(0)	0(0)	3(0)	8	8	9	9	11	6(0)	4(1)	2(0)	60(1)
1894													

수표(1749). 높이 약 3m, 너비 약 20cm. 화강석. 세종대왕기념관. 보물 838호. 1950년대 말에 청계천 수표교가 철거 복개될 때 장충단 공원으로 옮겨졌다가 지금의 자리에 보존되고 있다. 사진은 1995년에 필자가 찍은 것이다.

계도 정확히 파악하고 있음을 말해 주고 있다.

측우기는 정조 6년(1782)에도 만들어졌다. 지금 여주의 세종대왕릉의 전시실에 보존되어 있는 기념비적인 대리석 측우대는 그때 만든 것이다. 이 측우대에는 세종 때에 측우기를 만들게 된 깊은 뜻이 새겨져 있다. 즉 가뭄을 걱정하던 임금의 간절한 마음을 엿보게 한다. 또 영조 때에 그 뜻을 이어받아 그 제도를 다시 정비한 경위를 밝히고 있다. 그리고 정조가 가뭄을 염려하여 비 오시기를 비는 마음으로 이 측우기를 만들었다는 내용의 명문을 4면에 조각하고 있다.

그리고 국립과학관에 있는 1811년의 측우대는 순조 때에도 측우기가 만들어졌음을 말해준다. 기록에 의하면 그 해에도 봄에 가뭄이 매우 심했다고 한다. 여기서도 측우기가 가뭄 해소를 하늘에 호소하는 상징적인 기기였음을 엿보게 한다. 측우기를 제조, 측우대에 올려놓고 비 오시기를 간절히 바라고 기다리는 위정자들의 뜻이 담겨 있는 것이다.

세종 때부터 측우기는 수없이 만들어졌지만 애석하게도 지금은 오직 하나만이 남아 있다. 기상청에 보존되어 있는 1837년의 청동제 측우기가 그것이다. 공주 감영에서 만든 이 측우기는 그 당시 중앙관상대장 양인기 박사의 노력으로 1971년 3월에 일본 기상청에서 되돌려 받은 것이다. 1920년 초의 보고에 의하면 그때까지만 해도 영조 때의 것이 3개(측우기와 측우대가 함께), 공주 감영 제작의 측우기와 대석, 그리고 정조 때의 것 등 여러 개가 있었다.

그러나 이 귀중한 과학문화재는 서구 과학 기술 문명의 거센 바람 속에서 우리 민족이 〈자기 것〉을 스스로 귀하게 여길 줄 모르고 지내던 사이에 버림받고 천대받아 소리없이 사라지고 만 것이다.

필자는 1980년대 초에 영국 런던의 과학박물관 기상학 전시실에서 받았던 감격을 지금도 잊을 수 없다. 기상전시장 한가운데에 한국의 측우기와 측우대의 모조품이 당당한 모습으로 전시된 것을 보고 가슴이 벅차왔던 것이다. 하지만 그 당시(지금도 그렇지만) 우리 나라에는 그 어느 곳에도 측우기가 제대로 전시되어 있지 않았다.

또 하나, 지금 기상청에는 조선 초의 측우대 유물이 하나 있다. 1960년 초에 서울 매동초등학교 교정 한모퉁이에서 필자가 발견한 것이다. 높이 61cm, 길이 92cm, 너비 58cm의 화강석 석대는 윗면에 지름 16.5cm, 깊이 4.7cm의 구멍이 있다. 측우기를 세웠던 자리다. 필자는 그것을 조선 초의 측우대로 고증했다. 세종 때의 측우대일 가능성이 인정된 것이다. 1986년에 보물 843호로 지정되었다.

조선의 농업기상학

비가 오면 강물이 불어난다. 이것은 자연의 이치이다. 세종 때의 학자들이 그것을 몰랐을리 없다. 다만 그때까지는 〈물이 많이 불어났다〉, 〈물이 말라 강바닥이 드러났다〉는 일반적인 표현을 썼을 뿐이다. 그것은 자연 현상에 대한 학문적이고 과학적인 표현은 아니다. 거기에는 측정이라는 과정이 없고, 그래서 정확한 수량적인 표현이 나타나 있지 않다. 15세기 전반기. 그때까지는 세계의 어느 지역, 어떤 민족도 다 그렇게 살았고 그런 식으로 생각했다.

그런데 측우기를 발명한 세종대의 학자들은 강우량을 측정하는 또 하나의 방법으로 강물의 수위를 재는 일을 시작했다. 강바닥까지 물의 깊이가 얼마인가를 자로 재자는 것이다. 그 아이디어는 그대로 발명이었다. 하천(河川)의 양수계(量水計), 수위계(水位計)라 할 수 있는 푯말을 만들었다. 그리고 그것을 수표(水標)라고 이름지었다. 세계에서 처음 있는 일이었다.

수표는 서울의 청계천과 한강에 설치되었다. 서울의 중심부를 흘러가는 청계천에 설치된 수표는 높이 약 2.5m의 나무기둥에 자 · 치 · 푼의 눈금을 새기고 그것을 돌기둥 사이에 끼워서 묶은 것이었다. 그리고 한강의 수표는 강변의 바위를 깎아 눈금을 새긴 것이었다.

청계천이 복개되기 전, 서울의 4대문 안의 한복판을 흐르는 개천은 맑은 물이 흐르는 깨끗한 내였다. 그래서 그 개천의 이름이 청계천(淸溪川)이다. 청계천의 광교(廣橋) 동쪽에 마전교(馬前橋)가 있었다. 수표는 그 마전교 서쪽에 세워진 것이다. 수표가 있어 그 다리 이름도 수표교라 불리게 되었다. 수표교가 있던 자리는 지금은 복개되어 큰 길이 되었지만, 수표동이란 지명이 남아 있고, 바로 그 다리 건너 자리잡은 수표동 교회가 옛날을 전해주고 있었다.

하지만 한강변의 수표를 새긴 암벽은 흔적도 없다. 필자의 윗세대도 알지 못하는 것을 보면, 조선 말에는 이미 찾아볼 수 없었던 것으로 보인다. 다만 추측하건대, 노량진 근처의 어딘가로 여겨질 뿐이다. 한강 인도교와 철교가 가설되던 19세기 말 또는 그 이전의 조선 후기 문헌 기록에서 필자는 아직 한강변 수표 암벽에 대한 글을 찾아내지 못했다.

수표에 대한 『세종실록』의 기록은 이렇다.

> 마전교 서쪽 수중에 박석(薄石)을 놓고, 그 돌 위를 파서 부석(趺石)을 세웠다. 그 가운데에 네모난 나무 기둥을 끼워 세우고 쇠갈고리로 부석과 함께 고정시킨 후 자·치·푼 수를 기둥 위에 새겼다. 그리고 본조(本曹)의 낭청(朗廳)이 빗물의 깊고 얕은 푼수를 살펴 보고하게 하였다. 또 한강변의 암석 위에 자·치·푼을 새긴 표(標)를 세워 도승(渡丞)이 물의 깊이를 재서 본조에 알려 보고하게 하고……

15세기 전반기에 씌어진 이 글은 수표의 발명과 그 구조 및 설치, 측정에 대한 첫 기사이다.

나무기둥에 눈금을 새겨 세워 놓은 청계천 세종 때의 수표는 그후 돌기둥으로 개량되었다. 성종 때 편찬된 『동국여지승람』에 〈수표석(水標石)〉이라고 표현하고 있는 것이 그렇게 생각하는 근거다. 수표는 1441년(세종 23)에서 1494년(성종 25) 사이에 돌기둥으로 개량된 것이다. 그러나 그것이 현재 남아 있는 것과 같은 것인지는 확인되지 않고 있다.

수심을 측정하다

청계천과 한강의 수심 측정은 이렇게 시작되었다. 그리고 그것은 꾸준히 계속되었다. 『조선왕조실록』에는 수표에 의한 수심 측정 기록이 비록 몇 번밖에 나타나지 않지만, 농사철에 강우량을 걱정하고 지대한 관심을 가졌던 위정자들의 모습을 보여주는 한 보기가 된다.

『선조실록』의 기사에는 〈예조에서 아뢰기를 금월 14일에 비가 내렸는데, 수표 수심이 6자 4치였다〉고 기록되어 있다. 비슷한 기사는 『인조실록』과 『영조실록』에서도 찾아볼 수 있다. 한강 수심에 대한 기사도 나타난다.

기상 관측 결과를 담은 보고서와 관측 기록들은 조선 시대에 강물의 수심을 꾸준히 계속

「동궐도」에 나타난 풍기. 창경궁과 경복궁에 남아 있는 화강석 풍기대에 어떤 풍기가 꽂혀 있었는지를 고증하는 데 결정적 자료이다.

해서 측정하고 있었음을 말해 준다. 그 기록과 보고서의 원본들은 애석하게도 잘 보존되지 못하고 조선 왕조의 멸망과 함께 쓰레기처럼 버려졌다. 일부 남은 것들도 해방 이후의 혼란과 한국전쟁의 참극을 거치는 동안에 없어지고 말았다. 세계의 기상 관측 사상 유례가 없는 5백 년간의 정확하고 빈틈없는 관측 기록의 축적이 우리 세대에 사라진 것이다. 이 사실을 어떻게 설명해야 할지…….

지금 세종대왕기념관에 보존되어 있는 수표와 장충단공원에 있는 수표교가 그 오랜 끈질긴 관측의 역사를 증언하는 유물이다. 이 수표는 높이 약 3m, 폭이 약 20cm의 화강석으로 된 6면 방추형(方錐形)의 돌기둥이다. 위에는 연꽃 봉오리 무늬를 한 머릿돌이 얹혀 있고 밑은 방추형의 초석으로 땅속에 박혀 있다. 기둥의 모양도 자연스럽기 그지 없다. 물이 흘러내려 오는 방향을 홀쭉하게 유선형으로 다듬어 놓은 것이다. 돌기둥에는 양쪽 면에 주척 1척마다 눈금을 1자에서 10자까지 새겼고, 3자·6자·9자 되는 눈금 위에는 ○표를 파서 각각 갈수(渴水)·평수(平水)·대수(大水) 등을 헤아리는 표지로 삼았다. 즉 6자 안팎의 물이 흐르는 것이 보통의 수위였으며, 9자가 넘으면 위험수위로 개천이 넘칠 것을 예고하는 데 쓰였다.

지금 남아 있는 이 수표는 오랜 전통을 이어준 기기로서 가치가 크다. 더욱이 관측 기록도 남아 있어서 우리에게 귀중한 자료가 되고 있다. 그 관측 기록이 있는 자료는 다음과 같은 것들이다. 『풍운기(風雲記)』, 『기우기청제등록(祈雨祈晴祭謄錄)』, 『천변초출등록

(天變抄出謄錄)』, 『조선왕조실록(朝鮮王朝實錄)』, 『승정원일기(承政院日記)』, 『일성록(日省錄)』 등에 기록되어 있는 것이다.

『풍운기』는 관상감의 관측일지 원부(原簿)이다. 즉 관측에 임한 당직관리가 자기 담당 시간에 관측한 모든 현상을 규정에 따라 기록한 것이다. 관측은 24시간 동안 삼교대로 했고, 관측자는 관측 내용을 기록하고 서명하였다. 『조선왕조실록』, 『승정원일기』, 『일성록』 등의 기록은 『풍운기』를 원본으로 삼았다. 매일 승정원, 시강원, 규장각 등에 제출한 보고서에 의해서 집계된 것이다.

이 기록들을 종합하여 분석 · 재구성하면 조선 시대의 강우량과 서울의 청계천 및 한강의 수위가 통계적으로 파악된다. 한일합방 수년 전에 한국 관측소에 와 있던 일본인 천문학자 와다[和田雄治]의 보고서는 그때까지 남아 있던 자료들을 종합 · 분석, 서울의 강우량과 하천수위를 현대적으로 재구성한 첫 업적으로 높이 평가되는 것이다.

5백 년에 걸친 조선 시대의 강우량과 하천수위 측정은 근대 농업기상학의 출범을 알려준다. 또한 한국인의 성실한 관측 활동을 드러내는 훌륭한 업적이다. 1400년부터 1859년까지 약 460년 동안, 서울 지역의 홍수 또는 수표 측정에 의한 대수(大水) 기록은 172회에 이르고 있다. 월별로는 음력 5월에 6회, 6월에 15회, 7월에 15회, 8월에 47회, 9월에 19회 등이다. 역시 7-8월에 70%가 집중되어 있다.

바람을 관측하다

15세기의 학자 강희맹(姜希孟)은 그의 명저 『금양잡록(衿陽雜錄)』에서 농작물에 미치는 바람의 영향에 대해서 경험적인 이론을 전개하고 있다.

> 조선 땅은 동쪽과 남쪽이 바다에 접하고 서쪽은 광활하다. 북에도 험한 준령이 있는데 그것은 꺾어져서 동쪽을 덮고 남쪽에 이르러 끝나고 있다. 그래서 그 지세는 동과 북은 모두 산이고, 서와 남은 모두 들판이다. 바다를 거쳐 불어오는 바람은 따뜻해서 쉽게 구름과 비가 되어 식물을 자라게 한다. 반면 산을 넘어 불어오는 바람은 차다. 그러므로 그것은 식물에 해를 끼친다. 영동 사람들은 농사철에 동풍이 불기를 바라고, 호서 · 경기 · 호남 사람들은 동풍을 싫어하고 서풍이 불기를 바란다. 이렇게 좋고 싫음을 서로 달리하는 까닭은 그 바람이 산을 넘어 불어오기 때문이다.

그래서 그는 동쪽에 산맥이 있는 경기 지방에서는 동풍에 의한 농작물의 피해가 매우 커서, 심할 때는 논밭의 물고랑이 모두 마르고 식물은 타버린다고 했다. 반면 적을 때도 벼잎과 이삭이 너무 빨리 마르기 때문에 벼이삭이 싹트자마자 오그라들어 자라지 않는다고 지적하고 있다.

이것은 비록 내용은 간결하지만, 푄Fœhn 현상을 파악하고 세운 이론이라고 평가되고 있다. 바람에 대한 이러한 농업기상학적 이론의 전개는 세종 때부터 있었던 풍향기에 의한 바람의 관측과 연결된다. 풍향기는 바람깃대, 즉 풍기죽(風旗竹)이라고 기록되고 있다.

이 바람깃대는 영조 46년(1770)에 석대(石臺)를 2개 만들어서 창경궁과 경희궁에 각각 설치했다고 전해지고 있다. 필자는 그 유물을 1960년대 초에 경복궁의 한 돌담 옆에서, 그리고 창경원 장서각(창경궁을 복원하면서 지금 장서각은 헐리고 없다) 앞에서 찾아낼 수 있었다. 아름답게 조각된 화강석의 받침돌대였다. 그러나 그 풍기대에 꽂혔던 바람깃대는 어떤 것이었는지 알 수 없었다. 그러던 어느 날 고려대학교 박물관의 「동궐도(東闕圖)」에서 마침내 그 그림을 찾아낼 수 있었다. 대나무에 기다란 깃발 띠를 맨 그림이었다.

조선 시대 사람들은 이런 바람깃대로 풍향과 풍속을 오랫동안 관측했다. 바람에 대한 오래된 관측 기록들이 강우량의 그것과 함께 또 하나의 농업기상 관측의 전통을 세운 것이다.

지진과 햇무리와 극광

햇무리와 달무리는 우리가 육안으로도 쉽게 볼 수 있지만, 지진과 극광은 근래 우리 나라에서는 흔히 일어나지 않는 것으로 여겨지고 있다. 그런데 조선 시대의 기록을 보면 이미 삼국 시대 이전부터 적지 않게 발생하고 있었음을 알 수 있다.

지진은 이미 그 강도에 따라 강진 또는 대진과 지동(地動) 등으로 구분하고 있었다. 지진이 일어난 일시와 강약의 정도 및 진원과 진역 등에 이르기까지 정확하게 관측되었다. 조선 시대에는 주야를 막론하고 발생 즉시 단자(單子), 즉 보고서를 작성하여 정부 각 기관에 보고되었다.

삼국 시대부터 조선 말까지의 약 2천 년간에 기록된 지진의 총일수가 1,661일에 이른다는 사실은 우리 나라에서 지진이 결코 적지 않았음을 말해 주는 것이다. 그 중에서 상당히 강한 것도 통일신라 시대까지 11회, 고려 시대 11회, 조선 시대 26회, 모두 48회에 달한다. 2천 년 동안 50회의 강진이 있었다고 한다면 40-80년마다 1-2회가 발생한 셈이다. 이 기록은 우리 나라에서의 강한 지진 발생 가능성에 대하여 시사하고 있다.

햇무리와 달무리도 소상하게 관측되었다. 보통 해와 달의 둘레에서 일어나는 둥근 무리는 예사롭게 생각했으나 흰무지개가 해나 달을 가로지르는 것처럼 보이는 백홍관일(白虹貫日)과 백홍관월(白虹貫月)은 불길한 징조로 여겨졌다. 그런 현상이 일어나면 가옥과 인명에 피해가 일어난다는 것이다. 그래서 이 현상은 이상 현상으로 특히 주목되었다.

햇무리와 달무리의 관측은 그 색 · 모양 · 나타난 시각 · 무리 속에 들어간 5행성의 이름 · 무리의 겹[重] 등에 걸쳐 광범위하게 이루어졌다. 기록에 의하면 햇무리는 삼국 · 통일 신라 시대에 6회, 고려에 99회, 조선에 250회, 합계 355회 나타났다. 달무리는 고려에 23회, 조선에 46회, 합계 69회가 관측되었다.

기상 관측에서 극광(오로라)의 관측 기록도 우리의 관심을 끌게 한다. 조선 시대의 자료에 의하면, 기원전 35년부터 19세기까지 200회 이상 극광에 대한 관측 기록이 보인다. 그것들은 푸르거나 붉은 구름으로, 혹은 안개, 붉은 뱀 같은 안개, 폭포 같은 흰 안개, 창과 칼들의 행렬 같은 흰 안개로 묘사되었다. 또 붉은 불꽃, 밤에 비치는 햇빛, 뱀 같은 화살, 누각과 같은 푸른 자줏빛 구름 등으로 나타냈다.

1519년(중종 14) 6월에 경주에서 관측된 극광을 묘사한 『중종실록』의 기사는 아주 재미있다. 그 글의 일부를 옮겨 보자.

> 이날 밤 경상도 경주부에는 천변(天變)이 일어났다. 이른 밤에는 달빛이 매우 밝았는데, 서쪽에 조금 구름기가 보였다고 생각될 때 구름 사이로 빛이 나타났다. 번개같기도 했는데 불은 일어나지 않았다. 흐르는 화살과 같은 모양을 하여 하늘을 천천히 움직일 때도 있는가 하면, 혹은 유성과도 같이 삽시간에 지나가버릴 때도 있고, 혹은 붉은 뱀이 날뛰는 듯도 보이고, 혹은 불꽃이 튀는 듯도 했다.
>
> 때로는 힘껏 잡아당긴 활의 현과도 같이 구부러질 때도 있고 때로는 가위와도 같이 벌어질 때도 있어, 참으로 천변만화(千變萬花)의 모습을 나타내는 것이었다. 서쪽에서 천천히 동북방을 향해서 움직이기 시작하더니 밤 3경에 사라졌다.

이것은 아마도 세계에서 가장 자세한 극광 관측 기록의 하나일 것이다.

경복궁의 풍기대(18세기). 전체 높이 225cm. 화강석. 보물 846호. 꼭같은 풍기대가 창경궁에도 있다.

농업기상학의 성립

15세기 전반기에 조선에서 강우량과 풍향 등을 기기를 써서 과학적으로 측정하기 시작한 일은 참으로 놀랍다. 그 동기나 배경은 현대적 의미의 과학적인 것과는 다르다고 하더라도, 자연 현상의 수량적인 측정과 통계적 처리, 기록의 축적 등에서 볼 수 있듯이 이는 분명 농업기상학의 성립을 뜻하는 것으로 의의 있는 일임에 틀림없다.

조선 왕조의 관리들은 관측 활동과 관측 규정, 그리고 관측 기록과 보고에서 매우 현대적인 방법을 쓰고 있다. 그들은 기상학에서 선구적인 관측 활동을 벌였고, 훌륭한 전통을 세웠다. 5백 년의 긴 관측 역사는 분명 소중하고 자랑스런 것이다.

그러나 그 관측 기기들과 관측 기록의 원본이 우리가 소중하게 보존하지 못한 탓으로 거의 없어지고 만 것은 너무도 애석한 일이다.

홍대용의 지전설

〈그래도 지구는 돈다.〉 1633년 종교재판에서 죽음을 면한 갈릴레이가 혼자 중얼거렸다는 말이다. 과학사학자들은 그것을 픽션이라고 말한다. 갈릴레이가 자기의 지동설, 즉 태양 중심설에 대한 확신을 끝내 굽히지 않았다는 사실을 극적으로 묘사한 것이니까, 그렇다 해도 별로 문제될 게 없다. 온통 세상을 뒤엎은 그 놀라운 학설은 가톨릭 교회의 무서운 억압에도 불구하고 흔들리지 않는 진리로서 끈질기게 퍼져나갔다. 하느님이 이 세상을 그렇게 창조했기 때문이었다. 마침내 1992년 가톨릭 교회는 교회의 오류를 공식으로 시인하고 갈릴레이의 명예를 회복하는 극적 조치를 발표했다. 지구가 태양의 주위를 360번이나 돌고 난 뒤지만, 훌륭한 결단이었다.

갈릴레이의 이 놀라운 학설은 금지된 사상이지만, 17세기에 중국에 파견되어 와 있던 예수회 선교사들에 의해서 한문으로 소개되고 있었다. 다만 잘못된 학설이란 단서가 붙어 있어 그들이 과연 인정하고 있으면서 그랬는지는 알 수가 없다. 그래서 그런지 그 학설을 읽은 중국의 천문학자들 중에서 이 사실에 민감하게 반응한 사람은 나타나지 않았다. 그리스도교의 천지창조에 대한 교리에는 어긋나는 그 당시로서는 매우 위험한 사상이지만, 중국의 유교적 세계관과는 별로 충돌할 게 없는 천문학 사상이었기 때문에 그랬는지도 모른다. 물론 중국의 전통적 우주설과도 맞지 않는 학설이었다. 그러나 중국 학자들에겐 그것이 서양 천문학자가 주장하는 학설 중 하나로 여겨졌는지도 모를 일이다. 지구가 회전한다. 지구가 우주의 중심이 아니고 태양이 그 중심이라고 해서 그것이 천자의 권위와 상충될 것이 없

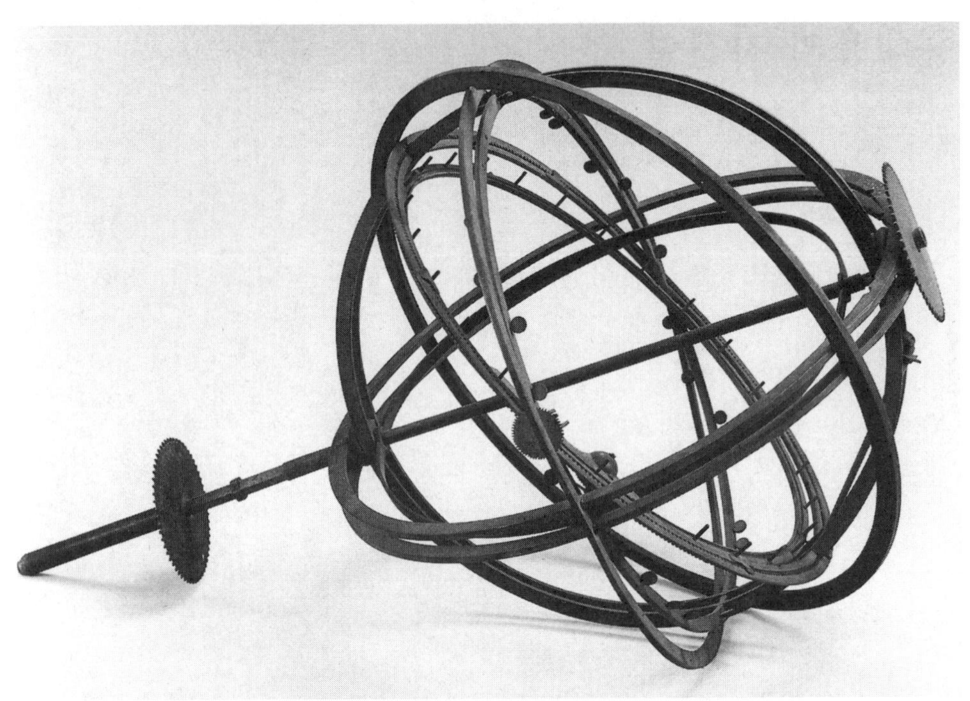

홍대용의 혼천의(18세기). 50.2×35×35cm. 숭실대학교 박물관. 홍대용 혼천시계에 연결되었던 혼천의일 가능성이 있다.

었다.

그런데도 중국 학자들은 지구 회전 문제를 별로 논하지 않았다. 민감하게 반응하고 진취적으로 파고든 것은 조선 학자들이었다. 이민철과 송이영 두 천문학 교수가 1664년에서 1669년 사이에 만든 천문시계에 회전하는 지구의를 설치했고, 김석문(金錫文, 1658-1735)이 그의 저서에서 지구 회전의 이론을 전개했다. 그후 실학자 이익(1682-1764)이 나름의 이론을 세웠고, 홍대용은 조선 학자 중에서 가장 탁월한 이론을 전개했다. 그리고 박지원은 조선 학자들의 지구 회전설을 진취적으로 소개했다.

지구는 돈다. 중국에 와 있던 서양의 일류 천문학자인 예수회 선교사들이 잘못된 학설이라고 썼고, 중국과 일본의 어느 학자도 주장한 일이 없는 지구 회전설을 조선 학자들이 주장하고 나선 것이다. 그리고 1660년대에 관상감의 천문학자가 회전하는 지구의를 혼천의에 가설했다는 것은 놀라운 일이다. 지구 회전에 대한 확신을 가지고 그것을 천문 기기에 바로 적용한 창조성과 진취성은 높이 평가할 만하다. 이민철과 송이영이 전개한 지구 회전의 이론은, 그들이 쓴 글이 남아 있지 않아서 그 내용을 헤아릴 수 없다. 김석문의 『역학도해(易學圖解)』(1697)의 그것과 비슷할지도 모른다. 제임스 로 James Rho(羅雅谷)가 1634년 또는 그 이전에 저술한 『오위력지(五緯曆指)』에, 잘못된 학설로 소개한 코페르니쿠스[歌白

泥]의 태양이 5행성의 중심에 있다는 글로 시작하는 이른바 지동설을 17세기 중엽의 관상감 천문학자들은 이미 받아들이고 있었던 것이다.

김석문이 『역학도해』에서 전개한 지전설 이론은 민영규 교수에 의해서 1973년에 처음으로 소개되었다. 그때까지 조선 학자들의 지전설의 주류를 이루는 이론은 홍대용이 세운 것으로 널리 알려져 있어서 민영규 교수의 논문은 주목을 끌기에 충분했다. 홍대용보다 70여 년 전에 지구 회전의 이론을 전개한 학자가 조선에 있었다는 사실은 놀라운 일이었다.

김석문은 『역학도해』에서 지구 회전의 이론을 이렇게 서술하고 있다. 〈천체가 지구의 둘레를 도는 것이 아니고 지구가 회전함으로써 낮과 밤의 하루가 이루어진다. 그것은 마치 배를 타고 산과 언덕을 바라보되 산과 언덕이 움직이는 것이 아니고 배가 움직이고 있음을 깨닫지 못하는 것과 같다〉라고. 그런데 이 예문은 로의 저서에서의 예문과 꼭 같다. 우연의 일치라고 보기에는 예문과 논리의 전개 방법이 너무나 닮았다. 김석문은 로의 저서를 읽고 인용한 것이다.

그는 또 이어서 이렇게 쓰고 있다.

> 지상에 있는 사람이 별이 움직이고 있는 것처럼 생각하는 것도 이와 같은 이치이다. 이렇게(지구가 회전하고 있다고) 생각하면, 지구 하나만을 움직일 뿐 하늘의 별을 모두 움직이지 않아도 되고, 지구의 작은 회전만으로 천공(天空)의 대회전이라는 어려운 일을 회피할 수 있는 것이다.

도쿄 대학의 오가와[小川晴久] 교수는 그의 논문 「동아시아의 지전설과 우주 무한론」에서 이것은 강한 설득력을 가진 멋진 견해라고 높이 평가하고 있다.

물론 지구가 하루에 한 번 회전한다는 인식은 김석문의 독창적인 생각은 아니다. 로의 서양 천문학서인 『오위력지』의 영향을 받은 것이다. 그것은 그의 저서에도 나타나 있다. 그렇지만, 17세기의 조선 학자가 스스로 연구하고 사색하여 자기의 지전설을 바탕으로 한 우주 체계의 이론을 전개한 것은 단순한 천동설에서 지동설로의 이행이 아니고 동아시아에 있어서의 코페르니쿠스적 역전이었다.

그런데 로는 〈그런데도, 옛날이나 지금의 학자들은 모두 이것이 정확한 설명이 아니라는 데 동의하고 있다. 그것은 지구가 모든 천체들의 중심이며, 축의 중심과 같아서 움직일 수 없다고 생각되기 때문이다. 게다가 만일 배 안의 사람이 강기슭이 움직이는 것처럼 본다면, 어째서 강가에 있는 사람이 배가 움직이는 것을 못보겠는가. 이렇게 비교해 보면 그것으로는 확증할 수가 없는 것이다〉라 하고 지구의 몸체는 움직이지 않는다고 못박고 있다.

로를 비롯한 예수회 선교사들과 중국 천문학자들은 코페르니쿠스의 학설을 받아들이지 않았다. 그러나 김석문은 로의 그러한 생각과 예수회 선교사들의 생각은 잘못된 것이라고

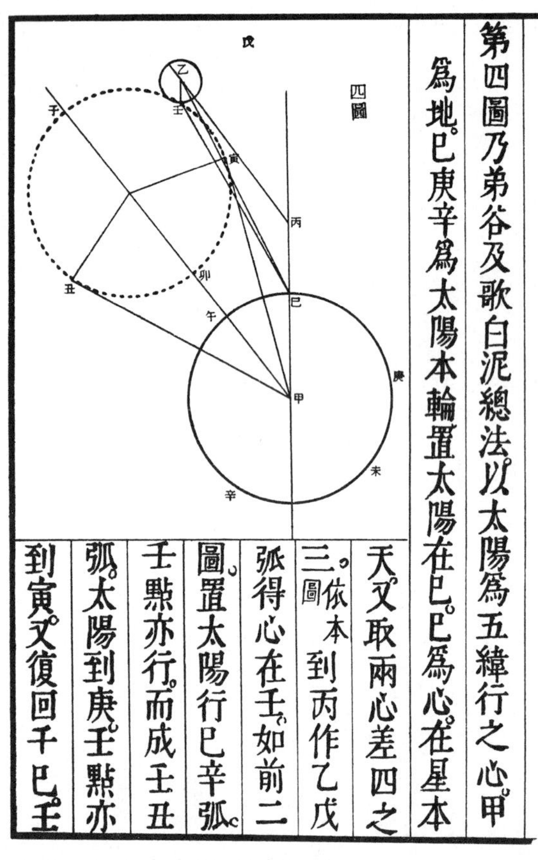

티코와 코페르니쿠스 총법에 대한 로의 도해.

결론지었다. 지구가 회전한다고 확신한 것이다.

김석문의 지전설은 조선 학자들에게 그 이론의 핵심이 깊이 있게 전해진 것 같지 않다. 박지원에 의해서 삼대환공부설(三大丸空浮說)로 전해지고 있었던 것은 그런 생각을 갖게 한다. 박지원의 저서 『연암집』의 「열하일기」에는 삼대환공부설을 이렇게 설명하고 있다.

해와 지구와 달은 모두 둥글고 공중에 떠 있으니, 지구도 해와 달처럼 회전한다고 생각된다는 것이다. 그래서 김석문은 지구가 둥글고(地圓) 지구는 움직인다(地動)고 주장했다는 것이다.

이러한 박지원의 글로 미루어 보아, 그가 『역학도해』를 제대로 읽고 김석문의 우주 구조론과 지전설을 체계적으로 파악하고 있었는지는 분명하지 않다. 다만 김석문의 자연철학의 핵심 부분의 하나인 지전 또는 지동의 우주론을 어느 정도는 알고 있었던 것 같다.

그러나 박지원은 18세기 중엽에 전개된 홍대용의 지구 회전설을 더 높이 평가하고 있었다. 김석문의 이론보다 훨씬 체계적이고 깊이가 있는 우주설로 다듬어져 있기 때문이다. 그의 학설은 김석문의 그것처럼 역학(易學) 또는 자연철학을 바탕으로 전개된 것이 아니고 보다 천문학적인 사고를 바탕으로 하고 있는 것이다. 그래서 박지원이 홍대용의 지전설을 독창적 학설로서 높이 평가하고, 김석문의 지전설은 삼대환공부설로 소개하고 있는 것이라고 이해할 수 있다.

홍대용이 전개한 지구 회전설

박지원(朴趾源, 1737-1805)의 『열하일기(熱河日記)』는 18세기 조선 실학자의 유명한 중국 여행기이다. 1780년에 북경에 다녀오면서 보고들은 청나라의 문물 제도와 학문, 그곳 학자들과의 교류 내용을 생생하게 담은 기록으로, 우리 과학사의 중요한 자료이다. 그 『열하일기』에 그의 친구인 홍대용(洪大容, 1731-83)의 지전설을 소개하고 그 독창성을 자랑스럽게 논한 이야기가 씌어 있다. 그는 서양 사람들이 지구가 둥글다는 지구설을 말한 적이 있지만 지구가 돈다는 지전설을 말한 적은 없는데, 홍대용은 지구가 한 번 돌아 하루가 된다고 말했다고 소개했다.

사실 홍대용의 지전설은 그의 거창한 우주론의 한 부분으로 전개된 것이다. 그러니까 박지원은 그 일부분 중 가장 민감하고 현실적인 지전설의 이론을 중국 학자들에게 소개한 것이다. 홍대용의 우주론은 그가 쓴 『의산문답(醫山問答)』이라는 저술 속에서 전개되고 있다. 그는 말한다.

> 무릇 땅덩어리는 하루에 한 번씩 돈다(一日一周). 지구의 둘레는 9만 리(里), 하루는 12시간이다. 9만 리의 큰 땅덩어리가 12시간에 맞추어 움직이고 보면 그 빠르기가 포탄보다도 더하다.

이 짧은 글은 홍대용의 지구 자전의 이론을 극적으로 표현하고 있다. 9만 리의 둘레를 가진 지구가 12시간(조선 시대의 시각 제도는 1일 12시 96각이었다) 동안에 한 바퀴 회전, 다시 말해서 12시간에 9만 리를 움직이니까 그 속도가 탄환보다 더 빠르다는 논리이다. 지구의 자전 속도를 수치로 제시하면서 실감나게 지구의 회전을 확실하게 표현한 것이다. 물론 그가 말한 것은 지구의 자전이다. 그는 지구의 공전, 즉 지구가 자전하면서 태양의 주위를 365.25일에 한 바퀴 돈다는 것은 말하지 않았다. 코페르니쿠스의 태양 중심설과 이 점이 다르다.

그리고 홍대용은 또 하나, 지구의 자전 운동 때문에 지구가 둥글어도 땅 위 어느 쪽에 있는 사물이나 사람이 떨어지지 않는다고 설명했다. 천원지방(天圓地方)의 오랜 우주설에 공감한 것은 상하(上下)의 개념, 즉 사람이 땅 위에 거꾸로 서 있을 수 없다는 추락의 개념 때문이었다. 지구가 둥글다고 할 때 사람들이 금방 가지게 되는 의문은 둥근 대지 아래쪽에 어떻게 사람이 거꾸로 매달려 서 있을 수 있는가라는 것이었다. 만유인력의 개념이 없을 때, 그것이 아직 조선에 들어오지 않았던 시기에, 홍대용은 땅의 상공에서 땅 위를 향하여 작용하는 힘 때문이라고 설명했다. 그러니까 떨어진다는 것은 지구의 상공에서 땅위에 떨어지는 현상이라고 생각하면 되는 것이다. 지(地)가 구(球)라면 그것은 자전할 수밖에 없다는 게 홍대용의 지전설 이론의 또 한 가지 논리였다. 이것은 매우 명쾌한 논리의 전개였다.

티코 브라헤의 우주 체계 그림. 「칠정서차 신도」. 『서양신법역사』 중의 J. Rho 「오위력지」(1634)에서.

홍대용 우주론의 절정은 우주 무한이다. 그리고 그것은 독창적이다. 그의 우주론은 결국 우주 무한론을 핵으로 전개되는 것이다. 지전설도 우주 무한의 체계와 함께 하지 않으면 성립하지 않는다고 오가와 교수는 말한다. 실학자라기보다는 뛰어난 과학자로서의 그의 학설과 활동은 훌륭했다. 18세기의 세계적 자연과학자의 이론으로 평가되어 마땅하다. 그의 친구 박지원이 중국의 내노라 하는 학자들에게 그의 학설을 높이 평가하고 자랑할 만했다. 35세의 나이로 북경에서 교류한 예수회 선교사들과 중국 학자들은 당대 일류의 과학자들이었다. 그는 그들과 당당한 학식으로 토론하고 자기의 우주론을 폈다. 새로운 문물 앞에서도 그는 의연했다.

홍대용은 〈하늘(空界)은 끝이 없고, 별 또한 끝없이 많다〉는 글로 우주 무한을 간결하게 압축하여 표현하고 있다. 그의 생각은 몇 가지 설명으로 이어진다. 〈끝없이 넓은 이 엄청나게 큰 우주에 동서남북이라던가 아래위와 같은 구분이 있을리 없다〉고 그는 말한다. 지구가 우주의 중심이라는 생각이 배제되고 있는 것이다. 밤하늘에 반짝이는 수많은 별들이 지구에서 몇 천만 억 리 떨어져 있는지 모를 만치 멀리 있고, 또 그 별들의 밖에는 우리 눈에 보이지 않는 또 다른 별들이 있다는 것이다. 그렇게 무한한 우주를 하루에 한 번 회전하게 하는 것은 무리하다는 생각에 그는 도달하고 있었다.

또 해와 달, 5행성이 지구를 중심으로 돌고 있다는 생각에 대해서, 홍대용은 예수회 선교사들이 전한 서양 천문학의 우주 세계, 즉 티코 브라헤의 체계를 받아들여 그의 우주론을 전개했다. 그 무렵 조선 천문학자들이 그린 「칠정신도(七政新圖)」에 나타나 있는 것과 같은 것이다. 그는 또 이렇게 생각했다. 하늘에 가득한 별들은 모두 자기의 세계를 가지고 있고 모두 자전하고 있다. 그 세계는 지구에서 보이는 세계와 거의 같을 것이다. 별들은 제각기 자기가 세계의 중심이라고 생각하고 있다. 그 별에서 보면 지구도 하나의 별에 지나지 않는다. 광활한 대우주의 끝없는 모습과 그 속의 천체들의 상대적 위치에 대한 그의 생각은 18세기 조선 학자라고는 믿어지지 않을 정도로 스케일이 크다.

최한기의 지구의(19세기). 27.7×26.8×26.8cm. 숭실대학교 박물관. 송이영의 혼천의 속의 지구의와 함께 완벽한 지구의 유물로 귀중한 자료이다.

그의 그러한 생각은, 은하는 무수한 별들이 모여 있는 것이고 그 은하계 밖에는 무수한 은하계가 있을 것이라는 데까지 이른다. 은하가 무수한 별들이 모인 것이라는 사실은 이미 잘 알려져 있었지만, 태양이나 지구와 같은 천체들도 그 중의 일부에 지나지 않는다는 인식은 매우 정확하다. 그는 눈에 보이는 태양계만을 보지 않고, 또 다른 별의 세계를 우주 속에서 보고 있었던 것이다.

홍대용의 지전설은 그의 이러한 진취적이고 한없이 넓은 우주에 대한 깊은 사색과 통찰에 바탕을 두고 전개된 것이다. 김석문의 우주론적 지전설과 맥을 같이 하면서도 더 스케일이 크고, 예수회 선교사들이 전하는 서양 천문학의 우주 체계

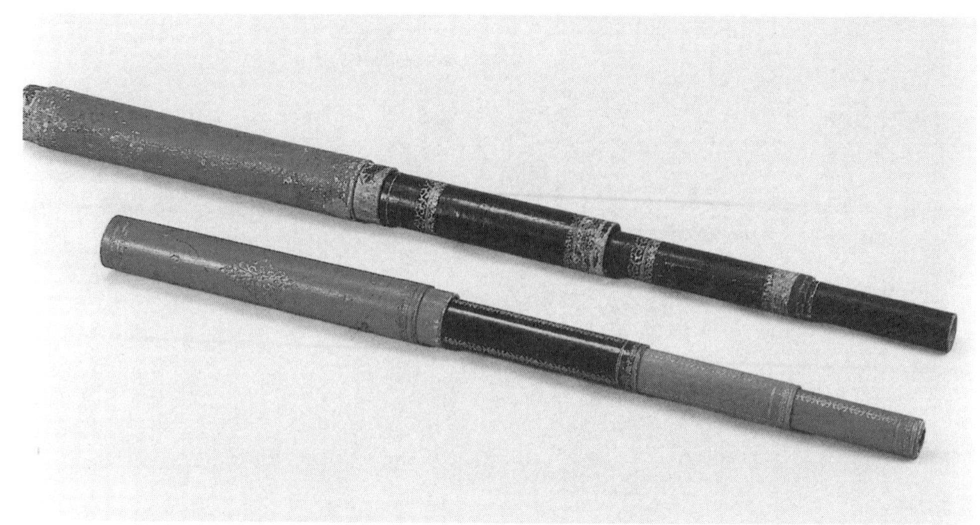

천리경(18세기). 길이 93.6cm(위), 88.2cm(아래). 숭실대학교 박물관. 홍대용이 중국에서 가져온 것으로 전해지고 있다.

에 접하고 그것을 독자적인 천문 사상의 이론으로 발전시킨 것은 확실히 독창적이라 할 수 있다. 그의 이론은 중국과 한국의 전통적 사고를 바탕으로 해서 조선식으로 전개되고 있다. 중국의 주자(朱子)의 자연학(自然學)과 코페르니쿠스의 서양 천문학의 이론을 소화하여, 스스로 자기의 천문관측소를 세워서 실험적으로 접근하고 수학 이론을 가지고 그것들을 해석하려는 태도는 높이 평가해도 좋을 것이다.

이렇게 홍대용은 그 당시 중국에 와 있던 예수회 선교사들과 중국 학자들 중 아무도 믿지 않고 인정하지 않았던 지구 회전설을 확신을 가지고 그의 우주론의 일부로 전개하였다. 자신의 사고에 따른 정연한 논리의 전개가 매우 돋보이는 것은, 학문과 자연에 대한 그의 과학적 태도와 비판 정신 그리고 진취성 있는 과학 사상 때문이다. 중국 학자들에게는 없었던 과학 사상의 코페르니쿠스적 변화가 홍대용에게는 있었고, 또한 그러한 과학 사상을 바탕으로 한 중화 사상에서의 탈피가 있었다. 과학사학자 박성래 교수는 〈홍대용의 지동설은 아주 중요한 자리를 차지하게 된다〉고 말한다. 이는 적절한 자리매김이다.

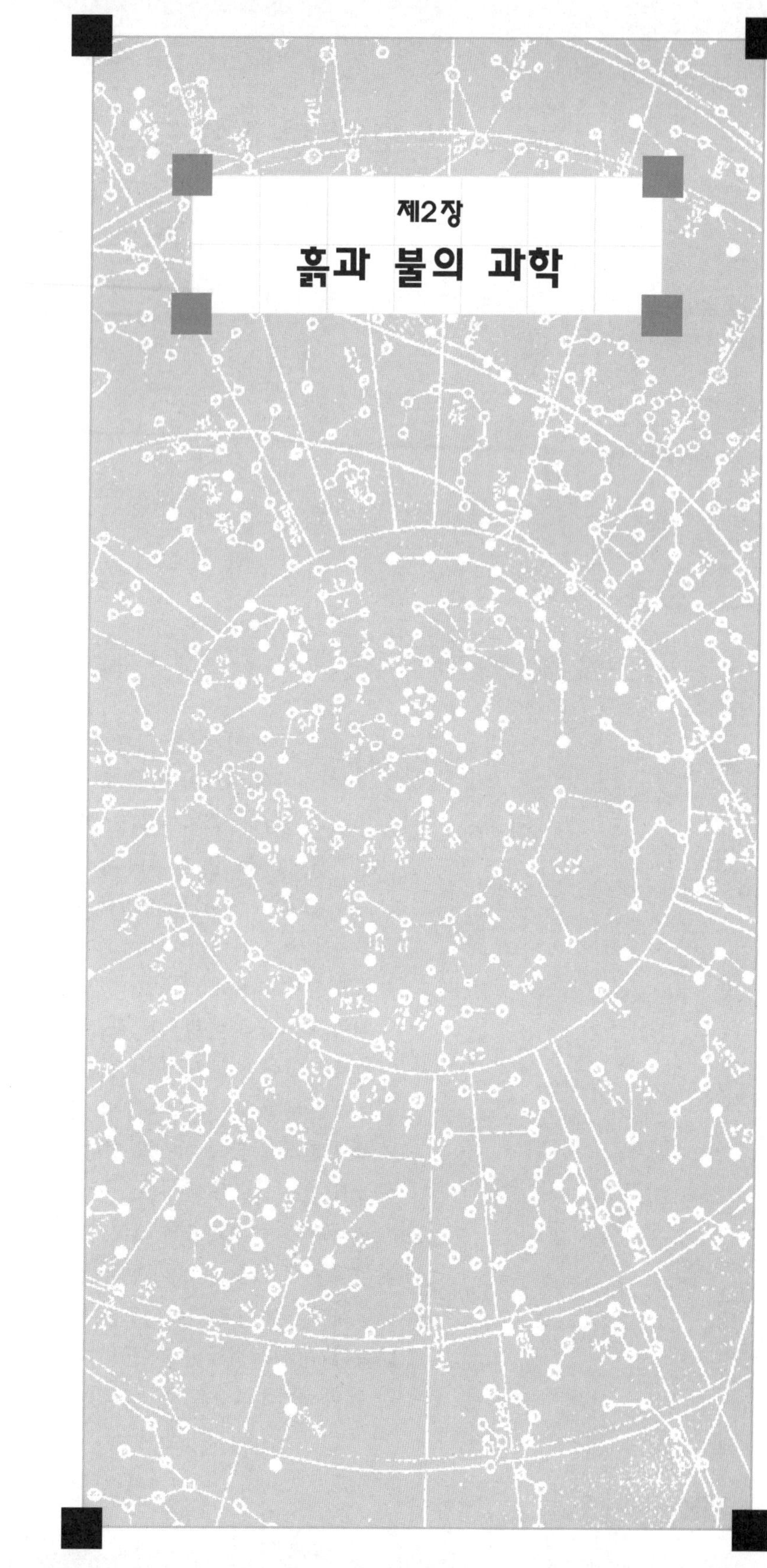

제2장
흙과 불의 과학

고대 한국의 금속 기술

화학은 인간이 불을 만들면서 시작되었다. 그것은 인간이 자연에서 살면서 자기 손으로 이루어낸 변화의 첫 체험이었다. 그들은 진흙을 구워 그릇을 만들고, 구리를 녹여 쇠붙이를 만들었다. 흙과 불의 조화로 생긴 변화를 일으킨 것이다. 금속 기술의 시작이었다. 마침내 동방의 큰 강, 중국의 황하 유역에서 청동기 문화가 발생하였다. 기원전 15세기경의 일이다. 그것은 흙과 불의 과학, 즉 금속 기술을 발전시켰다. 이 화학 기술의 전개는 도시 공동체와 국가 권력의 확대, 그리고 기술 집단의 창조적 활동으로 이어졌다. 화학과 그 기술이 인류와 사회에 미친 커다란 영향이 이렇게 뚜렷하게 나타난 일은 전에는 없었다.

청동기 기술을 바탕으로 한 문화는 기원전 10세기경, 또는 이보다 조금 앞서 한반도 영역에서도 일어났다. 한국의 역사에 청동기 시대가 시작된 것이다. 그것은 중국의 청동기 기술보다도 북방계 문화의 비교적 수준 높은 기술에 의한 것으로 중국보다는 우랄 알타이 지역에서 전개된 금속 기술의 영향이 더 짙게 나타났다. 그러한 한국의 토착 기술 전통 위에 중국의 청동 기술을 받아들인 것이다.

한국의 청동기 기술과 그 시작을 논할 때 우리가 반드시 짚고 넘어가야 할 문제가 있다. 신석기 시대 이후, 오늘의 한국인의 조상이 된 사람들이 모여 살면서 일으킨 문화와 기술이 어떻게 형성되어 뿌리내리고 발전하고 퍼져나갔는가 하는 것이다. 그 한국 민족이 살던 곳, 문화와 기술이 전개되고 이어져 나간 역사의 무대가 어디였는지를 정확히 알아야 할 필요가 있다. 물론 그것은 새삼스러운 사실이 아니다. 그런데 우리는 가끔 자신도 모르는 사이

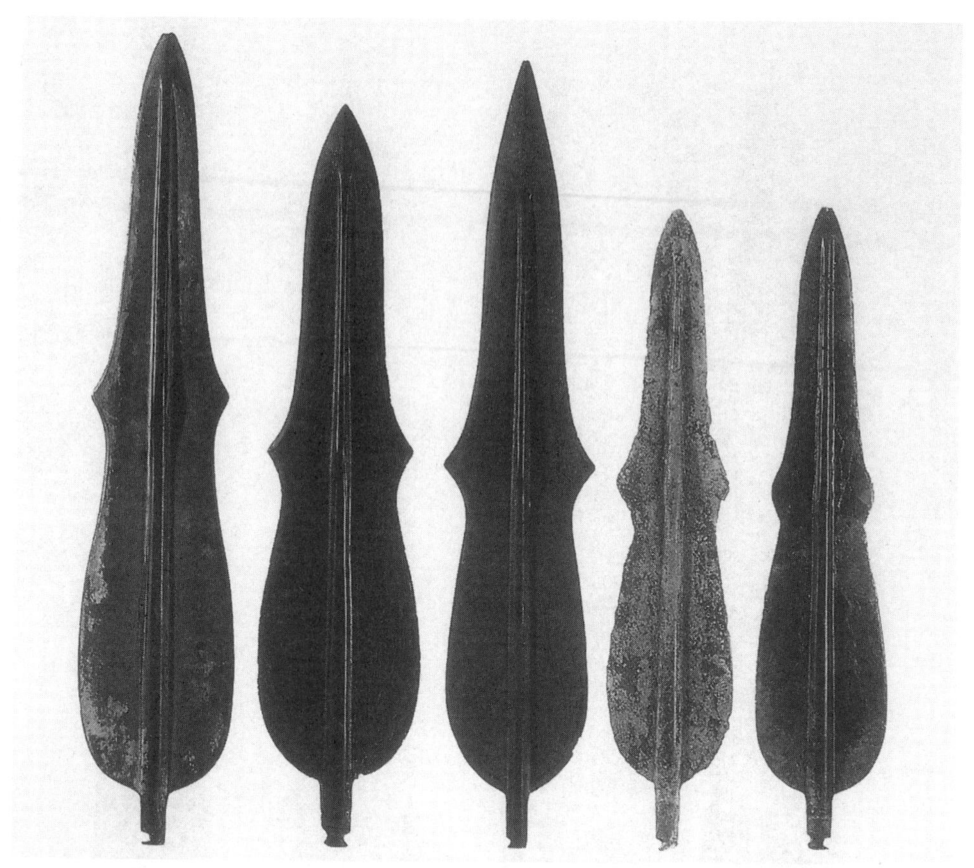

비파모양청동검(기원전 7세기 전). 상주 송국리 적양동. 길이(맨 왼쪽) 42.0cm. 국립중앙박물관.

에 한국인의 역사의 무대를 한반도 지역만을 생각하게 된다. 고구려와 발해의 그 넓은 땅을 잃어버린 채 오랜 세월을 지내온 탓일 게다. 그리고 일제의 식민지 정책이 심어 놓은 축소된 우리 역사의 무대가 선입견처럼 우리 머리 한구석에 자리잡고 있기 때문이리라. 삼국 시대 이전, 우리 역사의 무대는 엄청나게 넓었다. 한반도 북쪽, 중국 대륙 동북쪽의 광활한 지역에 퍼져 살던 한국 민족이 남긴 삶의 터전들이 일제의 어용사학자들에 의해 중국의 과학 기술 문명의 흐름 속에 의도적으로 뒤섞여버린 채로 있는 것이다. 특히 고대 과학 기술과 관련된 문제에서 그것은 더 두드러진다. 금속 기술, 청동 기술과 철의 기술은 역사의 형성 문제와 그대로 이어져 있어서 매우 민감한 과제로 남아 있다. 그런데도 우리의 역사 해석은 아직도 기본적으로는 일제의 어용사학자들이 짜놓은 틀에서 벗어나지 못하고 있다는 생각을 떨쳐버릴 수가 없다. 한국의 고대 금속 기술이 전통적으로 유난히도 뛰어난 것은 그 시기의 첨단 기술이 최고의 수준에 있었다는 사실과 같은 뜻이라고 해석되는 것에 유의할 때,

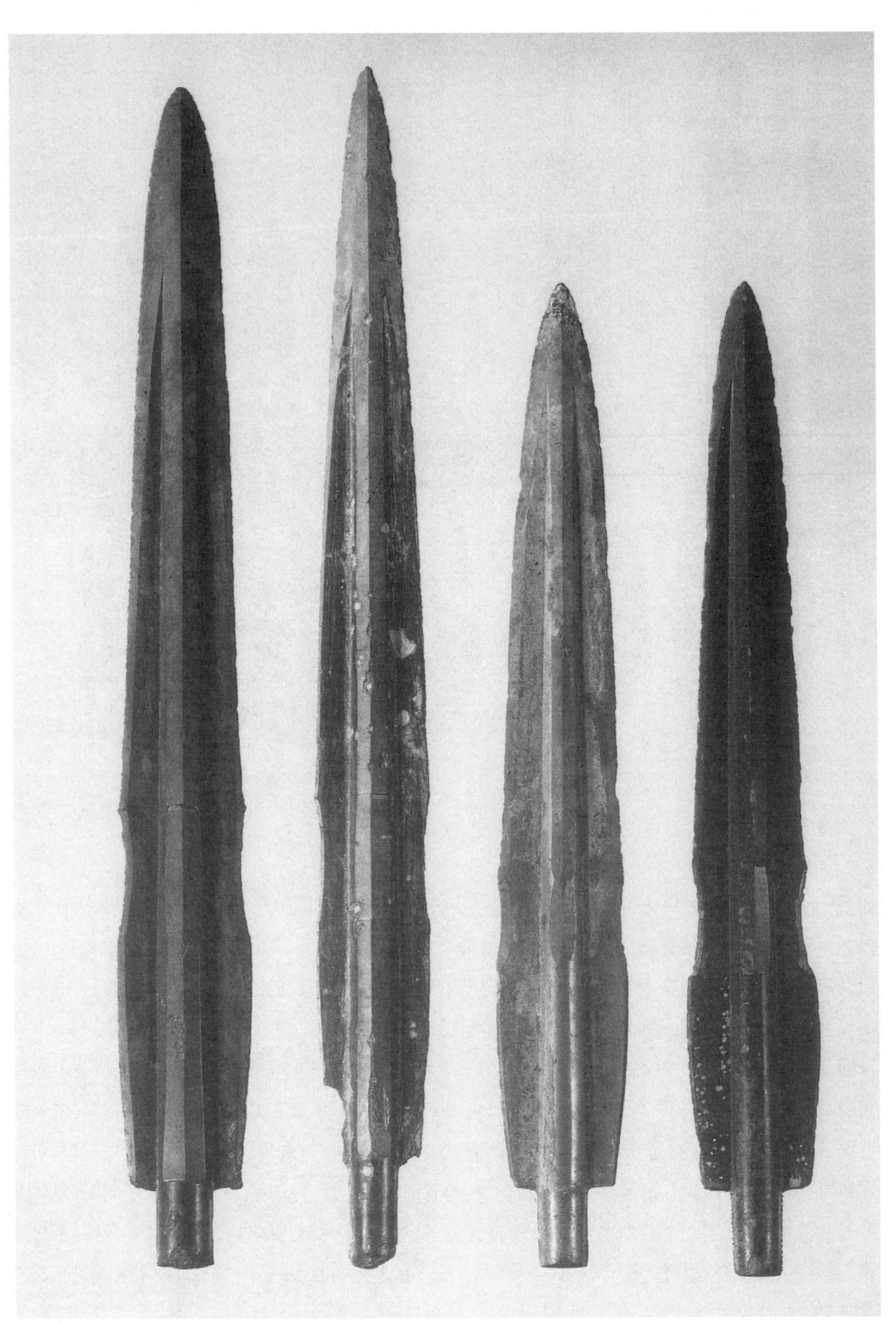

한국형 청동검(기원전 2세기). 아산 남성리. 길이(좌) 37.2cm. 국립중앙박물관.

우리가 무엇을 어떻게 해야 할 것인지가 선명하게 떠오를 것이다.

그러므로 한국인의 금속 기술이 어떻게 시작되었는지를 아는 것은 매우 중요하다. 기술의 역사에서 금속 기술이 차지하는 비중은 너무도 크다. 한국인의 청동 기술과 철의 기술이 언제나 선진적이었다는 사실은, 한국의 청동기 시대와 철기 시대의 역사를 어떻게 보아야 하는가라는 과제와 직결되어 있다. 우리의 고대 금속 기술, 즉 그 시기의 첨단 기술이 늘 최고 수준에 있었다는 사실을 새삼스럽게 재조명하면서 강조하는 까닭이 여기에 있다.

한국의 청동기인이 만들어낸 대표적인 청동기는 청동검과 청동거울이다. 비파모양청동검과 한국형 청동검, 그리고 2개의 꼭지가 달린 거친무늬청동거울과 잔줄무늬청동거울은 한국에 독특한 청동기이다. 우리는 아직 한국의 청동기 기술자들이 어떤 기술의 전개 과정에서 이렇게 독특한 청동 기술을 창조해 냈는지 밝혀내지 못하고 있다. 이와 관련해서 한 가지 덧붙이고 싶은 것이 있다. 비파모양청동검은 한국의 청동기 시대 기술자가 만들어낸 독특한 청동검으로 알려져 있다. 이 청동검을 일제강점기에 일본인 고고학자들은 요령식동검(遼寧式銅劍)이라고 불렀다. 그 청동검이 많이 발견된 지역인 중국의 요령 지방의 청동기 유적의 이름을 딴 것이다. 그러나 요령식이란 이름은 그 청동검이 한국보다는 중국의 청동 기술로 만들어진 것 같은 인상을 강하게 준다. 그 지역이 그 시기에 한국 민족의 활동 무대였고, 한국의 청동 기술자들이 디자인하고 돌거푸집을 만들어 그들이 합금한 청동을 부어만들었다는 사실을 특별히 유념하지 않으면 자칫 헷갈리기 쉽다.

다만, 이들 청동기가 그 세련되고 특이한 디자인과 뛰어난 주조 기술 때문에 고대 한국의 청동기 공예 기술이 높은 수준에 도달해 있었다는 사실을 알고 있을 뿐이다. 숭실대학교 박물관에 보존되어 있는 청동거울은 그 대표적인 예라 할 수 있다. 기원전 4세기경에 만들어진 이 잔줄무늬청동거울(다뉴정문경, 국보 141호)은 그 기막힌 기하학적 디자인과 정교한 주조 기술로 놀라운 제작 솜씨를 보여주는 주목할 만한 청동기이다.

청동의 합금 기술도 이미 높은 수준에서 전개되고 있었다. 장식용품, 장신구, 의식용 청동기의 색깔을 금빛으로 아름답

백제금도금청동향로 부분(7세기). 부여. 전체 높이 64cm. 국립부여박물관.

가야 금관(5-6세기). 전(傳) 고령 출토. 지름 17.4cm. 호암미술관. 국보 138호.

게 빛을 내게 하기 위해서 청동에 아연을 합금하는 기술이 개발된 것이다. 이 아연-청동 합금은 동아시아에서 중국의 높은 금속 기술로도 기원전 1세기경까지는 실용화되지 못하고 있었다. 한국의 금속 기술자들은 아연-청동 합금을 기원전 7세기에서 5세기에 이미 만들어내고 있었다.

철의 기술

고대 한국의 금속 기술자들은 청동기를 부어 만드는 데 진흙 거푸집과 함께 돌거푸집도 효과적으로 가려 쓰고 있었다. 돌거푸집은 쇠도끼를 부어 만들 수 있어서 쇠도끼의 규격 생산과 대량 생산을 가능케 했다. 이러한 주철(鑄鐵) 기술의 발달은 철제 농기구의 대량 생산과 보급으로 이어지고, 그것은 농업 생산의 혁신적 증대를 가져오게 했다. 또 제철 기술의 발달은 훌륭한 철제 무기와 갑옷을 생산하여 강력한 군사력을 확충하면서 권력과 부(富)의 축적으로 이어지게 되었다.

한반도 남부 지역에 철기 시대 후기부터 대량으로 나타나고 있는 덩이쇠[鐵鋌]는 철의 기술이 가져온 권력과 부를 상징하는 한국에 독특한 유물로 나타나는 제품이다. 그것은 일본에 철기의 원료 제품으로 대량 수출되어 일본의 철기 문화를 전개하는 바탕이 되었다. 이때 한반도에서의 철의 기술은 시우쇠와 무쇠, 그리고 강철 제품을 용도에 따라 다양하게 생산할 수 있는 수준에 도달해 있었다.

기원을 전후하는 시기 한반도 남부에는 새로운 토착 문화가 전개되고 있었다. 철의 생산을 바탕으로 하여 일어난 가야 문화가 그것이다. 가야 문화는 철기의 생산과 새로운 경질 토기(硬質土器)의 생산으로 특징지어진다. 흙과 불의 조화(造化)로 만들어지는 이 기술의 전개로 가야의 문화는 한차원 높은 창조적 기술의 전통을 쌓아 올렸다. 그것은 중국과는 다른 기술 문화였다. 한국의 전통 기술이 전개된 것이다.

흙과 불의 기술은 뛰어난 금의 기술과 유리 기술을 낳았다. 금으로 만든 장식품들은 미적 감각이 풍부하고 세련된 디자인과 정

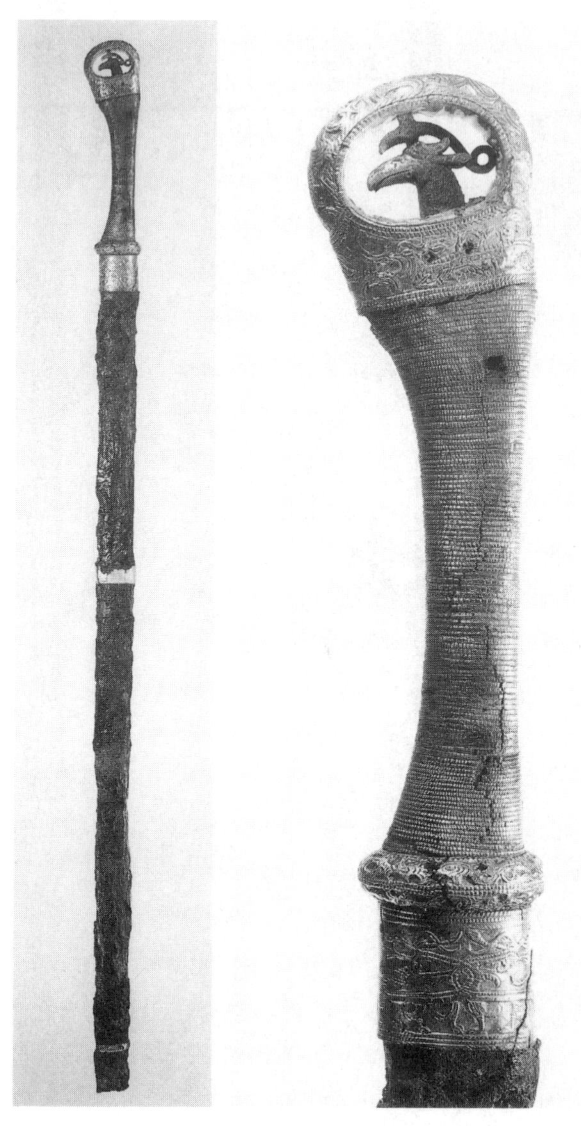

가야 큰칼(5-6세기). 합천 옥전 3호분. 길이 113.1cm. 경상대학교 박물관.

칠지도(4세기). 백제. 길이 74.5cm. 복제품. 일본 이소노가미 신궁.

교한 제작 기법이 특히 두드러진 훌륭한 작품들이다. 또 금실과 은실을 상감하여 문양과 문자를 나타낸 큰칼(大刀)의 장식과 말방울의 공예 기술은 소박하고 간결하면서도 우아한 금관과, 금·은·청동의 장신구들과 함께 가야 문화의 높은 기술 수준을 나타내는 것이다.

최근의 발굴 조사로 우리는, 가야에는 이미 〈만드는〉 전문 기술 집단과 〈쓰는〉 계층이 폭넓게 형성되고 있었다는 것을 알게 되었다. 호화로운 철제 갑옷과 투구라든가 금을 도금한 마구(馬具), 그리고 곱은옥[曲玉]과 유리의 장신구 등을 쓰는 지배계층이 기술 집단의 창조적 활동을 보장할 수 있을 정도의 부와 권력을 축적하고 있었던 것이다. 가야의 여러 유적들에서 대량으로 출토되는 덩이쇠는 이 사실을 상징적으로 나타내고 있다.

철제 도구와 경질 토기를 잘 만드는 일은 농업 생산과 먹거리의 저장을 확대하고 건축 기술의 혁신을 가져왔다. 여러 가지 농기구들, 예컨대 호미, 낫, 쇠스랑에서 쟁기에 이르기까지의 단단하고 예리한 철의 제련 및 단조 기술은 매우 중요한 화학 기술로 그 당시에는 최첨단 기술이었다. 그것은 도끼와 칼, 끌과 대패, 특히 톱의 제작은 건축 자재를 다듬는 데 가장 중요한 도구라는 데서도 마찬가지였다. 톱과 대패는 목조 가옥을 혁신적으로 정교하게 지을 수 있게 했고, 나무를 아름답고 반듯하게 자르고 다듬는 데 결정적인 역할을 해냈다. 도끼와 망치는 석조물을 아름답게 조형하는 데 가장 중요한 도구였다. 그것은 강철과 질이 높은 시우쇠의 제조 기술에서 출발하는 것이다. 철기 시대라는 인류 역사에 커다란 획을 그은 시기에 핵심이 되는 첨단 기술인 철의 제조 기술에서 가야의 왕국은 가장 앞선 기술 수준을 자랑하고 있었던 것이다. 거기서 생산되는 철은 일본과 중국에 수출되어 동아시아 문화권의 생산 기반을 다지는 데 크게 기여했다.

삼국의 금속 기술

철의 기술과 풍부한 물자를 기반으로 한 가야의 기술 문화가 활발히 전개되고 있을 때, 한반도의 다른 지역에서는 고구려와 백제, 신라의 또 다른 문화가 발달하고 있었다. 고구려와 백제, 신라의 지배층 사람들은 제각기 그들 나름의 독특한 형식을 가진 무덤을 만들어 죽은 자를 장사지내고 있었다. 독자적 문화의 전통이 있었던 것이다. 그 속에 함께 묻은 부장품들도 서로 다른 특색을 가지고 있다. 삼국의 고분들에서 출토된 유물들은 그들 나라의 기술전통에서 나온 것이다. 그 중에서도 특히 금속 공예품들은 세 나라의 강한 개성을 가지고 있다.

대접 모양 도가니(삼국 시대 이전). 지름 16.0cm. 국립경주박물관. 쇠붙이를 부어 만들 때 쓰던 귀중한 유물이다.

백제와 신라의 금속공예품은 그 디자인의 독특함과 정련된 섬세한 제작 기술의 뛰어난 솜씨에서 고대 기술의 산물이라고는 생각할 수 없을 만치 높이 평가되고도 남을 만하다. 고구려의 금속 기술은 특히 그 무덤에 그려진 벽화의 광물성 안료에 의해서 검증된다. 고구려의 화가들은 뚜렷한 개성과 패기에 넘치는 대담한 선과 색채로 수많은 그림을 그려냈다. 그 벽화들은 1500년의 세월을 뛰어넘어 지금도 선명한 색깔을 지니고 있다. 또 중국의 문헌들에 의하며, 고구려의 금은 잘 정련(精鍊)되어 복용할 수 있다고 했다. 불로장생의 약의 하나로 금가루를 먹는 약제법에서 나온 말이다. 이 사실은 고구려의 우수한 금속 정련 기술을 나타내는 것이다. 그리고 남아 있는 유물의 수가 많지 않지만, 고구려의 청동불상과 그릇들과 장식품들은 그들의 청동기 주

도가니(백제 시대). 부여 쌍북리 출토. 국립부여박물관.

고구려의 옛 무덤(오회분 4호묘)의 쇠붙이 다루는 신 그림. 6세기 고구려의 대장간에서 작업하는 신으로 그려진 제철 기술자의 모습이 생생하게 나타나 있다.

조 기술이 수준급에 이르고 있었음을 보여주고 있다. 여기서도 고구려의 뚜렷한 개성이 드러나고 있는 것은 유의해야 할 과제의 하나이다.

백제의 공예 기술은 일찍부터 주목되어 왔다. 그러나 그 유물은 별로 없었다. 그런데 1993년 12월에 발굴된 6세기의 백제 향로는 백제 금속공예 기술을 압권한 대표적 작품으로 평가되고 있다. 그 뛰어난 기술은 중국의 기술을 능가하는 것이라고 말한다. 그것은 확실히 일본 이소노가미[石上] 신궁에 보존되어 있는 4세기 백제의 철검인 칠지도(七支刀)의 제조 기술의 전통을 잇는 것이다.

백제금동대향로(높이 64cm, 무게 11.8kg)는 백제 금속공예 기술의 결정이다. 하늘을 향해 막 날아오르려는 큰 용이 연꽃의 꽃봉오리와 그것을 감싼 연잎을 입에 물어 받치고, 그 위에 봉래산의 74봉우리와, 그 정상에 서서 날개짓하는 봉황을 생생하게 표현한, 청동으로 부어 만들어 금을 도금한 작품이다.

이 향로는 밀랍 거푸집으로 부어 만든 것으로, 3개의 부분으로 이루어져 있다. 청동합금은 구리 7.8, 주석 1.6, 아연 0.3의 성분비를 가진 아연-청동이라고 분석되었다. 금도금은 아말감 수은법으로 10-20미크론의 두께로 고르게 잘 이루어지고 있다. 그리고 그 조각 솜씨와 주조 기법의 아름다움과 형체의 아름다움은 중국의 박산로(博山爐)의 영향을 받은 것이라고는 하지만, 동아시아에서는 찾아볼 수 없는 백제의 미(美) 바로 그것이라고 평가되고 있다. 그것은 저 유명한 백제의 불상인 사유반가상과 맥을 같이 하는 금속공예 기술의 산물이라 할 수 있다.

이러한 창조적 주조 기술은 백제의 전문 기술자들이 만들어낸 것이다. 그들은 국가의 관료 기술자 집단의 명장(名匠)들이었다. 와박사(瓦博士), 노반박사(鑪盤博士)라는 최고의 전문 기술 교수직을 가진 사람들이 일본에 파견되어 기술을 전수했다는 기록이 있고, 신라에서는 주종박사(鑄鐘博士)가 종에 새겨져 있다. 금속공예 기술의 전문가로서의 박사 제도가 확립되어 있었던 것으로, 그 위계가 중간쯤의 관직이었다. 조선 왕조 시대의 공장(工匠)의 위계가 말단직이었던 것과 비교하면 높은 자리가 주어졌음을 알 수 있다. 관료학자의 관직으로서의 박사가 중간쯤의 위계였다는 것과도 비교된다.

백제에서의 전문 기술자에 대한 왕조 국가의 제도적 우대 정책과, 농업 생산의 풍요로운 전개, 미술공예의 훌륭한 전통은 전문 기술 집단이 그들의 창조적 역할에 긍지를 가지고 자기 일에 전념하게 한 요인이 되었다. 그 기술 수준은 중국의 선진 기술을 소화하고 수용하기에 충분했다. 그리하여 그들은 창조적 신제품의 제작 기술의 개발이라는 한차원 높은 공예 기술을 전개했다. 그것이 백제의 공장(工匠)에 의한 백제의 아름다움과 기술의 전통을 창조해낸 것이다.

고대 한국의 공예품, 특히 신라의 고분에서 출토된 공예품에서 놓칠 수 없는 것은 중국 공예 기술의 영향과 함께 북방계 양식 또는 오리엔트 양식의 인상을 강하게 받게 된다는 사실이다. 중국계와는 다른 계통, 즉 한국 청동기 문화의 전통이 흐르고 있다고 생각되는 것이다. 이것은 중국 공예 기술의 강한 영향 안에 있어도 한국 고대 토착 기술의 전통이 맥을 이어 살아 있음을 뜻하는 것이다.

신라의 금속공예 기술은 청동범종으로 대표된다고 할 수 있다. 신라종이 완성된 것이다. 그것은 한국 종의 모델이 되었다. 신라의 공장들은 화려한 신라의 미술공예와 기술을 쌓아 올렸다. 금 · 은 · 청동과, 유리와 곱은옥의 공예 기술과 신라토기, 목판인쇄 기술, 종이의 제조 기술, 그리고 축조 기술 등에서 향기 높은 미의 세계를 창조했다. 신라 조형미와 기술의 조화가 이루어진 것이다. 신라의 청동범종은 미의 창조자로서의 신라 공장의 기술이 금속공예의 결정으로 만들어낸 작품이다. 그들은 중국 고대의 종과 탁(鐸)을 결합하여 신라 특유의 형식을 가진 신라의 청동종을 만들어냈다. 그것은 종의 진동에 의한 음향 효과를 극대

대장간 그림(조선 후기). 단원 김홍도. 국립중앙박물관. 조선 시대 대장간의 시설과 작업하는 모습. 철기 제작 공장을 생생하게 그린 귀중한 자료이다.

화한 형태의 설계에 의하여 부어 만든 것이다. 공명용 음통은 특히 주목되는 장치이다. 종을 거는 고리를 용뉴(龍鈕)로 하여 거기 붙인 음통의 디자인은 조화의 미를 나타낸 기술적 설계의 산물이다.

또 신라의 공장들은 좋은 청동기를 만들어내기 위해서 구리 · 주석의 청동 합금인 놋[鍮]을 만들었다. 이것은 문헌에 의해서 전해지고 있을 뿐만 아니라 신라 놋그릇의 화학 분석에 의해서도 확인되었다. 중국의 유명한 박물학서인 이시진(李時珍)의 『본초강목(本草綱目)』에 〈페르시아의 동은 거울을 만드는 데 좋고, 신라의 동은 종을 만드는 데 좋다〉고 씌어 있는 것도 그것을 밑받침하는 것이라고 생각된다. 경주박물관에 보존되어 있는 유명한 성덕대왕신종(771년 제조)은 높이 3.6m, 지름 2.3m, 두께 20cm, 무게 약 20톤의 거대한 종으로, 그 형태의 장중함과 문양의 미려한 배치 등의 조형미와 조각과 주조 기술의 뛰어남으로 신라 범종의 전형이라고 할 수 있는 작품이다. 신라 범종은 그 형태가 단정하고 부드럽고 아름다우며 종소리가 청아하고 여운이 길고 맑아서 우리에게 친숙하다. 그것은 청동 주조물의 조형미를 멋지게 만들어낸 신라 공장의 뛰어난 금속 합금 주조 기술의 소산인 것이다.

신라의 금속공예 기술에서 또 하나 꼽아야 할 것이 있다. 놋그릇이 그것이다. 최근에 경주 안압지 발굴 조사에서 수많은 청동제 식기가 출토되었다. 그것들은 일본 쇼소인[正倉院] 보물 중의 신라 사바리[佐波理]와 같은 것이었다. 신라의 놋그릇은 훌륭한 주조 기술로 만들어낸, 구리와 주석의 합금으로 이루어진 청동기이다. 1995년에 발견된 9세기의 신라 석탑에 수납되어 있던 청동기도 꼭 같은 것이었다. 그것은 제작 당시의 선명하고 화려한 금색 그대로의 멋진 놋그릇이다. 분석 결과 그 놋그릇은 불순물이 거의 없는 구리와 주석의 청동 합금이었다. 동아시아의 청동기들이 구리와 주석에 납이 함유된 성분인 것과 구별된다.

이 놋그릇 제조 기술은 10세기 이후 고려의 금속 공장들에게 훌륭히 계승되었다. 그리고 놋그릇은 불교가 국교로 되면서 사원의 불기와 공양 식기로 대량 생산되기에 이르렀다. 그것이 조선 왕조 시대에는 한국인의 식기로서 조선백자와 함께 급속하게 보급되었던 것이다.

통일신라 및 고려 시대에는 제철 기술 또한 크게 발전했다. 이때 만들어진 거대한 무쇠솥과 불상은 그 사실을 말해 주는 것이다.

청동기 기술

숭실대학교 부설 한국기독교박물관에는 기원전 4세기 무렵의 청동기 시대에 만든 잔줄무늬청동거울이 소장되어 있다. 흔히 다뉴세문경(多鈕細文鏡)으로 잘 알려진, 지름 21.2cm의 청동거울이다. 1960년대에 충청남도 지역에서 발견된 것으로 전해지는 이 청동거울은 그 기하학적 무늬의 기발함과 섬세함, 그리고 정교한 주조 기술이 우리를 놀라게 했다. 한마디로 이것은 청동기 주조 기술의 극치다. 이런 청동 주조물은 그 시기의 어느 곳에서도 찾아볼 수 없다. 자세히 보면 볼수록 점점 더 불가사의한 제도(製圖) 솜씨가 필자에게는 지금까지도 쉽게 풀어지지 않는 수수께끼로 남아 있다. 아마도 숙련된 기능을 가진 현대의 제도사가 좋은 제도기를 가지고 트레이싱 페이퍼에 그린다고 해도 20일 이상은 작업해야 완성할 것으로 보인다.

20cm가 채 안 되는 원의 공간에 약 1만 3,000개의 원과 직선을 확대경 없이 그려낸다고 상상해 보라. 기원전 4세기의 사람이 그 일을 어떻게 해냈으며 얼마나 많은 시간이 걸렸을까? 우리의 상식으로는 상상하기조차 어렵다.

지금까지 많은 학자들이 기막히다고 찬탄을 했지만, 실제로 그러한 주조물이 어떻게 만들어졌을지는 구체적으로 검토되지 않았다. 최근에 우리는 실험적인 방법으로 이 청동거울의 무늬를 재현해 보았다. 그런데 그 과정에서 놀라운 사실들이

잔줄무늬청동거울(기원전 4세기). 지름 21.0cm. 숭실대학교 박물관.

속속 드러났다. 그 중에서 몇 가지만 적어보자. 거울의 무늬는 중심에서부터 3등분한 동심원 공간에 그려졌다. 먼저 굵은 선의 동심원 5개가 안쪽 공간을 구성했다. 그 안을 직사각형과 그 대각선, 그리고 수많은 평행선과 사선 등 모두 3,340개의 선으로 메웠다. 중간 부분은 10개의 가는 선으로 0.5mm 간격의 동심원을 새겼다. 그리고 3겹에서 5겹의 가는 줄과 굵은 줄을 적절하게 배치, 약 1cm 간격의 동심원을 그려 넣었다. 또 그 공간을 48등분하고 그래서 생긴 직사각형에 가까운 도형에 대각선을 새겼다. 그리고 0.35mm 간격으로 모두 4,230개 가량의 선을 그려서 공간을 채웠다. 맨 바깥 부분은 원반에 내접하는 정사각형의 꼭지점에 30여 개의 동심원으로 구성된 도형 8개를 배치하였다. 그리고 그밖의 공간을 5,730개 가량의 평행선과 사선으로 엇갈리게 그어서 장식했다.

그러니까 이 잔줄무늬청동거울에 그어 있는 선은 모두 1만 3,300개쯤 되는 셈이다. 0.3mm 간격까지 그은 이 가는 선들을 제도기로 종이 위에 그리기도 쉽지 않은데, 어디에다 어떻게 도안을 그려 거푸집을 만들었는지 신비하기조차 하다. 또 어쩌면 그다지도 기막히게 깨끗이 청동을 부어 떠냈는지, 도저히 우리의 상식으로 이해하기가 어렵다.

이것은 분명히 한국 청동기 시대의 불가사의다. 이 청동거울을 만든 장인은 컴퍼스와 정밀한 자가 없던 시기에 스스로 그런 기구를 만들어서 작업을 했을 것이다. 그 작업은 최고의 기술자가 평생을 이 일에만 몰두해야 해낼 수 있는 일이었음에 틀림없다. 그런 잔줄무늬청동거울이 남한 지역에서만도 여러 개가 발견되고 있다. 이 사실은 그 당시 한국의 청동기 기술이 최고의 수준에 있었음을 말해 주는 것이다.

그러나 우리는 이들 청동거울이 돌거푸집으로 만든 것인지, 진흙 거푸집으로 만든 것인지, 아니면 밀랍 거푸집으로 만든 것인지, 아직 잘 모른다. 한 실험고고학자의 연구에 의하면, 진흙 거푸집으로 했을 때 가장 훌륭하게 재현해 낼 수 있었다고 한다. 그의 실험은 설득력이 있어 보인다.

최근에 한국과학기술연구원 전통기술연구센터의 최주 박사 연구팀에서 이 청동거울의 제작

붉은간토기(기원전 7-3세기). 높이 15cm. 경북대학교 박물관.

기술에 대한 연구 프로젝트를 진행 중에 있는 것은 매우 고무적인 일이다. 한국 최고의 과학 기술 두뇌 집단에서 우리 전통 기술의 창조적 유물에 주목하고 있다는 사실은 우리를 기쁘게 해준다. 30여 년 전에 필자가 미국에서 연구할 때 찾아온 제너럴 일렉트릭(GE) 연구소 금속연구팀의 미국인 공학자 두 사람이 한국 고대 청동기의 우수성에 주목하고 관련 연구에 협조해 달라는 제의를 받았을 때의 감동이 새삼스럽다.

아무튼 잔줄무늬청동거울은 전혀 새로운 디자인, 최고로 섬세한 도안, 완벽하고 정밀한 주조 기술, 그리고 뛰어난 미적 감각을 지닌 한국 청동거울 제조 기술의 기념비적 작품으로 평가된다.

신라동과 고려동

『동국여지승람(東國輿地勝覽)』은 1481년에 편찬되고 1530년에 『신증동국여지승람(新增東國輿地勝覽)』으로 증보·완성한 우리 나라의 훌륭한 지리지(地理誌)이다.

여기에 이런 글이 있다.

> 다섯 가지 금속(금, 은, 구리, 철, 납) 중에서 구리[銅]가 제일 많이 산출되는데(우리 나라에서), 이 땅에서 만들어지는 구리(여기서의 구리는 Cu가 아니고 청동을 말한다)가 가장 굳고 붉은색이 난다. 식기나 수저 등은 모두 이것으로 만드는데, 이것이 곧 중국에서 말하는 고려동(高麗銅)이다.

또 16세기에 명나라 사람 이시진이 쓴 『본초강목』이라는 책이 있다. 본초학 책이라고는 하지만 오히려 박물학 책에 더 가깝다. 이것은 아주 방대한 책으로 그 당시 중국의 박물학을 집대성한 세계적인 명저로 꼽히는 과학의 고전이다. 그 책의 금속 부분에 이런 글이 있다.

> 페르시아동[波欺銅]은 거울을 만드는 데 좋고, 신라동(新羅銅)은 종을 만드는 데 좋다.

그 당시 세계에서 가장 질이 좋은 동합금(銅合金)들을

신라 놋그릇(합, 5-6세기). 지름 18cm. 경북대학교 박물관. 이와 거의 같은 놋합은 경주 지역에서 여러 개 출토되고 있다.

신라 놋그릇(대접과 합, 8세기). 지름 17.2cm. 『쇼소인전 목록』(1988)에서.

소개한 셈인데, 페르시아의 황금빛 나는 황동과 신라에서 만든 아연-청동이 최고라는 것이다. 이는 저자인 이시진의 평가이다. 그래서 이 글 첫머리에 〈이시진이 말하기를〉이라고 자신의 견해를 객관적으로 표현하고 있다.

그리고 1488년(성종 19)에 우리 나라에 사신으로 왔다가서 조선의 풍토(風土)를 읊어 쓴 명나라 사람 동월(董越)의 『조선부(朝鮮賦)』에도 〈고려동〉은 질이 우수하다는 글이 있다. 또 『고려사』에는 중국에서 고려의 구리쇠를 사간 기록들이 여러 번 나온다. 중국이 구리가 모자라 고려구리를 수입한 것이 아니라 고려의 청동이 질이 좋기 때문에 특별히 고려에서 만든 청동 합금을 사간 것이다.

그렇다면 중국에서 우수한 동합금으로 널리 알려진 〈신라동〉과 〈고려동〉이란 무엇일까? 중국은 기원전 15세기에 이미 세계 최상급의 청동기를 부어 만들어냈다. 그만큼 훌륭한 청동기 기술을 가진 나라이다. 오랜 기술적 전통을 가진 중국에서 세계 최고의 품질로 꼽는 청동이 〈신라동〉과 〈고려동〉이라는 사실은 놀라운 일이다. 신라와 고려의 청동기 기술자들은 어떤 동합금을 만들어냈기에 가장 좋은 종, 가장 훌륭한 그릇을 제조했을까? 그 전통은 말할나위 없이 청동기 시대의 기술에서 이어진 것이다. 이렇게 한국에서 만든, 오랜 전통을 가진 청동 합금을 필자는 한국청동이라 이름지었다. 그러나 필자가 처음 쓴 용어는 아니다. 이상백(李相佰)이 그의 논문에서 조선 시대 금속활자를 만든 청동을 한국청동Korean bronze이라고 쓴 일이 있다. 그러니까 필자가 말하는 한국청동이란, 한국에서 만든 청동이라는 뜻의 보통명사가 아니고 학술용어로서의 고유명사를 의미한다.

이 한국청동을 고대 한국의 아연-청동과 조선 시대에 흔히 놋 또는 놋쇠라고 부르던 청동 합금의 총칭과 같은 개념으로 파악해야 한다는 생각을 필자는 늘 가지고 있다. 아직은 가설이지만.

한국청동의 역사는 매우 길다. 신라 사람들이 신라동을 개발하기 훨씬 이전, 기원전 10세기경의 청동기 시대부터 그 기술은 시작된다. 그때 이 땅에 살던 무문토기인들은 어디서 누구에게 배워 어떻게 개발했는지, 특이한 청동 합금을 만들어냈다. 문명의 선진 지역이던 이웃 중국에서도 찾아볼 수 없었던 합금이었다. 아마 그 청동 합금 기술은 오랜 세월에 걸쳐 축적된 이 땅의 청동기 기술에 의해서 개발된 한국인의 창조적 산물일 가능성이 짙다. 물론 중국이나 북방계 기술의 영향을 배제할 필요는 없다. 교류는 자연스러운 것이고 마땅히 있어야 하므로.

그렇다고 해서 그 기술이 흘러들어 왔다거나, 한국인은 단지 그것을 받아들였다는 기술 수용 쪽으로만 생각할 필요는 없다. 중국에서 기원전 15세기경에 돌연히 높은 수준의 청동기 기술이 나타났다고는 인정하면서, 기원전 10세기경에 한국청동 기술이 한국인에 의해서 개발되었다고 생각해서는 안 될 이유가 없다. 다만 한 가지, 고고학적인 여러 가지 사실로 미루어 볼 때, 한국의 아연-청동 기술이 북방계 및 그 밖의 문화와 관련시킬 수도 있다는 문제가 남는다.

고고화학(考古化學)이라는 학문의 한 분야가 있다. 고고학과 화학의 튀기라 할 수 있다. 현재 고고학은 화학뿐만 아니고 과학·기술·산업의 모든 분야와 결합, 산업고고학·기술고고학으로 범위가 확대되어 가고 있다. 아무튼 고고학은 이제 과학·기술적 실험을 바탕으로 하지 않고는 해나갈 수 없는 학문이 되었다.

중국 기술과는 다른 뿌리

중국이나 일본의 자료에 비하면 너무나 빈약하지만, 우리 나라에도 이제는 유물의 실험적 자료가 조금씩 쌓여가고 있다. 그 중 몇 가지를 해석해 보자. 한 분석 보고서에 의하면 나진(羅津) 초도(草島)의 초기 청동기 시대 유적에서 발굴된 〈달아매는 치레거리〉(장신구)가 구리 53.93%, 주석 22.30%, 납 5.11% 아연 13.70%, 철 1.29%, 기타 3.69%의 합금 성분으로 구성되었다고 한다.

1969년 여름, 하버드 대학 옌징 연구소에서 필자는 북한에서 나온 이 분석 보고서를 읽고 깜짝 놀랐다. 이건 보통 문제가 아니었기 때문이다. 한반도의 기원전 10세기경 유적에서 아연-청동 합금이 나왔다는 보고는 쉽게 믿어지지 않았다.

쇼소인 용무늬청동거울(7-8세기). 지름 31.7cm. 『쇼소인전』(1994)에서. 이 신라 거울은 비파괴 분석으로 구리 70%, 주석 25%, 납 5%임이 확인되었다.

그러나 같은 보고서는 황해도 봉산군(鳳山郡) 송산리(松山里) 유적에서 나온 잔줄무늬청

봉황무늬사각청동거울(아래)과 고기무늬사각청동거울(12~13세기). 국립박물관.

동거울의 합금 성분이 구리 42.19%, 주석 26.70%, 납 5.56%, 아연 7.36%, 철 1.05%이고, 〈주머니 도끼〉(의식용 청동도끼)는 구리 40.55%, 주석 18.30%, 납 7.50%, 아연 24.50%, 철 1.05%라는 것이다. 그러니까 여기서는 아연이 7.36%, 24.50% 씩이나 포함된 아연-청동 합금이 만들어졌다는 말이 된다. 이 유물들이 발견된 유적들은 우리 고고학계에도 잘 알려진 곳이었다. 또 그 화학 분석 결과를 믿지 못할 이유도 없었다. 따라서 분석 자료가 몇 개밖에 안 되는 것이긴 하지만, 우리 나라 기술사에서 중요한 의미를 갖는 발견이라고 여겨졌다.

그러나 이것은 청동기 시대에 한국에서 만들어진 청동기 중의 특색 있는 한 종류라는 뜻이지, 한국의 모든 청동기가 다 그렇다는 것은 아니다. 물론 여기서 한국이라고 말하는 지역도 오늘의 한반도의 영역보다 훨씬 넓은, 즉 옛 고구려 영토가 형성되기 이전, 한국 청동기인의 터전이었던 중국 동북 지방을 포함하는 땅이다.

그리고 또 하나 분명한 것은 이 청동기 기술이 중국의 청동기 기술과는 이어지지 않는다는 사실이다. 그래서 가령 흘러들어 왔다고 하더라도 중국 이외의 다른 곳에서 온 것이 거의 확실하다. 그 합금 성분으로 볼 때 〈한국청동〉이 〈중국 청동〉과 같은 기술에서 비롯되었다고 말할 수 없기 때문이다. 그러나 모든 한국의 청동기가 중국의 청동기와 같지 않다는 것은 물론 아니다.

청동은 구리와 주석의 합금이다. 동아시아 지역의 청동기에는 흔히 여기에 납이 더 포함된다. 한국의 청동기도 구리·주석·납으로 된 것이 많이 있다. 그런데 우리가 〈한국청동〉이라고 부르는 구리·주석·납에 아연이 더 포함된 동합금은 중국에서는 한(漢)나라 이전에는 거의 찾아볼 수 없고 송(宋)나라 때까지도 드물게 나타날 뿐이다.

한국의 청동기가 중국의 청동기에서는 찾아볼 수 없는 몇 가지 형식상의 특징이 있다는 것은 잘 알려진 사실이다. 비파모양청동검이나 한국형 세형(細形) 청동검, 거친무늬청동거울(다뉴조문경, 多鈕粗文鏡)이나 잔줄무늬청동거울과 같은 청동거울은 그 대표적 예로 꼽힌다. 아무튼 아연이 함유된 것과 형식에서의 특징은 〈한국청동〉이 중국의 청동기와 다른 계통의 기술에서 생겨났다는 생각을 확고하게 해준다. 한국 청동기에 대한 고고화학적 연구는 아직 시작 단계에 들어섰다고도 할 수 없는 상태이다. 중국이나 일본은 이미 1910년대부터 청동기에 대한 연구를 수행하고 있다. 이 사실은 우리가 무엇을 어떻게 해야할지 생각하게 해준다. 다행히 최근에 한국 전통과학기술학회가 생기고, 대덕 과학 단지를 중심으로 최주 박사와 노태천 교수 등이 고고화학적인 연구를 꾸준히 해나가고 있다.

청동기와 거푸집

청동은 구리와 주석의 합금이다. 주석은 구리를 기구로 만들어 쓰려고 할 때 그 굳기를 크게 하기 위해서 섞는다. 또 거기에 적은 양의 아연을 넣으면 용융했을 때의 유동성을 좋게 해 주조하기 쉽게 된다. 또 납은 주조한 뒤 표면의 마감처리를 하는 데 유용하다.

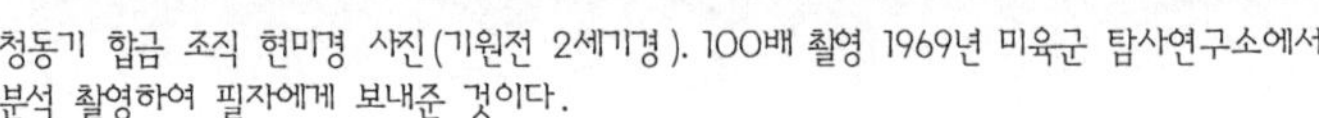
청동기 합금 조직 현미경 사진(기원전 2세기경). 100배 촬영 1969년 미육군 탐사연구소에서 분석 촬영하여 필자에게 보내준 것이다.

구리와 주석의 합금 비율과 굳기의 관계를 보자. 주석이 10% 정도 섞여 있을 때는 적황색을 띠고, 20%에서는 적회색, 30%일 때는 백색을 띠게 되는데 28%일 때 굳기가 가장 커진다. 아연을 섞어 황동(黃銅)을 만들 때는 15－25%일 때 붉은색을 띤 황금색이 되고 30－40%일 때 황금색을 띠게 된다. 그러므로 청동에 아연을 적절히 섞어주면 합금의 색깔과 유동성을 조절할 수 있다.

그런데 황동 또는 진유(眞鍮, brass)는 기원전 10세기쯤에 소아시아 지방에서 처음 만들어졌다. 그후 천천히 근동으로 퍼져서 기원전 5세기경에 페르시아에 전해졌다고 기술사가(技術史家) 포브스Forbes는 말한다. 그리고 그 기술은 서방으로 퍼져 초기 로마 시대에 이르러 처음으로 널리 알려지게 되었다. 현재 남아 있는 가장 오래된 로마 시

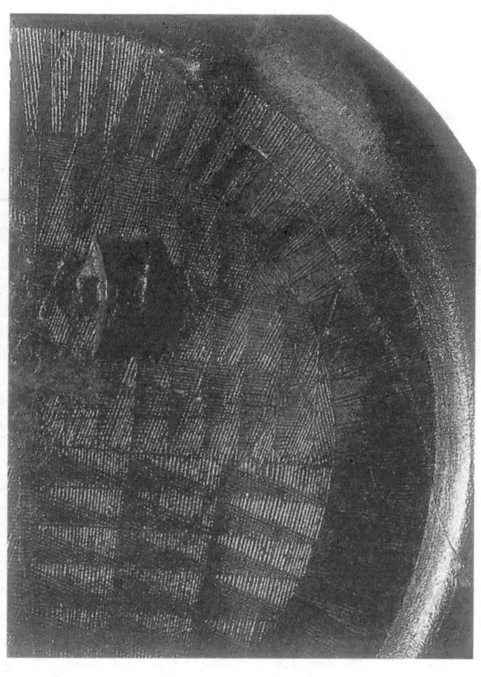

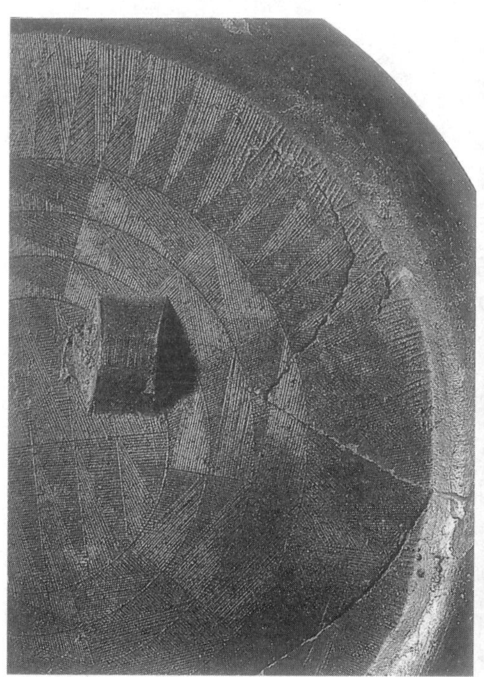

잔줄무늬청동거울들(기원전 4-3세기). 국립중앙박물관.

거친줄무늬청동거울 거푸집(기원전 7세기). 맹산(복제품). 국립중앙박물관.

대의 황동 유물은 17.3%의 아연을 함유한 기원전 20년의 주화coin이다. 그러나 페르시아에서 황동이 많이 생산된 시기가 기원후 6세기 이전으로 올라가지는 않는다. 그후 황동은 인도로 전해졌고 중국에는 약 2세기 뒤에 들어갔다. 포브스에 따르면 중국에선 8세기경부터 황동이 만들어지게 되었고, 그것도 페르시아나 인도에서 전해진 기술에 의한 것이라고 한다.

그러나 이런 서구 기술사가들의 일반적인 견해는 최근 그 타당성을 의심받고 있다. 영국의 니덤과 일본의 야부우치[藪內], 이 두 연구 그룹의 깊이 있는 연구로 잘못된 것임이 밝혀지게 된 것이다. 그들에 따르면 황동은 4세기와 5세기의 중국 문헌에 나타나고 한때의 유물 중에서도 분석된다는 것이다. 분석을 토대로 그들은 중국에 황동이 전해진 시기가 포브스가 생각하고 있는 때보다 훨씬 오래전이라고 주장한다.

그 기술이 어쩌면 한국에서 전해졌을지도 모른다. 중국과 이어진 한국에서는 기원전 7세기경의 청동기 시대 유적에서 아연-청동 장신구가 출토되고 있다. 또 후기 청동기 시대 유적인 황해도 봉산군 송산리에서는 아연-청동 도끼와 거울이 발견되기도 했다. 특히 봉산군은 아연 광석인 노감석(爐甘石)의 산지로 『세종실록』의 『지리지』에 기록되어 있는 곳이다. 어쩌면 그 지역에 살던 청동기 시대 기술자가 구리나 청동에 노감석을 섞으면 동합금의 질이 달라진다는 사실을 발견했을지도 모른다.

아연은 907℃에서 끓어 증기로 달아난다. 때문에 1천℃까지 가열해야만 잘 용융되어 주물을 만들 수 있는 아연-청동 합금은 만들기가 쉽지 않다. 그래서 황동은 청동보다 더 귀하게 여겨졌다. 이 어려운 기술상의 문제를 한국의 청동기 시대 기술자가 해결한 것이다. 그들이 어떤 방법으로 그 어려운 합금을 만들어냈는지 알 수 있는 자료는 없다. 다만 조선 후기에 이규경(李圭景)이 쓴 박물학책에 기록된 내용이 알려져 있을 뿐이다.

이규경은 항아리에 적동(赤銅) 6근마다 아연 4근을 넣고 함께 녹인 뒤에 완전히 냉각시켜 굳었을 때 꺼내면 가장 좋은 황동을 얻을 수 있다고 썼다. 또 그는 노감석을 쓰는 경우에는 구리 1근과 노감석 1근을 같은 방법으로 제련하면 황동 1.5근을 얻을 수 있다고 했다. 아마도 이 방법은 청동기 시대부터 계승되어온 황동을 만들던 전통적인 기술이었을 것이다.

17세기 중국의 유명한 기술서인 송응성(宋應星)의 『천공개물(天工開物)』에 적힌 황동의 합금 제조 방법도 이와 비슷하다. 그런데 여기서는 〈후세에 이르러 이 방법이 다소 변했다. 노감석의 연기가 많이 날아가버리기 때문에 다시 아연을 쓰기로 했다〉고 말하고 있다. 또 도가니에 구리와 노감석을 차곡차곡 한 켜씩 포개어 넣었을 때도 아연 증기가 많이 달아나는 것을 지적하고 있다. 『천공개물』에서는 또 아연은 구리에 넣어지지 않으면 불에 들어가서 곧 연기가 되어 날아가버린다고 쓰고 있다. 아연-구리 합금을 만들기 쉽지 않음을 은연중에 나타내고 있는 것이다.

이 황동이 놋으로 잘못 알려진 때가 있었다. 통일신라 때부터 그릇의 소재가 된 이래로, 고려와 조선 시대에 이르는 동안 한국인의 전통적 식기로 오랫동안 사랑을 받아온 놋그릇은 구리와 주석을 75 대 25 또는 80 대 20의 비율로 섞은 청동 합금인 향동(響銅), 바로 그것이다. 조선 시대 문헌에 나오는 유(鍮), 또는 유철(鍮鐵)은 놋 또는 놋쇠의 한자이고 유기(鍮器)는 놋그릇의 한자어인 것이다.

땅속에 묻혀 있던 유물의 발굴은 역사를 바로 쓰는 데 결정적 역할을 한다. 일본 학자들은 〈해방 전에 한국에는 청동기 시대가 없었다〉고 주장하고 있었다. 그러나 1945년 이후 한반도에서는 여기저기서 청동기 시대의 유적들이 발견되었고 많은 청동기 유물들이 쏟아져 나왔다. 해방된 한국에서 한국인 학자들에 의해서 한국 청동기 시대의 존재가 입증된 것이다. 참으로 놀랍고 감동적인 역사의 전개가 아닐 수 없다. 더욱이 한국기술사를 통해 볼 때 새로운 혁신적 기술의 등장이라는 점에서도 획기적인 사건으로 기억될 것이다.

청동검 거푸집들(기원전 2-1세기). 길이(중) 22.5cm. 장천리, 초부리. 국립중앙박물관.

그것은 무엇보다 거푸집의 발견으로 확실해졌다. 처음에는 북한 지방에서 발굴되다가 나중에는 남한 지방에서도 출토된 것이다. 이같은 분포는 청동기의 주조가 한반도의 전영

청동도끼, 낚시바늘 거푸집(기원전 4-2세기). 전남 영암. 2.2×11.9×7.1cm. 숭실대학교 박물관.

역에서 이루어지고 있었음을 말해 준다. 거푸집은 지금까지 28개가 발견되었는데, 청동칼, 청동도끼, 청동창, 청동끌, 화살촉, 낚시, 단추 등 아주 다양한 것들이다.

부여의 송국리(松菊里) 유적에서도 청동도끼의 거푸집이 출토되었다. 그런데 그 지방은 기원전 8-9세기경 유물로 알려진 비파모양청동검이 나온 곳이고, 확실한 주거지였다는 점에서 우리의 주목을 끈다. 청동기인들이 그 시기에 그곳에 살면서 청동기를 거푸집으로 부어 만들어 쓰고 있었다는 것을 확증할 수 있기 때문이다.

고고화학적 조사와 쟁점

청동기를 만드는 데는 두 가지 중요한 기술이 따라야 한다. 하나는 합금을 만드는 데 필요한 정련 기술(精鍊技術)이고, 다른 하나는 청동을 부어내는 주조 기술이다. 청동 합금을 만드는 기술은 크게 두 가지가 있었다. 즉 동광석(銅鑛石)과 주석광석(朱錫鑛石)을 한데 넣

성덕대왕신종의 용조각 고리 부분. 신라 청동 주조 기술의 뛰어난 솜씨를 잘 보여주는 훌륭한 주조물이다.

고 그대로 용융하는 방법이 있고 구리와 주석 등의 금속을 따로 정련하여 적당한 비율로 섞어서 용융하는 방법이 있다. 물론 후자의 경우가 앞선 기술이고 우수한 청동 제품이 만들어진다.

중국에서는 기원전 15세기 무렵 은(殷)나라 때 이미 이러한 앞선 기술이 일반적으로 행해지고 있었다. 그곳에서 나온 여러 발굴품 중에서 특히 금속을 정련할 때 쓰던 도제(陶製) 도가니와 구리로 만든 커다란 용재(熔滓) 덩어리들이 그 기술의 수준을 짐작케 한다.

그러나 한국에서는 아직 그러한 것들이 발굴되어 나온 일이 없다. 그래서 우리는 한국에서 지금까지 알려진 청동기의 화학적 분석과 금속학적 조사를 바탕으로 그 기술의 수준을 짐작하고 있다. 예를 들어 한국형 청동검의 분석값을 보면 당시의 수준을 어림잡을 수 있다. 구리 · 주석 · 납을 75 대 15 대 10의 평균비로 섞어 칼을 만들었는데 그 함량비가 매우 고르다는 사실은 놀라운 일이다.

또 기원전 2세기경의 한 청동기의 합금 조직을 현미경으로 조사한 결과, 그 합금 성분 금속들의 결정 입자가 아주 정연하다는 사실이 밝혀졌다. 이것도 그 주조 기술이 우수했음을 말해 주는 것이다.

필자가 뉴욕 주립대학에서 연구하고 있던 1969년에 이 한국청동을 분석한 미국의 한 금속연구실에서는 그 합금 기술의 우수성에 놀라 〈고대 한국인의 청동 기술에 찬사를 아끼지 않는다〉 고 장거리 전화로 알려줄 정도였다.

몇 가지 한국형 청동검의 화학 분석 결과를 보면 다음과 같다.

이것들은 북한 학자들에 의한 분석 결과이다. 1969년 여름 필자는 하버드 대학의 옌징 연구소에서 이 데이터가 실린 북한과학원 소속 최상준의 보고서를 찾아냈다. 그때까지 중국 학자들과 일본 학자들에 의한 동아시아 청동기의 분석은 꾸준히 계속되어 수백 개의 데이터가 보고되고 있었지만, 한국의 청동기에 대한 분석은 일본 학자에 의하여 불과 몇 가지밖에는 이루어지지 않았기 때문이다. 1966년에 『고고민속』에 실린 그의 보고서는 기원전 10-7세기의 청동기 유적에서 발굴된 청동기에 아연-청동이 있다는 사실을 말하고 있었다. 그것은 놀라운 사실이었다.

한국인의 청동 합금 기술이 중국과는 다른 기술에 의하여 형성되었을 가능성을 실증하는 자료가 나온 것이다. 동아시아 청동기 연구에서 지금까지 보고된 일이 없는 이 새로운 사실 앞에서 필자는 숨이 막히는 듯한 흥분 속에서 잠을 제대로 이룰 수 없었다. 최상준의 보고서는 이 놀라운 가설과 관련한 아무런 언급이 없다. 아마도 젊은 분석화학자였기 때문에 동아시아 금속 기술사의 새롭고 중요한 문제로 등장하게 된 자신의 분석 결과가 뜻하는 것에 대해서 미처 주목하지 못한 것 같다는 생각이 들었다. 필자는 1994년에 출판된 『조선기술발전사』에서 최상준의 이름과 다시 만나게 되었다. 16명의 공저자 이름 첫머리에 교수 박사 최상준이 올라 있었다.

최상준의 이름으로 발표된 분석 보고서는 북한 지역에서 출토된 청동기 유물들이라는 제한된 것이기는 하지만, 한국 초기 청동기 시대의 유물이라는 점에서 중요한 자료이다. 그런데 남한 지역에서 출토된 청동기들을 주로 분석한 최주는 한국의 청동기에 아연이 포함

한국형 청동검의 화학 분석

출토지	구리(Cu)	주석(Sn)	납(Pb)
불명	78.20%	17.12%	4.32%
순천군	73.13	19.17	6.39
순천군	70.30	14.84	14.22
평양	70.09	14.39	8.39
평양	75.94	15.08	9.45

(분석자 최상준)

성덕대왕신종의 비천상.

천흥사종의 용조각 고리 부분(1010). 종 전체 높이 1.7m. 국립중앙박물관. 고려 범종 중에서 가장 아름답고 큰 종이며, 신라 종의 형식을 충실히 계승했다.

된 분석 결과에 강한 의문을 제기하고 있다. 그러나 그의 해석은 남한 지역에서 수집된 기원전 1세기에서 고려 시대에 이르는 약 15개의 청동기 분석 결과를 바탕으로 했다는 제한성이 문제로 남는다. 그리고 북한과 남한의 다른 학자들의 분석 결과와 해석들도 현재로서는 중국의 청동기와 다른 계통의 기술이냐 아니냐 하는 문제 해결의 결정적인 실마리가 되지 못하고 있다.

한국의 청동기 기술이 중국의 그것과는 다른 계통이라는 필자의 가설에 대해서는 앞으로 더 많은 연구가 있어야 정설로 받아들여질 수가 있을지 결말이 날 것이다. 유의해야 할 점은 앞에서도 말한 것처럼 중국의 청동기 분석은 수백 개의 자료를 바탕으로 하고 있다는 사실이다. 우리 나라의 것은 이제 겨우 50여 개의 자료에 불과하다. 그러나 우리는 한국의 고대 기술이 언제나 중국의 기술에 의해서 성립되었다는 생각에서 탈피할 필요가 있다. 일본 학자들의 오랜 정설과, 최근에는 중국 학자들까지도 고대 중국 기술 우월의 고정 관념을 앞세워 모든 문제를 해석하려는 현실에 머무를 필요는 없는 것이다. 그리고 지나친 민족주의적 역사 해석도 학문적인 객관성을 잃을 수 있기 때문에 경계해야 할 일이다.

거푸집 기술의 개발

주조 기술에서 또 하나 중요한 것은 거푸집이다. 주형(鑄型) 또는 용범(鎔范)이라고도 불려오던 거푸집은 청동기의 주조물을 만들어내는 데 결정적인 기술이기 때문이다. 어떤 거푸집으로 어떻게 청동기를 부어 내느냐에 따라서 그 제품의 정밀함과 아름다움이 판가름났던 것이다. 물론 처음에는 돌이나 진흙에 만들려는 모양을 새겨서 그것을 바로 거푸집으로 썼다. 그리고 그런 틀을 두 개 맞붙여서 녹인 청동을 부어 넣는 방법을 쓰면 어떤 형태라도 만들어낼 수 있었다. 이것이 이른바 직접법이다. 이런 거푸집으로도 만들지 못하는 청동기가 거의 없었다. 모양이 간단한 무기류는 물론이고 매우 정교하고 형태와 무늬가 복잡한 청동기까지도 만들 수 있었다.

기술자들은 보다 섬세하고 예술적 감각이 뛰어난 주조물을 만들기 위해 더 좋은 거푸집을 개발해 냈다. 그것이 납형(蠟型)이라고 부르는 밀랍 거푸집이다. 밀랍 거푸집은 꿀찌끼로 만든 밀랍에 송진을 녹여 섞은 것으로 방법은 간단하다. 일단 표면에 문양을 새겨서 원형(原型)을 만들고, 그 위에 곱게 빻은 주형토(鑄型土) 가루를 뿌린다. 이어 진흙물을 칠해 외형(外型)을 만들고 잘 말린 후에 불로 구워서 밀랍을 녹이면 완성된다.

여기에 청동의 용융액을 부어 넣으면 밀랍으로 만든 원형과 똑같은 청동기가 되는 것이다. 이 방법을 간접법이라고 부른다. 직접법보다는 훨씬 복잡하고 까다로운 과정을 거치지만 밀랍 위에 조각했기 때문에 떠낸 무늬와 주조물의 표면이 아주 정교하고 매끄럽게 잘 빠져나온다. 한국의 옛 청동기 제조 기술자들은 이 방법들을 필요에 따라 적절하게 써가면서 훌륭한 청동기를 만들어냈다.

금도금청동미륵보살상(삼국 시대). 국립박물관.

거푸집 중에서 한국인은 돌거푸집을 잘 썼다. 이것도 중국의 경우와 다른 점이다. 중국에서는 거의 대부분 진흙 거푸집을 사용했다. 중국에서 수없이 발견된 거푸집 중에서 돌거푸집은 5개에 불과하다. 중국인이 진흙 거푸집으로 만든 청동기도 한국인은 돌거푸집을 써서 만들었다. 특히 활석제(滑石製) 거푸집은 아주 훌륭하다. 한국인은 주조물 표면의 질이 뛰어나고 수명이 반영구적이라는 점에서 가장 우수한 거푸집으로 평가되는 활석 거푸집을 개발해낸 것이다. 이것은 그 의식에 있어서 오늘날의 금속 거푸집[金型]에 매우 가깝다. 또 현대 주물 생산 공장에서도 주물 표면의 질을 높이기 위해 거푸집에 활석가루를 뿌리고 있다. 이 사실은 한국 청동기 시대의 높은 금속 주조 기술 수준을 엿보게 한다.

한국인은 또 모래 거푸집[砂型]을 개발했다. 모래 거푸집에 의한 청동기의 주조는 13세기 초에 고려에서 청동활자를 부어 만들었다는 사실에서 명백해진다. 그에 관한 기술상의 기록이 15세기의 조선 학자 성현(成俔)의 『용재총화(慵齋叢話)』에 적혀 있다. 그의 설명은 모래 거푸집에 대한 가장 오래되고 정확한 기사로 주목된다.

미륵보살상의 코발트-60 방사선에 의한 투과 촬영 사진. 뛰어난 주조 기술이 특히 돋보이는 작품이다.

중국에서는 기술서인 『천공개물』에 동전을 주조하는 데 모래 거푸집을 쓴다는 기록이 있다. 모래 거푸집은 서양에서도 14-15세기 이전에는 알려지지 않았다. 이에 대한 첫 기술은 비린구치오Biringuccio의 『피로테크니카*Pirotechnica*』(1540)에서 찾아볼 수 있다. 그보다 훨씬 이전에 사용되었다는 증거는 아직 없다.

한국인은 그 모래 거푸집을 12세기 이전에 개발했고, 그 기술은 조선 시대의 청동활자 인쇄술 발전에 크게 기여했다. 성현이 소개한 모래 거푸집에 의한 청동활자의 주조 기술은 그 시기에 금속활자와 같은 작은 주조물을 만드는 데 가장 앞선 기술이었다.

서유럽에서 초기 인쇄에 사용된 활자가 모래 속에서 부어 만들어졌다는 명백한 흔적이 남아 있다. 이 사실은 한국 청동활자의 주조법과 공통된다는 점에서 유의할 만하다. 청동활자를 주조해 내는 모래 거푸집의 개발은 인쇄술의 혁신을 가져온 기술의 바탕이 되었다.

무쇠도끼와 무쇠불상

국립중앙박물관에는 거대한 철불(鐵佛) 좌상(坐像) 몇 개가 있다. 통일신라에서 고려시대에 이르는 시기에 쇠를 녹여 부어 만든 무쇠[鑄鐵]불상들이다. 모두 높이가 1.5m 이상이고 간혹 2.5m가 넘는 굉장한 것들도 있어 얼른 보아서는 쇠로 만들어졌다는 사실이 쉽게 믿어지지 않는다. 8-10세기 사이에 어떻게 이런 거대한 철불을, 그것도 뛰어난 조각 솜씨로 만들어낼 수 있었을까. 하지만 우리의 철의 기술사를 제대로 알면 경탄의 폭은 훨씬 더 커진다. 그런 철불이 국내에 지금 50구 가량 남아 있다. 이것은 놀라운 일이다. 중국과 일본의 철불과 견주어 볼 때, 그 양과 질에서 비교가 안 된다.

지금까지 미술사학자들은 중국과 우리 나라에서 철불을 제조하게 된 것을 구리가 부족해졌기 때문이라고 말해 왔다. 하기야 구리가 부족하면 불상을 쇠로 만들 수밖에 없었을 것이다. 그러나 기술적으로 구리, 즉 청동으로 불상을 주조하는 것과 철로 주조하는 일은 그 작업의 어려움에서 큰 차이가 있다. 따라서 거대한 철불을 만들기 시작했다는 사실은 그만한 기술적 가능성에 도달했음을 뜻한다.

무쇠도끼와 농기구. ㅋC-+3C. 길이(낫) 25.0cm. 국립박물관.

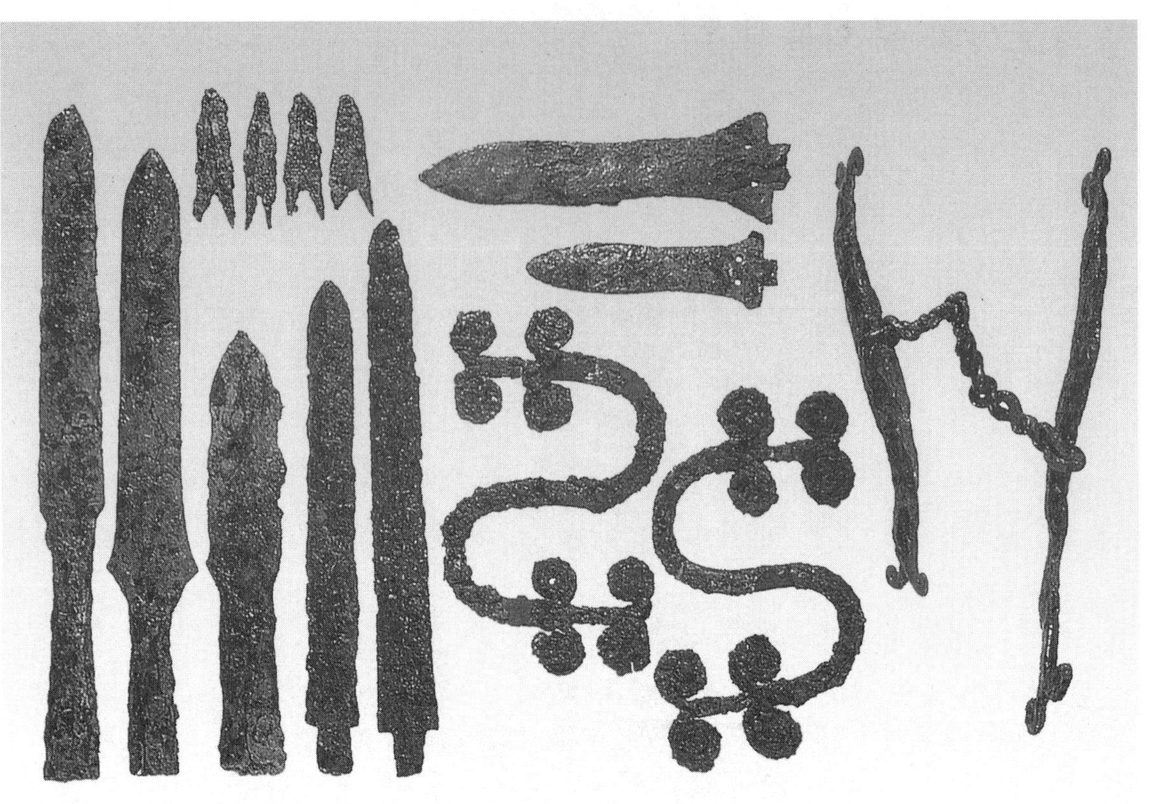

철제 무기. 영남 지방. -1C-+3C. 길이(왼쪽) 41.0cm. 국립박물관.

그 정도 수준의 철의 기술이 8세기의 통일신라에서 성숙되고 있었다는 사실에 주목할 필요가 있다. 현재 남아 있는 작품들은 그 기술이 뛰어났음을 증명하고 있다. 최근에 발표된 국립박물관 강우방(姜友邦) 박사의 철불 편년(編年)과 주조 기법에 관한 연구 논문은 그 이론적 근거를 제시해 주었다.

청동불상을 훌륭하게 주조해 낼 수 있는 기술적 노하우와 전통이 있었기에 훌륭한 철불의 주조가 가능했음은 두 말할나위 없다. 그리고 청동불상의 주조 기법과 철불의 주조 기법이 같은 기술의 전승에서 이루어졌다는 사실도 중요하다. 또 거푸집은 진흙 거푸집을 썼다는 사실도 밝혀졌다. 철불의 주조는 이 모든 기술이 조화되고 상승되어 이루어진 것이다.

여기서 무엇보다 중요한 것은 철불의 주조 기술은 오랫동안 한국인이 개발 전승한 철의 기술의 축적 때문에 가능했다는 사실이다. 그 철의 기술은 8세기 무렵에 이르러 불교신앙의 상징인 불상 제작으로 승화되었다. 가장 좋은 쇠붙이로 가장 부드러운 부처의 미소를 창출해 낸다는 일은 녹은 쇳물 같은 뜨거운 열정이 없이는 불가능했을 것이다.

이제 그 철의 기술을 역사적으로 고찰해 보자.

철의 출현

기원전 5-4세기경, 청동기 문화가 번영하고 있을 때, 한국에서는 또 하나의 금속기인 철기(鐵器)가 출현하였다. 그것은 중국에서 기원전 7-6세기경에 출현한 철의 기술이 요동 반도를 거쳐 한반도의 서북부에 이르는 지역에 나타나서, 점차 중부와 남부로 퍼져나갔다고 알려져 왔다.

중국의 철기나 그 기술의 전파 경로와 시기는 철기와 함께 발견되는 명도전(明刀錢)의 출토유적을 통해 추정되고 있다. 명도전의 유적들은 요동 지방에서 많이 발견되고 한반도 안에서는 평안도 지방에 집중적으로 분포되어 있다. 이 사실은 철기의 시작과 명도전이 밀접한 관계가 있음을 밑받침하는 유력한 근거로 인정된다. 또 명도전의 중국 본토에서의 발견 예를 보면 전국 시대까지 거슬러올라간다. 따라서 중국의 철기 시대는 기원전 3세기 이전에 시작되었을 것으로 생각되고 있다.

지금까지 국내에서는 약 10개의 철기 퇴장(退藏) 유적들이 평안도 지방에서 발견되었다. 그 중에서 평북 위원군(渭原君) 숭정면(崇正面) 용연동(龍淵洞)과 영변군(寧邊郡) 오리면(梧里面) 세죽리(細竹里)는 많은 철기들이 출토된 곳으로 널리 알려져 있다. 용연동 유적에서는 명도전 4백 개를 비롯하여 쇠창 2개, 쇠화살촉 1개, 철제 농공구 4개, 철제 공구 3개 등이 출토되었다. 그리고 세죽리 유적에서는 2천여 개의 명도전과 함께 쇠로 만든 호미, 괭이, 낫, 도끼, 끌, 손칼, 화살촉, 칼 등이 나왔다.

그런데 이 유적들에서 발견된 유물들은 모두 중국 본토에서 가져온 것들일 뿐, 우리 민족의 작품으로는 볼 수 없다는 견해가 있다. 단지 국내의 초기 철기 문화의 유입 경로라든지 그 계보를 규명하는 데 중요한 물적 증거를 제공하는 유적이라는 것이다. 그러나 이와는 다른 견해도 만만치 않다. 그 유적에서 발견된 유물들 중에는 중국에서 가져온 것도 있으나 그것은 어디까지나 교역과 문화 교류의 결과로 보아야 하고, 출토된 토기들이 중국 것과는 다른 기술로 만들어진 점을 인정, 그 유적에서 나온 유물들은 그 지역에 살던 사람들의 기술적 소산이라는 견해다.

이 유적들에서 발견되 철기는 무쇠, 시우쇠, 강철의 세 종류가 있어서 우리의 주

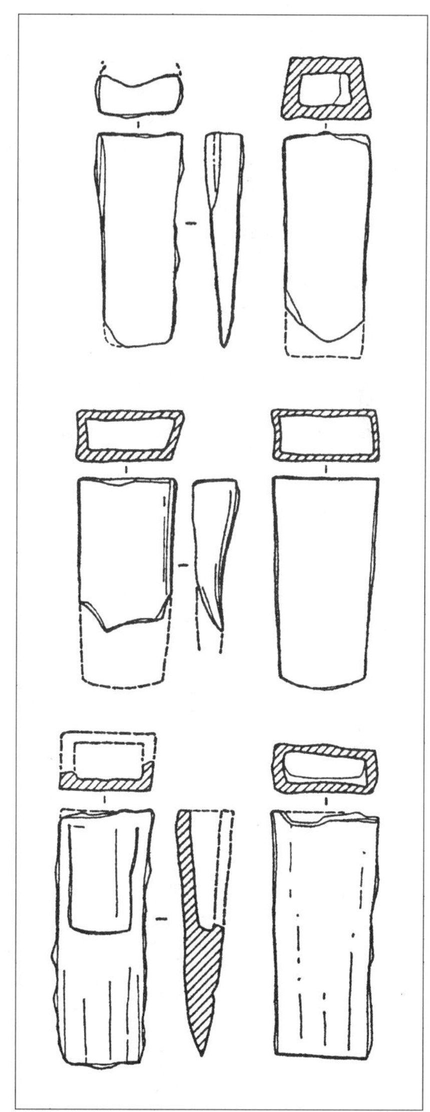

무쇠도끼들(기원전 3세기). 북한 지역. 시오미의 『동아시아의 초기 철기문화』(1982)에서. 잔줄무늬청동거울과 한국형 청동검, 청동도끼 등과 함께 출토되었다.

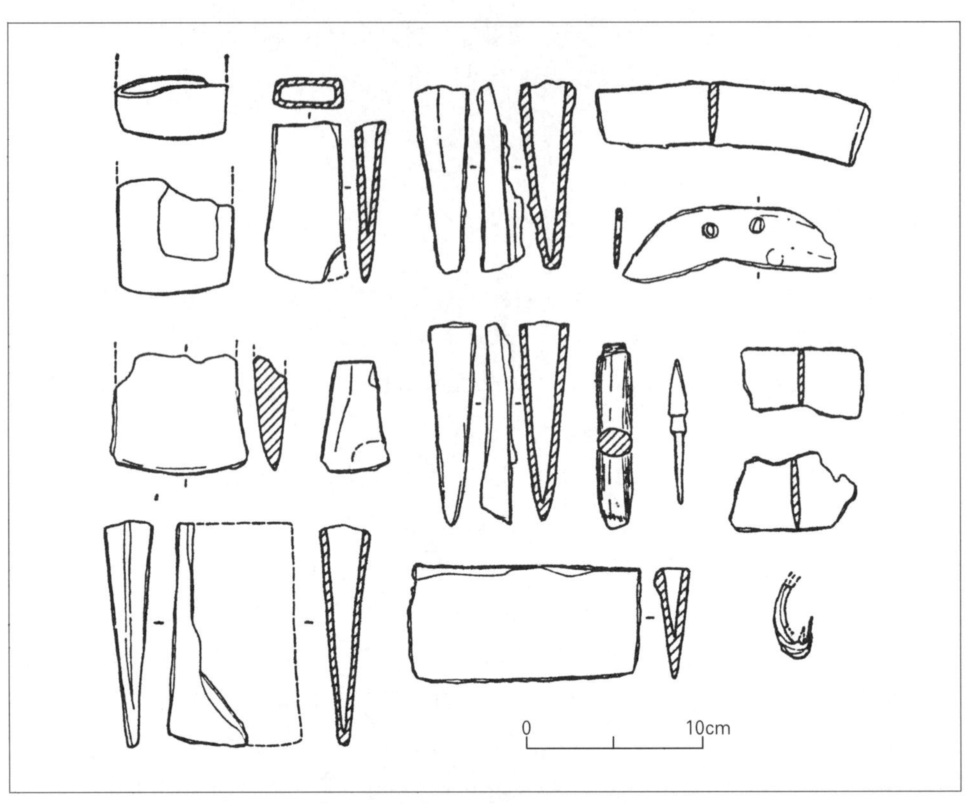

함북 무산 범의구석 유적 철기들(기원전 4-3세기). 도끼, 식칼, 쟁기, 호미, 낫.

목을 끈다. 특히 최근의 한 연구 보고서에 따르면 세죽리 유적에서는 세 종류가 다 발견되었다. 즉 화살촉은 규소가 흔적만 남고 망간이 0.02% 함유된 순철조직으로 시우쇠였고, 도끼(파편)는 탄소 4.2%, 규소 0.19%, 망간 0.03% 납 0.10%, 황 0.016%의 무쇠였다. 그리고 탄소를 2.98% 함유한 무쇠도끼(파편)도 나왔다. 또 다른 도끼는 탄소 1.43%, 규소 0.1%, 망간 0.18%, 인 0.009%, 황 0.011%의 강철이었고 또 다른 하나의 도끼(파편)는 탄소가 0.7% 들어 있는 강철이었다.

이 결과는 새로운 해석의 여지를 제공한다. 널리 알려졌다시피 중국에서는 기원전 7-6세기경에 출현한 철의 기술이 시우쇠를 거쳐 기원전 5-4세기경에는 무쇠가 활발하게 생산되었다. 그런데 한국에서의 제철 기술 발달 과정은 중국에서와는 달리 거의 동시에 3종류의 철기가 만들어졌다는 추측을 가능하게 한다. 이런 생각은 함경북도 회령시 오동(五洞)과 거의 같은 시기의 유적이면서도, 중국에서 요동 반도를 거쳐 한반도로 전파되었을 것으로 추정되는 철기의 유입 경로에서 매우 떨어져 있는 무산(茂山) 범의구석[虎谷洞] 유적에서 출토된 쇠도끼들의 분석 결과에서도 유추된다.

범의구석 유적에서 출토된 쇠도끼들 중에서 두 개는 규소가 각각 0.02% 함유되었거나 흔적만 남아 있고, 망간은 각각 0.02%와 0.01%가 함유된 시우쇠 제품이었다. 또 세 개의 쇠도끼는 탄소가 각각 4.2%, 4.05%, 4.45% 함유된 무쇠제품이었다 그리고 한 개는 탄소가 1.55% 포함된 강철 제품이었다. 이것을 정리하면 다음 표와 같다.

여기서 특히 기원전 3-2세기의 유적인 세죽리 유적에서 탄소 공구강에 해당하는 0.7%의 탄소가 포함된 강철도끼가 나왔고, 그보다 시기적으로 앞선 범의 구석 유적에서도 강철도끼가 출토되었다는 사실은 주목할 만하다. 강철의 출현이 중국과 같은 시기거나 앞서 있다는 사실은 그 기술의 전파 교류의 상호 관계에서 많은 점을 시사하고 있기 때문이다.

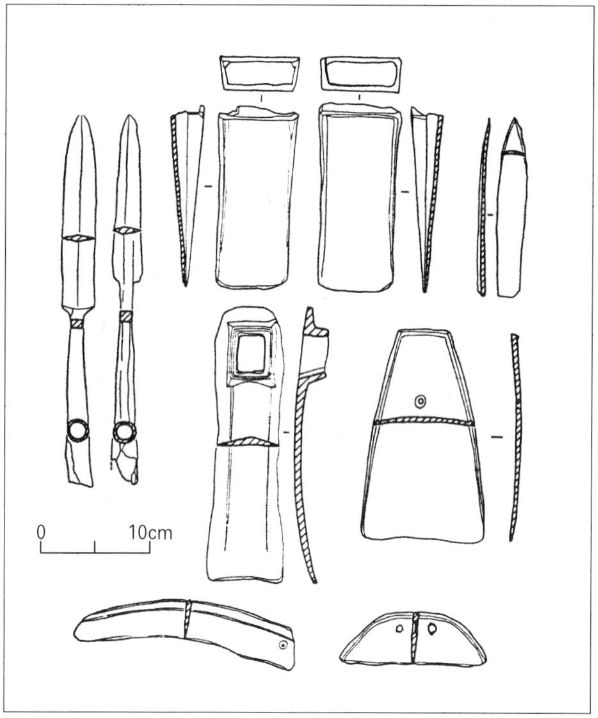

0 10cm

자강 용연동 유적 철기들(기원전 4-3세기). 낫, 도끼, 쟁기, 호미, 쇠스랑, 식칼. 『동아시아의 초기 철기문화』에서.

청동기의 기술 전통이 이어지다

도끼는 철기의 등장과 함께 가장 먼저 들어오고, 가장 보편적으로 사용된 연모의 하나이다. 그런데 국내의 도끼는 중국 전국 시대에서 한대에 걸쳐서 사용된 쇠도끼들과 그 형식이 공통된다. 그리고 위원 용연동에서 출토된 도끼와 회령 오동 유적의 제6호 주거지에서 발견된 것이 같은 계통의 도끼라는 점도 흥미롭다. 이 사실은 두 유적이 멀리 떨어져 있기는 하지만 어떤

범의구석 유적 출토 쇠도끼의 화학 분석

번호	탄소 (C)	규소 (Si)	망간 (Mn)	인 (P)	황 (S)	비고
1		0.02	0.02			시우쇠
2		흔적	0.01			시우쇠
3	4.2	0.2	0.006	0.196	0.035	무쇠
4	4.05	0.04	0.02	0.415	0.033	무쇠
5	1.55	0.1	0.12	0.007	0.008	강철

연관이 있을 것으로 추정하게 한다.

중국의 철기 사용이 주변의 다른 민족보다 뒤졌을 가능성도 얼마든지 있다. 실제로 당시의 중국인들은 외래(外來)의 발달된 철기 기술을 받아들였을지도 모른다. 이 가정에서 추측컨대 특히 회령 오동과 무산 범의구석 유적에서 출토된 철기는 중국에서 들어온 것이 아니고 중국으로 들어간 기술과 같은 계통의 기술이 바로 직수입된 것일 수도 있다.

더욱이 회령과 무산은 예부터 철의 산지로 알려져 있는 곳이다. 조선 시대의 지리지 『동국여지승람』에도 이 지역에서 철이 많이 산출된다고 기록되어 있다. 특히 무산은 지금도 한국에서 가장 큰 철의 산지로 유명하다. 현재는 회령, 무산 두 유적의 철기가 중국 철기의 영향을 직접 받았다고 생각되는 뚜렷한 증거가 없다. 그밖에 다른 유적에서도 한국의 철기술이 중국의 철기 기술에서 비롯되었다는 근거를 찾기 어렵다. 또한 고도로 발달된 청동기 기술에서 철기술로 발전하는 과정은 다른 지역에서도 있었던 일이다.

기술사적으로 볼 때, 한국에서 초기 청동기 시대부터 청동기의 주조 기술이 발달했다는 점도 철기의 주조 기술로 자연스럽게 이어지는 기술적 바탕이 된다. 철기의 주조 기술은 청동기 주조 기술의 축적이 있어야 하기 때문이다. 실제로 한국인은 통일신라 시대의 청동불

철기 거푸집과 안틀. 경주 황성동. 삼국 시대 3-4세기. 거푸집 길이 21.2cm. 국립경주박물관.

상 주조 기법과 똑같은 방법으로 거대한 무쇠불상을 만들었다.

철기의 출현은 인류의 역사에 커다란 변혁을 가져왔다. 새로운 무기는 군사 기술의 혁명을 불러일으켰고 철제 농기구와 공구는 생산 기술의 혁명을 초래했다. 그래서 철기는 고대인에게 있어서 부(富)와 힘의 상징이었다. 한반도 지역에서의 철기의 출현과 철기술에 대한 역사적 해명이 중요한 의미를 갖는 것도 바로 이 때문이다. 지금까지 우리의 철기에 대한 고고학적 연구는 착실하게 진행되어 왔지만 기술사적 또는 기술고고학적 조명은 거의 없었다. 이런 인식을 바탕으로 한국의 철기 문화에 대한 연구가 최근에 재개되고 있다. 퍽 다행한 일이다. 이 연구는 우리에게 철기에 대한 새로운 이해의 폭을 넓혀 주고 있어 주목된다. 고고학자 김정배(金貞培) 교수는 한국의 철기 문화의 출현을 이렇게 말하고 있다.

> 후대에 와서 중국의 철기 문화가 준 영향을 과소평가할 수는 없으나 처음부터 우리의 철기 문화가 중국의 철기 문화와 연결되는 것인가는 쉽게 단언할 수 없다.

그는 독자적인 철기 문화의 발생도 결코 배제할 수 없다는 견해를 제시하면서, 종래 명도전과 토광묘의 출현이 한국에서는 철기가 시작되는 기준처럼 여겨졌으나 그것은 잘못이라고 주장했다. 사실 회령 오동이나 무산 범의구석에서 나온 철기도, 함께 출토된 토기를 통해 볼 때, 토광묘보다 결코〈젊지〉않은 유물이다.

요컨대 한국의 철기술은 명도전과 함께 들어온 중국의 철기 기술에서 시작됐다는 종래의 학설과 그에 이의를 제기한 새로운 학설이 맞부딪쳐 있다. 새 학설은 다시 둘로 나뉜다. 명도전보다 이르거나 비슷한 시기에 북쪽에서 들어온 철기가 서북 지역과 동북쪽에 각각 정착하면서 시작되었다는 설이 그 첫번째다. 다른 하나는 청동기 기술에서 철기술로 이행되는 기술 발전에 따라 독자적인 기술로 개발되고 이어져 나갔을 것이라는 학설이다.

기원전 3세기경에 이르면서 철기는 크게 보급되고 그 종류도 다양해졌다. 이 시기의 여러 주거지에서 쇠로 만든 호미, 괭이, 낫, 도끼, 끌, 칼, 화살촉 등이 많이 출토되고 있다. 이러한 철제 농공구(農

송풍관. 경주 황성동. 삼국 시대 3~4세기. 길이 44.0cm. 국립경주박물관.

무쇠불상(10세기경). 전체 높이 288cm. 국립박물관. 신라 부처의 미소를 머금은 온화한 얼굴 모습의 자애로움은 무쇠로 부어낸 것이라고 믿기 어려운 자연스러움이 표출되어 있다.

무쇠큰솥(8세경). 지름 약 2m. 법주사. 이 거대한 가마솥을 무쇠로 녹여 부어 통으로 떠내는 기술은 최고의 첨단 제철 기술이었다.

工具)의 다양한 제조와 보급은 생산 기술의 혁명을 일으키게 되었다. 청동기 시대와는 비교가 안 되는 좋은 집을 지을 수 있었고, 논밭을 갈고 농작물을 가꾸고 거두는 일이 몇 배나 빠르고 쉽게 이루어졌다.

그런데 이 시기의 철기는 거의 모두가 무쇠 제품이었다. 쇠를 달궈 두드려서 모양을 갖춰 만든 것이 아니고, 거푸집에 녹은 쇳물을 부어낸 것들이었다. 청동기 시대에 청동기를 거푸집으로 부어 만든 기술과 같은 식으로 쇠를 만든 것이다. 따라서 그것들은 일정한 모양과 크기를 가지고 있다.

북한에서 나온 발굴 보고서에 따르면, 거푸집은 돌거푸집이 대부분이다. 그것들은 한쪽만 파고 다른 한쪽 면에는 평평한 돌을 대, 녹은 쇳물을 부어내도록 되어 있다. 또 철제품들의 금속학적 고찰과 분석 결과에 따르면 질이 우수하다고 할 만한 쇠는 그리 많지 않은 것으로 밝혀졌다. 물론 질이 좋은 것도 있다. 〈백색주철〉 또는 〈회색주철〉이라는 쇠다. 하지만 대부분은 탄소 함유량이 상당히 높아 부러지기 쉬운 것들이라고 한다.

아무튼 그 시기에 거푸집으로 무쇠 제품을 부어 만들 수 있는 기술을 가진 민족은 지구상에 몇 되지 않았다. 더욱이 동아시아에서 중국이나 시베리아의 쇠와는 근본적으로 다른 독특한 형식의 무쇠도끼 제품을 같은 규격의 돌거푸집을 사용, 대량으로 만들어낸 사실은 높이 평가할 만한 일이다.

기술고고학이 밝혀낸 사실들

고고학은 땅속에 있는 유물과 바닷속에 있는 유물들을 다룬다. 전에는 거의가 우선 파내고 건져올리는 데서 시작하는 경우가 많았다. 그리고는 고증하고 복원하고 체계를 세워서 역사의 고리를 이어나갔다. 따라서 그것은 주로 인문과학의 영역 안에 있었고 학문적인 방법도 인문과학적이었다.

그런데 고고학에서 다루는 유물들은 인간이 만든 것이다. 만든다는 행위는 언제나 기술적인 작업을 수반하게 된다. 그것은 비록 원시적인 것일지라도 산업 기술의 영역에 있었던 생산 기술의 소산을 대상으로 하는 학문임에 틀림없다. 이렇게 이야기를 전개해 나가다 보면, 고고학에서 무엇이 중요하게 다루어지고 어떻게 유물들이 취급되어야 할지 저절로 떠오른다. 유물의 조사, 분류, 고증에서 자연과학적 실험 방법이 강조되는 것은 바로 이 때문이다.

고고학은 과거의 인류가 남겨 놓은 모든 유형물을 통해 인류의 기나긴 역사를 연구하는 학문이다. 이 인류 역사의 잃어버린 고리를 찾는 일은 기록된 자료와 기록되지 않은 자료를 활용, 정확한 고증을 통해 이루어진다. 여기서 유물에 대한 조사・연구를 자연과학적 실험에 의해서 해나가는 분야가 바로 실험고고학이다. 그러니까 고고학이 인문과학의 영역이라면, 실험고고학은 자연과학의 영역에 더 가까운 학문이다. 인문과학적인 방법으로는 쉽게 해결되지 않는 고고학의 여러 문제들, 그 중에서도 유물의 제작연대와 제작지, 그리고 제작방법 등을 결정하는 데 실험고고학은 결정적인 기여를 하고 있다.

1960년대 말에 필자가 미국의 뉴욕 주립대학 과학사 · 과학체계학과 연구원으로 갔을 때, 학과장이었던 마틴 레비M. Levey 교수는 이슬람 과학사가 전공이었다. 그런데 그는 고고화학자라고 스스로를 소개했다. 실제로 레비 교수는 아랍어 과학 문헌 해석의 세계적 권위자임과 동시에 미국화학회의 고고화학 분과위원회 위원장이기도 했다. 미국화학회지에는 그때 이미 고고화학archeological chemistry으로 분류된 논문들이 많이 실리고 있었다. 당시에 레비 교수는 고고화학 심포지엄을 열고 그 결과를 모아 『고고화학』을 저술하기도 했다.

매사추세츠 공과대학(MIT) 출판부에서 간행된 『과학과 고고학*Science and Archeology*』(1971, R. 브릴 외)과 『예술과 기술*Art and Technology*』(1970), 이 두 책은 이 분야의 중요한 고전들이다. 실제로 과거에는 과학과 고고학, 미술과 기술은 전혀 상관 없는 학문 영역이었다. 그러나 내 머릿속에는 그것들이 한덩어리로 얽혀 같이 자리잡고 있다. 내가 화학을 공부한 과학기술사 학자이기 때문일 것이다.

현재 실험고고학 분야에 달려들고 있는 사람들의 대부분은 자연과학자 출신들이다. 그들은 그것이 돈벌이와는 아무런 상관도 없고, 과학자로서의 명성과 영예를 얻을 기회가 거의 없는 분야인 줄 잘 알고 있다. 하지만 그들은 학문적 삶을 불사르고 있다. 인류 역사의 잃어버린 고리를 찾는 순수한 지적 욕구와 정열에서 비롯된 자기 희생의 정신인 것이다.

실험고고학과 짝을 이루는 분야가 있다. 기술고고학이다. 이 학문은 기술사와 산업기술사보다 더 오랜 시기를 대상으로 한다고 보면 이해가 빨라진다. 기술사와 기술고고학의 관계는 이를 테면 역사학과 고고학과의 관계와도 같다.

옛 유물에 대한 실험고고학적 접근은 우리 학자들에 의해서도 시작되고 있다. 위에서 이미 쓴 것과 같이 대덕 과학단지의 학자들이 그렇고, 10여 년 전부터 외롭게 그러나 끈질기게 계속하고 있는 여성 화학자 고경신 교수가 있고, 15년 동안 철의 고고학적 연구에만 힘써 온 이남규 교수가 있다. 최근에는 고고학자 최몽룡 교수가 신숙정 박사와 이동영 박사와 함께 『고고학과 자연과학: 토기편』(1996)을 출판하였다. 과학자와 공학자에서 고고학자로 폭이 넓어진 것이다. 이것은 조용하면서도 획기적인 학문적 발전이다. 한국과 같이 오랜 기술적 전통을 가지고 있고, 수많은 문화유산과 고고학적 · 미술사적 고대 유물을 가진 나라에서 벌써 있어야 했을 학문적 영역이었다. 미국의 GE 연구소의 과학자들이 1960년대에 21세기의 신소재를 개발하기 위해서 고대 한국의 청동기와 도자기를 분석하는 일을 하겠다고 나

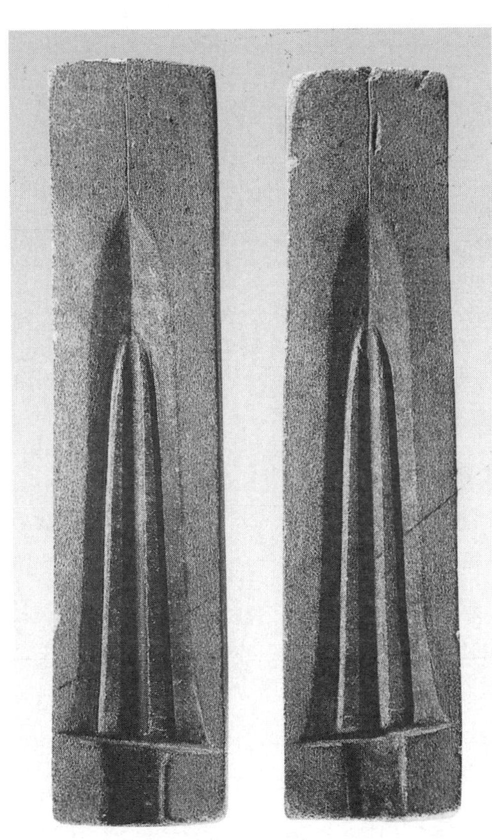

청동과(戈) 거푸집(기원전 4-2세기). 4.1×35.5×8.8cm. 영암. 숭실대학교 박물관.

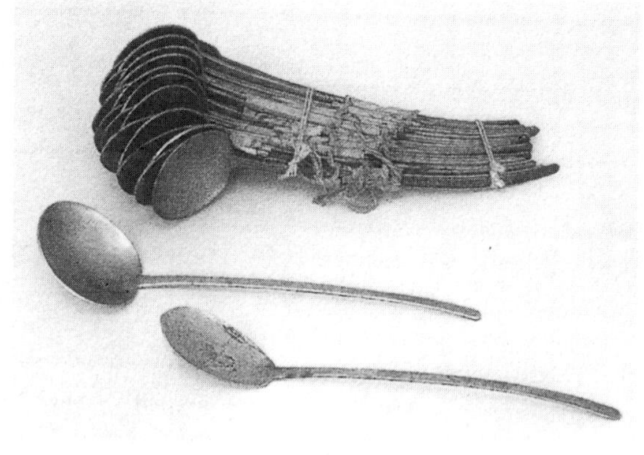

놋그릇과 놋수저(7-9세기). 일본 쇼소인 소장품. 『쇼소인』(1994).

서던 일이 떠오른다. 실험고고학이나 기술고고학은 과거에 매달리기 위해서 생겨난 학문이 아니라는 말이다.

기술고고학은 산업고고학이라고도 한다. 현재 첨단 기술의 기원이 그 안에 있기 때문이다. 실제로 선진국의 첨단 기술 연구소에서는 기술고고학 연구를 병행하는 경우가 많다. 지금은 아무 쓸모가 없는, 1백 년 앞을 내다본 연구라는 점에서 공통점을 발견하게 되기 때문이다.

실험고고학과 기술고고학의 가장 큰 업적은, 우리에게 이미 상식처럼 정착된 이른바 카본 데이팅 carbon dating이라는 고대 유물의 연대측정법이다. 방사성 탄소(C)-14의 반감기가 약 5700년이라는 사실을 바탕으로 한 이 〈우주적 시간 척도(尺度)〉는 1949년 시카고 대학의 리비 Libby 교수에 의해 창시되었다. 그후 탄소 14 연대측정법이라는 이름으로 고고학에서 가장 신뢰할 만한 연대 결정의 과학적 근거가 되고 있다.

아득한 옛날의 고대 과학 기술과 현대의 최첨단 과학 기술과의 만남이 실험고고학을 통해 이루어진 것이다.

납 동위 원소비를 통해

실험고고학은 청동기의 원산지가 어디인지를 찾아내는 결정적인 방법을 발견했다. 납(Pb) 동위원소비의 측정에 의한 방법이 그것이다. 청동기는 구리(Cu)와 주석(Sn)과 납(Pb)으로 구성되어 있다. 그런데 동위 원소표를 보면, 구리에는 2개, 주석에는 10개, 납에는 4개

용머리 보당(11세기). 전체 길이 73.8cm. 호암미술관. 국보 136호. 생동감 넘치는 용의 얼굴이 그 주조 기술의 뛰어남을 보여 주고 있다.

금도금청동탑(10-11세기). 높이 155cm. 호암미술관. 국보 213호. 탑의 아름다움과 부드러운 건축미가 청동 주조 기술로도 훌륭하게 나타날 수 있음을 보여주고 있다.

의 안정 동위 원소가 있다는 것을 알 수 있다. 질량분석계가 발명되고 나서 동위 원소비의 측정은 수없이 거듭되었다. 그 결과 구리와 주석은 지구상의 어느 곳에서 캐낸 것이나 동위 원소비가 일정하다는 사실을 알게 되었다.

그런데 납은 아주 다르다. 게다가 같은 광상의 것은 거의 일정한 값을 나타낸다. 이 사실은 납의 동위 원소비를 측정하면 그것이 어느 지역에서 산출된 원료를 쓴 것인지 단정할 수 있다는 말이 된다.

납은 납-204, 납-206, 납-207, 납-208 등 네 가지 동위 원소체가 있는데 동아시아 지역, 즉 중국, 한국, 일본에서 산출되는 납의 동위 원소비가 모두 다르다는 측정 결과가 밝혀졌다. 이 사실은 1930년대부터 계속된 일본 학자들의 고민을 풀어주었다. 동아시아의 청동기를 화학적으로 분석한 결과, 그동안 논쟁이 끊이지 않았던 일본 청동기의 청동 원료가 중국 것인가, 한국 것인가 하는 문제를 해결해 줄 결정적인 실마리를 찾게 된 것이다.

이런 방법이 좀더 일찍 알려졌더라면 수십 년에 걸친 많은 학자들의 노력과 논쟁을 줄여줄 수 있었을 텐데 하는 생각이 든다. 그러나 학문이란 언제나 그런 것이다. 1960년대 중반에 미국 뉴욕 주에 있는 코닝 유리박물관의 화학자 브릴R.H. Brill이 고대 유리의 산지 분류에 응용하면서 시작된 이 방법은 금속의 실험고고학 연구에 또 하나의 이정표가 되었다.

1969년 봄, 뉴욕 주립대학에 도착한 날 저녁에 필자는 브릴 박사의 이 연구 발표를 들을 수 있었다. 과학사학과에서 주최한 그의 강연회에 초청받은 것이다. 기술고고학에 관심이 컸던 필자에게는 참으로 좋은 인연이었다. 레비와 그의 친구 브릴과의 만남은 필자를 흥분시키에 충분했다. 한국의 고대기술사 연구에서 해결되지 않은 문제를 실험고고학적 방법으로 접근하려던 필자의 생각을 크게 고무시켜 준 것이다.

한국의 청동기와 일본의 청동기 제작지 문제도 이 방법으로 해결할 수 있으리라고 생각되었다. 일본의 청동기 기술은 어디서 왔을까. 많은 일본 학자들은 대륙에서 건너왔다고 한다. 그런데 한국 학자들은 한반도에서 건너갔다고 말한다. 또 어떤 학자들은 대륙의 청동기 기술이 한반도를 거쳐서 일본으로 갔다고도 표현한다. 아무튼 일본 학자들은 일본의 청동기 기술이 중국에서 건너왔다는 생각을 갖고 싶어한다. 반면 한국 학자들은 한국인의 청동기 기술이 일본으로 전파되었다고 주장하고 있다. 얼핏보면 민족 감정이 작용하고 있는 것 같아서 입맛이 쓰다.

그래서 이 문제는 오랫동안 커다란 관심을 가지고 많은 학자들이 나름대로 설득력 있는 이론을 전개해 왔다. 그러나 고고학자들의 연구는 자연과학의 도움을 받지 못했으므로 금방 한계에 부딪치곤 했다. 그것이 최근에 와서 명명백백하게 밝혀지기 시작했다. 납의 동위 원소비 측정에 따른 청동의 원산지 분석 결과가 바로 논쟁을 마감시키는 강력한 근거다. 일본에서 출토되는 청동기 유물들 속에 포함된 납이 중국에서 산출된 납이냐, 한국 것이냐가

덩이쇠(5세기). 부산 복천동. 길이 43.0–49.0cm. 부산대학교 박물관. 이와 거의 같은 덩이쇠들이 일본 나라시 야마도 6호분에서도 출토되었다.

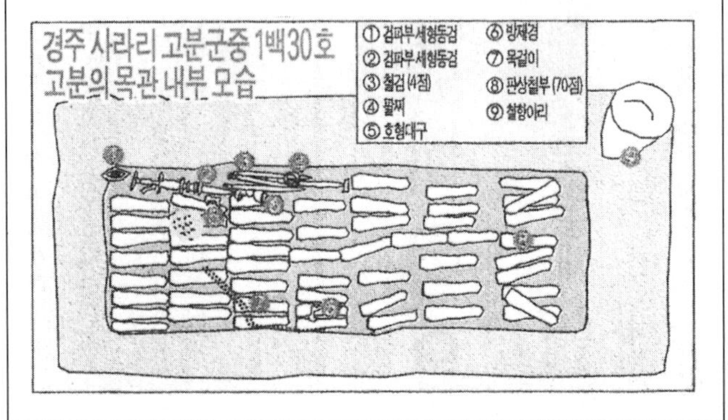

쇠도끼 모양 덩이쇠들(위). 경주 사라리. 130호 고분 출토. 당시 모습의 신문 보도(아래) 그림 오른쪽 위에는 또 하나의 중요한 철기 유물인 무괴 항아리(도가니)가 보인다.

분명히 판가름나게 된 것이다.

아직은 그 분석 예가 몇 개에 불과하지만 앞으로 그 작업은 더 확대되어 갈 것이다. 일본 도쿄의 국립문화재연구소 분석 결과는 그래서 큰 의의를 갖는다. 이 연구소는 최근 일본 각지에서 출토된 53개의 동탁(銅鐸)을 분석했는데, 가장 오래된 것으로 분류된 2개의 동탁은 〈한국으로부터 전래된 질좋은 청동기를 녹여 주조된 것으로 추정된다〉고 보고했다.

이제 일본의 청동기 기술의 시작을 하나의 기술사로서 재구성해 보자.

한반도의 돌거푸집에 의한 청동기의 주조 기술은 합금으로 된 청동 덩어리와 함께 일본으로 건너갔다. 이때가 기원전 3세기경이다. 처음에는 완제품인 청동기가 대마도(對馬島)를 거쳐 일본의 규슈 지방으로 전해졌다. 대마도와 규슈에서 출토된 한국형 청동검과 규슈에서 출토된 청동기들 중에는 숭실대학교 박물관의 돌거푸집에 꼭 들어맞는 것도 있다. 그러다가 나중에는 기술자가 기술과 원료를 함께 가지고 가서 일본에서 청동기를 만들어냈다. 기술 이전의 첫 단계가 이루어진 셈이다. 그 다음에는 한반도에서 건너간 기술자가 일본에서 직접 청동 원료를 찾아내 현지에서 바로 청동기가 생산되기 시작했다. 이것은 청동기 기술이 이식되는 둘째 단계다.

이런 사실들은 일본에서 출토된 청동기가 여실히 증명해 준다. 일본에서 발굴된 여러 초기 청동기 유적들은 일본 학자들의 표현대로 이른바 〈한국계〉이다. 이제 일본의 많은 중견 학자들은 일본의 청동기 기술이 한국인 기술자와 함께 한국에서 건너간 청동 합금을 원료로 해서 시작되었다는 사실을 인정한다.

일본에서 만든 독특한 청동기인 동탁의 화학적 분석 결과, 총 47개 중 30개에서 아연이 발견되었다. 이 사실도 일본의 청동기 기술이 한국 청동기와 깊은 관련이 있다는 것을 말하고 있다. 경주 입실리에서 출토된 기원전 1세기경의 작은 동탁이나 신라 시대의 선림사종(禪林寺鐘)의 분석 결과도 이것들이 모두 같은 유형의 청동으로 만들어졌음을 나타내고 있다.

한국의 청동기는 그후에도 일본으로 건너갔다. 지금 일본의 쇼소인에는 86벌 436개의 뚜껑 달린 놋쇠 겹대접이 보존되고 있다. 그것은 8세기경에 한국에서 만들어진 것이라고 한다. 10개까지 겹쳐 넣을 수 있도록 만든 이 놋그릇은 그 가공 기술이 무척 뛰어난 유물이다. 또 〈크게 쓰고 작게 챙겨두는〉 컴팩트한 디자인은 일본 사람들을 경탄하게 한다.

8세기경에 이만큼 훌륭한 놋그릇을 만들 수 있었다는 것은 그 당시의 청동기 주조 기술이 매우 높은 수준에 있었음을 말해 준다. 일본은 그때에도 좋은 청동기를 한국에서 수입하고 있었다.

일본에 수출한 덩이쇠

이러한 높은 수준의 청동기 기술은 고려 시대에도 계승되었다. 지금 남아 있는 고려 시대의 청동기 유물들은 주조 기술, 금속가공 기술, 예술성에서 훌륭한 작품들이다.

『일본서기(日本書紀)』에 따르면 백제의 근초고왕이 일본 사신에게 덩이쇠 40개를 주었다고 한다. 철정은 삼국 시대에 철제품을 만들던 소재로서, 운반과 보존이 편하도록 일정한 모양으로 제조되었다. 그것은 오늘날의 금괴와 같이 화폐로서의 가치도 가진 것이었다. 철의 소유는 곧 부(富)와 권력(權力)을 의미했기 때문이다. 그래서 일본에서는 부장품으로 넣을 만큼 덩이쇠를 귀하게 여겼다. 그래서 덩이쇠는 일본에 많이 보존되어 있다. 덩이쇠는 고분에 따라서 크기가 고른, 크고 작은 2종류가 출토되고 있다. 큰 것이 40×10cm 정도이고 무게는 450g 정도였다. 그런가 하면 두께가 9mm 정도의 철판도 나왔다.

놋그릇을 깎고 다듬는 물레 그림(18세기 초). 윤두서. 조선 시대 유기 공방의 작업 모습과 물레질하는 기구 그릇들이 잘 나타나 있는 좋은 자료이다.

이와 비슷한 덩이쇠는 고신라와 가야 및 백제의 유적에서도 발견되고 있다. 아무튼 그 당시 한국에서는 많은 양의 덩이쇠를 일본에 수출했던 것 같다. 일본의 사료에는 백제가 일본에 철을 계속해서 보내주겠다고 약속한 기록이 남아 있다.

철의 기술사는 삼국 시대에 대량의 철이 일본에 수출되었다는 사실을 말해 주고 있다. 그것은 그 당시 한국과 일본의 힘과 부의 역학 관계를 나타내는 것으로 이해된다. 그 당시의 덩이쇠가 매우 질이 좋은 철의 소재였다는 사실을 창녕(昌寧)에서 출토된 덩이쇠의 분석 결과, 확인할 수 있었다. 정성분석에 따르면 니켈(Ni)과 코발트(Co)가 약간 두드러지고, 알루미늄(Al), 칼슘(Ca), 마그네슘(Mg), 규소(Si)의 4원소는 모두 적어서 불순물이 적은 질좋은 철임을 시사해 준다. 또 정량분석 결과는 인(P) 0.104%, 황(S) 0.90%, 구리(Cu) 0.00%, 티타늄(Ti) 0.61%로 나타나고 있다. 특히 티타늄의 함유가 두드러져, 사철이나 함티타늄 자철광을 원료로 썼을 가능성을 보여주고 있다.

삼국 시대의 철의 기술에 대해서는 1989년에 윤동석(尹東錫) 교수가 출간한 『삼국 시대 철기 유물의 금속학적 연구』라는 저서가 있다. 이것은 고대 한국의 제철 기술의 높은 수준을 금속학적으로 입증해 주었다는 점에서 높이 평가된다. 그의 연구는 이제 이남규 교수에 의해서 이어지고 있다.

일본의 저명한 동아시아 과학사 학자였던 요시다[吉田光邦] 교수는 한국의 철 기술사 연구가 크게 진전되어야만 일본의 철 기술사를 제대로 쓸 수 있다고 필자에게 늘 말해 왔다. 그는 가야의 우수한 제철 기술에 남다른 관심을 가지고 있었다. 그 과제를 한일 문명사적으로 정리하고 싶다는 것이 그의 희망이었다. 그 희망을 실현하지 못한 채 몇 년 전에 뇌종양으로 홀연히 떠난 것은 한국과 일본의 기술사 연구에서 큰 손실이다.

한국의 제철 기술 문제는 청동 기술 문제와 함께 우리 나라 고대 기술사의 핵심 과제이다. 그것은 고대의 첨단 기술이었고, 한국은 그 기술 수준이 동아시아의 어느 나라보다도 높았다. 가야와 신라, 그리고 통일신라의 부(富)와 강(强)은 철의 기술을 비롯한 금속 기술의 뛰어남에서 비롯된 것이다. 그것은 한국 청동기인의 기술 전통이 이어지고 살아 있었기 때문이었다.

유리구슬의 신비

나무와 돌, 청동과 철기가 일상 생활용품의 거의 전부였던 고대인(古代人)에게는 그릇도 토기일 수밖에 없었다. 청동기의 황금빛과 금과 은의 현란함이 있기는 했지만, 아무래도 그 시기의 생활용품은 흑백사진과도 같은 단조로운 색깔에서 머무르고 있었다.

그래서 여러 가지 아름다운 색깔의 천연돌은 사람들을 매혹시키기에 충분했다. 그러나 그런 돌들은 아주 드물었고 게다가 가공해서 빛을 내기가 매우 어려웠다. 금과 은, 그리고 천연돌이 장식품으로 얼마나 귀중하게 여겨졌는지, 현대인은 상상하기 어려울 것이다.

여기에 등장한 것이 유리였다. 그것은 인간이 만들어낸 제품 중에서 가장 훌륭한 발명품의 하나로 꼽을 수 있다. 그 투명한 아름다움, 그것은 고대인의 단조로운 생활에 청량감을 불어넣기에 충분했다. 흙과 불이 조화를 부려서 만들어낸 작품인 유리는 신비로운 아름다움을 갖는 물건이다. 흙과 불은 청동과 토기와 쇠를 만들어냈지만, 유리는 전혀 새로운 차원의 기술이었다. 고대인에게 그 투명함이 주는 충격은 너무도 컸다. 실제로 유리 제품은 오랫동안 금 · 은보다 오히려 값이 비쌌다.

유리 제조 기술의 기원은 도기 문화(陶器文化)와 연결된다. 토기를 구울 때 때때로 그 표면에 나타나는 자연유(自然釉)가 일종의 유리이기 때문이다. 일반적으로 유(釉)는 염기성의 나트륨(Na) · 칼륨(K) · 산화칼슘 · 산화마그네슘 · 산화납 등과 중성의 산화알루미늄, 산성의 규산 · 붕산 등으로 된 유리로 알려져 있다.

우리 나라 토기들에서 흔히 볼 수 있는 녹유(綠釉)는 알칼리 유(釉)의 염기가 태토(胎土)

유리구슬 목걸이(5–6세기). 숭실대학교 박물관.

에 섞인 납 성분에 의해 치환된 연유(鉛釉)다. 다시 말해 가장 단순한 저화도(低火度)의 유리다. 그것은 약 30%의 규산에 70% 가량의 산화납, 그리고 2–3%의 녹청을 포함하고 있다. 하지만 알루미나는 거의 포함되어 있지 않다. 유라기보다는 규산납유리, 곧 납유리에 속하는 것이다.

그러나 이것만 가지고 자연유 아닌 납유리가 따로 만들어졌을 것으로 봐야 하는지는 아직 단정할 수 없다. 다만 일본 야요이 시대의 미구모[三雲] 유적에서 찾아낸 유리벽(璧)이 납유리이고, 중국에서 많이 발견되는 유리벽과 그 성분이 거의 비슷하다는 점은 인정되고 있다. 이 사실로 유추컨대 미구모의 유리벽은 한반도를 거쳐간 것일지도 모른다. 따라서 우리 나라에서는 기원전 1세기에서 기원후 3세기 사이에 납유리가 처음 제조되었을 가능성이 크다.

일본의 고고화학자 야마자키[山崎一雄]의 분석에 따르면 한대(漢代)의 유리벽은 납 24.5%, 바륨(Ba) 19.4%를 포함하는 것이라고 한다. 그는 〈중국의 경우 한때 성행했던 납유리의 제법이 그후 한동안 잊혀진 것 같다〉고 주장했다.

또 『위지(魏志)』「서역전(西域傳)」에는 대월지(大月氏)의 상인이 위 세조 때(5세기 전반) 산중에서 돌을 캐내서 유리를 만들었다고 기록되어 있다. 그렇다면 그 당시의 유리는 서역계의 기술자에 의해 만들어졌을 가능성이 크다. 아니면 서방으로부터의 수입품일 수도 있다. 아무튼 그것들은 모두 이집트에서 시작된 소다유리 계통의 유리일 것으로 생각된다. 중국에서 끊어졌던 납유리의 전통은 수(隨)의 개황(開皇, 581–600년) 연간에 다시 일어났다.

지금까지의 조사에 따르면 4세기에서 6세기경의 우리 나라 고분에서 출토된 유리그릇과 많은 유리구슬은 모두가 소다유리(알칼리석회유리)다. 이 사실은 서봉총(瑞鳳塚), 금령총(金鈴塚), 금관총(金冠塚) 등에서 발견된 5개의 유리그릇에 대한 분석 결과 밝혀졌다. 이들은 모두 비중이 2.4 가량이었고 정성적으로 납이 검출되지 않는 소다유리였다. 유리구슬은 금관총에서만 3만 개가 출토되었다. 최근에 와서도 공주 무령왕릉과 경주의 고분(98고분 천마총 등), 그리고 상주(尙州) 지역과 가야의 유적들에서 비슷비슷한 것들이 1만 개 이상 발굴되었다.

그 중에는 유리곱은옥도 있었다. 유리곱은옥은 한국과 일본에서만 볼 수 있는 장신구다. 일본에서는 한국의 영향을 받은 유물이 다수 발견된 규수 스구[須玖] 유적(기원전 2-기원후 3세기)에서 나오고 있어 특히 주목된다.

여기서 한 가지 중요한 문제가 제기된다. 한국과 중국 중 어느 나라가 먼저 소다유리를 제조했느냐 하는 점이다. 중국에서는 소다유리가 처음 만들어지기 시작한 시기를 5세기 전반으로 잡고 있다. 그러면 우리 나라의 4-6세기 고분에서 발견된 수만 개의 소다유리 구슬을 어떻게 봐야 할까.

해방전 일본 학자들에 의해 한반도에서 나오는 유리 제품이 소다유리라는 사실이 밝혀졌다. 그들은 그릇의 양식을 들어 서역에서 들여온 수입품일 것이라고 단정했다. 만일 그 유리들이 납유리였다면 일본 학자들은 아마도 중국에서 수입된 유리라고 했을 것이다. 아무튼 그들은 그런 선진적인 기술의 소산이 한국에서 이루어졌다는 데 극히 회의적이었다. 그들 생각으로는 한국의 기술이 서역이나 중국보다 언제나 뒤떨어져 있어야만 정상이었다.

유리구슬과 유리곱은옥

이러한 견해에 대해 필자는 늘 오류가 있다고 생각해 왔다. 철기 시대 유적에서 나오는 유리구슬이 서역에서 수입한 것이라는 학설에 무리가 있었기 때문이다. 사실상 철기 시대에 서역과 그러한 교류가 있었다는 흔적을 고고학적으로 찾기 어렵다는 데 근거한 생각이다.

그런데 최근의 고고학적 발굴 성과는 이러한 의문에 결정적인 해답을 주고 있다. 1세기에서 3세기 무렵의 철기 시대 유적들에서 유리구슬 거푸집과 유리곱은옥 거푸집이 출토된 것이다. 이 진흙 거푸집의 출현은 유리구슬과 곱은옥을 만든 곳이 어디였는지를 시원하게 대답해 주었다. 한 곳도 아니고, 한반도 안의 여러 곳에서, 그것도 비슷한 시기의 유적들에서 출토되고 있다는 사실은 우리에게 움직일 수 없는 확증을 갖게 하고 있다.

남한 지역의 출토지는 1세기에서 3세기 무렵의 유적인 하남 미사리와 1세기에서 2세기 무렵의 춘천 중도 유적, 진천 석장리, 그리고 해남 군곡과 경주 황성동 유적들이다. 출토된 거푸집은 진흙판에 여러 개의 구슬 구멍을 줄을 맞추어 파서 만든 진흙 거푸집이다. 진천 석장리에서는 3.5×2.7×0.8cm 크기의 진흙 거푸집과 함께 유리구슬도 출토되었다. 이 거푸집들의 발견은 1980년대까지만 해도 우리 나라의 기원전 2세기 무렵의 유적에서 나온 유리구슬들이 한국의 고대 기술자들이 만든 것인지 확신을 갖지 못하던 우리 학자들에게 획기적인 자료로 받아들여지게 되었다.

이제 한국에서 기원전 3-2세기에 유리구슬이 아마도 철을 다루는 기술자들에 의해서 형성되었다는 것이 확실해졌다. 그것이 중국이나 그밖의 기술이 흘러들어와서 생긴 것인지는 아직 모른다. 그러나 여기서도 한국 고대 기술자들이 독자적으로 그 기술을 개발해 냈다는 가능성을 부정할 만한 실증적인 자료가 아직 알려지지 않고 있다는 사실에 유의할 필요가 있다. 우리 나라 고대 유리의 연구는 경기도립박물관의 이인숙 박사의 업적이 돋보인다. 그는 많은 한국의 고대 유리를 착실하게 분석해서 그의 이론을 전개했다. 거기서 얻은 결론도 이 가능성을 배제하지는 않는 것 같다. 특히 유리곱은옥 거푸집의 출현은 한국의 유리 기술 형성과 전개 과정을 밝히는 데 매우 중요한 실마리가 될 것으로 생각된다.

고신라의 고분들에서는 10여 만 개의 유리구슬이 쏟아져 나왔다. 물론 그 시기에는 서역과의 교역이 있었다. 하지만 10여 만 개나 되는 많은 유리구슬을 모두 수입했다고 보기는 어렵다. 만약 수입했다면 유리곱은옥도 서역에서 들여왔을 것이다. 그러나 유리곱은옥은 한국과 일본에서만 출토되는 독특한 장신구다. 일본의 곱은옥도 한국에서 그 기원을 찾을 수 있다는 학설이 이미 정설로 굳어지고 있다. 여러 증거들을 통해 추론컨대 신라의 유리곱은옥은 한국에서 만들어졌음이 너무도 분명하다. 그러므로 유리구슬들이 서역에서 수입되었다는 견해는 잘못인 것 같다.

한국에서 유리를 만드는 기술이 자체적으로 생겨났다고 보면 안 될 이유가 무엇일까. 그리고 그 유리 제조 기술에 다른 지역의 세련된 기술이 흘러들어와 더 훌륭한 기술로 발전했다고 보는 견해는 왜 받아들이기 어려운가.

삼국 및 통일신라의 공예 기술은 매우 높은 수준이었을 것으로 추측된다. 같은 시기에 이란과 페르시아 지역에서 만들어진 것과 비슷한 유리 제품을 한반도에서도 손색없이 만들 수 있었다. 신라의 고분들에서 나온 유리그릇 중에는 서역산(産)으로 보이는 것들도 있다. 아마도 서역과의 교류가 활발해지면서 그곳에서 만든 화려한 유리그릇들이 수입되었을 것이다. 왕릉이라고 믿어지는 고분들에서 출토된 유리그릇들은 그 왕대에 내왕한 사신들이 바친 것이라고 생각된다.

훌륭한 서역의 유리그릇을 보고 한국의 유리 공장(工匠)도 더 좋은 유리 제품을 만들려고 노력했을 것이다. 백제의 유적에서 나온 유리 제품이 더 한국적인데 비해 신라의 고분에서 출토된 것은 서역의 영향이 확실히 짙다. 이 사실에서 우리는 두 나라의 서역과의 교류에서 나타난 기술사의 한 측면을 엿볼 수 있다. 유리 제품의 원산지가 어디냐 하는 문제는 브릴이 창안한 유리 속에 포함된 납의 동위 원소비 측정 등과 같은 실험고고학적 방법으로 풀어낼 수 있다.

유리구슬은 목걸이나 장식으로 쓰였다. 고분에서의 출토 상태는 그 용도를 잘 말해 준다. 목걸이는 한 줄, 두 줄 또는 서너 줄로 해서 걸고 다녔던 것으로 보인다. 그 한가운데에는 유리곱은옥이나 옥으로 만든 곱은옥을 다는 경우가 많았다.

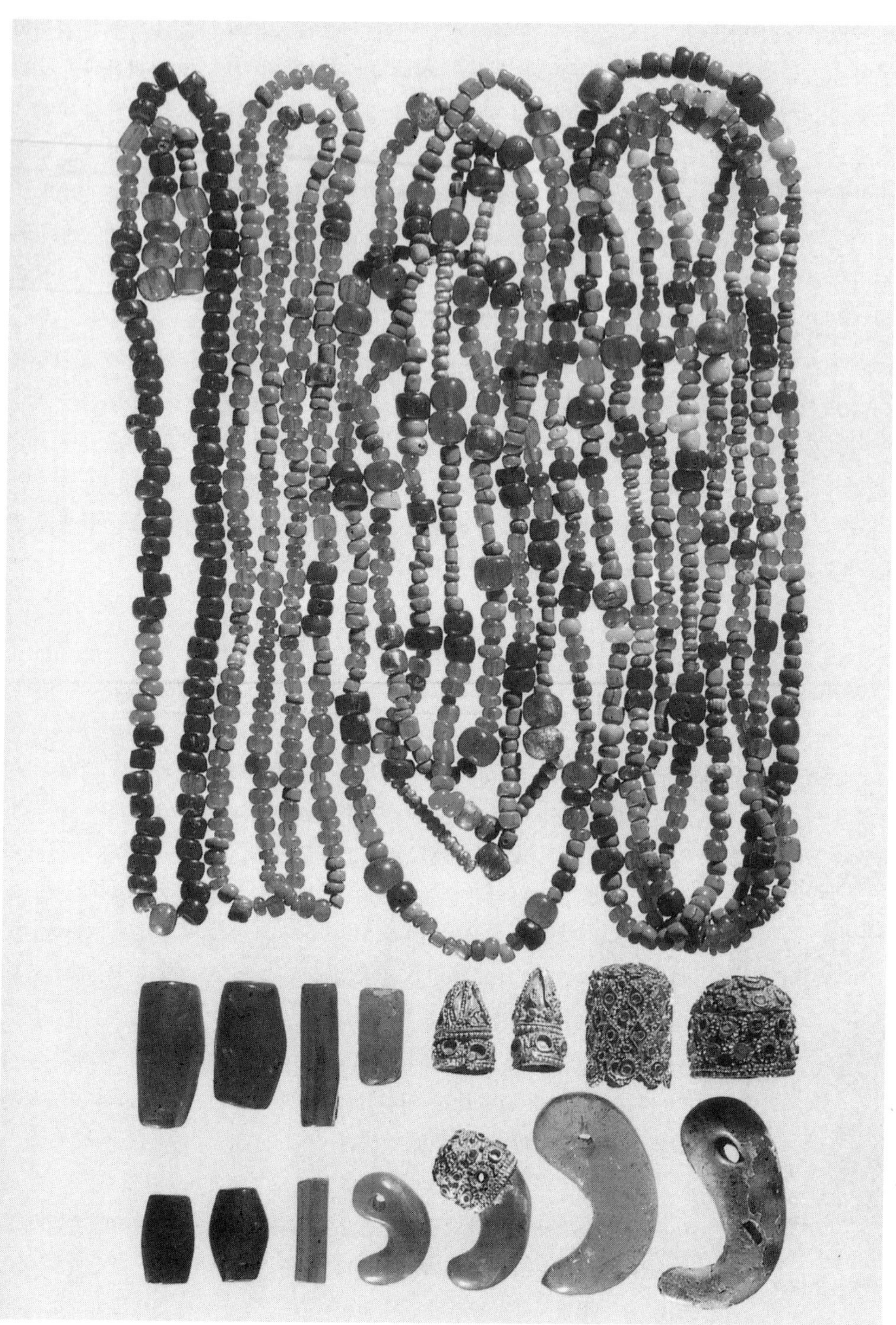

유리구슬과 곱은옥들(5세기). 무령왕릉. 장신구로서의 유리구슬 목걸이와 아름다운 곱은옥이 빼어난 기술과 화려한 디자인의 세계를 연출하고 있다(화보 3 칼라 사진 참조).

유리구슬은 아주 인기있고 귀중한 장식품이었다. 옥이 매우 드물게 산출되었을 뿐 아니라 굳어서 가공하기도 힘들었기 때문이다. 동물의 뼈나 돌, 조개껍질 등은 그 화려함에서 옥과 견줄 수 없었다. 10여 년 전 단국대학교 박물관팀이 경상도 사천(泗川)의 철기 시대 고분에서 발굴한 유리구슬도 그 한 예이다. 당시 한 고분에서는 지름이 5-8mm인 진한 푸른색 유리구슬 10여 개가 나왔다. 또 청록색 관옥(管玉) 3개, 금동귀걸이 2개도 함께 출토되었다.

다른 하나의 고분에서는 5mm와 10mm의 녹청색(綠靑色) 유리구슬 3백여 개가 3개의 목걸이 장식 상태로 발굴되었다. 또 옷섶의 장식으로 달린 것도 나왔다. 그런 장식에는 호리병 모양으로 생긴 것과 꼬인 모양의 것이 있었다.

한국전쟁 직후 영남 지방의 신라고분군에서 유리구슬이 하나 가득 들어 있는 토기항아리가 출토된 일이 있다. 해방전 일본 사람들이 경주 지역에서 발굴한 신라 고분에서는 거의 예외없이 수십 개에서 수백 개에 이르는 유리구슬이 나왔다. 신라 고분에서 나온 유리구슬들 중에는 지름 1.5mm 가량의 작은 것도 있다. 이 작은 구슬은 색깔도 다양해 청, 녹, 황, 적, 갈색 등 아름다운 것들이 많다. 특히 유리곱은옥은 한국 고대 기술의 영향권 안에 있었던 일본 지역에서만 출토되고 있다는 사실이 우리의 주목을 끈다.

서역과의 교류를 통해

일본에서는 유리구슬이 야요이 시대 중기(기원전 1-기원후 1세기) 유적에서 많이 나온다. 그 발굴지는 북부 규슈와 세도내해[瀨戶內海] 연안 지역을 벗어나지 않는다. 이같은 지역의 제한성은 그 구슬들이 한반도의 기술과 연결됨을 시사하고 있다. 일본산 유리구슬의 색깔은 푸른색 계통이 주류를 이루고 있을 뿐더러 알칼리석회유리다. 이런 분석 결과를 통해 일본의 유리구슬이 같은 시기의 한반도 고분에서 나오는 것과 동일한 계통의 유리임을 알 수 있다.

유리구슬 거푸집(1-2세기). 3.5×2.7cm. 진천 덕산. 국립박물관. 지름 7mm의 유리구슬 진흙 거푸집이다.

그럼에도 불구하고 북부 규슈의 야요이 시대 유적에서 발견되는 여러 가지 유리 제품에 대한 일본 학자들의 해석은 색다르다. 고고학자 고바야시[小林行雄]는 이렇게 말했다.

유리벽과 같이 분명히 중국제라고 볼 수 있는 것도 있다. 하지만 유리 제품을 전부 수입품으로 단정하기는 어렵다. 예를 들면 곱은옥과 같이 그 시대에 일본 이외의 땅에서는 발견된 일이 없는 유물도 역시 유리로 만들어지고 있다.

쇼소인의 유리잔. 지름 9.5cm. 높이 11.2cm. 은 받침대가 있는 감색 유리. 신라 무덤에서 이와 꼭같은 것이 출토되었다.

야요이 시대의 유리 제품의 일부가 일본에서 만들어졌다고 생각하는 경우에도 추론(推論)이 갈라질 여지가 남아 있다. 선배 고고학자인 나카야마[中山平次郎]는 스구 유적의 유물에 대한 논문(1928)에서 이 문제를 제기하고 있다. 그는 곱은옥은 일본 제품이라 할지라도 그 원료인 유리에 대해서는 양론이 있다고 지적했다. 이를 테면 일본 제품으로 보는 설과 중국 제품으로 보는 설이 있다는 것이다(『속(續) 고대의 기술』, 1964, 도쿄).

일본에서 한국 고고학의 대가로 유명한 우메하라[梅原末治]도 이 문제에 대해 언급하고 있다. 그러나 그 누구도 그 유리 제품이나 유리 원료가 한국과 기술적으로 연결될 수 있음을 고려하지 않고 있다. 참으로 이상한 일이다. 최근까지도 일본 학자들은 한반도 거의 전역에서 나오는 유리 제품들에 대해 인색한 점수를 주고 있다. 그들은 한국의 고대 유리를 중국 또는 로만 글래스 계통이라고 보았고 한국에서 만들어진 것을 무조건 평가절하했다. 잘 만들어진 유리 제품은 중국이나 로마령(領) 오리엔트에서 수입된 것이고 질이 좀 떨어지는 유리 제품은 한국에서 만들어진 것이라고 본 것이다.

사실 신라의 고분에서 나온 유리그릇, 술잔, 손잡이 달린 물병 중에는 시리아나 이란에서 출토된 것과 그 모양이 거의 같은 것이 있다. 어떤 것은 완전히 똑같다고 할 수 있을 정도로 닮아 있다. 그러나 유리 전문가들은 그 만듦새가 같지 않다고 말한다. 곧 다른 계통의 기술과 솜씨로 만들어졌다는 것이다. 그렇다고 로만 글래스의 영향을 전혀 안 받았다고 말할 수는 없다. 서역과의 교류로 좋은 제품들이 들어왔을 것이다. 그것을 신라의 유리 공장

(工匠)이 본따서 만들기도 했을 것이다.

일본 고대의 보물들이 보존되어 있는 쇼소인에는 신라 고분에서 나온 것과 똑같은 유리그릇이 있고, 유리곱은옥이 중국에서 나오지 않는다는 사실을 어떻게 설명해야 할까. 또 일본의 유리구슬이 한반도의 청동기·철기 기술과 연결되는 지역에서만 출토된다는 사실은 어떻게 받아들여야 할까. 이 두 질문은 고대 유리 기술에서 한국과 일본이 이어지고 있었다는 확실한 근거가 되는 것이다.

유리인가, 슬래그인가

벌써 20년 가까이 지난 1981년 5월의 일이다. 강릉 지방 답사를 마치고 돌아오는 버스에서 우연히 신문을 뒤적이다가 필자는 깜짝 놀랄 만한 뉴스를 접하게 되었다. 4단짜리 짧은 기사였지만 필자에게는 너무나도 큰 사건이었다. 경주 근교 덕천리(德川里)에서 신라 때 것으로 보이는 유리를 만들던 가마터가 발견되었다는 기사였다. 게다가 가마 속에는 녹아붙은 유리 덩어리가 그대로 남아 있다니. 정말 기막힌 일이 아닐 수 없었다. 그것이 사실이라면 한국과학기술사에 있어서 필자의 오랜 숙제 중 하나가 일시에 풀리기 때문이었다.

유리가마에서 채집한 유리 조각을 얻은 것은 늦은 봄이었다. 육안으로 보면 틀림없는 유리였다. 그러나 경주박물관 학예관들은 유리가 아닐 수도 있다는 의견을 제시했다. 철광석을 녹일 때 떠오르는 슬래그일지도 모른다는 것이었다.

서울로 올라오는 기차 안에서 필자는 유리에 얽힌 한국의 기술사를 다시 한번 정리해 보았다. 일본 학자들이 우리 나라 곳곳에서 출토되는 유리 제품들을 중국산 또는 오리엔트 지역 제품으로 일단 믿어버리는 태도가 늘 못마땅했기 때문이다.

1976년 4월 23일. 필자는 서울대학교에서 열린 대한화학회 창립 30주년 기념 학술회의 및 제37회 연회에서 특별강연을 하게 되었다. 필자가 서울대학교 문리대 화학과를 졸업한 지 20년 만의 일이었다. 이 자리는 전공인 화학을 계속하지 않고 외도(?)를 하던 필자에게 베푼 영광스런 자리이기도 했다.

강연의 주제는 〈한국 고대 화학 기술의 몇 가지 문제〉였다. 여기서도 필자는 유리의 기

유리그릇들(5-6세기). 신라 무덤 높이 7-8cm. 호리병 높이 15cm. 경주박물관.

술에 대한 문제를 제기했다. 당시 국내의 많은 화학자들은 이 문제 제기에 큰 관심을 보여 주었다.

여러 상념에 사로잡힌 채 필자는 어느 새 서울역에 도착하고 있었다. 오랜 숙제 중 하나가 풀릴 것인가. 한국에서도 유리를 만들던 가마터가 확인될 수 있을까.

그후 얼마 동안 필자는 그 청록색 유리 덩어리 한 조각에 사로잡혀 있었다. 아무런 설명도 없이 이 유리를 유리 전문가에게 불쑥 내밀면서 〈이게 무엇이냐〉고 묻기도 했다. 대학 동창이기도 했던 유리 전문가 황규성은 옛날 유리라고 잘라 말했다. 이제 남은 일은 화학적 분석뿐이었다.

고려대학교 윤동석 교수에게 분석을 의뢰했다. 철(鐵) 전문가인 그에게 슬래그인지 아닌지를 한꺼번에 확인하기 위해서였다. 그해 6월 10일, 마침내 결과가 나왔다. 두 개의 표본이 모두 유리라는 것이다. 그날 필자는 흥분과 기쁨으로 가슴 벅찬 하루를 보냈다. 우리 나라에서 처음 시도된 유리 분석이었고, 신라 때 이미 유리가 만들어졌다는 사실이 증명되었기 때문이다. 윤동석 교수팀의 분석 결과는 이렇다. 표본 A는 초록색인데 비중이 2.31이고, B는 짙은 회색인데 비중은 A와 같은 2.31이었다. 또 둘다 알칼리석회유리였다.

얼마 후 한국과학기술원(KAIST)에서 이 유리 두 조각이 다시 분석되었다. 특히 짙은 초록색 부분을 정밀하게 분석했는데 결과는 같았다. 또 분석 보고서는 유리화가 잘 된 질좋은 유리라는 평가를 덧붙이고 있다. 신라의 유리 기술 수준이 매우 높았음을 현대 과학기술연구팀이 입증한 것이다. 한국의 고대 과학 기술에 대해 별로 아는 것이 없는 KAIST의 연구진이 내린 평가였기 때문에 선입관이 없는 객관적인 것으로 받아들여졌다.

그런데 1989년 5월 KAIST에서 열린 〈신소재(新素材) 200 심포지엄〉에서 KAIST의 금속부장 최주 박사는 다른 의견을 내놓았다. 덕천리에서 발굴한 유리 모양의 덩어리가 사실은 슬래그임을 과학적으로 입증했다고 발표한 것이다. 그의 주장은 일부 일간지에 보도되었다. 그 보도에 접했을 때 필자는 이전의 어느 발표보다도 과학적인 근거를 갖고 내린 또 하나의 슬래그설이라고 생각했다.

그러나 이번에는 사정이 좀 달랐다. 1989년 말에 나온《문화재(文化財)》22호에는 최주 박사와 서울대학교 박물관 학예연구사 이인숙, KAIST 금속부 기사 김수철, 연구원 도정만의 공동 연구 논문이 실려 있다.「경주 월성군 내남면 덕천리 출토의 철 슬래그에 대한 연구: 유리냐 슬래그냐에 대한 논의를 중심으로」라는 제목으로. 한마디로 이 논문은 필자에게 큰 충격과 놀라움, 그리고 기쁨과 아쉬움을 동시에 안겨주었다. 역시 슬래그였구나 하면서도 한없이 아쉬웠던 게 필자의 솔직한 심정이었다. 신라인이 유리를 제조했다는 사실을 입증해 줄 물증이 나올 때까지 얼마나 더 기다려야 할까. 어쩌면 그 결과를 볼 수 없을지도 모른다는 생각이 들었다.

최박사팀의 논문은 훌륭했다. 특히 학문적으로 나무랄 데 없는 완벽한 논지를 제시하고 있었다. 매우 치밀하게 조사한 결과, 표본들의 화학 조성은 전에 분석한 결과와 비슷했다고 최박사팀은 밝히고 있다. 그러나 미세구조의 관찰에서는 새로운 사실이 드러났다는 것이다. 현미경을 통해 보았더니 시료에서 철의 규산염ferrous silicate 결정체가 관찰되고 철입자도 검출되었는데 그 철입자는 주물용으로 적합한 펄라이트pearlite 회주철(灰鑄鐵)이라고 한다. 그렇다면 덕천리에서 출토된 유리질 덩어리는 슬래그인 것이다.

아무튼 육안 관찰과 화학 조성만 갖고 판단한 종래의 결과와는 다른 결과임에 틀림없다. 실험고고학자들에게 또 하나의 과제가 생긴 셈이다.

윤동석 교수팀의 분석

	표본 A	표본 B
SiO_2	53.09	55.15
Al_2O_3	16.22	19.70
CaO	23.32	19.82
MgO	–	0.10
Fe_2O_3	1.13	0.83
FeO	5.09	1.21
총계	98.55	96.72

과기원 연구팀의 분석

	표본 A	표본 B
SiO_2	54.1	49.37
Al_2O_3	12.9	9.06
CaO	22.2	25.02
Fe_2O_3	5.46	7.34
FeO	–	–
K_2O	1.36	0.75
Na_2O	0.64	0.24
MnO	2.39	3.22
MgO	1.06	5.23
TiO_2	0.39	0.43
총계	100.54	

경주에서 출토된 유리그릇들(5-6세기). 높이 7-8cm. 경주박물관.

토기의 그릇 모양과 닮은 유리그릇

일본 학자들의 말처럼 신라 고분에서 출토된 유리그릇들이 모두 오리엔트에서 들여온 수입품이라면, 신라의 유리 기술자들은 유리구슬만 만들고 있었단 말인가. 사실 당시의 신라인들은 꽤 활발한 국제 교류를 했고, 오리엔트의 영향을 받은 것으로 보이는 공예품이 적지 않게 출토되고 있다. 따라서 그 시대에 가장 훌륭한 제품을 만들어냈던 오리엔트의 유리가 신라에 들어왔으리라고 보는 것은 자연스러운 생각이다.

동시에 그런 뛰어난 유리 제품에 자극되어 신라의 유리 제조 기술자들이 오리엔트산에 필적할 만한 유리그릇을 만들어내려고 노력했을 것이라는 생각도 충분히 해볼 수 있다. 신라 고분에서 발견된 유리그릇의 모양이 이란과 페르시아 지역의 것과 닮은 게 사실이다. 하지만 경주 불국사 석가탑에서 발견된 유리병과 몇 개의 유리제 사리병들은 하나도 닮은 데가 없다. 이런 것들은 신라의 유적에서 뿐만 아니라 백제와 고구려의 유적에서도 발견되었다.

이 〈한국형〉 유리그릇들 중에는 우리 나라 토기의 그릇 모양과 무척 닮은 것이 많다. 추측컨대 토기를 본떠서 왕실에서 쓰는 유리그릇을 만들었을 것으로 보인다. 불교 신앙에서 최고의 상징적인 보배라 할 수 있는 사리를 담아두는 그릇을 유리로 만들었다는 사실은 유리그릇을 얼마나 귀하게 여겼는지를 말해 주는 증거다.

최근 유리에 대한 기술고고학적인 연구가 활발히 진행되고 있다. 퍽 반가운 일이다. 유리공예를 전공한 고고미술학자 이인숙 박사의 「한국 고대 유리의 분석적 연구」(《고문화》, 34집, 1989년 6월)는 근래 보기 드문 연구 성과를 기록하고 있다. 그는 자신이 분석한 여러 개의 자료에 근거, 우리 나라 고대 유리 제조의 변화 과정을 설정하려고 애썼다. 그는 유리 제조사를 세 단계로 구분하고 있다.

제1단계의 전기(기원전 1-기원후 1세기)에는 소량의 나트륨(Na_2O)을 함유한 실리카유리가 주류를 이룬다. 그러나 후기(2-3세기 말)에는 칼륨유리(K_2O-SiO_2 glass)가 판을 치는데 이 유리는 중국 한대의 유리와 같은 제품이다. 제2단계의 전기(4-5세기)에는 소다유리가 주류를 이루고, 후기(5-7세기 초)

유리잔(5-6세기). 높이 12.5cm. 경주박물관. 국보 193호. 색깔과 그릇 모양으로 서역에서 수입된 것으로 여겨지고 있는 귀중한 유물이다.

에는 소다유리, 칼륨유리, 납유리 등이 다양하게 나타난다. 끝으로 3단계(7-10세기), 즉 신라통일기에는 납유리 〈천하〉가 되었다는 것이다. 또 각단계별로 출토되는 유리의 종류에도 차이가 난다. 1단계에는 유리구슬류가 주로 발굴되고, 2단계에는 풍부한 유리구슬과 장식품, 유리그릇이 나타나기 시작하고, 3단계에는 사리병이 주축을 이룬다고 밝히고 있다.

이러한 설정은 1970년대에 필자가 포괄적으로 제시한 가설을 실험적으로 증명해 주고 있다. 그러나 그는 유리가 제작되기 시작한 시점에 대해서는 필자와 다른 견해를 보이고 있다. 그의 견해를 요약하면, 서력 기원전에 이미 한반도 남부를 중심으로 외부와의 교역이 있었으며, 이를 통해 유리 제작 기술을 습득했다는 것이다. 그의 주장 역시 유리의 외부전래설도 인정하는 듯해서 아쉬운 점으로 남는다.

논란의 소지가 남아

이보다 조금 앞서 1987년에 몇 사람의 화학자팀이 중성자 방사화 분석법과 다변량 해석법을 활용 고대 유리 제품을 분류하고 그 결과를 학술지에 발표했다(《대한화학회지》 31권, 6호, 1987). 이 팀의 주축인 이철(李徹) 교수는 1989년에 간행(한국상고사학회 공동 연구)된 『한국상고사』 집필팀이 실행한 「고대유물 산지의 연구」에도 참가했다. 그는 여기서 최몽룡, 강형태, 이성주 교수 등 고고학·보존과학 전공학자들과 함께 주목할 만한 연구 결과를 내놓고 있다. 이 논문은 한국에서 기술고고학 또는 고고화학의 학문적 위치를 정립시켰다는 점에서 높이 평가되고 있다.

사리함과 유리 사리병(8세기). 익산 왕궁 5층탑. 사리병 높이 6.1cm.

그들은 이 연구에서 한국 고대 유리의 산지를 추정하는 작업을 고고화학적으로 전개했다. 특히 45종의 시료를 과학적으로 분석한 것은 큰 성과다. 또 〈고분에서 다량으로 출토되는 유리구슬류는 국내산〉이라는 결론을 내린 것도 매우 중요한 의미를 갖는다. 다만 〈양식적으로 매우 이질적인 로만 글라스 계통의 유리용기는 수입품으로 보아야 할 것 같다〉는 결론은 장차 또 다른 논란을 불러일으킬 것으로 보인다.

유리그릇은 모두 수입품인가, 일부만 수입품인가 하는 문제는 계속 검토되어야 할 숙제로 남아 있다. 따라서 앞으로 이에 대한 활발한 논의가 다각적으로 이루어져야 할 것이다. 한국의 고대 유리의 기원을 알아내는 일은 과학기술사뿐만 아니라 우리 나라 고대사의 중요한 부분들을 해명하는 데 있어 중요한 열쇠가 되기 때문이다.

가야토기와 신라토기

기원전 6-5천 년경. 한반도에는 시베리아와 지금의 중국 동북 지방과 요동 반도에 이르는 넓은 지역에 퍼져 있던 신석기인들이 해안과 강변에서 살고 있었다. 그들은 진흙으로 빚어 만든 그릇을 쓰고 있었다. 우리가 흔히 토기라고 부르는 것이다.

오리모양토기등잔(5-6세기). 높이 16cm. 경북대학교 박물관.

그들이 만든 토기는 V자 모양으로 밑이 뾰족하고 회색 빛깔이 나는 것이다. 이 토기는 표면에 나무 끝 같은 것으로 점을 찍거나 선을 그어 마치 빗살과 같은 무늬가 있기 때문에 빗살무늬토기 또는 즐문토기(櫛文土器)라고 불린다. 이와 비슷한 토기는 우리 나라뿐 아니고 스칸디나비아나 바이칼호 지방에서도 발견되고 있다. 그래서 이런 토기 제작 기술이 그런 지역에 살고 있던 사람들과 연결된다고 생각하는 근거의 하나로 삼는 학자도 있다.

그러나 우리 나라 빗살무늬토기의 기술은 우리 나라 지역에서 생겨났다고 생각되고 있다. 빗살무늬토기는 모래질의 진흙에 운모와 활석, 때로는 석면 따위를 보강물(補强物)로 섞어 손으로 빚어 만들었다. 그리고 그것을 빙글빙글 돌려가면서 성형시켜서, 움 속에서 그리 높지 않은 온도로 구워냈다. 그래서 그릇 표면은 거칠고, 갈색이나 적갈색 및 흑갈색을 띠었고 움가마 속의 불길이 고르지 못했기 때문에 검푸른 반점이 생겨 얼룩이 가기가 일쑤였다. 그렇긴 하지만 토기의 종류는 비교적 다양하고 크기도 여러 가지를 만들어냈다.

그후 대략 기원전 1천 년경에는 토기의 표면에서 무늬가 사라져갔다. 그러니까 표면에 아무 무늬도 없는 이른바 무문토기(無文土器)가 등장한 것이다. 이 토기는 모래알이 섞인 진흙을 손으로 빚어 만들었다. 때로는 모래알이 거의 없는 고운 진흙을 쓴 것도 있고, 운모나 활석을 섞어 토기의 성형을 쉽게 하고 굽는 도중에 금이 가거나 터지는 일이 없도록 하는 기술적으로 한발 앞선 것도 있었다. 무문토기는 대부분의 경우 표면에 산화철이 많이 포함된 진흙을 엷게 한꺼풀 바르고 표면을 갈아서 매끈하게 하기도 했다. 그래서 그 색깔이 즐문토기보다 밝은 갈색이 많다. 종류도 훨씬 다양해서 크고 작은 항아리들, 여러 가지 단지·대접·사발·잔·접시들, 그리고 시루도 있고 그 모양도 훨씬 세련되었다. 그리고 이 토기는 철기와 청동기 문화를 가지고 일본으로 건너가서 초기 야요이식[彌生式] 토기의 모체가 되었다.

한편, 이보다 기술적으로 더 잘 처리된 토기가 기원전 3세기경부터 만들어지고 있었다. 그것이 북부 중국의 채도(彩陶)에 기원을 둔 홍도(紅陶)였다. 이 토기는 모래를 거의 제거한 고운 진흙으로 그릇의 벽을 엷게 빚고, 그 표면에 산화철을 바르고 갈고 닦았다. 그러니까 그릇의 표면은 윤이 나면서 밝고 붉은빛을 띠고 있다. 그릇에 색깔을 입히고 표면처리를 하는 기술이 생겨난 것이다. 이러한 빛깔은 토기를 빚은 뒤에 어느 정도 말려서 산화철을 고르게 바른 다음 매끄러운 자갈돌 같은 것으로 문지른 뒤에 구워내면 되었다. 대부분이 항아리인 홍도는 무늬 없는 토기치고는 빼어난 솜씨를 보여준 것으로, 많이 만들지는 않은 것 같다. 그러나 이것은 아직도 토기 제작 기술에서 혁신적인 변화라고 볼 수는 없다. 물레가 쓰이지 않았고 가마도 원시적인 채로 머물러 있었기 때문이다.

수레모양토기 6-7세기 경주박물관. 신라 시대의 수레의 모습이 너무도 생생하다.

획기적인 발전은 서력 기원을 전후한 때에 김해 지방에서 이루어졌다. 김해 지방 사람들은 한반도 땅에 살고 있던 사람들이 만들어 쓰는 무문토기에 새로 중국의 철기 문화와 함께 들어온 중국식 회도(灰陶)의 기술을 가미하여 아주 새로운 단단한 토기를 발명하였다. 이것이 가야토기이다.

이 토기는 모래를 완전히 제거한 정선된 진흙을 원료로 하여 물레를 써서 그릇의 모양을 다듬었고 1,000℃ 이상되는 높은 온도에서 구워 만들었다. 토기를 구워내는 가마도 크게 달라졌다. 그때까지 쓰이던 원시적인 개방요(開放窯)에서 높은 화력을 낼 수 있는 터널식 굴가마[登窯]로 발전한 것이다. 굴가마는 산등성의 경사에 따라서 비스듬히 터널처럼 쌓은 가마이다.

망새(7세기). 경주 황룡사터. 높이 182cm. 경주박물관. 이 거대한 망새는 토기 제작 기술의 뛰어남을 보여주는 유물이다.

신라토기

굴가마는 한국인이 만들어 낸 독특한 가마이다. 그것은 김해토기(金海土器) 이후 우리 나라 도자기 가마의 모체가 되었다. 김해토기를 굴가마에서 구워내면서 한국인은 높은 온도로 토기를 구울 때 터지거나 갈라지는 것을 막기 위해서 안에 받침을 대고 밖으로부터 방망이로 두드려서 그것의 벽을 단단하게 하는 공정(工程)을 거쳤다. 그렇지만 밝은 갈색과 환원 상태에서 구워진 회색의 두 색깔을 가지고 있다. 이렇게 김해토기는 신라의 회색 경질(硬質) 토기로 발전하는 새로운 기술의 모체가 되었다. 신라 사람들이 그 기술의 전통을 이어받은 것이다.

신라인들은 기술의 여러 분야에서와 같이 토기 제작 기술에서도 뚜렷한 발전을 이룩했다. 신라도공들은 그 기술을 김해토기의 전통에서 이어받았다. 그래서 토기를 구워내는 기술적인 공정에서는 김해토기의 제작 기술과 사실상 별다른 차이가 없다. 그렇지만 그 세련되고 숙련된 기술은 한단계 더 앞으로 나아간 것이다. 그래서 신라의 도공들은 그들의 가마에서 도기(陶器)와 자기(瓷器)의 중간인 경질 토기를 구워낸 것이다. 진흙을 빚어서 불에 구워내는 기술에서 신라의 도공들은 누구보다도 뛰어난 솜씨를 나타냈다. 흙과 불을 조화시키는 재주와 훌륭한 미적 감각이 한데 어울려 새로운 기술의 경지를 개척했다고 볼 수 있다.

신라 경질 토기는 김해토기와 같은 아주 고운 정선된 진흙을 그 원료로 하고 있다. 그리고 물레를 써서 그릇의 모양을 아름답게 했으며, 그릇의 벽을 단단하게 하기 위하여 방망이로 그릇면을 두드렸던 것도 김해토기에서 쓰인 공정이다. 한 가지 뚜렷한 것은 그 가마의 구조가 터널식 굴가마로서 기술적인 완성 단계에 도달했다는 점이다. 그래서 신라토기는 보다 높은 온도로 환원염(還元焰)에서 구워져 갈색 계통의 빛깔은 완전히 사라지고 회색 계통의 단조롭지만 우아한 빛깔이 창조된 것이다.

신라의 도공들은 터널식 가마들을 산등성이의 경사에 따라서 자연스럽게 올라가며 만들었다. 10여 년 전 충청남도 부여 근처에서 발견된 비탈진 터널식 가마는 길이가 약 7.2m이고, 너비가 1.5m가량의 35도 경사를 가진 것이었다. 그 구조는 터널의 위쪽 3분의 1은 자연의 암상(岩床)을 깨고 쌓았는데 그 꼭대기에는 연기가 나갈 구멍이 있었다. 아래쪽 3분의 2에는 구울 토기를 놓을 자리가 층층이 되어 있었다. 불은 맨 밑 입구 가까이에 있는 널찍한 자리에서 피워서 자연의 경사에 따라 불길이 위로 올라가도록 되어 있었다.

이 신라의 굴가마는 사실상 도자기를 굽는 가마로서는 완성된 단계에 이른 구조라고 할 수 있다.그것은 일본의 스에[須惠] 토기의 가마에도 직접적으로 영향을 미쳤고 고려와 조선 시대에도 그대로 계승되어 한국의 전통 요업에 있어서 가장 보편적이고 특징적인 가마의 형식으로 지금까지도 쓰이고 있다.

한편 이러한 가마의 구조와 시설의 발전은 이 시기에 건축용 자재로서의 기와와 벽돌의 대량 생산에 의해서도 자극되었을 것이라고 생각된다. 그리고 기와와 벽돌 및 전(塼)의 제조 기술, 특히 그 모형을 틀에서 뽑아내고 무늬를 새긴 틀[印型]로 찍어서 돋쳐내는 장식적·규격적 제작 방법은 필시 도기의 형태와 표면 처리의 기술과 이어졌을 것이다. 실제로 통일신라 시대의 토기들의 무늬는 바로 그런 방법으로 찍어서 새긴 것이다.

8세기를 전후한 시기에 이르면서는 토기의 표면에 유약을 입히는 수법이 쓰이기 시작했다. 유약은 삼국 시대의 신라토기에서 가마 속에서 재가 날아 붙어 연한 초록색의 자연유(自

토기 항아리(7~8세기). 높이 16cm. 경북대학교 박물관.

질그릇 가마 그림. 조선 시대 후기 터널식 굴가마에 불을 때는 사람과 풀무질하는 사람의 모습이 생생하다.

然釉)가 부분적으로 나타난 경우가 있지만 이때부터는 황갈색 또는 황록색의 인공유가 나타난 것이다. 이 유약은 납의 산화물인 연단(鉛丹)과 석영(石英)을 3 대 1의 비율로 섞은 것으로 낮은 온도에서 녹아 초록색이나 황갈색을 띤다. 이러한 유약은 납유리가 만들어지면서 그 기술이 자연스럽게 토기에 응용된 것이다.

고려청자, 그 비색의 기술

용인에 있는 호암미술관에 갔을 때의 일이다. 전시된 명품들을 둘러보다가 책거리 그림[冊卓圖]이라는 그림 앞에서 눈길이 멈추었다. 그리고 오랫동안 움직일 줄 몰랐다. 유리어항에서 고기가 놀고 있는 그림이었다. 필자가 알고 있는 한, 조선 시대 유리어항으로 전해지고 있는 유물은 없다. 유리어항뿐만 아니라 고려 시대와 조선 시대의 것으로 밝혀져 박물관에 전시된 유리그릇도 거의 없다. 그래서 나는 조선 시대에는 유리그릇이 쓰이지 않았을지 모른다고 생각한 적도 있었다. 그러나 그럴리가 없다.

놀랍게도 18세기 후기 조선 시대 선비의 방에 유리로 만든 어항이 놓여 있는 것이 아닌가. 화가는 그 어항이 유리임을 잘 나타내 주었다. 이 한 폭의 그림은 나의 오랜 숙제 하나를 또 풀어주었다. 조선 시대에 유리그릇이 실제로 쓰이고 있었다는 사실을 입증해 준 것이다.

우리 나라에서 유리 제품은 삼국 시대 이전부터 만들어졌다. 유리구슬은 철기 시대 유적에서 출토되고 있으며 삼국 시대에 이르면서 여러 고분에서 수없이 많이 나오고 있다. 그리고 신라의 고분들에서는 유리그릇도 많이 출토되었다.

필자는 유리꽃병 그림을 간접적으로도 보았다. 일본 교토 고산사(高山寺)의 가마쿠라 시대(13세기경) 그림에서 의상(義湘)이 신라의 산사(山寺)에서 강설하는 장면에 그려진 담청색의 유리그릇 그림을 보고 어찌나 기뻤던지……. 또 원효(元曉)가 금강삼매경(金剛三昧經)을 강론하는 장면에는 감색의 유리꽃병이 놓여 있었다.

그러나 조선 시대 후기에 유리그릇을 사용했는지는 아직 밝혀지지 않고 있다. 확실한 증거가 되는 자료가 거의 없었기 때문이다. 그러다가 이 선비방의 그림에서 커다란 유리어항을 분명히 보게 된 것이다. 조선 시대에 어항으로 쓰일 만큼 널리 보급되었던 유리그릇들이 다 어디로 갔을까. 장독처럼 별로 귀하게 여기지 않았던 탓으로 지난 1세기 동안에 거의 사라져버린 것일까. 그럴 가능성이 많은 것 같다.

실학자들의 글에서도 유리그릇에 대한 이야기가 제법 많이 나온다. 그들은 금속이나 광산물, 그리고 도자기 등에 대해 말할 때마다 으레 유리에 대해서도 관심을 나타내고 있다.

『오주연문장전산고(五洲衍文長箋散稿)』로 잘 알려진 이규경(李圭景)도 그의 『오주서종박물고변(五洲書種 博物考辨)』에서 유리를 꽤 과학적으로 거론했다. 그는 안경, 망원경, 확대경 등을 유리로 만든다고 소개했다. 그가 말하는 〈유리(琉璃)〉가 지금 우리가 유리라고 하는 것이다. 이규경은 주로 렌즈에 대해서 언급하고 있다. 안경(眼鏡)이라는 항목에서 그는 아란다(阿蘭陀), 즉 오란다Holland 천리안경(千里眼鏡)과 서양 현미경이 최고품이고 진수정(眞水晶), 자오수정(紫烏水晶)으로 만든 안경은 그만 못하다고 기록하고 있다.

또 오목렌즈와 볼록렌즈의 기본 원리를 소개했다. 그는 이 두 종류의 렌즈를 이용하여 노안경(老眼鏡), 장안경(壯眼鏡), 중로안경(中老眼鏡), 근안경(近眼鏡)을 만들 때 각각의 안경에 적합한 렌즈의 종류를 지정하기도 했다. 또 확대경을 충안경(蟲眼鏡)이라고 부르고 망원경과 현미경의 구조와 제작법을 설명했다. 이규경은 이렇게 유리로 만든 광학렌즈의 중요성에 대해 말하면서도 유리그릇이나 유리장식품 등에 대해서는 언급하지 않았다. 귀한 물건이긴 하지만 학문으로 다루기에는 상식적인 대상이었기 때문이었을 것이다.

아무튼 조선 시대 사람들도 유리를 그렇게 색다르고 신기한 대상으로 생각한 것 같지는 않다. 그래서인지 유리 제품을 공예품으로 취급하지도 않았다. 조선 시대 사람들은 유리그릇보다 사기그릇을 더 좋아했던 것으로 보인다. 또 유리구슬보다는 옥이나 천연석을 선호했다. 조선의 여인들이 목걸이를 별로 하지 않은 이유도 이런 경향과 관련이 있을 성 싶다. 유리구슬 만드는 일이 줄어들었기 때문에 유리목걸이의 공급도 감소했다는 얘기다.

유럽의 유리 기술을 네덜란드인에게 배운 일본 사람들은 17세기부터 열심히 유리그릇을 개량, 18세기 이후에는 유럽에 필적할 만한 아름다운 유리 제품들을 만들어냈다. 이는 우리의 경우와 매우 대조적이다. 예로부터 좋은 유리를 제조해 왔던 한국이나 중국이 오히려 일본보다 처졌다는 사실은 시사하는 바 크다.

도자기와 금속그릇이 높은 수준에 있어서 상대적으로 유리그릇에 대한 기호도가 낮았는지도 모른다. 사실 서유럽에서 유리가 발달한 것도 그들의 도자기 기술이 낮은 수준에 머물러 있었기 때문이다. 그래서 유리에 대한 매력이 더 강했을 것이다.

책거리 그림들(조선 시대 후기). 호암미술관. 조선 선비들의 서재를 장식한 기물들의 그림이 이채롭다. 특히 큰 붕어 한 마리가 들어 있는 유리 어항은 아주 재미있는 그림이다.

유리대접(5-6세기). 입지름 12.8cm. 경주박물관. 국보 193호.

토기오리와 고려청자

흙과 불이 빚어낸 그릇 중에 자기(磁器)가 있다. 청자(靑磁)는 그 중에서도 걸작이다. 인간이 만들어낸 수많은 그릇이 있지만, 청자처럼 깊고 은은한 멋을 풍기는 그릇은 또 없다. 토기에서 바로 이어진 예스러움 때문일까. 그 색깔 때문일까. 흙과 불의 조화로 이루어진 유리와 토기가 한데 어우러져 태어난 청자는 옛 사람들에게는 신비로운 존재였다. 동시에 그것은 혁신적인 기술 개발의 결과였다.

그 청자들을 주로 전시한 박물관이 있다. 1982년 11월 일본 오사카[大阪]에서 문을 연 오사카 시립동양도자미술관이 그것이다. 그 2층 로비의 한쪽 벽 조금 높은 곳에 토기오리 한 마리가 앉아 있다.

그 다소곳한 모습은 신라와 가야의 토기에서 낯익은 것이다. 결코 좁지 않은 공간에 왜 오리 모양 토기 하나만을 놓아둔 것일까. 136점의 전시물이 모두 빼어난 도자기들인데도 불구하고 단 하나 이 오리 모양 토기가 눈길을 끌었다. 이 토기를 자세히 살펴보다가 필자는 토기가 도자기 기술의 출발을 상징하고 있다고 생각했다.

그 토기 한 점은 마치 하얀 종이에 점 하나를 깨끗이 찍은 그림과 같이 깊은 인상을 주었다. 실제로 그것은 그 공간을 꽉 채워주고 있었다. 고려 자기 33점, 조선 자기 51점, 그리고 중국 자기 48점을 모아 놓은 그 미술관이 마치 한 마리의 토기오리에서 시작이라도 되는 듯 했다.

신라토기나 가야토기는 토기 제조 기술에 있어서 거의 완성 단계에 이른 것이라 할 수 있다. 그릇의 모양이나 토기의 질, 그리고 표면처리 기술에서 뛰어난 솜씨를 보여주고 세련된 미적 감각을 나타내고 있다. 그 기술에서 볼 때, 토기에서 자기로의 이행은 매우 자연스러운 발전으로 받아들일 수 있다.

자기의 바로 앞 단계가 유약을 입혀 구워내는 기술이다. 그것은 통일신라 시대 초기부터 나타난다. 초록색의 이른바 녹유(綠釉)가 입혀진 토기는 기술이 발달함에 따라 매우 아름다운 색깔을 내게 되었다. 흔히 말하는 녹청자(綠青磁)는 이 기술을 바탕으로 한 것이다.

여기서 출현한 것이 청자다. 벌써 1천 년이 지난 10세기경의 일이다. 그윽한 푸른 빛깔을 내는 아름다운 청자를 구워내는 기술은 고려 시대에 이르면서 한층 더 발달했다. 단계별로 말하면 토기에서 시작한 그릇을 빚어 구워내는 기술은 신라토기에 이르러 도기(陶器)로 발전했다. 그러다가 청자가 탄생하면서 마침내 자기로의 혁신적인 전환이 일어나게 된 것이다.

오리모양토기등잔(5-6세기). 높이 14.0cm. 호암미술관. 다소곳이 고개 숙인 오리의 모습, 그 등과 꼬리 부분은 기름등잔으로 쓸 수 있게 만들어 놓았다.

그 기술 혁신은 몇 가지 기본적 공정에서 이루어진다. 도자기의 기본 공정은 첫째가 흙의 채취고, 둘째는 성형(成形)이며 그 다음이 구워내는 세 단계를 거친다. 이 세 가지 기본 공정에서 기술적인 발전이 있을 때 도자기는 한층 더 우수한 것이 된다.

도자기의 재료가 되는 흙에는 두 가지 종류가 있다. 이를 테면 장석(長石)이 분해되어 생긴 흙(흔히 말하는 고령토)과 철분을 포함해 붉은색을 띤 고운 진흙이다. 결국 이 흙을 어떻게 빚어내는가에 따라서도 자기의 우열이 갈린다. 그리고 알맞은 흙을 선택했느냐, 어떤 비율로 배합했느냐에 따라 구워내는 그릇의 질이 판가름난다. 토기와 도기, 그리고 청자와 백자는 먼저 이 흙부터 차이가 난다.

그 다음에는 성형이다. 성형할 때 가장 중요한 것은 두 말할 나위없이 물레의 사용이다. 실제로 물레의 사용은 도자기 제조 기술에 커다란 발전을 가져왔다. 그릇의 모양을 마음대로 반듯하게 다듬어내게 했고, 도자기를 대량 생산하는 길을 열어 놓았던 것이다. 우리 나라 도공들은 특히 발로 돌리는 물레를 잘 썼다. 그것은 두 손에 자유를 주었기 때문에 손으로 돌리는 물레보다 여러모로 편리했다.

성형된 도자기는 가마에서 구워낸다. 그 가마에도 한국인의 특색이 보인다. 굴가마라는 터널식 가마가 그것이다. 굴가마는 우리 나라 도공들이 오랫동안 써 온 훌륭한 가마다. 여기서 불을 조절하기에 따라서 가마 속의 불길은 산화염도 되고 환원염도 된다. 이 두 종류의 불의 성질이 마음대로 조절되면서 비로소 도자기에 색의 변화를 줄 수 있게 되었다.

여기에 유약의 기술이 더해진다. 낮은 온도에서 녹는 연유(鉛釉)에서 높은 온도에서 녹는 회유(灰釉)로의 전환이 이루어진 것이다. 이른바 청자유(靑磁釉)의 출현이다.

청자상감매병(12세기). 높이 29.2cm. 오사카 시립동양도자미술관.

송청자의 모방인가

청자는 유약과 태토에 포함된 적은 양의 산화철이 환원해서 생긴 푸른색의 자기다. 10세기경 고려 도공들은 오랫동안 그들이 추구하던 비취옥의 신비로운 색깔을 도자기에 재현하는 데 성공했다. 그야말로 흙을 빚어 옥을 구워내는 벅찬 감격을 안은 것이다. 그것은 한국 기술사의 새로운 장이었고 자기 제조 기술에 새 경지를 연 커다란 기술 혁신이었다. 고려청자의 제조는 그야말로 고도로 승화된 기술의 소산이기 때문이다.

그러나 고려청자가 언제 어떻게 시작됐는지 아직 확실치 않다. 충분히 밝혀지지 않은 부분이 아직 꽤 남아 있는 것이다. 우리는 청자의 고향이라고도 불리는 전라남도 일대, 특히 강진 등지에서 계속해서 집중적으로 발견되는 청자 가마터에 주목해야 한다. 그 발굴과 조사 연구를 통해 해명의 결정적 실마리가 제시될 가능성이 높기 때문이다. 따라서 이 일대는 미술사가와 기술사가, 그리고 과학자와 역사학자들이 함께 조직적으로 파고들 필요가 있다.

고려청자는 많은 신비로움을 간직하고 있다. 그것은 한마디로 흙과 불의 조화다. 하지만 그 비밀은 아직 거의 밝혀지지 않고 있다. 무엇보다 가마의 쓰임새, 불질의 기술이 해명되어야 하고, 흙의 유약의 신비가 풀려야 한다.

고려 도공들은 기술적 바탕이 없던 상태에서 송청자(宋靑磁)를 모방해 청자를 만든 것이 아니었다. 일본 사람들은 끝내 흉내내지 못했던 기술이 아닌가. 고려 사람들은 그 기술들을 자기 나름대로 자연스럽게 개발해 냈다. 선사 시대부터 시작해 신라의 경질 토기에 이르는 오랜 기술적 축적과 전통이 그 일을 가능하게 한 것이다. 고려청자는 그 가마의 기술전통과 그 유약과 태토의 기술전통, 그리고 아름다운 선과 뛰어난 예술적 감각으로 볼 때 오랜 전통의 산물로 보인다. 그래서 고려청자의 기술이 통일신라 말기에 이미 태동되기 시작했다는 견해는 나름대로의 설득력이 있다. 처음에는 순청자를 구워냈다. 산기슭을 타고 비스듬히 올라가는 가마에 그릇을 넣고 아궁이에 불을 지펴 열이 일정하게 오르게 했다. 그 다음에 아궁이를 막아 환원불꽃이 되게 불을 조절하는 방법을 쓴 것이다.

그 제조법을 두 단계로 나눠 간략하게 알아보자. 먼저 고도로 정선된 태토(胎土)에, 나무나 풀을 태운 재를 주원료로 하고 장석(長石)이나 석영(石英)의 규산(硅酸) 성분을 혼합해 만든 유약을 입힌다. 곧이어 불 속에서 1,300℃(어떤 것은 1,200℃ 내외)라는 높은 온도로 가열한다. 이때 유약과 태토의 겉이 한데 어우러져 유리같이 매끄러우면서도 그윽한 비색(翡色)이 나타나는 것이다.

고려의 순청자 기술은 12세기 전반에 절정에 달했다. 장식무늬는 중국청자와는 달리 번잡스럽지 않고 간결해 소박한 듯하면서 산뜻한 느낌을 준다. 또 그릇의 모양과 선은 흐르는 듯 자연스럽고, 예리한 조각법으로 수놓은 무늬는 비길 데 없이 아름답다. 유약을 입히는 기술 또한 아주 세련되어 있다. 엷고 고르게 발라 청자로 하여금 날렵한 자태를 간직하게 한 것이다.

실험적으로 조사해 본 결과, 유약의 두께는 놀라울 정도로 일정했다. 이는 중국청자가 유약을 두껍게 발라 투박하게 보이는 것과 대조적이다. 순청자 기술이 완성 단계에 이른 12세기 중엽, 고려 도공들은 도자공예에서 새로운 경지에 들어서는 신기술을 창출했다. 상감청자를 개발한 것이다.

그것은 그릇의 표면을 파고 그 속에 백토 또는 흑토를 메워서 청자의 푸른 바탕에 백색과 흑색의 무늬를 장식하는 기술이다. 이 기술의 개발로 고려청자는 그 아름다운 푸른색에 흑백의 선명한 도안이 화사하게 장식되기에 이르렀다. 상감 기술은 그때까지 금속공예나 목공예에만 쓰이던 수법이다. 실제로 그 당시 은입사(銀入絲) 기법과 나전 및 화각 기법은 꽤 널리 활용되고 있었다.

청자철물감당초그림매병(12세기). 높이 27.2cm. 오사카 시립동양도자미술관.

그러나 도자기에 그러한 장식 수법을 쓴 사람은 고려 도공이 처음이었다. 이 기막힌 기술을 가지고 고려 도공들은 시원스럽게 날아가는 학의 모습과 청초한 국화, 그리고 냇가 풍경 등을 문양으로 표현했다. 화사하면서도 부드럽고 우아한 멋을 청자에 더하는 데 성공한 것이다. 이것은 도자기 기술에서 또 하나의 기술 혁신이었다.

자랑스럽게도 고려 도공들은 세계 최상의 송자기의 제조 기술을 능가하는 아름다움을 창조했다. 중국인이 나타내지 못한 독특한 감각을 우리 기술로 표현하는 데 성공한 것이다.

청기와 쟁이의 후예

고려 도공들은 이렇게 새로운 청자 기술을 개발해 냈다. 그것은 분명히 도자기 기술사에 한 획을 그은 발전이었다. 중국에 이어 일찍이 그 기술을 개발한 고려 도자기 기술자들의 창조적 업적을 다시 요약해서 정리해 보자.

청자는 유약과 태토에 포함된 적은 양의 산화철이 환원해서 생긴 푸른색의 자기이다. 고려 도공들이 이런 청자를 개발한 것은 10세기 무렵이었다. 그리고 12세기 전반기, 고려의 청자 기술은 가장 세련된 순청자를 만들어내기에 이르렀다. 『고려사』에 의하면 고려의 도공들은 청자기와도 만들어냈다고 한다. 고려의 요업 기술이 높은 수준에 도달하고 있었던 것이다.

12세기 전반에서 중엽에 이르는 시기에 고려 도공들은 도자공예에서 새로운 경지에 들어서는 기술을 창출했다. 상감청자(象嵌靑磁)를 개발한 것이다. 그리고 자기의 장식 기술은 그 폭이 훨씬 넓어졌다. 이 상감 기술은 고려청자에 있어서 유약의 조제 기술과 함께 특징 있는 기술로 평가된다. 최근의 기술고고학적 분석에 의하면, 고려청자는 송·원의 청자와 유약과 태토의 성분 구성, 소성온도, 소성시간과 분위기 등에서 기술적으로 다르다는 사실이 밝혀지고 있다. 고려청자는 그릇의 모양과 디자인에서 뿐만 아니라, 도자기의 미세구조와 색깔에서 중국의 청자와는 다른 공정변수를 가지고 있다. 고려 도공들은 그들 나름의 청자를 만들어내기 위해서 특색 있는 기술 공정과 작품의 기법을 개발한 것이다. 그리고 그들은 세계에서 처음으로 자기에 붉은색을 내는 구리의 발색 기법을 창출했다.

고려청자의 신비는 1960년대 이후 활발해진 고고미술사 학자들의 헌신적인 도자사 연구로 차츰 그 베일이 벗겨지고 있다. 거기에는 또 이천 광주 지역에 자리를 잡은 이름있는 도예가들의 꾸준한 노력도 들어 있다. 그들은 고려청자의 아름다움을 재현하기 위해 무던히도 애를 썼다. 그 노력은 이제 많은 결실을 보고 있다. 또 고려청자의 기술을 밝혀내려는 기술고고학적 연구도 시작되고 있다. 고경신 교수의 외로운 분석 실험이 끊길 듯 계속되고 있는 것은 순전히 그의 열정에서 비롯된 것이다. 북한 학자들의 연구도 눈여겨 보아야 한다. 그들은 비교적 많은 분석 결과를 축적하고 있다.

고려청자의 기술고고학적 연구는 커다란 과제의 하나이다. 그러나 그 조직적인 연구를 추진하기 위한 지속적인 연구비 지원은 거의 없다. 아름답다, 훌륭하다, 세계 제일이다라고 자랑하는 일도 중요하다. 하지만 그 요업 기술을 과학적으로 입증하고 고려 도공들이 이룩한 기술 혁신의 핵심이 무엇인가를 분석해 내는 작업은 그것 못지 않게 중요하다.

과거 일본 학자들이 만들어낸 〈청기와 쟁이의 심보〉 이야기를 그대로 믿고 있는 많은 사람들의 잘못된 생각을 고쳐주는 노력도 중요하다. 우리의 옛 기술자들의 속이 좁아서 우리의 전통기술이 맥을 잇지 못하고 끊겼다고 깎아내리는 속셈을 제대로 꿰뚫어보아야 한다는 말이다. 자기 아들에게까지도 기술을 전승하기를 마다하는 아버지 상(像)을 우리의 옛 공장(工匠)들에게서 찾아볼 수 있다는 소리는 분명히 허구다. 우리 민족을 비하하려는 음흉한 의도가 숨어 있는 이런 이야기가 앞으로는 나오지 말아야 한다. 고려청자의 기술이 왜 단절되었는가, 기술의 퇴보 때문인가, 그것은 기술의 전승이 제대로 이루어지지 않아서 그런 것인가.

귀족적인 취향의 최고급 도자기만이 우리 그릇의 전부는 아니다. 민중의 생활도자기도 우리에게는 꼭 필요한 생활 필수품이다. 대량 생산되는 값싼 도자기는 훌륭한 고급 도자기 못지 않게 중요하다. 그것이 이루어지는 과정을 기술사적으로 규명할 필요가 있다. 14세기를 고비로 고려자기에서 분청사기로 넘어가는 요업 기술의 또 다른 발전 과정을 새롭게 조명하고 제대로 이해할 필요가 있다. 그것을 단순히 기술의 단절이나 청기와 쟁이의 심보와 같은 시각으로 보는 태도는 우리 기술의 역사를 잘못 아는 데서 비롯된 그릇된 인식이라고 필자는 말하고 싶다.

청동은입사당초봉황무늬합(11–12세기). 지름 18.3cm. 호암미술관. 국보 171호.

고려청자의 기술에서 상감 기법과 함께 고려의 도공들이 개발한 또 하나의 창조적 기술은 유약을 조제하는 그들 나름의 〈비법〉이었다. 송청자와는 다른 아름다움을 가진 색깔을 내는 유약을 만드는 기술이다. 그 고려청자의 푸른빛을 중국에서는 비취색을 뜻하는 비색이라고 했고, 비법이 빚어내는 색깔을 말하는 비색(秘色)이라 했다. 한없이 아름다운 고려청자의 은은한 푸르름의 비밀은 유약의 기술에 있었다고 생각되었다.

그것이 중국의 기술과 어떻게 다른지를 알아내는 일은 그래서 중요했지만, 오랫동안 그 연구는 별로 진전되지 않았다. 미술사적 연구가 주류를 이루고 있었기 때문이었다. 그리고 고려청자의 아름다움을 재현하려는 사람들은 도예가였다. 고고화학적 연구는 이루어지지 않았다.

청동은입사문양정병(12세기). 높이 37.5cm. 국립중앙박물관. 밀랍 주조법으로 제작하여 표면에 은상감 기법으로 문양을 장식한 고려 정병의 대표작이며, 청자상감정병의 원형이다.

북한 학자들의 연구가 있었지만, 필자가 알고 있는 한 그것은 한정된 것이다. 그러나 거기서 얻은 성과는 결코 과소평가될 수 없는 중요한 사실들을 우리에게 보여주고 있다. 1994년에 펴낸 『조선 기술발전사』 3권 「고려편」에는 지금까지 북한에서 전개된 고려청자의 고고화학적 연구 성과가 잘 정리되어 있다. 북한 학자들은 먼저 고려청자의 바탕흙의 정제 기술에서 그 우수성을 찾아냈다. 분석 결과 〈그 입자들이 매우 보드럽고 잘 정선된 것이었다〉고 한다. 이것은 우리가 경험적으로 알고 있던 사실과 같다. 그들은 〈바탕흙이 장석 10% 미만, 흰흙이 80% 정도의 혼합비로 이루어졌다. 그리고 알칼리성 원소들은 불과 몇%도 되지 않고 규소와 알루미늄 화합물이 주목된다〉고 보고하고 있다.

분석값은 SiO_2 55－75%, Al_2O_3 15－30%, Fe_2O_3 0.2－2.7%로 나타나고 있다. 1990년대 초에 고경신 교수가 보고한 분석값은 Al_2O_3 16－21%였다. 여기서 송청자와 크게 다른 것은 Fe_2O_3의 함량이 두드러지게 적다는 사실이다. 고려청자의 바탕흙에 포함된 산화철의 양은 평균 1.8%인데 송청자는 3.0%나 된다.

또 고려청자의 원료가 되는 흙은 상당히 순도가 높은 Al_2O_3, $2SiO_2$, $2H_2O$, 카올리나이트, 고령토라는 특징이 있다.

잘 알려진 것처럼 중국청자의 유약은 나무잿물과 장석 가루를 배합한 것이다. 그런데 고려청자의 유약은 바탕흙과 장석 가루를 주성분으로 배합한 것으로 분석되고 있다. 그래서 고려청자의 유약은 Al_2O_3가 송청자보다 훨씬 적고, 산화철의 함량도 훨씬 적다. 또 하나 중요한 함량 변수는 칼슘과 칼륨 및 나트륨인데 석회, 알칼리의 비에서는 알칼리의 비가 송청자보다 높다. 그러니까 송청자는 유약 속에 Al_2O_3와 CaO가 고려청자의 유약보다 훨씬 많이 포함되어 있는 것이다.

그리고 고경신 교수의 보고에 의하면, 고려청자의 색이 중국 것에 비하여 더 회색빛이 나는 원인은 망간의 함량이 0.1-0.8%로 높다는 것이다. 이 사실은 산화철의 함량이 매우 적은 것과 함께 고려청자의 비색을 부드러운 푸르름으로 나타내게 하는 중요한 요인으로 꼽을 수 있겠다.

북한 학자들의 청자 유약 색상의 실험적 분석 보고는 고려 도공들이 만들려고 애썼던 아름다운 푸르름이 어떤 것인지를 잘 보여주고 있다. 고려 도공들은 오랜 경험과 축적된 기술을 가지고 실험적 노력 끝에 적절한 양의 산화철이 함유된 장석-석회 유약을 개발해 낸 것이다. 그것은 청자 기술의 혁신이었다. 그 기술의 보다 넓고 깊은 한문적 연구와 기술사적 조명을 위한 접근은 아직 초보적 단계를 벗어나지 못하고 있다. 이것은 중요한 과제다.

최무선과 화약병기

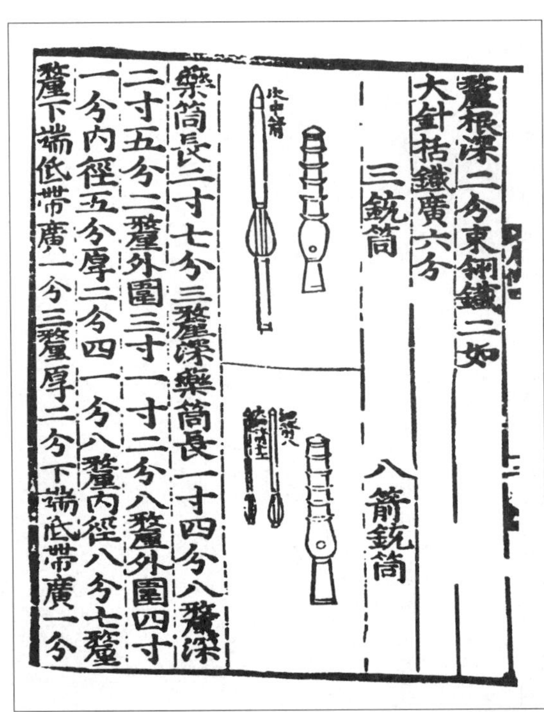

삼총통, 8전총통 그림. 『국조오례서례』(1474).

14세기 전반기, 화약과 화포가 중국에서 고려에 전래되었다. 『고려사』 「병지(兵志)」에는 1356년(공민왕 5)에 총통(銃筒)을 사용하여 화살[箭]을 발사하였다는 기록이 있다. 이것은 그때 이미 유통식(有筒式) 화기(火器)를 고려 사람들이 쓸 줄 알았다는 것을 말한다.

이 총통은 원(元)나라에서 가져온 것으로 생각된다. 총통으로 발사한 화살은 사정거리가 매우 멀었고 그 위력도 대단했다. 이러한 화학병기의 위력을 인식한 고려에서는 화포의 대량 생산과 화약의 제조 비법을 알아내기 위해서 노력했다. 그러나 그것은 중국에서 극비로 하는 최첨단 기술이었다. 중국에서는 고려에 화약과 화약병기를 조금 주기는 했으나 자체에서 생산할 수 있는 기술은 가르쳐 주지 않았다.

화약병기는 그 무렵 고려 전역으로 피해가 확대되어 가던 왜구를 섬멸하기 위해서도 꼭 필요한 무기였다. 그러나 고려에서는 화약의 제조비법을 알아내지 못해서 어쩔 수 없었다.

그리하여 1373년 11월에는 할 수 없이 명(明)에 사신을 보내서 화약을 나누어 달라고 요청하였다. 고려의 요청을 명나라는 받아들이지 않았다. 그렇지만 처음에 일단 거절하던 명에서도 왜구의 극심한 피해 때문에 고심하던 차였으므로, 다음해인 1374년 5월에는 명 태조의 특별 지시로 나누어 줄 것을 허가했다. 그래서 얻어온 것이 염초(焰硝) 50만 근, 황 10만 근과 그밖에 필요한 약품들이었다. 그러나 중국은 화약 제조의 비법은 결코 전수하지 않았다.

이때 등장한 인물이 최무선(崔茂宣)이다. 화약 제조를 위한 그의 노력은 이러한 사회적, 군사적 정세를 배경으로 하여 경주된 것이다. 그는 화약병기의 사용만이 왜구섬멸의 가장 효과적인 대응책이라고 확신하고 있었다. 그러나 화약 제조의 비법은 최무선의 오랜 노력에도 불구하고 잘 풀리지 않았다. 그러다가 마침내 중국인 이원(李元)의 도움으로 염초 자취술(煮取術)을 익혀서 그 당시 중국의 국가적 최고 기밀인 화약 제조의 비법을 완전히 알아내게 되었다. 그는 화약의 주원료인 염초, 즉 질산칼륨을 흙에서 추출하는 방법을 여러 차례 실험을 거듭한 끝에 스스로 해결한 것이다.

그러나 고려 왕조는 화약과 화포 제조에 선뜻 나서지 않았다. 최무선은 고려 정부에 여러 번 건의했다. 화통도감(火筒都監)을 설치하기까지 그는 무던히 애썼다. 그리하여 화약과 화포 제조소로서의 정부 공식기관인 화통도감이 1377년 10월에 정식으로 발족하게 되었다.

화통도감의 발족과 함께 화약과 각종 화기의 제조는 크게 활기를 띠고 급속도로 발전하였다. 얼마 후에는 대장군포(大將軍砲), 이장군포(二將軍砲) 등의 중화기를 포함한 20종 가까운 화기(火器)가 제조되었다. 그리고 화통방사군(火筒放射軍)이 화기 발사전문부대로 편성되기도 했다. 또 전선(戰船)에도 화포를 설치하는 획기적인 시도가 이루어졌다.

화포를 장비한 고려 전선, 이것은 중화기로 무장한 근대적 전투 함정의 선구였다. 그 막강한 화력이 왜구를 섬멸하는 데 큰 위력을 발휘한 것은 두말할 나위가 없다. 대포를 쏘아대며 달려드는, 불을 뿜는 전함을 보고 왜구는 간담이 서늘해서 도주했다고 기록이 전한다.

최무선에 대한 여러 가지 기록을 종합해 보면 그는 화포의 기술을 배우기 위해서 원(元)나라에 갔었다고 한다. 14세기 전반기에 화약과 화포의 기술을 가진 유일한 나라인 중국에 가서 그 기술을 직접 배우고 온 것이다.

고려 말에 제조된 초기의 화포는 탄환 종류를 쏘아 적을 살상하거나 목표물을 파괴하는 식이 아니었다. 그것은 주로 화살을 쏘아 목표물을 불태우는, 화공(火攻)에 사용하는 것이었다. 그러니까 발사물에는 주로 화전(火箭), 즉 불화살이 쓰였고 다음으로 철탄자(鐵彈子)가 사용되었다. 초기의 철탄자는 발사력이 약해서 별로 사용되지 않았다. 그렇긴 하지만 화포의

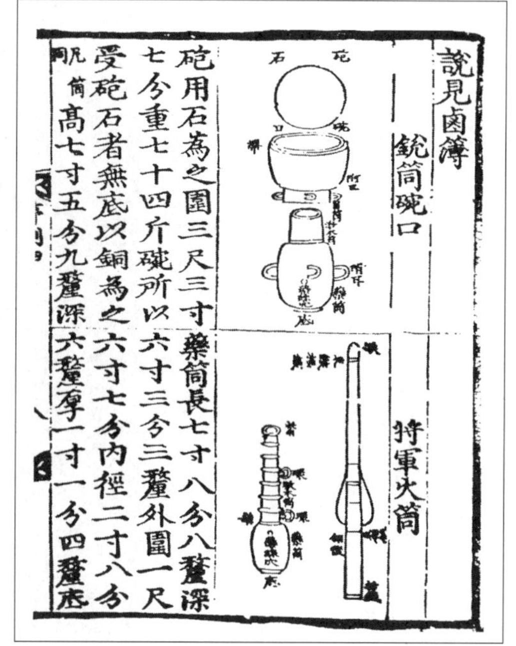

총통완구, 장군화통 그림. 『국조오례서례』(1474).

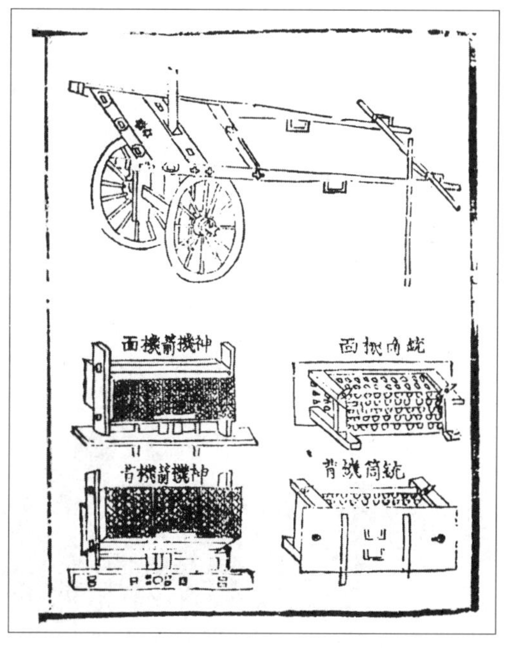

화차 그림. 『국조오례서례』(1474).

지자총통(1557). 길이 89cm. 입지름 10.5cm. 청동. 동아대학교 박물관. 보물 863호.

위력은 정말 놀라운 것이었다. 그래서 『태조실록』에는 그 위력을 〈보는 사람은 경탄해마지 않았다〉고 표현하고 있다.

1395년(태조) 4월, 최무선의 죽음을 기록한 『태조실록』의 기사는 최무선의 일생을 요약하면서 그것은 화약과 화약병기의 제조로 나라에 크게 기여한 훌륭한 생애였다고 칭찬하고 있다.

화약 제조법

14세기 말에 최무선이 화약에 대한 지식을 가지고서 중국인의 도움을 받아 오랜 노력끝에 화약 제조에 성공하여 그 제조법을 책으로 남겼지만 지금 전해지고 있지 않다. 그러나 그의 아들 최해산(崔海山)에 의하여 계승되었고 15세기에서16세기에 이르는 동안 그 제조 기술은 발전을 거듭하여 대량 생산이 국가적으로 추진되었다. 그렇지만 그 제조 방법의 화학적인 공정에는 사실상 변화가 없었던 것 같다.

황자총통(1587). 길이 50.4cm. 입지름 4cm. 청동. 국립중앙박물관. 보물 886호.

그러다가 16세기에서 17세기 초에 이르는 사이에 조선에서는 화약

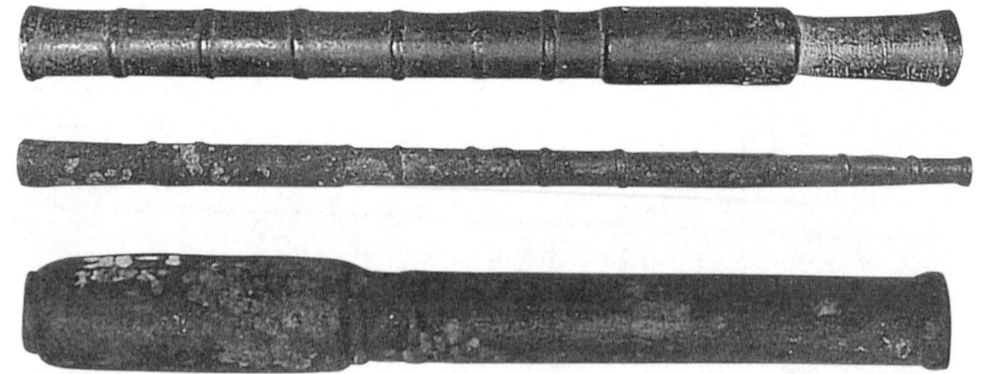

승자총통(1579). 길이 56.8cm. 입지름 4cm. 청동. 국립중앙박물관. 보물 648호(상). 소총통(1591). 길이 75.5cm. 입지름 1.6cm. 청동. 경북대학교 박물관. 보물 856호(중). 세총통(조선 전기). 길이 13.9cm. 입지름 0.9cm. 청동. 육군박물관. 보물 854호(하).

제조 공정에 뚜렷한 변화가 생기기 시작하였다. 인조 13년(1635)에 쓰여진 이서(李曙)의 『신전자취염초방(新傳煮取焰硝方)』은 우리에게 그 자세한 방법을 알려주고 있다. 그 새로운 방법은 군관인 성근(成根)이 실험을 통한 연구 결과로 알아낸 것인데, 그것을 병조판서로 있던 이서가 15개의 공정에 따라 서술한 것이다.

> 성근의 초석 제조의 기본 원료는 역시 흙이다. 가마 밑에 있는 흙, 마룻바닥 밑의 흙, 담벽 밑의 흙 또는 온돌 밑의 흙을 긁어내서 쓰는데, 그 흙맛이 짜거나 시거나 또는 달거나 쓴 것이 더 좋다고 했다. 이제 이 흙과 따로 준비한 재와 오줌을 섞는다. 이렇게 섞인 흙을 말똥으로 덮는다. 말똥이 마르기를 기다려 거기에 불을 붙여 태운다. 그 흙을 다시 잘 섞어서 나무통 속에 퍼담고 물을 붓는다.

이 부분이 최무선의 화약 제조법에서 달라진 방법인 것으로 생각된다. 흙을 처리하는 방법을 새롭게 한 것이다.

제3장

한국의 인쇄 기술

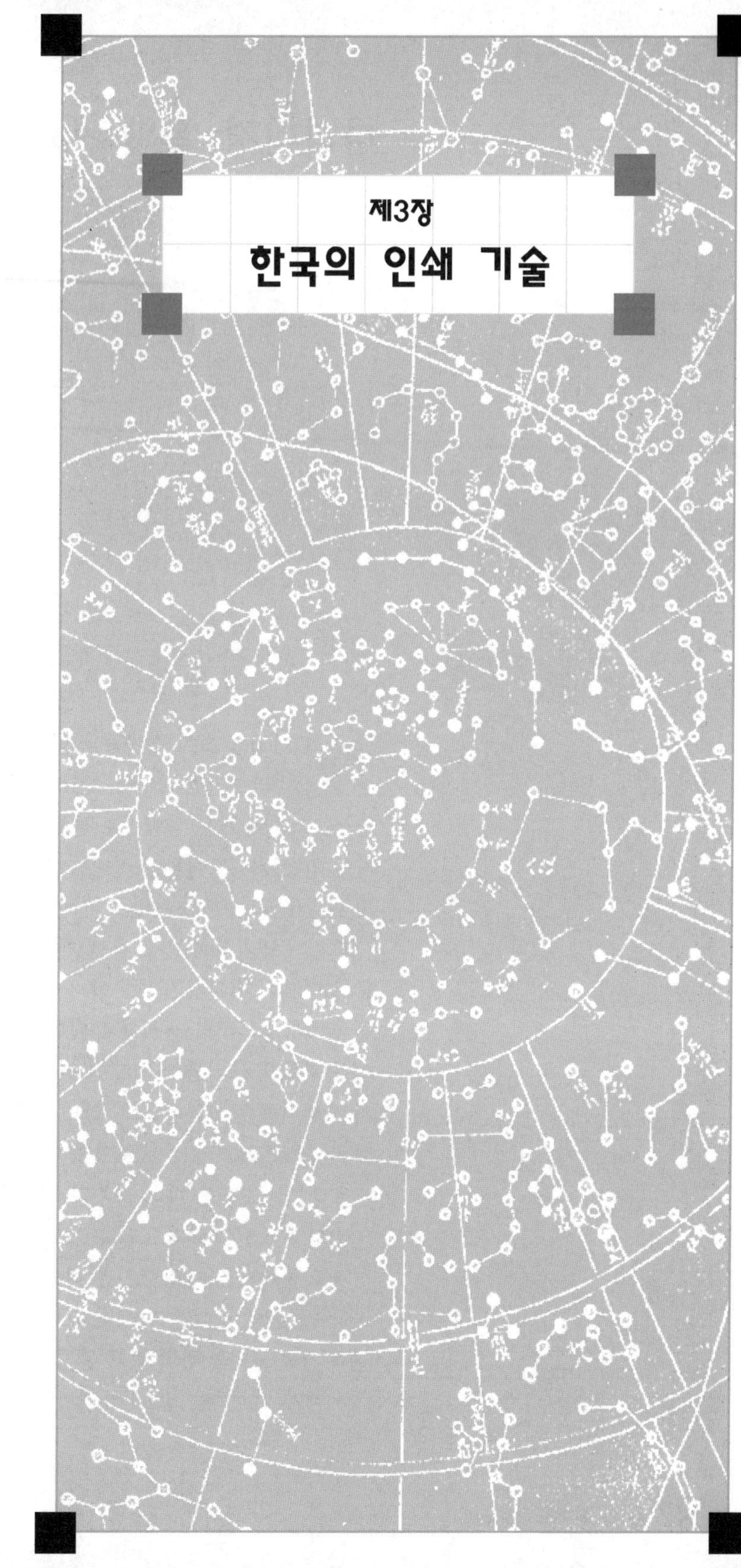

다라니경, 목판 인쇄술의 발명

1989년 8월 초에 필자는 케임브리지에서 열렸던 국제동아시아과학사학회에 참석하고 런던의 대영박물관을 찾았다. 실로 몇 년 만의 방문이었다. 몹시 더운 여름 날인데도 불구하고 박물관은 사람들로 들끓고 있었다. 세계 여러 나라에서 온 사람들, 별의별 언어를 가진 인간들이 모여들어 실내는 더 덥게 느껴졌다. 한국 사람도 꽤 많았고, 일본 사람도 적지 않았다. 그들은 모두 젊고 발랄했다.

그러나 필자의 마음은 별로 가볍지 않았다. 중국이나 일본의 전시물에 비해 한국의 전시물이 여전히 빈약했기 때문이다. 그런 섭섭함은 인쇄와 책의 전시실에서 더욱 고조되었다. 중국책과 일본책의 전시장은 있어도 한국 서적 전시장은 없었기 때문이다. 한국의 옛 서적의 훌륭함에 긍지를 가지고 있었기에 더욱 그랬다. 그런 기분은 지금까지 하도 여러 번 겪어서 웬만큼은 면역이 되어 있었지만 이번에는 웬일인지 마음이 더 무겁기만 했다. 한국의 젊은이들을 거기서 여럿 보았기 때문이었을까.

몇 년 전에 갔을 때의 상황과 비슷했다. 적어도 한국책의 전시는 그때와 변함이 없었다. 1960년대와 1970년대, 그리고 1980년대의 한국이 얼마나 달라졌는데……. 한국학의 연구 성과도 눈부시게 성장했지만 대영박물관에서는 인정해 주지 않는 듯했다. 하루 전에 런던 과학박물관에 갔다온 박성래 교수의 푸념이 다시 생각났다. 측우기의 전시물도 없어지고, 인쇄 기술 코너의 한국 관계 전시물도 허술해지고…….

세계가 인정하는 고도 성장, 1988년 서울 올림픽의 성공, 런던 거리의 곳곳에서 만나게

故於後時今令彼衆
生悉得聞知不墮地
獄及諸惡趣我等為
報如來大慈咸共守護
令廣流通尊重恭敬
如佛無異不令此法而
有壞滅佛言善哉
善哉汝等乃能堅
固守護住持如是陀
羅尼法時諸大衆聞
佛說已歡喜奉行
無垢淨光大陀羅尼經

「무구정광 대다라니경」(705경). 불국사 석가탑에서 발견. 국립박물관. 국보 126호.

되는 한국의 젊은 관광객들. 이처럼 모든 것이 다 커졌는데 영국 박물관들의 한국 과학 기술 유물 전시는 오히려 더 줄어들다니. 도무지 이해가 되질 않는다. 세계의 유명 박물관들에 한국의 전통과학 기술 문화의 전시를 제대로 하는 것만큼 효과적인 한국 문화의 선양 방법은 그리 많지 않을 것이다. 실제로 일본 사람들은 이 방면으로 잘 파고들어 간다. 대영박물관에 새로 마련된 일본 갤러리는 그 좋은 예이다. 일본의 대기업 후지스와 코니카가 출자했다는 현판도 당당하기만 했다.

우리는 언제쯤이면 그렇게 될 것인가.

한국은 인쇄를 세계에서 제일 먼저 시작했다. 중국 사람들과 일본 사람들은 아직 그 사실을 완전히 인정하고 있지 않지만. 특히 중국 학자들은 당나라에서 인쇄술이 처음 발명됐다는 종래의 학설을 그대로 밀고 나가고 있다. 대영박물관의 전시를 보고 필자가 그렇게 섭섭해하는 이유도 거기에 있다.

1997년 여름에 다시 찾은 대영박물관은 여전히 발들여놓을 틈도 없이 붐볐다. 오랜 숙원이라고도 할 한국 전시실이 임시로 개관되었다고 해서 오랜만에 다시 찾아간 대영박물관. 한국 전시실은 아담했다. 신라 금관의 찬란한 모습에 서양 사람들이 창탄을 아끼지 않고 있었다. 한국 미술을 주제로 한 임시 전시였기 때문에 그렇겠지만, 과학기술사 학자인 필자에게는 솔직히 조금 허전했다. 같이 간 아내도 그렇다고 했다. 그래도 우리는 한국 전시실이 마련되었다는 사실만으로도 정말 대견스러워 했다. 세계에서 가장 훌륭한 우리의 옛 인쇄 기술 문화의 전시물이 머지 않아 신라금관처럼 서양 사람들의 주목을 끌 것이기 때문이다. 그러자면 우리의 문화 외교가 한 차원 높아져야 한다. 세계 여러 나라의 박물관에서 우리는 그것을 실감하고 있다. 우리의 옛 인쇄 기술과 인쇄 문화는 한국의 전통문화를 세계에 자랑할 수 있는 위대한 유산이다. 「무구정광 대다라니경(無垢淨光大陀羅尼經)」은 그 중에서도 으뜸가는 인류 최고의 문화유산인 것이다.

놀라운 발견

다라니경은 1966년 10월 13일에 발견되었다. 30여 년 전의 일이다. 그것이 세계에서 가장 오래된 인쇄물임이 증명된 지 4반세기가 지났는데도 세상은 아직도 요지부동이다. 우리의 노력이 부족한 것이 가장 큰 이유라면 언짢아 할 사람들이 많을 것이다. 그러나 그것은 사실이다. 필자는 아직도 그때의 충격이 생생하다. 너무도 극적인 사건이었기 때문이다. 이제 그 충격적인 역사의 현장으로 다시 가보자.

1966년 가을. 경주 불국사의 석가탑 보수공사 현장은 뜻밖에 일어난 엄청난 사고로 인해 비통에 잠겨 있었다. 탑을 수리하기 위해 옥개석 하나를 들어올리다가 떨어뜨려 그만 한쪽이 깨지고 만 것이다. 신문들은 이 사실을 대서특필했다. 사람들은 분노하고 욕을 퍼부었지만 석가탑은 거적에 덮인 채 말이 없었다. 정말 어처구니 없는 큰 실수였다. 문화재를 아끼고 사랑하던 사람은 기가 막혀 말도 못할 정도였다. 받침목으로 쓰던 굵은 나무기둥이 힘없이 부러질 줄은 아무도 상상하지 못했던 일이다.

그러나 그 다음날, 세상은 다시 한번 깜짝 놀랐다.

신문들은 〈세계 최고(世界最古)의 목판인쇄(木板印刷) 발견〉이란 기사를 1면 톱에 대대적으로 보도했다. 문화적이라기보다는 학술적인 발견에 그렇게 많은 보도기사들이 쏟아져 나온 일은 별로 없었다. 이래서 슬픔과 분노는 놀라움과 기쁨으로 돌변했다. 비록 석가탑은 영원히 아물지 않는 상처를 남겼지만, 동시에 우리에게 영예와 자랑을 안겨주었다.

그것은 실로 위대한 부활이었다. 석가탑 사리함의 뚜껑을 열고 나온 보물 중의 보물, 「무구정광 대다라니경」은 세계 인쇄기술사의 첫 페이지를 뒤바꿔 놓을 수 있는 커다란 발견이었다. 한 줄에 평균 8자를 새긴 62줄짜리 목판 12장으로 이루어진 신라의 다라니경 두루마리 한 권이 인쇄 기술 기원에 대한 종래의 학설을 그렇게 간단히 뒤집어버릴 줄은 아무도 몰랐다.

인쇄술은 언제 어디에서 시작되었을까. 이 질문은 오랫동안 학자들 사이에서 여러 가지로 논의되어 오던 과제의 하나였다. 대개의 학자들은 인쇄가 중국에서 시작된 것만은 확실하다고 생각해 왔다. 세계에서 제일 먼저 종이를 발명하고 먹을 만들어 글씨를 쓴 중국인. 이들이 문화의 전성기였던 당나라 때에 불경이나 역사책 같은 것을 여러 벌 만들기 위해 인쇄라는 방법을 생각해냈을 것이라는 설명도 아주 자연스럽다. 그래서 학계는 1960년대까지, 목판인쇄는 당나라 문화의 전성기였던 712년에서 756년 사이의 어느 시기에 시작되었다고 본 구드리치Goodrich의 학설에 대체로 따르고 있었다.

그러던 중 다라니경 인쇄 두루마리가 경주에서 발견된 것이다. 이 두루마리는 세로 6.5cm, 가로 52cm가량 되는 목판 12장으로 인쇄하여, 총길이가 7m쯤 되었다. 아무튼 이

첫번째 필사본 중 경명이 보이는 종이 단면

탑인의 세부 상태(탑인 둘째 장 일부분)

신라 시대 종이 유물(8세기경). 구례 화엄사 서(西)오층탑. 1995년 8월 18일에 발견된 이 두루마리는 보존 처리 결과 닥종이에 목판으로 찍은 탑들과 먹으로 쓴 경전 글씨가 선명하게 나타났다.

인쇄물의 출현은 우리 나라는 물론이고 세계 인쇄술의 시작에 대한 새로운 학설을 낳게 했다. 학자들은 이 새로운 사실을 앞에 놓고, 그것이 중국이 아닌 신라에서 이루어졌다는 것을 쉽게 인정할 수 없었다. 그런 의문은 우리에게도 마찬가지로 제기되었다. 신라보다 모든 문화 면에서 선진국이었던 고구려와 백제에서 인쇄술이 발명되지 않고, 왜 하필 신라에서 시작되었을까.

새로운 불교 국가로 자리잡아 가던 신라는 동아시아 최대의 사찰인 황룡사를 세우고, 불국사를 지어 부처의 나라, 불교의 나라임은 만방에 드러내고 열광하던 시기였다. 그들은 새로운 종교에 대한 정열을 중국이나 고구려, 백제에서 보다 더 드높게 표출시키고 있었다. 그것이 불경을 여러 벌 만들어내는 일로 나타날 수 있었을 것이다. 일본도 770년경에 「백만탑다라니경」을 인쇄한 적이 있다. 당시 일본의 사정도 불교 열광기의 신라와 다를 바 없었다. 양국의 정열적인 불경 편찬의 배경은 그 맥을 같이한다고 해석할 수 있다. 새로운 종교에 대한 신라인의 열정은 그 종교 경전의 제작 과정에서도 여실히 표출되었다. 이것이 새로운 기술의 혁신적 개발로 이어진 것이다.

종이에 붓으로 한자 한자 글씨를 써서 한 권씩 책을 만들던 신라 사람들은 이제 새로운 방식으로 그 정보를 전달하게 되었다. 종이를 매체로 한 인쇄를 통해 규격화된 정보의 대량 생산과 전파가 가능하게 된 것이다.

비록 석가탑 다라니경이 붓으로 쓰던 종래의 것보다 멋있고 세련된 두루마리 본은 아니지만 편리한 점이 무척 많았다. 단번에 한 장씩 찍어내는 신속함과, 한 자도 틀리지 않고 똑같은 것을 여러 벌 만들어내는 대량 제작을 가능하게 했다.

신라인은 부처님께 드리는 〈때묻지 않고 깨끗한〉 기도문을 〈똑같이〉 여러 벌 만들어서 새로 쌓는 탑마다 넣을 수 있었다. 신앙의 표상으로 탑 안에 새로운 기술의 소산이 봉안된 것이다.

새로운 발명

신라인들, 특히 기술자들은 불교 국가를 이상으로 하는 신라 왕조의 발전에 기여하고자 했다. 그들에게 축적되어 있던 모든 기술을 하나로 해서 그 맑고 진실한 기도문을 새로운 모습으로 만들어내고 싶었다. 그들에게는 사실 그만한 기술이 갖추어져 있었다. 중국에서 많은 것을 배웠지만 스스로 개발한 전통적인 기술도 적지 않았다. 신라의 기술자는 청동으로 도장을 만들었고, 도공들은 나무에 새긴 형틀로 아름다운 무늬의 기와를 수없이 찍어냈다. 이것들은 사실상 그대로 목판인쇄의 기술적 바탕이 되었다. 나무에 새긴 글씨틀에 먹을

신라 수막새 기와들(7-8세기). 경주. 지름 15cm 내외. 경주박물관.

묻혀 종이에 찍는 것이 곧 인쇄이기 때문이다.

신라의 기술자들은 목판인쇄의 절실한 필요성과 기술적 바탕 그리고 아이디어라는 세 가지 요건을 다 갖추고 있었다. 그리고 적극적인 지원을 국가로부터 받고 있었다. 이 모든 것이 하나로 뭉쳐지고 상승되어 새로운 기술 혁신으로 이어진 것이 다라니경의 제작에서 보는 목판인쇄다. 그것은 매우 자연스러운 발전이었다고 해도 하등 이상할 것이 없다.

다라니경이 목판인쇄의 시작이라는 새 학설이 받아들여지기까지 국내의 학자들 사이에서도 적지 않은 견해 차이와 논쟁이 있었다. 그러나 다라니경은 706-751년 사이에 인쇄된 목판본이라고 보는 견해가 이제 정설로 받아들여지고 있다.

이러한 한국 학자들의 견해는 차츰 외국학자들에게도 수용되고 있다. 현재는 세계에서 가장 오래된 인쇄본은 석가탑에서 나온 다라니경 두루마리라는 사실이 대체로 인정되고 있다.

그런데 최근 다라니경의 인쇄 연대에 대한 새로운 연구 결과가 보고되었다. 다라니경의 글씨체를 근거로 해서 그것이 705년에 목판으로 인쇄되었다는 것이다. 그와 똑같은 명문이 같은 때에 제작된 사리함에 새겨져 있는 것을 근거로 하고 있어 매우 설득력이 있는 주장으로 주목된다. 필자는 불교 서지학자 김성수 교수의 그 발표를 듣고 그의 주장은 충분히 인정할 만하다는 생각이 들었다.

신라의 기술과 과학 문화의 수준은 목판인쇄 기술이 그 시기에 신라에서 독자적으로 개발되었다고 해서 조금도 이상할 것이 없다는 필자의 생각은 김 교수의 연구로 더욱 고무되고 있다. 목판인쇄 기술이 비슷한 시기에 중국에서 발명되었다는 지금까지의 학설이 잘못된 것인지는 아직 단정할 수 없다. 그렇다고 해서 신라의 목판인쇄 기술이 당나라에서 배워온 것이라는 의례적인 해석은 너무 도식화된 안일한 역사 해석이라는 것이다.

여태까지 세계에서 가장 오래된 인쇄물은 일본에서 770년대에 인쇄된 「백만탑다라니경」으로 알려져 왔다. 수천 개의 아주 작은 목탑 속에 들어 있는 이 인쇄물은 그 제목이 같은 다라니경이라는 공통점까지 가지고 있다. 따라서 석가탑 다라니경의 축소판이라는 생각을 금방 갖게 한다. 신라 사람들은 큰 석탑에 큰 두루마리 다라니경을 봉안했고, 일본 사람들은 작은 목탑에 한 장짜리 작은 다라니경을 말아서 봉안한 것이다. 일본의 「백만탑다라니경」을 찍어낸 기술은 신라에서 수입한 기술임에 틀림없다. 신라에서 시작된 목판인쇄술이 일본에 건너가서 만들어진 것으로 인정되고 있다.

1997년 9월에 서울과 청주에서 중요한 국제학술회의가 열렸다. 동서 고인쇄 문화 국제심포지엄이 그것이다. 한국과 중국, 일본, 그리고 유럽의 여러 학자들이 참가하여 열띤 발표와 논쟁이 벌어진 이 회의에서 중국과학원 자연과학사 연구소의 저명한 기술사학자인 판지싱[潘吉星] 교수는 다라니경이 702년에 낙양(洛陽)에서 인쇄되어 신라로 전해졌다는 중국 학자들의 주장을 그대로 되풀이 강조했다. 물론 그 주장은 한국 학자들의 강한 비판을 받았다. 중국에서 최근에 출판된 인쇄기술사 관계 서적들은 하나같이 석가탑 다라니경은 당나라 때 중국에서 인쇄된 것이라고 쓰고 있다. 중국 학자들은 그런 인쇄물은 그 시기에 당연히 중국에서밖에 인쇄될 수 없다고 생각하는 것이다. 신라에서 인쇄했다고는 생각해 보려고도 하지 않는 중국 학자들의 태도는 오만하기까지 하다.

다라니경을 찍은 닥종이가 신라에서 만들어진 종이이고 먹이 신라 먹이라는 것이 기술고고학적 분석으로 입증될 때까지 이 논쟁은 계속될 것이다. 우리의 학문적 수준이 아직 거기까지 이르고 있지 않은 것은 안타까운 일이다.

최근 문화재청은 석가탑 다라니경의 보수·보존 처리 작업을 완료했다. 20여 년간 불안하게 그대로 방치했던 다라니경이 훌륭하게 보수되고 잘 보존된다니 반가운 일이다. 이 작업에 참여했던 일본의 기술팀은 과학적인 실험을 통해, 다라니경을 찍은 닥종이는 세계에서 가장 질이 좋은 훌륭한 지질(紙質)이라는 보고서를 제출했다. 신라의 제지 기술이 높은 수준에 있었음을 실험적으로 증명한 것이다. 문화재위원회에 이 사실이 보고되었을 때, 필자는 기쁨보다도 아쉬움이 앞섰다. 우리는 언제나 되어야 우리의 옛 과학 기술 유물을 과학적인 실험을 통해 제대로 연구하는 전문적인 연구팀이 구성될 수 있을 것인지.

우리의 전통 제지 기술을 완벽하게 살리면 현대인이 멋있게 쓸 수 있는 격조 높은 종이를 만들어낼 수 있게 될 것이다. 30여 년 전에 필자가 제안했던 〈민족 산업〉을 전통 기술에서 찾아내자는 연구 과제가 새삼스럽게 가슴을 파고든다.

종이의 역사

종이는 기원전 50－40년대의 전한 시대(前漢時代)에 중국에서 발명되었다. 그리고 기원후 105년경에 채륜(蔡倫)에 의해서 품질이 좋은 종이의 생산 보급이 확대되면서 제지 기술이 크게 향상되었다. 그러니까 제지 기술의 시작은 지금까지 우리가 알고 있던 기원후 105년의 통설보다 훨씬 더 이른 것이다. 그리고 종이의 발명은 채륜이 한 것이 아니고, 그보다 150년이나 앞서 만든 것을 채륜이 개량해서 쉽게 많이 만들게 되었다는 것이 최근의 연구로 밝혀지게 되었다.

초기의 종이는 삼베를 원료로 한 마지(痲紙)였다. 그것은 마지의 제조 공정이 가장 간단하기 때문이다. 실제로 당대(唐代) 이전의 종이는 대부분 마지이며, 지금까지 출토된 한대의 종이는 모두 마지라는 것이 실험적으로 증명되고 있다.

그 종이가 지리적으로 중국과 이어져 있어 고대로부터 문물 교류가 활발했던 한국에 전래되었을 것으로 생각하기는 그리 어렵지 않을 것이다. 그러나 종이가 언제 어떻게 전래되었는지는 확실치 않다. 다만 1931년에 발굴 조사된 낙랑 옛무덤에서 종이 두루마리를 넣어 두었던 통(筒)이라고 추측되는 채문칠권통(彩文漆卷筒)이 먹가루가 그대로 붙어 있는 벼루집 등과 함께 발견된 사실로 보아, 그 당시 한의 문화권이었던 낙랑 지방에 이미 중국 종이가 전해져 있었고, 그래서 그 무렵에는 우리 나라에서도 종이가 사용되고 있었다고 생각할 수 있다.

한국에 제지 기술이 전해진 연대에 관해서는 몇 가지 견해들이 있으나 결정적인 근거가 없는 것이 문제이다. 그런데 백제에서는 이미 4세기 후반에 사서(史書)를 편찬했으므로 이때에는 종이가 만들어졌을 것으로 생각된다. 그러므로 제지 기술이 중국에서 한국에 도입된 시기는 대체로 4-5세기경이라고 말할 수 있을 것이다.

삼국 및 통일신라 시대의 종이는 그 유물이 아주 드물긴 하지만 몇 가지가 남아 있어 그 모습을 알아볼 수 있다. 현재 경주박물관에 보존되어 있는 범한다라니(梵漢陀羅尼) 1장이 신라 때의 종이로 판명되었고, 경주 월성의 감은사지에서 발견된 종이 조각이 통일신라 시대의 것으로 추정되고 있다. 또 근년에 평양의 고구려 시대의 한 유적에서 발견된 종이가 분석 결과 마섬유로 만들어진 것임이 밝혀졌다. 이 종이는 지금도 매우 희고 섬유가 균일하며 면밀하게 짜여져 있어, 표백 기술과 섬유를 다듬이질하여 균일하게 만드는 기술 등이 훌륭했음을 보여주고 있다.

닥종이[楮紙]도 삼국 시대에 만들어졌다. 그것은 석가탑에서 나온 다라니경과 일본 쇼소인의 신라 문서 등으로도 알 수 있지만 보다 확실한 기록이 호암미술관 소장의 대방광불화엄경(大方廣佛華嚴經)에 나와 있다. 755년의 이 문서에는 닥나무 껍질로 종이를 만드는 방법에 대한 재미있는 기록이 적혀 있다. 〈닥나무에 향수를 뿌려가며 길러서 껍질을 벗겨내고 벗겨낸 껍질을 맷돌로 갈아서 종이를 만든다〉는 것이다. 닥종이는 신라에서 크게 발달한 것 같다. 그것은 다듬이질이 잘되어 섬유질이 고르며 희고 질겨서 백추지라 불려 중국에서도 좋은 종이로 널리 알려지게 되었다.

이렇게 삼국 및 통일신라 시대의 종이는 삼베[麻]를 원료로 한 마지와 닥나무를 원료로 한 닥종이가 주류를 이루고 있었다. 신라의 종이를 백추지라 한 것은 다듬이질과 표백 등의 공정에서 특히 뛰어난 기술과 솜씨가 있었기 때문인 것 같다. 또 이것은 견지라고도 했는데, 견지는 종이의 질이 누에고치처럼 부드럽고 깨끗한 데서 나온 이름이었다.

우리 나라의 종이는 이렇게 삼국 시대에서 통일신라 시대에 이르면서 한국 종이로서의 특징이 나타나기 시작했다.

조선 시대 종이 뜨는 그림.

고려 종이

고려 시대에 이르면서부터 종이는 주로 닥[楮]을 원료로 해서 만들어지게 되었다. 중국에서 발명된 제지 기술이 우리 나라에 들어온 이후 신라와 고려에서 더욱 발전하여 11세기 후반 이후부터는 중국에까지 많은 종이가 수출되기에 이르렀다. 고려와 송나라 사이에 행해졌던 공무역(公貿易)으로서 1080년(문종 34)에 고려가 송에 보낸 국신물(國信物) 중에는 대지(大紙) 2천 폭과 먹 4백 정이 들어 있으며, 송상(宋商)으로 말미암아 거래된 수출품 중에는 많은 백지와 송연묵이 들어 있었다. 그뒤 원(元)에서도 고려지를 불경지(佛經紙)로 쓰려고 구했고, 어떤 때는 한 번에 10만 장이라는 막대한 양의 종이를 수입해 가기도 했다.

게다가 수차에 걸친 대장경 조판 사업이 이루어졌고, 사서(史書)가 간행되고 각종 서적이 인쇄됨에 따라 종이의 수요가 급증하게 되었다. 그리하여 고려에서는 1145년(인종 23)부터 1188년(명종 18)까지 전국적으로 닥의 재배를 장려하고 민간 제지업도 장려했다.

또한 지소(紙所)라는 국영 제지공장이 설치되어 닥을 원료로 한 제지 기술은 더욱 더 발전하였다. 이리하여 고려는 질기고 두껍게, 그리고 앞뒤가 모두 반질반질하여 서사(書寫)와 인쇄에 가장 적합한 종이를 만들게 되었다. 특히 백추지는 고려에 와서 그 질이 더욱 세련되어 그 이름이 종이의 본 고장인 중국에까지 널리 알려지게 되었다.

또 견지라고 일컫는 종이가 있었는데 그것은 백색이며 비단같이 질기고 글씨 쓰는 데 사용하면 먹이 잘 퍼서 매우 훌륭한 종이였다고 중국인의 기록에 있으나 그것이 백추지와 어떻게 다른지는 알 수가 없다. 그러나 『오주연문장전산고(五洲衍文長箋散稿)』에는 견지가 백추지와 마찬가지로 닥종이였음을 알려주는 기록이 있다. 즉,

> 우리 나라 지품(紙品)은 옛날에 견지가 있어서 천하에 그 이름이 알려져 왔다. 예로부터 다른 원료는 쓰지 않고 다만 닥껍질을 갖고 했는데 견이라고 이름한 것은 닥종이의 견후(堅厚)하고 윤활한 것이 누에고치 비슷하다 하여 견지라 이름하였다.
>
> 이밖에 고려 때 널리 행해졌던 장경과 불서를 찍어내기 위하여 특별히 만들어진 불경지와, 책표지로 쓰였던 청지(靑紙)도 중국에서 고려 것을 수입해서 쓸 정도였다.

이렇게 고려지는 백추지, 견지 등으로 알려졌고 그 질이 우수하여 중국에서는 역대 제왕의 진적(眞蹟)에 사용하거나 장경을 찍기 위해 수입해 가는 등 훌륭한 종이로 국내외에 알려졌으나, 연암 박지원의 『열하일기』에 보면, 고려지는 두껍고 질겨서 찢어지지 않는 장점이 있으나 그대로는 거칠어서 글씨 쓰기에 적당치 않고, 다듬이질을 하면 지면이 너무 굳고 미끄러워서 붓이 머무르지 않고 먹을 잘 흡수하지 못하는 단점도 있었던 것 같다.

그럼에도 불구하고 송나라에서는 고려지를 최상품으로 여겼던 것은 그 당시에 고려에서 송나라에 공폐로 보내던 종이가 국내에서 사용되는 것보다 훨씬 우수한 것으로 특별히 제조된 것이었기 때문이라고 생각하는 사람도 있다.

지소에서 뛰어난 숙련공이 수출용으로 만든 훌륭한 종이가 송나라에서 최고의 종이로 여겨졌을 것은 당연한 일인지도 모른다. 아무튼 고려지가 사소한 결점들을 가지고 있음에도 불구하고 중국에서는 역대의 제왕들이 즐겨 사용하였고, 시인묵객(詩人墨客)들도 애용했다는 사실은 고려지가 다른 어느 나라의 종이보다 우수했다는 것을 말해 준다.

지금 남아 있는 고려지의 유물을 보아도 그것이 좋은 종이임을 알 수 있다. 보물 90호, 204호, 205호, 206호, 207호로 지정되어 순천 송광사에 소장되어 있는 대각국사 의천의 『속장경(續藏經)』 일부와 고종 3년의 제서(制書) 1통(국보 35호) 등은 1천 년의 시간을 헤아리기 어려울 만큼 곱기만 하다.

조선 종이

태종 15년, 그러니까 1415년에 조선 왕조 정부는 조지소(造紙所)를 설치했다. 현대식 용어로 표현하면 국영 제지공장, 또는 국립 제지 사업소라고 할까. 고려 시대에도 이와 비슷한 기구인 지소(紙所)가 있었지만, 조선 왕조가 청동활자 인쇄기를 만들어 새로운 인쇄 사업을 펴나가면서 세운 제지 공장이라는 점에서 우리의 눈길을 끈다.

『동국여지승람(東國輿地勝覽)』에는 이렇게 씌어 있다.

> 조지소(造紙所). 창의문(彰義門) 밖에 있다. 표전지(表箋紙), 자문지(咨文紙) 및 여러 가지 종이를 만드는 일을 맡는다. 사지(司紙) 1명, 종6품 별제(別提) 4명을 두었다.
>
> 설립 당시의 기록을 보면, 지소에는 2명의 제조(提調)가 행정적인 책임과 기술적인 책임을 맡아보도록 배치되었고 사지(司紙), 즉 제지 기술책임자 1명과 별제(別提)라는 담당 관리 4명, 85명의 지장(紙匠), 즉 제지 기술공과 95명의 잡역부가 배치된 200명 가까운 인원을 가진 큰 공장이었다. 또 지방에는 모두 698명의 지장이 각 도에 소속되어 있었으니까 이것 또한 큰 인력이었다.

15세기 초에 종이를 만드는 일에 1천 명이 종사했다는 사실은, 그 당시에는 세계적인 종이 생산국으로서의 위치를 나타내는 것이다. 종이 생산 소비는 그것이 그대로 문화의 척도라는 점에서 볼 때, 조선 초의 조지소와 제지 공장의 규모는 조선 시대 문화 발전의 기틀을 다진 한 시대의 모습을 보여주는 것이라 할 수 있다. 게다가 조선 왕조는 제지 기술공들을 법적으로 우대받도록 규정하고 그들에게 생활보장을 받는 특권을 부여했다. 그리고 조선은 부단한 기술 향상에 힘썼다. 외국 제지 기술의 장점을 도입하는 일을 게을리하지 않아서 중국과 일본의 기술 정보를 직접 · 간접으로 입수하였다. 기술자를 파견하는 것은 물론 중국과 일본의 종이를 분석, 평가하여 그 제조 기술의 특징을 제지 기술 공장(工匠)에게 교육했다.

원료의 생산과 품질 향상에도 힘썼다. 닥나무의 재배와 품종 개량을 꾸준히 해나갔고 삼베를 원료로 하는 제지법을 연구하기 위해서 중국에 기술자를 파견하는 등 적극적 노력들이 『조선왕조실록』의 기록에 여러 번 나타난다. 그렇지만 조선 시대의 종이로 역시 닥나무를 원료로 하는 오랜 전통을 그대로 이어받아 그 기술을 주류로 하고 있다. 닥나무를 원료로 하는 종이, 중국인들이 신라 종이, 고려 종이라고 예찬하던 종이가 다시 조선 종이로 이어져 한국 종이의 전통을 지켰다.

이 전통은 최근까지도 잘 이어지고 있었다. 1천 년 이상을 지켜내려온 한국의 전통적인 종이 제조 공정은 지금도 일부 지방에 남아 있다. 그러나 그나마도 급속도로 쇠퇴해 가고 있다. 조선 종이, 크게는 한국 종이의 장점에 대한 한국의 이른바 현대인의 인식이 부족하기 때문이다. 많은 한국인은 전통적인 종이 하면 중국을 꼽거나 일본의 이른바 와시[和紙]를 생각한다. 그러나 그 나라 사람들 중에서 종이를 아는 선비들은 한국 종이를 친다. 오랜 옛날부터 한국 종이를 중국이나 일본에서 최상품으로 귀하게 여겼기 때문이다.

그런데 지금 우리 나라 사람들은 중국의 전통적 방법으로 만든 종이를 최고급품으로 알고, 실제로 아직도 많은 서화가들이 작품할 때 중국 종이를 쓰고 있다. 분명히 현재 우리 나라에서 만든 조선 종이는 중국 종이만 못하다는 것이다. 그 이유는 간단하다. 꾸준한 기술의 전승과 축적, 그리고 생산원가와 수요 공급이 맞지 않으니까 못만들어 그렇다.

조선 종이의 전통은 분명히 아직도 살아 있다. 대만에서는 우리 나라의 조선 종이가 제일 좋은 선물의 하나로 꼽히고 있고, 일본의 지식인들도 우리 종이를 높이 평가한다. 일본 사람들이 하는 것처럼 우리의 전통적인 조선 종이, 즉 한지(韓紙)를 고급 종이로 만들어 쓸 줄 아는 노력이 필요하다.

1천 년이 넘도록 이어진 세계 최상급 종이 제조의 전통을 계승 발전시켜 나간다면, 그것은 현대 속에서 다시 살아날 것이고 온세계 사람들에게 사랑받는 한국 종이로 빛을 볼 것이다.

종이 만드는 법

조선 시대까지 이어져 내려온 종이 제조 공정을 자세히 말하는 문헌은 아직 없다. 우리가 알고 있는 것은 종이 제조 공장들에게 전승된 공정을 현장에서 보고 구성한 내용이다. 그러니까 해방전까지만 해도 전국 각지에서 별로 어렵지 않게 볼 수 있었던 조선 종이 공장에서 닥나무를 원료로 해서 만들던 전통적인 종이 제조법 그것이다.

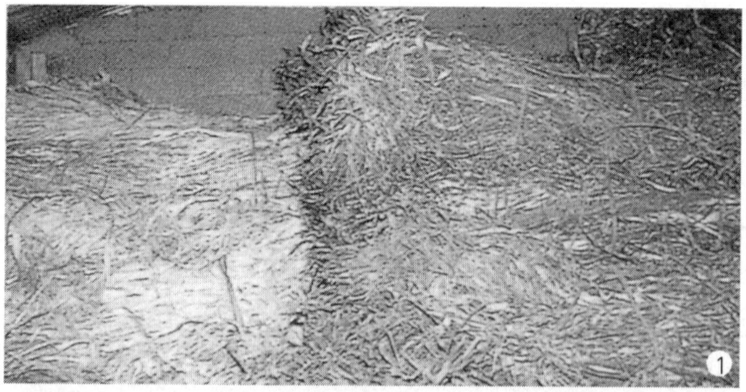

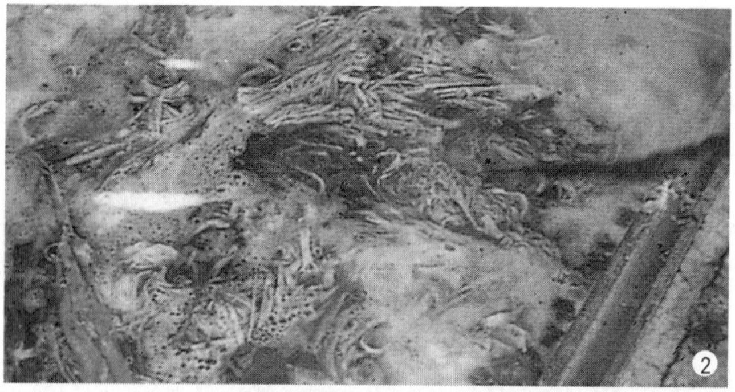

전통 한지 제작 과정. 1986년 제11회 전승공예전에서 특별상을 수상한 영담 스님의 작품인 <흰색닥종이> 및 <오색지>. (1) 종이의 원료인 닥나무 껍질. 왼쪽의 것이 백피(白皮)이고 오른쪽의 것이 흑피(黑皮)이다. (2) 육재에 삶고 있는 백피의 디테일. (3) 삶아낸 닥섬유를 3단계에 걸쳐 흐르는 물에 씻는다. 그 다음은 티 고르기 과정으로, 물에 씻어 잿물이 깨끗이 빠진 백피를 흘러가는 물 위에 올려놓고 한 가닥씩 뒤집으며 티를 고른 후 수박 모양으로 뭉친다. (4) 수박처럼 뭉쳐진 닥을 석반(石盤)에 놓고 치거나 절구통에 넣고 빻아서 섬유질을 분해시킨다. 이 과정을 고해(叩解)라 한다. (5) 얇게 떠올린 종이 원료를 습지판 위에 젖은 채로 한장 한장 쌓아 올라간다. (6) 물들인 색지들. (7) 전충제(塡充制)인 닥풀로, 뿌리에서 나오는 끈적끈적한 진이 바로 닥섬유와 섬유 사이를 결합시켜 주는 요소이다.

그것을 요약하면 다음과 같다.

닥나무를 큰 가마솥에 넣고 쪄서 껍질을 벗겨 말린다. 이것을 흑피(黑皮)라고 한다. 이 흑피를 흐르는 물이나 통 속의 물에 하루 밤낮 동안 담가 불리면 연하게 된다. 그러고 나서 발로 밟아서 표피를 제거하고(이때 껍질을 손으로 떼어내거나 칼로 긁어내기도 한다) 며칠 동안 햇볕에 바래서 표백시킨다. 이것을 백피(白皮)라 한다. 이 백피를 물에 다시 담가서 완전히 부풀게 한다. 이제 약 10관의 백피에 물 7말, 석회와 목회 1말 2되 가량의 비례로 넣어 잘 휘저어 섞은 것을 큰 가마솥에서 3-4시간 동안 끓인다. 다음에 그것을 자루에 넣어 흐르는 물에 1주야를 담가 씻으면 여분의 회와 불순물이 제거된다.

중국 죽마지 뜨는 그림. 『천공개물』(17세기)에서.

이렇게 만든 펄프는 햇볕에 바래서 표백시키는데, 이때에 먼지나 섬유소의 마디[節]가 섞여들지 않도록 해야 한다. 그러고 나서는 이것을 석반(石盤)이나 목반(木盤) 위에 올려놓고 방망이로 두드려 곱게 빻는다. 조선 종이의 제조 과정에서 이것이 특히 색다른 점이다.

방망이질로 빤 펄프는 나무로 만든 녹조(鹿槽)에 넣고 물을 부어 펄프를 풀고 점착제(粘着劑)를 섞어 잘 휘저어준다. 점착제로는 닥풀[黃蜀葵] 뿌리에서 뽑은 끈끈한 액체나 괴목(槐木)의 껍질을 쓴다. 이제 점착제가 섞인 액상(液狀)의 펄프를 뜸틀발에 부어 그것을 전후좌우로 흔들어서 액체 펄프가 얇게 골고루 펴지게 한다. 걸러진 작은 종이는 지상(紙床, 종이를 얹는 온돌바닥)에 한 장씩 옮겨 포개 놓고 수분을 빼기 위해 1일분을 단위로 하여 쌓아 다음날까지 눌러둔다. 그러고 나서 종이를 한 장씩 떠서 건조판에 붙여 햇볕에 말려서 완성시킨다.

이렇게 만들어진 조선 종이는 닥나무로 만들었기 때문에 거칠어서 다듬이질을 하여 매끄럽게 했다. 다듬이질할 때에는 마른 종이 한 장과 젖은 종이 한 장씩을 차례로 섞어 겹쳐서 1백 장을 한묶음으로 하여 평상 위에 얹고 그 위에 다시 상을 엎고 큰돌(大石)을 올려 놓는다.

한참이 지나면 건습한 것이 고루 피는데 이때 평상 위에 놓인 큰돌을 200-300번 내리치고, 1백장 중에서 50장을 꺼내 말리고 습한 종이 50장에 다시 마른 종이를 사이사이에 넣어 200-300번 치고 하는 과정을 서너 차례 하면 종이가 한 장도 서로 달라 붙지 않는다. 그후 다시 석현(石峴)으로 덮어놓고 서너 번 두드리면 유지(油紙)처럼 광택이 있고 매끄러운 종이가 된다.

이런 방법으로 종이를 만드는 제지 공장은 지금도 전주 지방에서 찾아볼 수 있다. 거기서도 역시 종이를 떠내는 틀인 발이 한국의 전통적인 특징을 거의 그대로 간직하고 있다. 조선 종이 제조 기법에서 종이틀인 발 쓰는 법과 다듬이질하는 법은 특징있는 것이다.

한국 사람은 처음 중국에서 종이 만드는 법을 배워와서 오랜 동안 나름대로 개량해서 좋은 한국 종이를 만들게 되었다. 그 한국 종이 기술의 고향이라 할 수도 있는 중국에서는 종이를 어떻게 만들었는지, 17세기 중국의 유명한 기술서인 『천공개물(天工開物)』에 씌어 있는 종이의 제조법을 보자.

그 책 중권(中卷) 13의 제지(製紙)의 장(章), 피지(皮紙) 만드는 법에 이렇게 썼다.

> 피지(皮紙)는 닥나무 껍질 60근에 아주 연한 죽마(竹麻) 40근을 가하고, 함께 고인물[溜池]에 담근다. 석회물로 바르고 가마솥에 넣고 부글부글 끓인다. 근년에 재료를 절약하는 방법으로, 닥나무 껍질과 죽마를 7할로 하고, 또는 갓 벤 볏짚 3할을 넣어 지약(紙藥)을 잘써 주면 역시 새하얗게 된다.

닥나무 껍질을 재료로 한 질긴 종이는 세로로 떠내면 무명실과 같다. 그래서 면지(綿紙)라 한다. 조선의 백추지(白硾紙)는 어떤 재료를 썼는지 알 수 없다.

『천공개물』에는 이밖에 종이 만드는 자세한 설명을 하고 있지만 조선 종이를 만들 때, 다듬이질하거나 하는 과정에 대해서는 전혀 언급이 없다. 그것은 역시 조선에서만 하던 기법이었기 때문으로 생각된다. 고구려에서 종이 제조 기술을 배운 일본에서는 일부 비슷한 공정이 있다.

한국 종이의 제조 기술은 그 공정에서도 나타나는 것처럼, 한국인에 의해서 오랫동안 창조적으로 개량 축적된 독자적인 기술이었다.

『고려대장경』의 과학과 기술

인쇄 기술은 상감청자 기술과 함께 고려 기술의 발전을 대표하는 창조적 전통의 소산이다.

고려의 목판인쇄 기술은 대규모의 대장경 주판(雕板) 사업으로 특징지어진다. 고려의 기술자들과 불교적 신앙심이 두터웠던 고려 귀족들의 손과 마음을 통해 이루어진 인쇄 기술은 무척 높은 수준이었고 규모가 큰 사업으로 전개되었다. 국가적인 사업이라고는 하지만, 그렇게 큰 프로젝트를 몇 번이나 추진하고 그때마다 성공적으로 마무리지을 수 있었던 것은 쉽게 상상하기 어려운 일이다. 고려 사람들은 한 번에 몇 만 장의 목판을 새겨서 그 방대한 대장경을 인쇄해 냈다. 수천 명이 몇 년씩 걸리는 큰 일이었다. 이민족의 침략으로부터 나라를 지키겠다는 한마음에서 그들은 그 일을 추진했다. 대장경을 펴내면서 부처님께 나라를 보호해 달라고 호소했다.

해인사에 지금 보존되어 있는 『고려대장경』 목판은 그 사실을 극적으로 말해 주고 있다. 8만여 장의 목판이 하나같이 똑같게 제작되어 750년의 긴 세월을 견디고 살아남아 있다는 것은 참으로 놀라운 일이다. 합천 해인사에 가서 대장경 판고 안에 들어가서 있으면 8백 년 전의 먼 옛날에 타임머신을 타고 가 있는 듯한 환상적인 자신을 발견하게 된다.

20세기 말의 첨단 기술 시대에 살고 있는 우리가 지금 보아도 대장경판은 경탄을 자아내게 한다. 더욱이 13세기 전반기, 처음 제작할 때의 기술적 노력은 상상을 초월하는 것이다. 나라를 외적의 침략으로부터 구하려는 간절한 마음을 불천(佛天)에 호소하는 종교적 열정

『고려대장경』 목판. 해인사 국보 32호.

이 없었더라면 그 일은 성취되기 어려웠으리라.

우리에게 해인사의 팔만대장경판으로 알려져 있는 『재주대장경(再雕大藏經)』은 8만 6,688장의 목판이다. 세로 26.4cm, 가로 72.6cm, 두께 2.8-3.7cm 무게 2.4-3.75kg이 그 제원이다. 그리고 산벗나무와 돌배나무가 그 재료다. 전체의 무게가 자그만치 26만kg. 4톤 트럭으로 환산하면 65대의 분량이다.

물론 고려 시대의 운송 수단은 배와 수레가 전부였다. 이 엄청난 재료를 5백 대 이상의 우차로 운반했을 것이라고 상상하는 사람이 많을 것이다. 그러나 실제로는 그렇지 않았을 것으로 생각된다. 아마도 사람이 한 장씩 운반했을 것이다. 그것은 하물이 아니고 불경(佛經)이었기 때문이다. 강화도에서 만들어 합천 해인사까지 바닷길과 산길을 통과, 마침내 〈봉안(奉安)〉할 때의 광경은 정말 장관이었을 것이다.

이런 얘기를 먼저 쓰는 데는 그럴 만한 이유가 있다. 역사가는 역사가 대로, 민속학자는 민속학자라서, 과학자는 현대 과학을 대상으로 하기 때문에 아무도 이런 상황을 계량적으로 분석, 재구성해 보는 일을 하지 않을 것이다. 우리는 작업의 결과 못지 않게 그 과정도 중요시해야 한다. 과학기술사는 역사다. 역사는 과정의 기록에서 출발한다. 과학적인 분석과 실험적인 접근은 그래서 더욱 중요하다.

대장경과 경판전의 과학

대장경판의 제작으로 다시 돌아가자. 대장경 판목은 양쪽에 편목(片木)을 끼어 붙이고 네

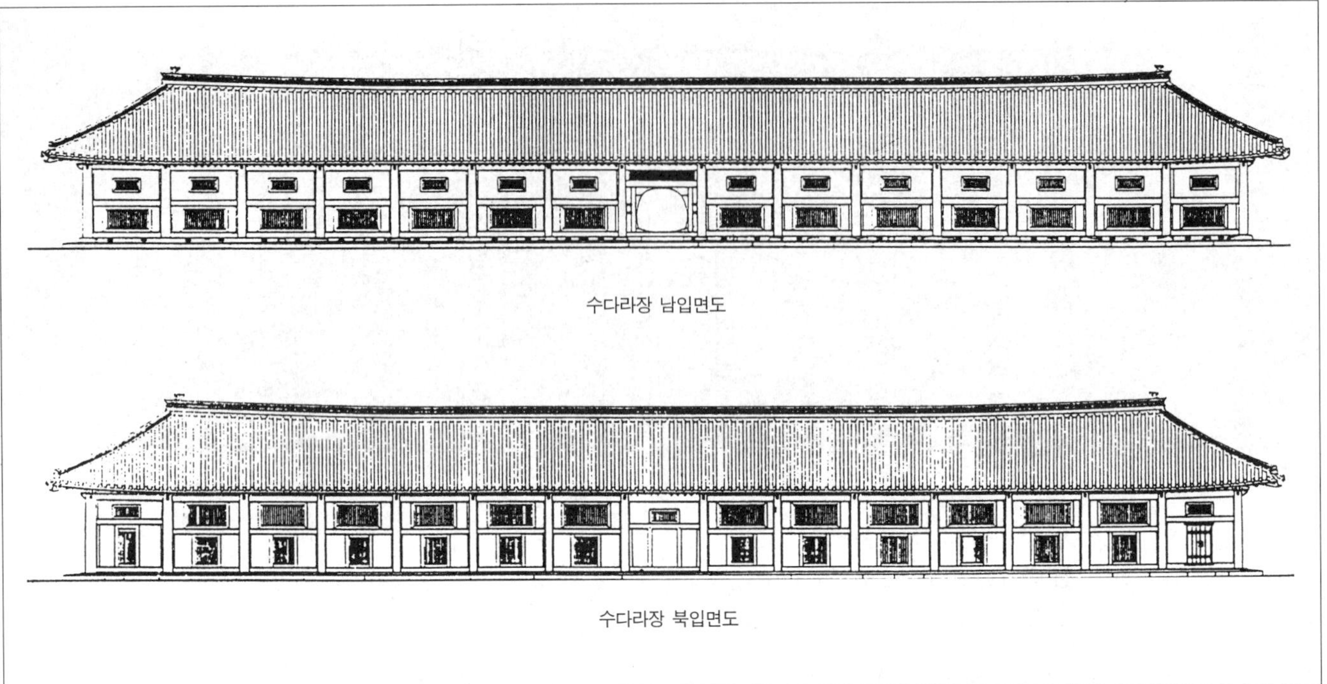

고려대장경전 수다라장 남북 입면도. 이태녕 교수 보고서에서.

귀에는 99.6%의 높은 순도를 가진 동판으로 된 직사각형의 띠를 둘러쳐서 판목이 뒤틀리지 않게 했다. 이런 제작 수법은 다른 목판에서는 볼 수 없는 기술이다. 이것은 목판을 온전하게 오래도록 보존하기 위한 방책이었다. 그 재료로 산벚나무를 썼다는 사실도 그런 배려에서 나온 것이다.

전하는 바에 따르면, 이 산벚나무를 수년 동안 바닷물에 담갔다가 소금물에 쪄서 진을 뺀 뒤 다시 수년 동안 그늘에서 말렸다고 한다. 그리고 판목을 크기대로 다듬어서 글자를 새겼다는 것이다. 이러한 방법은 조선 시대까지 이어진 우리 나라 가구용 목재의 전통적 처리 방법과 같다. 그래야만 목판이 단단해져 뒤틀리지 않고 갈라지지 않는다고 한다. 거기에다 또 전면에 엷게 옻칠을 했다. 이렇게 처리했기 때문에 8백 년 가까이 된 지금까지도 보존 상태가 매우 좋아서 뒤틀리거나 갈라진 판목이 거의 없다.

목판면의 둘레에는 세로 24.5cm, 가로 52cm의 태를 둘렀다. 그러나 괘선은 치지 않았다. 한면은 23행이고 한줄에 14자를 새겼다. 글자의 크기는 약 1.5cm²이고 앞뒷면에 경문을 새겼다. 판의 한쪽 끝에는 작은 글자로 된 경명(經名) 권차(卷次) 장수 및 천자문 순서로 된 함수(函數)의 번호가 새겨져 있다. 그러나 경판들 중에는 판본 및 판면의 가로 · 세로 길이와 행수, 자수, 글자의 크기들이 꼭 같지 않은 것들도 있다. 또 윤곽과 괘선이 있는 것, 한면만

『고려대장경』 장경각. 1995년 유네스코에서 세계문화유산으로 지정되었다.

조각한 것도 있다. 16년이라는 오랜 기간 제작하면서 때에 따라 제작 기법이 조금씩 달라졌기 때문이 아닌가 생각된다. 판목의 크기에서 나타나는 차이도 오랜 제작 기간에서 그 원인을 찾아낼 수 있을 것이다.

『팔만대장경』.

학자들은 그것을 『고려대장경』 또는 『재주대장경(再雕大藏經)』이라 부른다. 11세기 초에 제작되었던 1만여 권에 달하는 대장경이 불행히도 1232년의 몽고 침략으로 모두 불타버리고 말았다. 고려 정부는 강화도로 쫓겨가고 적을 몰아낼 가망이 희박해지자 더욱 불심에 의존하게 되었다. 현종 때(11세기 초) 거란의 침략군을 몰아내기 위해 대장경을 각판했을 때와 같이 이번에도 대장경을 다시 조판했던 것이다. 그래서 재주대장경이다. 현종 때의 대장경은 초주대장경이라 부른다.

강화도로 쫓겨간 고려 정부는 대장도감(大藏都監)이라는 대장경판 제작을 위한 특별기구를 설치했다. 곧이어 국력을 기울인 목판 제작 사업을 전개했다. 1236년(고종 23)에 임시수도인 강화도에 본부를 두고 분사(分司)를 진주 부근의 남해도(南海島)에 설치했다고 기록은 전하고 있다.

1237년에 이규보(李奎報)가 지은 『동국이상국집(東國李相國集)』에 나오는 「대장각판군신기고문(大藏刻板君臣祈告文)」은 대장경에 관한 가장 자세한 문헌이다.

착수한 지 16년 만에 완성된 8만 6,000여 장의 대장경 판본은 강화도성(城) 서문(西門) 밖의 대장경판당(大藏經板堂)에 보존되었다. 이 당시 건물은 어떤 것이고 경판은 어떤 식으로 보존됐는지 짐작할 수 있는 자료는 없다. 그리고 언제 현재의 합천 해인사로 옮겨져 보존되기 시작했는지도 정설이 없다. 이는 김두종(金斗鍾)이 그의 저서 『한국고인쇄문화사(韓國古印刷文化史)』(1980, 서울)에서 밝히고 있다.

그가 요약한 바에 따르면, 재주대장경판들은 고려 말까지 강화도에 보관되었다. 조선 시대에 이르러 1398년(태조 7) 5월에 강화 선원사(禪源寺)로부터 일단 서울 서대문 밖 태평관(太平館) 근처인 지천사(支天寺)에 옮겨졌다고 한다. 그리고 그곳에서 여름 장마철을 보낸 다음 그해 가을에서 겨울에 이르는 사이에 해인사로 옮겨져 안치되었다는 것이다.

고려 때 강화도의 경판보존고가 어떤 건물이었는지, 그것이 현재의 해인사 보존고와 어떤 기능적 공통점이 있는지는 확실히 말하기 어렵다. 조선 시대의 보존고는 8만 6,000여 장의 방대한 목판을 보존하는 데 가장 이상적인 입지 조건을 갖추고 있다. 아울러 그 자연 환경에 잘 어울리는 설계로 건축되었다.

해인사의 대장경판전(板殿)이라고 불리는 건물은 모두 2동이다. 판전은 그 구조와 건물 위치가 통풍이 잘 되고 습기가 차지 않도록 설계되었다. 또 판전은 장방형의 1자집인데 앞과 뒤에 통풍용 창이 나 있다. 경판고 앞쪽의 창은 아래쪽에 내고 뒤쪽은 위에 통풍용 창을 냈다.

판목은 옆으로 세워서 차곡차곡 끼워 넣게 만든 판가(板架)에 보존하게 해놓았다. 경판전의 이런 구조와 판가의 배치, 그리고 경판목을 끼워 넣는 방식 등은 실로 과학적인 것이었다. 통풍이 잘 되게 하고 습도의 큰 변화가 없게 하려는 잘 계획된 설계였다. 이런 생각을 일찍부터 가지고 있던 사람은 과학사학자이며 과학평론가인 박익수(朴益洙) 선생이었다. 그는 필자에게 자기의 생각이 틀림없다는 주장을 정연한 이론을 바탕으로 전개하곤 했다. 그의 분석적 아이디어는 필자로 하여금 몇 번에 걸친 현지답사를 강행하게 했다. 그럴 때마다 필자는 그의 이론이 과학적으로 무리가 없다는 사실을 발견하게 되었다.

이제 그런 생각을 실험적으로 정리해 보자. 통풍용 창문은 남북으로 트여 있다. 한국의 전통한옥에서 흔히 볼 수 있는, 경험적으로 증명된 바람이 잘 통하는 구조다. 공기는 아래 통풍창으로 들어오는데 판가 사이에 목판이 평형하게 옆으로 세워져 있을 때 잘 통한다. 판목 양쪽에 끼워 붙인 편목 때문에 무수하게 뚫린 틈새로 골목바람을 일으켜가면서 굴뚝의 연기처럼 위로 올라간다. 위로 올라간 공기는 뒤쪽 위에 나 있는 통풍창으로 흘러나갈 것이다.

해인사의 판전은 판목의 보존고로는 아주 이상적인 건물로 설계되고 지어졌음에 틀림없다. 판전에 들어서 보면 그 안의 공기가 상쾌함을 피부로도 느낄 수 있다. 이 느낌은 최근 이태녕 교수팀에 의하여 측정기계를 활용, 정확한 데이터로 확인되었다. 계절의 변화에도 불구하고 경판전 안의 온도와 습도의 변화가 아주 고르다는 사실이 실험적으로 증명이 된 것이다. 기술고고학적 연구가 여기서도 큰 성과를 거두었다.

교토 난젠지 『초주대장경』 보존고 내부.

『재주대장경』은 그 내용이 정확하고 글씨[字體]가 아름다우며 목판 제작 기술이 뛰어난 세계에서 가장 훌륭한 판본이다. 그래서 그것은 『고려대장경』으로 널리 알려져 있다. 동아시아에서 20여 종의 대장경이 간행되었다. 그 중에서 『고려대장경』은 가장 으뜸가는 것으로 평가되고 있다. 고려의 목판인쇄는 『팔만대장경』의 제작 과정에서 최고의 기술 수준에 도달한 것이다. 종교적으로도 그 의미는 대단하다. 고려의 불교가 대장경의 조판에 이르러 하나의 정리를 이룩하게 되었다. 고려 불교의 교리가 여기서 정리되었다는 데서도 의의가 있다.

이렇게 고려의 목판인쇄 기술은 불교 경전을 인쇄하여 펴내는데 고무되어 발전했다. 여러 사찰에서 소규모의 불경 인쇄를 해온 기술이 축적되어 오다가 1011년(현종 2)의 『초주대장경』 조판을 계기로 국가적인 사업으로 확대되었다. 기술 혁신의 기회가 온 것이다. 그 『초주대장경』은 거란의 침입으로 수도인 송도가 함락되면서 국가 존망의 위기에 처했을 때 제작되었다. 남은 길은 불력(佛力)에 호소하는 수밖에 없다고 믿어 국력을 기울여 조판하기를 발원(發願)하고 서약한 결과였다. 국왕에 대한 충성심과 애국심이 종교적으로 승화되어 나타난 기술 혁신이었다.

그러나 여기서는 아직 기술의 〈중앙집권〉이 다 이루어지지 않은 상태였다. 중앙에 대장도감 같은 특별기구가 설치된 흔적을 찾아볼 수 없다. 모든 경비는 국고에서 부담하고 경판의 제작은 각 지방의 여러 사찰에서 분담해 추진되었던 것으로 여겨지고 있다.

그 제작 사업은 70여 년이 걸렸다. 참으로 끈질기게 해낸 큰 사업이었다. 그 분량은 5천축(軸)에 달한다고 전해지고 있다. 그 오랜 세월 동안 그 많은 목판을 만들면서 이루어진 기술의 향상은 결코 적지 않았을 것이다. 그리고 그 사업은 당시 고려에 수입된 수많은 당(唐), 송(宋)판 한역(漢譯) 대장경들을 거의 망라한 것이었다고 추측되고 있다. 그러나 그 경판들은 1232년 몽고 침략의 전화로 모두 불타버리고 말았다

『초주대장경』의 비극을 딛고

『초주대장경』의 인본들은 지금 일본 교토의 난젠지[南禪寺]에 310첩(帖)이 비장되어 있다고 한다. 우리 나라에는 남아 있지 않은 것으로 오랫동안 알려져 왔는데, 최근에 10여 첩이 발견되었다. 교토의 난젠지는 필자가 여러 차례 가본 멋있는 절이다. 그러나 난젠지에 비장된 11세기의 대장경은 쉽게 볼 수가 없다. 하지만 이제 그런 아쉬움에는 퍽 익숙해져 있다. 한국의 과학기술사 연구 35년의 길목에서 늘 그래 왔기 때문이다. 그런데도 사진으로 본 초주대장경본은 필자의 마음을 아프게 했다. 너무도 당당하고 멋있는 인쇄본이었기 때문이다.

고려에서는 그후 이른바 의천(義天)의 『속장경(續藏經)』 판각 사업이 11년에 걸쳐 이루어졌다. 1091년(선종 8)부터 1101년(숙종 6)에 이르는 동안에 전개된 작업에서 두루마리 4,857권이 인쇄 · 제작되었다. 그 인본 중 40권이 지금 일본의 나라[奈良] 도다이지[東大寺]에 남아 있다. 그것은 송판본(宋板本)을 그대로 모각한 것이 아니고, 자체(字體)는 송판본보다 청아(淸雅) 단정(端正)하다고 김두종 박사는 평가하였다.

송판본의 아름다움에 끌려 그런 인쇄본을 갖고 싶어했던 고려의 귀족들이 그보다 나은 판본을 가질 수 있게 된 것이다. 고려의 목판인쇄 기술은 마침내 세계 최고 수준에까지 이를 만큼 발전했다. 『고려대장경』은 오랜 기술의 축적이 이루어낸 목판인쇄 기술의 완성이었다.

그토록 당당하고 멋있는 대장경이 우리에겐 없다. 고려 시대의 서적과 불화는 우리에게 불과 몇 점밖에 없다. 그런데 일본에는 수십 종이 보존되고 있다. 여러 차례의 처참한 전란과 약탈로 우리 나라에선 자취를 감추어버린 귀중한 유산들이 외국에는 그래도 살아남아 있으니 다행스럽다면 다행이지만, 늘 우리의 마음을 저리게 한다. 한국 전쟁 때만 해도 얼마나 많은 귀중한 책들이 불타 없어지거나, 도배지로 사용되어 사라졌는지 모른다.

그런데 팔만 장이 넘는 저 엄청난 고려대장경판이 해인사에서 무사히 살아남았으니, 정말 기적과도 같은 일이다. 그러나 우리는 전란이 끝난 지 50년이 다되도록 그 세계적 문화유산의 과학적 보존을 위한 학술적 기초 조사 연구가 제대로 이루어지지도 않은 채로 있었다. 고려대장경판의 제작과 그 보존을 위한 경판전의 건축 기술이 너무도 과학적이라는 가설은 있었지만, 실험적인 조사 연구에 의한 증명은 없는 채로 오랜 세월을 그대로 보냈다. 그 연구에 본격적으로 달려든 것이 이태녕 박사였다. 1993년에서 1995년에 이르는 3년 동안 해인사 이지관 주지스님과 대장경연구소의 학승들이 나선 것이다. 전에 동국대학교 총장을 지낸 이지관 스님이 주지로 부임한 것이 좋은 기회가 되기도 했다. 문화재관리국과 합천군의 일부 재정에 힘입어 이태녕 교수는 희생적인 노력을 다했다. 필자는 그 기획평가위원으

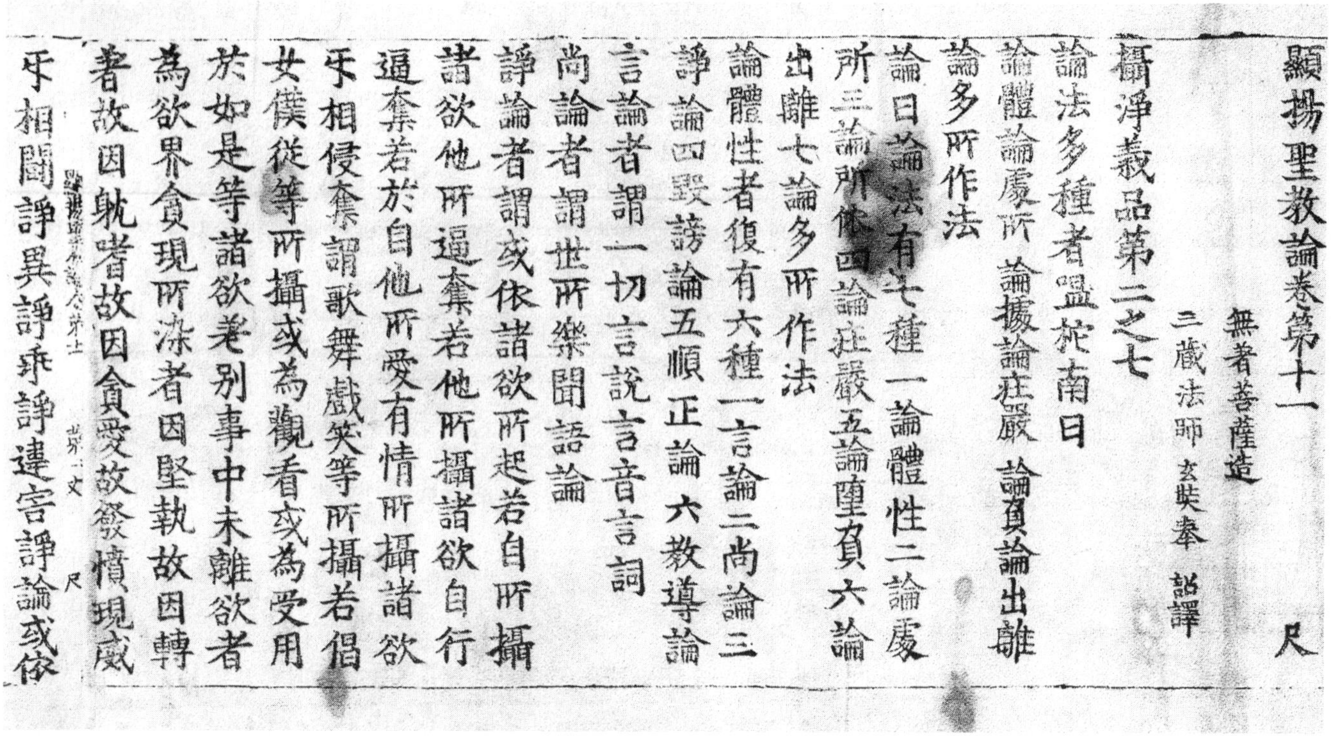

顯揚聖教論卷第十一　尺
無著菩薩造
三藏法師玄奘奉　詔譯
攝淨義品第二之七
論法多種者嗢柁南曰
論體論處所　論據論莊嚴　論負論出離
論多所作法
論曰論法有七種一論體性二論處
所三論所依四論莊嚴五論墮負六論
出離七論多所作法
論體性者復有六種一言論二尚論三
諍論四毀謗論五順正論六教導論
言論者謂一切言說言音言詞
尚論者謂世所樂聞語論
諍論者謂或依諸欲所起若自所攝
諸欲他所逼奪若他所攝諸欲自行
逼奪若於自他所愛有情所攝諸欲
互相侵奪謂歌舞戲笑等所攝若倡
女僕從等所攝或為觀看或為受用
於如是等諸欲差別事中未離欲者
為欲界貪現所染者因堅執故因轉
著故因耽嗜故因貪愛故發憤現威
互相鬪諍異諍乖諍違害諍論或依

『현양성교론』 판본(11세기). 29.0×156.0cm. 호암미술관. 국보 234호.

로 참여했지만, 10여 명의 전문가들이 공동 연구팀을 구성해서 수행한 연구 성과는 정말 훌륭했다.

철저한 조사와 면밀한 측정이 3년 동안 꾸준히 계속되었다. 대장경판의 실험고고학적 조사 연구와 보존과학적 기초 연구로 평가될 수 있는 연구 사업이 마무리된 것은 1996년 봄이었다. 평가회의에서 보존과학의 원로학자 이태녕 교수의 종합 보고는 감동적이었다. 몇 가지 중요하고도 새로운 사실이 밝혀지고 앞으로의 과학적 보존 방향이 제시된 것은 커다란 의의가 있다. 300쪽이 넘는 훌륭한 보고서 『고려대장경판 보전을 위한 기초 학술 연구』가 출간된 것도 큰 성과였다.

보고의 내용을 요약해 보자.

(1) 대장경판의 재료가 되는 나무는 지금까지 알려져온 후박나무가 아니고, 대부분이 산벚나무이다.

(2) 경판의 표면은 나무에 먹을 바르고 그 위에 순수한 옻칠을 했다. 옻칠은 매우 질이 좋은 것으로, 경판 보존에 크게 도움이 되었을 것이다.

(3) 경판을 튼튼하게 만들기 위해서 마구리를 구리판으로 장식했다. 그 구리는 97.1%에서 99.6%에 이르는 매우 순도가 높은 것이다.

(4) 구리판을 고정하는 데 쓴 못은 94.5%에서 96.8%의 순도를 가진 단조된 제품이다. 저탄소강이라고 할 수 있는 이 못들은 0.33－0.38%의 많은 망간을 함유하여 철의 가공성을 좋게 하기 위해서 첨가한 것으로 보인다.

(5) 경판전 안의 온도 분포는 대체로 2℃ 이내의 놀라울 정도로 균일함을 나타냈고, 일교차도 보통 5℃를 넘지 않았다. 경판 표면의 상대습도는 경판전 내의 공간보다 낮지만, 하루중 대부분 70－80% 이상의 다습한 환경을 유지하고 40% 이하의 건조한 시간대는 1년 내내 아주 적었다.

한마디로 『고려대장경』의 제작 기술은 목판 제작 기술이 도달할 수 있는 최고의 수준에 있었고, 그 보존을 위한 경판전의 과학적 설계 또한 놀라운 것이었다는 사실이 실험고고학적 연구로 밝혀진 것이다.

목판에 먹을 바르고 옻칠을 한 제작 기술은 고려 기술자들의 목판 기술에서 새로운 발전이었다. 마구리 고정에 쓰인 구리판의 순도가 99.6%에 이른다는 사실 또한 우리를 놀라게 했다. 13세기에 그렇게 순도가 높은 구리를 정련한 기술이 개발되었다는 것이 기술사에서 지금까지 알려진 일이 없었기 때문이다. 쇠못을 만드는 기술 또한 훌륭했다. 수백만 개의 아주 질이 좋은 쇠못의 제조는 고려의 높은 철 기술 수준을 나타내는 실증적 유물로 주목되는 것이다. 그 못들은 녹쓴 것이 거의 없었다. 옻칠의 생산 또한 엄청난 양이었다. 이러한 몇 가지 기술 문제의 단면을 살펴볼 때, 대장경판 제작 사업은 그것이 국력을 기울인 대역사(大役事)임에 틀림없었다. 원료의 조달에서 제품의 제조에 이르는 기술 공정이 얼마나 큰 규모로 이루어졌는지 한번 어림잡아 계산해 볼 만하다는 생각이 든다. 13세기 고려의 기술 수준을 가늠해 볼 수 있는 사업의 하나이다. 그 고려의 과학 기술은 지금까지 제대로 평가할 수 있는 연구가 쌓이지 못했으므로, 새롭게 조명할 필요가 있을 것이다.

청동활자 발명

조선 초의 학자 권근(權近)은 그의 글 「주자발(鑄字跋)」에서 이렇게 쓰고 있다.

1403년 2월 13일.

조선 태종 3년 이른 봄이다. 태종은 대신들에게 이렇게 말했다.

정치를 하려면 반드시 널리 책을 읽어 이치를 깨닫고 마음을 바로잡아야 수신제가 치국평천하(修身齊家治國平天下)의 효과를 낼 수 있을 것이다.

우리 나라는 중국의 바다 건너에 있어 중국 서적이 잘 들어오지 않을 뿐더러 목판은 갈라지기 쉽고 만들기도 어려워서 그것으로는 모든 책들을 다 인쇄할 수 없다.

이제 구리로 글자를 만들어서 책을 얻을 때마다 그 책을 인쇄해 널리 펴면 그 이로움은 참으로 무한할 것이 아니겠는가.

그러나 대신들은 반대했다고 한다. 태종의 이런 생각이 국가 백년대계의 큰 뜻에서 나온 것인지는 잘 알고 있었지만, 기술적인 어려움을 극복할 수 없을 것으로 보았기 때문이다. 한마디로 뜻은 좋지만 실천이 불가능하다는 게 중론이었다. 그러나 태종은 물러서지 않았다. 청동활자를 만드는 비용을 백성들에게 거둬들이지 말고 대궐에서 당장 소용되지 않는 놋그릇을 다 내놓을 테니 대신들도 뜻이 있거든 모아보라고 했다. 기술상의 문제에 대해서는 언급조차 없다. 기록에 따르면 태종은 〈강령(强令)〉했다 한다. 그는 기술적으로는 별 문제가 없다고 생각했음에 틀림없다. 고려 시대부터 써오던 청동활자에 의한 인쇄의 기술적 전통이 있었기 때문이었을 것이다.

권근의 글에서 우리는 태종이 자주적인 문화를 창조하려는 정열과 거시적 안목을 갖고 있었음을 직감할 수 있다. 금속활자를 처음 만드는 작업은 기술적인 어려움은 물론이고 막대한 비용과 노력이 들기 때문에 결코 쉬운 일이 아니다. 그러나 여러 종류의 책을, 그리 많지 않은 몇 백 부 정도를 찍어내는 조선 사회의 서적 수요에서 볼 때, 그것은 목판인쇄보다 오히려 경제적인 것이다.

마침내 주자소(鑄字所)가 설치되고 그 사업을 주관할 책임자들이 임명되었다. 예문관 대제학 이직(李稷), 총제(摠制) 민무질(閔無疾), 지신(知申) 박석명(朴錫命), 우대언(右代言) 이용(李庸)을 제조(提調)로 하고 강천음(姜天淫), 김장간(金莊侃), 유이(柳夷), 김위민(金爲民), 박윤영(朴允英)을 감조관(監造官)으로 삼은 것이다.

작업은 철저한 분업으로 진행되었다. 각자장(刻字匠)은 황양목에 자본(字本)대로 글자를 새겼다. 또 주장(鑄匠)들은 그것을 가지고 해감모래(뻘흙) 거푸집을 만들고 청동을 부어 활자를 제조했다. 그리고 주조된 활자는 한자 한자 줄칼로 쓸고 다듬어서, 다시 말해 끝마감해서 완성해 나갔다. 이렇게 만든 활자는 몇 달 만에 수십만 자에 달했다. 이것이 계미자(癸未字)다. 태종 3년이 계미년(癸未年)이어서 그런 이름이 붙은 것이다.

고려 청동활자와 다라니경 우표.

고려 때 발명되어 가냘프게 이어 내려오던 청동활자 인쇄기술의 훌륭한 기술전통은 거의 잊혀져 가고 있을 무렵, 태종에 의해서 이제 새롭게 부흥하는 전기(轉機)를 맞이 하게 되었다. 이것은 위대한 재발명이었고 기술 혁신이었다. 고려에 이어 새로 나라를 세운 조선 왕조가 인쇄 문화를 혁신적으로 재건함으로써 세종대의 과학 문화 창조로 이어졌다. 이를 테면 계미자의 출현은 조선 초기의 문화 발전에 크게 기여한 것이다.

태종 때에 부활한 이 기술 혁신의 원 전통은 12세기에서 13세기에 이르는 사이에 고려의 기술자들이 세운 것이다. 당시 인쇄물 제작이라는 절박하고 현실적인 문제에 직면했던 그들은 그 상황을 기술 혁신으로 극복했다. 이제 그 역사적 기술적 배경을 살펴보자.

목판을 써서 책을 찍어내는 기술은 8세기 초 신라에서 시작되었다. 사람이 한자 한자 손으로 써서 베끼던 일을 기계적인 방법으로 간단하고 빠르게 해낼 수 있게 된 것이다. 그것은 위대한 발명이었다. 그러나 목판인쇄는 일단 찍고 나면 다시 같은 것을 찍을 때 외에는 쓸모가 없다는 결점이 있다. 게다가 목판의 부피가 커서 보관하는 데도 적지 않은 어려움이 따랐다. 또 먹을 칠해서 한번 찍고 난 목판은 마르면서 갈라지거나 터지기 일쑤여서 보존에 여간 신경이 쓰이는 게 아니었다. 이런 문제를 해결한 것이 활자의 발명이다.

활자는 11세기에 중국인이 처음 발명했다. 처음에는 목판처럼 글자를 새겨서 한자 한자 잘라내어 만든 나무활자였다. 그 다음에는 진흙으로 만든 활자로 발전하였다. 진흙활자는 차게 한 흙에 아교를 섞어 다진 다음에 그것을 깎아서 글자를 새기고 불에 구워 만든 것이다. 이 진흙활자는 송(宋)나라의 필승(畢昇)이 최초로 개발했다. 그는 먼저 쇠로 만든 활자틀에 송진 밀랍과 종이를 태운 재 등을 깔았다. 그리고 이것들을 불 위에 얹어서 물렁물렁하게 한 다음, 거기에 활자를 차곡차곡 끼워 넣었다. 이어서 활자들을 고르게 눌러 움직이지 않도록 한 뒤 식혀서 고정시켰다. 그는 최종 단계로 먹을 칠한 다음 종이를 대고 밀어서 인쇄물을 찍어냈던 것이다.

그러나 진흙활자는 부서지기 쉽다는 약점 때문에 널리 쓰이지 못했다. 반면 나무활자는 갈라지거나 터지기 쉬운 결점이 있었지만 그런 대로 활용되고 있었다.

활자는 한번 판을 짜서 책을 찍고 나서는 다시 풀어서 글자끼리 모아 두었다가 필요할 때에 다시 판을 짜서 쓸 수 있다는 점이 커다란 장점이다. 특히 많지 않은 부수의 책을 여러 종류 찍어낼 때에는 목활자가 목판보다 훨씬 경제적이다. 실제로 조선 후기에서 말기에 이르는 사이에 큰 양반 가문에서 개인 문집을 내거나 족보를 발간할 때 목활자가 비교적 널리 쓰였다. 그러나 목활자는 오래 두고 여러 번 쓰기에는 아무래도 적당치 않았다.

만일 활자를 금속으로 만들 수만 있다면 그보다 더 좋은 방법은 없을 것이다. 그러나 금속으로 그 작은 활자를 부어 만든다는 것은 그 무렵에는 생각할 수도 없을 만큼 어려운 일이었다. 신라 때부터 청동으로 도장을 부어 만들어 쓰기는 했지만, 도장은 그런 대로 크기가 있고 하나 둘 정도는 어떻게든 제조할 수 있었을 것이다.

그러나 청동도장과 금속활자는 차원이 다르다. 활자는 글자의 크기도 작은 데다가 한 글자를 적어도 수십 개는, 그것도 똑같은 규격으로 만들어야 하는데 그게 어디 만만한 일인가. 게다가 책 한 권을 찍으려면 10만 개 이상의 활자가 있어야 했기 때문에, 당시로서는 금속으로 활자를 만들어 쓴다는 것은 상상할 수도 없었다. 어디 그뿐인가. 금속에는 도무지 먹이 묻지 않아 종이를 대고 밀어내면 글자가 제대로 찍히지도 않았다. 종이만 해도 그렇다. 얇은 종이를 금속 표면에 먹을 묻혀 밀어내면 목판이나 목활자로 밀 때와는 달리 찢어지기 일쑤였다.

하지만 고려 사람들은 어떻게 해서라도 금속활자를 만들어 써야만 했다. 그 당시의 사회적 · 문화적 수요가 절실했기 때문이었다. 무엇보다 한 가지 책의 수요가 중국처럼 많지 않았기 때문에 적은 부수의 책을 찍어내야 했고, 필요한 책의 가짓수는 수백, 수천 가지나 되어 그것들을 목판이나 목활자로 찍어내기란 불가능에 가까웠다. 확실히 고려 사람들은 금속을 부어 만드는 기술에 관한 한 남달리 뛰어난 재주를 갖고 있었다. 그것은 청동기 시대부터 이어져 내려와 삼국 및 통일신라의 금속 공장(工匠)들을 거쳐 고려인에게 물려진 창조적 전통이었다.

견고하고 완전한 인쇄를 가능케 한 금속활자의 발명은 이러한 기술적 전통 위에서 이루어진 것이다. 물론 그런 기술이 있다고 해서 금속활자가 금방 만들어지는 것은 아니다. 작고 섬세한 글씨가 새겨진 일정한 규격의 금속활자를 수없이 부어 만들려면 한 단계 높은 기술이 요구된다. 적어도 그때까지 쓰이던 몇 가지 거푸집으로는 어림없었다.

금속활자를 제조하기 위해 고려 기술자들이 새로 찾아낸 방법은 해감모래 거푸집으로 청동을 부어 만드는 기술이었다. 실제로 지금까지 행한 여러 현대적 실험을 통해서 얻은 기술사가들의 결론도 마찬가지다. 금속 거푸집이 나오기 전까지의 유일한 금속활자 거푸집은 모래 거푸집뿐이라는 것이다. 해감모래 거푸집의 발명은, 기술(技術)에 대한 자세한 기록이 별로 없었던 조선 전기까지의 일반적인 경향으로 보아, 참으로 극적이라고 표현할 수 있는 기술사에 길이 남을 창조적 기술 개발이었다. 한 사람의 학자가 그 사실을 기록해서 남기지 않았더라면, 우리는 고려 기술자들이 어떤 방법으로 청동활자를 부어 만들었는지 알 수 없었을 것이다.

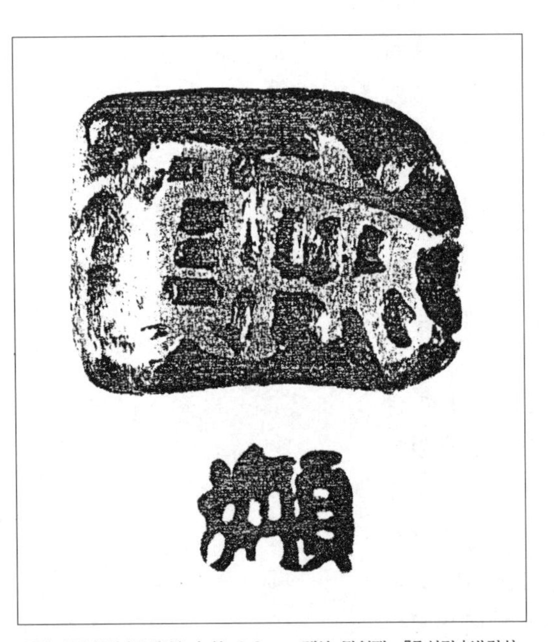

고려 청동활자(12세기). 높이 0.8cm. 개성 만월대. 『조선기술발전사』에서.

조선 초기의 학자 성현(成俔)이 쓴 『용재총화(傭齋叢話)』의 기록은 한국의 기술사에서 드물게 보이는 귀중한 사료(史料)이다. 그 극적인 기록은 이렇다.

> 주자(鑄字)하는 법을 설명해 본다. 먼저 황양목(黃楊木)에 글자를 새기고 해포연니(海浦軟泥)를 인판(印板)에 평평하게 펴고 목각자(木刻子)를 그 고운 모래에 찍으면 눌려진 오목(凹)한 곳에 글자가 새겨진다. 그리고 두 인판을 합한 뒤 용동(鎔銅)을 구멍을 통해 부어 주면 유액(流液)이 오목한 곳에 흘러 들어가서 한자 한자가 완성된다. 이리하여 겹치고 덧붙은 것을 깎아 새겨 정리하였다.

15세기의 조선 학자가 청동활자를 부어 만드는 기술적인 과정을 이렇게 생생하게 기록했다는 것은 정말 이례적인 일이다.

아무튼 고려의 기술자들은 금속활자 인쇄술에서 가장 기본적이고도 어려운 기술적인 문제를 해결한 셈이다. 활자를 부어 만드는 거푸집을 해포연니, 즉 해감모래로 제조한 것이다. 게다가 그들은 금속활자를 써서 인쇄를 하는 데 알맞은 유성(油性) 잉크, 즉 인쇄용 기름먹도 만들어냈다.

그리고 또 한 가지. 고려인들은 얇고 질기고 흰 종이를 대량으로 생산할 수 있었다. 청동활자로 인쇄를 해낼 수 있는 기술적인 모든 조건이 다 갖춰져 있었던 것이다. 이렇게 해서 중국인이 개발하는 데 실패한 기술이 고려 기술자들에 의해 완성되었다.

목활자의 발명으로 인쇄술 분야에서 커다란 기술적 발전이 이루어진 것은 사실이다. 목판이라는 고정된 방법 대신에 움직이는 글자로 인쇄판을 짜서 다시 다른 책을 찍어낼 수 있게 된 것은 분명히 하나의 기술 혁신이었다. 이로 인한 새로운 정보의 유통과 학문적 성과의 전파가 고대 중세사회에 미친 커다란 영향은 다시 설명할 필요가 없다. 목활자에 의한 인쇄술의 아이디어를 기술적으로 최대한 살려 새로운 창조적 기술 개발로 이어간 고려 기술자들의 업적은 오래 기억되고 높이 평가해도 좋을 것이다.

전통의 단절

고려 기술자들은 목판이나 목활자로는 도저히 돌파할 수 없는 절박하고도 어려운 현실을 그들의 전통 기술을 바탕으로 한 창조적 아이디어로 멋지게 해결해 냈다. 조금 더 그 사회적 배경을 돌이켜 보자.

고려는 1126년과 1170년의 두 차례에 걸친 궁궐의 화재로 수만 권의 장서를 불태우는 비극을 겪었다. 게다가 그 무렵 중국의 사정도 어려웠다. 송(宋)나라와 금(金)나라의 끊임없는 전쟁이 계속되고 있어서 송나라로부터 책을 수입하기가 여간 어렵지 않았던 것이다. 고려는 어떻게 해서라도 그들이 가지고 있던 기술로 필요한 책을 인쇄하는 길밖에 없었다. 한정된 부수를 여러 종류 인쇄해야 하는 경우, 목판인쇄는 오히려 더 많은 경비와 시간이 소요되는 데다가 그에 알맞는 단단한 나무도 적은 형편이었다.

반면 그 당시 고려에는 청동이 많았다. 풍부한 청동으로 활자를 만들 수만 있다면 문제는 간단히 해결될 수 있었다. 이러한 사회 · 경제적 상황은 당시의 고려 장인(匠人)들에게 큰 자극을 주었다. 그들의 앞선 금속세공 기술로 청동활자를 만들라고 부추긴 것이다.

해감모래 거푸집의 성공적 개발은 금속활자 제조의 길을 활짝 열어 놓았다. 마침내 고려

공장들은 금속활자로 인쇄를 하기 시작했다. 역사적인 세계 최초의 개가였다. 그 중의 하나가 1234년경에 강화도에서 간행된 『상정예문(詳定禮文)』 28부다. 그 책의 간기에는 〈주자(鑄字)〉로 인쇄했다는 글이 적혀 있다. 주자, 즉 부어 만든 글자란, 곧 금속활자를 뜻하고 그 금속활자는 청동활자였다.

초기의 고려 청동활자로 찍은 인쇄물이 최근 프랑스 파리 국립도서관에서 발견되어 전 세계 학자들을 놀라게 했다. 그것은 14세기에 인쇄된 불경인 『직지심경』이었다.

그러나 고려의 금속활자 인쇄술은 13세기 이후 근 2백년 동안 별로 큰 발전을 이루지 못한 것 같다. 고려인들은 특수한 현실적 어려움을 해결하는 방법의 하나로 청동활자를 만들어 쓰기는 했지만, 그 인쇄본은 중국의 송판본이나 고려 목판본의 아름다움과는 비교가 되지 않았고 인쇄 능률도 좋지 않았다. 절박한 상황에서는 어쩔 수 없었지만, 목판에 대한 미련은 버릴 수 없었던 모양이다. 설상가상 몽고군의 침략으로 국력은 말할 수 없이 쇠퇴했다. 이런 상황에서 많은 금속장인들을 동원, 새로운 청동활자를 주조하는 일은 사실상 불가능했다. 이는 곧 창조적 전통의 단절이었다.

세계 최고(最古)의 금속활자본

모리스 쿠랑Maurice Courant은 한국에도 널리 알려진 프랑스의 동양학자다. 그가 지은 『한국서지 *Bibliographie Corenne*』(3권, 1894-96, 파리) 때문이다. 이 책은 조선시대까지 나온 한국 책에 관한 모든 정보를 담고 있다. 한국 사람이 하지 못했던 작업을 대신해 준 것이다. 아무튼 쿠랑의 노력은 감사하고 높이 살 만하다.

그 책에는 일제의 침략과 한국 전쟁으로 이어지는 반세기에 걸친 이 땅의 비극 이전의 자료들이 그대로 살아 있다. 『한국서지』는 1901년에 증보되어 별책으로 『부록』이 발행되었다. 여기에 『직지심체요절(直指心體要節)』이란 불교 서적의 이름이 나타난다.

그러나 그 책의 소재와 서지적 실체에 대해서는 전혀 알려지지 않고 있었다. 그러다가 1972년, 이름만이 전해지던 환상의 책이 마침내 그 모습을 드러냈다. 〈세계 도서의 해〉를 기념하기 위해 5월부터 10월까지 열린 도서 전시회에 출품된 것이다.

『직지심체요절』은 전문가들에 의해 곧 14세기의 금속활자본임이 확인되었다. 이 사실이 알려지자 한국 학계가 흥분의 도가니가 된 것은 상상하기 어렵지 않다. 매스컴도 흥분하기는 마찬가지였다. 온통 금속활자 인쇄물과 고려의 책들에 관한 기사로 떠들썩했던 기억이 지금도 생생하다.

지금 남아 있는 책들 중에서 세계에서 가장 오래된 금속활자 인쇄본이 준 충격은 정말 컸다. 그러나 그것이 프랑스의 국립도서관에 있으니, 우리의 마음은 저 한구석이 아련하게 저려왔다. 우리 민족의 비극이 그 속에 자리잡고 있었기 때문이다. 어쨌든 우리 학자들은 프랑스 국립도서관 극동도서부에 근무하고 있던 박병선(朴炳善) 박사의 호의로 그 책을 간접적으로나마 접할 수 있게 되었다. 그녀가 직접 가져온 원본 크기의 흑백사진판을 보게 된 것이다.

학자들은 책의 권말에 있는 간기 〈선광칠년 정사 7월 일 청주목외 홍덕사주자인시(宣光七年丁巳 七月 日 淸州牧外 興德寺鑄字印施)〉를 확인했다. 그리고 이 책이 1377년에 출판되었다는 데 의견이 일치했다. 또한 이 책이 금속활자 인쇄본이라는 데도 거의 이견이 없었다. 우리 나라의 저명한 서지학자인 천혜봉(千惠鳳) 교수의 고증은 학자들의 공감을 얻기에 충분했다. 게다가 간기에 이 책을 인쇄한 곳으로 적혀 있는 홍덕사 터가 최근에 발견된 것도 큰 성과였다. 이제 천 교수가 고증한 『직지심체요절』의 금속활자 인쇄본으로서의 서지적 특징을 살펴보자.

첫째 본문의 행렬이 곧바르지 않고 좌우로 들쑥날쑥하며 비뚤어졌다. 그 중에 어떤 글자는 몹시 옆으로 비스듬하게 기울어져 있고, 아예 거꾸로 된 것도 있다. 또 인쇄된 글자의 먹묻음이 고르지 않고 진하고 엷은 상태의 차이가 심하다. 어떤 글자는 시커멓게 찍혔는가 하면 획의 일부가 찍혀지지 않은 글자도 적지 않다. 이런 현상들은 목판본에서는 극히 드물지만 활자본에서 흔히 나타난다. 실제로 책의 깔끔함은 목판본과 활자본을 구별하는 열쇠가 되기도 한다. 목판본에서는 줄이 삐뚤거나 글자가 거꾸로 되는 일이 거의 일어나지 않기 때문이다.

그러나 활자본은 초기의 것일수록 조악하다. 크기와 모양이 꼭같지 않은 활자를 하나하나 식자해 조판하기 때문에 줄과 글자가 삐뚤어지거나 거꾸로 되는 일까지 생긴다. 반면 목판본은 아주 고른 판면에 먹을 칠해 찍어냄으로 먹물의 진하기가 거의 일정하게 나오게 된다. 또 활자본은 크기가 고르지 않은 활자를 하나 하나 식자해 가기 때문에 판자를 대고 내려 눌러 다듬어내도 판면이 목판본처럼 고르지 않다. 어디 그뿐인가. 먹묻음이 글자마다 또는 글자의 획에 따라 진해졌다 흐려졌다 하는 현상이 나타나게 된다. 인쇄물의 이런 기술적인 차이를 밝혀냄으로써 『직지심체요절』이 활자본임이 확인되었다.

둘째로 조판틀 네 변을 두른 선의 네 귀가 고착(固着)된 단변(單邊)으로 되어 있다. 게다가 계선(界線, 정면과 평면과의 경계를 나타내는 횡선)까지 붙어 있다. 거기에 식자된 활자의 글자수도 일정치 않아서 행에 따라 1-2자의 차이가 생긴다. 자연히 옆줄이 제대로 맞지 않는다. 뿐만 아니라 윗글

門云飯袋子江西湖南又恁麼去也師於言下獻
爲福示衆云直須向空劫時了取自已未具胞
胎已前認取何者是空劫時自已本無名字方
便呼爲如來正法眼藏涅槃妙心
清豁禪師初參契如菴主後見睡龍龍一日問
師見何尊宿來還悟也未師云豁嘗訪大章得箇
入處龍於是上堂集衆召清豁闍梨出對衆燒
香說悟處看老僧與你證明師便出拈香乃云香
即已燒悟即不悟龍大悅而許之
玄覺道師聞鵓子鳴乃問僧是甚麼聲云鵓鳩
聲師云欲得不招無間業莫謗如來正法輪
直指下 十七

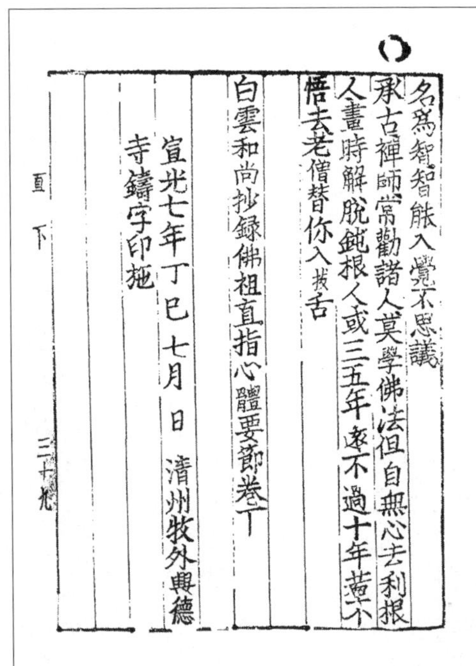
名爲智智能入覺不思議
承古禪師常勸諸人莫學佛法但自無心去利根
人晝時解脫鈍根人或三五年遠不過十年若不
悟去老僧替你入拔舌
白雲和尚抄錄佛祖直指心體要節卷下
宣光七年丁巳七月 日 淸州牧外興德
寺鑄字印施
直 下 三十九

『직지심체요절』(1377). 인본. 청주 흥덕사에서 청동활자로 인쇄한 것이다.

자의 아래 획과 아랫글자의 위 획이 서로 붙거나 엇물린 것까지 나타나고 있다. 이것도 활자의 주조 기술과 조판 기술에서 생기는 문제다. 조선 왕조로 넘어가 1403년(태종 3)에 만든 계미청동활자에서도 이와 비슷한 기술적인 문제점이 그 인본에 나타나 있다.

이런 기술상의 문제점, 더 직설적으로 표현하면 초기 금속활자 주조 기술과 조판 기술의 미숙함을 통해 우리는 그것이 목판본이 아니고 활자본임을 쉽게 구별해 낼 수 있다. 게다가 인쇄 과정에서 모자란 금속활자를 일부 크기가 다른 활자로 메워 넣고 있다. 그래도 모자라서 몇 글자는 목활자를 대신 쓴 흔적까지 나타나 있다.

기술 이행의 전형

계미청동활자를 부어 만드는 방법의 요체는 해감모래 거푸집의 활용이다. 간단히 말하면 황양목에 새긴 어미자를 가지고 찍어내 만든 활자의 거푸집에 부어 만든다. 그러므로 같은 글자를 꼭같은 활자체로 대량 생산해 낼 수 있었다. 이 방법은 국가적인 사업으로 청동활자를 대량 생산할 때 썼다. 다시 말해 규격 제품의 양산(量産) 방식이었다.

그런데 조선 시대 후기까지 민간에서 사용해 왔던 주조 방법은 조금 달랐다. 대규모 생산까지는 필요하지 않았기 때문에 거기에 알맞게 더 쉬운 방법을 택한 것이다. 민간에서 사용한 주조법을 간략하게 소개하면 이렇다. 먼저 질그릇을 만드는 찰흙을 곱게 빻아서 잘 이긴다. 이어서 네 변에 테두리를 두른 나무판 위에 평평하게 펴서 햇볕에 쪼여 반쯤 말린다. 다른 한편에서는 종이에 크고 작은 글자를 일정한 간격으로 쓴다. 밀랍을 녹여 판 위에 깔고, 그 위에 종이를 뒤집어 붙이고 그 글자들을 움푹하게 새겨 넣는다. 그리고 거기에 쇳물을 붓는다. 이 쇳물이 식으면 판을 들어낸 뒤 글자 하나하나를 잘라 줄칼로 깎고 다듬어서 활자를 만드는 것이다.

이렇게 하면 어떤 것을 글자 본(本)으로 쓰느냐에 따라서 글자 모양이 달라지지만, 그런대로 닮은 글자체의 활자를 만들어낼 수 있다. 민간에서 이어 내려온 이러한 금속활자 주조법은 오랫동안 사찰에서 사용해 오던 금속의 주조 기술 및 활자의 주조법과 연결되는 기술이다.

천 교수가 조사한 바에 따르면, 사찰에는 밀랍 거푸집에 의한 활자 주조 기술이 오랫동안 전해 오고 있다고 한다. 그 방법을 대충 소개하면 이렇다.

먼저 활자 모양으로 만든 정제된 밀랍에 글자를 새긴다. 그리고 나서 도

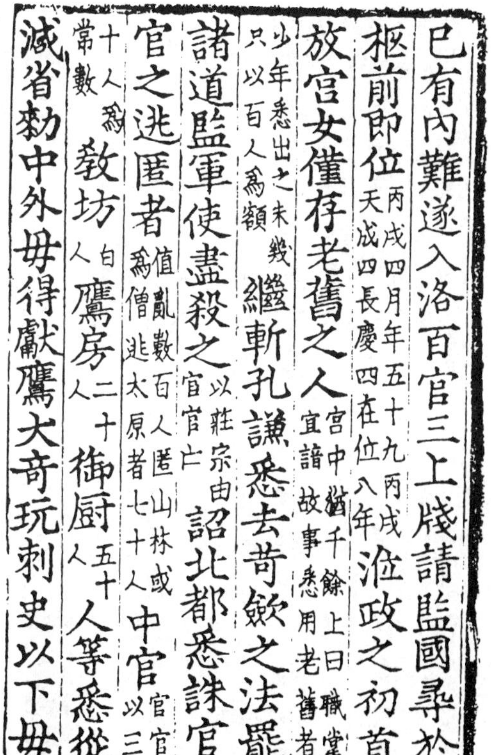

已有內難遂入洛百官三上牋請監國尋於
樞前即位丙戌四月年五十九丙戌天成四長慶四在位八年謚政之初首
放宮女僅存老舊之人宮中猶千餘上曰職掌宜諳故事悉用老舊者
少年悉出之未幾只以百人爲額繼斬孔謙悉去苛斂之法罷
諸道監軍使盡殺之以莊宗由宦官亡詔北都悉誅宦
官之逃匿者値亂數百人匿山林或爲僧逃太原者七十人中官宦官以三
十人爲常數教坊白人鷹房二十人御廚五十人人等悉從
減省勑中外毋得獻鷹犬奇玩刺史以下毋

계미자(1403). 인본. 계미청동활자로 인쇄한 『십칠사찬고금통요』의 한쪽이다.

가니 만드는 오토(烏土)와 찰흙을 섞은 재료로 싸서 글자의 형틀을 만든 뒤 굽는다. 다음에 그것을 한 곳에 모아 하나하나의 글자형틀에 녹인 쇳물을 붓는다. 이 쇳물이 식으면 줄칼로 깎고 다듬어서 활자를 완성한다. 이 경우 밀랍으로 만든 어미자는 글자형틀을 구울 때 녹아 없어진다. 이렇게 만든 활자는 같은 글자라도 글씨가 꼭같지 않다. 목활자를 만드는 방법을 금속 주조 기술에 그대로 옮겨 놓았기 때문이다. 이처럼 사찰의 금속활자는 목활자가 금속활자로 넘어가는 기술 이행의 모습을 잘 보여주고 있다.

실제로 『직지심체요절』을 보면 한 판면에서 같은 글자의 활자가 서로 다른 모습을 한 경우가 허다하다. 이를 통해 그 활자들은 사찰에서 실시했던 전통적인 기술로 제조했거나 아니면 조선 시대에 민간에서 행하던 방법으로 만든 것임을 알 수 있다. 이 사실은 최근 문화재관리국에서 『직지심체요절』의 복제본을 만들면서 떨어져 없어진 하권의 첫째장을 복원할 때 수행했던 실험을 통해서도 확인되었다. 그 일은 청주의 서예가이자 전각가인 오국진(吳國鎭) 씨가 처음 시도했다. 사찰에서의 전통적 청동활자 주조 기술을 재현한 것이다. 그는 밀랍 거푸집을 파라핀 거푸집으로 대신하였다. 먼저 글자의 본을 사주본(寺鑄本)에서 모사, 파라핀에 새겼다. 그 다음 오토와 찰흙을 섞어 만든 재료 대신 석고를 사용, 글자를 둘러싼 뒤 열을 가해서 파라핀을 녹여 없앤다. 그리고 그 활자의 형틀에 녹인 청동을 부어 넣으면 청동활자가 된다. 이를 통해 같은 글자로 같은 거푸집을 여러 개 만들어서 청동활자를 부어내지 않았다는 사실이 확연히 드러나게 되었다.

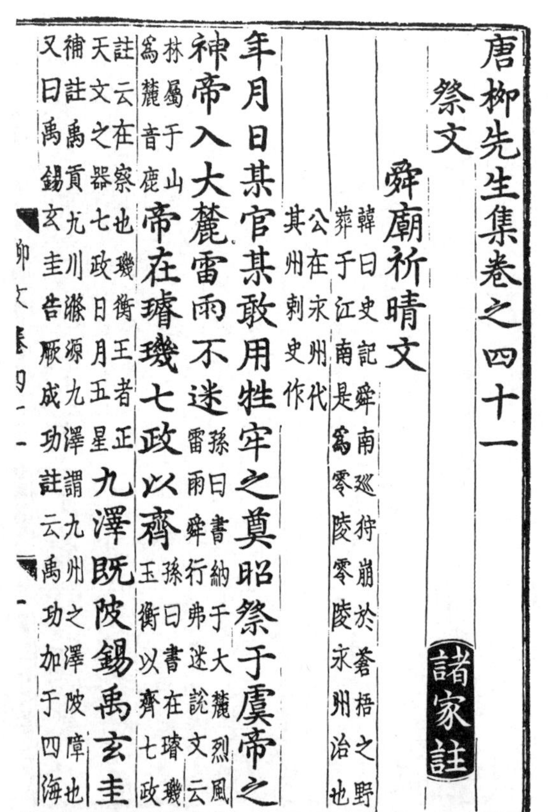
唐柳先生集卷之四十一
祭文
舜廟祈晴文 諸家註
韓曰史記舜南巡狩崩於蒼梧之野葬于江南是爲零陵零陵永州治也
公在永州代其州刺史作
年月日某官某敢用牲牢之奠昭祭于虞帝之
神帝入大麓雷雨不迷 孫曰書納于大麓烈風雷雨舜行弗迷說文云林屬于山爲麓音鹿
帝在璿璣七政 孫曰書在璿璣玉衡以齊七政
註云在察也璣衡王者正天文之器七政日月五星 九澤既陂錫禹玄圭
補註禹貢九川滌源九澤謂九州之澤陂障也
又曰禹錫玄圭告厥成功註云禹功加于四海

갑인자(1434). 인본. 갑인 청동활자로 인쇄한 『당류선생문집』의 한쪽이다.

1403년(태종 3)의 계미청동활자 주조법은 획기적인 것이었다. 여러 실험적인 복원 과정을 통해 나타난 사실에서 볼 때, 기술적으로 한 걸음 발전한 활자임을 발견하게 된다. 아울러 고려 시대에 국가적 사업으로 행했던 청동활자의 대량 생산 체제와 사찰에서 소규모 인쇄를 할 때 적용한 청동활자 주조법이 서로 달랐다는 것도 시사해 준다.

최근 청주의 옛 흥덕사 터에 고인쇄박물관이 세워졌다. 이 사업은 여러 면에서 우리에게 큰 기대를 갖게 한다. 인쇄 기술을 다루는 전문적인 박물관이 우리 나라에서 처음으로 세워졌기 때문이다.

갑인자, 조선식 기술의 완성

1377년에 전개된 청동활자 인쇄 기술은 13세기 전반기에 시작된 고려의 금속활자 인쇄 기술의 전통이 그후 어떻게 이어졌는지를 우리에게 보여주고 있다. 길고 모진 전란 속에서 끊어질듯 가냘프게 이어진 청동활자의 주조 기술은 1403년의 계미자의 탄생과 함께 재생, 새로운 발전의 큰 걸음을 내디뎠다. 이것은 한국의 청동활자 인쇄 기술 전통의 훌륭한 부활이었다. 고려의 금속활자 인쇄술 발명과 그 전개에 대한 실체가 1377년의 인본으로 분명해졌다. 그리고 그것은 계미자까지 사이의 공백을 잘 메워주고 있다.

계미자를 통해 대량 생산 체제로 일대 전기를 마련한 조선의 청동활자 인쇄 기술은 그후 더욱 만개(滿開)한다. 그리고 세종대에 이룩한 경자자(庚子字)의 기술적 개량을 거쳐 갑인자(甲寅字)에 이르러 조선식 청동활자 인쇄 기술의 전통으로 정착하기 시작한다.

세종 16년(1434) 7월 2일. 갑인년(甲寅年) 여름이었다. 세종은 이천을 불러 새로운 청동활자를 만들고 인쇄기를 개량하는 문제를 협의했다.

> 근년에 있었던 정벌로 병기를 만드느라고 구리를 많이 써서 구리가 모자랄 것으로 안다. 또 공장(工匠)들도 겨를이 없을 터이지만 활자를 안 만들 수는 없으니 잘 계획해서 실행하도록 하라.

『세종실록』이 전하는 세종의 어명이다. 그 당시는 계속된 가뭄으로 정부가 진행하고 있던 모든 건축공사가 중지되고 부역하던 백성들도 집으로 돌려보내는 어려운 형편이었다고도 『세종실록』은 기록하고 있다. 그러나 세종은 이 사업만은 꼭 성취되어야 한다는 강한 의지를 갖고 있었다. 아름다운 활자로 훌륭한 인쇄물을 만들고 싶었던 것이다.

여러 가지 새로운 천문 관측 기기가 완성되고 역법(曆法)의 연구가 활발하던 때였다. 또 인쇄 기술도 성숙되어 있었다. 아울러 그 무렵까지 이룩된 모든 분야의 학문적 성과와 문화적 성숙에 따른 새로운 창조 욕구가 있었을 것으로 추측된다. 보다 좋은 글자체로 아름답게 인쇄된 훌륭한 책을 갖고 싶다는 차원 높은 문화적 욕구가 상승한 것이다. 그리하여 마침내 또 하나의 대역사(大役事)가 시작되었다. 1421년에 경자자를 만든 지 13년 만의 사업이었다. 이 사업을 추진한 각 부서의 책임자들의 이름들을 보면 그것이 얼마나 큰 국가적인 사업이었는지를 추측할 수 있다.

총책임자인 도제조(都提調)에는 물론 이천이 임명되었다. 그리고 집현전 직제학 김돈, 직전(直殿) 김빈, 호군(護軍) 장영실, 첨지사역원사(僉知司譯院事) 이세영, 사인(舍人) 정척, 주부(注簿) 이순지 등이 감

『석보상절』(1455). 인본. 한글 청동활자로 인쇄한 것이다.

오주갑인자 조판틀(1917년경). 주자소 조판. 고려대학교 박물관.

조관(監造官)이 되었다. 모두가 당대의 일류 과학자들이었다.

주자소(鑄字所), 즉 왕립인쇄공장은 2개월 만에 20여 만 자(字)의 새 청동활자 갑인자를 만들어냈다. 글자의 크기는 1.4cm의 대자(大字)로 계미자와 같은 치수였다. 그리고 반엽(半葉)에 괘선이 10줄, 한줄에 17자가 꼭 들어맞는 활판이 만들어졌다. 그것은 〈자체(字體)가 정명(正明)하고 인쇄하기가 쉽게 되어 있어 하루에 한지 40여 장을 찍어낼 수 있었다〉고 『세종실록』은 기술하고 있다. 경자자의 두 배의 능률을 올리는 기술적 발전이 이루어진 것이다.

9월 중순부터 주자소에서는 본격적인 인쇄가 시작되었다. 그로부터 수많은 책들이 인쇄되었다. 지금 남아 있는 1백여 종의 갑인자 인쇄본을 보면 그 기술이 얼마나 훌륭한 것이었는지 금방 알 수 있다. 갑인자본은 15세기 전반기의 책들 중에서 세계에서 가장 아름답고 선명한 인쇄물이다. 이것은 사실상 조선식 청동활자 활판인쇄 기술의 완성이었다.

세계에서 가장 아름다운 책

서울대학교 규장각 도서관에는 갑인자로 인쇄해 펴낸 여러 가지 천문 · 역법 서적들이 있다. 세계적으로 널리 알려진 세종 때의 유명한 역법책, 『칠정산내편』과 『칠정산외편』도 이 갑인자로 인쇄되었다. 창의적인 책으로 평가되고 있는 수시력(授時曆) 계산 조견수표(數表), 『수시력첩법입성(授時曆捷法立成)』도 있다. 그리고 일식 · 월식의 예측계산법 등을 논한 『교식추보법』 등 갑인자로 인쇄된 책은 십여 가지에 이른다.

이 책들은 갑인 청동활자로 1434년에서 1450년 사이에 인쇄하여 천문 · 역법 관련 학자들과 관리들에게 나눠준 서적들이다. 필자는 1960년대 초에 규장각에서 이 책들을 처음 봤다. 그때의 솔직한 심정은 놀라움 그 자체였다. 아무리 생각해도 15세기 전반기에 청동활자로 인쇄한 책으로는 믿어지지 않았다. 게다가 궁중도서관에 있었던 장서들이었기에 상태도 거의 완벽했다. 그러나 그보다도 더 놀라웠던 것은 그 책들의 외관이었다. 당시 필자는 인쇄 기술이나 고서(古書)에 대해서 별로 아는 것이 없었으나 그 책들은 한마디로 너무 아름다운 책이었다. 정말 충격적이었다. 세상에 이렇게 멋있고 훌륭하게 인쇄된 책이 15세기 전반기에 존재할 수 있었을까.

역사에서 배우고 입으로 논하고 머리로 생각만을 해오던 우리에게, 특히 자연과학을 공부한 사람들에게 15세기 세종 때 인쇄 기술자들이 남긴 유산은 너무도 엄청난 것이었다.

15세기에 인쇄된 책 중에서 갑인자 인쇄본만큼 아름답고 훌륭한 것은 세계 어느 지역에서도 찾아볼 수 없다. 더구나 청동활자 활판인쇄로 그러한 책들을 찍어냈다는 것은 놀라운

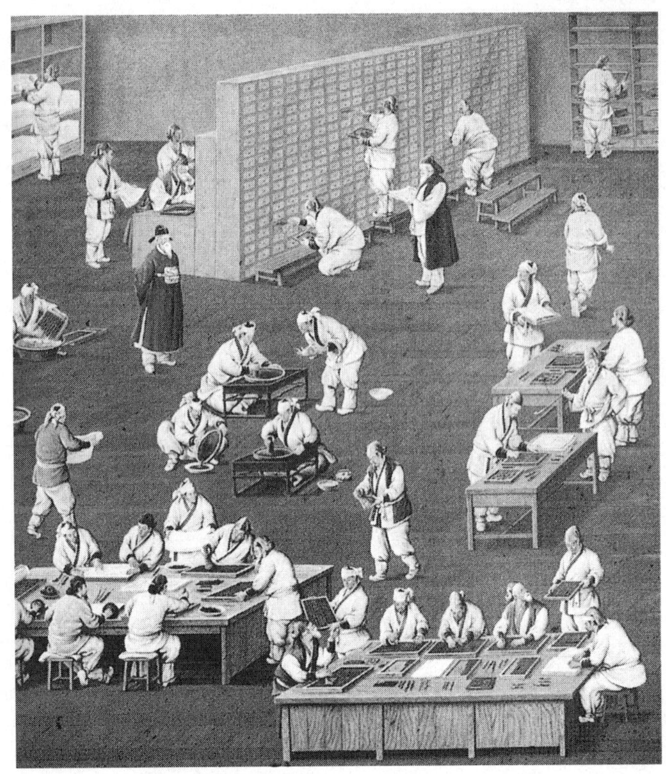

조선 시대 인쇄 공장 그림. 청주 고인쇄박물관.

일이 아닐 수 없다. 분명히 그 기술은 최고의 수준에 이르고 있다. 세종 때의 조선에는 좋은 인쇄, 훌륭한 책을 만들 수 있는 재료들이 다 갖춰져 있었다. 얇고 질기고 하얀 종이와 좋은 먹이 있었고, 꼭 짜인 조판이 가능한 활판기가 있었던 것이다.

어떤 사람들은 말한다. 서유럽에서 구텐베르크는 프레스, 즉 기계 장치를 써서 인쇄를 했는데 반해 조선에서는 손으로 박아내는 방법밖에 쓰지 않았으니 기술적으로 비교가 안 된다고. 그러나 구텐베르크는 올리브 기름을 짜던 압착기, 즉 프레스를 쓰지 않으면 인쇄가 제대로 되지 않았기 때문에 하는 수 없이 사용했다는 사실을 먼저 알아야 한다. 조선에서는 손으로 밀어도 깨끗하고 신속한 인쇄가 가능했으므로 굳이 압착기를 사용하지 않은 것뿐이다.

그것은 종이와 잉크 때문이었다. 구텐베르크가 인쇄를 시작했을 때, 서유럽의 종이는 조선의 닥종이와는 비교가 되지 않을 정도로 두껍고 뻣뻣한 것이었다. 그러니 손으로 탁본하듯 밀어서는 깨끗이 박아낼 수가 없었다. 어쩔 수 없이 압착기로 꽉 내리 눌러야만 했던 것이다. 그 당시의 종이와 인쇄된 책들을 비교해 보면 그 차이가 잘 나타난다. 조선의 책들은 부피도 작고 아주 가볍다. 그러면서도 책으로서의 품위가 당당했다.

조선 종이는 손으로 살짝 밀어도 인쇄가 잘 됐다. 따로 기계 장치를 쓸 필요가 없었던 것이다. 이를 전근대적인 방법에서 벗어나지 못했다고 평가하는 것은 잘못된 생각이다. 물론 그렇게 쉽게 인쇄가 잘되는 바람에 조선에서 기계화가 이루어지지 않았던 것도 사실이다.

고려에서 유럽으로

영국의 과학사가 버날 B.D. Bernal의 『역사 속의 과학 *Science in History*』(1954)에는 이런 글이 있다.

> 움직이는 금속활자는 14세기에 한국에서 처음으로 사용되었다. 그것은 15세기 중엽에 유럽에 도입되어 처음에는 기도서로, 나중에는 책으로 이상하리 만큼 빠른 속도로 퍼져나갔다.

고려에서 발명된 금속활자 인쇄술이 서유럽에 전파되어 1450년 구텐베르크에 의해 금속활자 인쇄가 시작되었다는 해석이다. 14세기에 처음으로 금속활자가 사용되었다고 본 것은 고려가 서적원을 설치, 활자인쇄를 맡게 했다는 1392년을 근거로 삼았을 것이다. 버날의 이런 견해는 그와 교분이 두터웠던 케임브리지 대학의 세계적인 중국 과학사학자 니덤의 영향이 컸던 것으로 생각된다. 그렇다고 하더라도 일반과학사의 개설서에 이런 견해가 서술되었다는 사실은 극히 예외적인 일이 아닐 수 없다. 더구나 서양 사람에 의해 씌어졌다는 것은 놀라운 일이다.

그러나 그런 생각은 아직 일반적으로 정설화되지 못하고 있다. 하나의 가설로 몇몇 학자들에 의해 거론되고 있을 따름이다. 목판인쇄가 중국에서 유럽으로 전해졌다는 것은 널리 알려져 있는 사실이다. 반면 활자인쇄는 중국의 영향을 받았을 것이라는 가설 정도에 머무르고 있다. 따라서 그런 견해를 부정하는 버날의 글은 한 걸음 더 나아간 것임에 틀림없다.

고려에서 청동활자 인쇄가 시작된 시기는 13세기 초 또는 그 이전이다. 그러므로 그 기술과 아이디어가 몽고인이 중국을 지배하던 시기에 유럽으로 전해졌을 가능성은 충분하다. 이 시기에 많은 유럽인들이 중국에 왔다. 특히 13세기에서 14세기 초에 장사하러 중국에 내왕한 유럽인의 수가 최고로 많았다. 더욱이 유럽에서 쓰던 로마자는 활자인쇄하기가 너무도 편리했기 때문에 그 아이디어가 급속히 전파되었을 가능성이 크다.

고려의 청동활자 인쇄술과 그 아이디어는 몽고인이 지배하던 광대한 지역을 거쳐 15세기 중엽에 이탈리아나 독일 지역에 도달했을 것으로 생각된다.

일본으로 전파되다

그러나 중국에서도 글자의 고유 성질 때문에 그리고 잉크나 종이의 문제 때문에 목판인쇄가 계속 주류를 이루었다. 특히 책의 수요가 많았기 때문에 목판인쇄의 경제성이 충분했다. 중국 사람들은 책을 만드는 데 그렇게 큰 공을 들이지 않았기 때문에 비교적 값싸게 책을 펴내고 있었던 것도 큰 요인의 하나였다.

한편 일본 사람들은 고려판 대장경을 여러 번 구해가고 청동활자 인쇄본도 가져갔지만 금속활자로 그토록 훌륭한 책을 조선에서 인쇄하고 있다는 사실은 잘 모르고 있었다. 그러다가 임진

주자소의 조판 인쇄 작업 그림.

조선 후기의 청동활자

왜란 때 청동활자와 인쇄기를 보고 깜짝 놀랐다.

그래서 일본에서는 16세기 말부터 청동활자를 사용한 인쇄가 처음으로 시작되었다. 그것이 『고문효경(古文孝經)』이라는 책이다. 그것은 조선에서 약탈해 간 활자와 인쇄기로 찍어낸 서적이다.

일본 사람들이 목활자로 인쇄한 『권학문(勸學文)』의 발문에는, 〈공장(工匠)에게 명해 한자씩 따로 새겨 조판, 글자를 찍어내게 했다. 이 방법은 조선에서 온 것인데, 조금도 불편이 없다〉고 기록되어 있다. 그후 일본에서는 조선의 글씨체까지 모방, 활자인쇄를 해나갔을 정도로 조선의 인쇄 기술에 완전히 매료되고 말았다.

조선의 활자인쇄는 그 수준이 매우 높다는 점이 중국에서도 평가되고 있었다. 1773년에는 중국의 황실인쇄소가 설립되었다. 그 장관으로 임명된 사람은 조선인의 후손인 김간(金簡)이었다. 그는 1776년 무영전 취진판(武永殿聚珍版) 활자정식(活字定式)을 만들어내서 청(淸)나라의 인쇄 기술 향상에 크게 기여했다.

조선의 금속활자 인쇄술은 이렇게 주변인 동아시아뿐만 아니라 서유럽에까지도 영향을 미쳤다. 그것은 문화사에서나 기술사에서 결코 예사롭지 않은 공헌이었다.

그러나 그 기여도는 평가절하되고 있다. 우리 스스로가 그 기술을 대단하게 여기지 않았기 때문이다. 다른 나라에서도 구텐베르크만큼 알려져 있지 않다. 그 이유 중 일부는 파급효과와 영향이 극적이지 않았기 때문일 것이다. 그리고 우리의 문화적 · 학문적 노력과 활동이 부족했다는 데 기인한다.

새 기술과 고유 기술

갑인자의 주조와 활판인쇄기의 개량으로 조선식 청동활자 인쇄술은 일단 완성되었다. 갑인자는 조선 시대의 전통적 금속활자 인쇄술을 대표하는 것이다. 세종 때는 물론이고 그 후에도 조선의 많은 책들을 갑인자로 인쇄하였다. 그 책들은 인쇄물로서 흠잡을 데가 없다. 전통적인 수공업적 방법에 따른 인쇄치고는 그 능률도 수준급이라 할 수 있다. 인쇄 공정도

분업적이고 조직적이었다. 활자의 주조와 분류 보관, 원고에 따라 활자를 골라내서 식자 조판하는 일, 인쇄 제본하는 모든 공정이 잘 분업화되고 조직적으로 관리되었다. 인쇄공장인 주자소는 정부 직할의 국영 체제로 관리 운영되었다. 『세종실록』에 따르면, 세종은 주자소 공장(工匠)들의 노고를 높이 보상해 주었다. 장인들이 처자의 끼니걱정을 하지 않을 만큼 급료를 올리고 특별히 우대하도록 지시했다고 한다.

갑인자는 세종 때 처음 주조된 이후 조선 시대에 다섯 번이나 거듭 만들어졌다. 조선 시대에 25번 실시했던 금속활자 주조의 5분의 1을 차지하는 것이다. 쉽게 말해 갑인자 글자꼴[字體]은 조선 시대 금속활자 인쇄물의 적어도 25% 이상을 점한다. 따라서 책읽는 선비는 갑인자에 친숙해질 수밖에 없었다.

세종 때의 과학자와 공장들은 좋은 활자의 글자꼴과 적당한 경도(硬度)를 갖게 하려고 애썼다. 또 가장 알맞는 청동합금을 만들기 위한 노력도 계속했다. 청동활자의 분석 결과가 그러한 사실을 증명해 준다. 예를 들어 1455년의 을해자(乙亥字)는 구리 79.45%, 아연 2.30%, 주석 13.20%, 납 1.66%, 철 1.88%다. 이에 비해 1677년의 현종실록자(顯宗實錄字)는 구리 64.7%, 아연 3.1%, 주석 18.4%, 납 4.4%, 철 2.1%로 배합비율이 달라진다. 또 한구자(韓構字)에 와서는 구리 79.8%, 아연 1.4%, 주석 10.6%, 납 2.1%, 철 2.0%로 바뀐다.

현재까지의 분석 예는 이밖에도 10여 종이 더 있다. 그것들을 종합해 보면 이런 결론을 얻을 수 있다. 조선 시대 청동활자들은 전통적인 한국 청동의 구리와 주석의 비율인 75 대 25, 또는 80 대 20에서 크게 벗어나지 않는다. 여기에 적당한 양의 아연과 납을 섞어 만들었다. 조선 초의 기술자들은 한국 청동이 활자로 활용하기에 알맞은 금속임을 잘 알고 있었다. 그래서 고려 때부터의 전통 기술을 바탕으로 새로운 청동활자의 주조와 인쇄기의 개량을 기술적으로 전개해 나갔다. 이런 노력은 세종 때의 갑인자 주조로 열매를 맺었다. 갑인자도 활자의 식자 조판 방법으로 밀랍을 사용한 전통적인 고정법을 계승하고 있다.

조선 시대의 출판 문화는 이러한 청동활자를 활용한 인쇄로 대표된다. 이것은 한자를 쓰는 동아시아의 이른바 중국 문화권 중 다른 곳에서는 찾아볼 수 없는 기술적 특징이다. 이는 조선 시대의 한국인이 찾아낸 새 기술이고 고유 기술이다.

특히 인구가 적은 나라라는 점을 고려한 인쇄술이었다. 책의 발행부수가 많아야 2백 부 정도이고 펴내야 할 종류

청동활자 거푸집틀(조선 4 시대). 복제품. 손보기 교수 고증. 청주 고인쇄박물관.

는 수천 가지가 넘었으니 그 까다로운 요구 조건을 맞추자면 금속활자 외에는 대안이 없었다. 장기적인 안목으로 볼 때 가장 적합한 것이 금속활자인쇄였기 때문이다. 전란 등 어려운 시기가 아닌 때에 주자소에서는 대개 10-20년마다 새로 청동활자를 부어 만들었다. 이는 활자의 수명이 10-20년은 충분했다는 것을 뜻한다.

목판은 한 가지 책을 찍어내면 같은 책을 찍을 때 외에는 다시 쓰지 못한다. 또 그 보관도 어렵다. 게다가 목활자는 몇 번 쓰면 〈사용불가〉 처분을 받는다. 그러나 청동활자는 수십 번을 써도 문제가 없다. 청동은 녹여 다시 재활용하게 되므로 손실분만 보충하면 된다. 만들 때 노력이 많이 들긴 해도 오히려 경제적인 셈이다.

이렇게 세종 때, 새로운 기술 혁신으로 개발한 조선식 청동활자 인쇄 기술은 그 간편한 인쇄법과 조선에서의 책의 수요가 한정되어 있었던 사회·경제적 배경 때문에 더 이상의 기술적 개량이 이루어질 수 없었다. 간편함이, 그리고 한정된 인쇄물의 수요가 인쇄기의 기계화와 자동화를 가로막는 요인으로 작용한 것이다. 조선의 기술자들은 물론 그럴 필요가 없었기 때문에 더 이상의 기술 혁신으로 나가지 않은 것뿐이다. 그래서 세계에서 처음으로 금속활자 인쇄 기술을 개발하고 가장 아름다운 책을 만들었던 한국인의 기술전통은 또 한 번 단절의 비운을 맞을 수밖에 없었다. 기술의 역사에서, 우리의 역사에서, 오늘에 사는 우리가 무엇을 해야 할 것인가를 진지하게 생각하게 하는 역사의 흐름이다.

조선 시대 말기, 서유럽과 일본의 문물이 밀어닥칠 때, 서유럽과 미국, 일본에서 제작된 기계식 인쇄기들이 함께 들어왔다. 그때 조선 초기에 세계를 앞섰던 조선식 인쇄 기술이 한국인에게 어떤 의미를 가졌었는지를 되돌아볼 필요가 있다. 우리의 전통 기술은 19세기 말의 조선에서 너무도 무력했다. 그런 경우는 찬란했던 도자기 기술과 금속 기술도 그랬다. 기술사에서 나타나는 전통의 단절을 극복하는 과제가 새로운 기술 혁신의 창조적 전개를 위해서 반드시 필요할 것이다.

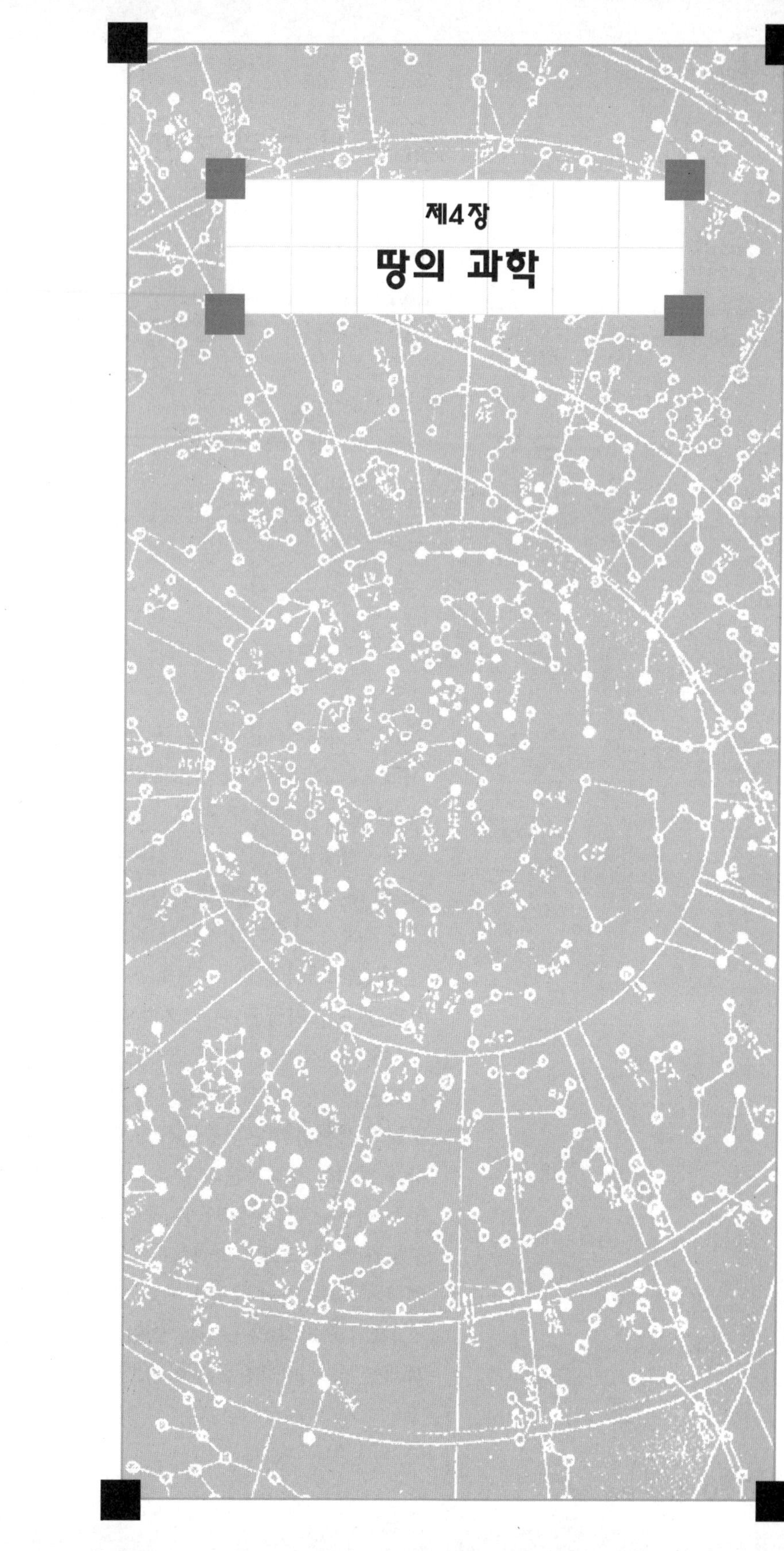

제4장
땅의 과학

요동성 그림 지도

김정호의 『대동여지도』는 한국 전통과학의 역사에서 지리학 분야의 마지막 업적이었다. 그것은 그때까지의 한국 지리학을 사실상 결산한 것이라 할 수 있다. 비록 현대 지리학으로 이어지지 못하고 단절된 채로 남아 있지만 그것은 분명히 우리에게 물려진 위대한 유산임에 틀림없다. 『대동여지도』에 집약된 지리학은 김정호가 말한 것처럼 고대로부터 내려온 한국 지리학의 성과를 계승한 것이다. 이제 그 주요한 줄거리를 살펴보자.

삼국에서 통일신라 시대에 이르는 동안 과학적 지리학이 어느 정도 존재했는지 알 수 있는 자료는 거의 없다. 그런데 1953년 북한의 평안남도 순천군(順川郡)에서 고분 하나가 발견되었다. 학자들은 이 고분이 4세기경의 고구려의 무덤이라는 데 대체로 견해를 같이하고, 여기 그려져 있는 요동성(遼東城)의 그림에서 따 요동성총(塚)이라고 이름지었다.

고구려의 무덤에는 아름다운 벽화들이 많다. 그리고 그 소재도 다양하다. 우리는 전에 고구려의 생활과학을 다루면서 그 모습의 일부를 살펴본 바 있다. 그것들은 천 몇 백 년의 시간을 넘어선 생동하는 모습을 그대로 간직하여 우리를 사로잡고 있다. 글로는 전해 주지 못하는 너무도 많은 사실들은 참으로 귀중하다. 과학과 기술에 관한 한 더 그렇다. 그 많은 고분들과 거기 그려진 벽화들이 있었지만 도시의 모양을 지도처럼 그린 것은 나타나지 않았었다. 그러던 것이 마침내 우리 앞에 그 모습을 드러낸 것이다.

4세기 우리 나라 도시의 모습을 그린 지도다. 그것도 요동성과 같은 큰 고을의 스케치를 색채로. 고구려 사람들은 이런 식으로 그들의 후손에게 지도까지 남겨주었다. 물론 지금 우리가 보는 것 같은 지도는 아니다. 그러나 그 원형이라 할 수 있는 것이고 그 당시 사람들의 소박한 지도 제작 수법에서는 수준급이라는 데 의의가 있다.

요동성총에 그려진 지도는 요동성 안팎의 지형, 성시(城市)의 구조와 시설, 도로 · 성벽과 그 시설, 그리고 건물이 나타나 있다. 건물은 기와집과 초가집, 그리고 누각들이 그 유형에 따라 그려져 있다. 또 하천과 개울, 산과 도로 등이 붉은색과 푸른색, 보라색, 흰색 등 여러 가지 색깔을 써서 회화적인 수법으로 묘사되고 있다.

이런 수법은 조선 시대의 지도에서 흔히 찾아볼 수 있다. 고을의 그림을 조감도식으로 아름다운 회화적 수법을 써서 그린 지도가 그것이다. 요동성총의 지도는 이러한 조감도식 회화적 수법의 지도 형식이 4세기경에 이미 나타나고 있었음을 보여주고 있다.

그 지도는 번영했던 시절의 요동성의 모습을 보여주기에는 너무나 소박하지만, 계획된 도시 속의 넓고 곧은 도로와 성벽, 그리고 웅장했던 누각과 전각의 모습을 상상하기에 충분하다. 또 이 지도는 고구려 사람들이 4세기에는 도시 계획에 의해서 고을을 건설하고 있었음을 보여주고 있다.

고구려 사람들의 지리적 지식을 이것만으로 가늠하기에는 부족하지만 그들이 영토의 지도를 만들고 있었던 것은 기록을 통해서도 알 수 있다. 즉 『구당서(舊唐書)』에, 682년에 고구려 사신이 「봉역도(封域圖)」라는 고구려 지도를 바쳤다는 사실이다. 그 지도는 당시의 중국 지도와 같은 상당한 수준의 정밀도를 가졌으리라고 생각해도 좋을 것이다.

고구려인에 못지 않은 지도를 백제 사람도 만들어 썼으리라고 생각된다. 『삼국유사』는 「백제지리지」를 인용한 기사 가운데 백제의 지도와 지리지가 있었음을 시사하고 있다.

신라 사람들의 지리적 지식도 비슷했을 것이다. 특히

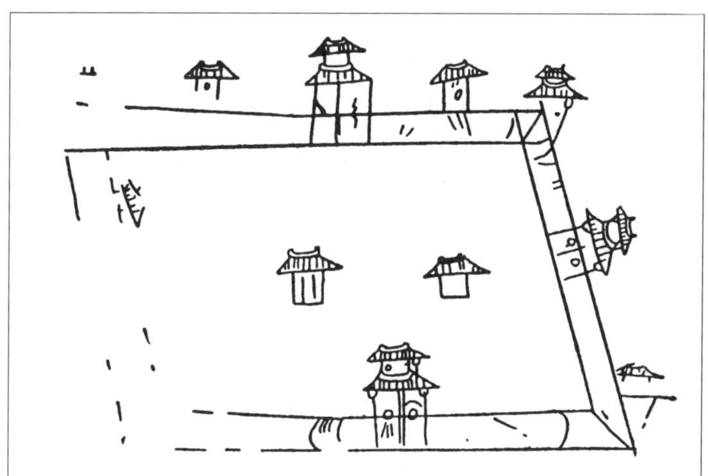

고구려 무덤의 도성 성곽 그림들(4–5세기). 『고구려의 문화』에서. 위에서부터 요동성 성곽, 약수리 벽화 무덤 성곽, 용강대묘 성곽 그림이다.

신라 사람 중에는 723년경에 인도를 여행하여 여행기를 써서 인도의 지리적 지식을 전해준 신라의 중 혜초(慧超)가 있다. 그는 4년 남짓한 여행 기간 동안 그 나라의 정치 정세와 사회상, 그리고 음식 · 의복 · 토산 · 기후 등에 이르는 많은 것을 보고 듣고 조사하여 『왕오천축국전(往五天竺國傳)』을 남겼다. 그것은 8세기경의 인도와 중앙 아시아에 관한 기록으로는 으뜸가는 것이다.

1402년의 세계지도

서유럽과 아프리카 대륙의 존재를 한국인은 언제부터 알았을까. 사람들은 흔히 1603년에 이광정(李光庭)이 중국에서 가져온 마테오 리치Matteo Ricci의 1602년 세계지도를 보고나서부터라고 생각해 왔다. 그 영향이 너무나 컸기 때문이다. 조선 학자들은 커다란 충격 속에서 새로운 세계를 사색하기 시작하였다. 그들의 시야에 들어온 세계는 뜻밖에도 너무 넓었다. 그들이 생각했던 세계, 알고 있던 세계보다 지도에 나타나 있는 세계는 훨씬 크고 다양했다.

그렇다고 조선 학자들이 그때 처음 서유럽과 아프리카 대륙을 안 것은 아니었다. 그들이 놀란 것은 그 대륙들이 상상했던 것보다 크고 중국도 그런 대륙 중의 하나일 뿐 결코 세계의 중심이 아니라는 사실에 있었다. 게다가 동해 저편에 있는 태평양이라는 바다는 상상할 수 없을 만큼 넓었고 아메리카 대륙의 존재는 완전히 새로운 사실이었다.

그 충격은 새로운 사실에 대한 학문적 호기심을 크게 자극하였다. 특히 중국에 와 있는 예수회 선교사들과의 접촉은 놀라운 것이었다. 파란 눈에 노란 머리 그리고 큰 코를 가진 사람들이 이 땅의 저쪽 편에 살고 있다니……. 그들의 언어와 글은 많은 새로운 지식을 알려주었다. 중국은 분명히 세계의 중심이 아니었다.

그때까지 조선 학자들이 서유럽과 아프리카 대륙에 대해 전혀 모르고 있었던 것은 아니다. 한국인은 아마도 삼국 시대 이후 중국의 서쪽에 여러 나라가 있다는 정도의 지식은 가지고 있었다. 서역제국(西域諸國)이란 표현이 인도보다 서쪽에 있는 아랍 여러 나라들 중

어디까지를 포괄하는 지역이었는가는 확실치 않으나, 그 지역을 그린 세계지도는 고려 시대에 이미 등장하고 있었다. 신라인들은 지금 우리가 중동이라고 부르는 지역까지 다녀왔다. 고려 시대에는 그 지역의 무역선이 빈번하게 드나들었다. 그러나 한국인은 그곳이 얼마나 넓은 땅인지는 제대로 알지 못했다.

서유럽과 아프리카 대륙, 그리고 아라비아 반도가 한국인이 만든 세계지도에 등장한 것은 1402년(태종 2)이었다. 그 해 5월에 김사형(金士衡), 이무(李茂), 이회(李薈) 등이 「혼일강리역대국도지도(混一疆理歷代國都之圖)」라는 길고 복잡한 이름의 세계지도를 제작한 것이다. 그것은 그때까지의 세계지도와 아주 달랐다.

중국의 서쪽에 여러 나라를 포함하는 큰 대륙이 그려져 있었다. 거기에는 1백여 개의 유럽 지명과 35개의 아프리카 지명이 표기되었다. 인도는 제대로 그려져 있지 않았지만 아라비아가 커다란 반도로 튀어나와 있었다.

아프리카 대륙의 한가운데는 사하라 사막과 고비 사막이 검은색으로 커다랗게 표시되었다. 알렉산드리아는 유명한 등대가 있는 항구로 나타나 있다. 지중해는 잘 그려졌으나 바다를 나타내는 검은색의 파도 무늬 선으로 표현하지는 않았다. 다른 큰 바다들과 같은 것으로 보지 않았던 것 같다.

분명히 새롭고 놀라운 사실이었다. 중국의 서쪽에 130여 개가 넘는 도시를 포함하는 넓은 땅과 나라들이 있다니. 더구나 그것을 제대로 그린 지도를 만든다는 것은 종전과는 다른 뚜렷한 변화임에 틀림없었다. 그때까지 한국인이 생각하고 알고 있었던 〈세계〉는 중국 대륙과 거기 붙은 인도와 서역(西域)뿐이었기 때문이다.

이것을 조선 학자들의 세계관의 변화로 보는 것은 지나친 생각일지도 모른다. 그러나 서유럽의 존재를 분명히 한 것은 조선 초기 지리학자들이 전통적인 세계지도 제작의 틀에서 벗어나 있었다고 간주해도 좋을 것이다. 그들은 진취적인 자세를 견지하고 있었다.

그렇지만 세계의 중심은 여전히 중국이고 중국은 가장 큰 나라였다. 그 동쪽에 조선이 있는데, 아프리카 대륙보다 더 크다. 일본은 물론 왜소하다. 조선의 4분의 1도 채 안 되는 작은 섬나라로 표현되고 있다. 그렇지 않다는 걸 몰랐을 리 없을 텐데. 아프리카도 조선 땅보다 훨씬 크다는 사실을 그들은 알고 있었을 것이다.

아무튼 김사형, 이무, 이회 등 지리학자들은 중국 다음으로 조선을 크게 그렸다. 당시 사람들의 자기 나라에 대한 생각이 담겨 있는 것이다. 15세기 무렵까지 사람들은 자기가 살고 있는 땅, 자기 나라가 이 세상에서 가장 크다고 생각하고 있었다. 문화 민족일수록 그런 의식이 더 강했다. 조선 학자들은 중국이 세계에서 제일 크고 그 중심이 되는 나라이지만 그 다음이 조선이라는 커다란 긍지를 가지고 있었다. 그래서 땅덩어리도 커야 한다는 생각을 가졌다. 적어도 지도상에서는 그래야 했다. 인도를 순례하고 돌아온 신라의 높은 스님들이

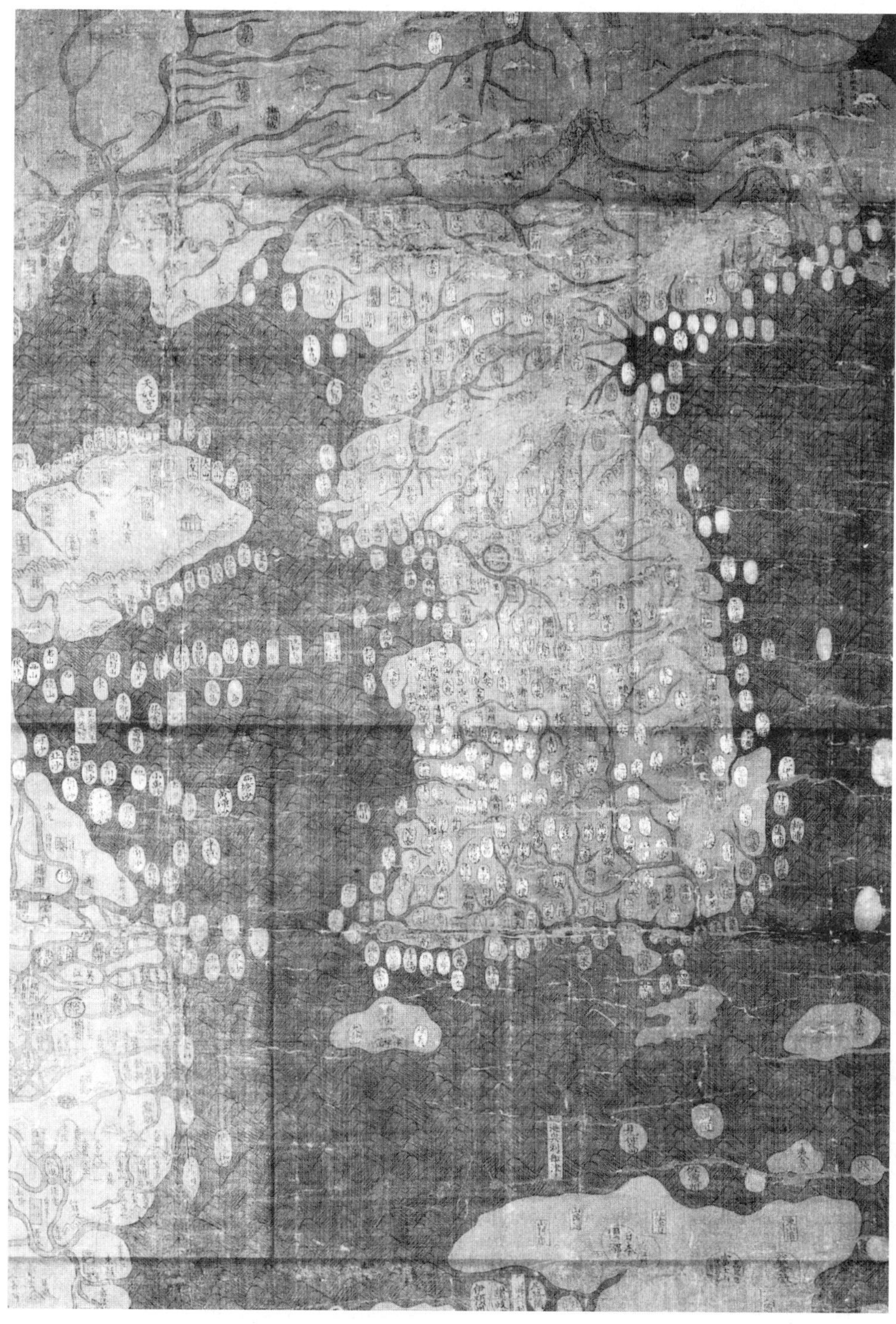

1402년의 세계지도인 「혼일강리역대국도지도」. 채색 사본. 164×171.8cm. 일본 덴리 대학 소장.

얼마나 오랜 고행의 나그네 길을 걸어야 성지들에 다다를 수 있는가를 전했을 것이다. 따라서 인도가 엄청나게 넓은 땅이라는 것을 조선 초기의 지리학자들이 몰랐을 리가 없다. 그런데도 지도에는 그렇게 표현하지 않았다. 16세기까지 제작된 세계 어느 나라 지도를 보아도 다 마찬가지다. 과학으로서의 근대 지도학이 자리잡기까지는 시간이 더 걸려야 했다.

가장 훌륭한 세계지도

조선 초의 학자 권근의 저서인 『양촌집』에는 이 지도 제작의 자세한 경위가 적혀 있다. 그 대강의 줄거리는 이렇다.

이 지도는 1399년(정종 1)에 김사형이 명나라에서 가지고 온 원(元)의 이택민(李澤民)이 만든 「성교광피도(聲敎廣被圖)」(1330년경 작성)와 승려 청준(淸濬)의 「역대제왕혼일강리도(歷代帝王混一疆理圖)」(1328-29) 등 두 지도를 바탕으로 제작한 것이다. 그 지도들은 당시 최신의 지도들이었지만 사실상 중국 지도였다. 엄밀히 말해 세계지도는 아니었다. 실제로 서방과 요동의 동쪽 부분이 많이 생략되어 있었다.

김사형, 이무, 이회 등은 중국의 서쪽 부분을 다른 자료를 가지고 개정, 다시 그리고 거기에 조선과 일본을 그려 넣었다. 보다 완전한 세계지도를 제작한 셈이다. 그것은 「혼일강리역대국도지도」라고 이름지어졌다.

이 지도는 중국에서 제작되었던 그때까지의 세계지도, 즉 중화적 세계관에 입각한 중국 중심의 세계지도에서 한걸음 더 나아간 것이었다. 조선 초의 학자들은 시야를 넓혀 세계지도를 제작하려고 노력했다. 그러나 한계가 있었다. 중화적 세계관에서 벗어날 수 있을 만큼 서유럽에 대해서 아는 것이 없었기 때문이다. 게다가 15세기 초 서유럽의 지적 수준은 조선 학자들이 주목할 만한 수준에 이르지 못하고 있었다. 1400년 무렵의 서유럽은 문명사에서 아직도 어두운 시기였다.

오늘날 이 지도는 매우 높은 평가를 받고 있다. 저 유명한 『중국의 과학과 문명 *Science and Civilization in China*』의 저자인 니덤을 비롯한 여러 학자들이 지적한 바와 같이, 그 당시 서유럽에서 만든 어느 세계지도보다도 우수하다.

서유럽과 아프리카 대륙에 관한 자료란 어떤 것이었을까. 연구 결과 1320년에 원나라의 유명한 지리학자 주사본(朱思本)이 만든 『여지도(輿地圖)』가 많이 참고되었음이 밝혀졌다. 그러나 그것만으로는 다 설명되지 않는다.

분명히 서유럽에 대해 가장 많은 것을 담고 있는 아라비아 지도학의 영향이 있었을 것이다. 특히 아라비아, 유럽, 아프리카의 해안선과 지명에 대한 지리학적 지식은 아랍 자료에서 얻었을 것으로 보인다. 이 지도에 나타난 중국의 지명은 바탕으로 삼았던 『여지도』와 일치한다. 그러나 중국 서쪽의 지형은 훨씬 정확하다. 결코 이것은 그때까지의 전통적인 중국제 지도에서는 찾아볼 수 없는 특징이다.

아랍 지도학의 영향에 대해 지금까지 외국학자들은 지구의를 그 증거로 제시했다. 특히 1267년 북경에서 가져온 자말 알딘Jamal al-Din의 지도의와 관련이 있을 것으로 보았다. 바다를 초록색으로 칠하고 검은줄의 파도 무늬를 표현한 것, 그리고 인도 반도가 없고 나일강 수원(水源)의 표현 방법이 비슷하다는 점이 특히 주목되었다.

그런데 바다의 검은 줄 파도 무늬는 11-12세기에 제작한 고려 청동거울에 고스란히 나타난다. 고려의 범선이 대양을 항해하는 광경을 생동감있게 표현한 그 거울에는 해와 달이 떠 있고, 바다에는 큰 바다짐승이 그려져 있다. 나머지 공간은 파도 무늬로 채워져 있었다.

따라서 1402년의 세계지도 속에 나타난 파도 무늬는 고려 때부터의 표현 방법을 그대로 따랐다고 보아도 좋을 것이다. 바다의 초록색도 푸른색과 초록색의 중간색을 즐겨 사용하는 한국의 전통회화 기법에서 그 연원을 찾을 수 있으므로 꼭 자말 알딘의 지구의와 연결시킬 필요는 없을 것 같다.

정확하게 그려진 한반도

한반도의 해안선과 지형이 거의 정확하게 그려져 있는 것도 놀라운 일이다. 필자는 1960년대 말 일본 교토의 류고쿠 대학[龍谷大學]에서 이 지도를 처음 접했을 때의 감격을 결코 잊을 수 없다. 일본에서 간행된 지리학사책에서 이 지도의 사진을 보았을 때의 놀라움이 그 앞에서 크게 증폭된 것이다.

그것은 16세기경의 사본이라고 한다. 길이 171cm, 너비 164cm의 크기다. 명주 종이에 채색해 그린 그 지도는 정말 아름다운 한폭의 그림이었다. 크기도 상상외로 컸다. 필체도 훌륭했다. 그러니 그 원본은 정말 멋있는 세계지도였을 것이다. 1402년에 그렇게 우수한 세계지도를 제작, 당당하게 세계를 바라보았던 조선 학자들의 기상이 가슴에 와닿았다. 거기 그려진 조선 반도와 일본 열도가 무척 흥미로웠다. 그것은 많은 것을 말해 주고 깊은 뜻을 시사하고 있었다.

첫째로 14세기, 다시 말해 고려 때의 지리학자들이 한반도의 지형과 해안선을 거의 정확하게 알고 있었다는 사실이다. 그 1402년의 지도는 함경도의 동북관을 제외하고는 『동국여지승람(東國輿地勝覽)』의 「팔도총도(八道總圖)」보다 오히려 지형이 정확했다. 뿐만 아니라 더 많은 섬들이 그려져 있었다. 명(明)의 나홍선(羅洪先)이 1555년에 제작한 「광여도(廣輿

圖)」보다 한수 위의 지도였다. 「광여도」는 훨씬 뒤에 나온 세계지도였지만 일본 지도를 조잡하게 그려 놓았고 조선 지도도 평평한 해안선을 그리는 데 그치고 있었다.

1402년 지도에 그려진 일본 지도는 또 다른 점에서 우리의 흥미를 끈다. 남쪽과 북쪽의 방향이 거꾸로 그려지고, 조선 반도의 동쪽에 있어야 할 일본 열도가 남쪽에 위치하고 있는 것이다. 아마도 이것은 지도를 그리는 과정에서 지도의 제작 공간과 그림의 균형을 조절하던 당시의 지도 작성 관례에 따른 것으로 여겨진다. 그리고 일본은 조선보다 작아야 했다.

일본을 조선보다 작게 그리기 위해 동쪽의 공간을 늘려가다 보니 지도의 구성이 엉망이 될 수밖에 없었다. 그 결과 부산에서 제일 가까운 규슈가 위에(북쪽에) 그려지게 되었다. 이렇게 앞뒤가 바뀌다보니 일본 열도 전체가 거꾸로 서게 된 것이다. 이 지도가 제작되기 1년 전인 태종 1년(1401)에 박돈지(朴敦之)가 일본에서 일본 지도를 가지고 왔다는 기록이 남아 있다. 이 사실만으로도 당시의 조선 학자가 일본의 지형을 제대로 알지 못해 거꾸로 그렸다고는 생각할 수 없다.

이 세계지도는 언제나 그 당시의 최신 자료를 활용해 정확한 지도를 만들고자 했던 조선 지리학자들의 노력을 잘 반영하고 있다. 동시에 지도 제작의 전통적인 틀에서 완전히 벗어나지 못하고 있는 측면도 그대로 드러내고 있다. 이것이 15세기 초 지도 제작 기술의 한계였다.

중국 지리학사의 권위자인 일본 학자 아오야마[靑山定雄]는 이 지도를 가리켜 동양 최초의 우수한 세계지도라고 평가하였다. 물론 이 지도의 가장 큰 결점은 중국과 조선을 너무 크게 그려 아시아 대륙과 유럽 및 아프리카 대륙 간의 균형이 잡히지 않았다는 점이다. 그것은 14세기에서 15세기 무렵의 지도 제작과 세계관이 연결된 제작 기법의 문제였다. 그 시기의 모든 지도 제작자들은 아직 그 한계를 벗어나지 못하고 있었던 것이다. 그렇지만 이 지도는 조선 초의 학자들이 서유럽과 아프리카에 대해서도 많은 지리적 지식을 가지고 있었음을 입증하고 있다. 그들은 그 당시의 서양인들이 동양에 대해 알고 있었던 것보다 더 깊은 지식을 가지고 있었다.

이 지도는 조선 학자들의 노력으로 만들어진 사실상 유일한 세계지도다. 그것은 당시의 세계 지리학의 지식을 결산한 것이었고 17세기에 마테오 리치가 세계지도인 「곤여만국전도(坤輿萬國全圖)」를 만들어내기 전까지는 가장 훌륭한 세계지도였다.

얽힌 이야기

1996년 12월에 호암갤러리에서 호암미술관 주최로 조선 전기 국보전이 2개월간 열렸다.

조선 전기의 빼어난 유물들이 우리의 눈을 끌었다. 반향은 의외로 컸다. 수많은 관람객들로 전시관은 연일 붐비고 있었다. 일본에서 빌려온 덴리 대학 소장의 「몽유도원도」와 일본 도쿄 국립박물관의 화려한 나전칠기 작품들이 필자를 사로잡았다. 이 유물들은 일본 중요문화재로 지정된 것들이어서 우리 나라에 나들이 온 작품으로는 아주 희귀한 미술공예품이다.

그것들 사이에 지도 한폭이 걸려 있었다. 「혼일강리역대국도지도」. 1402년의 조선 세계지도이다. 1455-66년에 제작된 것으로 소개된 류고쿠 대학 소장의 이 세계적 과학문화재가 우리 나라에서 처음으로 공개된 것은 놀라운 일이었다. 국사편찬위원회 소장의 1557년경의 「조선방역지도」(국보 248호)도 전시된 이 국보전은 필자에게는 정말 〈특이한〉 전시회로 생각되었다. 많은 젊은 학생들이 이 지도 앞에서 신기해하는 모습을 보고 정말 흐뭇했다. 우리 나라에는 한점도 남아 있지 않은 이 귀중한 15세기 세계지도가 원본 그대로 전시된 것은 정말 이례적인 일이기 때문이다.

이 지도는 1930년대에 도쿄 대학의 아오야마 교수의 연구로 학계의 주목을 받은 이후, 우리 나라에서는 필자가 1966년의 저서에서 그 사진과 함께 소개하고, 서울대 원로 지리학자 이찬(李燦) 명예교수가 훌륭한 논문들을 발표해서 우리 학계에서 제대로 평가되게 되었다. 이찬 교수는 이 세계지도를 어렵게 복제하여 널리 알리는 데 힘써왔다.

이 세계지도는 고려 말 조선 초기 우리 나라 지도학의 높은 수준을 실증적으로 나타내고, 〈1402년의 한국 세계지도〉로 세계 지리학사에서 높이 평가되고 있다. 그러나 우리 박물관에는 복제품조차 전시되고 있지 않다. 조선 왕조가 새로운 나라를 세운 후, 온 하늘의 지도인 「천상열차분야지도」와 온 땅의 지도인 「혼일강리역대국도지도」를 국가적 사업으로 제작했다는 사실은 의의가 크다.

하늘과 땅, 즉 우주를 상징하는 과학으로서의 온 세상의 그림을 가지게 된 것이다. 우리는 새 왕조 국가의 지도자로서의 조선 초 학자들의 높은 기상을 나타내는 기념비적 유물임을 다시 한번 깨달아야 할 것이다.

「천하도」, 또 하나의 세계지도

배를 타고 몇 시간 바다로 나가면 멀리 보이는 수평선이 둥글게 떠오른다. 시야에 들어오는 푸른 바다가 원반의 반조각처럼 선명하다. 돌아서보면 그 쪽도 둥근 선이다. 눈에 보이는 바다는 분명 둥근 원을 그리고 있다. 여러 해 전 〈올림피아 88호〉라는 한일 국제 페리를 탔을 때도 필자는 바다 한가운데서 옛사람들의 눈이 틀리지 않았다는 생각을 하게 되었다. 적어도 눈으로 보는 지구는 거대한 원반과도 같은 것이었다.

필자는 오사카를 떠나 17세기에 조선 통신사 일행 수백 명이 오가던 뱃길을 따라 부산으로 향했다. 세도 내해(內海)와 대마도 앞바다를 통과해 현해탄을 건너오는 필자의 머릿속에는 한 장의 지도가 펼쳐져 있었다. 『해동제국기(海東諸國紀)』에 신숙주가 그린 지도. 그리고 17세기에 통신사들이 그렸다는 「해차도(海槎圖)」라는 지도. 그것들을 포괄한 세계지도인 「천하도(天下圖)」의 둥근 원이 머리에 맴돌고 있었던 것이다. 언젠가 한번 이 지도에 대해 써야겠다. 그 얘깃거리 많은 지도 이야기를. 필자는 이렇게 생각하였다.

프톨레마이오스(Ptolemaios, 102－170년 활약)가 제작한 고대 세계에 대한 과학적 지도는 너무도 유명하다. 이 지도가 출현한 이후, 유럽의 지도학에는 이른바 대단절(大斷絶)이 있었다. 과학적 지도학은 종교적 우주지(宇宙誌)의 흐름 속에 묻혀버리고 말았다. 세계는 몇 개의 구획선에 의해 큰 대륙으로 나뉜 평평한 원반으로 표현되었다. 또 대륙을 가로지르는 하천과 산맥은 형편없이 흐트러지고 말았다. 그러나 지도(중세의 용어를 쓰면, 맙파에문디 mappaemundi)는 6백 종류나 제작되었다.

우리는 이런 지도를 흔히 〈수레바퀴 지도〉 또는 〈T-O 지도〉 라고 부르고 있다. 지도의 전체적인 인상이 수레바퀴 같아서 그렇게들 부른다. 또 원(圓) 안에 그은 선의 디자인에 T라는 글자가 몇 개 섞여 있는 것 같아서 T-O라고도 하였다.

이런 지도들은 분명히 종교적 우주관을 반영한 것인데 끈질기게도 17세기경까지 명맥을 유지하였다. 그러나 15세기 무렵부터 프톨레마이오스의 지도관은 분명히 부활하고 있었다. 그때부터 메르카토르G. Mercator(1512-1594)의 대세계지도의 시대가 시작된 것이다. 그리고 16세기 말에서 17세기 초에 제작된 오르텔리우스Ortelius의 지도에 이르러서는 완전히 현대의 모습을 갖추게 되었다.

17세기 조선에는 두 가지 세계지도가 출현하고 있었다. 1402년의 세계지도에 이어 예수회 선교사가 중국에서 그린 흔히 「곤여전도(坤輿全圖)」로 통하는 세계지도가 선보였다. 또 「천하도」, 「천하총도(天下總圖)」라고 일컬어지는 조선식 수레바퀴 지도가 등장했다.

성립 시기와 배경, 그리고 제작 수법이 전혀 다른 이 두 지도가 기묘하게도 같은 시기에 나타나고 있다. 이 점은 학자들의 호기심을 일찍부터 자극했다. 서유럽의 지도학사 연구자들에게도 그것은 흥미진진한 과제였다. 그러나 우리는 아직도 그에 대한 만족할 만한 해석을 내리지 못하고 있다.

마테오 리치가 만든 1602년의 세계지도는 서유럽의 지리학적 성과를 집약한 과학적인 지도로 유명하다. 그 지도를 재빨리 수용한 조선 학자들이 통일신라 말에서 고려 초에 그려졌을 것으로 보이는 T-O 지도류의 천하도를 목판으로 수없이 찍어냈다는 사실은 너무나 신기한 일이다. 1402년에 제작한 그 당당했던 세계지도의 전통이 그대로 이어지고 있기에 더욱 그렇다. 하기야 유럽에서도 T-O 지도가 17세기까지 제작되고 있었으니, 그 무렵 조선에서 T-O 지도를 만들어냈다는 것이 이상할 게 없다.

그런데 그 천하도 형식의 세계지도는 우리에게 많은 것을 시사한다. 특히 동아시아 여러 나라 중 조선에서만 제작되었고 판을 거듭해 나갔다는 사실이 눈길을 끈다. 우리 과학사에 나타나는 전통의 계승과 단절, 그리고 조화와 공존의 병행이 첨단지식을 과감히 수용하는 과정에서 큰 마찰없이 전개되어 나가고 있음을 보여주기 때문이다.

「천하도」와 「곤여전도」의 공존. 어떤 면에서는 조화를 이루고 있다고까지 할 수 있는 공존 앞에서 우리 과학사의 도도한 물줄기를 엿보게 된다. 한국 고지도(古地圖)의 대표적인 유물이면서 가위 환상적이라고 할 만한 천하도를 굳이 소개하려는 뜻이 여기에 있다.

환상적으로 그려진 천하도

17세기경부터 조선에서 출판된 목판지도첩의 첫장이나 마지막 장에는 거의 예외없이 천하도라는 세계지도가 붙어 있다. 조선 후기의 지도첩은 천하도 외에 중국도 일본국도 유구국도 등 외국지도와 조선전도, 팔도분도(八道分圖) 등 우리 나라 지도들로 구성되어 있다. 이를테면 그 당시 사대부에게 가장 널리 보급되고 있던 지도첩의 첫장을 장식한 세계지도가 천하도였다. 어째서 더 정확한 세계지도들을 제쳐놓고 환상적으로 그려진 둥근 세계지도가 지도첩에 들어가게 되었을까. 정확한 사연은 아직 알 수 없다.

천하도의 한가운데에는 중국, 인도, 아라비아, 조선을 포괄하는 대륙이 그려져 있다. 그리고 이 중앙 대륙을 둘러싸고 있는 고리 모양의 대륙이 나타나 있다. 또 그 두 대륙의 사이에 위치한 내해(內海)에 떠 있는 수많은 섬들이 그려져 있다. 동쪽과 서쪽에는 커다란 나무가 그려진 유파산(流波山)과 방산(方山)이 자리잡고 있다.

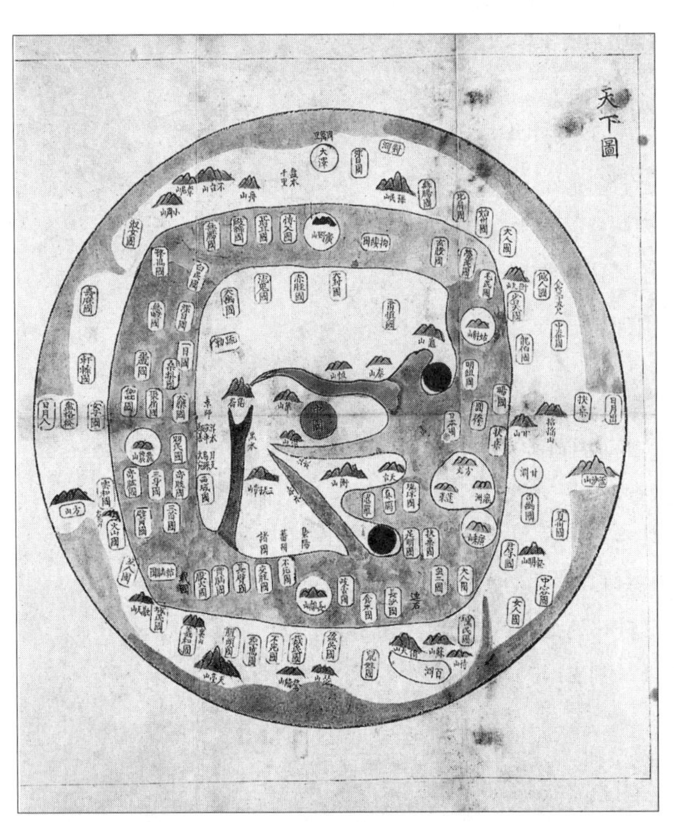

「천하총도」(조선 중기). 채색 사본. 개인 소장.

지리학자 이찬 교수가 분석한 바에 따르면 가장 널리 보급된 판본에는 모두 144개의 지명이 수록되어 있다고 한다. 세분하면 나라 이름이 89개, 산이름이 39개, 하천(河川)이 5개, 소택(沼澤)이 5개, 나무가 3개, 그밖의 것 3개가 명기되어 있었다. 개중에는 나라 이름만 168개나 기록된 천하도도 있다고 한다.

이 중에서 실제로 존재하는 나라 이름은 대부분이 중앙에 위치한 대륙에 표기되어 있다. 내해와 고리 모양의 대륙에는 상상의 나라들이 그려져 있다. 일목국(一目國)이 있는가 하면 삼신국(三身國)이 있고, 여인국(女人國)·대인국(大人國)·화산국(火山國) 등이 있다. 모두 상상의 나라들이고 전설의 나라들이다. 그러나 거기에는 여러 가지 사실들이 숨어 있다. 필자는 지명이 그 사실들, 그러니까 실제로 가본 사람들이 전하는 그곳의 특히 눈에 띄는 사실들을 암시하고 있다고 생각하고 있다.

산(山)도 그렇다. 태산(泰山), 숭산(崇山), 화산(華山) 등은 이른바 중국의 오악(五岳)이라고 불리는 유명한 산들이다. 그러나 내해(內海)에 위치하는 광야산(廣野山), 여농산(麗農山), 광상산(廣桑山) 등은 모두 가상의 산들이다. 곤륜산(崑崙山)만이 실재하는 산이다.

왜 이런 상상의 나라와 가상의 산이 실재하는 나라와 산과 함께 이 지도 속에 존재하는 것일까. 천하도에는 하늘과 땅 사이의 거리(天下之間相距)가 4억 2천리(里)이고, 동서남북은 2억 3만 5천 리 떨어져 있다고 기록되어 있다. 이것도 사실상 상상의 거리다. 이런 지도들이 한참 출판되었던 17－18세기의 조선 지리학은 상당한 수준이었다. 오랜 기간 축적된 관측자료와 서유럽의 지리적 발견의 성과를 수용, 지구상의 여러 나라들과 행성들에 대한 천문·지리학적 지식을 거의 정확하게 알고 있었다. 그런 때에 11세기 이전의 내용을 담은 천하도가 출현했다는 것은 정말 뜻밖이라고 할 정도로 이상한 일이다.

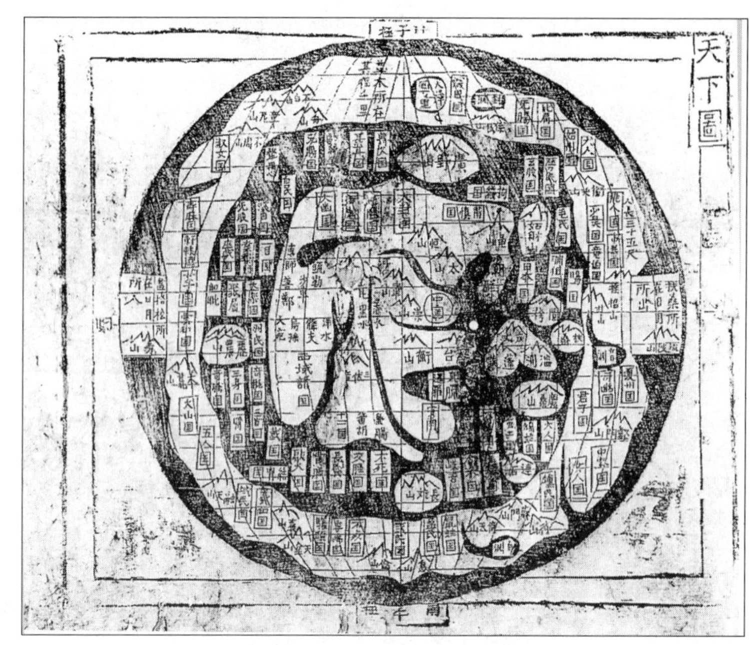
「천하도」(18세기 후반). 목판본. 28.5×34cm. 성신여자대학교 박물관.

일본의 지리학자 나카무라[中村拓] 교수는 중국의 옛 지리서인 『산해경(山海經)』과 연결시켜 천하도를 평가하고 있다. 그는 천하도가 『한서(漢書)』와 『당서(唐書)』에서 비롯된 것이라고 했다. 나카무라 교수는 이런 지도가 처음 만들어진 시기는 한(漢)나라 때까지 거슬러 올라갈 수 있다고 보았다. 인도를 중심으로 한 불교 세계를 그린 「천축국도(天竺國圖)」에서 그 기원을 찾을 수 있다는 것이다. 나카무라 교수는 또 이 지도가 중국에서 한국으로 건너온 뒤 16세기경에 이룩한 조선 인쇄술의 발달에 힘입어 널리 보급되었을 것으로 추측하였다.

사실 천하도와 같이 추상화된 지도, 즉 상상적인 미지의 세계를 그린 지도의 표현 방식은 고려나 조선 학자들의 지도 제작 방식과는 많이 다르다. 그렇지만 이 지도가 관료학자들이나 조선 정부의 지도 제작자들에 의해 제작된 것이 아니라는 사실에 눈을 돌릴 필요가 있다. 벼슬길에 오르지 않은 선비들이 천하도를 주로 만들었다. 그들이 추구하던 이상적인 세계와 환상의 세계가 추상화된 지도의 그림으로 나타난 것이다. 지도책의 첫머리에 이런 지도를 끼워 넣은 사람은 초야에 묻혀 유유자적했던 조선 선비들이었을 것이라는 생각이 든다.

16세기 말에 저술된 한백겸(韓百謙)의 『동국지리지(東國地理誌)』나 18세기 초 이중환(李重煥)이 쓴 『택리지(擇里誌)』에 담긴 지리적 사상과 세계관을 한번 음미해 볼 필요가 있다. 추상화된 세계지도와 현실적인 지도를 함께 포용하고 있는 조선 시대 지도 제작자의 생각을 엿볼 수 있기 때문이다.

이찬 교수는 이렇게 쓰고 있다.

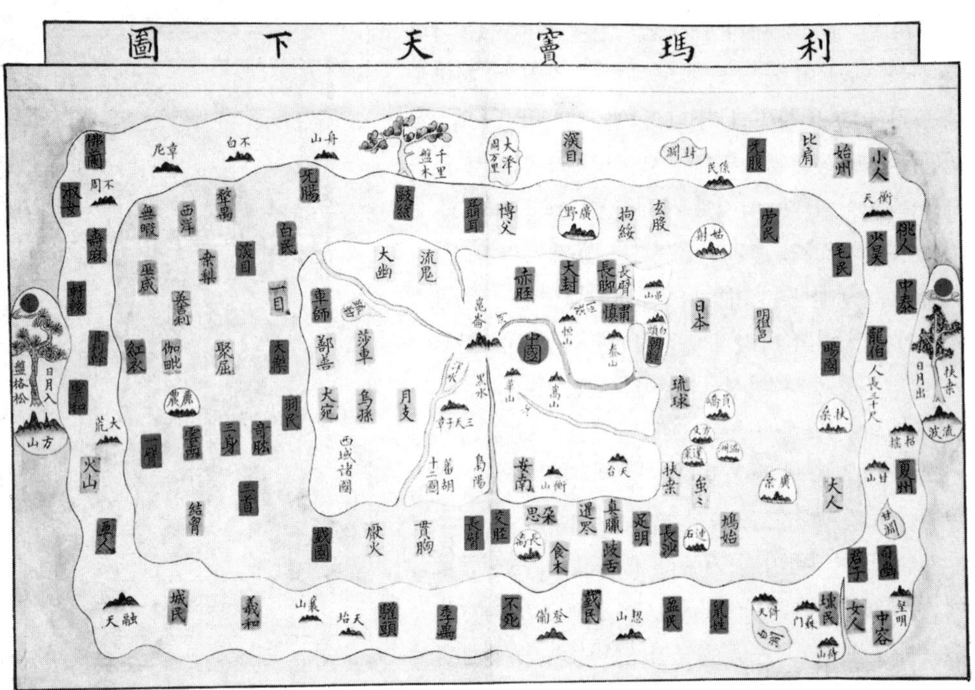

「이마두천하도」(1770). 위백규 「환영지」의 한 쪽. 마테오 리치 세계지도의 타원형 지도를 본떠 조선의 천하도가 그 속에 그려졌다.

천하도의 내용이 중국 고대의 세계관을 나타냈다는 점은 의심할 여지없다. 또 『산해경(山海經)』과 유사한 지도가 존재했을 가능성도 전적으로 배제하지는 않는다. 그러나 천하도는 그 독특한 지도책과 더불어 한국 고유의 것이며, 중국과 일본에서는 전혀 찾아볼 수 없는 세계지도다. 재래의 천하도에 서구에서 도입된 지식을 적용 또는 첨가해 가는 과정을 통해 볼 때 천하도는 오랜 세월에 걸쳐 진화 발달해 온 것이다. 중국적인 세계관을 수용해 한국에서 지도화(地圖化)했을 가능성이 가장 크다.

이 「천하도」의 한가운데 있는 대륙은 1402년의 세계지도인 「혼일강리역대국도지도」가 만들어지기 전에 존재했던 중국 중심의 전통적인 세계지도와 비슷하다. 이것은 천하도에 담긴 내용이 11세기 이전의 것이라는 견해와 일치한다. 그런데 지리학사 학자인 배우성 교수는 1999년 한국과학사학회 가을 발표회에서 천하도는 조선 중기에 성립되었을 것이라는 새로운 견해를 제시했다. 천하도에는 한국인이 살고, 다녀보고, 알고 있었던 세계를 둘러싼 채 저 멀리 존재하는 환상의 세계가 펼쳐져 있다. 섬과 산 그리고 이상의 땅에서 자란 거대한 나무들로 세상이 이루어져 있다고 생각하는 소박한 세계관이 상징적으로 나타나 있다.

환상의 세계를 담은 천하도가 지금도 우리의 관심 속에서 사라지지 않는 이유는 무엇일까. 아무튼 서양의 중세에 그렇게 흔했던 수레바퀴 지도가 사라진 17－18세기에 유독 조선에서만 널리 퍼지고 있었다는 것은 매우 흥미있는 일이 아닐 수 없다.

세계를 둥글다고 생각한 조선 시대 학자들에게는 원(圓) 속에 추상화된 세계지도가 오히려 자연스러웠는지도 모른다. 20종류나 될 만큼 조선 시대에 가장 많이 만들어져서 널리 퍼진 세계지도이긴 하지만, 천하도는 조선 시대의 지리학적 지식을 그대로 반영하고 있지는 않다.

또 하나의 조선 세계지도

서양 사람이 만든 세계지도를 그대로 베껴 제작하지 않은 또 하나의 지도가 18세기에서 19세기 초에 조선에서 목판으로 인쇄되고 있었다. 『여지전도(輿地全圖)』가 그것이다.

96×62cm 크기를 가진 격조 높은 목판본 세계지도인 이 『여지전도』는, 말하자면 1700년대의 구대륙 지도이다. 16세기에 아메리카 신대륙이 발견되고, 신대륙이 그려진 마테오 리치의 세계지도(1602)가 조선에 들어온 지 2백 년 가까이나 지난 시기에 당당히 출현한 구대륙 세계지도인 것이다. 어떻게 생각하면 천하도의 경우처럼 선뜻 이해가 되지 않는다. 이 『여지전도』는 오히려 1402년의 세계지도와 더 가깝다. 이런 사실을 놓고 보면 옛 전통이 되살아난 듯한 느낌이다.

『여지전도』가 서유럽의 근대 세계지도의 영향을 받은 것은 분명하다. 「혼일강리역대국도지도」를 그대로 그린 것도 아니다. 유럽의 지형이 더욱 정돈되고 영국이 나타나 있으며, 조선 반도와 일본의 지형, 그리고 인도차이나 반도 등의 모양도 종전과는 다르다. 남태평양의 여러 섬들과 남쪽 대륙도 나타나 있다. 어떻게 보면 이 세계지도는 마테오 리치와 페르비스트의 「곤여전도」와 「혼일강리도」, 그리고 전통적인 중국 중심의 동양 지도를 절충해 만든 것이라고 생각할 수 있다.

이 지도의 지명(地名) 표기는 김정호의 「지구전후도(地球前後圖)」와 비슷하다. 그리고 흑해(黑海)의 모양과 흑해가 내해(內海)로 되어 있는 것도 「지구전후도」와 같다. 「지구전후도」는 1834년에 간행된 세계지도의 목판본인데 페르비스트의 「곤여전도」를 비롯한 여러 가지 자료를 참고, 그 나름대로 만든 동서양반구(兩半球)의 지도다.

『여지전도』 여백에는 여러 가지 자료들이 기록되어 있다. 서울과 각도 감영의 위도와 경도, 중국 각 지방의 위도와 경도가 적혀 있다. 그것은 김정호의 『대동지지(大東地誌)』의 기록과 일치한다. 그리고 서문으로 미루어 중국의 지리책인 『직방외기(職方外記)』와 「곤여도설(坤輿圖說)」도 참고하였을 것으로 추측된다.

이처럼 『여지전도』는 그 당시의 서유럽과 동아시아의 여러 자료들을 바탕으로 제작되었다. 그것을 서양식으로 그리지 않고 조선식으로 그린 점이 이 세계지도의 특징이다. 최신의 정보와 지도학의 지식을 전통의 도가니 속에서 용융시켜 만든 것이다. 이 융합은 하나의 새로운 시도임에 틀림없다.

이런 양면성을 조선의 세계지도에서 발견할 수 있는 것 또한 조선 지도학의 중요한 성격 중 하나이다.

이회와 정상기의 「팔도지도」

1402년의 세계지도에 나타난 한반도의 모양을 보면 놀라지 않는 사람이 없다. 580여 년 전에 이렇게 정확하게 한반도의 해안선을 알고 있었다는 사실이 쉽게 믿어지지 않기 때문이다.

『태종실록』에는 태종 2년(1402) 5월에 이회가 본국지도를 완성하였다고 씌어 있다. 또 『양촌집』에는 「혼일강리역대국도지도」를 만들 때 조선 지도는 이회의 「팔도도」를 그대로 옮겨 넣었다고 기록하고 있다. 그러니까 1402년에 이회가 완성한 조선 지도는 바로 세계지도 속의 한반도 그것이다.

이 지도는 고려 말(14세기 중엽)의 유명한 지도 제작자였던 나흥유(羅興儒)의 고려 지도와 이어진다. 고려 사람들이 한반도의 윤곽을 거의 빠르게 알게 된 것은 고려 초, 즉 11세기경이었다고 생각된다. 이 무렵부터 13세기 사이에 나타난 지도에는 한반도의 길이가 남북으로 3천 리로 표현되어 있다. 빠르면 통일신라 시대에, 늦어도 고려 초에는 금수강산 3천 리라는 그 3천 리를 정확하게 알고 있었다.

또 1396년(태조 5)에 씌어진 『동문선(東文選)』의 「삼국도후서(三國圖後序)」에는 고려 초의 지도에 대한 선명한 기록이 있다. 거기에는 이렇게 썼다.

> 삼국을 통합한 뒤에 비로소 고려도(高麗圖)가 생겼으나 누가 만든 것인지는 알 수 없다.
> 그 산맥을 보면 백두산에서 시작하여 구불구불 내려오다가 철령(鐵嶺)에 이르러 별안간 솟아오

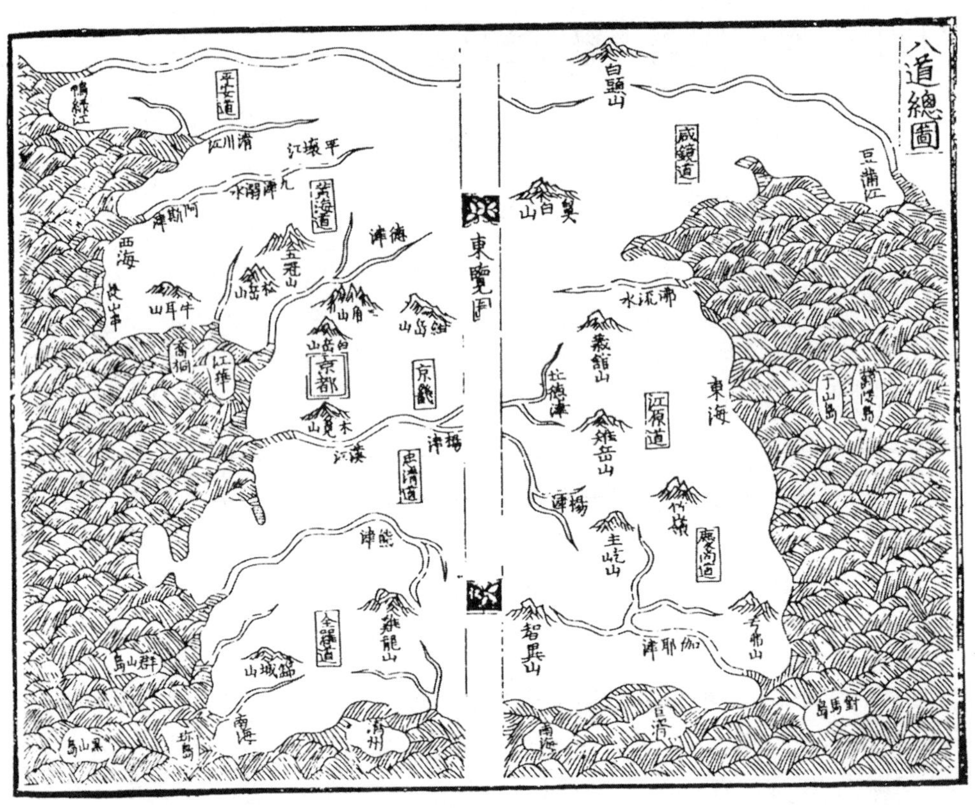

「팔도총도」(1530). 목판본. 『신증동국여지승람』.

르며 풍악(楓岳)이 되었고, 거기서 중중 첩첩하게 되어 태백산 · 소백산 · 죽령 · 계립(鷄立) · 삼하령(三河嶺) · 추양산(趨陽山)이 되었고 중대(中臺)는 운봉(雲峯)으로 뻗쳤는데, 지리와 지축이 여기 와서는 다시 바다를 지나 남쪽으로 가지 않고 청숙(淸淑)한 기운이 서려 뭉쳤기 때문에 산이 지극히 높아서 다른 산은 이만큼 크지 못하게 된 것이다.

그 등의 서쪽으로 흐르는 물은 살수(薩水) · 패강(浿江) · 벽란(碧瀾, 예성강) · 임진(臨津) · 한강(漢江) · 웅진(熊津)인데 모두 서해로 들어가고 그 등마루 동쪽으로 흐르는 물 중에서 가야진(伽倻津, 낙동강)만이 남쪽으로 흘러갈 뿐이다.

나홍유의 고려 지도는 이러한 모든 지식을 포괄했을 것이다. 이회의 지도는 나홍유를 계승하여 완성한 고려 지도의 결정이고 조선 지도의 첫 열매였다.

정척(鄭陟)의 지도 제작 사업은 여기서 시작된다. 그것은 1414년(세종 6)에 벌어진 팔도 지리지의 편찬 사업과 맥을 같이 한다.

새 나라가 서니, 나라의 기본 자료가 되는 지지(地誌)와 지도를 국가 사업으로 만들어내

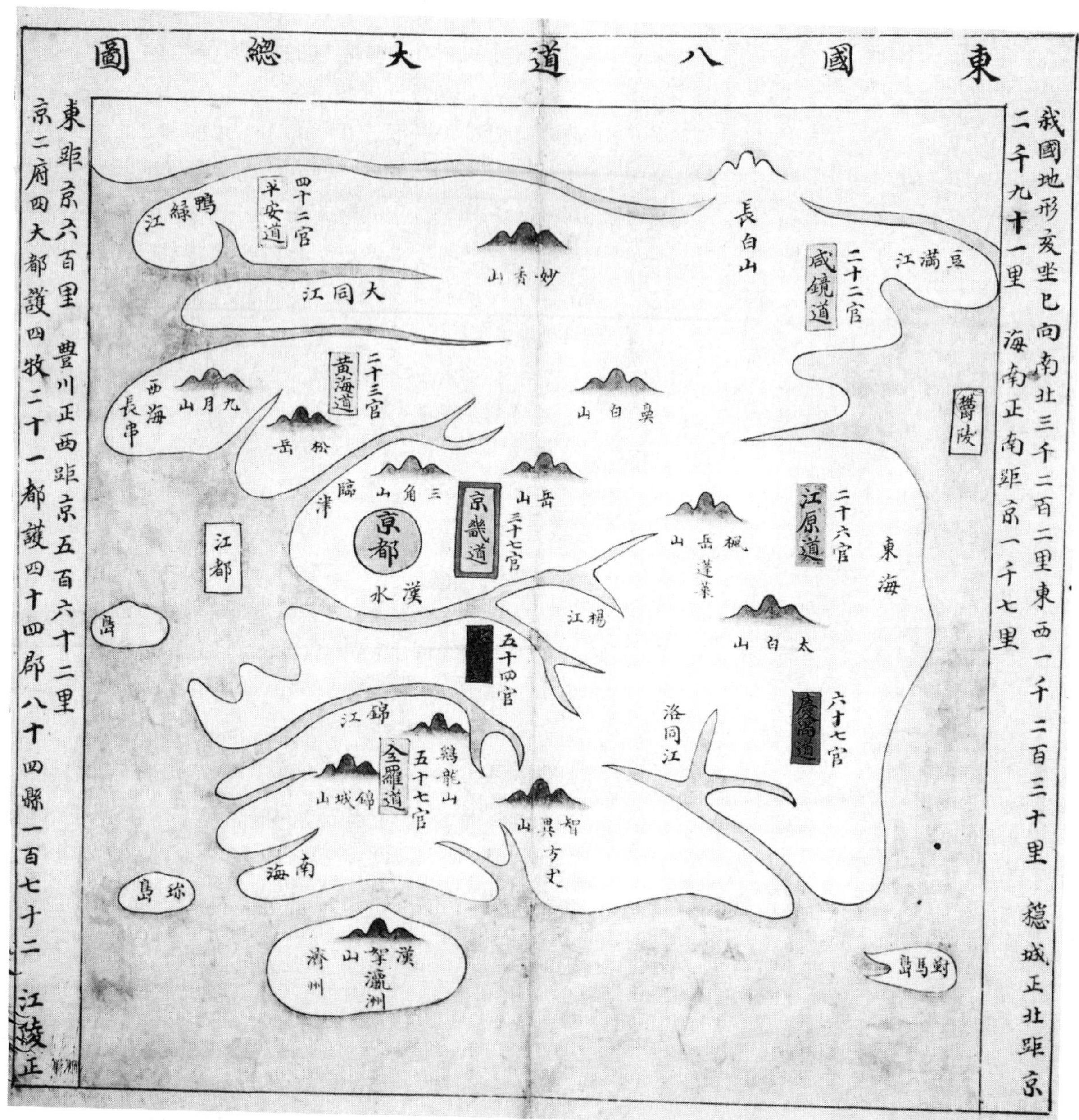

「동국팔도대총도」(조선 중기). 채색 사본. 개인 소장.

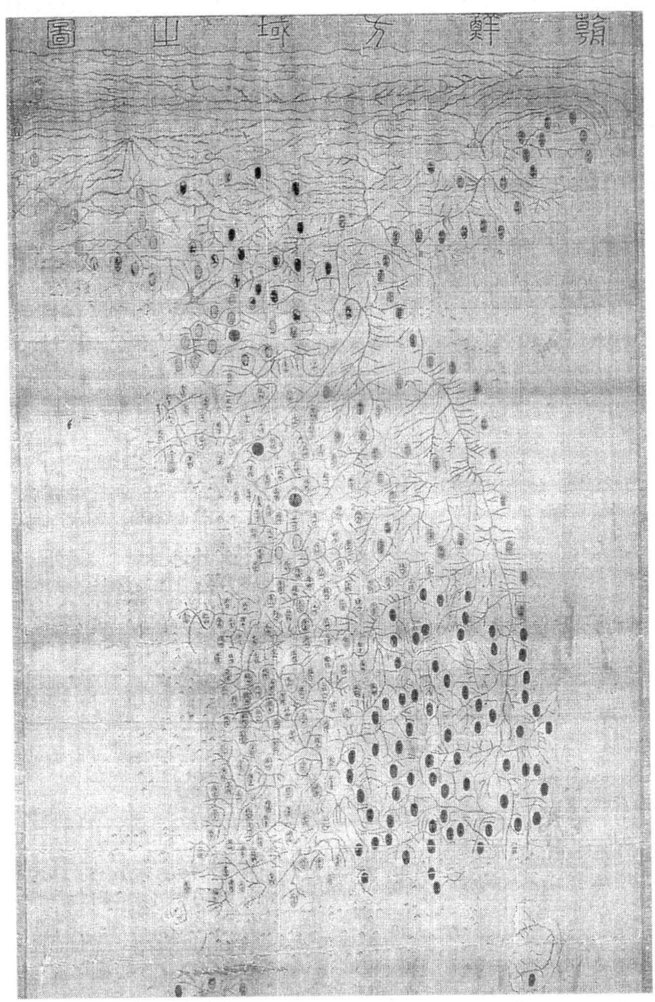

「조선방역지도」(1557경). 채색 사본. 132×61cm. 국사편찬위원회. 국보 248호. 국내에 남아 있는 조선 전도 중에서 가장 오래된 것으로, 이회의 「동국지도」와 매우 비슷하다.

는 일이 착수된 것은 너무도 당연한 순서다. 조선 왕조는 그 일을 했다. 여기서 정척이 등장한 것이다.

〈정척은 산천의 형세를 잘 안다〉고 『조선왕조실록』은 전한다. 그래서 조선 왕조가 벌인 실측 지도 제작의 막중한 임무가 그에게 맡겨졌다. 『세종실록』에는 〈정척은 상지(相地) 및 화공(畵工)을 이끌고 함길 · 평안 · 황해의 3도에 가서 산천의 형세를 그리고 주군(州郡)의 거리를 실측하여 지도를 제작했다〉고 씌어 있다. 1426년(세종 18) 2월 29일의 기사다.

전국적인 지도 작성을 위한 새로운 사업은 이미 이보다 2년 전인 1426년에 시작되었었다. 한국인이 만든 완전한 인문지리로는 첫번째로 꼽히는 『신찬팔도지리지』가 완성된 지 2년 반 만에 벌어진 국가적인 대사업이다.

이렇게 해서 만들어진 것이 정척의 「팔도도」이다. 그것은 실측에 의하여 이루어진 과학적 지도 작성의 첫 업적으로 한국 지도학에 새로운 경지를 개척한 주목할 만한 업적이었다.

그 사본의 하나가 남아 있다. 비록 국내에 있는 게 아니고 일본의 나이가쿠 문고[內閣文庫]에 소장되어 있지만, 정말 다행한 일이다. 20여년 전에 필자는 현지에서 그 지도를 보고 기쁨과 아쉬움이 엇갈리는 마음에 한동안 멍했던 기억이 아직도 새롭다. 그뒤 그 지도는 나이가쿠 문고 담당자의 호의로 컬러 사진으로 실물 크기대로 만들어 와서 세종대왕기념관에서 모사해 놓긴 했지만, 볼 때마다 아릿한 아픔을 느끼곤 한다.

「동국지도」

1939년 일본의 지리학자 아오야마는 그의 논문에서 나이가쿠 문고에 소장된 「조선국회도(朝鮮國繪圖)」가 정척(鄭陟)의 지도일 것이라고 고증하고 그 지도의 특색을 이렇게 말하고 있다.

「해동팔도봉화산악지도」(17세기). 채색 사본. 218×149cm. 고려대학교 도서관.

이 조선 지도는 전체의 도형뿐만 아니라 산맥, 하천, 섬, 도로에 이르기까지 매우 정밀하게 그렸고 또 크고 작은 도시와 교량, 작은 포구와 나루 등까지 자세히 기록하고 부분적으로 궁전명까지 기입하는 등 아주 세밀한 것이다. 또 조선도 특징이라고 할 수 있는 산맥은 매우 자세한 나머지 주요한 산계(山系)가 오히려 불명할 정도이나 개개의 산명(山名)도 많이 들고 있다. 섬들의 위치도 『동국여지승람』보다는 못하나 대체로 정확하다. 또 각 도시들 상호간의 교통로를 기입하고 각지로부터 수도까지의 일정과 이수를 기입하였다. 항구는 배를 그려 나타냈다. 가로 약 90cm, 세로 약 150cm의 이 지도는 한폭의 그림처럼 아름다운 채색과 훌륭한 글씨로 한눈에 도화서(圖畵署)에서 그린 지도임을 알 수 있다. 서울을 비롯한 각 도의 감영 소재지와 행영(行營, 육군 군사령부), 수영(水營, 해군 함대사령부) 등을 적색으로 칠하고 고을들의 색깔을 도별로 달리 칠하는 수법을 써서 주요 도시를 특징있게 나타냈고 여기에 조화되게 산과 하천에 색깔을 넣어서 전체가 우아하고 부드러운 색상을 띠게 했다.

지도의 윤곽도 1402년의 이회의 지도보다 훨씬 정확하다. 다만 평안도와 함경도의 북쪽 변방 산악 지대가 여전히 찌그러져 있는 약점을 그대로 가진 것이 이 지도의 한계라 할 수 있다. 이 약점은 조선 전기 지도의 한 특징과도 같이 그대로 이어진다. 그 약점과 함께 조선 지도 제작의 아름다운 채색법도 여기서부터 잘 이어져 전통적인 수법으로 특색을 이루게 되었다.

정척의 지도 제작은 「동국지도(東國地圖)」를 완성함으로써 그 절정에 달했다. 양성지(梁誠之)와 함께 한 이 지도 제작 사업은 1453년(단종 1)에 착수되었다. 그것은 그때까지의 자료를 근거로 다시 한번 현지를 답사하여 그려나가는 작업이었다. 『단종실록』 단종 2년(1454) 4월 17일의 기사에는 〈수양대군 유(瑈)는 정척, 강희안(姜希顔), 양성지 등과 삼각산 보현봉(普賢峯)에 올라 산형(山形)과 수맥(水脈)을 자세히 조사하여 정해서 한성도(漢城圖)를 그렸다. 정척은 산천의 형세를 잘 알고 희안은 그림을 잘 그리고, 성지는 지도에 조예가 깊어 이에 참가했다〉 고 설명하고 있다.

이 기사는 그 당시 실측 자료를 가지고 지도의 스케치를 어떻게 했는지 잘 표현하는 것이다. 지리 전문가, 지도에 조예가 깊은 사람, 그리고 그림을 잘 그리는 사람이 한 팀이 되어 있다. 그 팀이 높은 산 위에 올라가서 지형을 내려다보고 그려나간 것이다. 이렇게 실측과 지형의 관찰 및 자료의 조사를 병행하는 방법으로 지도를 만들어 나가는 작업은 여러 해에 걸쳐 계속되었다. 그러한 노력은 세조대에 이르러 마침내 결실을 보게 되었다. 지도에 일가견이 있어 그 제작 사업에도 참여한 일이 있는 세조였기에 더 박차가 가해진 것이다. 정척과 양성지는 1463년(세조 9) 5월에서부터 그때까지 스케치했던 모든 자료를 모아서 지도의 최종 작성에 들어갔다. 약 6개월 만에 지도는 완성되었다. 그것이 정척, 양성지의 「동국지도」이다.

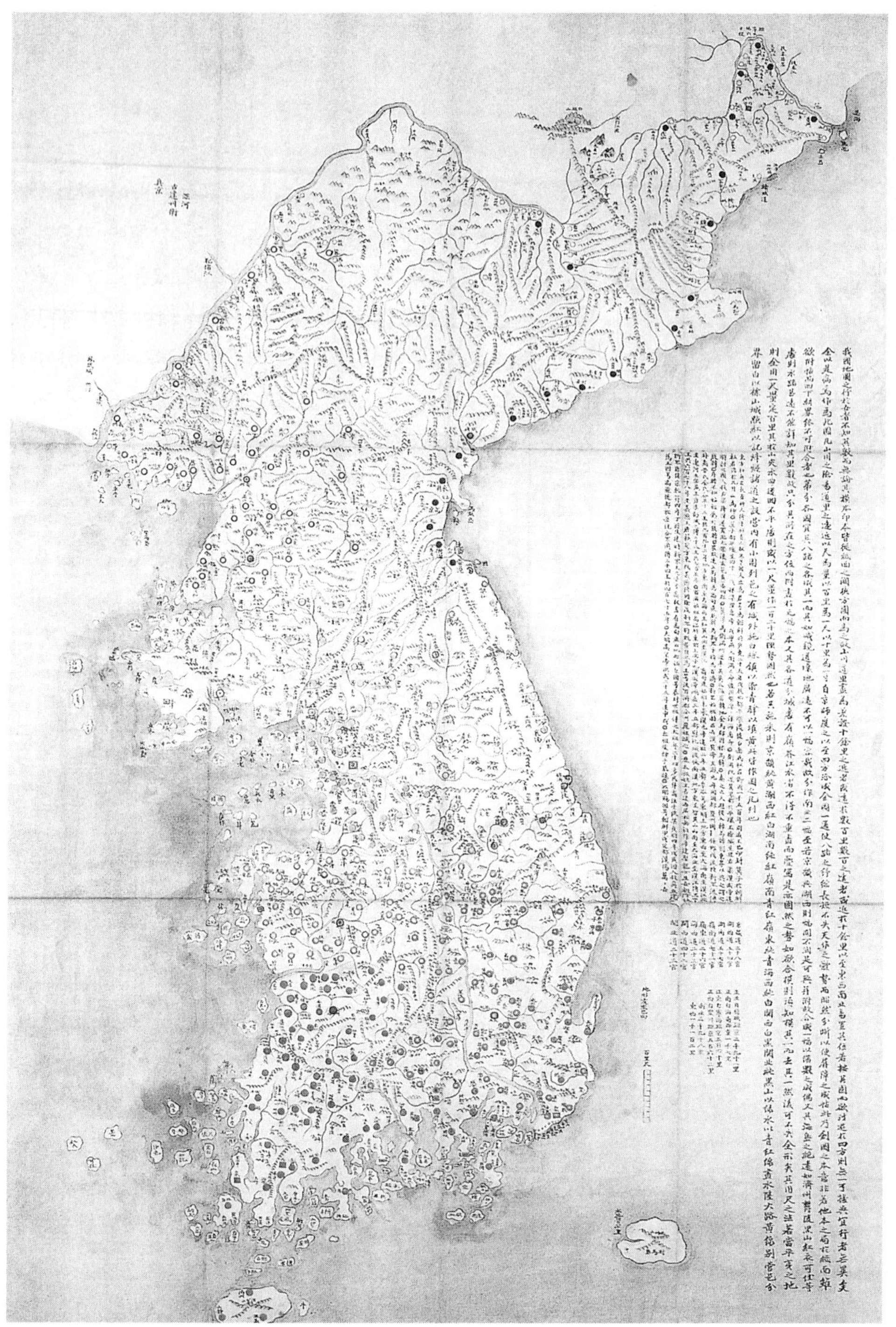

「조선전도」(18세기 말). 채색 사본. 영남대학교 박물관. 백리척이 있는 정상기의 「동국지도」 사본 중 하나이다.

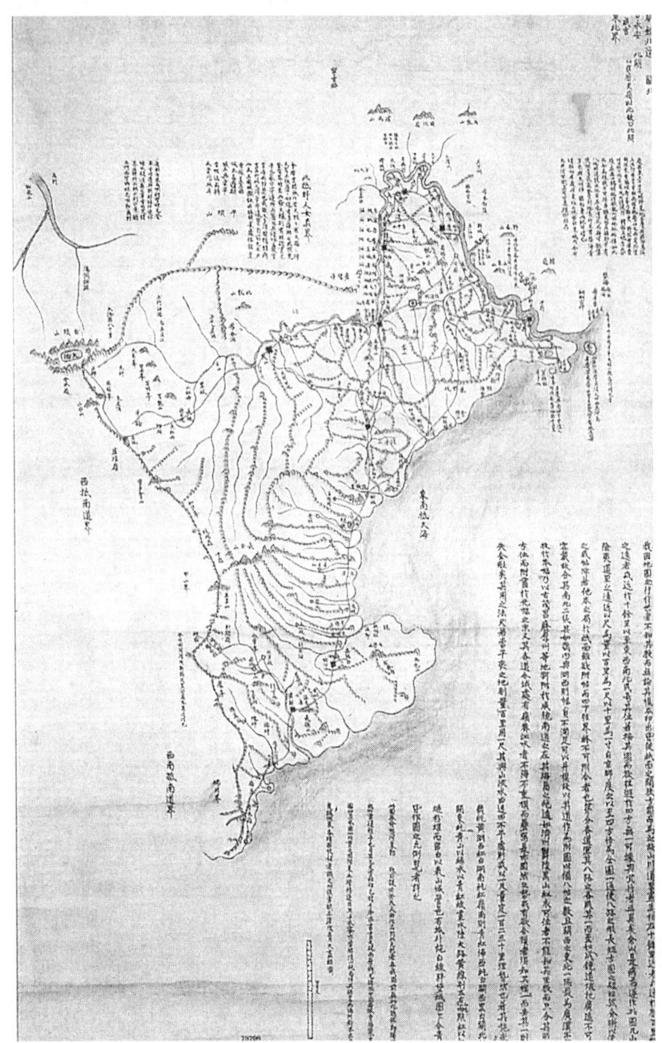

「팔도지도」 함경북도 부분(1790). 채색 사본. 100.5×66.0cm. 정상기의 「동국지도」를 그 후손이 교정 증보한 것이다. 서울대학교 규장각.

「동국지도」는 애석하게도 그 원본이 남아 있지 않다. 다만 위에서 말한 것처럼 일본 나이가쿠 문고의 「조선국회도」가 그 사본의 하나라고 고증되고 있을 뿐이다. 그 지도로 볼 때 「동국지도」는 그 내용이 특히 상세하고 정교하며 정확도가 뛰어났음을 알 수 있다. 북쪽 변방이 찌그러져 있기는 하지만 압록강과 두만강의 물길이 훨씬 정확해졌고 그 밖의 강과 산맥은 거의 정확하며 교통로도 정확하다. 한 가지 눈에 띄는 것은 여기 나타난 대마도가 다른 모든 지역이나 제주도처럼 꼭 조선 땅의 일부와 같이 표현되고 있다는 점이다. 이 지도를 포함해서 조선 전기의 거의 모든 지도들이 조선 전도(全圖)에 대마도를 그려 놓고 있는 것은 흥미로운 일이다.

「동국지도」는 고려 이후 세종 때까지의 모든 조선 지도의 전통과 유산을 계승하고 새로 실측한 최신 자료를 바탕으로 만든 정밀한 실측 지도이다. 이것은 김정호의 『대동여지도』로 이어지는, 조선 전기 한국 지도를 대표하는 작품이다.

「동국대지도」

조선 초기에 절정에 달했던 우리 나라 실측 지도의 제작은 정척과 양성지의 「동국지도」에서 일단 끝난 셈이었으나 초기의 지도에서 두드러진 결점은 함경, 평안의 두 변경이 부정확했고 울릉도가 우산도(于山島) 밖에 있다는 사실이다. 그러나 1713년(숙종 39)에 새로 측정된 북극고도를 비롯한 천문학적 측정값에 의해 보다 정확한 지도를 작성하는 것이 쉬워졌을 것으로 생각된다.

1757년(영조 33) 8월 홍양한(洪良漢)이 삼국기지(三國基趾)와 「팔도분도첩(八道分圖帖)」을 영조께 바쳤다는데 이때 영조는 정항령(鄭恒齡) 가문에 소장된 정밀한 「동국대지도(東國大地圖)」가 있다는 말을 듣고 그것을 직접 보고 백리척이 들어 있는 정교한 전도의 솜씨를 칭찬하며 홍문관에 명하여 모사하여 바치게 했다. 『영조실록』에 의하면 홍양한의 「팔도분

「남원부지도」(19세기). 채색 사본. 103.5×82.9cm. 서울대학교 규장각. 정상기의 「동국지도」 이후 조선 왕조가 공식으로 벌인 각 지방 지도 제작 사업의 결과로 나타난 조선 지도이다. 도화서 지도 제작자가 만든 작품이다(화보 2 칼라 사진 참조).

도첩」은 〈극히 정해(精該)하다〉고 하였고, 백리척이 들어 있는 정항령 소장의 「동국대지도」가 그때 비로소 알려진 사실로 미루어 그의 「팔도분도첩」은 「동국대지도」를 바탕으로 작성된 것이라고 생각된다.

이 「동국대지도」는 「팔도도」라고도 불리는 것으로 영조대의 실학자 정상기(鄭尙驥)에 의하여 제작되었다. 그는 어려서부터 병약하여 과거를 단념하고 저술에 힘써 많은 저서를 남겼지만 무엇보다도 큰 업적은 축척을 넣은 우리 나라 지도를 처음으로 제작했다는 것이다. 지금 우리가 볼 수 있는 정상기 지도의 사본들은 대체로 크기 100×60cm의 9첩으로 되어 있는 채색 지도이다.

이 지도와 관련하여 신경준(申景濬)은 그의 동국여지도발(東國輿地圖跋)에 이렇게 썼다.

> 축척[尺量寸度]에 의한 정밀한 지도는 정상기가 처음으로 만들었으니 경인년(1770)에 『동국문헌비고(東國文獻備考)』를 완성하고 왕명으로 「동국지도」를 제작하려고 공사(公私) 소장의 지도 십여 건을 보고 여러 집을 찾아 고지도(古地圖)를 연구했으나 정항령 소장의 지도만 못하여 그것을 바탕으로 약간의 수정을 가하여 6월 6일부터 시작하여 8월 14일에 끝내어 바치게 되었다.

정상기는 함경북도 장에서 자기 자신의 지도에 대해서 다음과 같이 설명하였다.

> 우리 나라 지도로 세상에 나온 것은 수없이 많으나 그 사본이나 인본을 막론하고 모두 지면(紙面)의 모양과 크기에 따라서 그렸으니 산천과 도리(道理)가 제대로 되어 있지 않아 십리쯤으로 가까운 것이 어떤 때는 수백 리나 되게 멀리 있고, 수백 리나 먼곳이 때로는 십 리쯤으로 가깝게 되어 있다. 나는 병 중에 이 지도를 만들어 모든 산천의 험한 곳, 평탄한 곳과 도·리의 거리(원로)를 자로 재서 자연에 따라 백 리를 1척으로 하고 십 리가 1촌이 되게 했다. 서울[京都]로부터 재서 사방에 이르러 먼저 전도(全道)를 1도(圖)로 하여 8도의 지형에 따라 그 체상(體狀)을 정하고 그것을 다시 8장으로 나누어 접어서 첩이 되도록 했다.
>
> 만일 전국의 지형을 알려면 다시 뜯어 맞추어 하나로 하면 될 것이다. 자를 사용한 방법도 평탄한 곳은 백 리를 1척으로 했으나 지형이 복잡하고 험한 곳은 간혹 120-130리를 1척으로 하여 그렸다. 채색법은 경기를 노랑색, 호서를 흰색…… 산은 녹색, 물은 청색으로 칠했다……. 이것이 모두 지도 제작의 범례이다.

이와 같은 제작자의 설명은 이 지도에 대하여 그 이상의 해설을 필요로 하지 않을 것이다.

정상기의 「동국대지도」의 특색을 종합하면, 첫째로 백리척이라는 축척을 썼다는 점, 둘째는 각도를 이으면 전도(全圖)가 되도록 같은 축척에 의해 그렸으며, 셋째는 수륙 교통로를 명시했고, 넷째는 통신망을 나타냈고, 다섯째는 산맥을 뚜렷이 나타냈다는 사실들이다.

그런데 그 자신이 쓴 것같이 그는 병약하였기 때문에 이렇게 정밀하고 큰 지도를 실지 답사에 의하여 그렸다고는 볼 수 없다. 정상기가 세종-성종 초의 대학자이며 천문학자였던 정인지(鄭麟趾)의 직계 후손이라는 사실을 생각할 때 그가 바탕으로 삼았던 실측 지도는 집안에 보존되어 온 정척, 양성지의 「동국지도」 사본이었을 가능성이 크다.

조선 초기의 지리지

지리지와 지도는 국토와 그 자원에 대한 총괄자료이다. 그것을 정확하게 파악하여 체계를 세워 간결하게 정리하는 사업은 나라를 다스리기 위해서 꼭 해내야 하는 일이다. 이러한 인식과 절실한 필요성이 새 왕조를 세운 조선의 위정자들에게 제기되었다.

세종 6년(1414) 11월 15일의 일이다. 『세종실록』의 기사에 의하면 세종이 대제학(大提學) 변계량(卞季良)을 불러 〈본국의 지지(地志)와 주(州)·부(府)·군(郡)·현(縣)의 고금 연혁을 찬술해 보려고 한다〉고 말하면서 춘추관(春秋館)에 일이 많아서 지지(地志)의 편찬이 어려울 테니 우선 각 고을의 연혁을 편찬해 보라고 지시했다고 한다. 〈옛날 노인이 점점 드물어가니 문적을 남기지 않을 수 없다〉는 것이다. 그런데 변계량이 〈지지와 주군 연혁은 동일한 것이라〉고 하면서 하라고 하시면 편찬하겠다고 해서 지지의 편찬 사업이 시작되었다.

어쩌면 세종이 생각한 것은, 그리고 변계량까지도 자연지리나 인문지리적 지지보다도 역사지리적인 것이었는지도 모른다. 『삼국사기』의 「지리지」와 같은 것을 생각했을 가능성이 있다.

아무튼 지지는 세종 14년(1422) 1월 19일에 완성되었다. 착수한 지 7년 만의 일이다.

『세종실록』에는 〈영춘추관사(領春秋館事) 맹사성(孟思誠), 감관사(監館事) 권진(權軫), 동지관사(同知館事) 윤회(尹淮), 신장(申檣) 등이 새로 찬수(撰修)한 『팔도지리지(八道地理志)』를 올리니 임금이 말하기를 '내가 장차 보겠다'〉라고 씌어 있다. 윤회는 처음에 변계량이 함께 의논해서 편찬하겠다고 추천한 사람이다.

이 『팔도지리지』는 지금 남아 있지 않다. 그리고 그후 이 지리지가 인용된 문헌이 아직 없는 것을 보면 널리 읽힌 것 같지 않다. 지리지를 바쳤을 때 7년이나 걸린 사업인데도 세종이 칭찬했다는 기록이 없는 것과 무슨 연관이 있는지도 모르겠다.

조선 왕조는 지리지를 편찬하기 위해서 조사할 자료들을 항목으로 정해서 그 양식에 따라 기록해서 춘추관으로 올려보내도록 각 도에 지시했다. 지금 남아 있는 『경상도지리지』는 그 내용이 무엇인가를 말해 주고 있다. 12항목에 이르는 그 사항들은 세종과 변계량의 대화에서 제기된 지지 편찬의 의도를 그대로 반영하고 있다.

『경상도지리지』를 통해서 그 항목의 내용을 보면 종합지리지 편찬에 필요한 자료가 거의 조사 대상이 되고 있음을 알 수 있다. 그것을 크게 묶어보면 이렇게 된다. (1) 연혁, (2) 위치와 면적, (3) 산천, (4) 토양, (5) 기후, (6) 호구, (7) 군사(육군과 수군의 병력과 군선의 척수 등), (8) 인물, (9) 산업(농수산, 광업, 축산, 약재, 도자기 등), (10) 고적(산성, 읍성, 능묘, 사당), (11) 통신, (12) 교통.

그러니까 여기서 볼 때 굳이 흠이 있다면 지리적 이론의 전개를 위한 자료 조사가 빠졌다는 부분이다. 그러나 15세기에는 아직 그러한 지리학이 정립되기에는 이른 시기였다고 보면 별로 큰 흠은 아니다.

『팔도지리지』의 편찬은 조선 초기에 그들이 세운 왕조의 가장 중요한 부분인 나라의 자원을 정확히 파악하려는 노력만으로 본다 해도 그 의의가 크다고 할 수 있다. 그 편찬 사업은 경상도의 경우 세종 7년(1425) 12월 1일에 끝나서 경상도 감사 하연(河演)이 서문을 지어 붙여 춘추관에 1부를 올려보냈다. 그러니까 경상도는 1년 만에 편찬을 끝낸 셈이며 다른 도들에서도 대략 세종 8년(1426)경에는 편찬을 끝내서 춘추관에 보낼 수 있었다고 보여진다.

춘추관에서 맹사성, 권진, 윤회, 신장 등은 그러한 각도 지리지 외 변계량이 중심이 되어 조사한 자료들을 바탕으로 해서 『팔도지리지』를 편찬한 것이다. 이 지리지는 지금 남아 있지 않아서 그 내용을 완전히 알 수는 없으나 그것을 증보한 『세종실록』의 『지리지』와 『경상도지리지』의 사본으로 그 내용을 알아볼 수 있다. 그것은 조선 최초의 지리지이고 그후 조선의 모든 지리지의 실질적 바탕이 되었다.

『세종실록』의 『지리지』

우리 나라 지지(地志)가 대략 삼국사(三國史)에 있고 다른 데에는 상고할 만한 것이 없더니 우리 세종 대왕이 윤회, 신장 등에게 명하여 주군(州郡)의 연혁을 상고하여 이 글을 짓게 해서 임자년(1432)에 이루어졌는데, 그뒤 주군의 갈라지고 합쳐진 것이 한결같지 아니하다. 특히 양계(兩

界)에 새로 설치한 주(州)·진(鎭)을 들어 그 도(道)의 끝에 붙인다.

『세종장헌대왕실록』 권 148 『지리지(地理志)』의 첫머리에 나오는 글이다. 그러고 보면 우리가 흔히 말하는 『세종실록』의 『지리지』는 기본적으로 1432년에 완성한 윤회와 신장의 『팔도지리지』 그것이다.

『팔도지리지』는 편찬이 끝난 뒤 20여 년 만에 『세종실록』 속에 수록되어 다시 그로부터 20년 만인 1472년에 인쇄되었다. 비록 4부가 인쇄되었을 뿐이지만 인출된 지리지로서는 처음 있는 일이다. 그래서 우리가 언제부터인지 흔히 부르고 있는 『세종실록』의 『지리지』는 『세종실록』에서 붙인 이름 그대로라면 『지리지』가 되겠고 기사 중에 나오는 이름으로 한다면 『팔도지리지』가 되어야 한다.

『세종실록』 148권에서 155권까지에 수록된 『지리지』는 8권 8책으로 이루어졌다. 각 도별로 1권씩 배당된 것이다. 그러니까 148권은 경도 한성부(京都 漢城府), 즉 서울과 개성 및 경기도를, 149권은 충청도, 150권은 경상도, 151권은 전라도, 152권은 황해도, 153권은 강원도, 154권은 평안도, 155권은 함길도의 순서로 편집되어 있다.

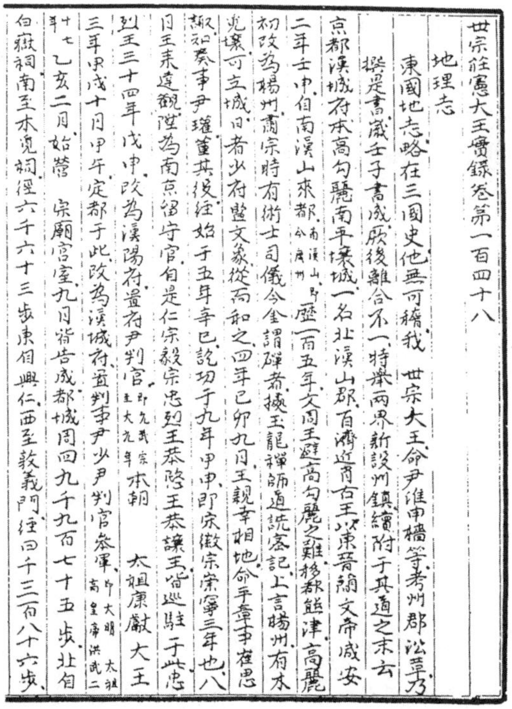
世宗莊憲大王實錄卷第一百四十八
地理志
東國地志略在三國史他無可稽我 世宗大王命尹淮申檣等考州郡沿革乃
撰是書歲壬子書成厥後離合不一特擧兩界新設州鎭續附于其道之末云
京都漢城府本高句麗南平壤城一名北漢山郡百濟近肖古王以東晋簡文帝咸安
二年壬申自南漢山來都(南漢山卽今廣州)歷一百五年文周王避高句麗之難移都熊津高麗
初改爲楊州肅宗時有術士司儀令金謂磾者據玉龍禪師道詵密記上言楊州有木
覓壤可立城日者少府監文象從而和之四年己卯九月王親幸相地命平章事崔思
諏知奏事尹瓘董其役經始于五年辛巳訖功于九年甲申卽宋徽宗崇寧三年也八
月王來遊觀陞爲南京留守官自是仁宗毅宗忠烈王恭愍王恭讓王皆巡駐于此忠
烈王三十四年戊申改爲漢陽府置府尹判官(卽元武宗至大元年) 本朝 太祖康獻大王
三年甲戌十月甲午定都于此改爲漢城府置判事尹少尹判官參軍(卽大明太祖高皇帝洪武二
十七年)乙亥二月始營 宗廟宮室九月皆告成都城周回九千九百七十五步北自
白嶽祠南至木覓祠徑六千六十三步東自興仁西至敦義門徑四千三百八十六步

『지리지』. 『세종실록』 권 148-155(1454). 목판본.

첫 권에 서울과 옛 도성인 개성 및 경기도를 넣은 것은 이해가 가는데 둘째권부터의 순서는 어떤 기준으로 배열했는지 궁금하다.

이 순서는 그뒤에 나온 『동국여지승람(東國輿地勝覽)』에서도 그대로 따르고 있다. 서울·경기도에서 충청도·경상도·전라도로 내려갔다가 다시 서울·경기도에서 북쪽으로 황해도·강원도·함경도·평안도의 순이니까 함경·평안의 두 도가 바뀌었을 뿐이다.

이 순서는 그후 조선의 모든 지리지와 지도첩, 즉 관(官)에서 낸 것이나 개인이 편찬한 것이거나 할 것 없이 그대로 지켜지고 있다. 김정호의 『대동지지』도 그렇다. 지리지는 지리 역사의 연혁과 정치·사회·재정·경제·산업·군비·교통 등의 조직과 기구에 이르기까지를 저술한 지리백과전서로 『팔도지리지』 편찬 지침에서 제시한 내용과 같다. 이제 그 내용을 보자.

경도(京都) 한성부(漢城府)는 임금이 직할하는 땅으로서 그 연혁과 변천을 말하고 부윤(府尹), 판사(判事) 이하 여러 관직에 대한 사항과 종묘·궁궐·도성(都城) 등을 기록한 개관에서 시작했다. 다음에는 한성부의 행정 구역과 그 이름, 주요 건물 시설 등을 말하고 5부(部)의 호수와 면적·산천 등을 나타냈다. 옛 도성인 개성에 대해서도 비슷한 내용을 기술하고 있다.

경기를 비롯한 8개 도에 대해서는 먼저 각 도의 연혁과 변천, 관직원의 명칭과 정원을 말하고 그 도의 경계와 넓이를 쓰고 유명한 산천과 나루의 이름을 들고 하천은 그 원류와 유역을 말하면서 서울까지의 교통로와 그 거리를 명시했다. 그리고 호구수와 각 군(各軍)의 병력에 대하여 기록하고 있다.

각 도의 기록에서는 부(府)·목(牧)·군(郡)·현(縣)의 각 항을 두어 그 관아에 속하는 관직명·정원·연혁·변천을 말하고 산천·나루·경계의 거리, 호구와 각 군, 그 고을의 성씨와 인물, 토지 비옥의 정도, 기후·민속·경지면적·산출되는 여러 가지 토산물과 공산품, 읍성·고적·역원(驛院)·봉화소 등을 상세하게 기록하였다.

이렇게 『팔도지리지』, 그러니까 흔히 말하는 『세종실록』의 『지리지』는 방대하고 조직적인 인문지리지의 백과전서로 비록 지리학의 학문적 이론의 전개는 없었다손치더라도 현존하는 15세기 전반기에 인쇄된 지리서로서 높이 평가된다. 이것은 1936년에 일본인 학자 가츠시로[葛城末治]가 이 지리지의 새 활자본 해설에서 말한 것같이 〈단순한 지리서가 아니라 오늘날의 이른바 인문지리로서의 선구가 되는 것으로 당시에 이렇게 진보된 탁월한 지리서가 존재했다는 사실은 족히 조선의 자랑〉이라 해야 할 것이다.

『동국여지승람』

조선 왕조는 『세종실록』이 편찬된 다음 해인 1455년(세조 1) 8월에 양성지에게 새 지리지를 편찬하게 하였다.

『세종실록』의 『지리지』가 세종 때에 이루어진 문물과 제도의 새롭고 광범위한 정비 내용을 충분히 담아내지 못했기 때문이다.

새 지리지는 1478년(성종 9)에 『팔도지리지』 8권 8책으로 완성되었다. 이것은 「팔도주군도(八道州郡圖)」, 「팔도산천도(八道山川圖)」, 「팔도각일도(八道各一道)」, 「양계도(兩界圖)」 등의 조선 전도들과 각 도별 지도 및 압록강과 두만강 일대의 국경 지역의 지도가 붙은 지리지로서의 완전한 체제를 갖춘 것이었다.

이 지리지는 지금까지 그 원본이나 사본이 전해지지 않고 출판되었다는 기록도 없다. 그러니까 이 지리지는 미처 출판되기 이전에 『동국여지승람』의 편찬이 추진되는 바람에 그 속에 묻혀버리고 만 것이다. 순수한 지리지보다는 지리지와 시문(詩文)을 섞은 새로운 형식의 지리지의 편찬이 추진되었기 때문이다. 이런 움직임은 그 무렵 중국에서 들어온 『대명일통지(大明一統志)』에 자극되어 그러한 형식의 지지(地志)를 편찬하려는 생각에서 대두된 것이다.

그래서 성종도 노사신(盧思愼), 강희맹(姜希孟), 성임(成任), 서거정(徐居正) 등으로 하여

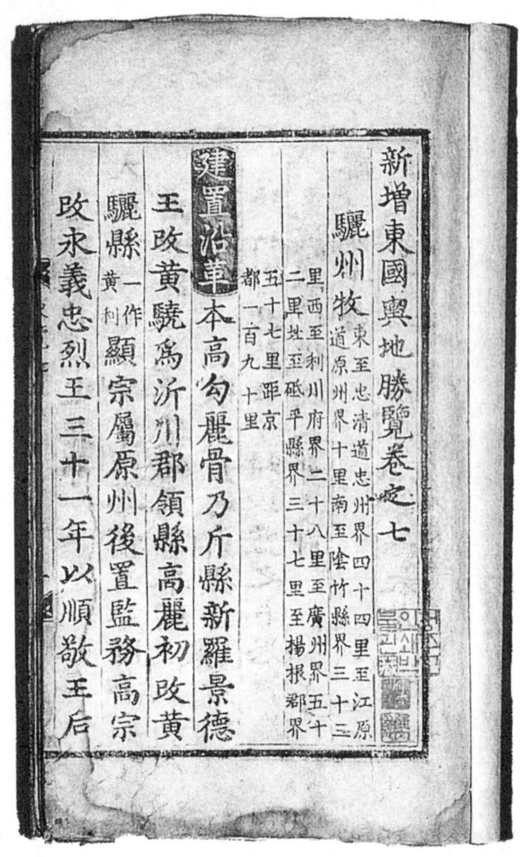
新增東國輿地勝覽卷之七

驪州牧 東至忠清道忠州界四十四里至江原道原州界十里南至陰竹縣界三十三里西至利川府界二十八里至廣州界五十二里北至砥平縣界三十七里至楊根郡界五十七里距京都一百九十里

建置沿革 本高句麗骨乃斤縣新羅景德王改黃驍爲沂川郡領縣高麗初改黃驪縣 一作黃利 顯宗屬原州後置監務高宗改永義忠烈王三十一年以順敬王后

『동국여지승람』(1530). 목판본.

금 시문(詩文)을 지지에 삽입하여 편찬하도록 했는데 지리지로서는 오히려 양성지의 『팔도지리지』를 그대로 펴낸 것보다 못한 결과가 되었다.

여지승람(輿地勝覽)이란 이름은 그래도 지리지로서의 본래의 뜻이 그런 대로 살아남아 있음을 나타내고 있다. 조선 학자들은 『대명일통지』에 자극되어 편찬하긴 했지만 그들은 그 체제를 사실상 송(宋)의 축목(祝穆)이 쓴 『방여승람(方輿勝覽)』을 본떠서 만든 것이다. 여지승람이란 책의 이름은 그 영향을 말해 준다.

이 책을 펴보면 그 첫머리에 「팔도총도(八道總圖)」라는 조선 전도가 나온다. 1402년의 세계지도나 정척의 「동국지도」를 본 사람은 누구나 이 지도의 모양을 보고 이상하게 생각하게 된다. 15세기 초에 그토록 정확했던 조선 지도가 여기 와서 어떻게 이렇게 남북이 오그라들 수 있을까. 그런데 자세히 들여다보면 반도의 전체적인 모양은 비록 뚱뚱하지만 그 해안선은 훨씬 정돈되어 있음을 알 수 있다. 8도의 각 도 지도를 보면 더욱 그렇다. 그것을 다 이어붙인다면 훨씬 정확한 조선 지도가 될 것이 틀림없다. 지리지의 참고 자료로 넣은 전도(全圖)이기 때문에 책의 크기에 따른 지면과의 균형을 맞추기 위해서 지도의 형태를 적당히 신축한 것이다.

『동국여지승람』 55권은 경도, 한성, 개성, 경기, 충청, 경상, 전라, 황해, 강원, 함경, 평안도의 순서로 구성되어 있고 각 도의 처음에는 그 도의 지도를 붙이고 책의 첫머리에 팔도총도를 넣었다. 이 형식은 양성지의 「팔도지리지」가 각 도를 각각 1책으로 하고 각 책의 첫머리에 그 도의 채색 지도를 붙였던 것과 같다. 그 내용은 각 도의 연혁 및 총론을 쓴 다음에 목(牧), 군, 현에 따라서 그 설치 연혁, 관원, 군명(郡名), 성씨(姓氏), 풍속, 산천, 토산, 누각과 정자, 학교, 역원, 절(佛寺), 사묘(祠廟), 능묘(陵廟), 고적, 명신, 인물들과 시(詩) 등을 망라했다.

이 책은 그 당시 국내의 관계 자료를 남김없이 망라해서 많은 사람들이 동원되어 편찬하였고 이미 여러 차례에 걸쳐 편찬된 지지들을 바탕으로 하여 그 내용이 매우 정확하게 정돈되어 있다.

그러나 시문에 너무 치우쳐 있고 『세종실록』의 『지리지』의 자연 인문지리지적 성격에 비하여 역사 지리적 성격이 강하게 드러난 점이 결점이다.

그런데도 『동국여지승람』은 15세기에 출판된, 우리 나라 지지 중에서 가장 정확한 자료를 가지고 있으며 현존하는 가장 오래된 목판본 지도를 가진 인쇄된 지리지라는 점에서 매우 중요한 지리책이다.

마테오 리치 세계지도의 충격

1603년 조선에는 새로운 세계지도가 전래되었다. 중국에 사신으로 갔던 이광정(李光庭)과 권희(權憘)가 1602년에 제작된 마테오 리치의 「곤여만국전도」를 가져온 것이다. 그것은 조선 학자들에게 커다란 충격을 주었다. 타원형으로 그려진 세계의 서쪽에는 거대한 유럽 대륙이 자리잡고 있었다. 동쪽에는 남북 아메리카 대륙이, 그리고 남쪽에도 대륙이 있었다. 특히 거대한 유럽의 존재는 커다란 놀라움이었다. 1402년 조선 세계지도로 알고 있었던 그런 유럽이 아니었기 때문이다.

이수광(李睟光)이 그의 저서 『지봉유설(芝峯類說)』에 이 1602년의 마테오 리치 세계지도를 「구라파국여지도(歐羅巴國輿地圖)」라고 쓴 것도 무리가 아니다.

「곤여만국전도」, 즉 지구상에 있는 모든 나라의 지도라는 이 지도의 제호에도 불구하고 이수광의 눈에 들어온 것은 구라파(유럽)가 전부였던 것이다. 중국 이름으로 이마두(利瑪竇)라 불린 예수회 선교사 마테오 리치는 서양의 천문학과 수학, 지리학에 정통한 그의 학문적 배경을 십분 활용, 1584년과 1602년에 두 종의 세계지도를 제작 간행했다. 「산해여지전도(山海輿地全圖)」와 「곤여만국전도」가 그것이다.

이 세계지도들은 서양 근대 지리학의 성과를 토대로 만들어진 것이지만, 서양 세계지도를 한문으로 옮겨 놓은 단순한 번역판이 아니다. 가능한 한 중국을 중앙부에 놓고 부분적이나마 중국 지리학의 전통을 밑에 깔아 중국인이 쉽게 수용할 수 있게 배려한 것이다. 이 지도를 통해 중국인들은, 대지(大地)는 구체(球體)이고 세계는 유럽, 리미아(아프리카), 아시

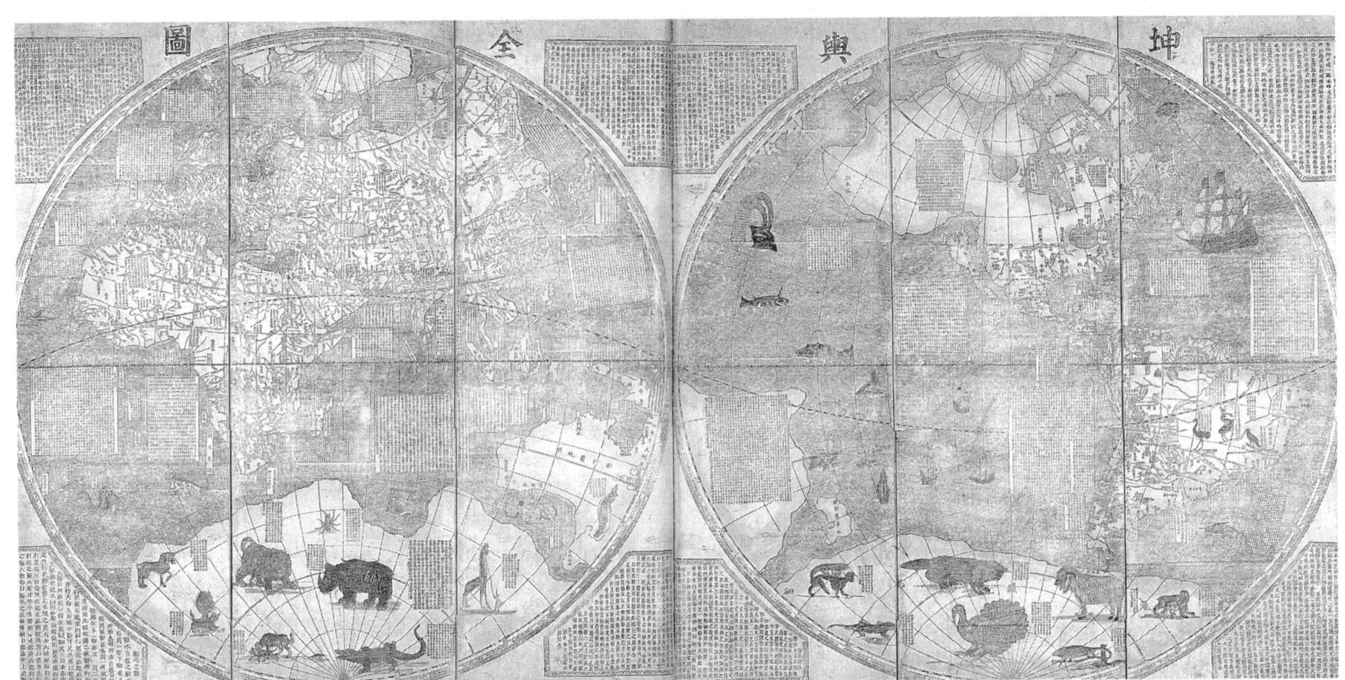

「곤여전도」(1860). 목판본. 146×400cm. 숭실대학교 박물관. 마테오 리치의 「곤여만국전도」에 이어 페르비스트가 1674년에 북경에서 간행한 것을 조선에서 목판으로 중간한 것이다(화보 4 칼라 사진 참조).

아, 남북 아메리카, 메가라니카(남방 대륙)의 5대륙으로 이루어져 있음을 처음 인식하게 되었다. 또 기후는 위도에 따라 다섯 지대로 나누어져 있다는 사실을 더욱 확실하게 알게 되었다. 이 「곤여만국전도」가 북경에서 새로 간행된 지 1년이 채 되기 전에 조선에 들어온 것이다.

무엇보다도 커다란 충격은 중국이 세계의 중심일 수 없다는 사실이었다. 조선 학자들의 중화적 세계관은 이 1602년의 마테오 리치 세계지도에 의해 크게 흔들리게 되었다. 실제로 조선 중기 실학자들의 서양에 대한 지적 호기심과 새로운 문물 도입에의 정열은 이 지도를 보면서 시작되었다. 중국에 와서 활동하던 예수회사(會士)에 대한 조선 학자들의 시각도 새로워졌다.

이수광의 『지봉유설』은 이러한 사실을 선명하게 그려놓고 있다. 조선 학자들의 눈이 세계를 향해 그 시야를 넓히게 된 것이다. 실학자들이 그 선구자들이었다.

『지봉유설』 권 2는 지리부(地理部)와 제국부(諸國部)로 이루어져 있다. 그 외국항에는 여러 나라에 대한 수많은 지식을 기술하고 있는데, 그 중에서 몇 부분을 그가 쓴 대로 인용해 보자.

만력(萬曆) 계묘년(癸卯年, 1603년)에 내가 부제학의 자리에 있을 때, 중국 수도에 갔다가 돌아온 사신 이광정과 권희가 구라파국의 여지도(輿地圖) 1건(件) 6폭을 본관(本館)에 보내왔다. 아마 경사(京師)에서 구득한 지도일 것이다. 그 지도를 보니 매우 정교하게 그려져 있었다. 특히 서역(西域)에 대해 상세하게 묘사하고 있었다. 중국의 지방과, 우리 나라의 팔도와, 일본의 60주(州)의 지리에 이르기까지 멀고 가까운 곳, 크고 작은 곳을 모두 기재해 빠뜨린 데가 없었다. 이른바 구라파국은 서역에서 가장 동떨어진 먼 곳에 있었는데, 그 거리가 중국에서 8만 리나 되었다. 구라파는 오랫동안 중국과 통하지 않다가, 명나라 때에 이르러 비로소 두 번 입공(入貢)했다.

구라파 땅의 경계는 남쪽은 지중해에 이르고, 북은 빙해(氷海)에 이르며, 동쪽은 대내하(大乃河)에 이르고, 서쪽은 대서양(大西洋)에 이른다. 지중해라는 바다는 그것이 바로 천지(天地)의 한가운데라고 해서 그렇게 이름붙인 것이라고 한다.

또, 이수광이 영국에 대해 쓴 부분은 이렇다.

영결리국(永結利國)은 육지에서 서쪽 끝으로 멀리 떨어진 바다에 있다. 낮이 굉장히 길고 밤은 짧아서 겨우 2경(更)이면 곧 날이 밝는다. 그들은 오직 보릿가루를 먹으며, 가죽으로 된 갖옷을 입고, 배를 집으로 삼는다. 배는 4중(重)으로 만들어서 쇳조각으로 안팎을 둘러쌌으며, 배 위에 수십 개의 돛대를 세우고 선미(船尾)에 바람을 내는 기계를 설치했다. 그들은 쇠사슬 수백 개를 꼬아 닻줄로 사용했다. 쇠사슬을 하나로 모아서 닻줄을 만들었기 때문에 풍랑을 만나도 파선되지 않는다.

서양 사람을 이렇게 묘사한 부분도 있다.

그 사람을 보니 눈썹이 속눈썹과 통해 하나가 되었고, 수염은 염소 수염과 같았다. 그가 거느린 사람은 얼굴이 옻칠한 것처럼 검어서 형상이 더욱 추하고 괴상했다. 아마 해귀(海鬼)와 등류(等類)일 것이다. 언어가 통하지 않으므로 왜인의 통역을 통해 물으니, 자신들의 나라는 바다 한가운데에 있는데, 중국에서 8만 리나 떨어진 곳이라고 했다. 왜인들은 그곳에 진기한 보물이 많기 때문에 왕래하면서 장사를 하고 있었다. 일본 본토를 떠난 지 8년 만에 비로소 그 나라에 도착한다고 했다. 아마도 무척 떨어진 외딴 나라인 모양이다.

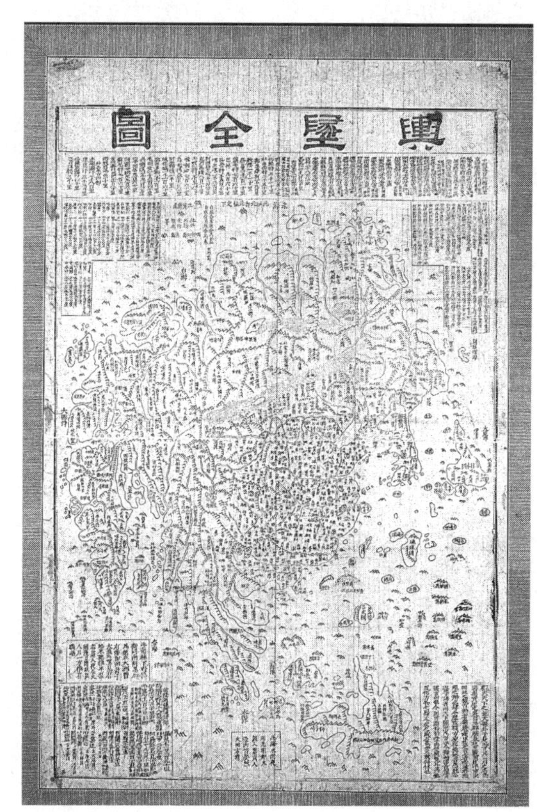

「여지전도」(18세기경). 목판본. 성신여자대학교 박물관.

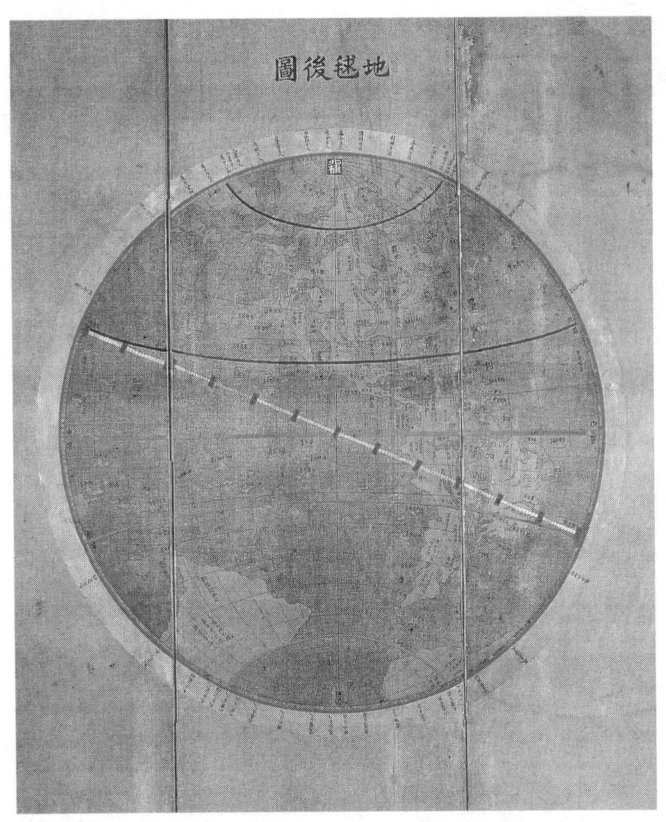

「지구전후도」(후도, 19세기). 채색 사본. 70.0×167.0cm. 고려대학교 박물관.

「곤여만국전도」는 1602년 마테오 리치가 명(明)의 학자 이지조(李之藻)와 함께 만들어서 목판으로 찍어 펴낸, 6폭의 커다란 타원형 세계지도다. 이지조는 마테오 리치를 도와 많은 서양 과학 기술서를 중국어로 번역한 사람이다.

이 지도는 그 당시 유럽에서 유행했던 아피아누스도법 Apian projection을 따르고 있다. 그것은 오르텔리우스의 1570년판 지도첩(帖)과, 메르카토르의 1595년판 지도첩들과 플란시우스Plancius의 1592년판 세계지도를 참고해 제작되었다고 한다. 이를 테면 16세기 말 유럽의 최신 지도학의 성과를 바탕으로 한 것이다. 그러나 보통 유럽의 세계지도에서는 중앙부에 그리는 일이 없는 중국 대륙을 굳이 중앙부에 놓은 것이 이 지도가 갖는 색다른 착상이다. 중화사상에 젖은 중국인에게 수용될 수 있는 세계지도를 만들려는 노력의 흔적이 보인다. 또 중국과 조선 및 일본 등은 마테오 리치가 중국에서 얻은 자료를 사용했기 때문에 서양에서 만든 세계지도보다 훨씬 정확하다.

1602년의 세계지도

이 지도의 중요한 내용을 간결하게 요약해 보자. 여기에는 한자로 구라파(歐羅巴, 유럽), 리미아(利未亞, 아프리카), 남북아묵리가(南北亞墨利加, 남북 아메리카), 묵와랍니가(墨瓦蠟泥加, 메가라니카) 등의 5대주가 나타나 있다. 한자로 된 음을 우리 발음으로 읽으면 유럽이 구라파가 되고 아메리카가 아묵리가가 되지만 중국 발음으로 읽으면 원음에 훨씬 가깝다. 또 재미있는 것은 신대륙과 프톨레마이오스 지도 이래로 지도상에 표시했던 미지의 남방 대륙(메가라니카라는 이름을 가진)이 나타나 있는 것이다. 메가라니카에는 이상한 동물들이 그려져 있어 그곳이 환상의 땅임을 암시하고 있다.

그림에는 850곳이 넘는 지명이 나타나 있고 또 각지의 민족과 물산(物産)에 대한 지지적(地誌的) 기술이 소개되어 있다. 또 타원형의 세계지도 바깥쪽에는 극투영(極投影)의 방위도법(方位圖法)에 의한 남북의 2반구도(半球圖)와 아리스토텔레스의 천체구조론에 의한 구중천설(九重天說), 일식과 월식의 그림, 천지의도(天地儀圖) 등이 그려져 있다.

1602년의 목판본 세계지도는 1608년에 다시 그림과 채색을 넣은 필사본으로 제작되었다. 이 지도의 바다에는 배와 묘한 고기들을 그렸고, 땅에는 이상한 짐승을 그려 넣었다. 아주 아름다운 채색을 써서 마치 훌륭한 회화를 보는 듯한 그림지도다.

1602년의 세계지도는 처음 제작된 지 2년 뒤인 1604년에 그 증보판이 새로 나왔다. 「양의현람도(兩儀玄覽圖)」라는 이름의 세계지도가 그것이다. 이 지도는 나오자마자 곧 조선에 전래되었다. 선조 37년(1604)에 들어왔다고 전해지는 세계지도가 「양의현람도」를 말하는 것이다. 그뒤에도 몇 폭의 마테오 리치 세계지도가 조선에 소개되었으나 지금까지 전해지는 것은 숭실대학교 박물관에 소장되어 있는 「양의현람도」뿐이다. 그 지도는 중국 본토에서도 찾아볼 수 없는 희귀한 유물이다. 확인되지 않은 정보에 따르면 북경에도 하나가 남아 있다고 한다. 아무튼 숭실대학교 박물관 소장본은 보존 상태가 아주 좋은 훌륭한 지도로 매우 귀중한 유물이다.

마테오 리치의 1602년 세계지도는 조선에서도 그려졌다. 숙종 34년(1708)에 관상감에서 제작한 「곤여도(坤輿圖)」 병풍은 그 대표적인 것 중의 하나다. 기록에 따르면 이때 관상감에서는 「건상도(乾象圖)」, 즉 천문도를 함께 제작했다고 한다. 하늘의 그림과 땅의 그림을 짝맞춰 만든 셈이다. 전관상감정(前觀象監正) 이국화(李國華), 유우창(柳遇昌)과 화가 김진여(金振汝)가 함께 그린 이 지도는 1608-10년에 중국에서 그린 동물과 선박의 그림을 넣은 「곤여만국전도」와 같은 것이다.

이것은 1402년에 「혼일강리역대국도지도」를 그린 이후 조선에서 정부 관서가 제작한 두번째 공식적인 세계지도다. 아울러 조선 정부가 서양의 세계지도를 토대로 그린 첫 세계지도이기도 하다. 말하자면 서양의 세계지도가 정부 차원에서 수용된 것이다. 전하는 바에 따르면, 그 세계지도의 제작솜씨는 매우 훌륭했고 중국의 지도에 결코 뒤떨어지지 않을 정도로 뛰어난 작품이었다고 한다. 어떤 연유에서인지는 몰라도 그 지도는 1951년까지 경기도 광주 봉선사(奉先寺)에 보존되어 있었다. 봉선사는 1951년의 화재로 소실되었는데, 이 지도도 그때 천문도와 함께 불타 없어진 것으로 알려져 왔다. 그런데 최근에 「건상도」로 보이는 천문도가 일본에서 발견되었다. 사진으로만 보았지만, 그것은 관상감에서 「곤여도」와 함께 제작한 것이 확실하다.

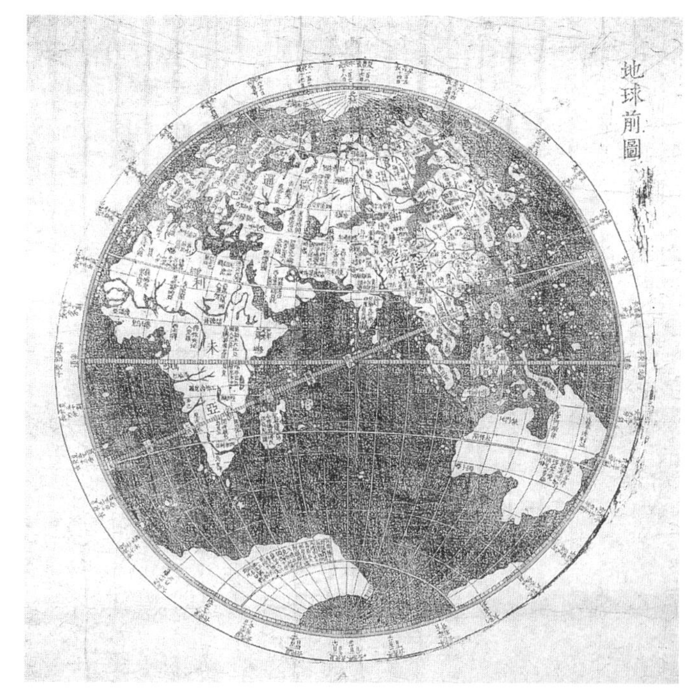

「지구전후도」(전도, 1834). 목판본. 최한기 제작. 42.0×88.0cm. 성신여자대학교 박물관.

조선 정부에서 공식적으로 그린 「곤여만국전도」는 또 하나가 있다. 지금 서울대학교 박물관에 소장되어 있는

송이영의 혼천시계의 지구의.

「곤여만국전도」가 그것이다. 세로 170cm, 가로 533cm의 8폭 병풍으로 만들어진 이 세계지도는 제8폭에 이 지도의 성립과 제작 경위 등을 알려주는 최석정(崔錫鼎)의 발문이 적혀 있다.

김양선(金良善)은 숭실대학교 박물관장으로 재직하고 있던 1961년에 마테오 리치의 세계지도와 그 조선본에 대해 긴 논문을 쓴 일이 있다. 그는 봉선사에 있었던 지도가 서울대학교의 지도보다 더 아름다웠다고 증언하고 있다. 그는 또 서울대의 지도가 봉선사의 지도보다 나중에 그려진 것으로 보고 있으나 확실하지는 않다.

서울대학교의 「곤여만국전도」는 1986년에 보물 849호로 지정되었다.

「곤여만국전도」는 1708년에 관상감에서 병풍으로 제작되기 전에 이미 지구의에 그려져 있었다. 1669년에 이민철과 송이영이 만든 혼천시계의 혼천의 부분에 연결시킨 지구의가 그것이다.

천문학 교수 이민철과 송이영은 혼천시계에 지구의를 가설했는데, 거기 그린 세계지도의 바탕 그림이 1602년의 마테오 리치 세계지도였다. 지금 고려대학교 박물관에 보존되어 있는 송이영의 혼천시계에 들어 있는 지름 8.9cm의 지구의가 그 실증적인 유물이다. 이 지구의들은 비록 크기는 작고 혼천의에 연결된 것이긴 하지만, 동아시아에서 가장 정확한 지구의이면서 또한 최초로 제작된 것이다. 타원형의 평면에 그려진 세계지도를 정확한 위도와 경도의 선이 그어진 구(球) 위에 완전히 옮겨 놓은 제도법은 매우 훌륭하다.

1602년의 마테오 리치 세계지도는 페르비스트Ferdinand Verbiest(중국명 南懷仁)에 의해 개정되어 1674년에 목판으로 간행되었다. 그것은 타원형으로 그렸던 마테오 리치의 지도를 두 개의 원으로 분리, 동서 양반구도(兩半球圖)로 만든 것이다. 한국과 일본, 중국을 포함하는 동아시아와 유럽, 아프리카에 이르는 이른바 구대륙을 왼쪽 원에, 그리고 남북 아메리카의 신대륙을 오른편 원에 경위선과 함께 그려넣고 있다. 8폭으로 된 페르비스트의 세계지도는 「곤여전도」란 제호가 붙여졌는데 양쪽 끝의 한폭에는 지리적 사항이, 다른 한폭에는 천문학적 사항이 서술되어 있다.

페르비스트의 세계지도가 언제 조선에 들어왔는지에 관한 확실한 기록은 없다. 마테오 리치 세계지도의 충격은 이 개정판 세계지도에서는 되풀이되지 않았던 것 같다. 이 지도보다 2년 전에 완성한 「곤여도설」이 1722년에 조선에 들어온 것으로 보아 같은 무렵에 전래된 것으로 생각되고 있다. 1602년의 세계지도가 출간되자마자 곧 전래된 것과 비교가 된다.

페르비스트의 세계지도는 1860년(철종 11) 조선에서도 간행되었다. 그 목판은 서울대학교 규장각에 지금도 보존되어 있다. 그것은 1856년에 중국 광동(廣東)에서 중간(重刊)된 지도를 바탕으로 한 것이지만, 목판 제작솜씨는 중국판보다 더 당당한 것으로 평가되고 있다. 172.3×56.9cm 크기의 이 지도는 목판본으로는 조선에서 가장 큰 세계지도인데 채색을 넣어 무척 아름답다.

조선판 페르비스트 세계지도는 비교적 많이 인쇄되어 조선 선비들에게 보급, 그들의 사랑을 듬뿍 받았다. 조선판의 이 세계지도는 목판으로 인쇄된 그 당시의 세계지도 중에서 가장 크고 훌륭한 판본으로 세계지도 수집가들의 사랑을 받고 있다. 그 목판의 유물도 남아 있어서, 조선 시대 지도 판각(板刻) 기술의 높은 수준을 그대로 말해 주는 귀중한 유물로 평가되고 있다.

김정호의 『대동여지도』

1898년. 대한제국 광무 2년, 일본 메이지[明治] 31년이다. 일본 육군은 한국 땅에서 극비리에 지도 제작에 착수하고 있었다. 육지측량부(陸地測量部)의 요원들이 암암리에 활동하고 있었던 것이다. 잘 훈련된 측량기술자들 50-60명이었다. 그들은 20반으로 편성되어 있었는데 현지의 비밀고용원 200-300명을 동원, 1년에 걸쳐 거의 전국적인 조사를 실시했다. 외업전문원(外業專門員)이라는 이름의 기술자들은 대부분이 일본에서 교육받은 한국인이었다고 한다. 그들은 일본에서 수기소(修技所)라는 기술 기관을 졸업했다.

광무 2년. 한국은 국호를 대한(大韓)으로 고치고 연호를 광무라 개칭하고 왕을 황제라 칭하는 등 국내외에 독립제국임을 선포한 지 1년째 된 해였다. 국가는 독립제국으로서의 새 체제를 갖추고, 국민은 독립협회를 창립, 민족의 독립과 자유 그리고 민권의 확립을 위해 투쟁하고 있었다. 이때 일본 육군은 한국 땅에서 몰래 한국의 국토를 측량, 정밀한 지도를 제작하는 일을 하고 있었다.

물론 명분은 그럴듯했다. 경부선과 경의선을 비롯한 호남 · 경원 철도의 부설권을 얻었으니, 그 기초 조사를 한다는 것이었다. 조사는 철도부설 예정선의 양쪽 50km, 즉 100km의 너비로 한반도의 남쪽 끝에서 북쪽 끝까지를 철저히 측량하는 작업이었다. 일본 육군의 육지측량부는 그보다 10여 년 전에 독일에서 유학을 하고 돌아온 측량기술 장교들의 주도로 일본 지도 제작사업을 수행했던 경험을 가지고 있었다. 유럽의 최신 지도 제작 기법에 따른 정밀지도를 만들 수 있는 능력을 확보하고 있었던 것이다. 그러나 한국에서는 그들의 최신

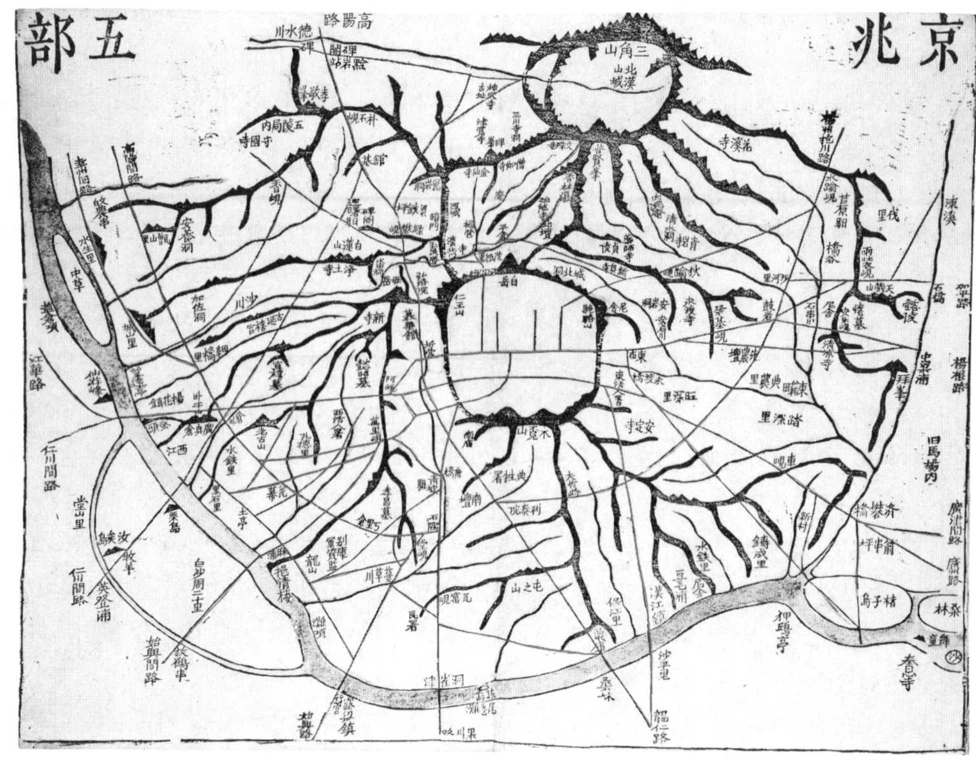

『대동여지도』 경기도 부분(1861). 목판본. 김정호 제작. 성신여자대학교 박물관.

기법을 다 적용하지 못했던 것으로 보인다. 제작 기간이 짧았을 뿐더러 많은 제약이 따르는 상황이었기 때문이다.

일본의 고고(考古) 조사연구가인 미스스오카[光岡雅彦]에 따르면, 육지측량부 요원들은 3각 측량과 조감 지형묘사를 함께 실시했다고 한다. 그는 이렇게 쓰고 있다.

> 기술적으로 보면, 측도(測圖)는 분명히 목측(目測)으로 했다. 외업원(外業員)은 계곡의 입구에 있는 표고(標高) 200-300m의 구봉(丘峯)에 올라가 조감하면서 지형을 묘사했다. 입구부나 주요 도로의 위치 관계는 비교적 정확했지만, 골짜기의 구석진 곳은 제대로 나타나 있지 않았다.
>
> 또 정식의 수준 측량(水準測量)이 아니었고 약식(略式)의 표준점을 설정, 그것과의 비정(比定)으로 각 점(点)의 수치를 계산해 내는 방식을 활용, 표고를 정했다. 그것은 간단한 사각의(斜角儀)와 수평목측거리(水平目測距離)에 의한 산출에 불과했지만, 한 도면에 20점 전후의 표고가 표시된 상당히 면밀한 것이었다.

이렇게 해서 일본의 육지측량부는 무려 3백 장에 달하는 한국 지도를 만들었다. 5만분의 1 지도였다.

『군용비도(軍用秘圖)』에 관해 들어본 사람은 많지 않을 것이다. 이 지도는 지금 일본국립국회도서관 지도실에 보관되어 있다. 원도(原圖)와 원판은 이미 없어졌고 지금 남아 있는 것은 1911년에 아연판(?)으로 인쇄되었던 3백 장이다. 물론 원도의 제작연대는 지워버렸다. 그런데 딱 한 장에 그것이 남아 있다. 1898년, 일본 연호로 메이지 31년이라고 씌어 있는 것이다.

10여 년 전에 이 지도를 일본의 한 출판사가 책으로 출간했다. 확실히 이 지도는 조선 시대 말의 우리 나라 지명과 유적, 도로, 항구 등이 나타난 역사적 학술 자료로 귀중한 가치를 지니고 있다. 그 당시의 최신 군사지도가 1백 년의 세월이 지나고 나니 역사 자료가 되어버렸다. 그러나 필자는 이 지도의 존재를 확인하면서, 우리의 아픈 역사를 보는 것같아 가슴이 저려옴을 느꼈다.

『군용비도』를 제작한 일본 육군의 육지측량부는 얼마 후, 김정호의 『대동여지도(大東輿地圖)』를 보고 깜짝 놀랐다. 16만분의 1 지도가 40년 전에 이미 출판되어 있었기 때문이다. 그들은 그 지도의 정확함과 정밀함에 또 한번 놀랐다. 그리고 그것이 김정호(金正浩)라는 한 개인이 만든 지도라는 사실에 큰 충격을 받았다.

물론 『대동여지도』의 존재를 미리 알았다고 해서 일본 육군이 한국의 지형도를 만들지 않았을 리는 없다. 그러나 그것을 참고했더라면 지형 측량 작업이 훨씬 용이했을 것이고 지형도도 간단히 작성되었을 것이다. 육군 육지측량부가 최신 기술을 다 동원해 제작한 지도가 김정호 혼자 힘으로 만든 『대동여지도』보다 별로 나을 게 없었다. 5만분의 1이란 정밀성을 갖지 않았더라면 또 등고선을 측정하지 않았더라면 일본 육군의 극비 작업은 정말로 불필요한 출혈이었을지도 모른다.

50-60명의 잘 훈련된 전문인력이 200-300명의 보조원을 동원해 1년이나 걸린 작업을 단 한사람의 힘으로 해냈다는 사실은 정말 믿기 어려운 일이 아닐 수 없다. 단순 계산으로 따져보면 100년도 더 걸려야 하는 작업량인 것이다.

『대동여지도』의 지도학

이런 일을 혼자 해낸 김정호는 확실히 훌륭한 인물이었다. 초인간적인 능력을 갖지 않고서는 불가능한 일을 해냈기 때문이다. 그가 만든 『대동여지도』는 어떤 지도인가. 그것은 20×30cm 크기로 접은 22첩(帖)짜리 목판본 조선 지도다. 그 안쪽은 가로 80리, 세로 120리의 지역을 포함한다. 그래서 그 전체의 크기는 길이가 7m이고 너비가 3m다. 축척은 약 16만 대 1이다. 한반도를 동서로 끊어 22장의 긴 지도를 만든 다음 책으로 접어놓은 한국 전도가 『대동여지도』이다. 목판으로 조선 종이에 인쇄한 뒤 은은하게 채색을 하고 매첩마다 표지를 붙여 크게 한질로 만든 지도책이다.

책의 첫머리에 지도유설(地圖類說)이 있다. 간결하지만 이 지도책의 편찬 목적과 지도 작성의 원리를 서술한 중요한 부분이다. 여기서 김정호는 그의 지리와 지도에 대한 이론을 지리학 고문헌을 인용하면서 차근차근 전개해 나갔다. 그는 먼저 중국의 지도와 지지(地誌)의 기원을 언급하고 그것들이 가지는 중요성을 역사적으로 고찰했다. 그리고 정치, 경제, 국방 학문 연구의 모든 분야에서 지도와 지지의 필요성을 강조하고 자신의 지도 편찬 목적을 밝히고 있다.

그는 또 지도 제작에서 반드시 지켜야 할 원리를 중국의 지리학자 배수(裵秀, 224-271)의 6체(六體)를 인용하여 설명했다. 특히 지형이 정확히 측정되지 않으면 안 된다고 강조했다. 지도 제작의 원리로 내세운 여섯 가지 격식은 다음과 같다.

첫째, 분율(分率)을 잘 정해야 한다. 분율이란 지형의 넓고 둥근 도수를 나누는 것을 말한다. 둘째, 준망(準望)에도 유의해야 한다. 준망이란 이곳과 저곳의 형체(지형)를 바로 잡는 것이다. 셋째, 거리의 이수(里數)를 정하는 도리(道理)도 중요하게 취급해야 한다. 그리고 넷째, 고하(高下), 즉 지형의 높낮이 측정도 잘 해야 한다. 다섯째, 방사(方邪), 즉 모나고 비뚤어진 것의 측정도 정밀하게 이루어져야 한다. 여섯째, 우직(迂直)도 강조했다. 우직이란 곡선의 지형과 곧은 지형을 따로 측정하는 것을 가리킨다. 여기서 고하, 방사, 우직 세 가지는 모두 그 지형에 맞춰 도형(圖形)을 제작하는 것을 말한다. 쉽게 말해 평탄하고 험준한 것을 비교하고 멀고 가까운 것을 살펴서 그 형세를 모두 나타낼 수 있도록 측정하는 것을 원칙으로 한다.

김정호는 또 송(宋)나라의 지리서인 『한여지도(漢輿地圖)』, 『방여기요(方輿紀要)』 등에 나타난 지리 이론을 인용하기도 했다. 그는 국토의 크기와 그 위치, 산천과 자연의 형상, 호구의 수 등이 지도에 제대로 나타나 있어야 하고, 정확한 방위와 거리는 지도에서 불가분의 관계에 있음을 강조했다.

그는 또 나라를 지키고 바르게 다스리려면 지리와 지형을 정

『대동여지도』 목판. 국립박물관.

확히 파악하고 있어야 한다고 믿었다. 즉 자연자원과 주민의 생활풍속, 교통 등을 한눈에 알아볼 수 있는 지도가 만들어져야 한다고 생각했다. 실제로 그는 국토의 크기를 매우 정확하게 나타냈다. 한반도 해안선의 길이, 동북쪽 끝에서 동남쪽 끝 및 서남쪽 끝까지의 거리, 서북쪽 끝에서 서남쪽 끝까지의 거리, 국경선의 길이 등을 숫자로 명시했던 것이다. 그것은 현재의 실측값과 거의 비슷하다.

김정호의 지도 제작 이론은 중국의 역대 지리학 문헌에 나타난 이론을 완전히 소화, 자기식대로 전개한 것이다. 그리고 거기에는 한국인의 지도 제작 이론과 수법이 펼쳐져 있다. 산맥과 하천의 묘사에 관한 부분에서 한국인의 독특한 지형 묘사법을 계승했다고 말한 제작자 자신의 견해가 좋은 예다. 실제로 그가 그린 산맥은 한국의 풍수가(風水家)들이 그린 지형도인 묘도(墓圖)의 독특한 묘사법과 매우 비슷하다.

『대동여지도』와 한국의 모든 다른 옛지도의 뚜렷한 차이점은 방격도(方格圖)에 따른 제작법에 있다. 지도를 펴면 대동여지도란 제자와 함께 제작연대와 제작자의 호가 인쇄되어 있다. 이어서 방격도, 즉 10리 방안이 그려진 장이 나온다. 이 방안지는 가로 8간, 세로 12간으로 되어 있으므로 실제의 거리로는 가로 80리, 세로 120리를 그린 셈이다. 그 대각선은 14리라고 명기되어 있다.

조선 시대의 10리는 4.5km에 해당한다. 따라서 지도에 그려진 한 방격지의 크기가 포괄하는 지역은 36×54km가 된다. 여기서 꼭 언급하고 싶은 것이 있다. 조선 시대까지는 10리가 4.5km였다는 사실이다. 다시 말해 요즘 우리가 알고 있는 4km가 아니었다. 4km로 환산하는 것도 따지고 보면 일제의 잔재다. 일본에서는 메이지 유신 이후 1리를 4km로 환산해 사용했다. 그들이 한국을 식민지 통치하면서 10리를 4km로 쓰게 하면서 생긴 값이다. 그러므로 조선 시대의 문헌에 등장하는 거리를 미터 단위로 계산할 때는 10리=4.5km로 환산해야 한다.

『대동여지도』의 지도표(地圖標)는 특히 두드러진다. 이것은 지도의 범례(凡例)인데 그때까지 글자로 나타냈던 행정적, 군사적 지점과 시설 요소들을 기호로 도식화했다. 이것은 지도 제작의 커다란 발전으로 평가된다. 김정호는 지도의 중요한 요소들인 산맥, 하천, 도로, 해로와 더불어 14개항의 지도표를 만들었다. 그럼으로써 자신의 지도를 전통적 조선지도의 차원에서 한단계 올려 놓았다.

『대동여지도』 이전의 조선 지도들은 행정·군사상의 필요성 때문에 제작되었다. 따라서 주민지점(住民地点)의 도식이 기재량의 50−70%에 이르렀다. 이에 비해 『대동여지도』에는 지형 요소의 도식이 60% 이상을 차지하고 있다. 특히 하천과 도로 등의 기호가 10% 이상의 비율을 점하고 있다. 이러한 도면상 기재량의 발전은 『대동여지도』가 갖는 커다란 특징이다.

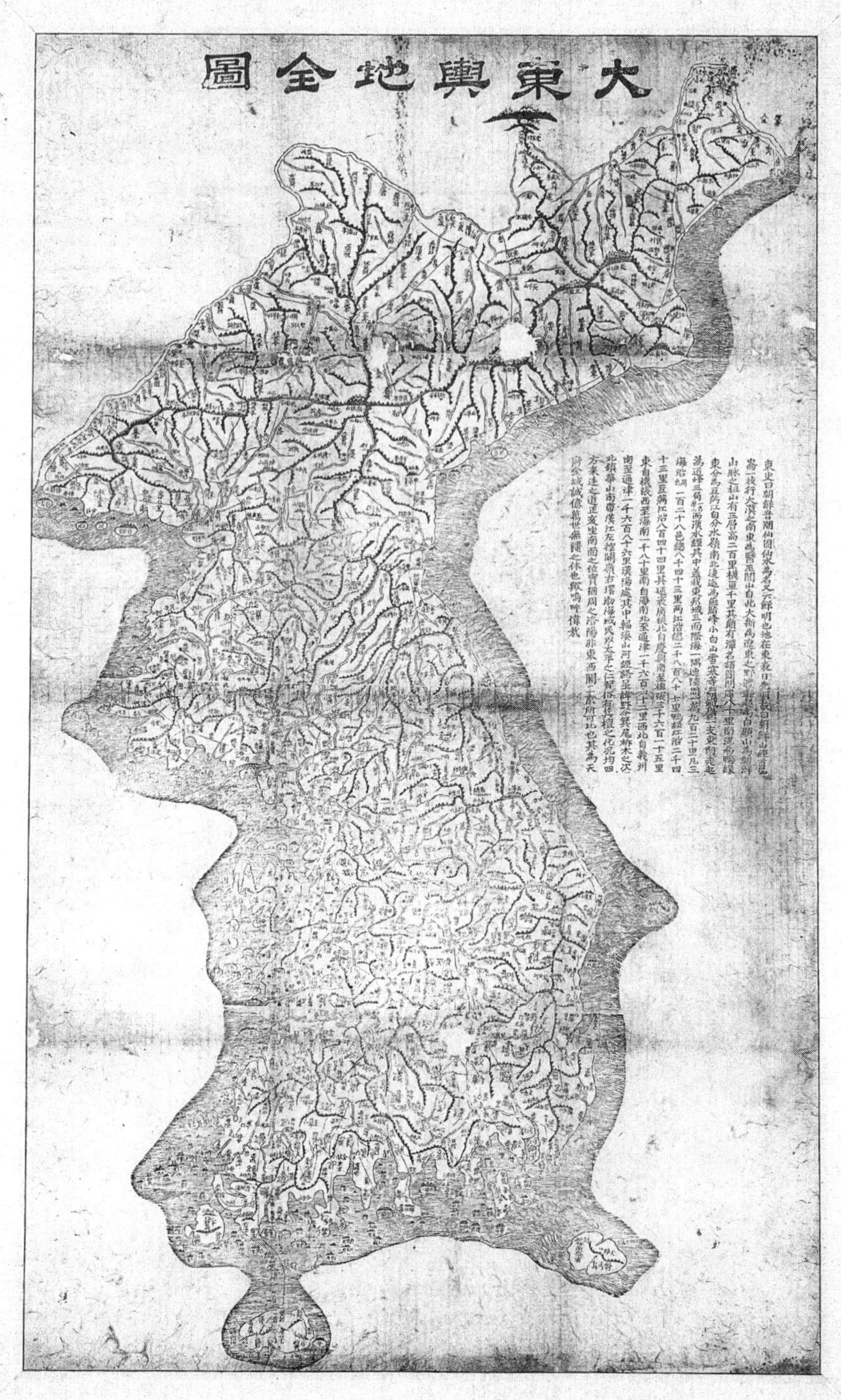

『대동여지전도』(1880년대). 목판본. 김정호 제작. 114.3×64.8cm. 성신여자대학교 박물관.

이 지도를 보면 금방 한눈에 들어오는 것이 있다. 묘사된 해안선과 지형의 정확성이다. 산은 산맥의 뻗음과 산들의 집결 그리고 독립된 산으로 구분, 매우 개성이 강한 새로운 지도 제작 기법을 활용하고 있음을 금세 느끼게 한다. 산맥의 묘사법에서도 그는 한국의 전통적 옛 지도의 두드러진 특징을 되살리고 있다. 또 명산(名山)과 지산(支山)을 산줄기의 큰 마디로 그려냈다. 이런 방법으로 특별히 높은 산, 나란히 놓인 산, 연달아 맥을 이룬 산, 서로 겹친 산 등 2,800개 이상의 산을 묘사했다. 그는 산줄기를 따라 단면으로 그린 것을 기호화하는 방법으로 산맥을 나타냈다. 도시와 마을 그리고 행정적 요소와 군사기지 등도 그 성격과 크기에 따라 기호를 달리하고 있다. 뿐만 아니라 글자의 크기도 차이를 두어 잘 드러나는 지도표를 만들었다. 이런 기발한 지도 제작 기법의 개발이 『대동여지도』에 1만 2천이나 되는 지명과 수많은 지리적 요소들을 일목요연하고 산뜻하게 나타낼 수 있게 한 것이다.

여기서 그가 도로의 거리를 기호화한 수법에 대해 조금 더 자세히 알아보자. 앞에서 이미 말했듯이 김정호는 그의 지도에 10리마다 눈금을 찍어 놓는 방법으로 도로의 거리를 나타냈다. 그러나 그는 그 거리를 평면상의 길이가 아닌, 지형에 따른 실제 노정(路程)으로 표시하고 있다. 그래서 평야인 경우에는 평균 2.5cm가 10리를 나타내고 있지만, 산령(山嶺) 사이에서는 1cm가 채 안 되는 곳에 10리의 눈금이 표시되어 있다.

『대동여지도』와 김정호 연구

1966년 11월 필자는 《중앙일보》의 칼럼에 〈김정호라는 사람〉이라는 글을 쓴 일이 있다. 너무나 유명한 그에 대해서 우리가 아는 것이 무엇인가를 말한 짧은 글이었다. 대학원 지도교수였던 원로 국사학자 유홍렬 교수의 칭찬을 받은 글이기도 하다. 그 글은 이렇다.

> 우리 나라의 과학자들 중에서 김정호만큼 알려진 인물도 그리 많지는 않다. 근세 조선의 지리학자로 『대동여지도』를 만든 사람이라는 것은 초등학교 학생들도 잘 알고 있다. 그러나 우리는 그가 어떤 사람인지 사실상 아무것도 모르고 있다. 그는 지금부터 불과 100년 전에 살던 사람이다.
>
> 사람들은 그가 황해도 출신이며 호는 고산자(古山子)이고 30년이나 걸려 『청구도(靑丘圖)』와 『대동여지도』를 만들었고 『대동지지(大東地誌)』를 펴냈다는 사실과 고종 때 『대동여지도』를 판각하여 대원군에게 바쳤다가 오히려 나라의 기밀을 누설했다 하여 잡혀 옥사했다는 이야기를 알고 있는 정도이다.
>
> 물론 어떤 사람은 그것으로 다 되지 않았느냐고 반문할지도 모른다. 그렇지만, 그렇게 유명한 지리학자이며 우리 나라 사람으로 가장 정밀한 지도를 독력으로 완성한 위대한 업적을 남긴 사람

에 대해서 우리가 아는 것이 고작해서 몇 줄밖에 안 된다면 좀 서운하지 않을까 나는 때때로 이렇게 생각해 본다. 김정호는 어떤 집안에서 언제 태어났을까? 어떤 교육을 받았을까? 왜 서울에 왔을까? 그는 정말 만리재에서 살았을까? 아내가 광주리장수를 했다는데 그렇게 가난하면서 어떻게 30년에 걸쳐 전국을 몇 번씩이나 답사를 할 수 있었을까? 그러한 신분에 있던 사람이 어떻게 최한기(崔漢綺)와 같은 명문의 학자와 절친한 친구가 될 수 있었을까? 또 어떻게 태연재(泰然齋)라는 당호(堂號)를 가질 수 있었을까? 대원군이 아무리 무식하고 무모한 위정자라 할지라도 그를 잡아 가두지는 않았을텐데…….

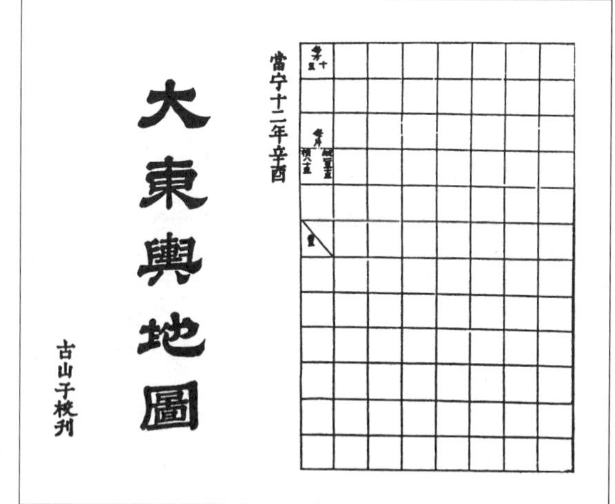

『대동여지도』 표지와 10리 방안.

나라의 기밀을 누설했다면 그가 만든 지도들은 왜 그대로 두었을까? 혹시 그는 천주교인이었기에 박해에서 순교한 것이 아닐까 그의 두 딸들은 어떻게 되었고, 그 후손이 하나도 없었을까 생각하면 한이 없다. 그러나 꼭 알고 싶다. 아무래도 그는 가난하기는 했지만 결코 평범한 가문에서 태어났을 것 같지는 않다. 혹시 서계(庶系)에서 태어난 것은 아닐까

지난번 부여에서 발견한 이민철의 행장기 같은 것이 있다면 얼마나 좋을까 그때 비로소 그 생애를 알게 되었으니 말이다. 이민철의 행장기에 의하면 그는 영의정의 아들이었지만 서계였기에 그토록 큰 업적을 남겼으면서도 큰 벼슬자리에 등용되지 않았고, 생년도 몰년도 공적 기록에는 적히지 못했다.

김정호도 그의 자손이 남아 있다면 또 그러한 기록을 가지고 있다면 이민철의 경우와 같이 우리 과학사에 얼마나 좋은 자료를 제공하게 될까. 그는 과연 족보에도 오르지 못한 사람이었을까 그의 생애를 알고 싶다. 그토록 불우하게 일생을 마친 대 과학자들이 우리에게는 너무도 많기 때문이다.

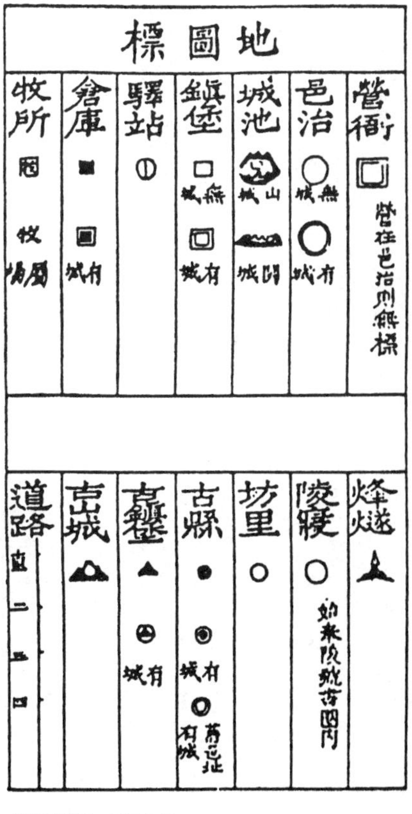

그로부터 20여 년, 김정호와 『대동여지도』의 학문적 연구는 크게 진전했다. 지리학자 원경렬 교수와 국사학자 이상태 박사의 연구는 특히 돋보이는 업적이었다. 그들은 『대동여지도』의 연구로 박사학위를 받았다. 양보경 교수와 배우성 교수의 우리 나라 지도, 지지 연구도 훌륭하다. 그리고 원로 지리학자 이찬 교수의 한국 지도학사 연구와 한국의 고지도를 집대성한 기념비적 저서의 출간이 있었다.

그러나 우리 나라에는 아직도 김정호의 지도를 비롯한 훌륭한 우리의 옛지도를 체계적으로 전시한 지도박물관이 없다. 세계적으로 자랑할 수 있는 아름다운 지도들을 많이 가지고 있으니 고산자를 기념하는 지도박물관 하나쯤은 있어야 할

『대동여지도』 지도유설.

때도 되었다. 1997년 여름에 토지개발공사가 문화관에 『대동여지도』를 원본 그대로 복제하여 하나의 전도로 전시한 것은 뜻있는 작은 출발이었다.

『대동여지도』는 과학으로서의 조선 지도학의 총 결산으로 커다란 업적이다. 그리고 김정호의 노력은 비길데 없이 훌륭한 조선 최대의 정밀지도를 만들어냈다. 그러나 김정호의 업적은 그 동안 조금 과장되거나 화려하게 묘사되기도 했다. 학문적인 연구를 앞질러 위대한 인물로서의 입지전적 픽션이 널리 퍼지고 있었다. 일제의 식민지 시대에 그는 민족의 지리학자로 우리의 자존심이었다.

김정호의 업적은 그래서, 그 훌륭한 『대동여지도』의 제작을 혼자 힘으로 해낸 것으로 흔히 인식되기도 했다. 필자가 30년 전에 썼듯이, 우리는 김정호에 대해서 너무도 아는 것이 없다. 그러나 분명한 것은 김정호는 세종 시대 이후 조선 지도학의 성과를 누구보다도 넓고 깊게 소화하고 있었다는 사실이다. 그가 어떻게 그러한 자료들에 접할 수 있었는지는 알려지지 않고 있다. 그러나 그의 『청구도』와 『대동지지』는 우리에게 그것을 말해 주고 있다.

『청구도』와 『대동지지』

『청구도』 범례 첫머리에 이런 글이 있다.

> 좌해(左海) 지방은 『삼국과 고려사』에 모두 지(志)가 있는데 지지(地志)는, 즉 지도의 근원이다. 고려 중엽에 유공식(柳公植)의 집에 간직한 지도가 있었고, 공민왕 때에는 나흥유(羅興儒)가 본국지도를 만들어서 왕에게 올렸다. 본조에 들어와서는 세조가 양성지(梁誠之)에게 명하여 지지 및 지도를 만들게 하였다. 그윽이 상고하건대 전후에 만들어진 지지가 반드시 저것을 들어서 이것을 밝히고 옛 것에 따라서 지금의 것을 고쳤음이 있었을 것이다.
>
> 오래도록 전하여 온 것은 오직 『여지승람』 책머리에 팔도도본(八道圖本)뿐이데 간략하고 수박하여 겨우 그 범위를 갖추었다. 정묘조(正廟朝)에서 모든 주군에 명하여 그 지방을 도형하여 올리게 하니, 이에 경위선표(經緯線表)가 있어 혹은 팔도로 분폭(分幅)하고 혹은 주현으로 나누어서 임의로 판단하여 만들었는데, 정철조(鄭喆祚), 황엽(黃燁), 윤영(尹鍈)의 것이 가장 드러났다. 대개 종이의 크기에 한정이 있어서 도본(道本) 전폭 안에는 방(坊), 면(面)과 분계선을 다 넣기 어려운, 즉 그 자세함을 다할 수가 없다.
>
> 주군의 각 본(本)은 그 지역은 넓고 좁고, 길고 짧은 것을 막론하고 반드시 한 판 안에 배포하자니 경위선에 있어서 자연히 성기고 빽빽한 구분이 생기고 그 경계를 살핌에 있어서는 표를 찾기 어려운즉 관규(管窺)의 폐단을 면치 못한다. 그러므로 이에 대폭의 전도를 가지고 층판(層版)으로

地圖類說

說者曰風后受圖九州始布此輿圖之始也山海有經爲篇十三此地志之始也周禮大司徒以下職方司書司險之官俱以地圖周知險阻辨正名物戰國時蘓秦甘茂之徒皆據圖而言天下險易蕭何入關先収圖籍鄧禹馬援亦以此事光武成功名儒者自鄭玄孔安國以下皆得見圖籍驗周漢山川盖圖以察其象書以昭其數左圖右書真學者事也

晉裵秀制地圖論畧曰圖書之設由來尚矣自古垂象立制而頼其用三代置其官史掌其職又曰制地圖之體有六一曰分率所以辨廣輪之度也周禮云東西爲廣南北爲輪 二曰凖望所以正彼此之體也三曰道里所以定所由之數也四曰高下五曰方邪六曰迂直此六者各因地而制形所以校夷險之故也有圖象而無分率則無以審遠近之差有分率而無凖望雖得以相通有道里而無高下方邪迂直之校則徑路之數必與遠近之實相違而失凖望之正故必以此六者參以考之然後遠近之實定於分率彼此之實定於道里度數之實定於高下方邪迂直之筭故雖有峻山巨海之隔絶域殊方之迥登降詭曲之因皆可得舉而正者凖望之法旣定與曲直遠近無所隱其形

宋呂祖謙漢輿地圖序曰輿地之有圖古也自成周大司徒掌天下土地之圖以周知廣輪之數而職方氏也圖後加詳焉迨漢滅秦蕭何先収其圖書始具知天下臨塞戶口多少之差然則尚矣

方輿紀要云正方位辨里道二者方輿之眉目也而或則畧之嘗謂言東則東南東北皆可謂之東審求之則方同而里道叅差里同而山川囬互圖繪可憑也而未可憑記載可信也而未可信惟神明其中者始能通其意耳若井方隅里道而去之與面墻何異乎

名山支山山之大端也其間有特峙者焉有並峙者焉連峙疊峙者焉經川支派水之大端也其間有滙流者焉有分流者焉幷流絶流者焉

方輿紀要云孫子有言不知山林險阻沮澤之形者不能行軍不用鄉導者不能得地利然不得吾書亦不可以用鄉導鄉導其可恃乎哉何也鄉導用之于臨時者也地利知之于平日者也平日未嘗于九州之形勢四方之險易一一辨其大綱識其條貫而欲取信于臨時之鄉導安在不爲敵所愚也故辨要害之處審緩急之機奇正斷于胷中死生變于掌上因地利之所在而爲權衡焉 且不獨行軍之一端也天子內撫萬國外莅四夷枝幹強弱之分邉腹重輕之勢不可以不知也宰相佐天子以經邦凡邉塞利病之處兵戎措置之宜皆不可以不知也百司庶府爲天子綜理民物則財賦之所出軍國之所資皆不可以不知也監司守令受天子民社之寄則彊域之盤錯山澤之藪慝與夫耕桑水泉之利民情風俗之理皆不可以[illegible]可以不知也世亂則由此而佐折衝鋤強暴時平則以此而經邦國理人民皆將於吾書有取焉耳

文獻備考云三海沿總一萬九百三十里 三海沿凢一百二十八邑總八千四百十三里 兩江沿總二千八百八十七里 以邊邑相距計之

東北起慶興南至機張三千六百十五里

東自機張西至海南一千八十里 巨濟南海不入

南自海南北至通津一千六百六十里 濟州珍島江華不入

西北自義州南至通津一千六百八十六里 喬桐不入

鴨綠江沿二千三十四里

豆滿江沿八百四十四里

『대동여지도』 지도유설.

국정(局定)하여 고기비늘처럼 줄지어 잇대어 책을 만들었으니 거의 두 가지 결점이 없게 되어 지지에 실린 바와 옛사람들이 만든 도본도 또한 이것을 가지고 상고할 수가 있다.

김정호의 이 글은 그가 어떤 지도들을 참고로 했고 그 지도들이 가지는 문제점은 무엇이며 그것을 어떻게 개량했는가 말하고 이어서 8항목에 걸쳐 그 구체적인 내용을 설명하였다. 그 내용을 종합해 보면 김정호의 지도들은 조선 전기의 정척, 양성지의 「동국지도」와 『동국여지승람』 그리고 정조 때의 정철조, 황엽, 윤영의 지도들에서 그 맥이 이어진다. 영조 때의 유명한 정상기의 「동국지도」에 대한 언급이 없는 것이 아쉽다. 혹시 정철조의 지도가 그것을 계승한 것인지도 모른다.

김정호는 평생을 정밀하고 완벽한 우리 나라 지도를 만드는 데 힘써서 『대동여지도』를 완성하고 『대동지지』를 편찬해서 지도책과 지리지의 두 가지를 다 만들어낸 것이다. 그는 그 뜻을 이미 『청구도』 범례 3항에서 시사하고 있다. 그런 점에서 『청구도』는 『대동여지도』와 『대동지지』를 와벽하게 엮어내는 결정적인 첫 단계라고 할 수 있다.

『대동지지』는 『대동여지도』의 재판을 찍어낸 1864년, 즉 같은 해에 완성되었다. 우연의 일치라고 보기에는 너무 꼭 맞아떨어진다. 아마도 평생의 결실을 같은 해에 맺어 지도와 지리지의 두 가지를 하나로 이어놓고 일을 해냈을 것으로 생각된다. 그래서 그 제호도 같이 『대동여지도』와 『대동지지』로 이어 놓았을 것이다.

결국 『대동지지』는 『청구도』에서 지리지적인 내용을 떼어내서 지도와 지리지로 분리하는 작업에서 이루어진 지리지이다. 김정호는 『청구도』를 낼 때 이미 그런 생각을 굳히고 있었다.

32권 15책으로 엮어진 이 지리지에는 그때까지의 여러 관찬(官撰) 지도에서는 볼 수 없는 많은 사실들이 담겨 있다. 특히 각 도별 지리지 이외에 끝부분인 25권부터 붙어 있는 정리고(程里考)와 방여총지(方輿總志)는 낙질되어 없어진 산수고(山水考), 변방고(邊防考)와 함께 매우 중요한 자료이다.

전국 각지의 거리를 담은 정리와 위도를 담은 극고(極高)는 그때까지의 정확한 측정치를 한데 묶어 밝혀주는 것으로 가장 믿을 만한 자료로 가치가 크다. 『청구도』와 『대동지지』는 『대동여지도』와 함께 조선 지리학의 결산이었다.

19세기 서울 지도

1991년 4월은 문화부가 정한 고산자 김정호의 달이었다. 조선 시대의 대표적인 지리학자였던 김정호. 초등학교 학생들도 다 아는 이름이다. 우리 나라 과학자들 중에서 그처럼 널리 알려진 인물도 그리 많지 않다. 이 뜻있는 달에, 필자는《과학동아》에 김정호의 이야기를 다시 한번 썼다. 25년 만의 글이다.《중앙일보》칼럼의 글과 비교해 보았으면 한다.

그는 조선 후기의 지리학자이며 최고의 지도 제작자로『대동여지도』를 만든 사람이다.『대동여지도』를 본 사람이건 못 본 사람이건 그 지도가 19세기에 만든 지도 중 가장 과학적이고 정밀한 지도이며 그것을 만든 사람이 위대한 김정호라고 배운 기억이 날 것이다.

사람들은 그가 황해도 출신이고 호는 고산자이고 30년이나 걸려『청구도』와『대동여지도』를 만들었고『대동지지』를 펴내었다는 사실을 잘 알고 있다. 또 실학자 최한기(崔漢綺)의 친구라는 것도 알고 있다. 그리고 고종 때『대동여지도』를 목판으로 찍어서 대원군에게 바쳤다가 오히려 나라의 기밀을 누설했다는 죄명으로 억울하게 잡혀 옥사했다는 이야기를 전설처럼 알고 있다. 이 대원군과 관련된 이야기를 포함, 그밖에 우리가 읽은 김정호와 관련된 대부분의 이야기는 거의 픽션이라 해도 좋다.

언제 태어났다가 언제 죽었는지도 모르는 사람. 최한기가 적어 놓은 몇 줄의 글과 그가 엮은 지리지와 지도로 우리를 감동시키고 존경받는 사람. 그는 과연 족보에도 이름이 오르지 못한 사람이었을까. 그의 생애를 알고 싶다. 그리하여 그 위대함을 기리고 그가 걸어간 고난의 길을 우리의 교훈이 되게 하고 싶다. 우리에겐 어렵게 살다간 과학자나 기술자가 너무도 많다. 공적(公的) 기록에는 오르지도 못한 사람들. 김정호도 그런 사람들 중 하나다.

〈친우 김정호는 소년 때부터 지지(地志)에 뜻을 두고 오랫동안 자료를 섭렵했다. 모든 방법의 장단을 자세히 살피고 한가한 때에는 매양 사색을 하여 간편한 집람식(輯覽式)을 발견했다.〉 1834년(순조 34) 김정호의 절친한 친구였던 최한기가 김정호의 『청구도』의 제서(題書)에 쓴 글이다.

또 유겸산(劉兼山)은 그의 『이향견문록(里鄕見聞錄)』에 이렇게 썼다. 〈김정호는 스스로 호를 고산자라 했는데 본래 기교한 재예가 있고 특히 지리학에 열중하여 널리 상고하고 또 널리 자료를 수집하여 일찍이 「지구도(地球圖)」를 만들었고 『대동여지도』를 손수 판각하고 인쇄해 세상에 펴냈다. 그 상세하고 정밀함이 고금에 견줄 데가 없다. 나도 그 중의 하나를 얻고 보니 참으로 보배가 되겠다.〉

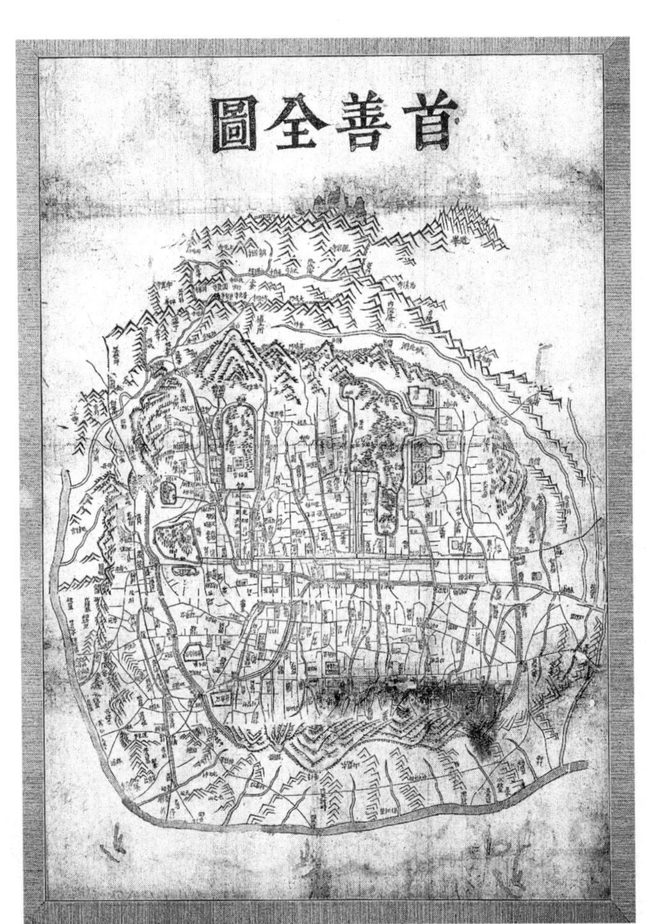

『수선전도』(19세기). 목판본. 김정호 제작. 성신여자대학교 박물관.

김정호에 대해 언급한 믿을 만한 기록은 이것이 전부다. 그가 전국을 여러 차례 답사하고 백두산을 수차례나 등반했다는 이야기는 가능한 일이긴 하지만 어디까지나 이야기다.

1861년(철종 12) 김정호는 『대동여지도』를 완성했다. 『청구도』를 완성한 지 27년 만이다. 그래서 사람들은 『대동여지도』를 30년 걸려 만든 지도라고들 한다. 그만큼 김정호는 평생을 완벽한 지도를 만들기 위해 노력했다. 그의 업적은 『대동여지도』에서 절정에 이르렀고, 그것은 지도 제작자로서의 그의 대표적 작품이다.

과연 그는 어디서 태어났을까. 그가 황해도 출신이라는 데는 별로 이견이 없다. 그러나 정확히 어떤 지방에서 태어났는지는 의견이 분분하다. 지금까지는 황해도 봉산설이 유력했으나 최근에는 토산 출신이라는 설이 그럴듯하게 제기되고 있다. 김정호가 쓴 최초의 지지(地志) 『동여도지(東輿圖志)』에 기록된 〈월성 김정호 도편(月城金正浩圖編)〉이 토산설의 증거다. 토산의 옛이름이 월성이라는 것이다. 또 김정호가 언제 나서 언제 세상을 떠났는가도 의문투성이다. 역사학자 이병도는 김정호가 순조, 헌종, 철종, 고종 4대에 걸쳐 생존했다고 한다. 실제로 그는 순조 때 『청구도』를 만들었고 철종 때 『대동여지도』를 제작했다. 또 고종 원년(元年)에는 『대동지지』를 썼다.

그가 황해도에서 서울로 옮겨온 시기는 불분명하지만 남대문 밖 만리재에 살았다는 얘기가 전해진다. 또 서대문 밖 공덕

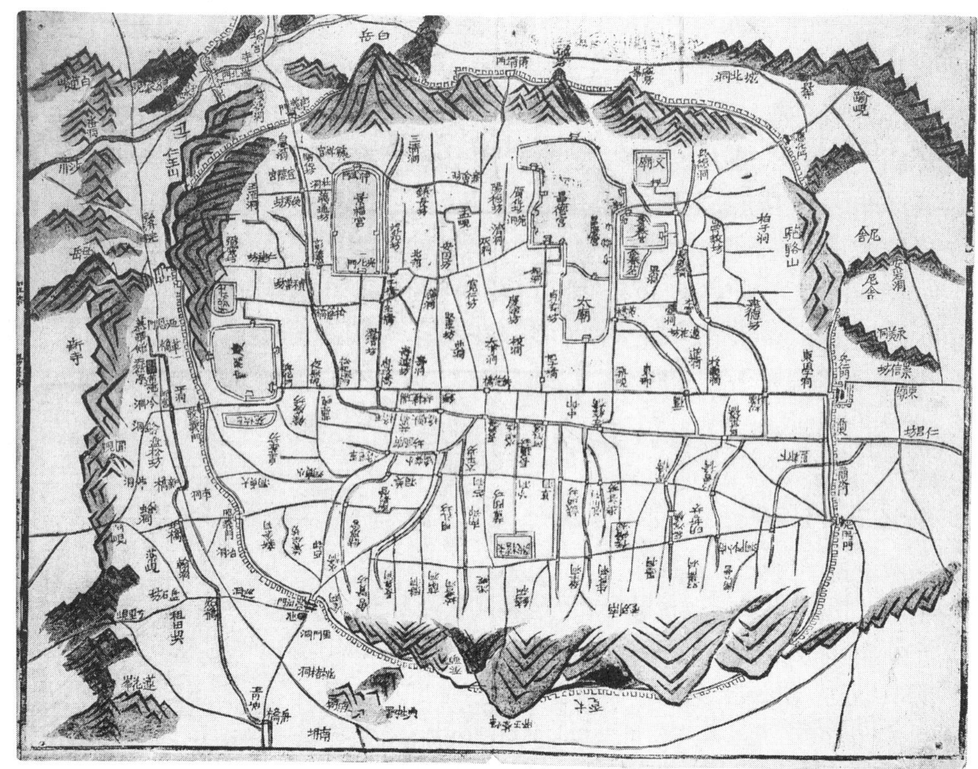

『대동여지도』의 서울 지도. 성신여자대학교 박물관.

리에서 살았다는 설도 있지만 가능성이 희박해 보인다. 가정형편이 넉넉지 않았던 그가 어떻게 많은 지리서들을 섭렵할 수 있었을까. 여기 대해서도 의견이 갈려 있다. 그가 읽은 책들이 자신의 소장본이 아니었던 것만은 분명해 보인다. 특히 『대동지지』에서 김정호가 인용한 65종의 사서는 아마도 그의 지기였던 최한기나 최성환에게서 빌려온 책들이었을 것이다.

사실 그의 신분을 엿보게 하는 자료도 거의 없는 형편이다. 단지 몇 가지 문헌을 통해 유추해 볼 도리밖에 없다. 김정호가 평민 출신이었음을 보여주는 자료는 『이향견문록』과 『대동방여도』 서문. 전자의 책은 하류층의 글을 싣고 있으므로 이 책에 수록되어 있다는 것 자체가 그의 신분을 엿보게 한다. 또 신헌의 『대동방여도』 서문에는 그를 김공(金公)이 아닌 김군(金君)으로 표기하고 있다. 신헌이 자기보다 나이가 많은 김정호를 김군이라고 부른 것을 보면 김정호의 신분이 대단치 않았음을 짐작할 수 있다. 게다가 김정호는 이렇다할 당호(堂號)도, 족보도 없었다.

그가 『대동여지도』를 제작하기 위해 백두산을 일곱 번이나 올랐다는 얘기는 너무도 유명하다. 물론 이 〈신화〉가 김정호의 성과를 한층 높여준 것만은 틀림없다. 그러나 이 일이 과연 가능했을까. 여기에 대한 의문도 여러 학자들에 의해 제기되고 있다.

김정호가 감옥에서 일생을 마쳤다는 설도 액면 그대로 믿기에는 미심쩍은 부분이 많다. 한편에서는 일제가 그들의 식민통치를 정당화하기 위해 조작한 것이라고 주장하고 있다.

이병도 교수는 김정호가 만든 지도나 지지 중 어느 것도 몰수당하거나 손상당하지 않았음을 증거로 옥사설을 부정했다.

우리는 김정호의 업적하면 먼저 3대 지지와 3대 지도를 떠올린다. 즉 『동여도지』 『여도비지(輿圖備志)』 『대동지지』 등 3대 지지와 『청구도』 『동여도(東輿圖)』 『대동여지도』 등 3대 지도를 그의 대표작으로 꼽는다.

『수선전도』를 만들다

그러나 이와는 약간 다른 흥미로운 지도도 제작했다.

『수선전도(首善全圖)』다. 『수선전도』는 1824년에서 1834년 사이에 김정호가 제작한 서울 지도로 근대 지도(近代地圖)에 가까운 실측 세밀지도다.

수선(首善)이란 서울을 뜻하며, 그것은 한서(漢書) 유림전(儒林傳)에 〈건수선 자경향시(建首善自京鄕始)〉라고 한 데서 유래된 말이다. 그러니까 『수선전도』란 수도(首都) 서울의 전도(全圖)라는 뜻이다.

이 지도는 크기 82.5×67.5cm의 목판본인데, 그 판목(版木)이 지금 고려대학교 박물관에 보존되어 있다. 『수선전도』는 북쪽 도봉(道峯)에서 남쪽 한강에 이르는 지역을 오늘의 종로거리가 가로지르는 것으로 서울을 그렸다. 또 종로를 남북으로 하여 지명을 새겨 놓고 있다. 그래서 서울거리를 북쪽은 북악(北岳)을 중심으로 보고 남쪽은 목멱산(木覓山), 즉 남산(南山)을 중심으로 해서 본 것처럼 그렸다. 종로를 직선으로 그은 선을 기준삼아 그 북쪽의 지명은 바로 새기고, 그 남쪽의 지명은 남산을 위로 하고 봐야 바로 보이도록 지명을 새겨 놓았다.

이 지도는 1820년대 초의 서울을 정확하게 그린 도성도(都城圖)로 도성의 주요 도로와 시설, 궁전, 종묘, 사직, 문묘, 학교, 교량, 산천, 성곽, 누정(樓亭), 봉수(逢燧), 역원(驛院), 명승(名勝) 등을 빠짐없이 나타냈다. 또 부(部), 방(坊), 동(洞)은 물론이고 성(城) 밖의 동리와 산, 절까지도 자세하게 표시하고 있다. 이 지도에는 460여 개의 지명이 나타나 있다.

『수선전도』의 제작자가 김정호라는 데 대해서는 별다른 이견이 없다. 그것은 『명세총고(名世叢考)』라는 책의 서적고(書籍考) 지리조(地理條)에 『수선전도』의 작자를 김백온(金伯

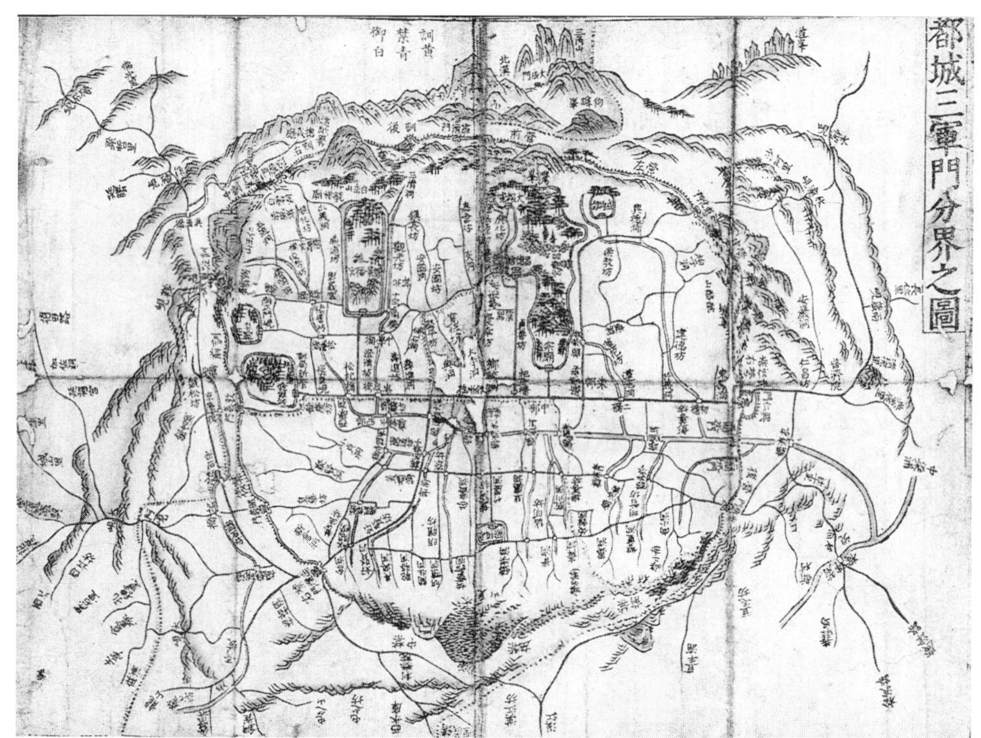

「도성삼군문분계지도」(18세기). 목판본. 32×40cm. 성신여자대학교 박물관. 행정과 군사 체계를 함께 볼 수 있는 특이한 한양 지도이다.

溫)이라고 지칭한 데 근거를 두고 있다. 그리고 국서음휘(國書音彙)라는 전적(典籍)에는 『대동방전도(大東方全圖)』 21장을 조선 철종 때 김백온이 만들었는데 이 지도를 세칭 『고산자지도』라고 했다고 적혀 있다. 또 이 책을 보면 「남북항성도(南北恒星圖)」와 「동서지구도(東西地球圖)」 등도 김백온의 지도임이 명기되어 있다. 이를 통해 김백온과 고산자가 같은 인물임을 알 수 있다.

그 제작연대는 비교적 면밀히 연구되어 있다. 김정배(金貞培) 교수에 따르면 1824년에서 1834년 사이에 이 지도가 편찬되었다고 한다. 그리고 그는 김정호가 『수선전도』의 제작자임을 고증했다. 또 제작연대의 상한을 그 지도 안에 경우궁(景祐宮)이 나타나 있음을 들어 그것이 창건된 순조 24년(1824)으로 잡았다. 또 그 하한을 제생동(濟生洞)이 계생동(桂生洞)으로 이름이 바뀐 순조 34년(1834)으로 본 것이다. 이찬 교수도 순조 25년(1825)경으로 보고 있어 대체로 비슷하다.

『수선전도』는 그 정확성과 정밀함에서, 그리고 그 크기에서 서울 도성의 지도 중 가장 훌륭하다. 지도 제작뿐 아니라 목판 제작 솜씨도 훌륭한 것으로 평가되고 있으므로 그 판목의 가치는 매우 크다.

조선 시대에는 많은 목판지도가 제작되었다. 『동국여지승람』의 「팔도총도」와 「각도지도(各道地圖)」를 비롯, 「천하총도(天下總圖)」가 들어 있는 지도첩과 팔도각도의 큰 판본(板本)들, 『여지전도(輿地全圖)』와 『해좌전도(海左全圖)』, 『대동여지전도(大東輿地全圖)』 등은 훌륭한 목판지도들이다.

이런 훌륭한 지도들을 모아 고산자 기념 지도박물관을 세우고 싶다.

윤도와 풍수지리

신라 말에 도선(道詵, 826-898)의 풍수지리설이 형성되었다. 풍수 또는 풍수지리, 때로는 음향풍수라고도 부르는 이 자연에 대한 생각의 하나는 중국에서 후한 말에 일어나서 삼국 시대에 우리 나라에 들어와 많은 영향을 미쳤다. 풍수(風水). 글자 그대로 바람과 물이다. 다시 말해서 자연이다. 그런데 국어사전에 의하면, 음양오행설에 기초하여 집, 무덤 같은 것의 방위, 지형 등의 좋고 나쁨이 사람의 화복(禍福)에 절대적 관계를 갖는다는 한 가지 학설이라고 되어 있다. 풍수에 대한 일반적인 생각은 이미 이렇게 굳어 있는 것이다. 그 풍수와 지리(地理), 즉 땅의 이치가 연결되어 하나의 복합명사인 풍수지리가 되고보니 이건 틀림없이 지구상에서의 자연에 대한 인간의 생각을 펴나간 것이라 할 수 있다. 이것이 이론으로 정돈되고 학문으로 자리잡기까지 오랜 세월이 흘렀다.

인간은 땅 위에 발을 딛고 살면서 거기서 일어나는 가지 가지 현상에 직면했다. 그 많은 것들이 너무나 신비로웠고 오묘했다. 그러나 사람들은 어느덧 땅 위에서 일어나는 현상의 규칙성을 발견하게 되었다. 그것이 차츰 대를 이어 나가면서 축적되었다. 자연학(自然學)의 형성이었다.

한반도에 살던 신석기인이나 청동기인의 주거지나 무덤을 보면 그들은 방위(方位)를 중요시해서 자리를 잡았다는 것을 쉽게 알 수 있다. 집자리나 무덤을 잡는 데 왜 방위를 꼭 생각했을까. 그들은 지구상에서 주어진 그들의 자연 속에서 살아야 했고, 죽었기 때문이었다. 그들은 자기들에게 주어진 자연을 무시해서 잠시라도 살 수 없음을 스스로의 삶을 통해서

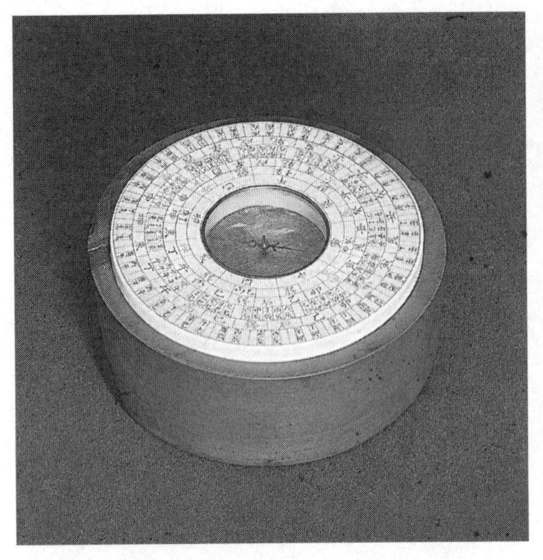

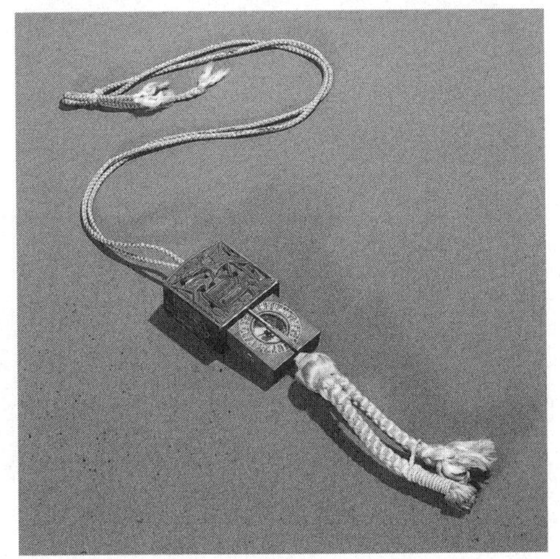

여러 가지 윤도들. 조선 시대. 개인 소장.

깨닫고 있었다. 살기 좋은 곳을 찾고 거기 정착하는 일은 그들에겐 가장 중요한 일이었다.

풍수지리는 여기서 출발한다. 그러니까 풍수지리는 학문으로서 중국에서 한반도에 들어오기 훨씬 이전부터 한국인에게도 존재했다. 그것이 풍수인지 지리인지 혹은 풍수지리인지 무엇이라고 불렀는지는 알 수 없지만 그러한 정리된 생각이 있었던 것은 틀림없다. 4세기경의 요동성의 그림에서 볼 때 요동성의 도시계획도 풍수지리의 생각이 들어 있었음을 알게 된다. 백제 사람들이 가서 자리잡아 이루어 놓은 일본 규슈의 다자이후[大宰府]의 터전도 그렇다.

이렇게 원래 풍수지리는 자연지리와도 같은 것이었다. 그러나 고대인에게 있어 그것이 실제로 쓰이는 과정에서 주술적인 민간신앙과 연결되는 일은 어쩔 수 없었을 것이다. 고대인에게는 오히려 극히 자연스러운 것으로 여겨졌을 것이다. 좋은 자연 환경은 이런 것이라 할 때, 반대로 좋지 않은 것은 저렇고, 그럴 때 좋지 않은 자연 환경에서는 이러저러한 좋지 않은 일이 생길 수 있다는 생각은 충분히 가능하기 때문이다.

결국 도선에게까지 이르렀을 때 풍수지리설은 산형(山形)과 지세(地勢)라는 자연적 · 지리적 조건을 인체의 조직이라는 인간의 육체적 조건과 교묘하게 대응시켜 나간 원시적 동양지리학의 한 형태가 되었다. 그것이 고려 왕조와 조선 왕조로 내려오는 동안 오늘날 우리가 말하는 이른바 미신적인 요소가 끼어들어 변형됨으로써 학문적으로 타락하고 만 것이다.

도선의 풍수설은 크게 두 줄기를 이루고 있다. 그 하나는 토지와 자연의 힘이 왕성하기도 하고 쇠퇴하기도 한다는 데 기본을 둔 것이다. 그러니까 지기(地氣)가 왕성할 때 그곳에 자리잡은 사람과 왕조는 흥하고, 반대로 쇠퇴할 때는 망한다는 것이다. 그런데 좋은 곳을 택했다 해도 그것은 변할 수 있고 사람과 왕조는 그에 따라 망할 수 있다는 것을 강조하고 있다. 다른 하나는 지리적 조건이 부족한 점을 인위적으로 보충하고 고칠 수 있다는 것을 기초로 하고 있다. 그러니까 지맥이 약한 곳이나 산형이 험흉한 곳은 흙을 북돋워 지맥을 보강하거나 바윗돌을 깎아냄으로써 힘있고 순하게 만들 수 있다.

풍수지리는 오늘날 많은 사람들이 생각하고 있는 것처럼 미신과 같은 이상한 것이 아니다. 풍수지리 그 자체는 자연에 대한 학문이며 자연지리와도 같은 것이어서 지형과 지세를 탐구하고 그 특징을 분류하고 체계화하는 자연학이었다. 그 지형과 지세의 묘사법은 한국의 지도 제작 수법에 의한 특징적인 유형을 이루는데 커다란 영향을 미쳤다.

윤도와 지남침

풍수지리에 통달해서 땅의 모양과 형세를 잘 보고 좋은 터(땅)와 좋지 않은 터(땅)를 가려내는 전문가를 조선 시대에 흔히 풍수가 또는 지관(地官)이라 불렀다. 그들은 터를 볼 때 지남침이 들어 있는 나침반 또는 지남반(指南盤)을 썼다. 조선 시대에 그것들을 통틀어 윤도(輪圖)라 했다. 지남침을 중심에 두고 그것을 둘러싼 여러 개의 동심원에 음양오행 및 방위와 관련된 글자들이 씌어 있는 원반 모양의 기기여서 그런 이름이 붙은 것 같다. 중국에선 오히려 나경(羅經)이라고 부르는 경우가 많았다.

지남침의 원리는 중국에서 이미 한나라 때에 실용되어 점을 치는 데 사용되었다. 그러니까 지남침은 초기부터 길흉을 점치는 일과 방위를 보는 일에 겹쳐 사용된 것이다. 4-5세기경에는 바늘을 자화(磁化)하여 자침을 만들어 회전할 수 있게 하면서 주로 방위를 측정하는 데 쓰는 기구로 발전하였다. 남쪽을 가리키는 기구라 해서 나침반, 지남반, 지남철이라 했고 그것을 차고 다니는 자철 또는 지남철이라 해서 패철이라고도 불렸다.

풍수설과 풍수지리가 퍼지면서 풍수가들이 터를 볼 때 방위를 결정하는 데 필수적인 기구로 지남침이 널리 쓰이게 되었다. 역(易)과 방위를 연결시켜 만들었다 해서 중국에서는 나경이라고 흔히 불렸는데, 조선에서는 윤도라는 용어가 더 많이 쓰였다.

풍수 지남반은 통일신라 말, 풍수지리 사상이 널리 퍼져나가면서 특히 발달했던 것 같다. 7세기 후반에 중국의 요청에 따라 신라에서 자석 2상자를 보냈다는 『삼국사기』의 기록은 그 무렵 신라에서 지남침을 만들어 썼으리라는 생각을 갖게 한다. 고려 초에는 풍수지리학과 연결되어 지상(地相)을 보는 풍수가나 지관들에게 가장 중요한 기구로 필수품이 되고 있었다. 그리고 조선 시대에는 서운관에서 많이 제작되었다. 『세종실록』의 『지리지』에는 경상도와 강원도의 특산 중에 자석이 포함되어 있어, 그 수요가 늘어나고 있었음을 알 수 있다.

『조선왕조실록』에는 이런 이야기가 전해지고 있다. 임진왜란이 끝난 다음 해인 1600년 6월에 왕비 박씨가 자식이 없이 죽었는데, 그 묘자리를 고르는 일로 조정이 떠들석했다. 좋은 땅(吉地)이 어디냐를 가지고 의견이 분분했던 것이다. 그러다가 중국에서 전문가를 초빙해 왔는데 그가 가지고 온 것이 나경이었다. 풍수가의 필수품이었으니까 그것으로 좋은 터를 잡으려 했을 것이다. 보고를 받은 선조가 그것이 무엇이냐고 물으니까 우리 나라의 윤도와 비슷한 것이라고 설명하고 있다.

이렇게 윤도 지남침은 풍수지리에서 터를 보는 데 중요한 기구로 쓰였다. 조선의 선비들이 부채 끝에 조그만 지남침을 매달아 썼던 것을 우리는 박물관에서 쉽게 볼 수 있다. 선추(扇錘)라고 부르던 간단하고 작은 지남철은 조선 시대 선비들의 멋진 실용적 필수품이었다. 아름다운 조각으로 장식한 선추는 조선의 독특한 휴대용 나침반으로 크게 발달했다. 가운데를 접었다 폈다 할 수 있게 한 작은 바늘은 간단한 해시계의 역할도 할 수 있게 만들어 나그네 길에서의 필수품으로 손색이 없었다.

한국 학자 예용해는 그의 유명한 저서 『인간문화재』(1963, 서울)에 우리 나라의 전통적 지남침 제작 기술자인 김정의가 전하는 제작법을 조사해서 이렇게 썼다.

먼저 오래된 대추나무를 둥글게 깎아 24방위를 표시한다. 정북은 자(子), 정남은 오(午), 동은 묘(卯), 서는 유(酉) 등이 그것이다. 또 이 밖에 필요에 따라 윤도의 층도 써넣는다. 다음에는 강철 조각을 바늘 모양으로 다듬어서 자석광 원석에 몇 시간 동안 붙여 놓았다가 그것을 지남철 반면 위에 놓으면 지오(指午, 정남을 가리킨다)를 하게 된다. 이 지남철 속을 대추나무 원반에 꽂아서 완성한다고 한다.

『영조실록』에는 1742년(영조 18) 11월에 청나라에서 가져온 오층윤도를 모조하게 했다는 기록이 있다. 또 1848년에 관상감에서 간행한 윤도 목판본도 전해지고 있다. 윤도를 보면, 중심의 지남침을 둘러싸고 24방위를 기본으로 하는 여러 개의 동심원에 음양오행, 팔괘, 십간십이지가 들어 있다. 방위의 이름은 팔괘와 십간십이지가 조합되어 이루어져 있다. 예를 들어, 십이지는 자(子)를 정북에 두고 시계 방향으로 30도 간격으로 12개를 차례로 배치하면 360도가 된다. 즉 정북을 자(子)로 해서 축(丑)은 N30˚E(30˚), 인(寅)은 N60˚E(60˚), 묘(卯)는 정동, 진(辰)은 S60˚E(120˚), 사(巳)는 S30˚E(150˚)……술(戌)은 N60˚W(300˚), 해(亥)는 N30˚W(330˚) 등이다.

남아 있는 윤도들을 보면, 가장 기본적으로 조합 구성되는 5층에서 7층 정도 것이다. 그래서 휴대용 윤도는 가장 간단한 것이 12방위나 24방위를 나타낸 1층짜리이고, 그 다음이 5-7층이다. 복잡한 것으로 24층의 것이 있는데 1848년 관상감 판본은 그 표준본으로 보인다. 이것을 18세기 말에 제작된 청나라 윤도와 비교해 보면 그 배치와 구성이 많이 다르다는 것을 알 수 있다.

조선 풍수지리학이 중국의 그것과 다른 학문적 계통으로 이어진 것이라는 실증적 유물로 생각해도 좋을 것 같다. 김정의 이후 끊어질 뻔한 우리의 전통적 윤도 제작 기술이 최근에 인간문화재로 지정된 윤도장 김종대에 의해서 계승되고 있는 것은 퍽 다행스러운 일이다.

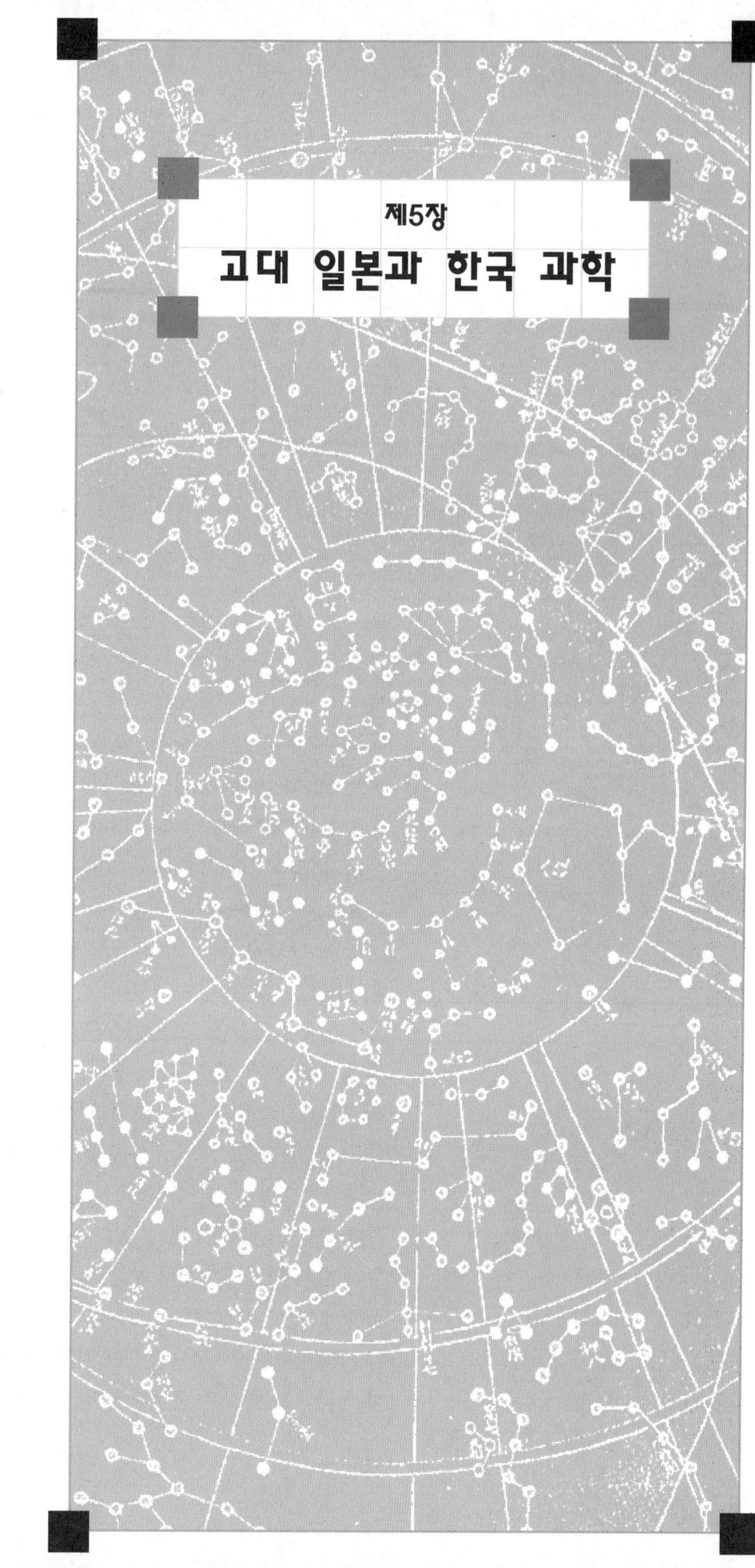

제5장

고대 일본과 한국 과학

고구려의 무덤 그림

고구려의 옛 서울이었던 통구(通溝) 일대의 평야와 평양 부근에는 많은 고분들이 남아 있다. 넓은 중국의 동북쪽 땅을 주름잡던 고구려 사람들의 기상이 응고된 채 땅속에서 영원한 터전으로나마 자리잡고 있는 곳이다.

여기 고구려의 고분에서 그들은 생전에 보고 그리던 세계에 대한 많은 생각을 벽화라는 그림으로 남겼다. 죽은 후의 또 하나의 세계를 상징적으로 만들어 놓은 것이다. 그런 그림들 중에 하늘에 대한 여러 가지 모습을 담은 것과 미래에 대한 그들의 생각, 그리고 현실과 영원을 잇는 한없이 큰 인간의 상상력과 희망을 나타내는 그림들은 과학과 기술, 그리고 세계관과 우주관을 담고 있어서 우리에게 고구려인들이 알고 있었던 것과 알고 싶어했던 것을 설득력 있게 보여 주고 있다. 회화사적(繪畵史的)으로 볼 때에 그 벽화들은 남북조(南北朝) 미술의 영향을 받은 것이라 한다. 고구려인들은 여기에 그들 나름의 특색이 있는 영조기술(營造技術)과 회화적 수법을 가미하여 독특한 고구려 고분을 만들었다.

기술적으로는 한(漢)대의 영향을 받아서 영조된 그 고분들은 정사각형 바탕으로 하는 구축법(構築法)을 많이 쓰고 있다. 하부는 넓고 위로 올라가면서 차차 좁게 석재(石材)를 쌓아 올려 마치 피라미드식의 무덤을 만든, 이른바 석총(石塚)은 고구려의 독특한 분묘로서 장군총(將軍塚)이 그 대표적인 것이다. 또 토총(土塚)의 실내 축조에서 특히 눈에 띄는 천장의 가구법(架構法)인 정사각형의 각 변의 이등분점을 연결하여 새로운 정방형을 만들면서 좁혀 올라가는 방법은 중국과 중앙 아시아 및 인도에 이르기까지 퍼져 있는 건축적 수법이다.

고구려의 무덤 그림(7세기). 수레바퀴의 신. 오회분 4호 무덤. 집안 지역. 천장 받침돌에 그려진 바퀴 만드는 신의 그림은 수레바퀴 제작 기술의 중요성을 상징적으로 표현한 귀중한 자료이다.

이 점에서 이 고구려 고분의 형식은 중국과 서역(西域)의 영향을 받은 것이다. 그런데 고구려인은 중국에서 벽돌로 실내를 조성(造成)한 것과는 달리 큰 석재를 써서 벽과 천장을 쌓아 올렸다. 이런 형식의 고분이 오늘날 중국 본토에서는 찾아 볼 수 없으나 옛 고구려 땅에는 많이 남아 있는 것을 보면 이 형식은 고구려인에 의하여 변형 발전된 것이라고 생각된다. 고분들은 그 묘실이 남쪽을 향하게 축조된 것이 많고 서향과 서남향의 것도 있다. 양지바른 곳에 집터를 잡고 살던 고구려 사람들의 생활을 나타내는 것이다.

또 고분의 규모는 묻힌 사람의 신분과 지위 그리고 재산 상태를 반영하고 있다. 크고 넓은 집에 살던 사람은 큰 무덤이나 보다 훌륭한 무덤에 묻힌 것이다. 죽은 후의 생활이 살아 있을 때의 생활의 연장이라고 생각한 그들의 소박한 신앙을 나타낸다. 그래서 그들은 무덤에다 그들의 생활과 그들의 생활 공간을 아름다운 채색으로 그리고 만들어 놓았다.

이것들이 생동감 넘치는 벽화로 남은 것이다. 그 벽화들은 생각나는 대로 적당히 그린 것이 아니다. 그려야 할 것을 그렸고 제자리에 있어야 할 그림을 배치했다. 문지기는 출입구에 그리고 하늘의 모습은 천장에 그렸다. 달, 그리고 여러 별들이 모두 제자리에 그려져 있다. 그러니까 해는 동쪽에 달은 서쪽에 있고 북두칠성은 북쪽에 있는 것이다. 사냥하는 그림은 서쪽 벽에 있고 부엌이나 방앗간, 고깃간 같은 식생활의 장면은 동쪽 벽에 그려져 있다. 무덤에는 또 그들의 신앙과 사상이 담겨 있다.

또 벽화에는 청룡과 백호, 현무와 주작이 그려져 있는데 이것들은 동서남북 네 방위에 따라 정확하게 배치되어 있다. 이것은 별자리와 해와 달의 위치와 함께 고구려 사람들이 방위를 정확하게 측정하고 있었음을 말해 주는 것이다. 고구려의 고분은 이런 의미에서 그 자체가 하나의 작은 세계를 나타내고 있다.

고구려인의 생활

1949년 황해도 안악군(安岳郡)의 한 마을에서 중요한 벽화고분이 발굴 조사되었다. 안악 제3호분 또는 동수묘(冬壽墓)라고 불리는 이 고분은 357년에 만들어진 것으로 밝혀졌다. 연대가 확실한 벽화고분으로는 한국에서 가장 오래된 것이다.

이 무덤에는 250명이 넘는 화려한 행렬이 그려져 있어 주목을 끌었지만, 그에 못지 않게 중요한 것은 동쪽 측실(側室)에 그려진 그림들이었다. 거기에는 4세기 전반에 살던 고구려 사람들의 생활 모습을 생생하게 보여주는 여러 장면들이 펼쳐져 있었기 때문이다.

무덤에 묻힌 사람의 위용을 드러내는 듯, 수많은 사람들이 둘러서 있는 모습은 정말 위풍당당하기만하다. 여기서 우리는 고구려 귀족의 위엄에 찬 인물을 컬러로 보게 된, 4세기때 사람의 모습이다. 그 옷 매무새와 표정이 살아 있는 듯하다. 무덤과 그 그림들은 생전에 있었던 장면들을 그대로 재현했다는 데서 더 생생하다. 그것은 고구려 귀족의 저택을 축소하여 옮겨놓은 듯해서 우리에게 더없는 친근감을 준다. 1600년이란 오랜 시간의 흐름이 그곳에 멈춰 있는 것이다.

외양간이 있고 차고가 있는가 하면 방앗간과 부엌이 있다. 그리고 우물도 있다. 이건 불과 50년 전의 우리 나라 상류가정의 생활상을 연상케 할 만큼 눈에 익은 모습이다. 민속촌에 가서 보는 것과 너무도 비슷하다. 그러니까 먼 옛날 고구려의 귀족들은 벌써 그런 생활을 해왔었다. 우물물을 푸는 두레박은 지레의 원리를 이용하여 한쪽 끝에다 추를 매달아서 힘을 덜어 주도록 장치했다. 4각형의 우물, 그러니까 옛 사람들이 우물 정(井)자라고 한 그대로이다. 그 옆에 물을 깃는 여인이 있고, 크고 작은 항아리와 물동이가 있는데 도무지 생소하지 않다. 이 시설은 우리 나라 기술사(技術史)에 지렛대의 원리를 이용한 기구들이 4세기 이전에 쓰이고 있었다는 확실한 증거를 제시해 주는 귀중한 자료이다.

비록 그 원리를 글로 써서 이론적으로 전개하지는 못했다 하더라도 이런 생활 모습을 담은 그림을 통해서 우리는 고구려 사람들의 과학과 기술이 지적 수준을 재구성할 수 있는 것이다. 그들은 그런 것들이 너무나 평범한 일상생활의 일부분이기 때문에 오히려 어떤 이론을 붙이는 것이 부자연스럽다고 여겼을지도 모를 일이다. 그러나 어떻든, 그 때문에 회전축에 지레의 원리를 이용한 장치를 보편적으로 쓰고 있었으니까 매우 중요한 역학적인 원리를 알고 있었다는 사실을 우리는 확인할 수 있다.

또 춤추는 사람들의 모습이 그려져 있다 해서 지어진 무덤인 무용총(舞踊塚)과, 무덤의 두방 중간 도로의 좌우에 8각형의 돌기둥이 한쌍 세워져 있어서 붙여진 무덤인 쌍영총(雙楹塚)에는 소가 끄는 수레 그림이 있는데, 이것은 우리에게 가장 완전한 옛 수레의 모습을 보여준다.

무용총의 것은 쌍영총의 것보다 수레바퀴가 얇고 둘레가 커서 그것이 쇠로 테를 씌운 차바퀴임을 말해 주고 있다. 아마도 이 두 무덤이 만들어진 6세기경에는 두 종류의 수레바퀴가 쓰이고 있었을지도 모른다. 소에 메운 멍에나 수레의 구조는 지금도 시골에서 어렵지 않게 볼 수 있는 소달구지[牛車]와 같은 것이다.

수년 전에 경주 지역의 관광도로공사를 하다가 불도저에 밀려나와 발견된 신라 시대의 아름다운 토기 수레도 이들 무덤의 그림에서 보는 것과 너무도 같아서 우리를 놀라게 했지만, 눈으로 보는 옛 생활의 모습은 우리가 생각하는 것보다 훨씬 훌륭한 면이 많다.

이래서 남아 있는 여러 가지 단편적 자료를 가지고서라도 고구려와 백제, 신라 사람들의 생활 과학을 재구성해 보는 일은 오늘을 살고 있는 한국인의 생활을 생각하게 하는 데서 의의가 있을 것이다.

연단술(煉丹術)과 연금술

우리가 흔히 우현리 대묘(遇賢里大墓)라고 부르는 고구려의 고분에는 하늘을 나는 선녀의 모습이 그려져 있다. 사실 이 고분은 거기 그려진 화려하고 숙달된 색채와 아름다운 선을 구사한 선녀의 그림으로 특히 유명하다. 1300년이 지난 오늘에도 오히려 아름답기만한 이 그림의 장려한 색채는 수은과 납 등의 금속 화합물로 된 광물성 안료로 그려진 것으로 그 제조 기술은 고구려의 연금술과 실용적 화학 기술의 우수함을 보여주는 한 보기가 된다. 또 선녀가 왼손에 약그릇을 들고 오른손으로 불로장생(不老長生) 영지(靈芝)를 채취하는 모습은 연단술적 신선사상(神仙思想)을 상징하는 것이다.

부엌 그림(위)과 우물 그림. 안악 3호분과 약수리 벽화 무덤. 부엌 생활과 조리 시설 그릇들을 잘 보여주는 귀중한 자료이다. 또 우물 그림은 물을 긷는 데 힘을 덜 들이기 위한 지렛대 장치와 그릇들이 우리의 눈길을 끈다.

기원전 4세기경 중국의 산동성(山東省)과 하북성(河北省)의 해안 지대에는 신선술(神仙術)이라는 색다른 기술을 연구하는 사람들이 있었다. 중국 사람들은 이들을 방사(方士)라고 불렀는데, 방사란 처방(處方)과 기술을 가진 선비라는 말이다. 그들은 늙지 않고 죽지 않는 기술, 즉 불로장생이라는 기막힌 기술을 가지고 있다는 것이다. 방사들은 불로장생을 하는 첩경은 죽지 않는 약, 즉 선약(仙藥)을 먹어야 한다고 믿고 있었다. 그래서 방사들은 선약의 중심이 되는 단(丹), 즉 수은 화합물을 만드는 기술인 연단술 연구에 몰두하였다.

방사들은 또 바다 건너 동쪽에는 신선들이 살고 있는 봉래(蓬萊), 방장(方丈), 영주(瀛州)의 세 성산(聖山)이 있는데 신선들은 불로불사의 선약을 가지고 있어서 그것을 먹고 오래도록 늙지도 않고 나는 듯 가벼운 몸으로 천리길도 단숨에 갈 수 있다고 믿고 있었다. 많은 사람들이 그 산을 찾아서 바다 건너 동쪽으로 떠났지만 아무도 돌아오는 사람은 없었다. 모두 신선이 되어서 그곳에서 오래도록 살았기 때문일까?

연단술은 이렇게 신비롭고 마술적이면서도 화학적인 기술이라는 점에서 이슬람 세계와 중세 유럽의 연금술과 매우 비슷한 성격을 가지고 있었다. 서방의 연금술은 기원전 2-3세기경에 이집트에서 시작되어 처음에는 납과 같이 값싼 금속으로 황금처럼 값진 금속을 만들려는 것이었지만 점점 황금 그 자체를 만들려는 꿈으로 발전하여 마침내 마술적인 방향으로 끌려가게 되었다.

이렇게 서방의 연금술과 중국의 연단술은 그 기술의 성격은 매우 비슷하지만 그 일에 몰두하던 사람들이 추구하던 것은 아주 다른 것이었다. 서방의 연금술자들은 황금과 부(富)를 바랐지만 중국의 방사들은 불로장생이라는 더 큰 욕망을 실현하는 데 그 주안이 있었다. 그래서 중국에 있어서의 약물학이나 화학적인 지식은 신선사상과 융합되면서 발전해 나갔다.

또 방사들이 추구했던 불로장생하는 약에는 단약(丹藥), 즉 수은이나 금을 주제로 광물성인 것 외에 식물성 약재가 있었다. 그것은 사람이 손을 대서 화학적으로 처리했거나 조제한 것이 아니고 산야(山野)에서 저절로 나서 성장하여 자연 그대로 존재하는 것이다. 이러한 선약은 아무데서나 볼 수 있는 것이 아니다. 그것은 선경(仙境)에서 자란다는 것이다. 방사들은 선경을 찾아 헤매었다. 그들이 믿은 선경은 위에서 말한 봉래산, 방장산, 영주산의 세 성산에 있었다. 방사들은 이 산들이 요동 반도나 그 동쪽의 어느 지역에 있다고 믿었다. 또 전하는 바로는 그것은 발해에 있는 산이라고 한다.

그런데 요동 반도나 그 동쪽, 그리고 발해 땅은 모두 옛 고구려의 영토이며 고구려인의 활동 무대였다. 그렇다면 신선술과 그와 관련된 선경은 고구려와도 그 어떤 관련이 있을 것 같다.

물론 이러한 생각은 믿기 어려운 전설에 근거를 둔 추론이기 때문에 가설로서도 불완전한 것일 수 있다. 그러나 그것은 누구라도 한번쯤 시도해 볼 만할 매력 있는 추론임에는 틀림없다. 왜냐하면 그 속에는 우리의 눈을 끄는 사실(史實)이 점철되어 있기 때문이다.

디딜방아(위 왼쪽)와 고깃간과 차고, 창고 그림. 안악 3호분 약수리 벽화 무덤. 마전구 제1호분. 1950년대의 우리 농촌 상류층 집안의 시설을 연상케 하는 좋은 시설이 비슷하다.

고구려인의 연단술

고구려의 연단술은 일찍부터 중국에 잘 알려져 있었다. 중국의 연단술과 융합된 약물학적 지식을 담은 대표적인 본초학서(本草學書)의 하나인 도홍경(陶弘經)의 『신농본초경(神農本草經)』에는 11종의 고구려산 의약재가 소개되어 있다. 그 중에서 특히 인삼과 금설(金屑)은 연단술과 관련되어 주목할 만하다. 도홍경은 그의 저서에서 인삼의 효능을 백제산과 고(구)려산을 비교하여 설명하였는데 고(구)려는, 즉 요동이라고 했다. 그는 또 금설은 유독

소 외양간과 마구간 그림. 안악 3호분(위) 약수리 벽화 고분. 생동감이 넘치는 친근감 있는 그림으로 고구려 귀족 집안의 단면을 보여준다.

(有毒)하여 정련되지 않은 것을 먹으면 죽지만 고구려의 금은 잘 정련되어 먹을 수 있다고 했다.

인삼과 금설에 대한 『신농본초경』의 이 기록은 6세기 이전의 고구려 연단술의 한 측면을 보여주는 중요한 자료이다. 인삼은 한국인이 개발한 불로장생의 선약으로 중국의 본초서(本草書)에서 높이 평가되고 있었다. 그것은 식물을 주로 쓰는 연단술의 계통에서 신비적인 효능을 가진 것으로 여겨지고 있다.

이런 전설이 있다. 옛날에 어떤 사람이 열심히 신선술을 배워 불로장생의 기술을 터득하려고 애쓰고 있었다. 어느 날 한 신선이 나타나서 그를 아름다운 선경으로 안내하였다. 그리고 신선은 그 사람에게 선경에서 주는 음식을 먹으면 신선이 될 것이라고 했다. 이윽고 기뻐서 어쩔줄 모르는 그에게 큰 접시에 담은 음식이 나왔다. 그런데 그것은 갓난아기를 통째로 찐 것이었다. 기겁을 한 그 사람은 사양했다. 곧 또 다른 음식이 나왔다. 그것도 갓난아기를 삶은 것이었다. 사나이는 더욱 기분이 나빠져 음식에 손을 대지 않았다. 그것을 지켜보던 신선이 섭섭한 얼굴로 이렇게 말했다. 〈당신은 왜 하나도 먹지를 않소? 선경의 음식을 안먹었으니 신선이 되기는 틀렸구려〉 하고 음식을 치우는데 사나이는 깜짝 놀라 접시에 담은 음식을 다시 살펴보았다. 갓난아기를 삶은 것만 같았던 그 음식은 천년 묵은 사간(射干, 약초 뿌리의 일종)과 인삼이었다. 꼭 사람의 모습 그대로였다.

송대(宋代)의 『가우본초(嘉祐本草)』에는 당나라 초기에 쓴 것이라고 전하는 약성론(藥性論)을 인용하여 인삼은 상당군(上黨郡)에서 나는데 인형 같은 것이 제일 좋고, 그 다음이 동해 신라국에서 나는 것이고 또 발해에서도 난다고 했다. 인삼은 이렇게 통일신라 시대에는 신라 인삼으로 『삼국사기』에도 당나라에 보낸 한국 특산품으로 기록되고 있다.

인삼과 함께 중국의 연금술자들에게 잘 알려진 고구려의 금설도 선약에서 매우 중요한 위치를 차지한 것이었다. 금설이란 금가루로서 광물성 선약이다. 갈홍(葛洪)의 유명한 저서인 『포박자(抱朴子)』 금단(金丹)조에는 〈나는 장생법(長生法)의 책들을 연구하여 불사의 책을 모았다. 지금까지 읽은 것은 수천 편 수천 권에 이르는데 그것들은 모두 환단(還丹)과 금액(金液)의 두 가지를 골자로 하고 있다〉고 했고, 선약편에서는 〈선약에서 최상의 것은 단사(丹砂)이고 다음이 황금, 그리고 백은……〉이라고 했다. 환단이란 수은을 중심으로 한 단약(丹藥)들을 말하는 것이며 금액은 항상 불변의 성질을 가진 금을 직접 복용하여 인간의 몸을 불변의 성질로 바꿔버림으로써 선인이 되려는 시도에서 만든 것이었다.

이제 우리는 옛 중국의 연단술자들이 믿었던 동방의 선경과 선약에 대한 막연하나마 그 어떤 가설을 세워볼 수 있을 것 같다. 그 선경은 고구려의 어느 곳에 있었고 그 선약은 인삼과 금설이었을 것이라고.

인삼의 약물학적 지식과 고구려인의 연단술은 아마도 중국에 전해져서 영향을 미친 한국인의 첫 과학적 업적이었을 것이다.

안압지와 쇼소인

경주에는 많은 신라의 유적들이 있다. 사원(寺院)들과 탑, 거대한 고분군, 여러 가지 석조물과 집터들, 그리고 불상들.

이 모든 것들이 천년이 넘는 역사의 흐름 속에서 제자리에 간직된 채 오늘에 이른 것을 볼 때마다 우리는 퍽 다행스러움을 느끼게 된다. 여러 차례의 처절했던 전란에서 우리 나라가 많은 것을 잃었기 때문이다.

특히 경주의 유적들 중에서 그곳을 찾는 사람이면 누구나 한번쯤 그 아름다운 경관에 발길을 멈추게 되는 곳이 있다. 그것은 바로 안압지(雁鴨池)다. 그저 아름답다고만 표현하기엔 너무 부족하리만치 훌륭한 연못이다. 서울의 창덕궁 안에 있는 비원과 더불어 한국의 궁궐 정원을 대표하는 것이다. 신라가 망한 뒤 그 찬란했던 궁궐은 간 곳이 없고 안압지는 몇 차례의 전란을 겪는 동안에 폐허가 되고 말았다. 그 이름은 조선 초기에 쓸쓸하게 옛 모습을 간직하고 남아 있는 못 위에 기러기와 오리[雁鴨]만이 날아들고 있어 옛 신라를 기리며 이곳을 찾는 사람들이 붙인 이름 같다고 한다.

그것이 1975년에 발굴 조사되었다. 거의 2년이 걸려 연못의 옛모습이 비교적 뚜렷하게 드러났다. 못의 둘레에 쌓은 석축도 원상에 가깝게 잘 보존되어 있었다. 석축은 서쪽과 남쪽 기슭은 직선으로, 북쪽과 동쪽은 구부러지게 쌓여 있었다. 그리고 연못 안에는 크고 작은 3개의 섬이 있다는 것도 확인되었는데, 그 둘레에도 석축이 쌓여 있었다. 남쪽 기슭 끝에서는 물이 들어오는 수구(水口)가 발견되었다. 물은 너비와 높이가 40cm 가량의 화강석으로 된 수로를 통해서 흘러들어와 2개의 큰 석조(石槽)를 거쳐서 연못으로 폭포처럼 떨어지도록 되어 있었다. 또 물이 나가는 수구는 북쪽 기슭 중간쯤에 있었는데 거기에는 마개가 있어서 연못의 수위(水位)를 조절할 수 있게 되어 있고 목관(木管)을 통해서 흘러나간 물이 하수도로 빠지도록 연결되어 있었다.

이 안압지의 수리 시설은 왕궁 안에 만들어진 연못이어서 간단하기는 하지만, 그것이 674년(문무왕 14)에 팠다는 『삼국사기』의 기록이 있으니까, 7세기경의 저수지 시설의 한 모습을 찾아볼 수 있다는 데서 중요하다. 김제의 벽골제나 제천의 의림지(義林池) 등의 커다란 인공호수의 수리 시설의 기술을 일부나마 엿볼 수 있는 것 같다. 문화재관리국은 처음에 이러한 안압지의 옛 모습을 찾아내려고 준설 작업을 시작했다.

그런데 파다 보니까 그게 아니었다. 서쪽 기슭의 건물터들 밑에서 유물들이 쏟아져나온 것이다. 거기서 1만 5천 점이나 되는 유물을 찾아냈다. 그 가짓수도 많았으며 특이했다. 그 내용을 보자.

기와 전돌 종류 5,798점, 금속 종류 843점, 동물의 뼈 434점, 그릇 종류 1,748점, 목간(木簡) 종류 86점, 석제(石製) 종류 62점, 목재(木材) 종류 1,132점, 철기류(鐵器類) 694점, 기타 4,226점. 이밖에 기와와 그릇 파편 1만 8천여 점이 수습되었다.

이것은 정말 큰 수확이었다. 지금까지 이런 특이한 경우가 없었기 때문이다. 안압지는 그야말로 통일신라 시대 유물의 보고(寶庫)였다. 여러 차례의 전란으로 지상의 많은 유물들이 유실되는 동안에 안압지는 1300년이란 세월 동안 신라 시대의 물건들을 그 속에 고스란히 간직해 온 것이다. 여기서 우리는 신라의 고분에서는 볼 수 없었던 많은 것들을 보게 된다. 그것은 무엇보다도 그 대부분이 일상 생활에서 늘 쓰이던 손때묻은 물건들이라는 데 있다.

금도금청동초심지가위(8~9세기). 안압지. 길이 25.5cm. 경주박물관. 이와 똑같은 초심지가위가 쇼소인에 보존되어 있다.

일본 쇼소인에서 볼 때마다 부럽기만 하던 우리 나라 고대의 생활용품을 안압지가 그 수난의 긴 역사 속에서 아무도 손대지 못하도록 땅속의 창고가 되어 준 것이다. 안압지 유물은 1980년에 있었던 국립중앙박물관의 특별 전시회에서도 소개되었듯이 통일신라문화 연구를 위한 자료의 총본산임은 말할 것도 없고 우리 문화유산의 보고인 것이다.

안압지의 유물들

안압지 유물은 우리 나라 고대 과학 기술과 생활 과학 연구에서도 정말 귀중한 자료이다. 그것들이 일상 생활용품이라는 데서 더욱 그렇다. 왜냐하면, 우리가 지금까지 가지고 있는 삼국 및 통일신라의 과학 기술 및 생활 과학 유물 자료는 그 대부분이 고분에서 출토된 것들이다. 다시 말해서 부장품인 것이다. 무덤에 묻는 부장품은 의식(儀式)으로서의 의도에서 넣어지고 또 무덤 주인과 관련이 있는 물건들이 들어가게 마련이다. 그러나 안압지 유물에서는 다만 궁중에서 쓰던 물건이라는 제한이 있을 뿐 의도적인 것이 없다. 늘 쓰던 것들이 어쩌다 순간적으로 연못에 빠지거나 건물이 무너질 때 그대로 묻힌 것들이다.

그래서 안압지 유물은 살아 있는 듯하고, 쓰던 사람의 체취가 그대로 묻어나는 듯하다. 이 살아 있는 자료, 숨쉬는 자료라는 데서 그 유물들의 높은 자료로서의 가치가 있다. 그 유물들은 완벽하지 않아서 좋고 너무도 섬세하게 만들려 하지 않았던 옛사람들의 일상 용품의 제작 수법이 남아 있어서 좋다. 그러나 그러면서도 안압지 유물은 그 어느 하나도 허술한 것이 없다. 역시 궁중에서 썼던 물건들이어서 그럴 것이다. 이것이 과학 기술사를 연구하는 우리에게는 오히려 아쉽다.

우리는 고대 서민들의 생활 과학의 면모를 잘 알지 못하고 있다. 지금까지 우리가 알고 있는 찬란한 유물들은 사실은 귀족적인 것들이 대부분이다. 그러나 우리는 그 수준에서 미루어 일반 대중들의 생활용품을 짐작할 수 있다.

안압지의 유물들은 이래서 그 한정된 종류와 수준인데도 가치를 더하게 되는 것이다. 먼저 토기를 보자. 지금까지도 우리는 그 많은 신라 토기들이 정말 일상 생활에서 쓰인 것인지 아니면 무덤에 함께 묻기 위해서 만들어진 것인지에 대해서 명확한 해답을 얻지 못하고 있는 게 사실이다. 안압지에서 나온 200여 종의 토기들은 그것들이 실제로 쓰였던 것임을 생각할 때 우리에게 중요한 사실을 가르쳐주고 있다.

우리가 지금까지 알고 있는 삼국 및 통일신라 시대의 토기들은 역시 많은 것들이 일상 생활에서 쓰던 그릇이다. 제기용(祭祀用)이나 의식용도 많지만, 그것들은 이 유물들을 보면 더욱 뚜렷하게 그 특징이 드러난다. 안압지에서 나온 토기 접시와 토기 바리는 정말 멋있다. 그 투박한 듯하면서도 세련된 그릇 모양은 우리의 마음을 사로잡는다. 접시는 조선 시대 지방 가마에서 구운 사기 접시 같고, 토기 바리는 지금 우리가 쓰고 있는 국그릇이나 밥그릇과 다를 것이 없다.

그런데 이 토기들은 구워낸 온도가 매우 낮아서 우리가 흔히 알고 있는 신라토기처럼 거의 사기 그릇과도 같은 단단함이 없는 질그릇에 가까운 것들이다. 이것들은 가정에서 흔히 쓰는 그릇으로서 대량으로 생산해낸 것들이다. 그래서 최고급으로 구워낸 토기들과는 다르

쇼소인의 놋그릇들. 이와 똑같은 놋그릇들이 안압지에서도 출토되었다.

다. 대량 생산하기 위해서는 그릇을 겹쳐 놓고 구워야 하니까 그릇들이 서로 엉겨붙지 않게 하려면 그 당시의 기술로서는 그 정도로 만들 수밖에 없었을 것이다.

접시들은 크기가 지름 10cm에서 18cm 정도이고, 바리들은 높이가 4-5cm, 지름이 10-20cm 정도의 것들이며, 그밖에 항아리나 병들도 우리에게 전혀 생소하지 않을 정도로 일상생활 기구로서 조금도 어설프지 않다. 풍로를 보면 더 그런 생각이 든다. 풍로는 해방 전까지 우리가 쓰던 것 그대로다. 나무나 숯을 때는 아궁이와 남비나 솥을 올려놓는 자리나 무엇하나 다를 바 없으며, 다만 밑이 없어 땅위에 올려 놓고 쓰게 되어 있는 점이 아직 덜 기능화되어 있다고나 할까.

이걸 보면 신라 사람들의 부엌의 부뚜막을 그려볼 수 있다. 한마디로 그것은 장작을 땔깜으로 쓰던 시절 우리의 부뚜막 그대로다. 고구려의 유적에서 나온 부뚜막 모양 토기나 중국의 것과도 비슷하면서 다르다. 그 모양이 부드러운 곡선을 이루고 있어 시각적으로 멋있는 디자인이다.

토기 장군도 그렇다. 어쩌면 조선 시대의 것과 이렇게 똑같을까 할 정도다. 여기서 우리는 우리 나라 사람들의 생활의 지혜와 멋, 그리고 면면히 이어진 전통의 당당함을 찾아보게 된다.

신라의 공장 기술(工匠技術)

안압지가 발굴조사 되기 전, 우리는 신라인의 금속 기술에 대해서는 아는 것이 아주 한정되어 있었다. 여러 고분에서 나온 눈부시게 찬란한 금은 제품이나, 불교 사원의 터에서 나온 불상들과 범종들이 대부분이었다.

그런데 안압지에서 출토된 유물들은 한마디로 말해서 바로 집터에서 나온 것은 아니지만, 앞에서도 말한 바와 같이 일상 생활에 쓰던 물건들이라는 점이 우리에게는 더할 나위없이 귀중한 것이다. 거기에는 벽걸이와 문고리 같은 건물의 장식품에서 바리와 접시들 · 숟가락 · 가위 · 송곳 같은 생활용품 등, 비녀 · 등곳 · 뒤꽂이 등의 머리장신구, 그리고 여러 가지 철제칼을 비롯한 이기(利器)와 몇 가지 농기구와 자물쇠에 이르기까지 비교적 다양하다.

몇 가지 청동 제품은 그 제조 솜씨가 특히 훌륭하다. 금은 장식품과 불상과 범종만으로 수준이 높다고 평가해 오던 신라 금속 공장의 기술은 그밖의 실용적인 금속 제품의 제조에서 뛰어난 기술을 가졌다는 것이 여기서 입증된 것이다. 또 청동으로 부어 만들어 금으로 도금한 용머리장식과 봉황새장식, 뒤꽂이, 귀면(鬼面), 문고리의 주조 솜씨는 정말 훌륭하다. 불상과 범종은 불교 신앙에 고무되어 필생의 작품으로 지성을 다했으니 그럴 수도 있으리라고 생각되지만, 이들 금도금한 청동제 건물장식은 신라 금속 장인들의 전체적인 수준이 최상급에 있었다는 것을 잘 말해 주는 것이다. 그 생동하는 입체감은 에밀레종에서 보는 비천상의 그것과도 같아서, 결코 우연이거나 몇 가지 뛰어난 것이 있을 수 있다거나 하는 것이 아니다. 그러니까 신라의 금속 공장들은 금은에서 청동과 철에 이르기까지 모든 종류의 금속들을 뛰어난 솜씨로 다루었다고 말할 수 있다.

안압지 출토 유물 중에서 특히 우리의 주목을 끄는 것이 또 한 가지 있다. 나무 제품이다. 우리 나라의 고대 유물은 지질적인 요인 때문에 나무제품이 남아 있는 예가 거의 없다. 그런데 안압지에서는 여러 종류의 나무로 만든 물건들이 나왔다. 분량으로는 그 대부분이 건축물의 파편들이지만 14면체의 나무 주사위나 목상(木像), 남근(男根) 등은 재미있다. 더 중요한 것으로 목간(木簡)도 나왔다. 길쭉한 나무에 먹으로 일·숙직자의 근무 상태를 기록하고 시(詩) 등도 적어 놓은 것인데 이런 것은 우리 나라에서 처음 있는 일이고, 고대사 연구에도 귀중한 자료가 된다. 또 아름다운 디자인의 무늬가 있는 칠기와 나무빗 등은 생활 과학의 좋은 자료가 된다.

이 모든 나무 제품 중에서 과학기술사에서 가장 귀중한 자료는 역시 나무 도장이다. 크기는 6.2×6.3cm, 두께가 3cm의 나무 도장은 신라의 목판 인쇄술 발명과 이어지는 유물이어서 특히 중요하다. 언제 만든 도장인지는 확실치 않지만, 안압지 유물들의 연대가 비슷한 점으로 보아 그 시대에서 크게 벗어나지 않을 것이다.

1966년, 불국사 석가탑에서 나온 다라니경 두루마리(6.5×700cm)가 706년쯤에 목판으로 찍은 것으로 추정되고 있으니까, 같은 시기의 이 나무 도장은 다라니경 목판의 한 모습을 보여주는 가장 확실한 자료가 된다. 가로가 6.2cm 정도나 되는 나무 도장을 만든 사람들이 세로가 약 6.5cm, 가로가 약 52cm 정도의 목판을 만들어 글씨를 새겨 종이에 찍어내는 일을 못했을리가 없다.

역사의 기록으로만 남아 있는 신라에서 사용한 청동 인장(印章), 그리고 추정으로만 그 존재를 인정했던 나무도장이 안압지에서 우리 앞에 그 모습을 드러낸 것이다. 이 조그만 나무도장 하나

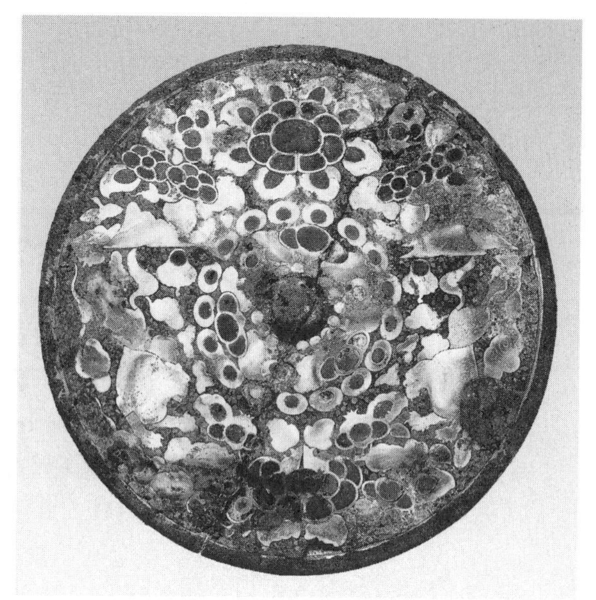

나전꽃무늬청동거울(8–10세기). 지름 18.6cm. 호암미술관. 국보 140호. 쇼소인의 거울과 똑같은 꽃무늬 디자인이 특히 눈에 띈다. 신라의 같은 기술자 집단이 제작한 것이다.

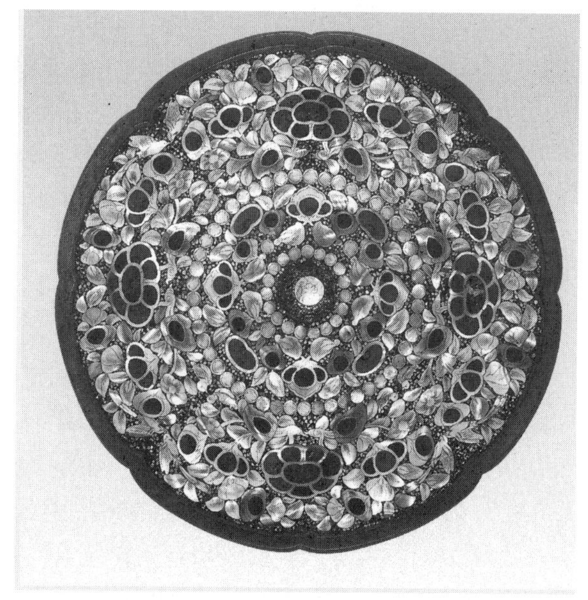

나전꽃무늬청동거울(8–9세기). 지름 27.4cm. 쇼소인. 아름다운 야광 조개껍질과 붉은 호박 등으로 화려하게 장식한 특이한 거울이다.

가 저 거대한 인쇄문화의 시작을 보여주는 살아 있는 자료가 된다는 데서 그 출현은 참으로 반가운 일이 아닐 수 없다. 과학 기술의 위대한 발명은 작은 아이디어에서 시작되기 때문에 더욱 그렇다.

쇼소인의 보물들

일본 나라의 국립박물관에서는 매년 가을, 10월 하순에서 11월 초까지 쇼소인 특별전을 정기적으로 열고 있다. 단풍이 아름답게 물든 고도(古都)의 정취에 젖어 필자도 몇 번인가 사슴이 한가롭게 놀고 있는 박물관 앞 공원을 찾곤 했다. 쇼소인의 보물들은 이때가 아니면 볼 수 없기 때문이다. 벌써 50회 가까운 횟수를 거듭하여, 반세기의 역사를 가진 기획 전시회가 계속되고 있는 것이다. 매년 70점 가량의 보물이 공개되고 있으니까, 쇼소인 보물 8천 점이 다 공개되려면 아직도 50년 이상 기다려야 한다.

필자가 이 특별전에 특별히 관심을 갖는 것은, 그 보물들 중에 신라의 유물들이 적지 않게 들어 있기 때문이다. 안압지가 발굴되기 전에는 우리 나라에서는 거의 볼 수 없었던 유물들이었다. 하지만 안압지 유물들이 나왔다고 해서, 쇼소인 유물의 희귀함이 조금도 덜해지지는 않았다. 오히려 더 귀중해졌다. 그것들 중에 꼭같은, 완전한 유물들이 있다는 사실이 확인되면서 우리의 관심은 크게 증폭되었다. 같은 제품이 나타났을 때 한국과 일본 학자들의 놀라움은 굉장했다. 역사의 수레바퀴가 거꾸로 돌아 1200년 전에 같은 기술자들이 만든 훌륭한 제품들을 우리 앞에 나란히 갖다 놓은 것이다.

8세기에 만든 최고의 명품들이 신라 기술자들의 손에서 다듬어진 것이라는 사실은 커다란 충격이었다. 그 중에는 신라에서 무역해 갈 때 포장한 그대로 보존되어 있는 제품들도 있다. 그것은 1200년의 시공을 뛰어넘은 신라 고대 기술의 타임캡슐이다.

쇼소인 보물 중에서 확실하게 신라 제품으로 공인되고 있는 유물이 몇 가지가 있다. 그 중에서 오래전부터 주목되어 온 것이 놋그릇들이다. 황금색으로 빛나는 놋바리는 차곡차곡 포개 넣을 수 있게 만든 아주 훌륭한 기술 제품으로, 그 만듦새가 뛰어나고 아름다운 금빛이 화려해서 최고의 식기로 여겨진 것이다. 또 놋접시와 놋수저도 여러 벌이 남아 있다. 일본에서는 이 놋그릇을 사하리[佐波理]라 부른다. 우리말의 사발, 또는 바리에서 나온 말이다. 그릇들을 포장해서 넣은 자루에는 먹글씨로 그것들이 신라 제품임을 말하는 글이 적혀 있는 삼베 조각이 붙어 있는 것도 있다. 또 포장한 닥종이에는 다섯겹 사발을 뜻하는 글씨가 적힌 것도 있었다. 이 놋그릇들과 같은 놋그릇들이 안압지에서도 출토되었다. 쇼소인에는 지금 86벌 436개의 놋그릇(대접)이 있다.

나라의 쇼소인.

또 하나, 촛불의 심지를 자르는 멋진 가위가 있다. 길이 25cm 가량의 이 금도금한 청동가위는 그 손잡이 부분에 정교하게 새겨넣은 무늬와 제작 솜씨가 당나라나 일본에서 만든 것은 아닐 것이라는데 일본 학자들의 의견이 일치했던 유물이다. 그런데 1975년, 경주 안압지 발굴에서 이와 똑같은 가위가 발견되었다. 길이 25.5cm의 금도금한 청동가위의 출현은 쇼소인의 가위가 어디서 만들어진 것인지를 시원스럽게 말해주었다. 처음부터 그 가위는 신라에서 건너온 것이라고 했어야 했다. 당나라 것도 아니고 일본 것도 아니라면서도 일본 학자들은 신라 것이라고 말하기를 꺼려했다.

쇼소인 연구의 권위자인 일본의 중견학자 도오노[東野治之] 교수는 그의 저서 『쇼소인』에서 이 두 가위를 비교 설명하면서 당나라의 제작 기법과는 분명히 다르다고 했다. 그는 또 아름다운 나전 장식의 8각 청동거울에 대해서도 언급하고 있다. 쇼소인의 그 거울(지름 27.4cm, 무게 215g)은 한국 남부, 경상남도에서 출토된 것으로 알려진 호암미술관 소장의 나전 장식 청동거울(지름 18.6cm)과 문양의 구성이 아주 닮았다는 것이다. 당대의 중국 거울에서는 그러한 문양과 비슷한 것을 찾아볼 수 없고, 쇼소인의 거울과 제일 비슷한 것을 들라고 한다면 오히려 한국에 있는 거울이라 할 수 있다고 한다. 그는 조심스럽게 〈이것이 신라제라고는 결정적으로 말할 수는 없지만, 쇼소인 나전거울의 근원을 찾아보는 데 재미

있는 자료라 해도 좋을 것이다. 증가하고 있는 한국에서의 발굴품과도 비교하면서 쇼소인 보물 중에서 신라 제품을 찾아내는 작업은 이제 시작되었을 뿐이다〉라고 쓰고 있다. 필자는 이 거울도 신라에서 만들어 일본으로 보낸 것이라고 생각한다.

쇼소인의 가야금도 우리의 주목을 끄는 보물이다. 신라금(新羅琴)이라고 일본 학자들이 분명하게 신라의 악기라고 말하는 유일한 유물이기도 하다. 1998년 특별전에서 필자는 이 가야금을 보고 그 제작 솜씨의 훌륭함에 정말 놀랐다. 보존 상태도 완벽했다. 8세기의 우리 악기와의 만남은 참으로 감격적이었다. 가야금의 그 우아한 선율이 거기에 살아 있는 것 같았다. 틀림없이 1998년 특별전에 나온 나전 자단목 다섯줄 비파와, 붉은색과 감색의 29.8cm 상아자도 신라에서 만든 것이라고 생각되었다. 쇼소인의 보물에 필자가 각별한 관심을 가지게 된 까닭은 이렇게 우리에게는 없는 정말 귀중한 신라의 유물이 제작되었을 때 모습 그대로 보존되어 있다는 학술적 가치와 중요성 때문이다.

이 책의 교정을 보고 있던 1999년 12월에 김병모 교수를 단장으로 하는 한양대 박물관 발굴팀은 경기도 하남시 이성산성 안의 저수지 터에서 7세기 신라인들이 사용하던 것으로 보이는 자를 발굴했는데, 그 길이가 놀랍게도 29.8cm였다.

그래서 그 연구의 중요성은 말로 다할 수 없을 정도다. 그러나 우리 학계의 연구는 보잘 것이 없었다. 1996년에 최재석 고려대 명예교수가 『正倉院 소장품과 통일신라』라는 645쪽이나 되는 저서를 출간한 것은 근래에 보기드문 연구 성과로 높이 평가되는 업적이다.

최교수는 쇼소인의 많은 보물들이 신라에서 만든 것이라고 주장한다. 금속공예품과 유리 제품, 목공예품에서 여러 가지 악기들과 문구, 종이류, 도자기, 안료와 염료 등에 이르는 다양한 유물들을 면밀하게 고증하고 있다. 그의 주장은 학문적으로 설득력이 있다. 쇼소인 보물에 대한 철저한 연구는 우리 고대기술사 연구의 중요한 과제라는 데서 최교수의 연구는 주목되는 것이다.

쇼소인 보물에서 중국 것이 분명히 아닌 것은, 일본 학자들이 말하듯 일본 것일 수도 있을지 모른다. 그런데, 그렇다면 그 공예품들을 만드는 기술을 지도한 사람들은 백제와 신라에서 건너간 기술자들이다. 지금은 남아 있지 않지만, 백제와 신라의 공예품들 중에 그런 훌륭한 작품들이 드물지 않았으리라는 추측이 가능하다. 그 공예 기술은 우리가 지금 알고 있는 것보다 더 뛰어났으리라고 생각해도 좋을 것이다.

쇼소인과 안압지. 그것은 지상과 지하의 두 타임캡슐이다. 그리고 그것은 신라의 잃어버린 기술의 고리를 이어주는 살아 있는 역사의 유물고이기도 하다.

백제의 농업 기술 혁신

무령왕릉이 발굴되었을 때 우리는 거기서 백제의 찬란한 문화와 첨단 과학 기술을 만나게 되었다. 그 기막히게 아름다운 전돌(타일)의 제조 기술과 금속 장식품들의 뛰어난 제작 솜씨는 6세기 초의 공장(工匠) 기술이 도달할 수 있는 최고의 단계에 이르고 있는 것이었다. 그 세련된 디자인과 그것을 흙과 불의 조화로 빚어낸 과학과 기술은 백제를 새롭게 조명하기에 충분했다.

그리고 우리는, 최근에 또 하나의 놀라운 백제의 기술적 산물과 만나게 되었다. 1995년 12월에 부여 능산리 백제 유적에서 발굴된 백제대향로라고 문화재 전문가들이 이름지은 청동 향로가 그것이다. 고고학자들과 미술사학자들은 6세기 공예품 중에서 최고의 걸작이라고 찬사를 아끼지 않았다. 그 아름다운 디자인과 생동하는 조각 솜씨를 완벽하게 청동으로 부어낸 주조 기술은 그러한 평가를 받기에 부족함이 없다. 금으로 도금해서 황금색으로 빛나는 향로의 화려한 모습에서 우리는 백제 공장 기술의 또 다른 측면을 발견하게 된다.

백제는 삼국 중에서 과학 기술과 문화예술이 앞섰던 나라로 알려져 왔다. 그러나 백제에 관한 과학 기술 관련 기록은 『삼국사기』나 『삼국유사』에서 몇 가지밖에는 찾아볼 수 없다. 유물과 유적도 적다. 자료는 오히려 중국과 일본에 더 많다. 특히 『일본서기(日本書紀)』에는 백제의 과학 기술에 관한 수많은 기록들이 남아 있다. 백제의 과학자와 기술자들이 고대 일본에 건너가서 얼마나 많은 것들을 전해주고 가르쳤는지를 생생하게 기술하고 있다. 백제의 영향은 고대 일본의 문화적 성장에 절대적인 것이었다.

천문 역법과 지리학, 점성술 등의 고대 과학이 백제의 학자들에 의해서 일본에 전해지고 교육되었고, 의약학이 전수되었다. 역(曆)박사, 역(易)박사, 의(醫)박사 등 교수와 같은 직책의 학자가 일본에 파견되었다고 기록되어 있고 큰 사찰을 짓고 탑을 세우기 위해서 그 일을 가르치고 감독하는 전문 기술직 교수인 노반(鑪盤)박사 와(瓦)박사 등이 백제에서 건너갔다. 이러한 과학자와 전문 기술자의 관직인 박사는 『삼국사기』에 신라의 기록에만 나타나는데, 백제에도 있었다는 사실이 일본의 사서에 나타나 있는 것이다.

백제의 제철 제련 기술과 금속공예 기술이 우수했다는 사실도 일본의 사서와 유물에 의해서 입증되고 있다. 칠지도(七支刀)라는 4세기의 철제 칼이 그것을 말해준다. 칼 양쪽에 3개씩 가지칼이 달려 있는 길이 75cm 의 칼 양면에 새겨진 61자의 금상감으로 된 명문에는, 이 훌륭한 칼이 백제에서 왜왕(倭王)에게 하사하여 후세에 오래도록 전해지게 하기 위해서 만들어졌다는 뜻이 적혀 있다.

이렇게 백제는 과학 기술의 선진국이었다. 그리고 그러한 백제의 과학 기술은 혁신적 농업 기술을 바탕으로 해서 전개된 것이었다. 백제의 문화가 높은 수준에 이르게 된 것은 백제의 농업 기술이 크게 발달했기 때문이라고 생각하는 학자들이 많다. 가난하고 배고프고 메마른 땅에서보다는 넉넉하고 배불리 먹고사는 사람들이 모여 있는, 산수가 좋은 땅에서 문화의 꽃이 핀다는 것이 자연스럽지 않느냐는 생각이다.

학자들은 4-5세기경에 있었던 백제 농업 기술의 발달이 고대의 농업 혁명이라고 할 수 있는 획기적인 것이었다고 말한다. 백제 사람들은 그들 나름의 벼농사 기술을 전개하였다. 그 당시 벼농사를 짓는 기술은 중국이 제일 앞서 있었다. 그래서 중국 화남(華南) 지방의 벼농사법은 중국 대륙과 이어진 다른 나라들에서는 그대로 행해지고 있었다. 그러나 백제 사람들은 그렇게 하지 않았다. 그들은 중국 화북(華北) 지방의 발달된 밭농사의 농경 기술을 화남 지방의 벼농사법에 도입하여 한반도 서남부의 논[水田] 농사를 발전시켰다.

백제는 넓은 평야와 비옥한 토양을 가진 나라였다. 게다가 풍부한 수량을 가진 하천들이 그 땅을 흐르고 있었다. 그러나 한반도는 연간 강수량이 여름철에 편중되어 있고 벼농사를 짓는 데 가장 중요한 시기인 봄에는 가물기가 일쑤여서 늘 어려움이 도사리고 있다. 백제의 기술자들을 그 문제를 수리 시설의 개발로 해결해냈다. 둑을 쌓아 물을 가두고 도랑을 파서 그 물을 필요할 때 논에 대는 방법이었다.

김제 땅의 벽골지는 그 대표적인 시설로 유명하다. 『삼국사기』에 의하면, 벽골지는 330년에 만들어졌는데 그 둘레가 1,800보라고 했다. 그러니까 둑의 둘레가 2.2km나 되는 큰 인공호수를 만든 것이다. 김제를 그때에는 벽골이라 했기 때문에, 벽골에 둑[堤]을 쌓아 만든 인공호수라고 해서 벽골지(池)라고 부르게 되었다. 그 호수의 남쪽이 호남 지방, 서쪽이 호서 지방이다.

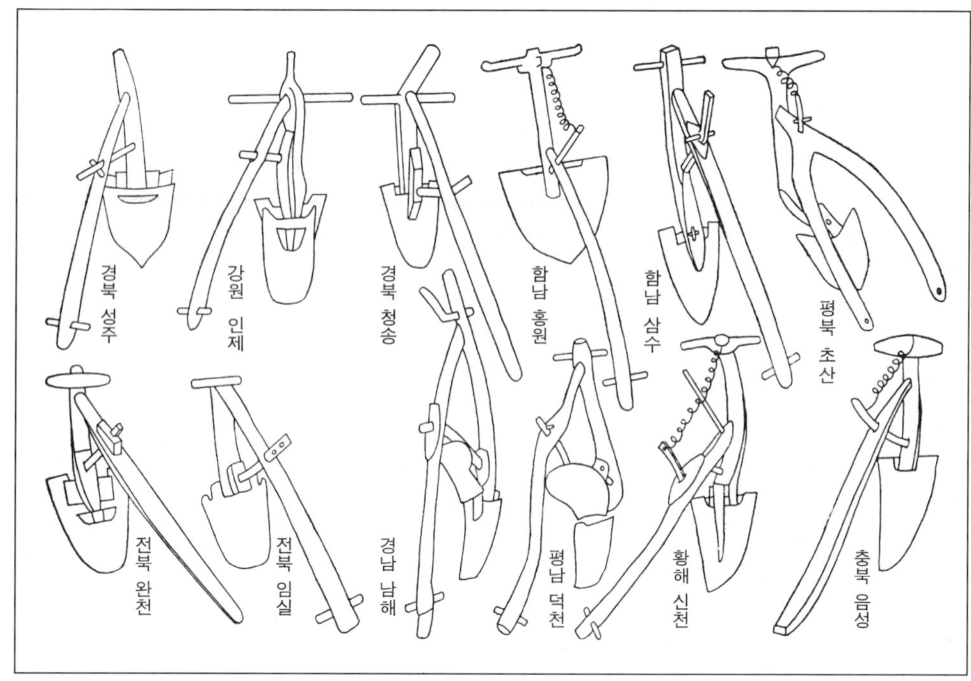

조선 시대의 쟁기들. 각 지방마다 모양이 조금 씩 다르다. 이춘녕의 『이조농업기술사』에서.

우리 나라 내륙 지방에서 가장 큰 호수인 이 벽골지는 지금도 호남평야의 전천후 농업을 실현시키는 농업용 저수지니까 그때 이 호수를 만드는 역사(役事)는 정말 국력을 기울인 큰 공사였을 것이다. 기록에 의하면 이런 저수 수리 시설의 아이디어는 이미 다루왕 6년(33)에 남쪽에서 벼농사를 시작할 때부터 있었다고 한다.

이러한 수리 시설 기술의 전개는 백제의 토목 기술과 맞물리는 것이다. 관개 수리 공사의 활발한 전개는 수전 경작지를 크게 확대할 수 있었다. 『삼국사기』에 기록된 백제 무왕 때(7세기 전반)의 인공호수 공사는 최근에 있었던 부여 궁남지 유적 발굴 조사로 많은 사실이 확인되면서 그 기술 수준이 평가되고 있다. 백제의 토목 기술자들은 6세기에서 8세기에 이르는 동안 일본에 건너가서 많은 대규모의 관개 수리 공사의 기술 지도를 했다는 일본의 기록과도 연결되는 것이다.

궁남지 유적의 발굴 조사로 드러난 6-7세기 때의 논의 유구는 관개 수리 기술과 관련된 백제 농업 기술의 수준을 확인하고 조명하는 데 매우 중요한 자료로 평가된다.

그리고 또 하나 백제인이 개발한 혁신적 농업 기술이 있다. 뛰어난 금속 기술을 바탕으로 철제 농기구를 만든 것이다. 호미와 괭이를 주로 쓰던 농업에서 소가 끄는 쟁기를 써서 논밭을 가는 농업으로의 발전은 획기적인 기술 향상이었다. 백제의 기술자들은 쇠로 만든 쟁기의 보습 모양을 개량했다. 백제 땅에 알맞는 보다 효율적인 보습을 만들어낸 것이다. 호미와 낫, 그리고 쇠스랑도 자기네 것을 만들어냈다. 이러한 새 농기구 제조 기술이 개발되면서 백제의 농업 생산량은 크게 늘어나게 되었다.

이러한 백제의 농업 기술과 토목 기술은 일본에 건너가서 일본의 고대 농업에 혁명을 일으켰고, 그 영향은 산업, 경제뿐만 아니라 정치적 변혁으로까지 파급되었다.

조선 시대 후기의 농경 그림.

식량 생산과 식품 가공

5세기경 한반도는 농업에서뿐만 아니라 식량 생산과 식품 가공에서도 많은 발전을 이룩하고 있었다. 고구려의 고분에 그려진 벽화를 통해서 그들 식생활의 일면을 보았지만, 일본에 전해진 그와 관련된 기술도 우리에게 그 시기의 우리 나라 기술을 알 수 있는 좋은 자료가 된다.

일본에서 5세기는 철제 농기구가 출현하는 시기로 주목되고 있다. 물론 그 기술은 한반도 남부 지역에서 건너간 것이다. 또 한반도에서는 그 당시의 선진적인 토기를 만드는 기술, 직조 기술, 철기 생산의 기술들이 일본으로 이식되어 일본에서는 기술 혁신이 일어나게 되었다. 새로운 기술이 일본에 쏟아져 들어간 것이다.

이 사실은 다시 말해서 고구려, 신라, 백제의 세 나라에 그런 기술이 축적되어 있었다는 것을 뜻한다. 그때 일본에서는 그러한 새 기술을 전해주는 사람들을 〈이마기[今來]의 데히도[才技]〉라고 불렀다. 최신 기술을 가지고 건너온 재주있는 사람이란 뜻이다. 이런 기술자에 대한 많은 이야기들이 일본의 옛 사서(史書)인 『고사기(古事記)』와 『일본서기(日本書紀)』에 기록되어 있다.

5세기까지만 해도 농기구를 만드는 철은 주로 한국에서 수입해 갔다. 그것도 처음에는 농기구의 완제품을 들여가다가 기술자를 초빙해서 그 기술자가 철기를 만들게 되면서 차츰 일본에서도 철을 생산하게 된 것이다. 이것이 5세기 후반 이후의 일이다.

일본 옛 사서(史書) 중의 『응신천황기(應神天皇記)』에는 옷을 짓는 기술자인 구레 핫도리[吳服]의 사이소[西素]와 함께 초빙된 금속 기술자인 데히도[手人] 가라누치[韓鍛]의 다쿠소[卓素]에 대한 기록이 있다. 옷을 짓는 기술자와 대장일을 하는 기술자들도 일본에 건너가 고대 일본의 기술 혁신에 기여한 것이다. 지금도 일본 사람의 성(姓) 중에는 핫도리[服部]라는 성이 있다. 필자가 잘 아는 학자 중에도 핫

도리 씨가 있는데, 처음 만났을 때 그는 자기 조상이 백제에서 건너온 옷짓는 기술자라고 스스로를 소개했다.

한반도에서 건너가 철기 기술자들이 만든 철제 농기구를 써서 벼농사를 짓게 된 일본 사람들은 또 백제 사람들이 만들어 준 인공 저수지에 물을 모았다가 필요할 때 논에 물을 대는 수리 기술도 배웠다. 『고사기』에는 제방을 쌓아 저수지를 만들었는데 그것이 백제지(百濟池)라는 기록이 있고 『일본서기』에는 백제인들이 거주하는 지역에 저수지를 만들었는데 그래서 그 저수지의 이름을 한인지(韓人池)라고 부르게 되었다는 기록도 있다.

백제나 신라에서 건너간 기술자들은 그들의 생활 양식대로 살고 그들이 먹던 대로의 음식을 먹었을 것이다. 일본 된장인 미소는 한국에서 나온 말이다. 그것은 한국에서 건너갔으니 그 양조(釀造) 기술도 한국인이 가르쳤을 것이다. 그 기술은 삼국 시대 중기 이전에 백제인에 의해서 전해졌을 가능성이 크다. 일본 김치들도 고추가 전래 되기 이전의 한국 김치와 사실상 맥을 같이하고 있다. 오이지, 오이장아찌, 무장아찌와 비슷한 것이 일본에서 먹는 김치 종류이다.

이십여 년 전에 필자는 지금도 일본 된장과 김치의 전통적인 고장의 하나로 꼽히는 교토와 나라 지방에서 그곳 명물인 아마자케[甘酒]라는 우리 나라의 감주와 똑같은 것을 마시면서 우리의 옛식품 가공 기술의 편린을 보는 것 같은 새로운 감회에 젖은 일이 있었다.

거기서 필자는 백제 과학 문화의 유산이 일본 고대 문화의 전통 속에 맥맥이 이어지고 있는 것 같은 생각에 잠긴 일이 있다.

일본으로 간 백제의 박사들

일본 규슈[九州] 후쿠오카현[福岡縣] 다자이후시[太宰府市].

후쿠오카에서 전철로 30분쯤 걸리는 인구 수만의 조용한 도시다. 거기 몇 군데 백제 사람들이 이룩해 놓은 유적이 있다. 다자이후와 그것을 지키기 위하여 축조된 성(城)이다. 다자이후는 규슈를 통할하는 율령제의 지방관사로서 일본 서해도(西海道) 11개국의 통치 외교 변방을 맡은 주요 기관이었다. 사실(史實)에 처음으로 그 이름이 보이는 것은 691년이지만 그 기원은 그보다 앞선 6세기경이라고 한다. 이 기관은 또 규슈의 정치와 한반도와의 관계를 관장했다고도 한다.

필자를 안내해 준 그곳 역사자료관의 학예과장은 다자이후 관아의 유지에서 그곳에 터를 잡고 관청을 세운 것은 백제 사람이었다고 설명했다. 백제 사람들은 기술에서뿐만 아니고 다자이후 권력의 핵을 이루었고, 그 문화를 선도하는 주역이었다.

5세기에서 6세기에 이르는 동안 일본에 대한 백제인들의 공헌은 천문학과 역학(曆學) 분야에서도 매우 컸다. 백제는 이무렵에 의약 전문가와 함께 천문, 역학 분야에서도 전문가들을 일본에 정기적으로 교체 파견하였다. 그들은 일본에 상주하면서 일본 사람들을 가르쳤다. 일본 학자들이 말하는 이른바 도래인(渡來人)이다. 전에는 귀화인이라고 했다. 일본의 요청으로 건너간 많은 학자들과 전문 기술자들을 도래인, 또는 귀화인이라고 부르는 것은 잘못이라는 비판과 반성이 일본의 젊은 학자들 사이에서 이제는 거의 정착되고 있다. 우리에게는 아주 언짢은 말이었다. 가르쳐 달라고 모셔간 전문가들을 〈건너온 사람〉이라고 부르는 것은 조금 심하다. 물론 그 당시에는 그렇게 부르지 않았다. 그들은 전문가 집단으로서 일본 고대 과학 기술을 주도했다. 백제 문화권이 형성된 것이다.

학자와 기술 집단

554년 2월에 백제에서 건너간 것으로 『일본서기』에 기록되어 있는 역(易)박사 시덕(施德) 왕도량(王道良), 역(曆)박사 고덕(固德) 왕보손(王保孫), 그리고 의박사(醫博士)와 채약사(採藥師) 등은 일본의 요청에 의하여 새로 파견된 전문가들이었다. 백제에서 파견된 또 다른 분야의 전문가로서는 이밖에 513년과 516년에 일본으로 건너가 경서(經書)를 가르친 오경박사(五經博士)가 있었다.

또 602년에는 백제의 중 관륵(觀勒)이 역서(曆書)를 비롯하여 천문, 지리(地理), 둔갑방술(遁甲方術) 등에 관한 책들을 가지고 일본으로 건너가서 그곳에서 선발된 네 사람에게 각각 역산(曆算), 천문, 지리, 방술 등을 가르친 결과 604년부터 일본에서는 달력을 쓰기 시작하게 되었다. 그것은 아마도 443년에 송(宋)나라의 하승천(何承天)이 만든 원가력(元嘉歷)이었을 것이다. 그리고 671년에 일본에서 처음으로 만들어진 물시계[漏刻]와 675년에 설립된 점성대(占星臺)는 백제 천문학자들의 영향과 지도를 받아 이루어진 것이었다.

650년에는 백제의 조선(造船) 기술자가 일본에 건너가서 대형 선박의 건조를 지도했다. 그것은 중국의 정크형으로, 150명이 탈 수 있는 큰 배들로 당(唐)에 사신을 파견하는 견당선(遣唐船)으로 쓰였다. 일본에는 이보다 앞서 신라의 선장(船匠)들도 선박 건조를 위해서 파견된 일이 있었지만 항해용 돛대가 2개인 대형 범선 건조는 백제 기술자들에 의해서 처음으로 이루어진 것이다. 그래도 일본 사람들은 그후 오랫동안 중국과의 왕래에서

백제무늬벽돌(6–7세기). 부여. 높이 29cm. 국립박물관.

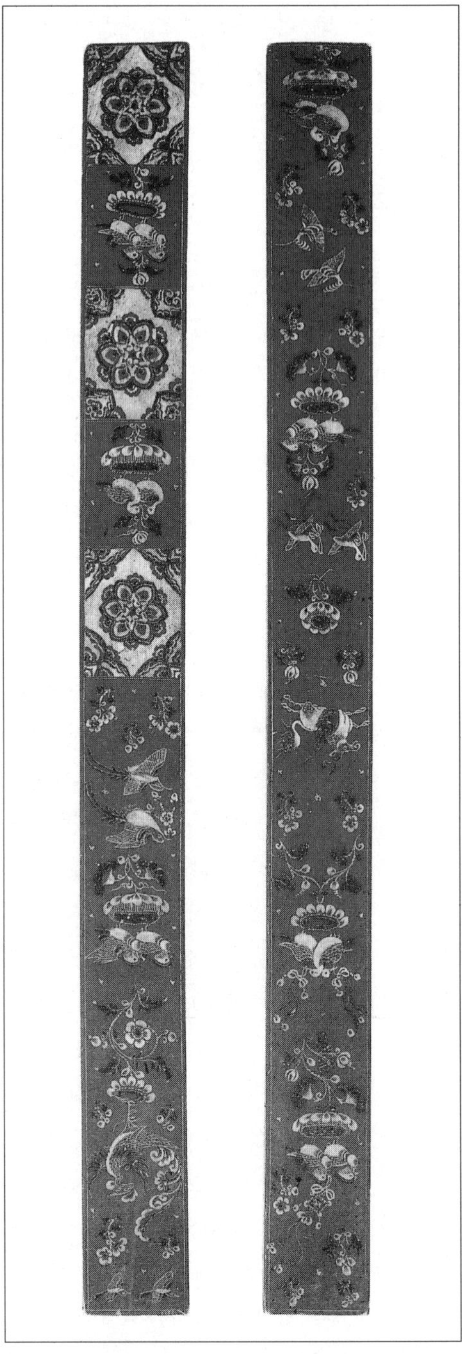

신라 상아자(8-9세기). 길이 29.8cm. 쇼소인. 신라의 석굴 사원, 불국사 등의 여러 건조물들이 이 단위의 자로 축조되었음이 확인되고 있다.

백제나 신라의 대형 선박에 의존하는 경우가 많았다고 한다. 특히 풍랑을 만나면 안전도에서 큰 차이를 드러냈다고 전해지고 있다.

5-6세기 이후 일본의 상류사회에서는 백제식 옷을 입고 백제식 생활 기구를 쓰면서 사는 것이 문화인으로서 자랑스럽게 여겼다고 한다. 이는 이미 4세기 말에 직조, 야금(冶金), 양조, 약제 등의 여러 분야에서 기술자들을 초빙해서 새로운 기술을 배웠기 때문이다. 백제에서 수입된 제품들은 선망의 대상이었다.

지금도 일본 규슈의 다자이후에는 백제에서 건너갔다고 전해지고 있는 큰 맷돌이 있다. 그들은 곡식을 찧거나 밀을 빻을 때 맷돌을 쓰는 기술을 백제 사람에게서 배운 것이다.

나라의 박사들

일본의 옛 서울들인 교토(京都)와 나라(奈良)를 잇는 전철은 나와는 인연 깊은 철도다. 〈게이한나〉라는 21세기를 지향하는 과학 기술 단지가 그 철도로 가게 되어 있어서만은 아니다. 그 신도시의 이름이 교토의 京자와 오사카[大阪]의 阪자와 나라의 奈자를 따서 게이한나[京阪奈]라고 했다고 해서도 아니다. 교토와 나라의 유적을 찾아 아내와 수없이 다니던 철길이었기 때문이다. 1993년에는 제7회 국제동아시아 과학사회의가 거기서 열렸고, 필자는 그때 「동아시아의 경험 안에서의 과학 기술」이라는 특별 공개강연을 했다.

그 철도를 달리는 급행이 서는 전철역에 고우리야마라는 조금은 낯익은 고을이 있다. 한자로 郡山이라고 쓴다. 그 지역(교토와 나라 지방)에서는 郡자를 일본의 흔한 발음인 gun으로 읽지 않고 kouri라고 읽는다. 우리 말의 고을이다. 옛날에 한반도에서 건너간 전문가 집단이 정착했던 곳의 하나에서 유래한 것이라 한다. 1960년대 말에 필자를 처음 그곳에 안내해 준 필자의 스승인 야부우치[藪内清] 교수의 설명이었다. 고대 일본에 학문과 과학 기술을 전파한 한반도의 도래인 집단의 유적인 것이다.

나라 지방을 여행하면 6세기에서 8세기의 고대 일본의 전통을 이은 아름답고 장대한 불교사찰과 탑들과 불상들을 만나게

나라 도오다이지 대불(8세기). 높이 16.2m. 무게 452톤. 일본 나라. 세계 최대의 주조물인 이 청동불상은 백제에서 건너간 기술자가 부어 만든 것이다.

백제 관음상. 최근에 기술고고학적 분석으로 백제 홍송으로 만들어진 것이 밝혀진 이후, 1997년에 컴퓨터 분석으로 그 아름다운 색깔을 재현 복원한 그림을 일본 《아사히신문》이 공개한 것이다. 백제에서 만들어 박사들이 건너갈 때 가지고 간 관음상이라고 생각할 수 있다.

된다. 한국의 고대 기술과 맥을 같이 하는 유물들 속에서 필자는 가끔 그 산천마저도 우리의 자연과 너무도 비슷하다는 사실에 놀라곤 했다. 백제에서 건너간 학자들과 기술자들이 낯익고 정겨운 산수(山水)가 있는 고장에 정착했기 때문인지도 모른다는 생각이 들기도 했다. 거기 세운 건축물들은 백제의 기술자들에 의해서 조성된 것이라 한다. 우리 문헌에는 전혀 남아 있지 않은 백제의 기와 제조 기술자들의 이름이 그 사실을 말해 주고 있는 것이다.

『일본서기』 588년의 기사가 전하는 4명의 백제 와박사들은 그 당시의 첨단 기술인 기와 제조기술을 가르치기 위해서 파견된 최고의 기술자였다. 거기에는 노반박사의 이름도 보인다. 탑꼭대기의 아름다운 상륜을 청동으로 부어 만들어 세우는 고도의 주조 기술을 가르치는 교수도 백제에서 건너간 것이다. 이때부터 일본의 불교 사원 건축 기술은 획기적인 발전을 이루게 되었다고 일본의 고고학자와 기술사학자들은 말하고 있다.

나라에 갈 때마다 몇 번이고 다시 가본 도오다이지[東大寺].

그 대불은 세계 최대의 청동불상으로 우리 앞에 그 장엄하고 당당한 모습을 보여주고 있다. 필자가 그 거대한 불상에 끌리는 것은, 거기서 백제의 훌륭한 기술과 만날 수 있기 때문이다. 대불을 부어 만든 8세기 일본 최고의 기술자 구니나카노 무라지 기미마로[國中連公麻呂]는 백제에서 건너간 사람이었다. 일본의 역사책 『속일본기(續日本紀)』 774년 10월의 기사에는 그의 죽음을 기록한 문장이 나온다. 그의 할아버지 덕솔(德率) 국골부(國骨富)는 663년경에 백제에서 건너간 훌륭한 기술자였다고 한다. 그는 조불장관(造佛長官)을 거쳐 748-749년에 장관대부(長官大夫)로 대불의 주조 사업을 마무리했다.

나라의 대불은 749년에 완성한 높이 15m의 금도금 청동불상이다. 청동의 무게만도 500톤이 넘고 도금하는 데 쓴 금이 440kg, 수은이 2.5톤이나 들었다. 3년 동안에 8층으로 나누어 부어낸 끝에 완성한 것이라고 한다. 이 사업에 동원된 사람도 엄청나다. 기록에 의하면 재목 봉사자가 5만여 명, 일꾼(役夫)이 166만여 명이었고, 금속 봉사자가 37만여 명에 그 일꾼이 51만여 명에 이르렀다고 한다. 그들이 걸어놓고 일한 용광로가 무려 백수십 개였다고 하니까, 그 규모가 어떠했는지 짐작할 수 있다. 완성된 청동불상의 높이가 15m라는 것은 위에서 이미 말했지만, 그 얼굴이 4.8m, 눈썹 길이가 1.6m, 눈 길이가 1.2m, 입 길이가 1.1m, 귀가 2.6m나 되고, 가운데 손가락 길이가 1.5m라니 놀라운 크기가 아닐 수 없다. 필자가 일본에 머무르고 있을 때 불상에 쌓인 먼지를 털어내는 작업을 하는 신문기사를 본 일이 있다. 스님 한 사람이 그 거대한 손바닥 위에 서서 비를 들고 먼지를 쓸고 있는 사진은 아주 인상적이었다. 주물의 두께가 6cm나 되니까 손바닥에 사람이 올라서도 문제없다는 것이 실감나게 느껴지는 장면이었다.

이 대불은 저 유명한 백제의 금도금 청동불상인 사유반가상과 최근에 발굴한 금동용봉봉래산 향로와 함께 백제 금속 주조 기술이 최고의 수준에 이르고 있었음을 보여주는 세계적인 유물이다.

무령왕릉의 신비

1971년 7월. 공주 송산리(宋山里) 6호분에 스며드는 습기를 막기 위해 그 뒤쪽에서 배수구 공사를 하다가 뜻밖에 또 하나의 고분이 발견되었다. 이것이 유명한 무령왕릉(武寧王陵)이다.

백제의 벽돌 고분은 이것이 처음은 아니지만 무령왕릉은 몇 가지 점에서 우리의 주목을 끌었다. 무덤의 주인이나 그가 죽은 연대가 확실하여 그 축조 연대를 정확히 알 수 있는데다가 이 무덤은 6세기 초의 백제 공장 기술(工匠技術)을 간추려서 보여주고 있다는 사실 때문이다.

백제의 공장 기술이 고도로 발달했었다는 것은 일찍부터 미술사가들에 의하여 널리 알려져 왔다. 하지만 백제 공장의 우수한 기술적 소산은 별로 많이 남아 있지 않다. 우리는 그것을 신라의 건축에서 그리고 일본에 남아 있는 백제 기술의 유산에서 찾아볼 수 있었다. 그런데 무령왕릉은 가장 확실한 시대의 자료들을 한자리에 모아 놓고 그대로 우리에게 물려주었다.

무령왕릉은 벽돌로 쌓아 만든 무덤이다. 그 아름다운 무늬의 벽돌은 아치형의 축조 공법과 잘 조화되어 장식 벽돌의 의장을 잘 살리고 있다. 벽은 연꽃무늬를 양각한 단단한 벽돌로 터널처럼 쌓고 바닥은 무늬 없는 바닥타일[塼]을 삿자리 모양으로 깔고 있다.

무령왕릉은 이렇게 그 축조 기술부터가 백제 공장 기술의 중요한 일면을 보여주고 있다. 그 안에 시신과 함께 묻힌 여러 가지 유물들, 묘지석, 놋잔, 목침과 족좌(足座), 왕관의 금꽃

무령왕릉의 벽돌들.

모양 장식과 여러 가지 순금장식품, 많은 곱은옥과 유리 관옥, 그리고 수많은 가지각색의 유리구슬, 큰 칼과 작은 칼들. 이 모든 것들이 목관과 그 장식에 이르기까지 그 시대 공장 기술의 뛰어난 작품들을 모아놓은 듯하다.

매지권(買地券)이라고 하는 묘지석. 여기서는 백제 역법(曆法)의 잃어버린 모습을 일부나마 찾아볼 수 있다. 지석명문의 역일(曆日)이 원가력(元嘉曆)의 그것과 잘 들어맞기 때문이다.

벽돌과 여러 가지 금속 제품들과 유리 제품들은 그때까지 일본에 건너간 백제 기술을 통해서 알 수 있었던 그 기술을 현장에서 생생한 유물로 확인하게 된 것이다. 우리는 일본 최초의 불교 사원인 법흥사(法興寺)와 그 탑이 588년에 백제에서 초빙해 간 공장들에 의해서 세워진 것을 알고 있다. 그들 백제 공장들 중에는 노반박사와 와박사라는 특수 기술을 가르치는 최고 기술자도 끼여 있었다. 노반박사는 탑의 노반, 즉 상륜을 부어 만드는 금속 기술의 최고 권위자이며 와박사는 기와를 만드는 최고 기술자이다. 이들은 공장들에게 높은 수준의 새로운 기술을 가르치는 오늘날의 대학교수와 같은 지위에 있는 기술자들이었다.

상륜의 복잡한 구성을 훌륭한 솜씨로 부어내는 일은 그 당시로서는 결코 쉬운 일이 아니어서 그 특수한 주조 기술을 가르치기 위해서 노반박사가 백제에서 초빙되어 갔을 것이다. 사원의 기와를 굽는 일도 그 당시에는 높은 수준의 새로운 기술이었다. 송산리 6호분이나 무령왕릉의 벽돌의 아름다움은 그 요업 기술이 얼마나 높은 수준이었는가를 말해 주는 것이다.

또 일본 나라현의 이소노가미[石上] 신궁(神宮)에 비장된 칠지도라는 백제 철검의 제조 기술도 우연한 것이 아니었음을 알게 되었다. 그 칼은 서기 369년에 왜왕을 위해서 만들어 하사했다는 내용의 61자(字)의 금상감으로 된 명문이 새겨져 있다. 이 칼은 우리에게 4세기 백제의 철의 정련과 주조 기술을 가늠하게 하는 것이다.

이러한 여러 가지 기술들을 무령왕릉은 집약하고 있는 듯 잘 보존하여 주었다. 여기서 우리는 일본에 건너간 백제 공장 기술의 실상을 그대로 재확인하게 된 셈이다.

백제의 상수도관

1965년경, 전라북도 익산군 오금산(五金山) 계곡 산지골에서는 10여 개의 토기관(管)들이 출토가 되었다. 산지골 부락의 어린이들이 우연히 발견한 것이라고 한다. 그것은 백제시대에 구워 만든 단단한 경질토기(硬質土器)로 우리 나라에서는 처음 발견된 것이다.

1966년 여름이었다. 필자는 우리 나라 과학 기술사 관계 자료를 조사하려고 충청남도 일대를 답사하고 있었다. 부여에 들렀을 때, 증축한 지 얼마 안 된 부여박물관 뜰에서 돌아가신 홍사준(洪思俊) 선생을 우연히 만났다. 익산중학교에서 해시계 하나를 봤는데 한번 가보라는 것이었다.

부여에서 논산을 거쳐 이리로 가는 먼지 투성이의 길은 몹시 더운 날인데도 하나도 지루하지 않았다. 단숨에 달려가 보니 해시계는 과연 좋은 것이었다. 그에 못지 않게 더 좋은 것이 있었다. 그 지역에서는 처음 알려진 거친무늬청동거울[多鈕粗文鏡]과 벽돌색 토기관이었다. 필자는 자못 흥분을 감출 수 없었다.

토기관은 길이 65.8cm, 상부 지름 13cm, 하부 지름 8.5cm, 두께 1.5cm의 한쪽이 홀쭉한 원통형의 것이다. 토관 안쪽 벽에는 삼베천의 자국이 그대로 남아 있었다. 만들 때 방망이에 삼베천을 감아 안에 끼고 겉을 두드려서 터지지 않도록 단단하게 구워낸 것이다.

무엇에 쓴 토기관일까. 그것은 출토된 현장에 가서 조사해 나가면서 차츰 정리되고 확신이 서게 되었다. 산지골 마을에서는 아직도 몇 집에서 굴뚝 같은 것으로 쓰고 있었다. 마을 사람들의 말에 의하면 이 토기관은 땅속 30－50cm 가량의 깊이에 위에서 아래로 연달아 끼워져 있었다고 한다. 그리고 그리 멀지 않은 곳에 샘터도 있었다고 한다.

여러 가지 조사와 연구 끝에 이런 결론에 도달하였다. 이것은 아마도 식수(食水)를 얻을 목적으로 샘터로부터 물을 끌어서 석수조(石水槽)에 모으기 위해서 특별히 만들어진 상수용(上水用) 도관(導管)일 것이라고. 그러니까 백제 사람들의 수도관(水道管)이었다.

옛날에 깊은 산의 절에서는 작은 샘물이나 개울에서, 나무에 홈을 파거나 참대를 반으로 쪼개어 길게 이어 물을 끌어서 수조(水槽)에 물을 받아 식수로 쓰는 간이수도를 가설하는 일이 많았다. 우리는 최근까지도 어렵지 않게 그런 장치를 볼 수 있었다.

이 수도용 토기관은 이런 방법을 개량하여 땅속에 관을 묻어 깨끗한 물을 얻는 항구적인 시설로 발전시킨 것이다.

중국에서는 한대(漢代)의 유적에서 상수

무령왕릉의 묘지석.

상수도 토관. 통일신라. 길이 52cm(왼쪽). 입지름 11.8cm(큰 쪽), 9.9cm(작은 쪽). 경주 사천왕사터. 이와 같은 백제 토관들이 익산과 부여 지역에서 출토되었다.

도용 토기관이 발견된 일이 있다. 그것은 관의 구경이 똑같은 것을 끝부분을 서로 이어 물리도록 만들어서 이음새의 처리가 불완전할 가능성이 많았다.

그런데 백제의 상수도용 토기관은 한쪽을 홀쭉하게 해서 구경이 작은쪽을 큰쪽에 쑥 끼워 넣게 되어 있어서 물이 흐르는 방향으로 가설하기 매우 쉽게 개량되어 있다. 원시적인 것 같으면서도 오히려 아무런 접착제 없이 끼워 넣는 것만으로 완벽하게 가설할 수 있는, 아주 간단한 방법이다. 기술의 발전이 충분히 이루어지지 않았던 때에 그것은 훌륭한 아이디어였다.

현재로서는 그 유적의 학문적 조사가 제대로 되어 있지 않아서 오금산 수도 시설의 규모가 어느 정도의 것이었는지 확인할 수가 없다. 그러나 그것이 비록 규모가 작은 간이 시설이었다 하더라도 지금까지 동양에서 발견된 수도 시설 중에서는 가장 짜임새 있고 시설하기 쉽고 위생적이라는 점에서 그 창조적 노력이 인정될 수 있을 것이다.

그후 이런 수도 토기관은 몇 군데서 더 발견이 되었다. 공주와 부여 지역에서 나온 것은 이것과 거의 같은 것이고, 경주 지역에서도 비슷한 것이 나왔다.

석굴 사원의 과학과 기술

하늘처럼 푸르른 동해 바다를 멀리 바라보고 앉은 토함산.

그 자락에 자리잡은 석굴 사원은 많은 신라 과학 기술의 신비를 간직하고 있다. 석굴 사원의 장엄한 아름다움 앞에 설 때 우리의 감동은 몇 갈래로 표출된다. 석가본존의 자비로운 미소를 우러러 합장하는 불심의 세계와, 흰 화강석으로 조성된 수려한 조각이 자아내는 미(美)의 세계가 주는 감동, 그리고 그 놀라운 조영 설계의 과학에 빠져드는 설레임이 그것이다.

석굴 사원은 아름답다. 그리고 장중하다.

작은 공간에 연출된 무한한 세계. 그 신비로운 조화를 설계한 신라인의 과학을 우리는 어떻게 찾을 것인가.

1960년대 초, 필자는 우리 전통과학의 창조성에 열광하여 경주 첨성대와 신라 과학 기술의 유적을 여러 번 답사했다. 그때까지만 해도 필자에게 있어 석굴 사원은 고고학자와 미술사학자들의 연구 대상이었다. 필자는 그때까지도 그 내면에 숨어 있는 과학적 설계의 오묘함을 깨닫지 못하고 있었다. 그래서 필자에게 석굴 사원은 그저 아름답고 장중한 신라인의 위대한 유산일 뿐이었다. 그런데 어느 날 홍이섭의 『조선 과학사』는 석굴 사원에 대한 필자의 눈길을 새로운 각도로 돌려주었다. 30대의 젊은 나이로 요절한 일본 학자 요네다[米田美代治]의 석굴 사원 영조계획 연구를 기술한 문장이었다. 그것은 필자에게 커다란 감동이었고, 새로운 발견이었다. 신라인의 기막힌 조형 디자인의 아이디어와 기하학적 설계가 선명하게 그려져 있었기 때문이다.

홍이섭은 이렇게 쓰고 있다.

> 석굴암의 석굴 구조에 응용된 정육각형의 한변과 외접원의 관계, 정팔각형과 내접원, 원과 구면, 타원형을 이용한 입구의 천장, 굴원(窟圓)과 돔 천장 구축 관계 등에서, 건축에 기하학적 계획이 실용화되었음을 이해할 수 있다. 이것은 확실히 신라인이 그들의 기초적 수학의 전면적 활용이라 하겠으며, 방형(方形), 삼각형의 대각선의 전개, 수직선의 문제, 또 석굴암 석탑 구조에 있어서 비례 중항(中項) $\sqrt{2}$:2:2$\sqrt{2}$의 실용과, 특히 돔이 반구면체의 부재구축(部材構築)임을 보면, 돔 천장이 반지름 10척 이상의 구면 원주를 10할(割)하여 원주율에서 곧 계산되도록 취급했음을 알 수 있다. 또 이것은 교묘한 방법으로 평면기하학을 기조로 한 입체기하학 지식의 발휘이다.

석굴 사원 천장 구조. 우주를 상징하는 돔의 형식이 인상적이다. 신라역사과학관 사진 제공.

지금까지 서양 수학사학자들은 중국 문화권의 동아시아 여러 나라 수학이 예부터 높은 수준에 있었는데, 거기에는 기하학의 전개가 별로 없었다고 했다. 기하학이 없었던 것이 동아시아 수학의 특성이라는 주장이 있었다. 그러한 상식에 젖어 있던 필자에게 홍이섭의 이 글이 얼마나 강렬한 메세지를 주었는지 여러분은 상상할 수 있을 것이다. 필자는 바로 인사동의 유명한 고서점 통문관(通文館)에 갔다. 요네다의 저서『조선 상대 건축의 연구(朝鮮上代建築の研究)』(교토, 1944)를 구하기 위해서였다. 주인 이겸로 선생은 어렵지 않게 찾아주었다. 그 책 맨 뒷장에는 지금도 연필로 쓴 500이란 숫자가 선명하다.

요네다의 책은 필자를 열광시켰다. 석굴 사원과 불국사, 그리고 다보탑과 석가탑을 비롯해서 백제의 석탑들에 이르기까지 그 수학적 조영(造營) 의장(意匠) 계획의 연구들이 훌륭하게 전개된 그의 논문 모음 저서는 분명히 우리 건축사에 새로운 경지를 개척한 역작이다. 1976년에 우리 건축의 대가인 신영훈 선생의 번역으로 이 책의 우리말판이 출판된 것은 그래서 퍽 의의 있는 일이라고 생각된다.

1966년에 필자가『한국과학기술사』를 쓰면서 석굴 사원과 불국사의 과학에 대하여 쓸 수 있었던 것은 요네다의 연구가 있었기 때문이다. 그의 연구를 평가하고 재조명하려던 필자의 시도는 많은 학자들의 공감을 받았다. 신라의 위대한 유산인 석굴 사원의 놀라

석굴 사원의 축조 단면. 모형. 신라역사과학관 제작 전시물.

운 축조 기술에 대한 새로운 인식이 확산되어갔다. 석굴 사원이 신라 과학의 정화(精華)이고, 기하학의 실용적 전개를 입증하는 것이고 신라 축조 기술의 결정(結晶)이라는 과학적 창조성에 주목하게 된 것이다. 그리고 또 하나, 문화재 보존과 관련되어 나타나게 된 여러 가지 문제들 속에 숨어 있는 신라인의 대기과학과 기술의 예지를 알게 된 것이다. 석굴 사원은 예술과 과학 기술의 절묘한 조화로 이루어진 조형물이다. 그 깊이와 창조성은 우리가 알고 있는 것 이상으로 훌륭한 것이다. 예를 들어서, 석굴 사원의 습기 문제를 신라인은 어떻게 해결했을까, 하는 문제도 그 중의 하나이다.

석굴 사원에 대한 한국인의 인식이 새로워지게 된 계기는 1969년에 있었던 물리학자 남천우 박사와 우리 나라 고고미술사의 원로학자 황수영 박사와의 격렬한 논쟁이었다. 월간지 《신동아》 5월호부터 시작되어 여러 달 계속된 유명한 석굴 사원 논쟁은 우리 나라 많은 지성인들의 관심을 집중시킨 〈사건〉이었다.

그로부터 25년이 지난 1994년, 유홍준 교수의 저 유명한 『나의 문화유산 답사기』(2권)가 나오면서 석굴 사원에 대한 우리 나라 지성인의 관심은 그야말로 폭발적으로 고조되었다. 유교수는 삽시간에 베스트셀러 1위로 우리 나라 독서계를 휩쓴 1권에 이어, 2권을 내면서 157쪽에서 235쪽까지 거의 80쪽에 걸쳐 〈토함산 석불사(상), 그 영광과 오욕의 이력서〉,

석굴 사원 외벽 구조 앞쪽 단면. 모형. 신라역사 과학관 제작 전시물. 일제가 잘못 쌓아 바른 콘크리트 외벽 구조를 잘 보여준다.

〈토함산 석불사(하), 무생물도 생명이 있건마는〉이라는 제목으로 석굴 사원에 관한 모든 것을 문화유산 답사기의 수준을 뛰어넘은 내용을 담아 써냈다. 그는 미술사학자로서 학문적 자료를 훌륭히 정리하고 요약했다. 아마도 필자의 책을 읽는 독자들 중 많은 분들이 그 글을 읽었을 것이다. 석굴 사원에 대해서 이만큼만 알고 있으면 충분하다는 생각이 든다.

조금 더 전문적인 수준의 글을 읽고 싶은 독자는 남천우 박사가 쓴 『유물의 재발견』(1987)의 109쪽에서 184쪽에 나오는 토함산의 석굴 부분을 참고하기 바란다. 물리학자로서 우리 과학문화재의 연구로 학계의 주목을 끈 남교수의 탁월한 견해와 만날 수 있을 것이다. 그리고, 최근 남박사는 이런 글을 어느 일간지에 투고했다. 석굴 사원 보존에 대한 그의 견해를 다시 확인할 수 있는 글이다.

〈석굴암 위기 과장〉에 대해 결로 현상-좌대균열 수리공사 뒤 악화됐다.

지난 6일 황수영 박사의 「석굴암 위기 과장됐다」는 글을 읽고 문제의 핵심이 무엇인지 설명드리고자 한다. 황박사는 석굴암 수리공사가 성공적이라고 주장했지만 지난 64년 공사가 끝난 뒤 심한 결로 현상이 생겨 석굴 내부는 물바다가 되었다. 그래서 2년 후 공기 건조 장치까지 설치했으나 「이끼가 끼었다」는 보도는 연례행사처럼 계속되었다. 본존불좌대의 균열도 이미 예견된 일이었다. 수리중 무리하게 암반을 깨어냈기 때문이다.

석굴암 보존의 위기는 개악 수리공사 때문에 생긴 결과다. 그래서 연구 보고를 핑계로 관람객의 출입을 금지시키고 말썽의 소지를 없애려는 편법까지 동원했다.

그러나 구조를 그대로 두고서도 습기 문제는 해결할 수 있다. 즉 배후에 만든 이중돔 사이 공간의 온도를 밤중 대기온도보다 4, 5℃ 높게 유지시켜 주고 출입문을 개방하면 결로 현상은 생기지 않는다. 이렇게 하면 관람객의 출입도 가능해지며 공기 건조 장치도 필요없고 진동과 소음도 저절로 사라진다. 굳이 수억 원을 새로 들여서 기계실을 밖으로 옮겨야 할 이유가 없다.

——남천우(전 서울대 물리학과 교수)

또 화학자이며 보존과학자로서 오랫동안 문화재위원으로 공헌한 우리 학계의 원로인 이춘녕 서울대학교 명예교수의 견해도 유홍준 교수의 책에서 눈여겨 보아주기를 권하고 싶다. 과학자들이 미술사학자와 고고학자들과 어떻게 다른 시각으로 석굴 사원의 신비에 접근하고 있는지 알 수 있을 것이다. 서로 다른 분야의 학문적 훈련을 받은 학자들이 같은 사물 앞에서 무엇에, 어떤 것에 더 강하게 끌리는지를 잘 나타내는 사례이기도 하다.

그리고 또 하나, 경주 보문 단지에서 멀지 않은 곳 민속공예단지 안의 신라 역사과학관의 전시가 있다. 석우일 관장의 오랜 실험적 연구로 이루어진 석굴 사원의 구조 모형들은 몇 가지가 『나의 문화유산 답사기』 2권에 소개되어 있지만, 현장에서 그 훌륭한 전시물들을 직접 보면 훨씬 더 효과적으로 석굴 사원의 구조를 알 수 있을 것이다. 석굴 사원에 관한 여러학자들의 학설이 그대로 잘 재현되고 있기 때문이다.

석굴 사원의 수학

석굴 사원은 기하학적으로 완벽한 조형 디자인과 설계로 이루어진 축조물이다. 그래서 그것은 신라 실용수학의 한 결정이라고 할 수 있다. 그 석굴은 구성의 기본을 바닥 평면의 반지름을 12자로 하는 원으로 했다. 1년은 $365\frac{1}{4}$일. 옛날에 원은 $365\frac{1}{4}$도로 계산되었고 하루는 12시로 나누었으니, 석굴의 바닥원의 반지름은 하루의 길이이고, 석굴의 평면원의 둘레는 1년의 길이가 된다. 인간 세상의 하루가 12시로 되어 있듯이 석굴 입구의 넓이 또한 12자로 되어 있으니, 영원으로 향한 인간의 신앙이 한 시와 하루로부터 시작되는 것을 상징하는 것이다.

석굴의 궁창, 즉 돔 또한 영원을 상징하듯 반지름을 12자로 시작했고, 그 중심에 태양을 상징하듯 커다란 원형 연꽃돌을 새겨 박았다. 그 둘레에 여러 겹의 하늘(重天)이 둘러져 있고, 돔 구면 각 판의 돌사이에 낀 쐐기돌은 하늘의 무수한 별들을 상징하는 것으로 생각된다. 인도와 중국의 천문사상이 석굴 천장에 담겨졌고, 신라인의 우주관이 거기에 나타나 있는 것이다. 그러고 보면 석굴 사원의 조형 구성의 기본 아이디어는 고구려 옛무덤의 그것과도 이어지는 것 같다. 고구려의 옛 무덤에는 해와 달과 별들이 그림으로 천장을 장식하고 있는데, 석굴 사원은 그것을 더 상징적으로 조형화해서 입체감 있는 예술적 표현으로 발전시키고 있는 것이다. 고대 수학은 천문학과 그대로 통하고, 많은 경우 한덩어리로 얽혀 있었다. 석굴 사원의 기하학, 즉 수학은 그런 데서 출발한 것일지도 모른다.

고구려의 옛 무덤은 정사각형을 기조로 하는 구축법을 써서 밑은 넓고 위로 감에 따라 차츰 좁게 돌을 쌓아 올려 마치 피라미드식 무덤을 만들었고, 백제도 그랬다. 말하자면 기하학적 기본 구성법을 삼국이 다 쓰고 있었던 셈이다. 삼국 시대의 이러한 정사각형 기본 구성법은 후기에 이르러서는 점점 원형과 구형으로, 그리고 육각형과 팔각형으로 발전해 나갔다. 그 하나의 보기가 경주 첨성대이다. 직선을 부드러운 곡선으로 자연스럽게 했고, 직사각형을 원으로 그린 것이다.

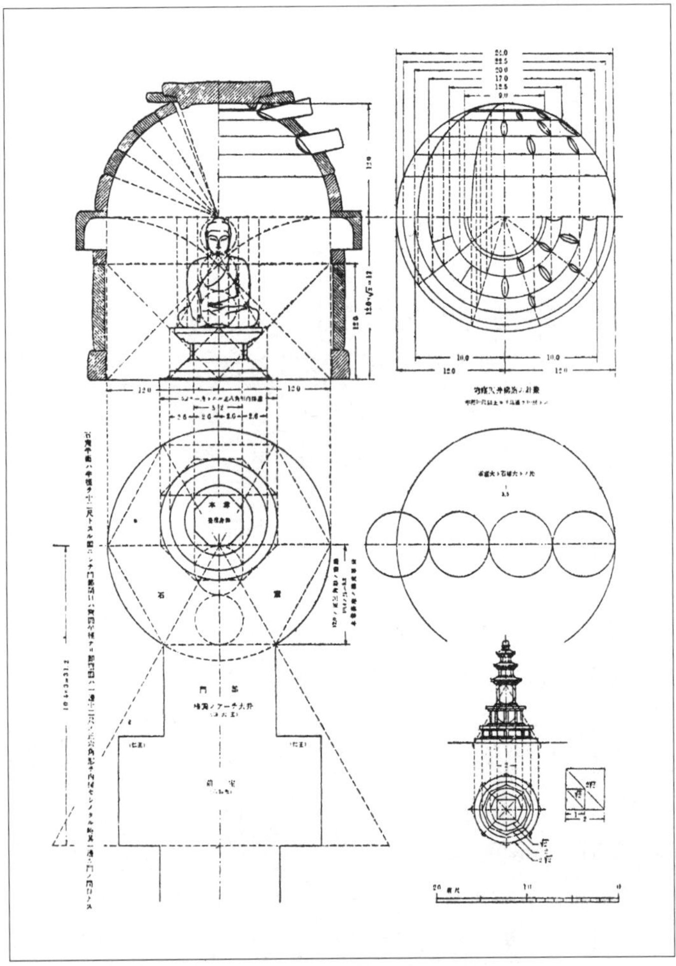

석굴 사원 영조 계획의 수학적 분석도. 요네다의 『조선 상대 건축의 연구』에서.

자연스러움 속에서 완전함을 지향한 아름다움을 창조해내는 일, 그것은 신라가 삼국을 통일한 후, 석굴 사원에서 완성에의 영역에 이르고 있다. 신라인들은 백제의 축조 기술을 잘 이어받아서 그 모든 구성법을 자유롭고 자연스럽게 조화시켜 하나의 아름다운 통일체를 이루는 데 성공했다. 삼국 시대의 세련된 축조 기술이 이렇게 통일신라에 이르러 석굴 사원에서 그 완성의 정점에까지 오른 것이다. 그리고 직사각형, 원과 구, 삼각형과 육각형과 팔각형의 조화와 통일, 그러한 기하학적 도형을 석굴 사원에서 불교적 신앙심으로 아름답게 승화시켰다. 그래서 석굴 사원은 인간이 수학적인 조화로써 창조할 수 있는 아름다움의 극치가 어떤 것인가를 우리에게 보여주고 있다. 또 한 가지 신라의 기술자들은 그 창조적 조형물을 자기들의 자연 속에서 찾을 수 있는 가장 아름답고 따뜻한 흰돌인 화강석에 조각해낸 것이다.

석굴 사원의 아름다운 모습 속에 내재되어 있는 조형의 디자인을 좀더 수학적으로 분석해 보자. 석굴의 평면은 위에서 말한 것처럼 지름 24자, 그러니까 7.13m의 완전한 원이고, 굴 입구의 너비는 12자, 즉 평면원의 반지름이며 또한 그 원에 내접하는 정육각형의 1변이 된다. 굴원의 중심은 그 정육각형의 1변, 즉 굴 입구의 너비가 만드는 정삼각형의 정점이 되고, 본존석불이 앉은 대좌(臺座) 팔각형의 앞면 중앙과 일치하고 있다.

석굴의 입체 구성도 12자를 기본으로 하고 있다. 바닥에서 관음상 등 여러 벽의 입상들 위까지의 높이는 꼭같고, 또 그 높이는 석가좌상의 머리끝에서 돔의 중심까지의 거리, 즉 평면의 반지름과 일치하고 있다. 이것을 종합하면 석굴 평면원의 반지름으로 만든 정사각형의 대각선 길이를 원주 위에 수직으로 취하고 그 높이의 위치에서 평면원의 중심을 기점으로 하여 같은 반지름으로 반구를 그리면 돔의 구성 형태가 결정된다.

석굴 평면원의 반지름 12자를 기본으로 하는 갖가지 조화들이 이렇게 변화와 통일을 이루어냈다. 거기에는 선과 원의 미묘하고 아름다운 교차가 있고, 기본수와 그것을 몇 갈래로 쪼갠 여러 수가 얽혀 기하학적 조형미를 창조해 내고 있다. 기묘한 조화미(調和美)는 또 다른 짜임새를 보여주고 있다. 돔의 멋있는 짜임새가 바로 그것이다. 돔의 짜임새는 원둘레 띠 모양으로 연결된 다섯 층의 짜임으로 이루어졌다. 맨 위 한복판에는 연꽃 무늬를 조각한 원반형의 큰 돌이 끼여 천개(天蓋)를 상징하게 했고, 그것을 중심으로 원둘레 띠가 층을 이루고 있다. 각 원둘레 층은 원둘레를 10등분한 10장의 석판으로 짜여져 있다. 그리고 아래로 내려가면서 원둘레가 커져서 맨 아래 원둘레띠를 최대로 했다. 띠의 폭은 위로 올라갈수록 줄어든다. 석판들의 접합선을 연장하면 돔의 중심으로 집중되게 했고, 석판의 이음새에는 또 다른 쐐기 석재를 수평으로 끼워 밖으로 튀어나온 부분은 솜씨있게 다듬어서 기술적으로는 석판이 떨어지지 않게 했고 예술적으로는 조화로운 입체감을 갖도록 했다. 그리고 그것은 중천(重天)에 별들을 상징하는 듯하다.

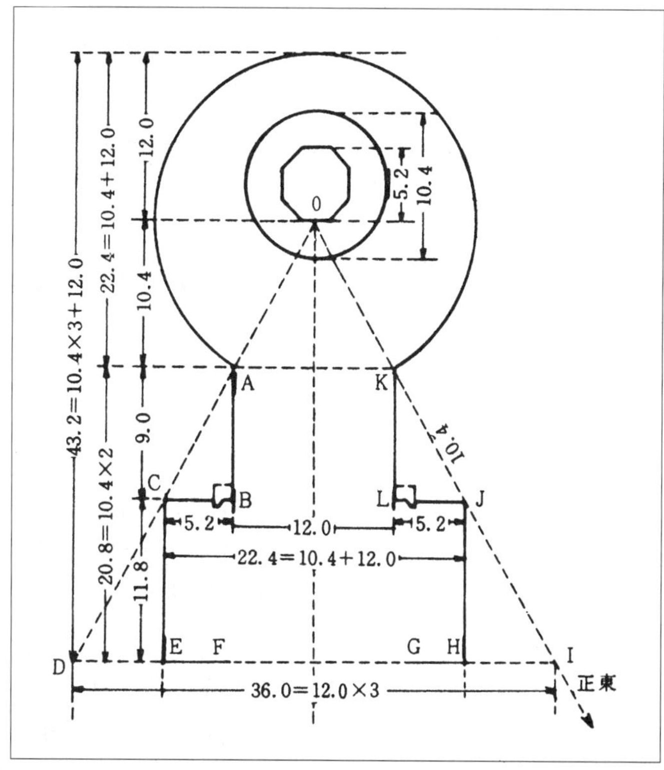

기하학적인 석굴 평면 분석도. 남천우의 『유물의 재발견』에서. 정면의 방향은 동남 30도이며, 굴원은 12지(支) 평면이라 할 수 있다.

또 본존석불의 형태미는 등비급수적 체감법을 써서 이루어냈고, 굴 입구의 좌우 두 기둥을 건네는 아치형 천장은 타원의 작도법을 자유롭게 할 수 있었음을 보여주는 것이다.

여기에 쓴 자가 어떤 것인가를 가지고 오랫동안 여러 가지 의견들이 제시되어 왔다. 당척(唐尺)이라는 것이다. 그

석굴 사원 축조 상상도. 신라역사과학관 사진 제공.

길이는 29.7cm로 계산되었다. 그런데 나라의 쇼소인에는 놀랍게도 29.6cm와 29.8cm의 신라자들이 있다. 그 화려한 신라자들은 길이가 29.6cm, 29.8cm, 30.2cm, 30.7cm의 것들이어서 우리의 주목을 끈다. 이와 관련된 최근의 연구가 있다. 일본의 금속학자 아라이[新井宏] 박사는 4세기에서 8세기에 이르는 고대 한국과 일본의 고적 사원 궁전과 유적들에 대한 방대하고 정밀한 측량 결과를 수집하여 컴퓨터로 분석하여 26.8cm와 29.6cm의 자를 썼다고 결론짓고 있다. 고마척[高麗尺]은 없었다는 것을 밝히려고 쓴 『환상의 고대 자(まぼろしの 古代尺)』(도쿄, 1992)에서 그는 26.7cm의 고한척(古韓尺)이 존재했다고 주장한다. 그러니까 그는 고한척 26.8cm, 당척 29.7cm, 고마척 35.5cm로 정리한 것이다. 그런데 쇼소인에의 신라자 중에 29.6cm의 자가 4개, 29.5cm의 자가 1개 있다.

이 한국의 고대 자들은 석굴 사원의 과학 기술 문제와 함께 우리에게 중요한 과제로 남는다. 아라이 박사가 말하는 26.8cm의 고대 한국자와 지금까지 당척으로 환산되어 온 29.7cm의 신라자들, 그리고 고마척으로 그 길이만이 전해 온 35.5cm의 고구려자에 관한 연구가 더 필요할 것이다.

북한 학자들의 평가

〈경주 토함산의 석굴암은 무어 만든 우리 나라의 고유한 석굴로서 8세기 중엽에 건설되었다. 그리고 이 시기에 이르러 비로소 특색 있는 석굴 건축을 창조하였다.〉

1994년에 출판된 『조선기술발전사』 2권, 삼국 시기 · 발해 · 후기 신라 편에 총설적으로 쓴 글이다. 석굴 사원의 건축 기술 2쪽 분량은 석굴 사원의 구성 기술과 석굴 사원의 구조 기술의 두 부분으로 서술되어 있다. 〈내부 공간은 수학적 비례, 즉 평면 및 입체기하학 지식들이 능숙하게 적용되었다〉고 그 수학적 설계 디자인 계획을 평가하고, 비교적 간략하게 구조 기술을 논하고 있다. 그 전문을 인용하겠다.

> 석굴암은 땅속 건축 구조물의 특성에 맞게 구조역학적으로 잘 타산되었다. 특히 굴칸은 가장 깊이 묻혀 있기 때문에 흙압의 영향을 많이 받는다. 그러므로 굴칸의 천장을 매 층단을 10개의 2중곡면부재로 뭇개 다섯돌기로 올려놓아 궁륭천장을 만들었다.
>
> 매 부재는 통이음줄이 없이 쌓았으며 그 이음줄의 방향은 천장 중심과 일치된다. 축조 부재는 웃부재일수록 작게 하였으며 서로 엇바뀐 이음줄(우로부터 3단까지) 사이에는 쐐기돌을 박았다.
>
> 특히 쐐기형 돌을 삽입하여 반모멘트를 조성시켜 발대없이 조립식으로 구형 방막을 건설한 사실은 우리 선조들의 독창적인 건축 기술을 보여주는 것이다.
>
> 이러한 해결은 돌부재가 중심축 방향으로는 주로 누름만이 작용하게 하고 또 위로 올라갈수록 부재의 무게를 줄이게 하는 합리적인 구조이다. 이것은 누름에 잘 견디는 돌부재의 역학적 특성을 재치있게 이용한 것이다.
>
> 깊숙이 수평으로 박은 쐐기돌은 돌부재들이 떨어지는 것을 막게 할 뿐 아니라 그것이 돌출됨으로써 굴의 세로 자름면상에서는 궁륭의 원중심에 집중되고 궁륭의 표면우에서는 자오선에 일치시켜 시공되었다.

이 글에서 필자는 북한 학자들이 석굴 사원에 대해서 너무 간략하게 다루고 있다는 인상을 받았다. 287쪽 분량에서 2쪽밖에는 쓰지 않은 것이다.

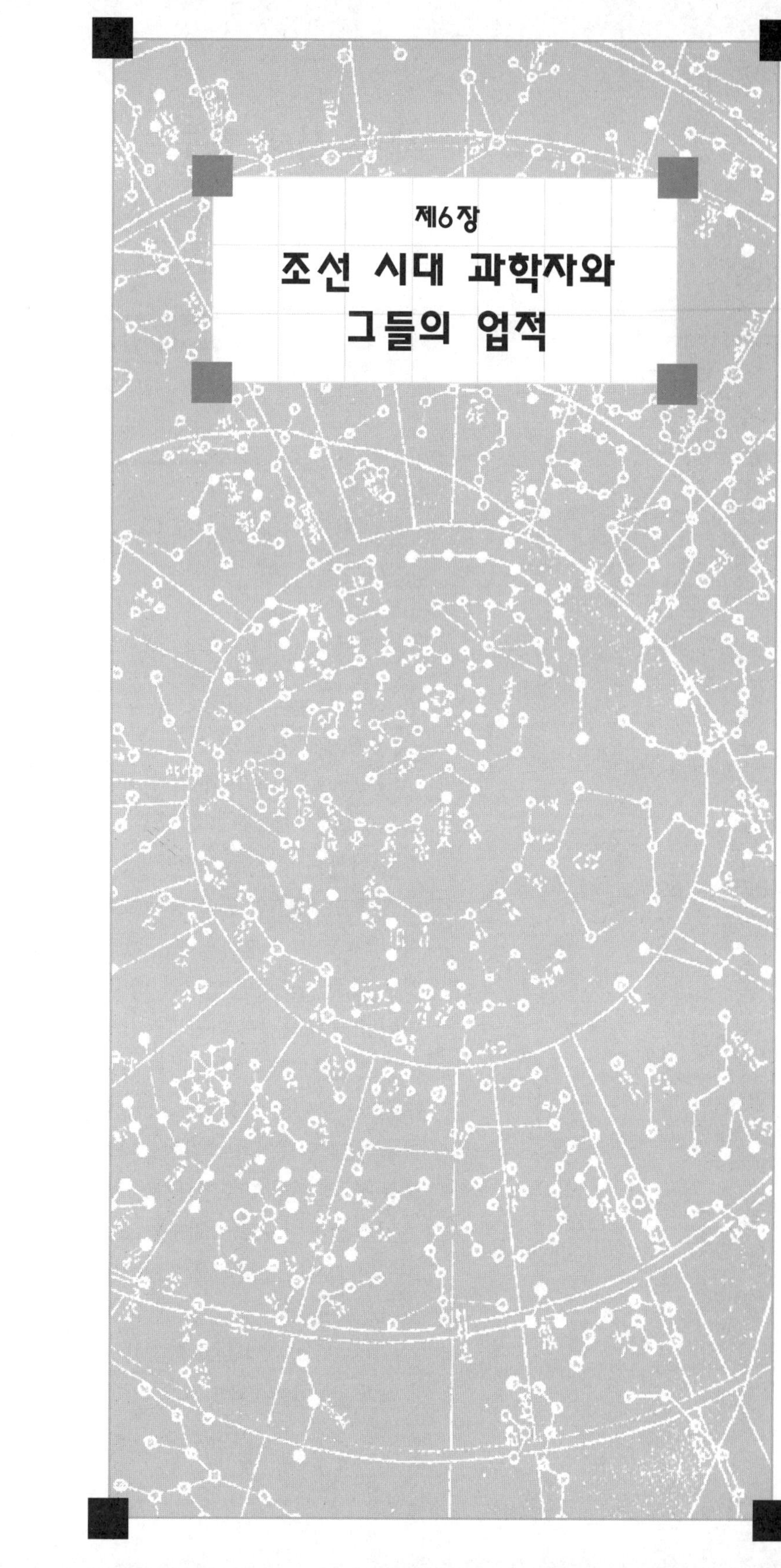

제6장

조선 시대 과학자와 그들의 업적

세종 시대 최고의 과학자, 이천

이천(李蕆)은 조선 시대 세종 때의 과학자이다. 그는 1376년(고려 우왕 2)에 전법판서(典法判書) 이송(李竦)의 맏아들로 태어났다.

1402년(조선 태종 2)에 무과(武科)에 급제하면서 이천은 무관으로 관직에 나가게 되었다. 그는 탁월한 무관으로서의 재능이 인정되어 군의 요직을 역임하였다. 그러던 이천이 1420년(세종 2) 5월 7일 공조 참판으로 임명된 것이다. 그때 그의 벼슬은 충청도병마도절제사였다. 충청도의 군 총사령관인 이천이 공조참판이란 과학 기술 행정관서의 차관으로 임명된 것은 아주 이례적인 인사가 아닐 수 없다. 이것은 그의 과학 기술자로서의 탁월한 재능과 뛰어난 행정 능력이 인정되었기 때문으로 생각된다.

공조참판으로서 이천이 해낸 첫번째 큰 사업은 청동활자 인쇄술의 혁신이었다. 1420년(세종 2, 경자년) 겨울부터 시작해서 1421년(세종 3) 5월까지 완성한 새로운 청동활자인 경자자와 그 인쇄기의 제작이었다. 그는 금속활자와 활판 인쇄기의 표준화를 추진하여 인쇄 능률을 2배 이상으로 향상시킨 것이다.

이천은 두번째로 도량형의 표준화 사업에 착수하였다. 『세종실록』 권 16, 세종 4년 6월 20일의 기사에는 이렇게 씌어 있다.

> 이보다 앞서, 임금이 공청이나 사가에서 사용하는 저울이 정확하지 아니하므로, 공조참판 이천에게 명하여 개조하게 하다. 이 날에 이르러 1,500개를 만들어 올렸는데, 자못 정확하게 되었으므

로 전국에 반포하고, 또 더 만들어서 백성들로 하여금 자유로이 사들이게 하다.

이 도량형의 표준화 사업은 그후 자[尺]와 되, 말의 정비로 이어져 조선 왕조의 도량형 제도 확립의 기초가 되었다. 이것은 정치, 경제를 비롯한 왕권의 확립으로 이루어진다는 점에서 중요한 것이다.

1424년(세종 6)에 이천은 천추사(千秋使)로 중국에 파견되었다. 4개월 동안의 중국 여행에서 그는 많은 것을 보고 들었다. 1425년(세종 7) 12월에 이천은 병조참판으로 임명되고, 다음 해 9월에는 중군총제(中軍摠制)로, 그리고 1431년(세종 13) 12월에는 우군도총제(右軍都摠制)로 승진하였다. 이렇게 이천은 군의 요직을 역임하면서 각종 병기(兵器)의 개량과 조선(造船) 기술의 향상을 위하여 크게 기여하였다.

간의가 제조되다

과학자로서의 이천의 활동은 1432년(세종 14) 3월에 그가 지중추원사에 임명되면서 새로운 지평을 열게 되었다. 천문 기기를 만드는 대 역사를 책임지게 된 것이다. 이 사업은 조선 왕조의 천문학 발달에 새로운 전기를 마련하는 국가적 과제였기에 이천에게 주어진 사명은 막중한 것이었다.

이에 대해서 『증보문헌비고』에는 이렇게 쓰고 있다.

> 세종 14년(1432)에 임금이 경연에 나아가 역상의 이치를 토론하고, 예문각 제학 정인지에게 이르기를, 〈우리 나라는 멀리 해외에 있어서 모든 것을 하나같이 중국의 제도를 따라 시행하는데, 유독 천문을 관찰하는 기계만 빠졌다. 이미 역산(曆算)에 관계되는 제조이니, 대제학 정초(鄭招)와 함께 고전을 연구하여 관측 기계를 만들어서 관측을 할 수 있도록 대비하라. 그러나 그 목적이 북극출지의 값을 결정하는 데 있으니, 먼저 간의를 만들어 바치는 것이 좋겠다〉 하였다. 그래서 정초와 정인지는 고전의 연구를 담당하고, 중추원사 이천과 호군 장영실은 공역을 감독하여 먼저 목간의를 만들어서 한양의 북극출지 38도 1/4을 측정하였는데, 『원사(元史)』의 측정치와 거의 맞았다. 마침내 구리를 부어 여러 의상(儀象)을 7년 후인 무오년(1438, 세종 20)에 만들어내니, 첫째 대간의, 소간의, 둘째 혼의, 혼상, 셋째 현주일구, 천평일구, 정남일구, 앙부일구, 넷째 일성정시의, 다섯째 자격루였다.

이러한 대규모의 천문 기기들을 설치하기 위하여 1433년(세종 15)에는 경복궁 경회루 북쪽에 간의대를 쌓았다. 천체 관측을 위한 천문 기기를 제대로 갖춘 규모 있는 천문대를 세운 것이다. 『세종실록』에 의하면 간의대는 높이 31척(약 9.5m), 길이 47척(약 14.5m), 너비 32척(약 9.8m)의 돌로 쌓은 관측대로서 둘레에 돌난간을 세워 관측 활동을 편하게 했다. 이 천문대를 간의대로 부른 것은 대간의를 기본 관측 기기로 설치했기 때문이다.

이 간의대의 가운데는 대간의를 설치하고, 간의 남쪽에는 간의의 방향을 바로 잡는 데 쓰이는 방위 지정표인 정방안(正方案)을 장치하였다. 간의대 서쪽에는 높이가 40척(약 8.5m)이나 되는 청동으로 만든 거대한 규표를 세웠고, 그 서쪽에는 작은 집을 짓고 혼천의와 혼상을 설치했다.

이 천문대는 15세기에 세계에서 가장 큰 규모를 갖춘 천문 관측 활동의 중심이었다. 청동으로 만든 대간의는 천체의 위치를 측정하는 데 쓰였고, 40척 높이의 규표는 동지날 해 그림자를 측정하여 그 정확한 길이를 재어 24절기와 1년의 길이를 확정하는 기기였다. 규표는 중국에서는 높이 8척으로 만들었는데, 이천이 세운 것은 그 5배에 이르는 것으로 정밀도가 매우 높은 것이었다. 이 규표는 15세기에 가장 규모가 큰 천문 기기였다.

이 간의대를 건설하는 일을 호조판서였던 안순(安純)과 이천이 그 책임을 맡았고, 거기에 설치하는 천문 관측 기기를 만드는 책임을 이천과 장영실이 맡았던 것이다.

혼천시계를 만들다

> 대제학 정초, 지중추원사 이천, 제학 정인지, 응교 김빈 등이 혼천의를 올리매, 임금이 그것을 곧 세자에게 명하여 이천과 더불어 그 제도를 질문하고 세자가 들어와 아뢰라고 하니, 세자가 간의대에 이르러 정초, 이천, 정인지, 김빈 등으로 더불어 간의와 혼천의의 제도를 강문하고, 이에 빈과 내시 최습에게 명하여 밤에 간의대에 숙직하면서 해와 달과 별들을 참고해 실험하여 그 잘되고 잘못된 점을 상고하게 하고, 인하여 빈에게 옷을 하사하니 밤에 숙직하기 때문이다. 이로부터 임금과 세자가 매일 간의대에 이르러 정초 등과 함께 그 제도를 의논해 정하다.

『세종실록』을 기록한 사관은 1433년(세종 15) 8월에 완성된 혼천의가 이천을 비롯한 4명의 과학자가 공동으로 제작한 것임을 말하고 있다. 여기서 이천을 제외한 나머지 세 사람은 문관 학자이다. 그런데 세종은 세자에게 이천과 혼천의의 제도에 대하여 논의하라고 명했다고 기록하고 있다.

이때 만든 혼천의는 수격식 시계 장치로 움직이는 혼천시계이다. 『세종실록』 권 77, 세종 19년 4월 15일의 기사에는 〈규표의 서쪽에 작은 집을 세우고 혼의와 혼상을 놓았는데,

혼의는 동쪽에 있고 혼상은 서쪽에 있다. 혼의의 제도는 역대에 같지 아니하나, 이제 『오씨서찬(吳氏書纂)』에 실린 글에 의해 나무에 칠을 하여 혼의를 만들고〉 라고 설명하고, 그 혼천의는 〈 물을 이용하여 기계가 움직이는 공교로움은 숨겨져서 보이지 아니한다〉 라고 쓰고 있다.

이천은 이 물레바퀴로 움직이는 시계 장치의 혼천의를 만드는 데 기술적인 책임을 진 과학 기술자였다. 다른 세 사람의 학자들은 문헌과 이론적인 자료를 맡았을 것으로 생각된다. 이천은 혼천시계 기계 장치의 제도와 원리에 능통해 그것을 움직이는 방법 등을 세자인 문종에게 가르쳐 준 것이다.

이 혼천시계는 중국 송 · 원 시대의 천문시계의 전통을 이어, 천체의 위치를 관측하는 기본 기기인 측각기와 그것을 작동시키는 시계 장치로 이루어졌다. 송나라 때 소송(蘇頌)은 거대한 관측용 혼천시계를 만들었으나, 이천을 비롯한 세종 때의 과학자들은 그것을 실내에 설치하는 천문시계로 만든 것이다. 그들이 문헌 자료의 연구만으로 1년 남짓 이토록 정밀한 천문시계를 만들어낼 수 있었다는 것은 주목할 만한 과학 기술적 성과였다. 15세기 전반기 세종 때의 과학 기술 수준이 그 당시로서는 정상급이었음을 말해 주는 것이다. 그 혼천시계 제작의 주역이 이천이었다는 사실은 그의 주요한 업적으로 높이 평가해도 좋을 것이다.

이 혼천의와 혼상을 하나로 연결한 천문시계는 세종대 이후 조선 천문학의 기본이 되는 천문 기기가 되었다. 그리고 이천이 만든 수격식 모델은 조선 천문 관측 교습의 표준 시계로서 계승되었다.

이천이 만든 혼천시계의 구조와 제도에 대해서 『세종실록』에는 더 자세한 설명이 없다. 그런데 『증보문헌비고』에는 1669년(현종 10)에 이민철이 만든 혼천시계의 기계 장치에 대한 간략한 설명이 있다. 이민철의 모델은 이천의 수격식 혼천시계의 전통을 계승한 것이므로, 우리는 『증보문헌비고』의 설명을 통해서 그 구조의 개략을 알 수 있다. 그 글을 인용해 보자.

혼의를 움직이는 동력은, 큰 궤를 만들고 물항아리를 널판의 뚜껑 위에 설치하고 물이 구멍을 통해 흘러내려 통 안

1993년 4월 이천의 달 기념 포스터.

에 있는 작은 항아리에 흘러 들어가 번갈아 채워져 바퀴를 쳐서 돌리게 된다. 여러 날에 걸쳐 물을 채워서 법식에 따라 시험하여 보면 혼천의의 환이 함께 일제히 움직인다. 또 그 옆에 톱니바퀴를 설치하고, 겸하여 방울이 굴러내리는 길을 만들어서 아울러 시간을 알리고 종을 치는 기관이 되게 했다.

『증보문헌비고』에는 또 이 장치가 움직이면서 나무 인형이 종을 치게 하고 시각의 패를 든 또 다른 인형이 번갈아 나타나 그때의 시각을 알리는 제도를 설명하는 글이 있다. 그리고 그 글의 끝에는 〈안팎의 기관 운동은 모두 물의 힘을 이용하도록 되어 있다〉라고 기술하고 있다.

지금 고려대학교 박물관에 보존되어 있는 1664-69년의 송이영의 혼천시계는 이천의 혼천시계로 세워진 조선식 혼천시계 모델의 전통을 보여주는 귀중한 유물이다. 그것은 이천의 모델에 서양식 자명종의 원리를 이용한 기계식 혼천시계의 새로운 모델로 높이 평가되는 천문시계이다.

1433년(세종 15) 윤8월 26일 세종은 간의대와 천문 기기를 만드는 책임자들인 정초, 이천, 홍리, 정인지 등을 위로하는 잔치를 경회루 아래에서 베풀었는데, 여기에는 왕세자와 여러 종친들과 여섯 승지가 함께 참석했다고 한다. 간의대와 천문 기기 제작 사업의 순조로운 진행을 기뻐하고 축하하는 모임이 마련된 것이다. 혼천시계가 완성된 다음 달인 것을 보면, 세종은 그 성과를 매우 기뻐했던 것으로 생각된다.

간의대는 이렇게 이천의 천문과학적 및 기술적 지도 감독으로 15세기 최고의 천문대로서의 기틀이 순조롭게 잡혀가고 있었다. 이 간의대에 대하여 조선 왕조가 얼마나 국가적으로 큰 비중을 두었는지는 『세종실록』의 여러 기사에 잘 나타나 있다. 역상(曆象)을 바로잡기 위한 국가적 노력이 이천의 공헌으로 성취된 것이다.

대간의대에는 이들 천문 기기 이외에 몇 가지 해시계가 갖추어졌다. 일성정시의(日星定時儀)와 현주일구, 천평일구, 정남일구가 제작되어 서운관을 비롯한 몇몇 기관에서 사용할 수 있게 되었다. 그리고 휴대용 물시계인 행루(行漏)도 만들어졌다.

이천을 비롯한 세종대의 과학자들은 앙부일구라는 이름의 독특한 해시계를 만들어 민중을 위한 공중 해시계로 쓰이도록 설치했다. 서울의 중심 지역인 혜정교와 종묘 남쪽 거리에 각각 설치된 이 오목해시계는 백성을 위한 시계라는 데서 그 의의가 크다.

조선 왕조의 왕립 천문대로서의 간의대 설립을 위한 대역사는 1437년(세종 19) 4월 15일에 공식적으로 완결되었다. 『세종실록』 권 77, 세종 19년 4월 15일의 기사는 그때까지 제작된 모든 천문 기기와 그 기기들에 대하여 지은 글들로 여러 장을 채우고 있다. 여기서 인용하기에는 조금 긴 글이기는 하지만, 세종 때의 학자들과 사관들이 천문 기기에 대하여 어떻게 기술하였는지를 이해하는 데 매우 중요한 자료라고 생각되어 뒤에 따로 그 전문을 옮겨 놓겠다.

1437년(세종 19) 4월의 간의대 공식 준공을 계기로 세종 때의 천문 관측 활동은 새로운 전기를 맞이하게 된다. 『세종실록』 권 80, 세종 20년 3월 4일의 기사는 그 사실을 선명하게 말해 주고 있다. 간의대에서의 천문 관측을 이제부터는 서운관에서 맡아 매일 밤 5명이 관측 임무에 임한다고 제도화한 것이다. 이렇게 해서 간의대는 명실상부한 천문 관측 센터로서 조선 왕조의 제도화된 천문 시설로서의 위치가 확립되었다. 또 이 기사는 간의대의 설립이 〈천기를 살펴 백성에게 절후를 알려주기 위한 것〉이라고 기술하고 있다. 역법의 확립에 그 의의가 있음을 강조하고 있는 것이다.

간의대의 설립으로 조선 왕조는 자주적 역법을 세울 수 있게 되었다. 1442년(세종 24)에 완성된 『칠정산내편』은 조선에서 관측을 바탕으로 만든 조선의 역법이다. 이로서 조선 왕조는 〈자기의 역법〉을 가지게 되었다. 이것은 정치적으로나 문화적으로, 그리고 과학 기술에서 획기적인 일로 커다란 의의를 갖는 것이다.

15세기 과학과 이천의 업적

세종대는 1419년에 시작되어 1450년에 끝난다. 15세기 전반기이다. 이 시기에 조선의 과학 기술 문화는 독자적인 발전을 이룩했다. 그것은 과학 기술 문화의 모든 분야에 걸친 것이었다. 이렇게 수준 높은 학문, 문화, 예술의 성과가 짧은 동안에 총체적으로 나타난 적은 한국의 역사에 일찍이 없었다. 그것은 조선식의 창조적인 과학 기술 전통의 구축으로 이어졌다. 15세기 전반기의 과학 기술사에서 세종 때와 같은 유형의 발전은 지구상의 다른 어느 지역에서도 찾아볼 수 없는 일로 특히 주목할 만하다.

과학사에 있어서의 15세기는 이른바 중세가 끝나려는 시기이며, 근대 과학의 여명이 트려는 시기이다. 서방 라틴 세계 문화의 빛은 아직도 희미했고, 동방 아랍 세계의 찬란했던 빛은 차츰 사그라져 거의 꺼져가고 있었다. 수천 년의 역사를 가진 중국의 거대한 과학 기술의 전통은 송·원 시대의 창조적 발전을 고비로 15세기 전반기 명에 이르러 혼돈한 상태에 머무르고 있었다. 이러한 시기에 조선의 과학은 한국 과학사에서 가장 훌륭한 창조적 발전을 이룩하고 있었던 것이다. 그것은 서방 세계는 물론, 아랍 세계와 중국의 과학 기술 수준을 능가하는 것이었다. 이천은 이런 시기에 활동하고 있었다. 그가 활동하던 무대는 중국의 동쪽에 붙은 작은 반도인 조선이지만, 그가 이룩한 업적은 세계적인 것이었다.

이천은 세종대 최고의 기술과학자로서 많은 일을 해냈다. 15세기 최고의 천문대로서의 경복궁 간의대의 천문 기기들을 만든 총감독으로서, 그가 조선 초의 천문학 발전에 기여한 공헌은 매우 컸다. 특히 간의와 혼천의, 규표와 여러 해시계들은 훌륭한 것이었다. 지금 남아 있는 일성정시의와 현주일구의 유물로 미루어 볼 때, 이천이 만든 천문 기기들은 상당히 정밀한 것이었으리라고 믿어진다.

여기서는 이천의 천문학 분야의 업적을 중심으로 말했지만, 그의 업적은 천문 기기 제작 이외의 분야에서 오히려 더 두드러진다고 평가할 수 있다. 필자는 그것들을 새로운 시각으로 살펴보고 조명하여 다음과 같이 정리하려고 한다.

첫째로 이천은 15세기 전반기에 있어서 기술 혁신의 기수였다는 것이다. 1421년(세종 3)에 이루어진 새로운 청동활자인 경자자와 1434년(세종 16)의 갑인자의 주조에 의하여 완성된 조선식 청동활자 인쇄술은 15세기 인쇄 기술의 혁신이었다. 활자의 주조 기술과 조판 기술의 개량이 가져온 인쇄 능률의 비약적 향상과 인쇄본의 아름다움은 조선의 금속활자 인쇄 기술을 15세기 최고의 인쇄본을 대량 생산하는 기술로 평가하기에 충분하다.

이 기술 혁신은 금속 주조 기술의 향상과 밀접하게 이어지고 있다. 『세종실록』은 그 기술 개량에서 이천의 기술과 학자로서의 공헌을 우리에게 말해 주고 있다. 그의 금속 기술과학은 분명히 천문 기기를 청동으로 만들어낼 때 반드시 따라야 하는 정밀함과 정확함의 기술상의 문제를 해결할 수 있었을 것이다.

둘째로 이천은 표준화의 기수였다. 그는 도량형의 표준화를 이룩하여 세종 때의 도량형 제도를 확립하는 데 크게 기여했다. 위에서 말한 청동활자의 규격화와 조판기의 규격화도 그가 추진한 표준화 기술 개발의 산물이다. 또 1445년(세종 27)에 전면 개주되어 새로운 모델의 규격화된 조선식 화포가 완성된 것도 세종대의 기술 혁신과 표준화의 발전과 연결되는 것이다. 이때 이천은 중추원사로 화포의 주조 사업에 참여했다.

1451년(문종 1) 11월 8일에 이천은 그 생애를 마쳤다. 그때 벼슬은 판중추원사였다. 『문종실록』 권 10에는 14줄에 걸쳐 무장과 과학 기술자로서의 그의 생애를 쓰고 있다. 〈천성이 정교하여 화포, 종경, 규표, 간의, 혼의, 주자와 같은 따위를 모두 그가 감독하고 관장하였다〉 라고.

조선 시대를 대표하는 공학자, 장영실

장영실(蔣英實)은 세종 시대의 공학자로 널리 알려진 사람이다. 때때로 그는 조선 시대를 대표하는 공학자로 꼽히기도 한다. 그는 분명히 세종 때의 과학 기술 발전의 주역으로 크게 기여한 인물임에 틀림없다. 그러나 인간 장영실의 생애는 극적인 것만치 알려진 것이 거의 없다. 우리는 그가 누구의 아들로 언제 태어났는지, 어떤 교육을 받았는지 전혀 알지 못한다. 그의 출생과 등용에 대해서 『세종실록』 권 61에는 이렇게 씌어 있다.

> 안숭선에게 명하여 영의정 황희와 좌의정 맹사성에게 의논하기를, 행사직(行司直) 장영실은 그 아비가 본디 원(元)나라의 소항주(蘇杭州) 사람이고, 어미는 기생이었는데, 공교(工巧)한 솜씨가 보통 사람에 뛰어나므로 태종께서 보호하시었고, 나도 역시 이를 아낀다. 임인·계묘년 무렵에 상의원별좌(尙衣院別座)를 시키고자 하여 이조판서 허조와 병조판서 조말생에게 의논하였더니, 허조는 기생의 소생을 상의원에 임용할 수 없다고 하고, 말생은 이런 무리는 상의원에 더욱 적합하다고 하여, 두 의논이 일치하지 아니하므로, 내가 굳이 하지 못하였다가 그뒤에 다시 대신들에게 의논한 즉, 유정현 등이 상의원에 임명할 수 있다고 하기에, 내가 그대로 따라서 별좌에 임명하였다. 영실의 사람됨이 비단 공교한 솜씨만 있는 것이 아니라 성질이 똑똑하기가 보통에 뛰어나서, 매양 강무할 때에는 나의 곁에 가까이 모시어서 내시를 대신하여 명령을 전하기도 하였다. 그러나, 어찌 이것을 공이라고 하겠는가, 이제 자격루를 만들었는데, 비록 나의 가르침을 받아서 하였지마는, 만약 이 사람이 아니었더라면 암만해도 만들어내지 못했을 것이다. 내가 들으니 원나라

순제(順帝) 때에 저절로 치는 물시계가 있었다 하나, 그러나 만듦새의 정교함이 아마도 영실의 정밀함에는 미치지 못했을 것이다. 만대에 이어 전할 기물을 능히 만들었으니 그 공이 작지 아니하므로 호군(護軍)의 관직을 주고자 한다…….

상의원별좌로 등용되기 전, 장영실은 동래현(東萊縣)의 관노(官奴)로 있었다. 『세종실록』 권 65에는 그에 대하여 이렇게 썼다.

영실은 동래현 관노인데, 성품이 정교하여 항상 궐안의 공장(工匠) 일을 맡았었다. 그후 장영실은 세종의 특명으로 중국에 유학하여 천문의기에 대한 연구를 하고 돌아왔다.

이에 대하여 『연려실기술』에는 이렇게 씌어 있다.

3년 신축(辛丑)에 남양부사(南陽府使) 윤사웅(尹士雄), 당평부사(當平府使) 최천구(崔天衢), 동래관노(東萊官奴) 장영실(蔣英實)을 내감(內監)으로 불러서 선기옥형(璿璣玉衡) 제도를 논난 강우(講究)하니 임금의 뜻에 합하지 않음이 없었다. 임금이 크게 기뻐하여 이르기를, 영실은 비록 지위가 천하나 재주가 민첩한 것은 따를 자가 없다. 너희들이 중국에 들어가서 각종 천문 기계(天文機械)의 모양을 모두 익혀와서 빨리 모방하여 만들어라 하고, 또 이르기를 이 무리를 중국에 들여보낼 때에 예부(禮部)에 자문(咨文)을 보내어 조역학산(造曆學算)과 각종 천문서책(天文書册)을 무역하고 보루각(報漏閣), 흠경각(欽敬閣)의 혼천의도식(渾天儀圖式)을 견양(見樣)하여 가져 오게 하라 하고 은량물산(銀兩物産)을 많이 주었다.

7년 을사(乙巳) 10월에 양각(兩閣)을 준공하여 임금이 친히 내감(內監)에 가서 두루 보고 이르기를, 기이하다 훌륭한 장영실이 중한 보배를 성취하였으니 그 공이 크도다, 하고 곧 면천(免賤)시키고 가자(加資)하여 실첨지(實僉知)를 제수하고 겸하여 보루사(報漏事)를 살피게 하여 서울을 떠나지 않게 하며…….

이 기록은 『세종실록』에서 세종이 장영실은 임인 · 계묘년(壬寅 · 癸卯年) 무렵, 즉 세종 4－5년에 상의원별좌에 임명하려 하다가 대신들의 반대로 보류하고 그후에 다시 의논하여 임명했다는 기록과 대체로 들어 맞는다.

그러니까 장영실은 1421년(세종 3)에 중국에 유학하여 천문 관측 기기에 대한 폭넓은 자료를 보고 연구하여, 돌아와서 1425년(세종 7)에 관노의 신분에서 벗어나 상의원별좌에 파격적으로 등용되면서 궁정 과학자로서의 그의 생애가 시작된 것이다.

그의 아버지는 아마도 원(元)나라에서 귀화한 기술자였을 가능성이 크다.

조선식 청동활자 인쇄술을 완성하다

장영실이 발탁되기 전 공조참판으로 있던 이천은 이미 세종을 도와 하나의 뚜렷한 대업을 이룬 바 있었다. 그것은 곧 금속활자의 재정비였다.

고려 고종 21년(1234)에 『상정예문(詳定禮文)』을 간행함으로써 세계 최초의 금속활자를 사용한 전통을 이어받아 인쇄술은 조선에 이르러서도 빛나는 업적을 남겼다.

태종 3년(1403)에 만들어진 계미자(癸未字)는 우리 역사상 최초의 금속활자는 아니지만 고려에서도 오랫동안 망각되어 오던 금속활자를 창조적으로 부활한 것이었다. 이것으로도 서양에 50년이나 앞서 있다. 이 활자로 인쇄할 때는 고정된 청동판에다 밀랍(蜜蠟)을 녹여 붓고 거기에 활자를 꽂아서 밀랍이 말라붙은 뒤에 인쇄를 시작했다. 이는 활자의 크기가 고르지 못하기 때문이다. 그러나 밀랍은 원래가 연약한 것이어서 활자가 쉽게 흔들리게 되므로 하루에 불과 몇 장밖에 못 찍어내는 비능률적인 것이었다. 이 결함을 보완코자 이천을 중심으로 하여 세종 2년에 만들어낸 활자가 바로 경자자(庚子字)이다. 계미자보다 글자가 좀 작은 대신 정교하고 치밀한 정육면체로 된 청동활자로서 그 크기가 모두 똑같아 인쇄의 불편을 크게 덜었다.

이리하여 밀랍을 사용하지 않아도 활자가 흔들리지 않게 되어 하루에 20여 장이나 찍을 수 있는 능률을 올리게 되었다.

책을 만들려면 붓으로 한자 한자 베껴써야만 했던 시대에 아름답고 멋있는 필체로 똑같은 책들을 단번에 여러 벌 만들 수 있다는 사실은 얼마나 많은 사람들을 편리하게 했으며, 한번 만든 활자를 써서 여러 종류의 책들을 원하는 대로 인쇄하여 펴낼 수 있었다는 일은 또한 얼마나 사람들을 기쁘게 했는지. 목판에 한자 한자 새겨서 한 페이지씩 만들어내면 그것으로 몇 벌의 책을 박아내는 목판인쇄도 굉장히 능률적으로 생각되고 있었던 시대에 금속활자에 의한 활판인쇄의 발명은 놀라운 업적이 아닐 수 없었다.

이리하여 슬기로운 임금 밑에 슬기로운 두 신하가 모이게 되었다. 한 사람은 당당한 양반, 다른 한 사람은 관노 출신이기는 하였지만, 이 둘의 협조는 급기야 세종 시대 과학의 황금 시대를 이루어 놓게 된 것이다. 앞에 이야기한 활자만 하더라도 그후 세종 16년(1434)에 또다시 개량되었으니 그것이 곧 갑인자(甲寅字)이다.

이 활자도 역시 이천의 총감독과 집현전(集賢殿) 직제학(直提學) 김돈(金墩), 직전(直殿) 김빈(金鑌) 및 호군(護軍) 장영실(蔣英實) 등 6명의 기술 지도로 주조되었다. 큰 활자와 작은 활자의 두 종류로 20여 만 자였다. 자체(字體)가 훌륭하고 선명할 뿐만 아니라 하루에 40여 장이나 인쇄할 수 있었으며 그 능률은 경자자의 두 배나 되었다. 장영실과 이천의 꾸준한 연구는 큰 활자와 작은 활자를 필요에 따라 마음대로 섞어쓸 수 있게 발전하여, 그 인쇄술은 거의 완전할 만큼 훌륭한 것이 되었다. 장영실 등의 기술 지도로 조선식 청동활자 인쇄술은 갑인자로서 완성 단계에 이른 것이다.

천문의기를 제작하다

농업국가에 있어 천문과 기상의 관측은 생산량을 높이기 위하여 반드시 중요시되어야 할 긴급한 과제였다. 세종 대왕은 정치적 안정기에 들어서자 서운관(書雲觀)을 확장, 강화하고 관측대인 간의대(簡儀臺)를 건설하는 큰 사업을 시작하였다.

경복궁과 서운관의 두 곳에 설치할 많은 천문 관측 기기를 만드는 계획이 대규모로 착수된 것은 세종 14년(1432)이었다. 정인지와 정초(鄭招)는 고전(古典)을 조사하여 그 이론적 자료를 수집하였고 그것들을 바탕으로 하여 장영실과 이천이 직접 연구하여 기계를 설계하고 제작을 지휘하였다. 피상적이고, 단편적으로 설명된 기계 장치들을 실제로 정밀하게 제작한다는 일은 발명하는 것과 똑같이 매우 어려운 일이었다.

원나라를 통해서 이슬람 과학 기술의 이론이 도입되었다고는 하지만 그것은 어디까지나 개괄적인 것에 지나지 않는다. 그러므로 가장 초보적인 관측부터 새로이 시작하여 실험의 단계를 거치지 않으면 안 되었다. 국가의 비밀에 속해 있던 그러한 관측의기를 직접 보고 본떠서 만든다는 일은 허용되지 않았기 때문에 중국에 가도 기술적 문제는 배워올 수가 없었다.

그러니 순전히 세종대의 과학 기술 자체에 의존할 수밖에는 다른 방법이 없었다. 그러한 어려운 여건에도 불구하고 그토록 큰 사업이 착수되었다는 데서 세종대 과학 기술의 수준을 헤아릴 수 있다.

그들은 먼저 나무로 간의(簡儀)를 만들고 한양의 북극고도(北極高度), 즉 위도를 측정하여 38도 1/4의 수치를 얻었다. 그것을 기준으로 삼아 청동으로 여러 의상(儀象)을 제작하였다. 착수한 지 1년 만에 세종 15년(1433) 6월 9일에 혼천의(渾天儀)가 처음으로 완성되어 정초(鄭招), 박연(朴堧), 김진(金鎭) 등이 세종에게 바쳤다.

이 혼천의는 일종의 천문시계인데, 물레바퀴로 움직이는 시계 장치와 혼상(渾象)이라고 하는 천구의와 혼천의(渾天儀)의 세 부분으로 구성된 것이다. 내부의 시계 장치인 물레바퀴가 돌면 혼천의와 혼상의 두 천구의를 움직이고 시신(時神)의 인형에 의하여 시간을 알리는 시보 장치가 부속되어 있는 정밀한 기계로서 조선 천문 관측의기의 대표적인 것이 되었다. 세종은 세자에게 명하여 혼천의의 구조와 관측의 실제 기술을 이천에게서 잘 배워 익혀두도록 했고, 간의와 비교하여 그 장단점을 연구하게 했다.

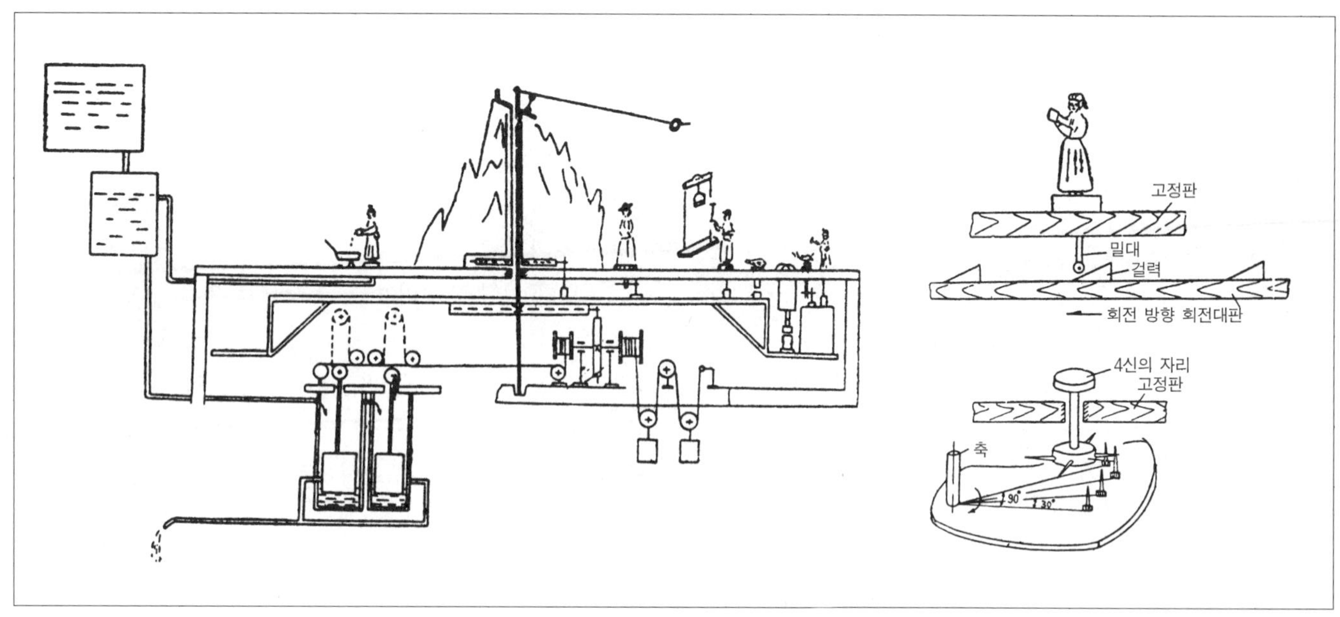

장영실의 옥루. 흠경각 옥루의 기계 장치를 북한 학자들이 복원해서 그린 그림이다. 『조선기술발전사』(4 이조 전기편, 1996).

이 천문시계는 그후 언제까지 사용되었는지는 확실치 않다. 그 정밀한 장치를 만들어내기가 얼마나 어려웠는지, 선조 때에 임진왜란으로 타 없어져버린 천문시계가 다시 제작되지 못한 채, 효종 8년(1657)에 이르러서야 실패를 거듭한 끝에 겨우 정확한 것을 다시 만들 수 있었다는 사실로 짐작할 수 있다.

세종 15년에는 또 하나의 혼천의가 제작되었다. 정초, 이천, 정인지, 김빈 등이 8월 11일에 완성한 것으로서 이를 본 세종은 매우 기뻐하였다 한다.

장영실과 이천이 지휘 감독하여 수년간의 노력 끝에 세종 19년(1437)에 완성된 천문 관측기에는 대간의와 소간의를 비롯하여 휴대용 해시계인 현주일구와 천평일구 그리고 지남침을 쓰지 않아도 남북의 방위가 정해져서 해그림자를 잴 수 있는 해시계인 정남일구와 우리 나라 최초의 공중시계로 종묘 남쪽 거리와 혜정교 옆에 설치했던 앙부일구, 주야 겸용으로 천체를 관측하는 일성정시의, 태양의 출몰을 관측하여 동서남북을 정하고 태양고도를 측정하고 일중(日中)에 있어서의 해그림자의 크기에 따라 1년의 절기를 정하는 데 쓰인 높이 8미터가 넘는 거대한 규표(圭表) 등이 있다.

이들 정밀한 관측 기계를 완비한 경복궁 간의대는 15세기에 세계 최대의 규모를 자랑하는 천문 관측 시설의 하나였으니, 해동(海東)의 요순(堯舜) 임금이라 숭앙되는 세종 대왕의 봉천권민(奉天勸民)하는 경륜이 완성되었다고 조선 시대 문헌들은 칭송했다.

농업기상학에 기여하다

예부터 농업으로 생계를 이어오던 우리 민족은 농업 생산량이 자연 현상의 영향에 의하여 크게 좌우되는 사실에 주목해 왔다. 제때에 비가 내리느냐 또는 가뭄이 계속되느냐에 따라서 풍년도 되고 흉년도 되는 것으로 알고 있었다. 더욱이 강우량이 넉넉하지 못하고 우기가 한데 몰려 있는 우리 나라의 자연 조건과 관개 수리 사업의 기계화가 되어 있지 않던 시대에 수전(水田) 경작에 미치는 강우량의 영향은 우리가 지금 상상할 수 없을 만큼 심각한 문제였다.

그것을 어떻게 해결하느냐 하는 문제, 즉 산과 물을 잘 다스리는 문제는 역대 임금들과 정부의 가장 중요한 과제였다. 그러기 위해서는 강우량의 정도를 알아보는 것이 필요했다. 계절과 지역에 따른 연중 강우량의 분포를 수량적으로 조사하기 시작한 것은 조선 세종 초부터였다.

겨울에 눈이 얼마나 왔는지를 알려면 눈이 쌓인 높이를 재면 되었던 것에서 힌트를 얻어 비가 내린 후 땅속에 스며든 빗물의 깊이를 재어 보도록 했다. 그것을 지방의 각도 감사(監司)가 집계하여 중앙에 보고하면 호조(戶曹)에서는 그 수치들로 통계를 냈다. 그러나 이러한 측정 방법은 땅이 말라 있을 때와 젖어 있을 때에 따라서 물이 땅속에 스며드는 정도가 다르기 때문에 부정확하다는 사실이 밝혀졌다.

처음에는 그러한 사실이 별로 눈에 띄지 않았는데 세종 18년(1436)경부터 거의 매년 거듭되던 심한 가뭄과 폭우 때문에 그러한 측정 방법으로는 정확한 강우량을 알 수 없다는 보고가 각지에서 들어와 호조에서도 서운관에 의뢰하여 새로운 방법을 모색하도록 하였다.

장영실은 빗물을 어떤 일정한 그릇에 받아서 그 깊이를 재면될 것이라고 생각하였다. 그것은 참으로 간단한 방법이었고 결과도 정확했다. 세자(世子, 文宗)를 중심으로 서운관의 관리들은 장영실의 제안에 따라 높이 41.2cm, 지름 16.5cm되는 원통형 그릇을 쇠로 만들었다. 거기에 빗물을 받아 그 깊이를 재면되는 것이다.

그것은 참으로 훌륭한 발명이었다. 강우량을 측정하는 과학적 방법에서 그 이상 더 좋은 방법은 500여 년이 지난 오늘날에 와서도 아직 찾지 못하고 있다.

세계에서 맨 먼저 과학으로서의 기상학이 시작된 이 위대한 발명은 우리 나라에서 세종 23년(1441) 8월 18일에 이룩되었다. 신록이 우거진 초여름, 세종 24년 5월 8일, 마침내 측우기의 제도가 확정되었다. 전년도에 발명된 원통형 그릇은 이날 처음으로 측우기라 명명되었고 더욱 완전한 것으로 개량되었다. 길이 30.9cm, 지름 14.4cm로 그 규격이 통일되었고 길이 20.7cm의 자인 주척(周尺)을 우량 측정의 표준척으로 정했다.

〈몇월 며칠 몇시부터 몇시까지 비가 내렸으며, 그 강우량은 몇척 몇촌 몇분이었는지 정확하게 측정하여 기록 보고하라〉는 지시가 측우기의 규격과 함께 전국의 고을마다 시달되었고, 중앙에서는 서운관에서 직접 관측하였다.

과학적 관측 기기와 그 현대적 관측 제도는 이렇게 문종과 장영실의 공동 연구로 시작되었다. 그것은 농업기상학의 출발이었다.

자격자행(自擊自行)하는 물시계를 만들다

옛날에는 하루의 시간을 알기 위해 태양광선이 던져주는 해그림자의 길이를 쟀고 밤 하늘에 반짝이는 별자리의 움직임을 관찰하였다. 그러나 흐린 날이나 비오는 날에는 그러한 방법을 쓸 수 없었다. 그래서 만들어낸 것이 물시계이다. 물을 넣은 항아리 한 귀에 작은 구멍을 뚫어 물방울이 하나씩 떨어지는 것을 다른 항아리에 받아서 그 부피를 재보면 시간이 지남에 따라 그 부피는 일정하게 늘어나는 데 하루에 흘러 들어간 물의 깊이를 자로 재서 12등분하면 한 시간의 길이가 나오게 된다. 이것이 물시계의 원리이다.

물시계는 중국에서 기원전 7세기에 벌써 발명되었는데, 누각(漏刻), 또는 경루(更漏)라고 하였었다. 그러나 그것은 하루에 한 번 또는 두 번 물을 갈아주어야 할 뿐더러 사람이 꼭 지켜서서 시간을 보아야만 했고, 시간마다 종을 쳐서 몇 시가 되었다는 것을 일일이 알려야만 하는 등 불편한 점이 한둘이 아니었다. 사진(司辰, 計時하는 官員)이 태만하면 정확한 시간을 알릴 수 없고 때로는 시간이 맞지 않아 큰 소동이 일어나기도 했다.

사람의 손에 일일이 의존하지 않고 자동적으로 움직일 수 있는 물시계를 만들고 싶다는 생각은 물시계가 처음 발명되었을 때부터 이미 싹트고 있었다. 그러나 생각을 실현시키기에는 과학 기술의 수준이 아직 따를 수 없었고 다만 한발 한발 가까이 다가가고 있었던 것이었다.

마침내 중국 송(宋)나라에서는 대과학자 소송(蘇頌)이 1091년경에 물레바퀴로 돌아가는 거대한 자동 물시계를 발명하여 자동적으로 시간을 알리는 장치와 천구의들까지도 덧붙여서 설치하는 데 성공하였다. 그러나 그것은 장치가 너무 정밀하고 복잡하여 그가 죽은 후에는 아무도 다시 만들지 못하고 그후 12－13세기에 아라비아 사람들이 쇠로 만든 공이 굴러 떨어지면서 종과 북을 쳐서 자동적으로 시간을 알리는 자동 물시계들을 만들어냈는데 그것은 상당히 정확하게 맞는 시계였다.

세종은 그러한 자동 물시계를 꼭 만들어 궁중에 설치해야겠다고 생각했지만 만들어내지 못하였다. 이 일을 위해 등장한 인물이 장영실이다. 장영실은 그 당시의 대학자 정인지와 정초가 철저히 조사하여 수집한 자동 물시계에 관한 모든 문헌을 가지고 이슬람의 물시계와 중국의 것을 비교해 가면서 연구하기를 수년, 자격루(自擊漏)라는 새로운 자동 물시계의 윤곽을 잡아내기에 이르렀다.

먼저 기초적인 설계를 시작하였고, 그것에 따라 모형을 만들어 수십 번 시험해 보고 뜯어 고치며 설계를 거듭하였다. 이렇게 하여 완성된 설계에 의하여 기술자들을 동원하여 실지 제작에 착수한 지 2년 만에 각 부분이 완성되기 시작했고 그것들을 정식으로 조립하여 다시 시험해 보고 성공한 것이 세종 16년 여름이었다. 이 수년 동안 장영실을 보좌하여 많은 과학자, 기술자들이 협력했지만, 특히 또 한 사람의 유명한 과학자가 늘 함께 연구하였는데, 그가 김빈이다. 그는 인쇄기를 만들 때에도 함께 일하던 훌륭한 과학자였다.

세종은 경북궁 경회루 남쪽에 보루각(報漏閣)이라는 집을 짓게 하고 그 안에 자격루를 설치하여, 만세(萬世)에 길이 남을 자동시계의 완성을 축하하는 성대한 잔치를 베풀고 그 노력을 치하하였다. 드디어 세종 16년 7월 1일을 기하여 보루각의 자격루가 움직이기 시작했다. 12시신이 돌아가면서 시간을 나타내면 그때마다 저절로 종이 울리고 밤에는 또한 북이 울려 초경(初更)에서 5경을 알렸고 그 사시에 점(點)을 알리는 징이 울렸으니, 그 〈장치의 교묘함은 귀신과 같아서 감탄하지 않는 사람이 없었다〉고 한다.

이 자동 물시계의 〈모든 장치는 속에 들어 있고 겉으로 나온 부분은 시간을 보이게 하기 위한 관대(冠帶)한 목인(木人)뿐이다〉. 자격루의 물항아리들은 지금 덕수궁에 전시되어 있는 중종 때의 자격루의 것과 거의 같은 것이었다.

자격루의 제작이 성공적으로 끝나자 장영실은 또 하나의 특징적인 자동 물시계 제작에 착수하였다. 자격루는 다만 시간을 알려주는 역할만 하고, 혼천의는 천체의 운행을 관측하는 데 쓰이는 천문시계였으므로, 이 두 가지를 합쳐서 계절의 변화를 눈으로 보는 듯하게, 또한 절기에 따른 태양의 위치를 직접 눈으로 헤아릴 수 있고 그 절기에 농촌에서 해야 할 농사일을 궁중에서도 볼 수 있게 짜인 궁정 자동 물시계를, 자기를 그토록 아껴주고 위해주는 세종을 위하여 만들고 싶었다. 세종은 장영실의 뜻을 기쁘게 받아들여 그 일을 허락하였다. 자격루가 완성된 지 4년 후, 세종 20년(1438) 1월 7일 또 하나의 자동 물시계 옥루(玉漏)가 완성되어 흠경각(欽敬閣)에 설치되었다. 경복궁 천추전(千秋殿) 서쪽에 세워진 흠경각은 장영실이 직접 경영하여 이룩된 것이다.

흠경각 안에는 종이에 풀을 먹여 높이 7척 가량의 산을 쌓아 올리고 산허리에는 구름이 떠 있는데, 절기에 따라 해가 뜨고 저녁에는 산 너머로 졌다. 옥녀(玉女)들은 손에 금방울을 들고 구름을 타고 있다가 시간마다 금방울을 흔들면서 시패(時牌)를 들고 나온다. 그때 같은 시에 해당하는 시신이 평지의 자기 구멍을 열면서 앞으로 나타나서 일어난다(예를 들면 子時에는 쥐가, 丑時에는 소가 나옴). 산기슭에는 사신(四神)이 자리잡고 시간마다 그들은 동서남북으로 방위를 바꾸면서 돌아간다. 남쪽 기슭에는 대가 있는데 사진(司辰)한 사람은 공복(公服)을 입고 무사(武士) 세 사람은 갑옷을 입고 서 있다가 시간(時, 更, 點)마다 사진은 무사들에게 종, 북, 징 등을 치도록 하였다.

흠경각에는 흠기(欽器)도 설치하여 그릇이 비면 기울고 반쯤 되면 바로 서고, 가득 차면 뒤집히게 된 것이 성인(聖人)들의 교훈과 같아서 바르고 의롭게 다스리기를 말없이 가르치도록 했다.

이 모든 기관들은 옥루의 물레바퀴가 회전함으로써 움직이도록 되어 있어 〈사람의 손을 빌지 않고 자격자행〉하였다.

장영실은 이 자동 물시계를 만들기 위해서 중국과 아라비아의 모든 자동 물시계에 관한 문헌들을 철저히 연구하여 이러한 독창적인 천상(天象) 시계 장치를 완성한 것이다.

위인의 만년

장영실에 대한 사실(史實)은 완전히 20년간에 걸친 그의 공적 활동에 국한되어 있다. 그가 언제 어디서 나서 언제 어떻게 세상을 떠났는지는 아무도 모른다. 그는 세종 5년(1423)에 상의원별좌에서 출발하여 세종 24년에 상호군(上護軍)의 자리에서 파면되기까지 공학자로서 실로 크나큰 공훈을 세웠다. 그러나 그의 만년은 또다시 암흑 속에 묻혀 버리게 되었다. 세종 24년, 장영실의 감독으로 임금이 탈 가마 하나를 만들었는데 이것이 부서졌다. 그는 이 죄로 의금부(義禁府)에 갇혀 문초를 받았다. 4월 27일 장(杖) 백 번의 형을 받았다가 왕명에 의하여 80번으로 감형되고, 5월 3일에 불경죄로 파면되었다.

장영실이 파면된 후의 생애도 전혀 알려져 있지 않다. 그에게 후손이 있는지도 확인되지 않고 있다. 다만 『동국여지승람』에 그가 아산의 명신으로 기록되어 있으니, 충남 아산이 어떤 연고가 있는지 더 조사해 볼 필요가 있을 것이다.

장영실의 생애는 그의 극적인 등용과 활동, 그리고 공직에서 그 모습이 사라진 사건이 『세종실록』에 의해서 알려지고 있지만, 알려지지 않은 많은 사실들이 남아 있다. 동래현 관노로 알려진 그는 어디서 어떤 교육을 받았길래 15세기 최고의 공학자로 발돋움 할 수 있었을까. 40년 가까이 필자의 머리를 떠나지 않던 가장 큰 의문의 하나였다. 그런데, 그 실마리의 하나가 이 책의 교정을 보던 금년 4월, 남문현 교수에 의해서 풀리게 되었다. 남교수의 조사로 장영실의 매형이 세종 때의 훌륭한 천문학자였던 김담이라는 사실이 밝혀진 것이다. 이 사실은 베일에 가려진 장영실의 생애를 밝히는 데 큰 도움이 될 것이다.

15세기 최고의 천문학자, 이순지

세종 때 천문학의 창조적 발전을 말하면서 빼놓을 수 없는 과학자가 있다. 이순지(? – 1465)가 그 사람이다. 그는 한마디로 세종 때 천문학을 15세기 최고의 수준으로까지 끌어올리는 데 가장 큰 역할을 해낸 주역이었다. 그는 1427년(세종 9) 문과에 급제한 장래가 촉망되는 인재였다. 과거에 합격하고 4년 동안 그는 승문원(承文院)에서 일했다. 주로 외교문서를 다루는 기관인 승문원에서 그가 한 일이 어떤 것인지는 잘 알려져 있지 않다. 얼마 안가서 그는 조선 왕조의 관료학자로서 특히 수학과 천문학에 밝은 인물로 주목을 받게 되었다. 집현전의 젊은 학자로 발탁되어 세종과 학문적인 인연을 맺고 과학자로서의 천재적인 재능을 세종이 인정하게 되면서 새로운 인생이 시작되었다.

1431년 무렵이었던 것으로 생각된다. 그 무렵 세종은 조선 왕조의 천문 기기를 제작하고 천문 역법을 세우는 일에 큰 관심을 가지고 있었다. 경연에서 위대한 학자 정인지와 함께 수학과 천문학을 연구하였다. 세종은 제왕의 학인 천문역산학을 조선 왕조의 권위를 위해서 반드시 진흥해야 한다고 확신하게 되었다. 이 원대한 구상을 실현하는 천문역산학의 국가적 프로젝트를 추진하면서 세종이 제일 먼저 발탁한 인재 중에 이순지가 있었다. 그는 세종의 천문학 연구 프로젝트에 처음부터 참여하게 되어 정확한 역서를 만드는 일에 전념하게 된 것이다. 『세종실록』에는 역법 교정 사업과 관련된 그무렵의 사정을 알 수 있는 기사가 있다. 1431년(세종 13) 7월, 대제학 정초가 세종에게 말씀을 올리기를, 역법 교정의 일을 맡은 지 이미 수년이 되었어도 아직 그 요점을 얻지 못하여 밤낮으로 걱정중이라고 했다.

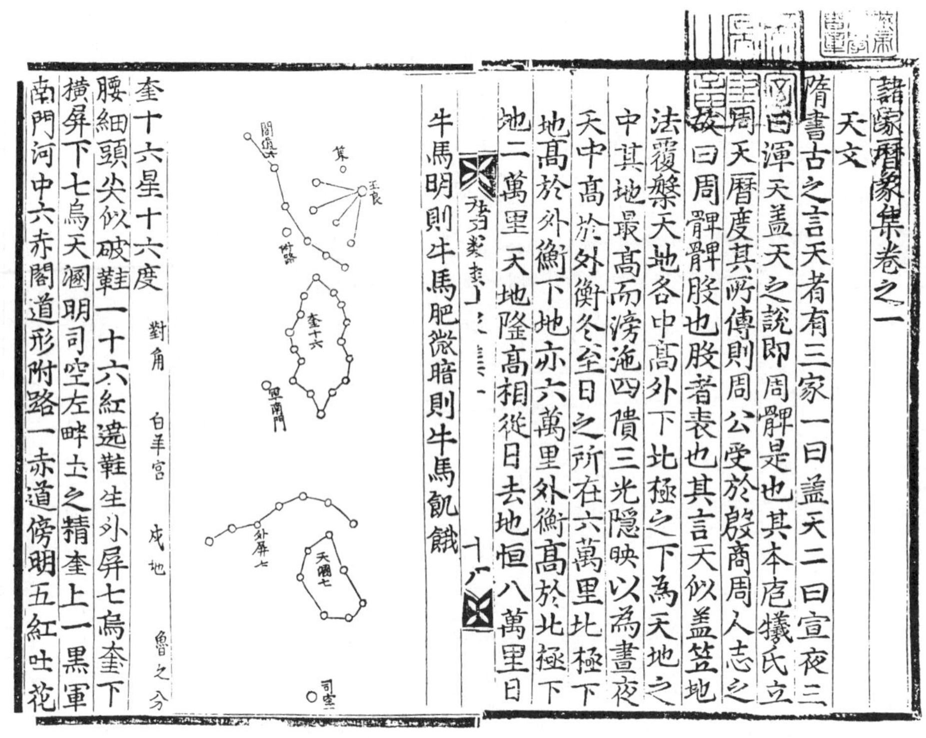
諸家曆象集卷之一

天文

隋書古之言天者有三家一曰蓋天二曰宣夜三曰渾天蓋天之說即周髀是也其本庖犧氏立周天曆度其所傳則周公受於殷商周人志之故曰周髀髀股也股者表也其言天似蓋笠地法覆槃天地各中高外下北極之下為天地之中其地最高而滂沲四隤三光隱映以為晝夜天中高於外衡冬至日之所在六萬里北極下地高於外衡下地亦六萬里外衡高於北極下地二萬里天地隆高相從日去地恒八萬里日

牛馬明則牛馬肥微暗則牛馬飢餓

奎十六星十六度 對角 白羊宮 戌地 魯之分

腰細頭尖似破鞋一十六紅遶鞋生外屏七烏奎下橫屏下七烏天溷明司空左畔土之精奎上一黑軍南門河中六赤閣道形附路一赤道傍明五紅吐花

이순지의 『제가역상집』과 『천문유초』.

그때 그 일을 맡고 있는 사람들은 능력도 없고 사명감도 부족하고 열심히 일하지도 않는 인물들이어서 그들과 함께 하다가는 역법을 바로 잡기에는 아예 글렀으니, 정인지와 같이 했으면 좋겠다고 청했다. 세종은 곧 정인지에게 명하여 정초와 함께 역법 교정 사업을 하도록 했다는 것이다.

또 다음 해인 1432년(세종 14) 10월에는 세종이 경연에서 〈역산의 법은 이전에는 우리 나라가 그 추보법에 익숙하지 못하였으나 스스로 역법을 세워서 교정한 이후로는 일월식과 절기의 정각이 중국 조정에서 얻어오는 역서와 조금도 차이가 없어서 내가 매우 기쁘다. 이제 교정하는 일을 그만둔다면 20년 동안 연구한 공이 중도에서 없어질 것이니 더욱 정력을 가하여 성사시켜서 후세에 알리도록 해야 한다. 오늘 조선에서 전에는 없었던 일을 이룩하는 것이니 역산학을 담당하는 자로 그 계산에 정통한 사람은 재산을 늘려주고 직위를 높여주어 이를 권면할 것이다〉 라고 했다. 그러나 11월에 세종이 아직도 역산 관련 관원들이 성실하게 그 일을 해나가지 않고 문신들이 서운관의 일을 꺼리고 있다는 사실을 알고 그 개선책을 내놓고 있는 것을 보면 어려움은 다 가시지 않은 듯하다. 하지만 세종의 확고한 의지는 훌륭한 측근 관료학자들에 의해서 순조롭게 현실화되어 갔다. 이때 이순지가 등용된 것이다.

이순지는 세종으로부터 산학(算學)을 연구하라는 특명을 받았다. 문과에 급제한 양반 집안의 준재로 앞날이 보장된 관료학자인 그에게 중인 계급의 학문인 산학을 연구하라는 세종의 특명은 파격적인 것이었다. 정상적인 관례로서는 결코 반가워할 수 없는 명령이었다. 그러나 그는 세종의 뜻을 받들어 산학 연구에 정진했다. 천문역산학을 맡기려는 세종의 뜻을 잘 이해하고 있었기 때문이다. 그는 그로부터 3년 동안 역법을 교정하는 일을 했다. 그리고 경복궁의 대간의대 천문의상 제작 사업이 시작되면서 중국과 한국의 역대 천문의기의 연구 조사를 하는 데 핵심적 역할을 다했다.

대간의대와 천문 관측 기기를 제작하는 국가적 대 역사(役事)는 1432년(세종 14)에 시작하여 모두 완성된 1437년(세종 19)까지 5년간 계속되었다.

『제가역상집』과 『칠정산』을 편찬하다

간의대 천문의기 제작 사업이 진행되면서 조사된 옛 천문역산학 관련 문헌들을 체계적으로 정리하여 학문적으로 엮어내는 연구의 필요성이 필연적으로 제기되었다. 그 연구를 해낼 수 있는 적임자로서 이순지가 지명되었다. 1433년(세종 15)에 세종은 이순지에게 〈옛 학자들의 논의와 역대의 제도들을 모아서 의상(儀象), 구루(晷漏), 천문, 역법 등의 여러 책들을 엮으라〉고 명했다. 현대적으로 표현하면 동아시아 천문역산학의 역사를 저술하라는 것이었다. 천문학자 이순지의 학문적 위치가 이제는 누구도 따를 수 없는 데까지 이를 수 있는 계기가 주어진 것이다.

그것은 1445년(세종 27), 『제가역상집(諸家曆象集)』 4권 3책으로 결실을 보았다. 10년이 넘는 오랜 세월이 걸린 것이다. 천문 1권, 역법 1권, 의상 1권, 구루 1권으로 엮어진 이 책에는 중국 역대의 정사(正史)에서 천문역법에 관한 지(志)와, 한나라 이후 송·원 시대에 이르는 모든 천문학서와 역법서들이 망라되어 체계적으로 정리되어 있다.

이렇게 『제가역상집』은 중국의 수많은 문헌들을 섭렵하여 그 방대한 내용을 4개의 주요 분야에 따라 역사적인 변천 과정을 추적 정리한 천문학사(天文學史)이다. 이 책은 그때까지의 중국의 어느 천문학서와도 다른 체제와 서술 방식을 갖고 있다. 중국 천문학의 역사를 이런 형식으로 서술한 책은 따로 없다. 이 책은 조선 초기 천문학의 대표적인 저서이며, 동아시아 천문학 연구에서 빼놓을 수 없는 귀중한 저서로 평가된다.

『제가역상집』은 조선 시대에 여러 가지 판본으로 거듭 출간되었다. 천문학자들과 천문 관료, 그리고 천문학을 배우거나 관심있는 선비들에게 널리 읽혔다. 그래서 필사본으로도 많이 퍼져나갔다. 이순지가 저술한 책 중에 중요한 것으로 『천문유초(天文類抄)』와 『교식추보법(交食推步法)』이 있다. 이 책들도 천문 기기의 제작 사업과 역법의 연구와 관련하여 그 전개와 과정에서 출현한 저서들이다.

『천문유초』는 별자리에 대한 해설과, 천지 일월 성진에 대한 천문 이론과 성점(星占) 이론을 전개한 책이다. 별자리는 주로 『보천가』에 따라서 해설하였는데, 천체에 대한 고대로부터의 천문사상과 관련된 사실과 이론을 추려서 암기하기 쉽게 엮었다. 책 이름 그대로 이 책은 천문, 즉 오늘날 우리가 말하는 점성학적 천문학의 이론과 실제를 여러 문헌에서 추려내서 간결하게 기술한 천문학 교과서와도 같은 것이다.

『교식추보법』은 세조 3년(1457)에 저술되어 다음 해인 세조 4년(1458)에 2권 1책으로 간행되었다. 김석제와 공저로 펴낸 이 책은 일식과 월식의 간편한 계산법을 서울의 위도를 표준으로 해낼 수 있도록 해설한 책이다. 여기에는 천문관료들이 암송하기 쉽게 하기 위해서 그 계산법을 노랫말로 만들어 붙였다. 이 천문학서는 관상감의 기본 텍스트로 관원들의 필수 과목이었다.

그는 1434년 간의대에 대간의가 설치되어 일단 천문대로서의 그 기능이 시작되면서 간의대의 관측 책임자로서의 소임을 다하고 세종의 두터운 신임을 받게 되었다. 1436년(세종 16) 7월에는 또 다른 국가적 과제인 새로운 청동활자(갑인자) 주조 사업을 맡을 특별기구에 그의 이름이 들어 있다. 당시의 최고 과학자들이 총동원된 이 특별위원회에 그의 이름이 나타나는 것을 보면 그는 천문역산학에만 국한되지 않은 다재다능한 과학자였던 것 같다.

1436년에 그가 모친상을 당하여 근무할 수 없게 되자, 세종의 걱정은 이만저만한 것이 아니었다. 이순지를 대신할 수 있는 유능한 인재를 찾은 끝에 승정원에서 추천한 인물이 집현전의 젊은 학자 김담(金淡)이었다. 만 20세의 김담은 이때 발탁되어 이순지의 유능한 조수로서 그리고 공동 연구자로 그를 도와 세종대 천문역산학 발전에 크게 기여하게 되었다. 그런데도 이순지에 대한 세종의 기대는 여전했다. 세종은 어머니의 3년상을 치를 때까지만 고향에 머무르게 해달라는 이순지의 간곡한 청원을 들어주지 않았다. 결국 그는 이듬해인 1437년 봄에 호군(護軍, 정4품의 특별직)으로 특임되어 천문 관측과 역산학 연구를 계속하게 되었다. 세종은 상중에 있는 그가 입을 관복에까지 신경을 써주었다고 한다.

경복궁 대간의대 사업이 일단 끝난 1437년(세종 19) 4월, 그는 국가적 대과제가 성공적으로 완성된 때를 계기로 세종에게 사직 상서를 올렸다. 이제 오랫동안 세종의 뜻을 받들어 역산학과 천문 기기 연구와 천문 관측 사업에 종사했으니 쉬었으면 좋겠다는 것이었다. 그의 청원이 받아들여졌는지는 확실치 않으나, 그후 몇 년 동안 이순지의 이름은 『세종실록』에 나타나지 않는다.

이순지가 이루어낸 또 하나의 커다란 업적이 있다. 1442년(세종 24)에 완성된 『칠정산내편』과 『칠정산외편』이 그것이다. 1432년(세종 14)에 간의대와 천문 기기 제작 사업을 시작하면서 정흠지, 정초, 정인지, 김담 등과 함께 착수한 자주적 역법을 세운 연구가 10년 만에 완성을 보게 된 것이다. 이 훌륭한 연구에 대해서는 이미 썼으므로(제2장 〈『칠정산내편』, 세종 역법의 출현〉 참조) 더 설명하지 않겠다. 필자는 이 훌륭한 역법서에서 늘 세종 시대 선비들의 멋지고 차원 높은 자주적 외교 수법을 보는 것 같아 가슴이 뿌듯하다. 우리 나라 역대 왕조가 늘 자기의 자주적 역법을 가지고 싶었지만, 쉽게 이루어내지 못했다. 그것을 조선 왕조는 해냈다. 태종 때부터 태동한 이 야심찬 계획은 세종 때에 이르러서야 이루어질 수 있었다. 결코 쉬운 사업이 아니었기 때문이다.

자기의 역법을 시행한다는 것은 가장 실속 있고 확실한 자주적 국가임을 천명하는 것이다. 중국의 천자가 내리는 역법서를 받아서 시행하는 일은 하늘의 움직임과 그에 따른 시간의 흐름을 관장하고 통제하는 중국의 대권(大權)에 매어 통괄됨을 상징적으로 뜻하는 것이다. 이제 조선 왕조는 그것을 실질적으로 벗어던지겠다는 의지를 밀고나가고 있었다. 그러나 조선 왕조의 선비들과 관료들은 그것으로 인한 중국과의 외교적 마찰과 불이익을 소리 없이 피하는 길을 찾았다. 실리를 택한 것이다. 중국의 역법인 수시력이나 대명력과 맞서는 역법의 이름을 붙이지 않았다.

『칠정산』, 즉 해와 달, 5행성의 운행을 계산하는 방법을 엮은 책이라는 이름을 지은 것이다. 이것은 가장 학문적 원리에 충실한 이름이다. 누가 이런 이름을 지어냈는지, 기록이 없다. 그러나 이순지가 10여 년간 가장 주도적이고 핵심적인 학자로서의 역할을 다했다는 사실에서 미루어 그의 아이디어가 크게 작용했다고 보아도 좋을 것 같다. 『칠정산내편』과 『칠정산외편』의 편찬은 15세기 최고의 천문학자로서의 이순지 최대의 업적이었다. 1449년(세종 31) 5월 김담과 관련된 『세종실록』의 기사에 〈이즈음 천문을 아는 자는 김담과 이순지뿐이다〉라고 사관들이 쓴 것은 이순지의 위치가, 그리고 이순지의 천문학이 어떤 것이었는지를 평가할 수 있는 글이다. 그는 그후에도 천문 관측 활동을 계속했다.

그는 1465년(세조 11) 6월 정해날에 세상을 떠났다. 양성(陽城) 이씨 집안에서 태어난 그의 아버지 이맹상(李孟常)은 공조와 호조의 참의를 지냈고, 원주 목사와 강원도 관찰사, 중추원부사를 지낸 고위 관료였다. 그에게는 형이 한 명 있었다. 이순지는 어려서부터 몸이 약했고, 5살까지는 말도 잘하지 못하고 주로 누워서 지내는 아이였다고 한다. 어머니의 지극한 보살핌으로 그는 건강하게 성장해서 장래가 촉망되는 청년으로까지 클 수 있었다.

이순지가 조선 시대 최고의 천문학자로 대성하는 데는 그의 어머니의 정성과 가정교육의 힘이 컸다. 만년에 그는 호조참판, 한성부윤의 높은 벼슬에까지 올랐다. 그의 묘소는 고향인 경기도 남양주군 화도면 차산리에 남아 있고, 거기에는 경기도 지방문화재 54호로 지정된 정평공(靖平公) 이순지의 신도비가 서 있다.

서유구의 『임원십육지』

장인(匠人)의 기술과 중인(中人)의 학문으로서의 조선의 과학과 기술은 세종 시대에 그 황금기를 맞이하였지만, 그것이 실용적인 과학으로서 학문적인 발판을 얻고 보다 더 종합적인 체계를 갖추게 된 것은 조선 중기 이후 실학자들의 노력에 의한 것이었다. 이들 실학자들은 조선 사회 · 경제 제도의 합리적인 개혁 방안을 모색하고, 현실 생활 향상을 위한 기술적인 노력을 부르짖으면서 자기 것을 추구하는 학문적 사상적 자각을 불러일으키는 많은 저서들을 썼다. 그렇기 때문에 그들의 노력은 임진과 병자의 두 처절했던 전란 이후 크게 황폐한 이 땅의 농촌 경제의 향상을 위한 문제에 경국되었다. 이수광, 유형원(柳馨遠), 이익(李瀷)이 그러했고, 또 박지원, 정약용이 그러했다.

『임원십육지(林園十六志)』의 저자 서유구(徐有榘)는 이러한 실학자들의 학풍과 영조 · 정조대의 시대적 조류를 배경으로 하고, 흔히 북학파(北學派)를 창시한 사람 중의 하나로 꼽히는 서명응(徐命膺)을 조부로 하고, 『해동농서(海東農書)』의 저자이며 천문의기에 조예가 깊었던 서호수(徐浩修)의 아들로 자라난 사람이었다.

그는 1764년(영조 40)에 태어나서 12세에 문과에 급제하고, 39세 때에 의주부윤(義州府尹)이 되어 양주목사(楊州牧使) 등 지방관직을 거쳐, 노년(老年)에는 형조판서 · 이조판서 · 예조판서 · 예문관제학 · 대사헌 등 최고의 벼슬을 지내고 1845년(헌종 11)에 82세를 일기로 세상을 떠나기까지 학자로서는 『임원십육지』를 비롯하여 『종저보(種藷譜)』, 『풍석집(楓石集)』, 『십삼경대(十三經對』, 『행포지(杏浦志)』, 『난호어목지(蘭湖魚牧志)』, 『금화경독기

(金華耕讀記)』 등 많은 저서들을 남겼다.

그 내용

『임원십육지』는 조선 후기의 실학자 서유구의 대표적 저서이며 우리 나라 최대의 박물학서(博物學書)이다. 또한 이 책은 저자가 서문에서 말하듯 전원생활을 하는 선비에게 필요한 모든 실제적인 기술과 지식, 그리고 선비로서의 기예(技藝)와 취미를 기르는 백과전서이며 편람이며 지침서로서 씌어진 것이다. 그러면서도 이 책은 품위있는 박물학서로서의 학문적 체계를 갖춘 저작이며, 실학자로서의 그의 사상과 정책적 주장을 담은 농업 기술 및 농업 경제의 정책서이며 가정 경영학서이기도 하다.

『임원십육지』는 113권의 방대한 부피로, 그 표제가 뜻하듯 16부문의 논저(論著)로 이룩되어 있다.

(1) 「본리지(本利志)」(권 1–13)는 저자가 이 책에서 가장 힘주어 지은 부분이다. 밭 갈고 씨 뿌리고 거두어 들이기까지(本과 利)의 농사 일반을 다룬 논저로 저자가 19세기 전반기 조선의 농업 문제를 타개하기 위하여 쓴 것이다. 여기서는 영농 기술과 수리(水利) 문제 및 농업경제론을, 전제(田制)·수리·토양·지질·농업지리와 농업기상·농지 개간과 경작법·비료·종자의 선택과 저장 및 파종·각종 곡물의 재배와 명칭의 고증, 곡물에 대한 재해(災害)와 그 예방, 농가월령(農家月令) 등에 걸쳐 서술하였다. 이 항목들은 주로 중국의 농서 특히 왕정(王禎)의 『농서(農書)』와 그의 아버지인 서호수(徐浩修)의 『해동농서(海東農書)』가 인용되고 있다. 그러나 여기서의 그의 농학 체계는 무엇보다도 『산림경제(山林經濟)』와 그 자신의 농학에 관한 기초적인 연구 위에 세워진 것이다.

또 끝에 부친 농기도보(農器圖譜)에서는 경작기구·도정기구(搗精器具)·관개수리(灌漑水利) 시설을 그림으로 설명하고 있는데, 그 대부분은 중국의 유명한 농서(農書)인 『농정전서(農政全書)』를 비롯하여 『태서수법(泰西水法)』, 『기기도설(奇器圖說)』 등 서구 기술서에서 인용하고 있다. 아마도 그는 다른 여러 실학자들이 주장했던 것같이, 이러한 기계들이 우리 농촌에서 크게 활용되어야 하겠다고 믿고 권장하고 있는 것으로 생각된다.

(2) 「관휴지(灌畦志)」(권 14–17) 식용식물과 약용식물을 다룬 논저이다. 여기서는 아욱·파를 비롯하여 각종 산나물과 해초에 이르기까지 33종의 소채, 8종의 덩굴풀, 인

삼을 비롯한 20종의 약초에 대하여 그 명칭의 고증·파종시기와 종류 및 재배법 등을 설명하고 있다.

(3) 「예원지(藝苑志)」(권 18-22)는 원예에 관한 논저이다. 먼저 화초의 일반적인 재배법을 말하고, 50종의 꽃과 15종의 관상식물의 명칭 고증·재배법 및 품종 등을 설명하였다.

(4) 「만학지(晩學志)」(권 23-27)는 과실류와 그 밖의 여러 유용한 식물의 재배법을 다룬 부분이다. 여기에는 31종의 과실과 포도·오미자·낙화생 등 26종의 과류(瓜類)와 소나무·백양나무·오동나무 등 25종의 목류(木類), 그리고 차[茶]·대[竹]·담배 등 13종의 초목(草木) 잡류에 이르기까지 그 품종과 재배법 및 벌목 수장법을 설명하고, 야생 열매에 대해서도 설명하였다.

(5) 「전공지(展功志)」(권 28-32)는 옷감과 적조 및 염색 등 피복재료학에 관한 논저이다. 옷감은 명주·삼베·무명으로 나누어 양잠 및 재료의 재배법과 직조법, 그리고 세탁 염색법을 설명하고, 잠상과 방적의 과정과 그 기계들을 그림으로 설명했다. 이 그림들은 『천공개물(天工開物)』과 경직도(耕織圖) 등 중국의 기술서에서 인용되었고, 아울러 조선의 직조기술과 직물에 대해서도 상세히 논급하고 있다.

(6) 「위선지(魏鮮志)」(권 33-36)는 점후적(占候的) 농업기상과 그와 관련된 점성적(占星的)인 천문 관측을 논한 부분이다. 저자는 여기서 여러 천문서에 나타난 천체와 기상현상에 따른 일기의 변화를 경험론적 입장에서 정리·체계화하여, 장기·단기에 걸쳐 일기를 예측하는 점후론(占候論)을 펴고 있다.

(7) 「전어지(佃漁志)」(권 37-40)는 가축과 야생동물 및 어류를 다룬 논저로서 가축의 사육과 질병 치료, 여러 가지 사냥법, 그리고 고기를 잡는 여러 가지 방법과 어구에 관하여 설명하였다. 전어지에서 생물학적으로 특히 주목되는 부분은 어명고(魚名攷)이다. 이 논문은 우리 나라 수역에서 잡히는 100여 종의 어류에 대한 각 종류의 명칭·본토·형태·습성 및 이용 등을 자신의 저작인 『난호어목지』와 『화한삼재도회(和漢三才圖會)』를 비롯한 여러 문헌을 인용하여 논하므로서 『자산어보(玆山魚譜)』와 함께 우리 나라 어류학의 쌍벽을 이루고 있다.

(8) 「정조지(鼎俎志)」(권 41-47)는 『식감촬요(食鑑撮要)』라는 각종 식품에 대한 주목할 만한 의약학적 논저와, 영양식으로서의 각종 음식과 조미료·밀·술 등을 7가지로 유별하여 그것들을 만드는 여러 가지 방법을 과학적으로 설명하였다.

(9) 「섬용지(贍用志)」(권 48-51)는 가옥의 영조(營造)와 건축의 기술, 도량형 기구와 각종 공작기구·기재, 복식·실내장식·생활 기구 및 교통 수단 등에 관해서 중국식과 조선식을 비교하여 우리 나라 가정의 생활과학 일반을 다룬 논저이다.

서유구 『임원십육지』의 물레바퀴 그림.

(10) 「보양지(葆養志)」(권 52-59)는 도가적(道家的) 양생론을 편논저로서 불로장생의 신선술(神仙術)과 상통하는 식이요법과 정신수도를 논하고, 아울러 육아법과 계절에 따른 섭생법을 양생월령표(養生月令表)로서 해설했다.

(11) 「인제지(仁濟志)」(권 60-87)는 새로운 체계를 갖춘 의약학 편람이다. 저자는 여기서 인체의 질병을 내적·외적 원인에 따라 일반적으로 분류하여 그 치료법을 논하고, 다시 전문화하여 부인병을 부과(婦科), 어린이의 질병을 유과(幼科), 외상을 외과(外科), 그리고 구급 요법 등으로 나누어 그 증세와 처방을 제시했다.

(12) 「향례지(鄉禮志)」(권 88-90)는 지방에서 행해지는 관혼상제 및 일반 의식 등에 관한 논저이다.

(13) 「유예지(遊藝志)」(권 91-98)는 선비들의 취향을 기르는 각종 기예를 논한 부분으로, 독서법과 계산법, 서예와 그림, 음악 등에 대하여 기술하였다.

(14) 「이운지(怡雲志)」(권 99-107)도 역시 선비들의 취미생활을 말하는 논저인데, 여기서는 선비들의 일상생활 용구와 문방구, 차(茶)·향(香)·애완동물, 골동품 감상에서 서적의 인쇄와 장정, 명승지 탐방과 연회(宴會) 차리기에 이르기까지를 다루었다.

(15) 「상택지(相宅志)」(권 107-108)는 우리 나라 지리 전반을 다룬 논저이다. 이것은 살기 좋은 곳을 가려내는 실적인 안목과 그것을 다스리는 지식을 내용으로 하고, 함께 조선팔도의 인문지리 개요를 논했다.

(16) 「예규지(倪圭志)」(권 109-113)는 이조의 사회·경제를 실제적으로 다룬 논저이다. 저자는 여기서 국가와 경제적 부강과 서민들의 경제적 생활 향상을 위한 실천적 방안을 제시하고, 전국 각 지방의 주요 생산품과 시장, 주요 도읍간의 거리를 참고 자료로서 제시했다.

평가

『임원십육지』는 이렇게 중국과 우리 나라 생물과학의 거의 모든 분야를 집대성한 새로운 저서이다.

그것은 『농사직설(農事直說)』, 『동의보감(東醫寶鑑)』, 『산림경제(山林經濟)』, 『택리지(擇里誌)』, 『고사촬요(故事撮要)』와 『고사신서(故事新書)』, 『과농소초(課農小抄)』로 이어지는 종래의 우리 나라 농학과 박물학의 체계 위에서 8백여 종의 문헌을 참고하여 이를 확대 발전시켜서 19세기 초의 조선 사회가 요구하는 보다 완벽한 박물학서로서 완성시킨 것이다. 그러기에 『임원십육지』로 영정 시대(英正時代)에서 순조대로 계승된 학문과 시대정신의 소산이며, 서유구에 이르러 최고조에 달한 3대를 이은 학문적 정열의 결정이라 할 수 있다.

『임원십육지』에 집약된 서유구의 박물학은 무엇보다도 그 수많은 문헌들을 그 자신의 학문적 체계 속에 소화시켜 자기의 이론으로 쌓아 올리는 학문적 태도를 지켜, 우리 것을 찾아 보존하고 중국 것을 제대로 받아들여 우리의 문제를 해결하는 데 필요한 새롭고 실제적인 방안을 제시하는 산 학문이었다는 데서 그 뚜렷한 위치를 발견하게 된다. 그가 연구하고 수집 인용한 출처를 밝힌 고증은 가장 풍부하고 다시 없이 귀중한 자료로서 한국 과학기술사 연구에 크게 기여할 것이다.

『임원십육지』는 세 개의 사본 또는 전사본(轉寫本)으로 전해지고 있다. 저자 자신의 것으로 인정되는 자연당경실(自然堂經室)의 괘지에 쓴 것은 일본 오사카 부립도서관에 수장되어 있다고 하며, 국내에 있는 것으로는 원래 규장각 장서였던 서울대학교 도서관의 사본이 있고, 해방전에 그것을 전사(轉寫)한 것으로 보이는 고려대학교 소장본이 있다. 영인본으로는 서울대학교 고전총서로서 1966년부터 간행된 전 6권의 국판 양장본이 있다.

성주덕의 『서운관지』

한국의 천문학은 오랜 관측의 역사를 가지고 있다. 『삼국사기』에는 벌써 기원전 54년에 있었던 일식(日食)이 기록되어 있고 51회에 달하는 혜성(彗星)의 출현이 기록되고 있다. 이 기록들은 우리 민족이 예부터 하늘에서 일어나는 현상에 민감하고 그것을 중요시하고 있었다는 사실을 잘 들어내고 있다. 그들이 그토록 하늘에서 일어나는 여러 현상들에 특히 주목한 까닭은 무엇보다도 그것이 국가와 지배자의 운명과 깊은 관계가 있다고 생각되었기 때문이었다. 그러니까 천(天)의 정치를 표방하는 중국적 정치 이념에 젖어 있던 역대 왕조의 지배자들에게는 그러한 천체의 움직임은 그대로 중요한 정치적 사건과도 같은 것으로 여겨질 수밖에 없었다. 그렇지만 우리 나라 천문학이 오랜 관측의 역사를 가지게 된 뚜렷한 이유는 우리 나라가 예부터 농업을 민족생활의 바탕으로 삼는 농업국이었기 때문이었다. 농산물의 수획고를 높이기 위해서 적기(適期)에 농사일을 하게 하려면 정확한 달력(曆書)을 만드는 일이 반드시 필요했다.

천체의 운행을 관측하고 정확한 달력을 만드는 기관은 그래서 삼국 시대 이후 언제나 우리 나라 역대 왕조에서 중요한 위치를 차지하였다. 삼국 및 통일신라 시대에는 천문박사와 역박사(曆博士)가 이 일을 맡았고 경주 첨성대와 같은 천문대가 세워졌다. 이러한 기구는 고려 시대에도 역시 중요한 정부관서의 하나로서 초기에는 태사국(太史局)으로, 그 다음에는 사천대(司天臺)로 불렸다. 그후 고려는 천문과 역법을 관장하는 기구를 더욱 정비하여 1308년(충열왕 34)에는 그 이름을 서운관(書雲觀)이라고 고쳤다. 서운관은 이때부터 우리 나라 천문학적 활동의 본산으로서 학자들과 일반대중들에게 친근감을 가지게 한 기구가 되었다. 그리고 그것은 조선 왕조에 의해서 그대로 계승되었고, 특히 세종 때에는 한국사상 유례가 없는 커다란 발전을 이룩하게 한 자랑스러운 기관으로서 조선 시대 사람들에게 깊은 인상을 남겨주었다.

그리고 서운관은 세종의 명에 의하여 경복궁에 대규모의 천체관측소가 세워지고 여러 가지 새로운 관측 시설이 설치되어 그 활동이 조직화되고 근대적인 양상을 띠게 되면서 더 권위있고 짜임새 있는 기관으로 발전해 갔다. 그곳에서는 천체 운행의 관측을 비롯해서 자주적 역법의 확립을 위한 역계산(曆計算), 정확한 시간의 측정과 시보(時報), 기상 현상(氣象現象)의 관측 및 지리학과 지도의 제작 등의 일들을 맡아했다.

서운관은 그후, 세조 때에 관상감(觀象監)이라고 이름을 고치고 그 관장 업무도 근대적인 발전이 있었지만, 조선 사람들은 세종 때의 황금기를 그리던 나머지 그대로 서운관이라 부르기를 좋아했다. 특히 18세기에 이르러 영정 시대의 새로운 부흥기를 맞아 세종 때에 이룩한 천문기상학의 업적들을 재인식하고 높이 평가하게 되면서 서운관은 영정 시대 천문학자들에게 관상감보다도 오히려 더 친근하고 자랑스러운 이름으로 여기게 되었다.

장인의 기술과 중인의 학문이었던 과학으로서의 천문학은 이렇게 새로운 학문의 부흥기와 실학의 융성기에 이르러 발전적 전환기에 다다르고 있었다. 세종 때 이순지의 『제가역상집(諸家曆象集)』, 숙종 때 최천벽의 『천동상위고(天東象緯考)』에 이어 영조대에는 『동국문헌비고(東國文獻備考)』의 상위고가 나옴으로서 천문학에 대한 학문적 인식은 더욱 뚜렷해졌다.

그러나 우리 나라의 천문학은 중국 천문학에 시점을 두고 그 절대적인 영향을 받아 발전하였기 때문에 그 특질은 중국의 그것과 매우 비슷하다. 그런데도 우리의 천문학이 오늘도 우리의 주목을 끄는 것은 그 속에서 발견되는 독자적이고도 정확한 관측의 장기적인 기록 때문이다.

중국의 천문학이 한대 이후 역법에 그 연구의 초점을 두고 있었던 데 비해서 한국 천문학은 그것을 도입하고 소화하는 과정에서 보다 정확한 관측에 더 기울고 있었던 것은 개혁적 야심이 없는 조선 왕조 천문학자들의 한국적 성격에서 비롯되었을 것이다.

그러기에 그들은 정해진 관측 제도에 따라서 어떠한 정치적 사회적 격변 속에서도 초연한 자세로 자신들에게 부여된 임무인 〈하늘〉을 관측하고 면밀히 기록하는 데 삶을 불사를 수 있었을지도 모른다. 분명히 지금 우리에게 남겨진 것은 관측 결과뿐이다. 그러나 그것은 유감스럽게도 현대 천문학 발전에 기여할 기회를 갖지 못한 채로 있다. 그런데도 우리는 그토록 훌륭했던 관측 기록을 낳게 한 그 과정들을 알고 싶어한다. 한마디로 성주덕(成周悳)의 『서운관지(書雲觀志)』는 그것을 우리에게 설명하기 위해서 씌어진 책이라고 말할 수도 있겠다.

그 내용

『서운관지』는 1818년(순조 18)에 조선 후기의 저명한 천문학자였던 성주덕이 엮은 책이다. 성주덕은 이에 앞서 1795년(정조 19)에 우리 나라 역대의 역법의 연혁, 북극고도(北極高度), 동서편도(東西偏度) 즉 위도의 측정, 물시계 등의 5항목에 걸쳐 그 개요와 관측 기기 및 제도를 설명한 『국조역상고(國朝曆象考)』를 엮어 출판했는데, 『서운관지』는 그것들을 맡아 다루어온 관서인 서운관의 관서지(官署志)로서 엮인 책이다.

그러니까 이 책은 조선 시대에 엮어진 여러 관서지들 중의 하나로서 그것들과 비슷한 격식을 갖추고 있다. 그렇지만 이 책은 과학의 중요한 분야로서의 천문기상학과 지리학을 연구 교육하는 기관에 대해서 씌어졌다는 점에서 다분히 이색적인 존재일 수 있다. 그런데다가 성주덕은 이 책을 다만 정부의 한 관서로서의 서운관을 기계적으로 다루지 않고, 자신이 역관(曆官)으로서 거의 10년에 걸쳐 수집한 자료를 가지고 조선의 천문, 지리, 역법, 시제(時制), 기상 관측 그리고 관측의기(觀測儀器)들에 대해서 그 발달 과정과 제도의 변천을 전반적으로 바라볼 수 있도록 역사적 안목을 가지고 엮어 놓았다.

이 책은 4권으로 이루어져 있다. 1권에는 먼저 서운관의 관리 채용과 근무규례에 관한 사항들이 적혀 있는데, 첫째로 관직의 천거, 둘째 관원들의 등용시험과 시험과목, 셋째로는 교육, 넷째 포상과 징계, 다섯째로 근무당번과 규례 등의 항목으로 되어 있다. 서운관의 관원도 역시 다른 여러 관서의 경우와 같이 과거제에 의한 선발시험을 거쳐 등용되었지만, 잡과(雜科)의 하나로서 중인(中人)들이 응시하였다는 것은 잘 알려진 사실이다.

그런데 1권에서 특히 우리의 주목을 끄는 것은 좌위(坐衛)와 번규(番規), 즉 관측의 규례와 관측자의 배치에 관한 항이다. 이에 의하면 조선 왕조는 천상(天象)을 23종으로 분류하여 그에 따른 관측규정을 정하고 있다. 그것은 또 비상 현상과 통상 현상으로 대별되었다. 일월(日月), 백훈(白暈), 지진(地震), 혜성, 신성(新星) 등의 출현은 비상 현상으로서 출현 시각, 모양과 정도, 위치, 변화 등을 엄밀한 예규에 따라서 성변측후단자(星變測候單子)를 작성 보고케 했다. 보고서는 4통을 작성하여 승정원(承政院), 당후(堂後), 시강원(侍講院), 홍문관에 각각 1통씩 제출케 하고 관상감에서는 관상감 일지와 『천변등록(天變謄錄)』에 기재하여 원부(原簿)로서 보존하였다.

특히 관측 기록과 함께 그림으로도 나타내도록 규정하고 있는 점은 주목할 만하다. 이러한 규정은 통상 현상의 경우에도 적용시키고 있다. 그것은 일식 · 월식을 비롯해서 태양흑점, 해무리와 달무리, 유성, 눈, 비, 우박 등에 이르기까지의 모든 현상에 이르러 규정되어 있다. 예를 들어 강수 현상(降水現象)은 측우기의 수심과 강수(降水)의 정도에 따라서 그것을 8단계로 구분하여 명기하도록 했다. 『서운관지』에는 이에 대하여 이렇게 씌어 있다.

〈비…… 몇시 몇경, 쇄우비가 내리다. 측우기의 깊이 몇촌, 혹은 몇분.〉

또한 기상 관측의 정도는 구름과 우박에 대한 규정에서도 엿볼 수 있다. 즉 구름에 대해서는 그 모양, 색, 크기, 출현 시각, 방향, 소멸 시각과 그 동안의 이동 상황에 이르기까지를 기록하도록 했고, 우박은 내린 시각과 함께 그 크기를 소두(小豆), 대두(大豆), 봉자(棒子), 조란(鳥卵) 등으로 분류하여 나타내도록 했다.

이러한 여러 현상의 관측은 관상감 관원의 번규에 의해서 하루 밤낮을 5교대로 입직(入直) 관측토록 했다. 그리하여 당번은 그때마다 관측일지를 작성하였는데 일지와 보고서에는 관측자가 서명하여 그 책임을 분명히 하도록 규정하고 있다.

2권에는 치력(治曆)과 측력(測曆), 교식(交食), 감여(堪輿), 선택, 속관(屬官), 이예(吏隸), 진헌(進獻), 반사(頒賜), 식례(式例), 공물(貢物) 등의 항목에 따라서 천문, 지리, 역법 등의 관상감이 할 분야를 통털어 설명하고 특히 역법의 제작과 그에 따른 연중 주요 행사에 대해서도 언급하고 있다.

3권에는 고사(故事)를 기록하였는데, 여기서는 조선 후기에 이르기까지의 우리 나라 옛 천문 기상 관계의 주요 사건과 발단을 개관하여 관상감의 역사를 한눈으로 볼 수 있도록 요약했다. 그리고 끝으로 4권에서는 서기(書器) 등의 방법과 규례를 상세하게 설명하고 있다.

『서운관지』는 이렇게 그것을 읽는 사람으로 하여금 서운관, 즉 조선의 왕립천문 기상대가 무엇을 하는 곳인가, 어떻게 관측에 임하고 있었던가 그리고 그것은 어떻게 발달하여 내려왔는가를 매우 요령있고 친절하면서도 학문적으로 알게 해주고 있다.

이 기관은 지금은 거의 자취도 없이 사라져버렸지만 그것이 우리에게 남겨준 기록은 아직도 생생하게 살아 있다.

평가

1910년, 당시 한국관측소 책임자로 와 있던 일본인 기상학자 와다[和田雄治]는 『한국관측소 학술보문(韓國觀測所學術報文)』이라는 논문집을 세상에 내놓았다. 이 논문집을 통해서 서구학계는 한국에 있었던 천문기상학의 우수한 전통을 처음으로 알게 되었고 또한 성주덕의 『서운관지』를 주목하게 되었다.

와다가 찾아낸 관상감의 관측일지와 보고서들인 『풍운기(風雲記)』,

以石欄顛置簡儀置正方案於儀南臺之西植
銅表高五倍八尺之臬斲青石爲圭圭面刻丈
尺寸分用景符取日中影推二氣盈縮表西建
小閣置渾儀渾象儀東象西慶會樓之南建閣
三楹西置漏器爰作司辰木人三神十二神以
代雞人之職名其閣曰報漏千秋殿西建小閣
爲山於閣中內設玉漏機輪以水激之置欹器
以承漏水之餘以察天道盈虛之理山之四方
陳豳風四時之景以見民生稼穡之艱名其閣
曰欽敬簡儀雖簡於渾儀難於轉用作小簡儀

書雲觀志 卷三 故事 十一

성주덕의 『서운관지』.

성변측후단자(星變測候單子), 천변초(天變抄), 출등록(出謄錄)은 관상감 관원들이 『서운관지』에 규정한 규례에 따라 얼마나 충실하게 관측에 임하고 있었던가를 훌륭히 입증하였다.

와다는 이렇게 썼다. 〈조선에 있어서의 이러한 기록은 구라파에 있어서의 종래의 자료에 대하여 연구상 더욱더 귀중한 공헌을 할 것은 물론이다.〉

그리고 그는 계속해서 또 이렇게 말했다. 〈거극도(去極度)를 측정하고 스케치(圖示)하여 성수(星宿) 중에 있어서의 위치의 변화, 미적소장(尾跡消長)을 밝히는 등 실로 당시의 관측 자료로서는 동서양을 통하여 학계의 진귀한 보물이라 할 것이다.〉

그러나 그것은 대부분 쓰레기와 함께 버려져 버림받고 썩어가고 말았다. 이제 남은 것은 이 『서운관지』와 그것을 증언하는 와다의 논문집이 있을 뿐이다. 그래서 『서운관지』는 현대 과학의 그늘 밑에서 외로이 숨져간 역사의 기아(棄兒)에 대한 산 증인으로 우리에게 새로운 교훈을 주고 있는 것이다. 『서운관지』는 이래서 한국 천문 기상학을 연구하는 데 가장 귀중한 자료로서 손꼽히는 것이다. 같은 저자의 『국조역상고(國朝曆象考)』가 이론적인 설명을 시도한 것이었다면, 이 저서는 현상의 추구에 더욱 치중하던 우리의 옛 천문학자들의 너무도 소박한 자기 노력의 여러 측면을 생생하게 보여주고 있다.

그리고 『서운관지』는 자칫하면 영원히 사라져 버릴 뻔한 관측자들의 엄격했던 규례(規例)를 기록하고 보존케 함으로써 그것을 학문적 바탕 위에 세워놓는 데 성공했다는 점에서도 그 학문적 위치를 충분히 인정할 수 있다. 『서운관지』를 아는 학자들은 누구나 거기에 담겨진 내용의 현대적 의의를 높이 평가하고 있다. 그것은 이 저서를 통해 본 당시의 관측 규정이 오늘날 여러 천문 기상관측소에서 하고 있는 규정들과 비교할 때 손색없는 과학적 체계를 갖추고 있기 때문이다.

그러나 『서운관지』는 그후 조선의 천문기상학 발전에 기여할 수 있는 기회를 갖지 못했다. 그리고 또한 그것은 한국이 가지는 현실적이고도 학문적인 환경의 제약 때문에 오늘의 우리 천문학 발전에도 아무런 학문적 영향을 주지 못하고 있다. 하지만 그러한 사실이 『서운관지』만이 가지는 약점일 수는 없다. 왜냐하면 그 책임은 바로 그것을 이어받아 새로운 천문기상학 발전에 참여하지 못한 오늘의 우리 세대에게 있기 때문이다.

『서운관지』는 분명히 한국의 전통과학 고전 중에서 가장 중요한 저서로 매우 중요한 자료이다. 그래서 필자는 오래전부터 이 책의 학문적 번역 작업이 있어야 하겠다고 생각해 왔다. 한국과학사학회가 그 연구를 시작했지만, 어려운 환경 속에서 공동 연구와 역주 작업은 그 첫 단계에서 머무르고 말았다. 10여 년 전, 유경로, 전상운, 박성래, 김기협이 한 권씩 맡아서 전체적인 내용을 다루는 수준에서 1차 연구를 끝낸 것이다. 그때 유경로 교수가 이 연구를 계속하기를 우리는 간곡히 청했고, 유교수는 고령임에도 불구하고 사명감을 가지고 해내겠다고 했다. 현대 천문학자로 중국 고전에 수준급 소양을 갖춘 분이기에 기대가 컸다.

얼마 후 그는 첫째 권의 역주를 성공적으로 해냈고 1989년부터 1994년까지 계속해서《한국과학사학회지》에 발표했다.

제1권의 역주를 끝내면서, 유교수는 나머지 3권의 번역 연구 작업은 훨씬 빠르게 진행될 수 있을 것이라고 했다. 그러나 그는 그 약속과 희망을 이루어내지 못한 채 1997년 11월 5일에 80년의 생애를 마쳤다. 앞으로 이 험난하기만한 별로 돋보이지 않는 연구를 누가 이어받을 것인지, 가슴이 저리기만하다.

성주덕의『서운관지』에 유경로 교수만큼 애정을 가지고 연구에 임하는 학자가 나타나기를 기다릴 뿐이다.

이규경과 그의 박물학

이규경(李圭景)은 1788년(정조 12)에 서울에서 태어났다. 자(子)는 백규(伯揆), 호(號)는 오주(五洲) 또는 포운(喃雲)이다. 그의 아버지 이광규는 별로 알려지지 않은 인물이었지만, 1795년에 검서관(檢書官)으로 등용되어 1817년까지 오랫동안 규장각에서 서적 편찬에 종사하였고 조부인 이덕무(李德懋)는 박학다재하여 문명(文名)을 일세에 떨친 실학자였다.

조선의 실학(實學)은, 이규경의 소년 시절인 18세기 말에 이르러 그 극성기에 달하고 있었다. 영조와 정조는 탕평책을 써서 인재를 널리 등용하였고, 더욱이 정조가 설립한 규장각에는 많은 실학자들이 등용되고 서얼 출신의 학자들까지도 채용되어 여러 분야에 걸친 많은 서적들이 편찬되었다. 이때에 등용된 검서관 중에 실학자이며 서얼 출신인 이덕무도 있었다. 이덕무는 일찍이 사행(使行)을 따라 연경(燕京)에 다녀온 후, 청대 문화의 우수성을 인식하고 조선의 현실을 개혁하기 위해서는 청조의 문화를 먼저 배워야 한다고 주장하였다.

이규경은 이러한 가정적 학풍 속에서 자라고, 전통적이고 엄격한 유교적 교육 속에서 학문을 익혔다. 그는 일찍부터 박물학을 좋아하여 그 방면의 서적들과 과학 기술 서적들을 빠짐없이 읽었다. 그 중에서도 특히 좋아했던 것은 진대(晋代)의 박물학자 장무선(張茂先)과 송대(宋代)의 학자 이석(李石)의 저서들이었다. 그는 또 조부인 이덕무의 학문과 사상에 깊은 영향을 받았다. 그래서 그의 학문은 조부의 그것과 같이 이용후생(利用厚生)을 바탕으로 한 실학이었다. 흔히 북학이라고 불리는 이 학문의 계열은 서울의 도시적 분위기 속에서 자란 것으로 그 당시 점차로 활발해지고 있던 서울의 상공업과 깊은 관계를 가지고 있었다. 그들의 학문은 주로 상품 유통이나 생산기구의 개량을 주장하고 산업 발전을 꾀하는 것이었다.

그러나 그의 실학은 조선의 토지 제도나 행정 기구와 같은 제도상의 개혁에 치중하는 경세치용(經世致用)의 학문과 전혀 다른 것은 아니었다. 그는 상공업의 발전과 함께 농촌을 토대로 한 조선의 현실을 과학과 기술로서 개혁하려고 했다. 그는 한국과 중국의 전통적인 과학 기술 속에서 새로운 것을 발견함으로써 실용적인 기술 향상을 꾀하여 그의 학문이 〈족히 산중에 사는 사람들의 경제 생활에 도움이 될 수 있으리라〉고 믿었다. 조선의 실학자들이 주로 농업을 중심으로 한 과학에 치중하고 있는 데 비해서, 그의 박물학은 실제로 활용될 수 있는 과학과 기술을 모두 다루고 있다. 그래서 그는 그의 학문으로서의 과학 기술, 즉 박물학이 중국 명대의 유명한 기술서인 『삼재도회(三才圖會)』, 『격치경원(格致鏡源)』, 『광박물지(廣博物志)』, 그리고 『천공개물(天工開物)』과 같이 시골 선비들에게 활용될 수 있는 산 지식을 담고 있는 것이라고 했다.

이규경은 장성해서도 벼슬길에 나가지 않았다. 다른 모든 양반이나 학자 집안 출신들은 벼슬자리에 오르기 위해서 공부하고 학문했지만, 그는 초야에 묻힌 채 오직 조부가 이룩한 실학을 계승하여 조선 후기 실학을 집대성하고, 그가 좋아하던 박물학과 기술학의 연구에 몰두하였다. 그는 천문, 역학(曆學), 수학을 비롯하여 기술학(技術學), 역사, 지리, 정치, 경제, 문학과 종교, 예술, 풍속, 제도, 그리고 의식주(衣食住)의 일상 생활과 동식물에 이르기까지의 여러 분야에 걸쳐 가능한 모든 자료를 수집하고 그 본원을고증하기에 힘썼다. 그리고 그는 그것들을 정리하고 체계를 세워 저술하는 데 그의 청년 시절을 다 바쳤다.

그는 그의 책 『오주서종(五洲書種)』 서문에 이렇게 썼다.

> 나는 성인이 되면서부터 장무선(張茂先)과 이석(李石)의 학(學)을 가장 좋아하여 자못 힘써 모으고 찾아서 몇 편의 자료를 완성하였다. 그리고 스스로 길광(吉光)의 편우(片羽)를 얻은 것처럼 만족하여 소중히 간직해 둔지도 벌써 수십 년이 지났다. 그뒤 그것은 오랫동안 내 관심과 기억 속에서 사라져, 내가 쓴 책이었다는 것마저도 잊어버릴 정도였다.

그러다가 1832년, 그는 병들어 쓸쓸한 요양생활을 하게 되었다. 그는 잡초가 무성한 마당을 내다보면서 옛 시인들의 시를 읊으며 고독하게 지냈다. 그러던 어느 날, 그는 문득 예전에 지어둔 박물학책이 생각났다. 그는 또 이렇게 썼다.

> 나는 이것으로 병중의 시름이나 잊어볼 생각으로 낡은 궤짝을 들추어 보니, 이 글은 아직 그대로 간직된 채 그 속에 들어 있었다. 그것은 지면에 꽉차게 고치고 지우고 해서 도무지 읽어갈 수도 없을 정도였으나 그래도 내가 적어둔 표제(標題)를 보니 어두웠던 눈이 환히 밝아오는 듯했다.

몇번이나 망서리던 끝에 그는 마침내 그 원고를 새로 정리하여 완성하기로 했다. 그리하여 1834년 가을에 그는 그의 박물학 연구의 첫 결실인 『오주서종(五洲書種)』의 금속(金屬)과 옥석(玉石)의 부분을 완성했고, 5년 후인 1839년 가을에는 군사 기술 부분이 완성되었다.

이규경의 요양 생활이 언제 끝났는지는 잘 알 수 없으나, 그는 박물학책을 완성하고 나서, 또 하나의 역저인 『오주연문장전산고(五洲衍文長箋散稿)』 60책의 완성을 위해서 온갖 힘을 기울였다. 이 책은 우리 나라와 중국 및 그밖의 지역의 모든 고금사물(古今事物)에 대한 1,400여 항목에 달하는 변증설(辨證說)을 엮은 일종의 백과사전적 저서이다. 그는 이 책을 쓰기 위해서 오랜 동안 서적에서나 마음에서 얻은 바를 적어 모으고, 때와 장소를 가리지 않고 기록해서 모았다. 그 항목들은 그가 어려서부터 보고, 듣고, 읽고, 생각하고, 느낀 모든 것을 망라한 것이다.

그의 박물학

조선의 과학은 중인(中人)의 학문과 장인(匠人)들의 기술적 전통에서 그 근원을 찾을 수 있다. 장인의 기술은 실제적 경험과 숙련으로써 손에서 손으로 건너가고, 시대에서 시대로 발전하였다. 조선 시대의 한국인들은 실제적인 기술적 현상의 추구에 치중하였을 뿐, 그 이론적 설명을 문제시하지 않았다. 그러한 결과는 기술이 응용과학으로서의 발전을 이루지 못하고 공장(工匠)들의 구전과 경험적 방법의 테두리에서 벗어나지 못하게 했다.

장인들의 이러한 기술은 17, 18세기에 이르러 비로소 실학자들에 의해서 과학으로서의 학문적 발판을 얻게 되었다. 그들은 서구의 근대 과학 기술의 자극을 받아, 철학적 사색과 비현실적인 이론에만 치중하던 사조에 반발하여 실사구시(實事求是)를 이상으로 삼는 과학 정신에 입각한 실학 운동을 벌여 한국의 과학 기술적 바탕 위에 서구 학문을 수입하여 과학적 개혁을 추진하였다.

그러나 그들의 그러한 노력에도 불구하고 한국의 오랜 기술적 유산들은 모두 정리될 수 없었다. 그것은 무엇보다도 이미 완전히 망각된 경험적 지식과 비법이 많았다는 데 큰 원인이 있다. 그래서 그들은 어쩔 수 없이 많은 부분을 중국의 기술서들에서 인용했다. 거기에는 물론 중국의 기술이 더 우수하고 선진적이라는 보편적 선입견이 깊이 뿌리박혀 있었다는 것도 사실이었다. 하기야 그들의 노력이 유산을 정리하여 체계를 세우는 데도 있었지만, 보다 효율적인 기술적 향상을 위하는 데 주목적을 두었기 때문이기도 했다. 또 한편으로는 그들의 노력이 정책적인 제도의 개혁 운동에서 비롯되었으며, 서유럽과 신흥 청(淸)의 문물 제도에 지나칠 만큼 몰두한 나머지 실정에 맞지 않는 이상론적 개혁사상이 엿보인다는 것은 그들의 사회적 성분으로 볼 때 어쩔 수 없는 귀결이었다.

그렇기 때문에 실학자들의 저서들 속에는 다분히 비현실적인 주장과 문헌의 집성과 열거에서 끝난 것 같은 약점을 지닌 것이 많았고, 경험론적이고 실험적인 기술서로서의 구실을 다할 수는 없었다.

그런데, 이규경은 중국인이 쓴 것을 무비판적으로 인용하지 않고, 그것들을 충분히 연구검토하여 틀린 것은 고치고 알려지지 않은 것은 실증적으로 고증해 나갔고 조선에서 행해지고 있던 방법들과 비교하고 평가하고 보충하였다. 그는 자기가 작성한 메모를 기초로 하여 그의 넓은 지식을 종횡으로 구사하여 철저히 자기 것으로 소화한 것을 자기 나름으로 기술하였다.

이규경은 『박물고변』을 금(金), 은(銀)과 동(銅)에서 시작하여 옥(玉), 유리, 도자기와 그 밖의 골(骨), 각류(角類), 그리고 수은(水銀) 화합물, 납[鉛] 화합물, 비소(砒素) 화합물, 유황, 알루미늄 등을 다루고 있다. 그래서 그의 『박물고변』은 오히려 실용적인 화학 기술서와 같은 인상을 강하게 풍기고 있다. 이것은 그가 상공업의 발전을 꾀하는 전진적인 성격을 지닌 북학 계열의 실학자로서의 학문적 자세를 드러내고 있는 것으로 믿어진다.

더욱이 그의 책 첫머리에서 그 당시의 유교적 관념에서 학문적으로는 가장 천하게 다루어야 했던 금과 은에 대해 매우 자세한 기술적인 문제까지 논하고 있다는 사실은 매우 파격적인 것이다.

이것은 조선 후기에 있었던 상업자본의 발달과 그에 따른 공장(工匠)들의 독자적인 수공업자로서의 지위의 향상과 관련지을 수 있다. 조선에서는 18세기 말경부터 관부(官府)에서 독립된 수공업자들이 생기게 되었고, 그들은 자본을 축적할 수 있게 되었다. 그들은 이 자본을 토대로 일반 시장을 상대로 하는 상품을 생산하게 되었다. 즉 도시의 서민층의 수요에 응하는 청동 제품과 놋그릇, 자기(磁器), 금은 세공품 등을 만들어냈다. 이것들이 서울 삼대시(三大市)를 위시한 각지의 시장에 공급되었다.

그리고 광업(鑛業)은 중국과의 밀무역(密貿易)을 위하여 금과 은이 민간에서 많이 채굴되었고, 국가는 이를 공인하여 수세(收稅)하였다. 이규경의 저서는 이러한 시대적 요망과 조류 속에서의 그의 사상을 반영하는 것이다.

그리고 우리는 그 속에서 17세기 말경부터 이미 조선에서 전국적으로 유통되기 시작한 금속화폐가 선비들에게 현실적인 문제로 등장하고 있음을 보게 된다. 또 거기에는 금은 위주의 화폐 유통 경제와 연결되는 서구 상업 자본주의의 간접적인 영향도 엿보이는 것 같다. 이 서구의 영향, 특히 서구 기술의 영향은 이규경의 기술서에서 여러 부분에 걸쳐 찾아볼 수 있다.

군사 기술에서는 불랑기(佛狼機)를 소개하고 그 장점을 말하고 있으며, 비편(秘編)의 장(章)에서는 서구식 소화기(消火器)를 도해(圖解)하였고, 유리의 항(項)에서는 네덜란드의 스

五洲書種博物考辨序
余不佞自勝冠最好張茂先李石之學頗力蒐索滙成數編自詭以吉光片羽秘諸枕中者已踰數紀自茲以往棄之若遺仍忘不記為吾書也歲壬辰病卧終南草堂堂前艸深一丈漫吟浩然多病故人疎之句又猥擬仲蔚蓬蒿無以瀉懷忽憶舊日所作以為銷愁發篋則此編猶存滿紙點竄殆不堪讀顧其所標題不覺醒眼夫博物者今古只有若而人而已則其所自誇者無乃名実不偭而不歸於僭越者乎

이규경의 『오주서종 박물고변』.

테인드 글라스와, 안경류의 항에서 오란다 천리경(망원경)과 서양 현미경이 가장 훌륭하다고 하고 그 원리와 제법 등을 설명하고 있다.

이규경은 또 군사 기술을 매우 중요하게 생각하고 있었다. 그래서 그는 그의 『오주서종』의 거의 절반을 육전(陸戰)과 수전(水戰)에 있어서의 군사 기술에 할애하고 있다. 거기에는 각종 화기(火器)와 선박들이 그에 부수된 장비와 함께 도해(圖解)되어 있으며, 이순신에 의하여 해전(海戰)에서 크게 전략적으로 활용된 거북선과 그 전법(戰法)을 중요하게 취급하고 있다. 이것은 아마도 서구의 영향과 조선 후기에 있어서의 대외적인 위기의식을 염려한 그의 정세 판단을 반영하는 것이라고 생각된다.

이러한 그의 의도는 그가 말한 대로, 가난한 시골 선비로서는 얻어 보기 힘든 중국의 유명한 기술서들에 대신할 수 있고 〈족히 산중에 사는 사람들의 경제 생활에 도움이 될 수 있게〉 하기 위한 책으로는 매우 적극적이고 야심적인 자세를 보여주고 있다. 또 그의 저서가 그 대상을 당시의 지배 계급이었던 지식층에 두고, 그들이 일상생활에서 늘 부닺치고 실제로 혜택을 입고 있으면서도 생활 필수품의 생산 과정과 그 기술 및 국방(國防)을 위한 병기기술을 모르고, 오히려 그 기술이나 생산적인 종사자들이 멸시되고 있는 사실에 대해서 개혁적인 태도를 들어내고 있는 것은 주목할 만하다.

그러나 그의 『오주서종』은 기술의 지도서가 아니다. 따라서 그것은 그 부문에 따른 전문 기술자들의 입장에서 볼 때에는 불만스러운 점이 많을지도 모르지만, 전문가가 아닌 선비들을 대상으로 그러한 기술을 학문적인 체계를 세워서 기술한 그의 의도는 성공적으로 이루어졌을 것이라고 생각된다. 또 그가 조선 후기의 지식층 속에 파고들었던 여러 가지 미신적인 요소와 술법을 배제하고, 확실히 알지 못하는 것을 아는 듯이 여기는 태도를 배격한 것은 정확한 견문에 따르는 실증적(實證的) 정신에서 나온 것이라고 생각된다.

이규경의 저서들이 가지는 가치는 바로 이런 데서 찾을 수 있는 것이다. 실재로 활용될 수 있는 학문에 대한 그의 신념과 정열은, 우리 나라의 많은 장인들의 전통적 기술을 거의 망각하기 일보 직전에서 비록 완전하지는 못하였지만, 기록 속에 담아서 보존하는 데 크게 기여했다.

그의 박물학과 실학사상은 생산적인 기술을 재기(才技)로 보던 조선 시대에 지식인들이 별로 관심을 두지 않았던 자연과학과 기술에 중점을 두고 실증적인 정신에 입각하여 학문적으로 체계를 세웠다는 데서 그 근대 지향적이고 전진적인 성격을 찾아볼 수 있다. 그리고 그의 학문으로서의 과학 기술의 전개는 조선 후기 실학의 중요한 구성 요소로서 한국의 전통과학을 재발견하고 그 위치를 뚜렷하게 하는 데 크게 공헌하였다.

참고문헌

강희안, 서윤희 · 이경록 옮김, 『양화소록』, 눌와, 서울, 1999.

김용운, 김용국, 『한국수학사』, 과학과 인간, 서울, 1977.

김원용, 안휘준, 『한국미술사』, 서울대학교 출판부, 서울, 1993.

김재근, 『우리 배의 역사』, 서울대학교 출판부, 서울, 1989.

김영식, 김근배, 『근현대 한국사회의 과학』, 창작과 비평사, 서울, 1998.

남문현 ,『한국의 물시계』, 건국대학교 출판부, 서울, 1995.

남천우, 『유물의 재발견』, 정음사, 서울, 1987.

박성래, 『한국사에도 과학이 있는가』, 교보문고, 서울, 1998.

『민족과학의 뿌리를 찾아서』, 두산동아, 서울, 1991.

『한국인의 과학정신』, 평민사, 서울, 1993.

손보기, 『금속활자와 인쇄술』, 세종대왕기념사업회, 서울, 1977.

『한국의 고활자』, 세종대왕기념사업회 2000, 서울, 1982.

송상용 외 공저,『우리의 과학문화재』, 서해문집, 서울, 1994.

염영하, 『한국의 종』, 서울대학교 출판부, 서울, 1991.

유경로, 『한국 천문학사 연구』, 한국천문학사 편찬위원회 편, 녹두, 서울, 1999.

윤동석, 『삼국시대 철기유물의 금속학적 연구』, 고려대학교 출판부, 서울, 1989.

『한국 초기 철기유물의 금속학적 연구』, 고려대학교 출판부, 서울, 1984.

윤장섭, 『한국의 건축』, 서울대학교 출판부, 서울, 1996.

이난영, 『한국 고대금속공예 연구』, 일지사, 서울, 1992.

이상태, 『한국 고지도 발달사』, 혜안, 서울, 1999.
이성우, 『한국식경대전: 식생활사문헌연구』, 향문사, 서울, 1981.
이용범, 『한국 과학사상사 연구』, 동국대학교 출판부, 서울, 1993.
이찬, 『한국의 고지도』, 범우사, 서울, 1991.
이찬, 양보경 『서울의 옛지도』, 서울학연구소, 서울, 1995.
이춘영, 『한국농학사』, 민음사, 서울, 1989.
전상운, 『한국과학기술사』, 정음사, 서울, 1976.
　　　『한국의 과학문화재』, 정음사, 서울, 1987.
　　　『한국과학사의 새로운 이해』, 연세대학교 출판부, 서울, 1998.
전상운 · 박성래 · 송상용 외 공저, 『이야기 한국과학사』, 풀빛, 서울, 1984.
전호태, 『고분벽화로 본 고구려 이야기』, 풀빛, 서울, 1999.
정약전, 정문기 옮김, 『자산어보』, 지식산업사, 서울, 1977.
정양모, 『한국의 도자기』, 문예출판사, 서울, 1991.
천혜봉, 『한국 서지학』, 민음사, 서울, 1991.
최몽룡, 신숙정, 이동영, 『고고학과 자연과학』, 서울대학교 출판부, 서울, 1996.
최상준 외 공저, 『조선기술발전사』, 전5권, 과학백과사전종합출판사, 평양, 1997.
최재석, 『정창원 소장품과 통일신라』, 일지사, 서울, 1996.
한영우, 안휘준, 배우성, 『우리 옛지도와 그 아름다움』, 효형출판, 서울, 1999.
허선도, 『조선시대 화약병기사연구』, 일조각, 서울, 1994.
홍이섭, 『조선과학사』, 정음사, 서울, 1946.
한국과학사학회, 《한국과학사학회지》, 1960-현재
한국문화역사 지리학회 편, 『한국의 전통지리사상』, 민음사, 서울, 1991.
한국전통기술학회, 《한국전통기술학회지》, 1995-현재

찾아보기

ㄷ

ㄹ

ㅁ

ㅂ

ㅅ

ㅇ

ㅈ

ㅊ

ㅋ

ㅌ

ㅍ

ㅎ

한국과학사

1판 1쇄 펴냄 • 2000년 5월 22일
1판 10쇄 펴냄 • 2020년 9월 23일

지은이 • 전상운
펴낸이 • 박상준
펴낸곳 • (주)사이언스북스

출판등록 • 1997. 3. 24. 제16-1444호
(06027) 서울특별시 강남구 도산대로1길 62
대표전화 515-2000 • 팩시밀리 515-2007/ 편집부 517-4263 • 팩시밀리 514-2329
www.sciencebooks.co.kr

ISBN 978-89-8371-051-2 03400